# Quantitative Prognosen in der externen Unternehmensrechnung

Lukas Benjamin Heidbrink

# Quantitative Prognosen in der externen Unternehmensrechnung

## Methoden für die Prognose von Cashflows und Gewinnen zur Analyse und Bewertung

Springer Gabler

Lukas Benjamin Heidbrink
Universität Bielefeld
Bielefeld, Deutschland

Die Arbeit wurde unter dem Titel „Quantitative Prognosebildung in der externen Unternehmensrechnung – Ausgewählte Methoden für die Prognose von Cashflows und Gewinnen zur Analyse und Bewertung“ als Dissertation im Jahr 2023 eingereicht, von der wirtschaftswissenschaftlichen Fakultät der Universität Bielefeld im Jahr 2024 angenommen und mit summa cum laude bewertet.

ISBN 978-3-658-47505-5 ISBN 978-3-658-47506-2 (eBook)
https://doi.org/10.1007/978-3-658-47506-2

Die Deutsche Nationalbibliothek verzeichnet diese Publikation in der Deutschen Nationalbibliografie; detaillierte bibliografische Daten sind im Internet über https://portal.dnb.de abrufbar.



Planung/Lektorat: Karina Kowatsch
Springer Gabler ist ein Imprint der eingetragenen Gesellschaft Springer Fachmedien Wiesbaden GmbH und ist ein Teil von Springer Nature.
Die Anschrift der Gesellschaft ist: Abraham-Lincoln-Str. 46, 65189 Wiesbaden, Germany

# Vorwort

Die vorliegende Dissertationsschrift entstand in meiner Zeit als wissenschaftlicher Mitarbeiter am Lehrstuhl für Betriebswirtschaftslehre, insbesondere Unternehmensrechnung und Rechnungslegung der Fakultät für Wirtschaftswissenschaften an der Universität Bielefeld.

Mein aufrichtiger Dank gilt in erster Linie meinem akademischen Lehrer und Doktorvater Herrn Univ.-Prof. Dr. Matthias Amen für die Betreuung des Forschungsprojektes, stets wertvolle Anregungen und seine uneingeschränkte Unterstützung in jeder Hinsicht. Ergab mir die Freiheit, meinen Interessen nachzugehen und dieses Forschungsvorhaben zu realisieren. Für sein mir entgegengebrachtes Vertrauen, eigene Ideen verwirklichen zu können und die Ermöglichung einer kapitalmarktorientierten empirischen Untersuchung, bin ich sehr dankbar. Weiterhin danke ich Herrn Univ.-Prof. Dr. Hermann J. Richter für die wertvollen Anregungen und die Übernahme des Zweitgutachtens sowie Herrn Univ.-Prof.Dr. Rolf König für die Übernahme des Vorsitzes der Prüfungskommission. Meinen Kolleginnen und Kollegen an der Universität Bielefeld danke ich für unzählige konstruktive Gespräche, eine stets positive Arbeitsatmosphäre und die tolle gemeinsame Zeit.

Ein großer Dank gilt der Studienstiftung des deutschen Volkes, deren finanzielle und ideelle Förderung maßgeblich zum Erfolg meines Studiums und meiner Promotion beigetragen haben und die darüber hinaus für viele Bekanntschaften und Freundschaften sorgte.

Meiner Familie, insbesondere meinen Eltern, bin ich für ihren permanenten Rückhalt zutiefst dankbar. Nicht zuletzt danke ich meiner Frau Camilla von ganzem Herzen für ihre uneingeschränkte Unterstützung und widme ihr dieses Buch.

Lukas Benjamin Heidbrink

# Inhaltsverzeichnis


**1 Quantitative Prognosen in der Rechnungslegung** .................. 1

1.1 Problemstellung und Abgrenzung des Themenbereichs ........ 2

1.2 Forschungsfrage und Relevanz im Kontext .................. 5

1.3 Gang der Untersuchung .................................. 9

**2 Zukunftsorientierung der Rechnungslegung** .................. 13

2.1 Notwendigkeit und Anwendungsgebiete von Prognosen ........ 13

2.2 Anforderungen an zukunftsorientierte Wertausweise ........... 18

2.2.1 Relevanz vs. Verlässlichkeit ausgewiesener Daten ...... 19

2.2.2 Nachvollziehbarkeit und Prognoseprüfung ............ 20

2.3 Qualität einer Prognose .................................. 23

2.4 Qualität von Finanzberichterstattungen ..................... 25

2.5 Auswirkungen der verpflichtenden Anwendung internationaler Rechnungslegungsstandards .................. 29

2.5.1 Allgemeine Auswirkungen auf die Qualität der Finanzberichterstattung ............................ 29

2.5.2 Auswirkungen auf die Prognosefähigkeit von Residualgrößen ................................... 33

2.6 Gegenüberstellung von HGB und IAS/IFRS .................. 36

2.6.1 Zwecke der Rechnungslegung ....................... 36

2.6.2 Gläubigerschutz und Zukunftsorientierung im HGB ..... 39

2.6.3 Glaubhaftigkeit der Finanzberichterstattung ............ 44

2.7 Die Wertrelevanz von Abschlussinformationen ................ 45

2.7.1 Definition und Bedeutung .......................... 45

2.7.2 Wertrelevanzforschung zur Übernahme der IAS/IFRS in der EU ... 53
2.8 Ausgewählte Anwendungsbereiche von Prognosen in der Rechnungslegung ... 54
2.8.1 Die Fortbestehensprognose als Grundlage der Finanzberichterstattung ... 56
2.8.1.1 Die Fortbestehensprognose im Handelsrecht ... 57
2.8.1.2 Die Fortbestehensprognose nach IAS/IFRS ... 60
2.8.2 Fair Value Bilanzierung ... 63
2.8.2.1 Grundlagen und Bewertungsmethoden ... 63
2.8.2.2 Kritische Auseinandersetzung ... 65
2.8.3 Immaterielle Vermögenswerte ... 70
2.8.3.1 Ansatz und Bewertung nach HGB ... 70
2.8.3.2 Ansatz und Bewertung nach IAS/IFRS ... 72
2.8.3.3 Kritische Auseinandersetzung mit dem IAS 38 ... 77
2.8.4 Wertminderung von Vermögenswerten ... 79
2.8.4.1 Wertminderungen nach HGB ... 79
2.8.4.2 Wertminderungen nach IAS/IFRS ... 80
2.8.4.2.1 Die Ermittlung des erzielbaren Betrags im Rahmen des Werthaltigkeitstests ... 81
2.8.4.2.2 Die Bedeutung des IAS 36 ... 83
2.8.4.2.3 Kritische Auseinandersetzung mit dem IAS 36 ... 84
2.8.5 Finanzinstrumente ... 86
2.8.5.1 Ansatz und Bewertung nach HGB ... 86
2.8.5.2 Ansatz und Bewertung nach IAS/IFRS ... 88
2.8.5.2.1 Unter IFRS 9 fallende Finanzinstrumente und Kategorien ... 89
2.8.5.2.2 Das Expected Credit Loss Modell des IFRS 9 ... 93
2.8.6 Rückstellungen ... 99
2.8.6.1 Ansatz und Bewertung nach HGB ... 99
2.8.6.2 Ansatz und Bewertung nach IAS/IFRS ... 102
2.8.7 Pensionsverpflichtungen ... 105
2.8.7.1 Ansatz und Bewertung nach HGB ... 106

2.8.7.2 Ansatz und Bewertung nach IAS/IFRS ........ 109
2.8.8 Auswirkungen auf den Informationsgehalt von Abschlussinformationen ........ 113
2.8.9 Lageberichterstattung ........ 115
2.8.9.1 Grundlagen und Anforderungen des HGB ........ 116
2.8.9.2 Grundlagen und Anforderungen der IAS/IFRS ........ 118
2.9 Ausgewählte Anwendungsbereiche von Prognosen mit Rechnungslegungsbezug ........ 120
2.9.1 Unternehmensbewertungen ........ 121
2.9.2 Analystenprognosen ........ 122

**3 Methodik und Datenbasis** ........ 125
3.1 Modellierung von Querschnitts- und Zeitreihendaten ........ 126
3.2 Zeitreihenanalyse in der Unternehmensrechnung und Rechnungslegung ........ 129
3.3 Kointegration ........ 131
3.3.1 Relevanz im Kontext der Arbeit ........ 133
3.3.2 Scheinregression und die Entstehung des Konzepts der Kointegration ........ 135
3.3.3 Stationäre und nicht-stationäre Variablen ........ 137
3.3.4 Integrierte und kointegrierte Zeitreihen ........ 139
3.3.5 Das Fehlerkorrekturmodell ........ 140
3.3.6 Tests auf kointegrierende Beziehungen ........ 142
3.4 Random Forests als Prognosemodelle ........ 143
3.4.1 Theoretische Grundlagen ........ 144
3.4.2 Eignung zur Prognose von Cashflows und Gewinnen ........ 148
3.4.3 Anwendungsbeispiel ........ 149
3.5 Künstliche Neuronale Netze als Prognosemodelle ........ 151
3.5.1 Vorbemerkungen ........ 151
3.5.2 Grundsätzliche Arten von KNN und deren Einsatzmöglichkeiten ........ 153
3.5.3 Anwendungsfelder von KNN im Rechnungswesen ........ 162
3.5.3.1 Vorbemerkungen und Datenanforderungen ........ 164
3.5.3.2 Prognose von Erfolgsmaßen mittels neuronaler Netze ........ 165
3.6 Methodisches Konzept dieser Arbeit ........ 168
3.7 Datenbasis ........ 172
3.7.1 Bereinigung der Daten ........ 172

3.7.2 Deskriptive Statistiken der Stichproben ... 177

**4 Cashflow- und Erfolgsprognosen** ... 181
4.1 Kapitalflussrechnungen als Grundlage für Erfolgsprognosen ... 182
4.1.1 Regelungen des HGB ... 182
4.1.2 Regelungen der IAS/IFRS ... 183
4.2 Implikationen für das Finanzcontrolling und die wertorientierte Steuerung ... 184
4.2.1 Die Berechnung des Free Cashflows ... 185
4.2.2 Steuerungskennzahlen auf Basis von Kapitalflussrechnungen ... 187
4.2.3 Grenzen von Cashflows als Erfolgsindikatoren ... 189
4.3 Modelle zur Prognose von Cashflows und Gewinnen ... 190
4.3.1 Ausgewählte Studien ... 191
4.3.2 Potenzielle Schwachstellen verwendeter Prognosemodelle ... 199
4.3.3 Auswahl und Evaluation geeigneter Modelle ... 200
4.3.4 Analystenprognosen versus Zeitreihenmodelle ... 205
4.4 Empirische Analyse der Prognoseeignung von Cashflows und Gewinnen ... 208
4.4.1 Schätzmodelle ... 209
4.4.2 Prognoseergebnisse ... 213
4.4.2.1 Cashflow- und Gewinnprognosen deutscher Unternehmen ... 213
4.4.2.2 Cashflow- und Gewinnprognosen US-amerikanischer Unternehmen ... 218
4.4.3 Vergleich beider Stichproben ... 225

**5 Rechnungslegungspolitik als begrenzender Faktor quantitativer Modellierungen** ... 231
5.1 Abgrenzung und Relevanz im Kontext der Prognosebildung ... 233
5.2 Ausprägungen rechnungslegungspolitischer Maßnahmen ... 238
5.3 Anreize und Anreiztheorien ... 240
5.4 Aufdeckung von Gestaltungen und Manipulationen ... 244
5.4.1 Zur Erkennbarkeit der Anwendung rechnungslegungspolitischer Maßnahmen ... 244
5.4.2 Quantitative Ansätze zur Aufdeckung von Rechnungslegungspolitik ... 246

5.4.2.1 Aufdeckung von buchmäßigen Einflussnahmen ... 249
5.4.2.1.1 Das Jones Modell ... 249
5.4.2.1.2 Die Modelle von Healy und DeAngelo ... 251
5.4.2.1.3 Das Branchenmodell ... 252
5.4.2.1.4 Das Cashflow Modell ... 253
5.4.2.2 Aufdeckung von Sachverhaltsgestaltungen ... 253
5.4.3 Qualitative Ansätze zur Aufdeckung von Rechnungslegungspolitik ... 256
5.5 Empirische Analyse ... 258
5.5.1 Indikatoren für das Vorliegen von Einflussnahmen ... 258
5.5.2 Auswirkungen auf die Prognosegüte von Abschlussinformationen deutscher Unternehmen ... 261
5.5.2.1 Aufteilung nach Höhe der Periodenabgrenzungen ... 261
5.5.2.2 Aufteilung nach Höhe der diskretionären Periodenabgrenzungen mithilfe des Jones Modells ... 264
5.5.2.3 n-Schritt Prognose von Gewinnen und Cashflows mittels Regression ... 268
5.5.2.3.1 Aufteilung nach Höhe der Periodenabgrenzungen ... 270
5.5.2.3.2 Aufteilung nach Höhe der diskretionären Periodenabgrenzungen ... 272
5.5.3 Auswirkungen auf die Prognosegüte von Abschlussinformationen US-amerikanischer Unternehmen ... 273
5.5.3.1 Aufteilung nach Höhe der Periodenabgrenzungen ... 273
5.5.3.2 Aufteilung nach Höhe der diskretionären Periodenabgrenzungen mithilfe des Jones Modells ... 276
5.5.3.3 n-Schritt Prognose von Gewinnen und Cashflows mittels Regression ... 279
5.5.3.3.1 Aufteilung nach Höhe der Periodenabgrenzungen ... 279

5.5.3.3.2 Aufteilung nach Höhe der diskretionären Periodenabgrenzungen ............ 281
5.5.4 Vergleich beider Stichproben ........................ 283

**6 Modellgestützte Erfolgsprognosen für die Unternehmensbewertung** ........................ 285
6.1 Grundlegende Unternehmensbewertungsmodelle .............. 286
6.1.1 Das Dividenden-Diskont Modell ...................... 287
6.1.2 Discounted-Cash-Flow (DCF) Modelle ............... 288
6.1.2.1 Ermittlung der Parameter des CAPM ......... 292
6.1.2.2 Ermittlung künftiger Zahlungsüberschüsse ..... 293
6.1.2.3 Typische Varianten der DCF-Verfahren ........ 296
6.1.3 Residualgewinnmodelle ............................ 298
6.2 Zur Nutzung von Cashflows oder Gewinnen ................. 301
6.3 Das Feltham-Ohlson Modell ................................ 307
6.3.1 Die Ermittlung der sonstigen Informationen ........... 312
6.3.2 Kritik am Feltham-Ohlson Modell .................... 314
6.3.3 Das Feltham-Ohlson Modell und Kointegration ........ 317
6.4 Empirische Validierung des Feltham-Ohlson Modells .......... 320
6.4.1 Motivation des Forschungsansatzes .................. 322
6.4.2 Operationalisierung der benötigten Variablen ........... 323
6.4.3 Deskriptive Analyse der Stichprobe .................. 325
6.4.4 Statistische Tests auf Stationarität und kointegrierende Beziehungen ........................ 330
6.4.4.1 Test auf Stationarität ....................... 331
6.4.4.2 Test auf Kointegration mit der Marktkapitalisierung ....................... 335
6.4.5 Out-of-sample Prognose .............................. 339
6.4.5.1 Prognose der Marktkapitalisierung ........... 339
6.4.5.1.1 1-Schritt Prognose ............... 339
6.4.5.1.2 3-Schritt Prognose ............... 341
6.4.5.1.3 Iterative Prognose ................ 342
6.4.5.2 Prognose des Residualgewinnes .............. 343
6.4.5.2.1 1-Schritt Prognose ............... 343
6.4.5.2.2 3-Schritt Prognose ............... 344
6.4.5.2.3 Iterative Prognose ................ 345
6.4.6 Out-of-sample Prognose US-amerikanischer Unternehmen ....................................... 347

6.4.6.1 Prognose der Marktkapitalisierung ............ 347
6.4.6.1.1 1-Schritt Prognose ............... 347
6.4.6.1.2 3-Schritt Prognose ............... 348
6.4.6.1.3 Iterative Prognose ................ 349
6.4.6.2 Prognose des Residualgewinnes .............. 350
6.4.6.2.1 1-Schritt Prognose ............... 350
6.4.6.2.2 3-Schritt Prognose ............... 351
6.4.6.2.3 Iterative Prognose ................ 352
6.4.7 Erweiterungen und alternative Berechnungen der Modelle ............................................. 353
6.4.8 Auswertung der empirischen Evaluation ............... 360

**7 Schlussbetrachtung und Fazit** ................................. 363
7.1 Zusammenfassung und zentrale Ergebnisse .................. 364
7.2 Diskussion und Relevanz der Ergebnisse ..................... 370
7.3 Ausblick .................................................. 373

**Standards und Rechtsquellen** ......................................... 375

**Literaturverzeichnis** ................................................ 377

# Abkürzungsverzeichnis

| | |
|---|---|
| AC | Amortised Cost |
| ACF | Autokorrelationsfunktion |
| ADF | Augmented Dickey Fuller |
| AIC | Akaike-Informationskriterium (Akaike's information criterion) |
| AktG | Aktiengesetz |
| APV | Adjusted Present Value |
| AR | Autoregressive |
| ARFIMA | Autoregressive Fractionally Integrated Moving Average |
| ARIMA | Autoregressive Integrated Moving Average |
| ARMA | Autoregressive Moving Average |
| ASC | Accounting Standards Codification |
| BB | Betriebs-Berater (Zeitschrift) |
| BC | Zeitschrift für Bilanzierung, Rechnungswesen und Controlling |
| BetrAVG | Gesetz zur Verbesserung der betrieblichen Altersversorgung |
| BGBl | Bundesgesetzblatt |
| BIC | Bayessches Informationskriterium (Bayesian Information Criterion) |
| BilMoG | Bilanzrechtsmodernisierungsgesetz |
| BLUE | Best Linear Unbiased Estimator |
| CAPM | Capital Asset Pricing Model |
| CFO | Cashflow der operativen Tätigkeit |
| CI | Comprehensive Income |
| CNN | Convolutional Neural Network |
| c. p. | Ceteris paribus |
| CRSP | Center for Research in Security Prices |
| DCF | Discounted Cashflow |

| | |
|---|---|
| df | Freiheitsgrade (degrees of freedom) |
| DPR | Deutsche Prüfstelle für Rechnungslegung |
| DRS | Deutscher Rechnungslegungs Standard |
| DRSC | Deutsches Rechnungslegungs Standards Committee e. V. |
| EAD | Gefährdeter Betrag im Ausfallereignis (Exposure at Default) |
| EBIT | Earnings before Interest and Taxes |
| EBITDA | Earnings before Interest, Taxes, Depreciation and Amortization |
| EBXI | Earnings before Extraordinary Items and Discontinued Operations |
| ECL | Expected Credit Loss |
| ECM | Error Correction Model |
| EFRAG | European Financial Reporting Advisory Group |
| EPS | Earnings Per Share |
| ESEF | European Single Electronic Format |
| ESMA | European Securities and Markets Authority |
| FAS | Statement of Financial Accounting Standards |
| FASB | Financial Accounting Standards Board |
| FCF | Free Cashflow |
| FTE | Flow to Equity |
| FVTOCI | Fair Value through Other Comprehensive Income |
| FVTPL | Fair Value through Profit or Loss |
| gem. | Gemäß |
| GmbHG | Gesetz betreffend die Gesellschaften mit beschränkter Haftung |
| GoF | Geschäfts- oder Firmenwert |
| GuV | Gewinn- und Verlustrechnung doch nicht abkuerzen |
| HdJ | Handbuch des Jahresabschlusses |
| Hrsg. | Herausgeber |
| i. d. F. | In der Fassung |
| i. S. d. | Im Sinne des |
| I/B/E/S | Institutional Brokers' Estimate System |
| IAASB | International Auditing and Assurance Standards Board |
| IAS | International Accounting Standard |
| IASB | International Accounting Standards Board |
| IDW | Institut der Wirtschaftsprüfer in Deutschland |
| IDW HFA | IDW Hauptfachausschuss |
| IDW PS | IDW Prüfungsstandard |
| IFAC | International Federation of Accountants |
| IFRS PS | IFRS Practice Statement |
| IFRS RK | Rahmenkonzept der IFRS |
| IFRS | International Financial Reporting Standards |

| | |
|---|---|
| InsO | Insolvenzordnung |
| IRZ | Zeitschrift für Internationale Rechnungslegung |
| ISA | International Standards on Auditing |
| ISAE | International Standard on Assurance Engagements |
| KapAEG | Kapitalaufnahmeerleichterungsgesetz |
| KFR | Kapitalflussrechnung |
| KNN | Künstliches Neuronales Netz |
| KoR | Zeitschrift für internationale und kapitalmarktorientierte Rechnungslegung |
| LAD | Least Absolute Deviation |
| LGD | Verlustquote im Ausfallereignis (Loss Given Default) |
| LIM | Lineares Informationsmodell |
| LSTM | Long Short-Term Memory |
| m. w. N. | Mit weiteren Nachweisen |
| MA | Moving Average |
| MAE | Mean Absolute Error |
| MC | Market Capitalization |
| MD&A | Management's Discussion and Analysis of Financial Position and Results of Operations |
| MSE | Mean Squared Error |
| n. F. | Neue Fassung |
| NZI | Neue Zeitschrift für Insolvenz- und Sanierungsrecht |
| OCI | Other Comprehensive Income |
| OLS | Ordinary Least Squares |
| PD | Ausfallwahrscheinlichkeit (Probability of Default) |
| PRM | Price Regression Model |
| R&D | Research and Development |
| RG | Residualgewinn |
| RGBl | Reichsgesetzblatt |
| RMSE | Root Mean Squared Error |
| Rn. | Randnummer |
| RNN | Rekurrentes Neuronales Netz |
| RRM | Return Regression Model |
| RSE | Residual Standard Error (Standardfehler der Residuen) |
| RSS | Residual Sum of Squares |
| RW | Random Walk |
| Rz. | Randziffer |
| SD | Standardabweichung (Standard Deviation) |
| SE | Standardfehler (Standard Error) |

| | |
|---|---|
| SEC | Securities and Exchange Commission |
| SFAS | Statement of Financial Accounting Standards |
| SOX | Sarbanes-Oxley Act |
| SPPI | Solely Payments of Principal and Interest |
| STuB | Steuern und Bilanzen (Zeitschrift) |
| StuW | Steuer und Wirtschaft (Zeitschrift) |
| SVM | Support Vector Machine |
| TCF | Total Cashflow |
| US-GAAP | United States Generally Accepted Accounting Principles |
| VAR | Vector Autoregressive |
| VECM | Vector Error Correction Model |
| WACC | Weighted Average Cost of Capital |
| WPg | Die Wirtschaftsprüfung (Zeitschrift) |
| WpHG | Wertpapierhandelsgesetz |
| WPK | Wirtschaftsprüferkammer |
| XBRL | Extensible Business Reporting Language |
| ZfbF | Schmalenbachs Zeitschrift für betriebswirtschaftliche Forschung |
| ZMGE | Zahlungsmittelgenerierende Einheit |

# Symbolverzeichnis

| | |
|---|---|
| $\alpha, \beta$ | Koeffizientenmatrizen des Fehlerkorrekturmodells |
| $\hat{\alpha}$ | Schätzer der Koeffizientenmatrix $\alpha$ |
| $\alpha_i$ | Regressionskoeffizienten |
| $\alpha_{sig}$ | Signifikanzniveau |
| $\hat{\beta}$ | Kointegrationsvektor bestehend aus den Eigenvektoren |
| $\beta^{CAPM}$ | Unternehmensspezifisches Risiko (Betafaktor des CAPM) |
| $\beta^{v}$ | Betafaktor des verschuldeten Unternehmens |
| $\beta_i$ | Regressionskoeffizienten |
| $\widehat{\beta_i}$ | Schätzer des Regressionskoeffizienten $\beta_i$ |
| $\gamma_1, \gamma_2$ | Koeffizienten der LIM-Gleichungen für sonstige Informationen |
| $\Gamma_i$ | Koeffizientenmatrix des Fehlerkorrekturmodells |
| $\delta t$ | Linearer zeitabhängiger Trend des ADF-Tests |
| $\Delta$ | Differenz-Operator (z. B. $\Delta Y_t = Y_t - Y_{t-1}$) |
| $\epsilon$ | Fehlerterm |
| $\widehat{\epsilon_t}$ | Schätzer des Fehlerterms |
| $\theta$ | Koeffizient des ADF-Tests auf Stationarität des operativen Vermögens |
| $\lambda$ | Eigenwerte |
| $\widehat{\lambda_i}$ | Schätzung des Eigenwertes $\lambda_i$ |
| $\lambda_{max}$ | Teststatistik des ‚maximum eigenvalue' Tests |
| $\lambda_{trace}$ | Teststatistik des ‚trace' Tests |
| $\Pi_i$ | Koeffizientenmatrix des VAR Modells |
| $\sigma()$ | Logistische Sigmoidfunktion |
| $\sigma_\epsilon$ | Standardabweichung des Fehlerterms $\epsilon$ |

| | |
|---|---|
| $\sigma_m$ | Standardabweichung der Marktrendite (CAPM) |
| $\tau$ | Laufindex |
| $\chi_{it}$ | Regressionskoffizienten |
| $\psi$ | Koeffizientenmatrix der ersten Differenzen (VECM Maximum-Likelihood-Ansatz) |
| $\omega_{11}$, $\omega_{12}$ | Koeffizienten der LIM-Gleichung der Gewinne |
| $\omega_{22}$ | Koeffizient der LIM-Gleichung des Vermögens |
| $\Omega$ | Varianz des Fehlerterms im Fehlerkorrekturmodell |
| $\hat{\Omega}$ | Likelihood-Funktion im Fehlerkorrekturmodell |
| $A$ | Kointegrationsvektor |
| $b^c$ | Vektor der Verzerrung (bias vector) des neuen Zellstatus |
| $b^f$ | Vektor der Verzerrung (bias vector) des Vergesstors |
| $b^{in}$ | Vektor der Verzerrung (bias vector) des Eingangstors |
| $b^{out}$ | Vektor der Verzerrung (bias vector) des Ausgangstors |
| $BV_{it}$ | Buchwert (Book Value) je Aktie des Unternehmens $i$ im Zeitpunkt $t$ |
| $BW$ | Buchwert |
| $c_t^f$ | Dem Finanzvermögen zugeführte Mittel in Zeitpunkt $t$ |
| $c_t$ | Zellstatus |
| $\tilde{c}_t$ | Aktueller Zellstatus |
| $CF$ | Cashflow |
| $CF_{i,t}$ | Cashflow des Finanzinstrumentes $i$ in Zeitpunkt $t$ |
| $CFO$ | Operativer Cashflow |
| $CFO^{abnormal}$ | Abnormaler operativer Cashflow |
| $CFO^{normal}$ | Normaler operativer Cashflow |
| $CFO^{real}$ | Realisierter operativer Cashflow |
| $d$ | Integrationsordnung des ARIMA/ARFIMA Modells |
| $d_t$ | Dividendenzahlung in Zeitpunkt $t$ |
| $DA$ | Diskretionäre Periodenabgrenzungen (Discretionary Accruals) |
| $DCF_{i,t}$ | Diskontierte Zahlungsströme eines Finanzinstrumentes $i$ |
| $DEPR$ | Abschreibungen (Depreciation, Depletion and Amortization) |
| $Disk.A$ | Diskretionäre Ausgaben |
| $E_{it}$ | Gewinn (Earnings) je Aktie des Unternehmens $i$ im Zeitpunkt $t$ |
| $EAD_{i,t}$ | Im Verlust stehender Betrag (Exposure At Default) des Finanzinstrumentes $i$ im Zeitpunkt $t$ |
| $ECL$ | Erwarteter Kreditverlust (Expected Credit Loss) |
| $EK$ | Eigenkapital |
| $EK_{FTE}$ | Eigenkapitalwert nach dem FTE-Ansatz |
| $FCF$ | Free Cashflow |

| | |
|---|---|
| $FCF_{TCF}$ | Free Cashflow für den TCF-Ansatz |
| $FE$ | Prognosefehler |
| $FK$ | Fremdkapital |
| $G_t$ | Gewinn in Zeitpunkt $t$ |
| $GK$ | Gesamtkapital |
| $GV_{i,t}$ | Gesamtvermögen von Unternehmen $i$ in Zeitpunkt $t$ |
| $h_t$ | Ausgangswert |
| $i^{FK}$ | Fremdkapitalzinssatz |
| $i$ | Laufindex |
| $I^{Re}$ | Reinvestitionsauszahlungen |
| $i_t$ | Zinserträge in Zeitpunkt $t$ |
| $INV$ | Vorräte (Inventories) |
| $k$ | Verzögerungen (Lags) |
| $LGD_{i,t}$ | Verlustquote (Loss Given Default) des Finanzinstrumentes $i$ im Zeitpunkt $t$ |
| $M_{ij}$ | Momentenmatrizen der $Z_{it}$ |
| $MC$ | Marktkapitalisierung |
| $mtry$ | Anzahl zur Verfügung stehender Variablen |
| $n$ | Anzahl (Beobachtungen, Unternehmen, Variablen) |
| $n_{tree}$ | Anzahl der Entscheidungsbäume |
| $NA$ | Nicht-diskretionäre Periodenabgrenzungen (Non-discretionary Accruals) |
| $net_{in}$ | Gesamtinput des Eingangstors |
| $NI$ | Nettoeinkommen (Net Income) |
| $OI$ | Operativer Gewinn (Operating Income) |
| $p$-Wert | Signifikanzwert |
| $P$ | Marktwert des Eigenkapitals (Price) |
| $p$ | Anzahl der Zeitreihen (Dimension) eines VECM oder VAR Modells |
| $P_{it}$ | Aktienkurs (Price) des Unternehmens $i$ im Zeitpunkt $t$ |
| $PAY$ | Verbindlichkeiten aus Lieferungen und Leistungen (accounts payable) |
| $PD_{i,t}$ | Ausfallwahrscheinlichkeit (Probability of Default) des Finanzinstrumentes $i$ im Zeitpunkt $t$ |
| $PK$ | Produktionskosten |
| $PROV$ | Rückstellungen (Provision for Risks and Charges) |
| $q$ | Ordnung des Moving-Average Modells |
| $q_i$ | Diskontierungsfaktor des Finanzinstrumentes $i$ |
| $r$ | Kointegrationsrang |

| | |
|---|---|
| $R^2$ | Bestimmtheitsmaß einer Regression |
| $r_{EK}$ | Eigenkapitalverzinsung des unverschuldeten Unternehmens |
| $r_{EK}^v$ | Eigenkapitalverzinsung des verschuldeten Unternehmens |
| $r_{i,eff}$ | Effektiver Zinssatz des Finanzinstrumentes $i$ |
| $R_{it}$ | Vektoren der Residuen zur Berechnung des Kointegrationsvektors |
| $r_{WACC}$ | Gewichteter Kapitalkostensatz |
| $r_f$ | Risikolose Rendite |
| $r_i$ | Rendite eines Unternehmens $i$ im CAPM |
| $r_k$ | Diskontierungszinssatz |
| $r_m$ | Marktrendite |
| $r_{TCF}$ | Diskontierungszins des TCF-Ansatzes |
| $REC$ | Forderungen aus Lieferungen und Leistungen (Accounts Receivable) |
| $RG$ | Residualgewinn |
| $\widehat{RG}$ | Schätzer des Residualgewinnes |
| $RW$ | Random Walk |
| $s$ | Unternehmenssteuersatz |
| $S^{EK}$ | Steuerzahlungen bei fiktiver Eigenfinanzierung |
| $S_{ij}$ | Momentenmatrizen der Residuen $R_{it}$ |
| $SAV$ | Sachanlagevermögen |
| $SE$ | Standardfehler |
| $T$ | Beobachtungen einer Zeitreihe |
| $t$ | Zeitindex |
| $T_{ADF}$ | Teststatistik des Augmented-Dickey-Fuller Tests |
| $TA$ | Gesamte Periodenabgrenzungen (Total Accruals) |
| $tanh()$ | Hyperbeltangensfunktion |
| $trunc()$ | Trunkierung |
| $U$ | Umsatzerlöse |
| $U^c$ | Gewichtungsmatrix des neuen Zellstatus $\tilde{c}_t$ für den Wert der vorgelagerten Zelle $h_{t-1}$ |
| $U^f$ | Gewichtungsmatrix des Vergesstors für den Wert der vorgelagerten Zelle $h_{t-1}$ |
| $U^{in}$ | Gewichtungsmatrix des Eingangstors für den Wert der vorgelagerten Zelle $h_{t-1}$ |
| $U^{out}$ | Gewichtungsmatrix des Ausgangstors für den Wert der vorgelagerten Zelle $h_{t-1}$ |
| $UW_{APV}$ | Unternehmenswert nach dem APV-Ansatz |
| $UW_{TCF}$ | Unternehmenswert nach dem TCF-Ansatz |
| $UW_{WACC}$ | Unternehmenswert nach dem WACC-Ansatz |

| | |
|---|---|
| $V^f$ | Finanzielle Vermögenswerte |
| $V_{i,t}$ | Operatives Vermögen von Unternehmen $i$ in Zeitpunkt $t$ |
| $v_1^{SI}, v_2^{SI}$ | Variablen für sonstige Informationen im LIM |
| $\hat{v}_1^{SI}, \hat{v}_2^{SI}$ | Schätzer der Variablen für sonstige Informationen im LIM |
| $v_i$ | Eigenvektoren |
| $\widehat{v_i}$ | Schätzer der Eigenvektoren |
| $VE$ | Verkaufserlöse (Sales) |
| $W^c$ | Gewichtungsmatrix des neuen Zellstatus $\tilde{c}_t$ für die Eingangsgröße $x_t$ |
| $W^f$ | Gewichtungsmatrix des Vergesstors für die Eingangsgröße $x_t$ |
| $W^{in}$ | Gewichtungsmatrix des Eingangstors für die Eingangsgröße $x_t$ |
| $W^{out}$ | Gewichtungsmatrix des Ausgangstors für die Eingangsgröße $x_t$ |
| $w_i$ | Gewichte der Verbindungen zwischen den Knoten im KNN |
| $WC$ | Working Capital |
| $X'$ | Transponierte Matrix der erklärenden Variablen |
| $X$ | Matrix der erklärenden Variablen |
| $x_i$ | Erklärende Variable einer Regression |
| $x_t$ | Eingangsgröße der LSTM-Zelle |
| $X_t$ | Zeitreihe im ADF-Test |
| $y$ | Vektor abhängiger Variablen $y_1, \ldots, y_n$ |
| $Y$ | Vektor der Zeitreihen |
| $y_i$ | Abhängige Variable $i$ der Regression |
| $y_t$ | Abhängige Variable der Regression in Zeitpunkt t |
| $Y_t$ | Zeitreihe mit $t \in \mathbb{Z}$ |
| $y_t^f$ | Vergesstor |
| $y_t^{in}$ | Eingangstor |
| $y_t^{out}$ | Ausgangstor |
| $Z$ | Linearkombination aus $Y$ und $A$ |
| $Z_{it}$ | Hilfsvektoren zur Berechnung des Kointegrationsvektors |
| $z_t$ | Erklärende Variable in Zeitpunkt $t$ |

# Abbildungsverzeichnis


Abbildung 3.1 Schematische Darstellung eines Entscheidungsbaumes ... 148
Abbildung 3.2 Entscheidungsbaum mit der Zielvariablen $CFO_{t+1}$ ... 150
Abbildung 3.3 Schematische Abbildung eines vollständig verknüpften feedforward KNN zur Prognose des $CFO_t$ ... 154
Abbildung 3.4 LSTM-Zelle ... 160
Abbildung 3.5 Forschungsansatz Out-of-sample Prognose ... 170
Abbildung 4.1 Entwicklung von Periodenabgrenzungen in Deutschland und USA ... 212
Abbildung 4.2 Fehlerwerte der iterativen Prognose operativer Cashflows und Gewinne ... 217
Abbildung 4.3 Fehlerwerte der iterativen Prognose operativer Cashflows und Gewinne (USA) ... 223
Abbildung 5.1 Entwicklung diskretionärer Periodenabgrenzungen in Deutschland und USA ... 260
Abbildung 6.1 Schematische Darstellung des Residualgewinnmodells ... 299
Abbildung 6.2 Renditen zur Approximation von $r_f$ ... 325
Abbildung 6.3 Entwicklung der unveränderten und normalisierten Variablen des VECM (Deutschland) ... 326
Abbildung 6.4 Entwicklung der unveränderten und normalisierten normalisierten Variablen des VECM (USA) ... 327

# Tabellenverzeichnis


Tabelle 3.1 Methodik und Anwendungsfelder der empirischen Analyse ........ 168
Tabelle 3.2 Deskriptive Statistiken – Absolutwerte ........ 177
Tabelle 3.3 Deskriptive Statistiken – Normalisierte Werte ........ 178
Tabelle 4.1 Ermittlung des Free Cashflows gem. IDW S1 ........ 185
Tabelle 4.2 Regressionsmodell für $OI_t$ mit verzögerten Abgrenzungsposten (Deutschland) ........ 210
Tabelle 4.3 Regressionsmodell für $OI_t$ mit verzögerten Abgrenzungsposten (USA) ........ 210
Tabelle 4.4 Regressionsmodell für $CFO_t$ mit verzögerten Abgrenzungsposten (Deutschland) ........ 211
Tabelle 4.5 Regressionsmodell für $CFO_t$ mit verzögerten Abgrenzungsposten (USA) ........ 211
Tabelle 4.6 Cashflow- und Gewinnprognosen (Deutschland) ........ 214
Tabelle 4.7 Cashflow- und Gewinnprognosen (USA) ........ 218
Tabelle 4.8 Regressionsmodell für $OI_t$ (Deutschland) ........ 228
Tabelle 4.9 Regressionsmodell für $OI_t$ (USA) ........ 229
Tabelle 5.1 Regressionsmodell für $OI_t$ – Gruppe 1 ........ 262
Tabelle 5.2 Regressionsmodell für $OI_t$ – Gruppe 2 ........ 263
Tabelle 5.3 Regressionsmodell für $CFO_t$ – Gruppe 1 ........ 263
Tabelle 5.4 Regressionsmodell für $CFO_t$ – Gruppe 2 ........ 264
Tabelle 5.5 Jones Modell der Total Accruals $TA_{t-1}$ ........ 265
Tabelle 5.6 Regressionsmodell für $OI_t$ – Jones Modell Gruppe 1 ........ 266
Tabelle 5.7 Regressionsmodell für $OI_t$ – Jones Modell Gruppe 2 ........ 267

Tabelle 5.8 Regressionsmodell für $CFO_t$ – Jones Modell Gruppe 1 ... 267
Tabelle 5.9 Regressionsmodell für $CFO_t$ – Jones Modell Gruppe 2 ... 268
Tabelle 5.10 Prognosen *OI* – Aufteilung nach Höhe ... 271
Tabelle 5.11 Prognosen *CFO* – Aufteilung nach Höhe ... 271
Tabelle 5.12 Prognosen *OI* – Jones Modell Aufteilung ... 272
Tabelle 5.13 Prognosen *CFO* – Jones Modell Aufteilung ... 273
Tabelle 5.14 Regressionsmodell für $OI_t$ – Gruppe 1 (USA) ... 274
Tabelle 5.15 Regressionsmodell für $OI_t$ – Gruppe 2 (USA) ... 274
Tabelle 5.16 Regressionsmodell für $CFO_t$ – Gruppe 1 (USA) ... 275
Tabelle 5.17 Regressionsmodell für $CFO_t$ – Gruppe 2 (USA) ... 275
Tabelle 5.18 Jones Modell der Total Accruals $TA_{t-1}$ (USA) ... 276
Tabelle 5.19 Regressionsmodell für $OI_t$ – Jones Modell Gruppe 1 (USA) ... 277
Tabelle 5.20 Regressionsmodell für $OI_t$ – Jones Modell Gruppe 2 (USA) ... 277
Tabelle 5.21 Regressionsmodell für $CFO_t$ – Jones Modell Gruppe 1 (USA) ... 278
Tabelle 5.22 Regressionsmodell für $CFO_t$ – Jones Modell Gruppe 2 (USA) ... 278
Tabelle 5.23 Prognosen *OI* – Aufteilung nach Höhe (USA) ... 279
Tabelle 5.24 Prognosen *CFO* – Aufteilung nach Höhe (USA) ... 280
Tabelle 5.25 Prognosen *OI* – Jones Modell Aufteilung (USA) ... 281
Tabelle 5.26 Prognosen *CFO* – Jones Modell Aufteilung (USA) ... 282
Tabelle 6.1 Berechnung des operativen Vermögens ... 324
Tabelle 6.2 ADF Einheitswurzeltest – Deutsche Aktiengesellschaften ... 333
Tabelle 6.3 ADF Einheitswurzeltest – US-amerikanische Aktiengesellschaften ... 334
Tabelle 6.4 Johansen trace test auf kointegr. Beziehungen (Deutschland) ... 337
Tabelle 6.5 Johansen trace test auf kointegr. Beziehungen (USA) ... 337
Tabelle 6.6 1-Schritt out-of-sample Prognosefehler des Marktwertes ... 340
Tabelle 6.7 3-Schritt out-of-sample Prognosefehler des Marktwertes ... 341
Tabelle 6.8 Iterative out-of-sample Prognosefehler des Marktwertes ... 342
Tabelle 6.9 1-Schritt out-of-sample Prognosefehler des Residualgewinnes ... 344

Tabelle 6.10 3-Schritt out-of-sample Prognosefehler des Residualgewinnes . . . 345
Tabelle 6.11 Iterative out-of-sample Prognosefehler des Residualgewinnes . . . 346
Tabelle 6.12 1-Schritt out-of-sample Prognosefehler des Marktwertes (USA) . . . 347
Tabelle 6.13 3-Schritt out-of-sample Prognosefehler des Marktwertes (USA) . . . 348
Tabelle 6.14 Iterative out-of-sample Prognosefehler des Marktwertes (USA) . . . 349
Tabelle 6.15 1-Schritt out-of-sample Prognosefehler des Residualgewinnes (USA) . . . 351
Tabelle 6.16 3-Schritt out-of-sample Prognosefehler des Residualgewinnes (USA) . . . 351
Tabelle 6.17 Iterative out-of-sample Prognosefehler des Residualgewinnes (USA) . . . 352
Tabelle 6.18 Prognosen der durchschnittlichen *MC* und *RG* . . . 354
Tabelle 6.19 Prognosen der durchschnittlichen *MC* und *RG* je Rang . . . 356
Tabelle 6.20 Prognosen der individuellen *MC* und *RG* anhand der Mittelwerte je Rang . . . 358

# 1 Quantitative Prognosen in der Rechnungslegung

Die vorliegende Arbeit befasst sich mit der Erstellung von Prognosen für und mithilfe der Rechnungslegung, d. h. zur Ermittlung von Wertausweisen im Rahmen der Erstellung von Geschäftsberichten sowie zur Entscheidungsfindung durch die Adressaten der Rechnungslegung. Planungsprozesse und effizientes Wirtschaften erfordern Prognosen in etlichen Bereichen. Konkret sind in der Rechnungslegung insbesondere Zahlungsstromprognosen und die Unternehmensbewertung zu nennen, welche in hohem Maße von Prognosen abhängen.

Nachdem Prognosen von Zahlungsschwierigkeiten auf Basis der Rechnungslegung, z. B. in Form von Diskriminanzanalysen aufkamen, wurden auch Ergebnisse und Börsenkurse prognostiziert und Ergebnisse weltweit verwendet.[1] Zu neueren Verfahren, welche erst in den vergangenen Jahren aufgekommen oder umfangreich Anwendung fanden, gibt es in diesem Kontext bisher nur wenig Erkenntnisse. Diese Arbeit knüpft an die altbekannte Problematik der Ergebnis- und Zahlungsstromprognose an, welche ihrerseits durch die Annäherung an die internationale Rechnungslegung an Bedeutung gewinnt, indem quantitative Prognoseerstellungen methodisch vielfältig evaluiert werden. Sie soll weiterhin ein Bewusstsein für die Bedeutung von Prognosen in Abschlüssen einzelner Unternehmen und Konzernen schaffen.

BALLWIESER (2019) setzt sich mit den zahlenmäßig vorherrschenden, methodischen Ansätzen der Forschung zur Rechnungslegung auseinander. Dies sind der empirisch-positivistische und der normative Ansatz.[2] Über die vergangenen Jahre und Jahrzehnte ist eine starke Zunahme empirischer Arbeiten und eine Verdrängung normativer Ansätze zu erkennen, sodass in wissenschaftlichen Zeitschriften beinahe

---

[1] Vgl. BUSSE VON COLBE (1993), S. 15, beispielsweise in Form von Gewinnen je Aktie oder Kurs-Gewinn-Verhältnissen.

[2] Vgl. BALLWIESER (2019), S. 171.



L. B. Heidbrink, *Quantitative Prognosen in der externen Unternehmensrechnung*,
https://doi.org/10.1007/978-3-658-47506-2_1

ausschließlich empirisch-positivistische Arbeiten zu finden sind.[3] Die vorliegende Arbeit verfolgt ebenfalls einen empirischen Ansatz, ist jedoch nicht ausschließlich in diesem Bereich angesiedelt. So werden auch methodische Vorgaben untersucht und deren Auswirkungen betrachtet. Unter Betrachtung typischer Definitionen weist die Arbeit Bestandteile beider Ansätze auf.[4] Es wird ein Methodeninstrumentarium genutzt, um kausale Zusammenhänge aufzudecken und die Zweckmäßigkeit der Rechnungslegung zu überprüfen. Darüber hinaus werden Empfehlungen zu wünschenswerten Eigenschaften der Finanzberichterstattung ausgesprochen, was der normativen Forschung auf Basis von Werturteilen zuzuordnen ist. Die Arbeit wirft verschiedene Modellierungs- und Ausweisalternativen in Bezug auf Prognosebestandteile auf und stellt deren Vor- und Nachteile dar.[5]

Die in ERNSTBERGER und WERNER (2015) dargelegte vorherrschende Kritik einer durch zunehmend empirische Forschung verursachten Divergenz zwischen Praxis und Wissenschaft trifft auf diese Arbeit nicht zu. Die Prognose von Zahlungsmittelüberschüssen ist, wie ausführlich dargelegt, für Rechnungsleger und Adressaten von Geschäftsberichten relevant. Für das praktische Problem von Unternehmensbewertungen nimmt sie die zentrale Rolle ein. Die empirische Evaluation von Prognosemethoden für künftige Cashflows und Gewinne ist damit eindeutig von praktischer Relevanz. Es werden konkrete methodische Empfehlungen ausgesprochen und Hinweise zu der zweckoptimalen Ermittlung von Bewertungsparametern gegeben.[6]

## 1.1 Problemstellung und Abgrenzung des Themenbereichs

Die Jahresabschlussanalyse verfolgt grundsätzlich zwei Fragestellungen. Erstens die Frage nach der optimalen Nutzung von Jahresabschlussdaten zur Unternehmensbewertung und Prognose der Unternehmensentwicklung bzw. der Profitabi-

[3] Vgl. BALLWIESER (2019), S. 172, 184. BALLWIESER (2019) schreibt, es sei „zwar nicht unmöglich, aber sehr schwer“, ohne empirisch-positivistische Arbeiten in hochrangige Zeitschriften zu gelangen. Für eine kritische Auseinandersetzung mit der Entwicklung der Forschung zur Finanzberichterstattung siehe auch ERNSTBERGER und WERNER (2015).

[4] Vgl. ERNSTBERGER und WERNER (2015), S. 383 m. w. N.

[5] Vgl. dazu die Ausführungen zu guter Forschung im Bereich der Finanzberichterstattung in MATTESSICH (1995), S. 260 und BALLWIESER (2019), S. 176.

[6] Damit werden Aspekte normativ-konzeptioneller sowie empirisch-positivistischer Forschung vereint und schließlich ein Erkenntnisgewinn für Wissenschaft und Praxis erzielt. Vgl. auch ERNSTBERGER und WERNER (2015), S. 392 f.

lität. Zweitens steht die Aufdeckung von Marktineffizienzen im Fokus der Untersuchungen, welche häufig auf psychologische Phänomene zurückzuführen sind. Beispielhaft sei das Herdenverhalten zu nennen, welches an Kapitalmärkten, insbesondere unter institutionellen Investoren zu beobachten ist.[7] Diese Arbeit beschäftigt sich mit der Prognose von Residualgrößen wie ausgewiesenen Gewinnen und Cashflows oder Verhältnisgrößen. Bisher gibt es für viele theoretische Konzepte in der Abschlussanalyse keine empirischen Belege und es ist grundsätzlich nicht klar, welche Erfolgs- oder Profitabilitätsgröße in Geschäftsberichten am besten zur Prognose der künftigen Leistungsfähigkeit geeignet ist.[8] Diese Arbeit trägt dazu bei, einen Leitfaden für die zweckbestimmte Nutzung von Unternehmensabschlussdaten zu geben, um bestmögliche Prognosen über die Entwicklung von Vermögen und Profitabilität zu erstellen.

Die Arbeit widmet sich damit Prognosen in der Rechnungslegung und Unternehmensrechnung. Thematisiert werden insbesondere vorliegende Prognoseanforderungen der handelsrechtlichen und internationalen Rechnungslegung sowie methodische Aspekte der Prognoseerstellung in den jeweiligen Bereichen. Grundsätzlich beziehen sich Prognosen in der Rechnungslegung auf zwei verschiedene Problemstellungen. Einerseits wird die Bonität von Unternehmen analysiert, andererseits werden künftige Residualgrößen wie Cashflows, Gewinne oder sonstige Ergebnisgrößen prognostiziert. Bonitätsanalysen haben somit das Ziel, eine Grundgesamtheit von Unternehmen in gute (solvente) und schlechte (insolvente oder insolvenzgefährdete) Unternehmen zu teilen. Typische Herangehensweisen sind Diskriminanzanalysen oder Score-Größen wie beispielsweise das Altman Z-score Modell.[9] Große Bekanntheit genießt zudem das Baetge-Bilanz-Rating[10], welches die Einteilung in solvente und insolvenzgefährdete Unternehmen mithilfe von künstlichen neuronalen Netzen vornimmt. Diese Arbeit ist von Bonitätsanalysen abzugrenzen, da sie sich insbesondere der Prognose künftiger Zahlungsströme und Residualgrößen widmet, welche für interne und externe Anspruchsgruppen in vielerlei Hinsicht von Bedeutung sind. Anknüpfungen an Bonitätsanalysen ergeben sich jedoch beispielsweise durch die Thematisierung der Ermittlung von Ausfallwahrscheinlichkeiten im Rahmen des International Financial Reporting Standard (IFRS) 9.

---

[7] Vgl. YOHN (2020), S. 3164, 3176.

[8] Vgl. YOHN (2020), S. 3168.

[9] Vgl. ALTMAN (1968). Das Verfahren der Diskriminanzanalyse beschreibt LACHNIT und MÜLLER (2017), S. 64–69.

[10] Welches aufgrund des verwendeten Backpropagation-Algorithmus sowie 14 genutzten Kennzahlen zur Unterscheidung der Unternehmen auch BP-14 genannt wird. Vgl. BAETGE (1998); LACHNIT und MÜLLER (2017), S. 70 für einen Überblick über die Kennzahlen.

Den Hauptteil der Arbeit stellt jedoch die Prognose von Zahlungsmittelüberschüssen dar, welche insbesondere für Bewertungsverfahren von zentraler Bedeutung ist. Dazu kommen verschiedene Methoden zum Einsatz, welche in Kapitel 3 grundlegend beschrieben werden. Die verwendeten Methoden werden anschließend auf verschiedene Prognoseprobleme angewandt und im Hinblick auf ihre Genauigkeit und die Nachvollziehbarkeit der Ergebnisse evaluiert. Abschnitt 3.6 gibt einen Überblick über die verschiedenen Methoden und Anwendungen. Diese Arbeit legt den Fokus auf quantitative, nachvollziehbare Methoden. Aufgrund von immer stärker in den Vordergrund tretenden immateriellen Vermögenswerten als Erfolgsfaktoren[11] von Unternehmen geforderte, umfangreichere Berichterstattungen stehen dazu in keinem Spannungsverhältnis.[12] Diese sind qualitativ, eröffnen etliche Ermessensspielräume und sind daher in quantitativen Modellen nur schwierig zu berücksichtigen. Daher werden sie in dieser Arbeit nicht weiter betrachtet, können jedoch maßgeblich zur allgemeinen Qualität von Berichterstattungen beitragen. Sie können für sog. strategische Bilanzanalysen genutzt werden, um die Wettbewerbsposition, Erfolgspotenziale sowie Chancen und Risiken aufzudecken.[13] Ein daraus resultierendes Scoring beispielsweise könnte wiederum in den hier betrachteten quantitativen Modellen berücksichtigt werden. Dafür bedürfte es jedoch einer intensiven Auseinandersetzung mit jedem einzelnen Geschäftsbericht und objektiven Beurteilungskriterien oder maschinellen Textanalysen. Beide sollen kein Bestandteil dieser Arbeit sein, bilden selbst jedoch erfolgversprechende Forschungsgebiete.

Die behandelten Methoden finden in Bezug auf Ergebnis- und Zahlungsstromprognosen bisher nur sporadisch Anwendung und es fehlen ausgiebige Evaluationen. Diese sind besonders vor dem Hintergrund der fortschreitenden Internationalisierung der Rechnungslegungsvorschriften relevant, welche durch ihre Orientierung an der Informationsnützlichkeit für Investoren mit einer stärkeren Zukunftsorientierung und damit gestiegenen Prognoseanforderungen einhergehen. Die Arbeit trägt dazu bei, diese Forschungslücke zu schließen. Nach einer Beurteilung der Genauigkeit und Nachvollziehbarkeit verschiedener Methoden, werden Empfehlungen zur Erstellung zweckoptimierter Prognosen abgegeben. Die Anwendung entsprechender quantitativer Methoden hat das Potenzial mit der Genauigkeit und Nachvollziehbarkeit letztlich die Qualität der Finanzberichterstattung und das Vertrauen der Adressaten zu steigern.

---

[11] Dies entspricht dem ressourcenorientierten Ansatz. Vgl. SCHNEIDER (1997b), S. 60 f., 509.

[12] Vgl. zu dieser Forderung BEATTIE, MCINNES und FEARNLEY (2004), S. 206 m. w. N. Die Abbildungn dieser Vermögenswerte ist im Sinne des resourcenorientierten Ansatzes unerlässlich.

[13] Vgl. COENENBERG, HALLER und SCHULTZE (2021), S. 1087.

Die Untersuchungen sind im weiteren Sinne dem Bereich der Bilanzanalyse zuzuordnen. Diese kann jedoch grundlegend anhand des gewählten Instrumentariums in die kennzahlenorientierte und neuere Ansätze unterteilt werden. Diese Arbeit befasst sich mit neueren Verfahren der Bilanzanalyse, zu der auch Diskriminanzanalysen oder das Baetge-Bilanz-Rating gehören.[14] Es werden jedoch keine Kreditwürdigkeitsprüfungen und Ratings vorgenommen, bei denen Unternehmen verschiedenen Gruppen zugeordnet werden. Vielmehr werden Zahlungsströme, Gewinne und andere Zeitreihen als reelle Zahlen prognostiziert. Zu unterscheiden ist die Arbeit von Betriebs- bzw. Unternehmensanalysen, welche voraussetzen, dass zusätzlich unternehmensinterne Daten verwendet werden.[15] Gemeinsamkeit mit der Bilanzanalyse besteht hinsichtlich der Auswertung von Unternehmensinformationen und der Analyse retrospektiver Informationen zur Beurteilung des künftigen Erfolgspotenzials.[16] Es erfolgt eine finanz- und erfolgswirtschaftliche Bilanzanalyse, wobei die künftige Ertragskraft im Vordergrund steht.[17] Auch die klassische Bilanzanalyse mündet in aller Regel in Prognosen, da Entscheidungen auf Basis der Erkenntnisse aus Kennzahlenanalysen getroffen werden.[18]

## 1.2 Forschungsfrage und Relevanz im Kontext

Die Zukunftsorientierung der Rechnungslegung nach internationalen Rechnungslegungsstandards schreitet seit Jahren voran und betrifft, durch die handelsrechtliche Anwendungsverpflichtung für den Konzernabschluss kapitalmarktorientierter Mutterunternehmen, Kapitalgesellschaften und große Personengesellschaften.[19] Vor diesem Hintergrund kann die Zielsetzung der Arbeit auf zwei Ebenen beschrieben werden. Zuerst werden Defizite innerhalb der Rechnungslegungsvorschriften identifiziert und beschrieben. Sie umfassen insbesondere wenig nachvollziehbare, häufig subjektive Bewertungen, welche Daten der Finanzberichterstattungen ver-

[14] Zur kennzahlenbasierten Bilanzanalyse vgl. COENENBERG, HALLER und SCHULTZE (2021), S. 1093 f. sowie Kapitel 18 und 19; KÜTING und WEBER (2015), S. 51, 363; BAETGE (1998).

[15] Vgl. COENENBERG, HALLER und SCHULTZE (2021), S. 1085; KÜTING und WEBER (2015), S. 61 zeigt ein Beispiel eines Kennzahlensystems, welches unternehmensinterne Daten nutzt.

[16] Vgl. COENENBERG, HALLER und SCHULTZE (2021), S. 1085, 1090; WOHLGEMUTH (2007), S. 9.

[17] Vgl. COENENBERG, HALLER und SCHULTZE (2021), S. 1089.

[18] Vgl. KÜTING und WEBER (2015), S. 84; COENENBERG, HALLER und SCHULTZE (2021), S. 1301.

[19] Vgl. § 315e Absatz 1 und 2 HGB i. V. m. § 11 Absatz 6 Nr. 2 PublG. Von der Regelung sind beispielsweise auch eingetragene Genossenschaften betroffen.

zerren können und mit einer Minderung der Glaubhaftigkeit dieser Ausweise einhergehen. Anschließend wird Verbesserungspotenzial aufgedeckt und Methoden betrachtet, welche objektive Prognoseerstellungen ermöglichen und dabei einfache Systeme in ihrer Genauigkeit übertreffen. Es lassen sich jedoch zahlreiche Forschungsfragen auf verschiedenen Betrachtungsebenen definieren, welche nach dem Grad ihrer Generalisierung differenziert werden können.

1. Metaebene: Sollten Gewinn- und Zahlungsmittelüberschussprognosen für die Anwendung von Barwertkalkülen modellgestützt auf Basis historischer Wertausweise ermittelt werden?
2. Makroebene: Wie sind einzelne Methoden anzuwenden und für welche Prognosezwecke sind sie geeignet?
3. Mikroebene: Auf der Mikroebene ergeben sich eine Reihe von Forschungsfragen. Wie schneiden die Methoden im Vergleich zu einfachen Verfahren ab? Welche Methoden könnten im Hinblick auf ihre Komplexität und Anforderungen der Rechnungslegung in der Praxis Anwendung finden? Können Prognoseergebnisse verbessert werden, indem Maßnahmen der Rechnungslegungspolitik berücksichtigt werden? Welche Unterschiede ergeben sich zwischen deutschen und US-amerikanischen Unternehmen?

Ad 1. Prognosen sind sowohl intern, in der Rechnungslegung, als auch extern, im Rahmen von Unternehmensbewertungen und Analystenbeurteilungen, von großer Bedeutung. Insbesondere dort, wo Barwertkalküle Anwendung finden, müssen sie erstellt werden. Es stellt sich die Frage, ob Prognosen modellgestützt erstellt werden können, um die Qualität von Abschlüssen zu steigern. Die Arbeit basiert auf der grundsätzlichen Annahme, dass quantitativ methodisch erstellte Prognosen wünschenswert sind. Sie sind eindeutig nachvollziehbar und steigern die Objektivität ausgewiesener Werte der Finanzberichterstattung sowie errechneter Unternehmenswerte. Es bleibt dennoch fraglich, ob der Informationsgehalt der Finanzberichterstattung unter Einbezug subjektiver Managementprognosen oder objektiver modellgestützter Prognosen höher ist. Weiterhin stellt sich die Frage, welche der verschiedenen Modelle besser als simple Extrapolationen sind.

Ad 2. Die verschiedenen Methoden werden grundlegend dargestellt und auf verschiedene Prognoseprobleme angewandt. Daraus lassen sich schließlich Erkenntnisse für die praktische Anwendung durch unternehmensexterne und -interne Anspruchsgruppen ableiten. Unter Beachtung der Grundsätze der Relevanz und Nachvollziehbarkeit wird die Eignung der Methoden jeweils durch ein- und mehrschrittige sowie iterative Prognoseverfahren evaluiert.

Ad 3. Auf der Mikroebene wird die Ausgestaltung der einzelnen Methoden untersucht und optimiert. Systematische Unterschiede zwischen deutschen und US-amerikanischen Unternehmen und den Systemen des Handelsgesetzbuches (HGB), der International Accounting Standards/International Financial Reporting Standards (IAS/IFRS) und der United States Generally Accepted Accounting Principles (US-GAAP) werden aufgedeckt und der Einfluss von Rechnungslegungspolitik analysiert. Bereits die Analyse der besonders zukunftsgerichteten Standards und Regelungen des HGB werden stets von der Forschungsfrage begleitet, ob ein stärkerer Fokus auf die Nachvollziehbarkeit ausgewiesener Werte gelegt und damit eine Abkehr von der fortschreitenden Zukunftsorientierung der Rechnungslegung angestrebt werden sollte. Die Betrachtung des Feltham-Ohlson Modells zur Unternehmensbewertung und dessen Erweiterung zur Ermittlung langfristiger Gleichgewichte mithilfe der Kointegration evaluiert residualgewinnbasierte Bewertungsverfahren. Es wird ebenfalls zur Prognose von Gewinnen und Cashflows genutzt sowie in Beziehung zu anderen Verfahren gesetzt. Weiterhin wird erneut die Stichprobe deutscher und US-amerikanischer Unternehmen verglichen, um Rückschlüsse auf den Informationsgehalt und die Entscheidungsnützlichkeit beider Systeme ziehen zu können.

Die Analyse von Abschlussdaten ist ein wichtiges Themenfeld sowohl für die Forschung als auch für die Praxis, welches für Wissenschaftler von großem Interesse sein sollte.[20] Eine hohe Praxisrelevanz ergibt sich aufgrund des Interesses von Investmentgesellschaften und Investoren, welche auf möglichst genaue Unternehmensbewertungen angewiesen sind. Die beschriebene Fokussierung der Ertragskraft steht im Einklang mit dem Ziel der IAS/IFRS-Rechnungslegung, möglichst entscheidungsrelevante Informationen aus Investorensicht zu liefern.[21] An der Ertragskraft sind besonders Investoren, aber auch Führungskräfte, konkurrierende Unternehmen und andere Anspruchsgruppen interessiert.[22] Die Forschung im Bereich der Abschlussanalyse zeigt auf, welche Posten in den Berechnungen berücksichtigt

[20] Vgl. Yohn (2020), S. 3164, 3181; Richardson, Tuna und Wysocki (2010), S. 444, 450.

[21] Vgl. Coenenberg, Haller und Schultze (2021), S. 1090.

[22] Vgl. Coenenberg, Haller und Schultze (2021), S. 25, 1089; IFRS Conceptual Framework 1.2, 1.5; IFRS RK.9 i. V. m. RK.10. Im weiteren Verlauf der Arbeit wird sowohl auf das von der EU übernommene Rahmenkonzept der IFRS (IFRS RK) sowie das internationale Rahmenwerk des IASB (IFRS Conceptual Framework) verwiesen. Konkret handelt es sich um das IFRS RK 2003 und das IFRS Conceptual Framework 2018.

werden sollten.[23] Derzeit beschäftigen sich nur wenige Forscher mit quantitativen Analysen von Abschlussdaten, sodass insgesamt wenige Erkenntnisse vorliegen und es viele Möglichkeiten für künftige Forschung gibt.[24] Weiterhin ist der Bereich für Standardsetzer und Gesetzgeber bedeutsam, um zielgerichtete Vorgaben für die Unternehmen zu entwickeln.[25]

Die vorliegende Arbeit richtet sich durch den Fokus auf die Prognose von Zahlungsströmen und Erfolgsmaßen an Investoren sowie aufgrund der Analyse ausgewählter Rechnungslegungsvorschriften des HGB und der IAS/IFRS an Rechnungsleger und Bilanzanalysten. Weiterhin ist sie für Gesetzgeber relevant, indem systematische Schwachstellen aufgezeigt werden. Die dargestellten Methoden bieten einen Ausweg aus einer schwindenden Nachvollziehbarkeit der Finanzberichterstattung[26] und sollten als Einschränkung ausufernder Ermessensspielräume, welche aus dem Vorantreiben prospektiver Wertausweise resultieren, berücksichtigt werden. Die Bilanzierung beizulegender Zeitwerte ist im Hinblick auf eine den tatsächlichen Verhältnissen entsprechende Vermittlung der Vermögens-, Finanz- und Ertragslage, sicher zielführend und seit Jahren nicht mehr fortzudenken. Die Eignung resultierender, ausgewiesener Werte zu Prognosezwecken könnte jedoch durch ihre tendenziell höhere Variabilität eingeschränkt sein. Eine Bestandsaufnahme zur Eignung verschiedener Methoden für die Prognose künftiger Gewinne und Zahlungsmittelüberschüsse soll Abhilfe schaffen, Unternehmensbewertungen verbessern und sie methodisch auf den Stand aktueller Forschung bringen.

Darüber hinaus werden Auswirkungen von Bilanz- bzw. Rechnungslegungspolitik auf methodengestützte Cashflowprognosen untersucht. Schon vor der weiten Verbreitung und Akzeptanz der internationalen Rechnungslegungsstandards in Deutschland, wurden Gestaltungsmöglichkeiten mit denen des Handelsrechts verglichen sowie Potenziale dieser analysiert. Schon zu dieser Zeit war klar, dass rechnungslegungspolitische Einflussnahmen nie gänzlich verhindert werden können und Ermessensspielräume notwendig sind.[27] Seither sind die Möglichkeiten zur Gestaltung der Rechnungslegung, insbesondere durch eine Zunahme prospektiver Wertausweise, gestiegen. Diese Zunahme wird beispielsweise durch die Bilanzierung

---

[23] Vgl. YOHN (2020), S. 3173.

[24] Vgl. YOHN (2020), S. 3164. Zudem S. 3174: „The limited history of research in this area results in great opportunities for the future"; Vgl. auch RICHARDSON, TUNA und WYSOCKI (2010), S. 450.

[25] Vgl. YOHN (2020), S. 3174. Vgl. dazu auch Abschnitt 2.7 der vorliegenden Arbeit.

[26] Vgl. LEV (2018), S. 465, 478. Bezüglich der dort aufgeführten losgelösten Entwicklung der Aktienmärkte und der Bedeutung immaterieller Vermögenswerte vgl. weiterhin LEV und GU (2016), S. 81–84; PELLENS u. a. (2021), S. 371.

[27] Vgl. FUCHS (1997), S. 291.

von beizulegenden Zeitwerten gem. IFRS 13 und die Bilanzierung von Finanzinstrumenten gem. IFRS 9 verursacht. Damit gewinnt die Rechnungslegungspolitik erneut an Bedeutung. Im Rahmen der (externen) Bilanzanalyse einzelner Unternehmen wird sie ausgiebig thematisiert und es werden beispielsweise Rückrechnungen zur Steigerung der Vergleichbarkeit vorgeschlagen. Auch gibt es eine Reihe von empirischen Ansätzen, um das Ausmaß von Einflussnahmen abzuschätzen.[28] Die Auswirkungen auf quantitative Erfolgsgrößenprognosen ist bisher allerdings kaum untersucht, jedoch für Praxis und Forschung gleichermaßen relevant. Die Arbeit schließt diese Forschungslücke und betrachtet verschiedene, klassische und innovative Methoden und ihre Eignungen.

## 1.3 Gang der Untersuchung

Im folgenden Kapitel (Zukunftsorientierung der Rechnungslegung) werden zuerst die Qualität sowie Anforderungen an Prognosen und die Finanzberichterstattung im Allgemeinen thematisiert. Dazu werden empirische Studien zur Qualität von Finanzberichterstattungen ausgewertet und deren Methodik beschrieben. Zudem werden Unterschiede zwischen der handelsrechtlichen und internationalen Rechnungslegung herausgearbeitet, um die Ergebnisse der folgenden empirischen Analysen korrekt interpretieren zu können. Insbesondere werden daraufhin wichtige Bereiche der Rechnungslegung aufgezeigt, für welche Prognosen vom Management zu erstellen sind. Es werden Prognosefelder aufgezeigt, welche in Anwendungsbereiche innerhalb der Rechnungslegung und mit Rechnungslegungsbezug unterteilt sind. Anwendungsbereiche innerhalb der Rechnungslegung beziehen sich auf die Wertausweise in Unternehmensabschlüssen, für welche im Unternehmen bzw. vom Management Prognosen zu erstellen sind. Es werden Anforderungen der handelsrechtlichen sowie internationalen Rechnungslegung nach IAS/IFRS dargestellt und miteinander verglichen. Anwendungsbereiche mit Rechnungslegungsbezug umfassen Unternehmensbewertungen und von Analysten erstellte Prognosen. Die stetige Ausweitung zukunftsorientierter Wertausweise unter gleichzeitiger Abkehr von der Bilanzierung historischer, eindeutig nachvollziehbarer Anschaffungs- und Herstellungskosten wird anhand konkreter Bilanzierungs- und Bewertungsvorschriften des HGB und der IAS/IFRS dargestellt.[29] Die jeweiligen Vorschriften und Standards werden im Hinblick auf ihr rechnungslegungspolitisches Potenzial analysiert. Dem

[28] Vgl. dazu Abschnitt 5.4.

[29] Der Zielkonflikt zwischen der Relevanz und der Verlässlichkeit von Abschlussinformationen wird in den Abschnitten 2.2, 2.6.1 und 2.8.5.2 weitergehend thematisiert.

Leser wird verdeutlicht, an welchen Stellen und mit welchen Mitteln innerhalb der Finanzberichterstattung Werte beeinflusst werden können. Beschrieben werden buchmäßige Einflussnahmen, welche gewinnerhöhend oder gewinnmindernd wirken können.[30] Die Arbeit erhebt dabei keinen Anspruch auf eine abschließende Darstellung der jeweiligen Regelungen und Standards sowie deren Ermessensspielräume. Sie gibt einen Überblick und zeigt bedeutsame Möglichkeiten der Einflussnahme auf. Das potenzielle Ausmaß derartiger Einflussnahmen ist nur schwer zu ermitteln und hängt neben der Motivation des Managements von der Bandbreite der Bewertungsparameter, wie beispielsweise der als plausibel anzunehmenden Diskontierungszinssätze ab. Die Auswirkungen einzelner Rechnungslegungsvorschriften sind somit auch bei Betrachtung einzelner Abschlüsse nicht immer ersichtlich und häufig nur aus Anhangangaben ableitbar. Im Falle der Fair Value Bewertung können die Auswirkungen mangels Angaben i. d. R. nicht vollständig aufgedeckt werden. Für die in dieser Arbeit verwendete, umfassende Stichprobe sind entsprechende Anpassungen und Rückrechnungen demnach nicht durchführbar. Diese Ermessensspielräume werden im weiteren Verlauf der Arbeit, insbesondere in Kapitel 5, in ihrer Gesamtheit quantifiziert, um sie in der Erstellung von Prognosen berücksichtigen zu können.

Kapitel 3 zeigt die im weiteren Verlauf angewandten Methoden und betrachteten Datensätze auf. Zuerst wird die Modellierung von Querschnittsdaten aufgegriffen und damit zu der Modellierung von Zeitreihendaten übergeleitet. Diese Abschnitte bilden die Grundlagen für die Darstellung der Kointegrationsanalyse, welche im Rahmen der Evaluation des Feltham-Ohlson Modells in Kapitel 6 genutzt wird. Als Alternative zu den herkömmlichen Verfahren werden weiterhin Random Forests und künstliche neuronale Netze beschrieben. Sie sollen als Vergleichsmaßstab dienen, indem sie auf die gleichen Problemstellungen wie die Regressions- und Zeitreihenansätze angewandt werden und damit im Hinblick auf ihre Nützlichkeit für die Prognoseerstellung innerhalb und außerhalb des Unternehmens untersucht werden. Die Ergebnisse geben letztlich Aufschluss darüber, welche der Methoden insbesondere für Cashflowprognosen zweckoptimale Ergebnisse liefern und die Fehlermaße minimieren. Für Fair Value Bewertungen, die extern nicht beobachtbare Inputs (Zahlungsreihen) benötigen, sowie Unternehmensbewertungen anhand der Discounted Cashflow (DCF) Verfahren oder Residualgewinnmethoden, können auf diese Weise die Methoden bestimmt werden, welche die besten Ergebnisse im Hinblick auf die Prognose der Zahlungsströme liefern. Eine über verschiedene Methoden ermittelte Bandbreite möglicher Unternehmenswerte kann so eingeschränkt und der Wert entsprechend präziser bestimmt werden. Das Kapitel dient als Einführung

[30] Auf sachverhaltsgestaltende Maßnahmen wird in Kapitel 5 eingegangen.

und Überblick, nicht jedoch als umfassende Grundlagendarstellung zu den verschiedenen Methoden. Es stellt damit keinen Anspruch auf Vollständigkeit, liefert jedoch Hinweise zu weiterführender Literatur. Der Fokus dieser Arbeit liegt auf der Anwendung der Methoden zur Erkenntnisgewinnung sowie Evaluation und Verbesserung bestehender Verfahren der Gewinn- und Zahlungsmittelüberschussprognose. Aufgrund der maßgeblichen Bedeutung der Prognose von Cashflows innerhalb der DCF-Verfahren und Gewinnen für Residualgewinnmethoden sind diese Erkenntnisse auch für den Bereich der Unternehmensbewertung bedeutsam.

Kapitel 4 thematisiert die Prognose von Cashflow- und Gewinngrößen. Dafür wird zuerst in die Residualgrößen der handelsrechtlichen und internationalen Rechnungslegung eingeführt sowie die Definition des vielfach verwendeten Free Cashflows ($FCF$) thematisiert. Es soll ein Überblick über die Nutzung von zahlungsstrombasierten und gewinnbasierten Größen gegeben werden. Anschließend erfolgt ein Literaturüberblick, welcher besonders auf häufig verwendete Prognosemodelle eingeht sowie Erkenntnisse und Kritik darlegt. Daraufhin erfolgen erste empirische Überprüfungen verschiedener Modelle. Gewinne und Cashflows werden durch klassische, häufig verwendete Modelle sowie durch Künstliche Neuronale Netze (KNN) und Random Forests modelliert und prognostiziert.

Kapitel 5 baut auf den Analysen des vorangegangenen Kapitels auf, indem ein typisches Regressionsmodell unter Beachtung rechnungslegungspolitischer Einflüsse auf seine Prognosegüte hin untersucht wird. Einführend werden die Folgen rechnungslegungspolitischer Einflüsse für die Unternehmensbewertung, wertorientierte Steuerung sowie Prognosen generell dargelegt. So werden Ausprägungen, Anreize und Maßnahmen der Rechnungslegungspolitik beschrieben. Daraufhin werden quantitative Ansätze zur Aufdeckung von Auswirkungen rechnungslegungspolitischer Maßnahmen vorgestellt. Dabei ist insbesondere das Modell von JONES (1991) sowie DECHOW, SLOAN und SWEENEY (1995) von Bedeutung. Es wird im weiteren Verlauf des Kapitels genutzt, um die Stichprobe der betrachteten Unternehmen anhand des Ausmaßes der Rechnungslegungspolitik in Gruppen einzuteilen. In einem zweiten Schritt werden die Auswirkungen auf Modellschätzungen sowie die darauf basierenden Prognosen bestimmt. Lässt sich ein signifikanter Einfluss der Ausprägungen des Jones Modells nachweisen, stellt das Ausmaß der Rechnungslegungspolitik einen Indikator für die Prognoseeignung von Abschlussdaten dar. So lässt sich bestimmen, mit welcher Genauigkeit die Gewinne und Cashflows eines Unternehmens prognostiziert werden können. Dies wiederum hat – durch die Bedeutung der zukünftigen Free Cashflows – einen maßgeblichen Einfluss auf die Unternehmensbewertung. Die Bandbreite potenzieller Unternehmenswerte kann z. B. für Unternehmen mit niedriger rechnungslegungspolitischer Beeinflussung, verkleinert werden. Die Auswirkungen von

Rechnungslegungspolitik werden anhand einer Stichprobe deutscher Unternehmen und einer Stichprobe US-amerikanischer Unternehmen analysiert.

Kapitel 6 befasst sich aufbauend auf die Analyse von Gewinnen und Cashflows, welche über die Zahlungsmittelüberschuss- oder Residualgewinnprognose mit den Barwertmethoden verknüpft sind, mit dem Bewertungsmodell von FELTHAM und OHLSON (1995) und damit der direkten Unternehmensbewertung. Nach einer kurzen Darstellung typischer Bewertungsverfahren wird die Nutzung von Cashflows und Gewinnen als zwei alternative Erfolgsgrößen sowie in der Praxis verbreitete Vorgehensweisen zur Schätzung bewertungsrelevanter Überschüsse behandelt. Weiterhin wird das Feltham-Ohlson Modell beschrieben und diskutiert. Im Rahmen der darauffolgenden Analyse wird die Spezifikation des Modells getestet. Weiterhin werden in der Literatur vorgeschlagene Anpassungen des Modells auf ihre Nützlichkeit untersucht. Zuletzt wird die Prognoseeignung des Modells anhand beider Stichproben analysiert, um die Eignung des Modells für Gewinnprognosen und die Unternehmensbewertung zu evaluieren.

Kapitel 7 fasst die wichtigsten Erkenntnisse der Arbeit zusammen. Der Erkenntnisgewinn dieser Arbeit in Bezug auf die beschriebenen Forschungsfragen wird zusammenfassend herausgestellt. So werden die Teilerkenntnisse der verschiedenen Untersuchungen zur Beantwortung der Forschungsfrage auf der Metaebene genutzt. Der Nutzen der Ergebnisse für die Wissenschaft und Praxis wird resümiert und Empfehlungen abgegeben. Gleichwohl werden aussichtsreiche, Erfolg versprechende Ansätze für künftige Forschungsprojekte aufgezeigt.

# 2 Zukunftsorientierung der Rechnungslegung

Voranschreitende Harmonisierungsbestrebungen führen zu einer gestiegenen Bedeutung prospektiver Wertausweise, welche Prognosen erfordern. Im Folgenden werden die Grundsätze der Rechnungslegungssysteme sowie Anforderungen an Abschlussinformationen und Prognosen beschrieben. Mögliche Messungen der Qualität von Wertausweisen und Prognosen werden ebenso thematisiert wie Vergleiche der Rechnungslegungssysteme und die Wertrelevanz von Abschlussinformationen. Daraufhin erfolgt eine Analyse der vielfältigen Prognosefelder der handelsrechtlichen und internationalen Rechnungslegung.

## 2.1 Notwendigkeit und Anwendungsgebiete von Prognosen

Die Information externer und interner Anspruchsgruppen sowie die Ausschüttungsbemessung sind die grundlegenden Zwecke der Rechnungslegung.[1] Sie erfordern die Erstellung von Prognosen, um relevante Informationen zu vermitteln und den Fortbestand des Unternehmens zu sichern. So sollen beispielsweise Investoren entscheidungsnützliche Informationen zur Verfügung gestellt werden und eine angemessene Ausschüttungspolitik verhindern, dass zu viel ausgeschüttet wird. Die Analyse von Prognosefeldern und Methoden zur Erstellung von Prognosen ist daher essenziell.

---

[1] Hier wird vereinfachend der handelsrechtliche Jahresabschluss angenommen. Vgl. die detailliertere Beschreibung der Zwecke der Rechnungslegung in Abschnitt 2.6.1.



L. B. Heidbrink, *Quantitative Prognosen in der externen Unternehmensrechnung*, https://doi.org/10.1007/978-3-658-47506-2_2

In der Rechnungslegung ist eine Abwendung von der Darstellung rein historischer Daten und damit die Fokussierung prospektiver Informationen zu beobachten.[2] Diese sollen dazu beitragen, dass Adressaten der Unternehmensabschlüsse künftige Chancen und Risiken eines Unternehmens besser abschätzen können und damit effiziente Anlageentscheidungen treffen können.[3] Schätzungen des Managements sind in etlichen Wertausweisen der Finanzberichterstattungen vorhanden und deren Bedeutung steigt stetig, beispielsweise durch die Ausweitung des Fair Value Accounting bzw. der Bilanzierung beizulegender Zeitwerte. Deren Auswirkungen auf die Qualität der Rechnungslegung sind weitestgehend unbekannt.[4] Diese Arbeit soll anhand von methodischen Vergleichen und einer Analyse kritischer Vorschriften und Praktiken zu einer Steigerung der Qualität beitragen sowie bei dem Leser ein Bewusstsein für die Dominanz von Managementschätzungen in der Finanzberichterstattung schaffen.

Die zu beobachtenden Entwicklungen der Rechnungslegung resultieren aus einer Annäherung an die internationale Rechnungslegung sowie einer damit verbundenen Stärkung der Informationsfunktion der Finanzberichterstattung. Intuitiv erscheint dieser Trend sinnvoll zu sein, da allein die künftige Entwicklung eines Unternehmens für Investoren und andere Anspruchsgruppen relevant ist. So ergibt sich beispielsweise der Wert eines Unternehmens nach den Standardverfahren der Unternehmensbewertung durch die Summe aller abgezinsten, zukünftigen Cashflows, die ein Unternehmen erzielt.[5] Rein vergangenheitsbezogenen Daten fehlt somit die Entscheidungsnützlichkeit für Abschlussadressaten, sodass Prognosen aufgrund ihrer Zukunftsbezogenheit im Rahmen der Entscheidungsfindung vorzuziehen sind.[6] Diese Überlegenheit prospektiver Informationen des Jahresabschlusses wird jedoch insbesondere durch die mangelnde Nachprüfbarkeit dieser Informationen eingeschränkt. Offensichtlich können prospektive Inhalte des Abschlusses nicht eindeutig nachvollzogen werden. Sie basieren auf Annahmen, welche je nach Prognosekontext unterschiedlich sein können, eröffnen damit grundsätzlich Möglichkeiten zur Rechnungslegungspolitik und mindern die Vergleichbarkeit von

---

[2] Vgl. Abschnitte 2.2, 2.6.1 und 2.8.5.2 zu der Relevanz und Verlässlichkeit dieser Ausweise.

[3] Vgl. SCHMALENBACH-GESELLSCHAFT FÜR BETRIEBSWIRTSCHAFT E. V. (2003); GELL (2012), S. 1; KÜHNBERGER (2014), S. 429.

[4] Vgl. DING u. a. (2020), S. 1098, 1128.

[5] Vgl. DRUKARCZYK und SCHÜLER (2015), S. 451 f.; KUHNER und MALTRY (2017), S. 78 f.; IDW S1.

[6] Vgl. SCHMALENBACH-GESELLSCHAFT FÜR BETRIEBSWIRTSCHAFT E. V. (2003), S. 106, Rn. 8.

Abschlüssen untereinander.[7] Dennoch ist die Entscheidungsnützlichkeit (‚decision usefulness') ein Kernpunkt der internationalen Rechnungslegung, woraus jedoch eine größere Bedeutung subjektiver Schätzungen resultiert.[8] Das Rahmenwerk des International Accounting Standards Board (IASB) hält dazu passend fest: „To a large extent, financial reports are based on estimates, judgements and models rather than exact depictions."[9]

Im Sinne der Vergleichbarkeit von Abschlüssen vollständig auf prognostizierte Werte zu verzichten, ist aufgrund der Entscheidungsnützlichkeit jedoch keine empfehlenswerte Alternative. Eine strickte Regulierung in Form von vorgegebenen Annahmen, welche Ermessensspielräume minimieren, scheint sinnvoll. Detaillierte, gesetzliche Methodenvorgaben könnten jedoch das einzelne Prognoseproblem vernachlässigen und damit zu Ineffizienzen in Bezug auf die Informationsvermittlung führen.[10]

Zum Ausweis historischer Werte bzw. zur Informationsfunktion von Unternehmensabschlüssen gibt SCHNEIDER (1997a) generell zu bedenken, dass sich diese auf die Übermittlung von Tatsachenwissen beschränke. Dieses wiederum würde für die Anwendung von Prognosemodellen und letztlich zur Entscheidungsfindung benötigt.[11] Daraus folgert er, dass eine Informationsfunktion nicht existent ist, wenn diese als Übermittlung von entscheidungsrelevantem bzw. zukunftsbezogenem Wissen verstanden wird. Prognosefähiges und entscheidungsrelevantes Wissen liefern letztlich nur Modelle, in welche neben Erwartungen über sonstige, fremde Ereignisse, Tatsachenwissen in Form von Abschlussinformationen als Anfangsbedingungen berücksichtigt werden.[12] Der Tatsache, dass Abschlussinformationen jedoch nicht mehr eindeutig, sondern ihrerseits aus Schätzmodellen und unter Berücksichtigung künftiger Erwartungen abgeleitet sind, tragen BAETGE, KIRSCH und THIELE (2017) Rechnung. Sie schlagen beispielsweise den Ausweis von Bandbreitenrückstellungen vor.[13] SCHNEIDER (1997a) schreibt weiterhin: „Jahresabschlüsse unterrichten

---

[7] Die Vergleichbarkeit wird beispielsweise im Rahmenkonzept der IAS/IFRS als Anforderung aufgefasst. Vgl. IFRS RK.39–42. Eine hohe Vergleichbarkeit von Abschlüssen ist wünschenswert, erhöht die Qualität bereitgestellter Informationen und ist zum Vorteil des berichtenden Unternehmens. Vgl. DE FRANCO, KOTHARI und VERDI (2011), S. 895, 926 f.

[8] Somit erfolgt weiterhin eine methodische Annäherung der externen Rechnungslegung an die gängigen Verfahren der Unternehmensbewertung. Vgl. KÜTING (2009), S. 833.

[9] IFRS Conceptual Framework 1.11. In dem in der EU geltenden Rahmenwerk ist diese Ausführung nicht enthalten.

[10] Vgl. Abschnitt 2.2 zu typischen Anforderungen an Prognosen.

[11] Vgl. SCHNEIDER (1997a), S. 200.

[12] Vgl. SCHNEIDER (1997a), S. 201.

[13] Vgl. BAETGE, KIRSCH und THIELE (2017), S. 142.

lediglich über Anfangsbedingungen, die beim Empfänger der Rechnungslegung aufgrund seiner Kenntnis von (bzw. Vermutung über) Finanzierungshypothesen das Deduzieren von Prognosen über Zielbeiträge erlauben. [...] Die Rechnungslegung informiert niemals über die Erwartungen selbst!“[14] Diese Prognosen führen je nach Annahmen an verschiedenste Fremdereignisse zu unterschiedlichen Ergebnissen.[15] Durch die im weiteren Verlauf dieses Kapitels aufgezeigten Prognoseanforderungen verschiedener Rechnungslegungsvorschriften wird deutlich, dass eine ausschließliche Vermittlung von Tatsachenwissen nicht mehr stattfindet. Die aufgezeigten Anforderungen an Unternehmensabschlüsse (beispielsweise durch die Berücksichtigung erwarteter Verluste durch den IFRS 9) verdeutlichen, dass eine Vermischung von Tatsachenwissen und Erwartungen respektive historischen und prospektiven Informationen stattfindet. SCHNEIDER (1997a) erwähnt weiterhin eine mangelnde Auseinandersetzung mit Finanzierungshypothesen, welche für den Informationsgehalt von Prognosen relevant sind.[16] Die in der Finanzberichterstattung enthaltenen Erwartungswerte beruhen ebenfalls auf derartigen Annahmen. Deutlich wird, dass der Bilanzanalyse eine gestiegene Bedeutung zukommt und Marktdynamiken stärkeren Einfluss auf ausgewiesene Werte der Finanzberichterstattungen haben.

Die Forderung nach einer verstärkten Publizierung zukunftsorientierter Daten geht mit der Gefahr einer absichtlichen Täuschung von Abschlussadressaten in Bezug auf künftige Chancen und Risiken einher.[17] Die Prognosepublizität kann den Informationsgehalt von Abschlüssen nur dann steigern, wenn die Möglichkeit vorsätzlicher Täuschung ausgeschlossen werden kann oder wenn zusätzlich Tatsachenwissen vermittelt wird.[18] Unter der Annahme, dass dies für Prognosen – selbst bei der Vorgabe konkreter Schätzmethoden und Herleitungen der Parameter – nicht abschließend möglich ist, sollte evaluiert werden, ob eine reine Vermittlung von Tatsachenwissen respektive historischen Daten sinnvoller sein kann. Abschlussleser bilden dann aus einer einheitlichen, für alle Adressaten gleichen Wissensgrundlage ihre eigenen Prognosen. SCHNEIDER (1997a) hebt jedoch die Notwendigkeit von Prognosen zur Wahrung des Gläubigerschutzes in der Rechnungslegung hervor.[19] Zudem besteht ein Wissensvorsprung institutioneller Investoren in Bezug auf Pro-

[14] SCHNEIDER (1997a), S. 202.

[15] Vgl. SCHNEIDER (1997a), S. 202.

[16] Vgl. SCHNEIDER (1997a), S. 202.

[17] Vgl. KÜTING und WEBER (2015), S. 418; SCHNEIDER (1997a), S. 395.

[18] Vgl. SCHNEIDER (1997a), S. 395.

[19] Hier in Bezug auf die Berechnung der Ausschüttungssperre und damit letztlich die Einhaltung des Gläubigerschutzprinzips. Vgl. SCHNEIDER (1997a), S. 117.

gnosemethoden und wirtschaftliche Entwicklungen, sodass das private Publikum bei dem Ausweis rein historischer Werte tendenziell benachteiligt würde.[20]

Dennoch können Prognosen in der Rechnungslegung die Relevanz ausgewiesener Abschlussinformationen steigern und besonders für Investoren wertvoll sein. Die Qualität derartiger Informationen wird jedoch maßgeblich durch das Management bzw. den Prognoseersteller, seine Methoden- und Parameterwahl, sowie seine persönlichen Anreize bestimmt. Prognosen gewinnen in der Rechnungslegung, beispielsweise durch den zunehmenden Gebrauch von beizulegenden Zeitwerten, stetig an Bedeutung.[21] Fraglich bleibt letztendlich, ob dieser starke Einbezug von Prognosen in die Rechnungslegung die Qualität ausgewiesener Werte verbessert.[22] Eine intensive Auseinandersetzung mit zweckbestimmten Prognosemethoden ist in dieser Hinsicht unerlässlich.[23]

Die Bedeutung von Datenanalysen im Bereich der Unternehmensrechnung ist durch stetig höhere Rechenkapazitäten bereits gestiegen und wird auch in Zukunft weiter an Bedeutung gewinnen. Aktuelle Entwicklungen wie die Einführung des European Single Electronic Format (ESEF) und damit die Finanzberichterstattung mittels Extensible Business Reporting Language (XBRL) wird vergleichende Analysen von Jahresabschlussdaten sowie die Zugänglichkeit zu diesen Daten erleichtern. Hinweise darauf, dass die digitale Finanzberichterstattung zum Abbau von Informationsasymmetrien und einer besseren Informationsvermittlung beiträgt, liegen bereits vor.[24] Das ESEF und die XBRL stellen wichtige Errungenschaften dar, welche der empirischen Forschung im Bereich der Rechnungslegung zuträglich sind. Über die in dieser Arbeit thematisierten Datenanalysen hinaus sind auch Anwendungen im Bereich des Controllings bzw. der Budgetierung denkbar.[25] Der Bereich Data Analytics generell kann beispielsweise Rechnungslegern und Managern bei der Aufdeckung von Ineffizienzen helfen und dazu beitragen, im Rahmen

[20] Vgl. SCHNEIDER (1997a), S. 395.

[21] LEV, LI und SOUGIANNIS (2010) sprechen von einer „ever-increasing prevalence of estimates in accounting data" (LEV, LI und SOUGIANNIS [2010], S. 779). Zudem weisen sie darauf hin, dass Schätzungen und Prognosen in der Rechnungslegung und Bewertungsprozessen allgegenwärtig sind sowie beinahe alle Posten der Bilanz und Gewinn- und Verlustrechnung zu einem für Investoren unbekannten Grad beeinflussen (Vgl. LEV, LI und SOUGIANNIS [2010], S. 804).

[22] Vgl. KÜHNBERGER (2014), S. 429.

[23] Vgl. LEV, LI und SOUGIANNIS (2010), S. 779.

[24] Vgl. beispielsweise LIU, LUO und WANG (2017); BALLWIESER (2019), S. 197 f. m. w. N. zu verschiedenen Studien.

[25] Diese Meinung vertreten beispielsweise auch REZAEE, DORESTANI und ALIABADI (2018), S. 194.

von Abschlussprüfungen fehlerhafte und betrügerische Ausweise und Handlungen aufzudecken.[26]

## 2.2 Anforderungen an zukunftsorientierte Wertausweise

Abschlüsse sollen grundsätzlich verschiedenen Qualitätsanforderungen entsprechen. Im HGB finden sich beispielsweise die Grundsätze ordnungsmäßiger Buchführung, welche zu einer glaubhaften Darstellung beitragen. Im Rahmenkonzept der IAS/IFRS Rechnungslegung finden sich ebenfalls qualitative Anforderungen an Abschlüsse. Insbesondere zur Relevanz und Verlässlichkeit bzw. glaubhaften Darstellung. Relevant sind Abschlussinformationen, wenn sie Entscheidungsnützlichkeit aufweisen.[27] Im Sinne des IASB sind Informationen entscheidungsnützlich, wenn sie zu einer besseren Einschätzung von Höhe, zeitlichem Anfall und der Sicherheit künftiger Cashflows beitragen.[28] Zu beachten ist jedoch die von der Entscheidungstheorie abweichende Definition von Entscheidungsnützlichkeit sowohl im internationalen als auch in dem von der EU übernommenen Rahmenkonzept der IAS/IFRS.[29] Demnach sind Informationen auch relevant, wenn sie Entscheidungen bestätigen, aber nicht ändern. In der Entscheidungstheorie wird von Entscheidungsnützlichkeit gesprochen, wenn eine Information bzw. ein Signal eine bestmögliche Entscheidung verändert.[30] Auch der Grundsatz der Vermittlung eines den tatsächli-

---

[26] Vgl. unter anderem REZAEE, DORESTANI und ALIABADI (2018); Für einen Überblick über Anwendungsfälle von Data Analytics in den Bereichen Financial Accounting, Auditing, Managerial Accounting, Tax und Fraud siehe SCHNEIDER u. a. (2015), Table 1.

[27] Vgl. FUCHS (1997), S. 76 f.; IFRS Conceptual Framework 2.5 sowie 2.6–2.19; IFRS RK.26. Im Rahmenkonzept des IASB werden die Eigenschaften ‚relevance' und ‚faithful representation' beschrieben, wobei letztere Eigenschaft zuvor ‚reliability' hieß. Vgl. BALLWIESER (2019), S. 178. Sie wird wiederum durch die Kriterien ‚complete', ‚neutral' und ‚free from error' definiert. Vgl. IFRS Conceptual Framework 2.13. Weitere Charakteristika relevanter (‚relevant') und glaubhaft dargestellter (‚faithful representation') Informationen finden sich im IFRS Conceptual Framework 2.24–2.36. Im europäischen Rahmenkonzept finden sich die Anforderungen der Verständlichkeit, Relevanz, Verlässlichkeit und Vergleichbarkeit. Vgl. IFRS RK.25–42. Die Relevanz wird durch die Kriterien der glaubhaften Darstellung, wirtschaftlichen Betrachtungsweise, Neutralität, Vorsicht und Vollständigkeit definiert. Vgl. IFRS RK.33–38. Das europäische Rahmenkonzept hat die Anforderungen damit weitreichender erläutert. Vgl. auch BUCHHOLZ (2016), S. 238. Es ist jedoch tautologisch, wenn Entscheidungsnützlichkeit durch Relevanz erklärt wird.

[28] Vgl. IFRS Conceptual Framework 1.3; IFRS RK.12, RK.15; KÜHNBERGER (2014), S. 429.

[29] Vgl. IFRS Conceptual Framework 2.7; IFRS RK.26.

[30] Vgl. BALLWIESER (2019), S. 177 f.

chen Verhältnissen entsprechenden Bildes der Vermögens-, Finanz- und Ertragslage stellt eine qualitative Anforderung dar.[31]

### 2.2.1 Relevanz vs. Verlässlichkeit ausgewiesener Daten

Zukunftsorientierte Wertausweise gelten aufgrund ihrer Bedeutung für Investoren als besonders relevant, sind jedoch weniger verlässlich als historische Daten, sodass ein Zielkonflikt zwischen diesen gewünschten Eigenschaften entsteht. Die Verlässlichkeit von Rechnungslegungs- bzw. Abschlussinformationen sollte stets hinterfragt werden. Grundsätzlich sollten die ausgewiesenen Informationen bereits intern validiert werden und durch das Testat eines Wirtschaftsprüfers letztlich als valide anzusehen sein. So zumindest werden Abschlüsse wohl von dem Großteil aller Nutzer verstanden.[32] Wie die folgend aufgezeigten Ermessensspielräume etlicher Standards jedoch erwarten lassen, ist ein Ausweis von Informationen, welche „frei von verzerrenden Einflüssen"[33] sind, nicht zwangsläufig gegeben. Ein gewisses Restrisiko bleibt gar für massive Verzerrungen tatsächlicher Verhältnisse bestehen, wie der Fall der Wirecard AG selbst für einen DAX-Konzern anschaulich verdeutlicht.[34] Der Tätigkeitsbericht der Deutschen Prüfstelle für Rechnungslegung (DPR) für das Jahr 2019 zeigt eine zuletzt ansteigende Fehlerquote von 20 % aller geprüften Abschlüsse im Jahr 2019. Die durchschnittliche Fehlerquote in den Jahren 2016 bis 2019 beträgt 16 %.[35] Von der DPR wurden Fehler und Ungenauigkeiten in Abschlüssen aufgedeckt, welche zuvor ein uneingeschränktes Testat erhalten haben.[36] Inzwischen gibt es die DPR nicht mehr und ihre Aufgabe übernimmt seit Beginn des Jahres 2022 allein die Bundesanstalt für Finanzdienstleistungsaufsicht.[37]

---

[31] Vgl. IAS 1.15; IFRS RK.46; §§ 264 Absatz 2, 297 Absatz 2 HGB.

[32] Dennoch entspricht die Erwartungshaltung der Öffentlichkeit bezüglich des Prüfungsumfangs und der Aussagekraft eines Bestätigungsvermerks nicht der Realität der Abschlussprüfung. Diese Diskrepanz wird als Erwartungslücke bezeichnet. Vgl. COENENBERG, HALLER und SCHULTZE (2021), S. 1048.

[33] Vgl. IFRS RK.31.

[34] Vgl. MCCRUM (2020).

[35] Vgl. DEUTSCHE PRÜFSTELLE FÜR RECHNUNGSLEGUNG (DPR) (2020), S. 3.

[36] Vgl. MEYER und BRAUN (2010), S. 1779; DEUTSCHE PRÜFSTELLE FÜR RECHNUNGSLEGUNG (DPR) (2020).

[37] Vgl. BUNDESANSTALT FÜR FINANZDIENSTLEISTUNGSAUFSICHT (2022).

### 2.2.2 Nachvollziehbarkeit und Prognoseprüfung

Die Nachvollziehbarkeit ausgewiesener Werte spielt insbesondere in der Abschlussprüfung eine bedeutende Rolle. Schließlich muss der Wirtschaftsprüfer den Abschluss testieren und kann Daten nur durch eine entsprechende Nachvollziehbarkeit als unverzerrt und werthaltig einstufen. An Bedeutung gewinnt die Anforderung der Nachvollziehbarkeit vor allem durch die zunehmende Internationalisierung der Rechnungslegung bzw. die stärkere Orientierung an den Informationsbedürfnissen von Investoren und prospektiven Wertausweisen an vielen Stellen im Jahresabschluss. Während historische Daten des Jahresabschlusses eindeutig auf ihre Korrektheit geprüft werden können, kann für Prognosen lediglich eine logische Wahrheit festgestellt werden. Diese bezieht sich auf ein zweckmäßiges Vorgehen und die Sinnhaftigkeit der getroffenen Annahmen. Eine Wahrheit im engeren Sinne lässt sich somit nie feststellen, wohl aber die Plausibilität von Prognosen und deren Prämissen.[38] Das Rahmenkonzept der vom IASB veröffentlichten IFRS fordert die Darstellung von Annahmen zu zukunftsbezogenen Informationen.[39] Nicht jedoch das von der EU wiedergegebene Rahmenkonzept.

Die eindeutige Nachvollziehbarkeit prognostizierter Werte im Jahresabschluss wäre ausschließlich unter Offenlegung aller getroffener Annahmen und bei entsprechenden fachlichen Kenntnissen des Abschlusslesers möglich. Diese Forderung wird in der entsprechenden Literatur erhoben.[40] Wann Annahmen jedoch als zweckmäßig und angemessen beschrieben werden können, bleibt eine zu klärende Frage, welche mit Subjektivität und Ermessensspielräumen einhergeht. Die folgenden Inhalte sollten bei einer Prognoseprüfung einbezogen und berücksichtigt werden:[41]

---

[38] Vgl. Schmalenbach-Gesellschaft für Betriebswirtschaft e. V. (2003), S. 109, Rn. 42, S. 111, Rn. 65 m. w. N.

[39] Vgl. IFRS Conceptual Framework 2.32.

[40] Vgl. Drobeck (1998), S. 139; zitiert nach Schmalenbach-Gesellschaft für Betriebswirtschaft e. V. (2003), S. 108, Rn. 37.

[41] Vgl. Schmalenbach-Gesellschaft für Betriebswirtschaft e. V. (2003), S. 109, Rn. 42 m. w. N., ISAE 3400 (früher ISA 810) sowie beispielhaft IDW PS 350 n. F.

- Kompetenz des Prognoseerstellers (fachlich und persönlich)[42]
- Datengrundlage zur Prognoseerstellung (hinsichtlich der Angemessenheit und Vollständigkeit)
- Annahmen (hinsichtlich der Relevanz und Zweckmäßigkeit)
- Prognoseverfahren (hinsichtlich der Angemessenheit und Plausibilität der Ergebnisse)

Die im weiteren Verlauf der Arbeit betrachteten Analysemethoden können als Ergänzung zu den üblichen Prüfungshandlungen von Prüfern genutzt werden und zusätzliche Erkenntnisse liefern.[43] Denkbar sind grundsätzlich – in der Prüfung sowie in der Rechnungslegung – auch Effizienzsteigerungen in der Auswertung von Daten des Rechnungswesens.[44] SCHNEIDER u. a. (2015) weisen darauf hin, dass ein größer werdender Anteil an Daten nicht direkt aus dem Rechnungswesen, sondern aus anderen Quellen stammt. Beispielhaft werden Webserverprotokolle, Daten sozialer Medien, Sensordaten und sog. Clickstream Daten auf Webseiten und in Programmen aufgelistet.

Der International Standard on Assurance Engagements (ISAE) 3400 regelt zudem die Prüfung prospektiver Informationen in Jahresabschlüssen. Die International Standards on Auditing (ISA) und ISAE werden vom International Auditing and Assurance Standards Board (IAASB) herausgegeben, welches wiederum ein Teil der International Federation of Accountants (IFAC) ist. Die ISA und ISAE unterscheiden sich unter anderem in der Stärke ihres Bezugs auf historische oder prospektive Informationen.[45] In Deutschland sind die ISA und ISAE bisweilen nicht verpflichtend anzuwenden, jedoch zum Teil implizit in den Prüfungsstandards

---

[42] Insbesondere in Bezug auf die Kenntnis von mathematisch-statistischen Verfahren. REZAEE, DORESTANI und ALIABADI (2018) schreiben mit Bezug auf Big Data von fortgeschrittenen analytischen Fähigkeiten in „data mining, deriving algorithms, and predictive analytics", welche von Prüfern benötigt würden. Big Data umfasst hier auch Abschlussdaten (vgl. REZAEE, DORESTANI und ALIABADI (2018), Table1, S. 184), welche nach anderen Definitionen des Begriffs nicht darunterfallen würden. Für einen Überblick über gängige Definitionen des Begriffs vgl. DORSCHEL (2015), S. 6–8. Diese basieren i. d. R. auf den vier Kriterien Volume, Velocity, Variety und Veracity. Da Abschlussdaten maximal quartalsweise zur Verfügung stehen, kann zumindest in der externen Verwendung der Unternehmensrechnung nach diesen Definitionen nicht von Big Data die Rede sein.

[43] Vgl. REZAEE, DORESTANI und ALIABADI (2018), S. 186 f. für weitere Literaturhinweise bezüglich der Nutzung von Big Data im Prüfungsprozess.

[44] Vgl. SCHNEIDER u. a. (2015); REZAEE, DORESTANI und ALIABADI (2018), S. 186.

[45] Vgl. INTERNATIONAL FEDERATION OF ACCOUNTANTS (IFAC) (2018), S. 4 zu der Struktur der diversen vom IAASB herausgegebenen Standards. Dort werden die ISA, ISAE und weiteren Standards ihren Anwendungsfeldern zugeordnet.

des IDW berücksichtigt. Eine direkte, verpflichtende Anwendung der ISA war ab dem Jahre 2020 vorgesehen.[46] Letztlich ist der Standard für Abschlusszeiträume ab Dezember 2021 anzuwenden. Dabei gelten die vom IDW übersetzten ISA [DE], welche die korrespondierenden IDW PS ablösen.[47]

Der ISAE 3400 unterscheidet explizit zwischen Prognosen (‚forecasts') und hypothetischen Projektionen (‚projections') und beschreibt Prüfungsverfahren für diese. Weiterhin bezieht sich der Standard nicht auf prospektive Finanzinformationen, die lediglich allgemein und erzählend („expressed in general or narrative terms") dargelegt werden.[48] Laut Definition des ISAE 3400 handelt es sich bei einer Prognose (‚forecast') um eine Aussage auf Basis bestmöglich geschätzter Annahmen,[49] wobei „bestmöglich" als „glaubhaft" und „überwiegend wahrscheinlich" zu interpretieren ist.[50] Somit sind alle zukünftigen, erwarteten Ereignisse und Maßnahmen in der Prognose zu berücksichtigen. Eine Projektion (‚projection') hingegen beruht zumindest teilweise auf hypothetischen Annahmen über die Zukunft. Das heißt auch solche künftigen Entwicklungen und Zustände, die nicht erwartet werden.[51] Der IASE stellt weiterhin klar, dass es sich bei Prognosen bzw. „prospective financial information" grundsätzlich um höchst subjektive Daten handelt, deren Erstellung erhebliche Ermessensspielräume eröffnet.[52]

Der Standard schreibt unter anderem vor, dass Prüfer ausreichend Hinweise dazu einholen sollten, dass die den Prognoseaussagen zugrundeliegenden, bestmöglich geschätzten Annahmen nicht unangemessen (‚unreasonable') sind und die Prognosen tatsächlich darauf beruhen.[53] Ebenso wird ein angemessener Ausweis, sowie die Konsistenz mit historischen Informationen gefordert.[54] Die zugrundeliegenden Annahmen sollen ebenfalls veröffentlicht werden.[55] Nur bei eindeutig unrealistischen Annahmen, fehlender Nachvollziehbarkeit sowie unangemessenen Annahmen fordert der Standard eine Nichtannahme bzw. den Rücktritt von der Prüfung.[56]

---

[46] Vgl. Gewehr und Moser (2018).

[47] Vgl. Wirtschaftsprüferkammer (WPK) (2020).

[48] Vgl. ISAE 3400 Rn. 1.

[49] Vgl. ISAE 3400 Rn. 4.

[50] Vgl. Gross und Amen (2003), S. 74 f., 78, 87.

[51] Vgl. IASE 3400 Rn. 5.

[52] Vgl. IASE 3400 Rn. 3.

[53] Vgl. ISAE 3400 Rn. 2.

[54] Vgl. ISAE 3400 Rn. 2.

[55] Vgl. ISAE 3400 Rn. 7.

[56] Vgl. ISAE 3400 Rn. 11, 30, 31.

Vorgegebene Prüfungshandlungen umfassen beispielsweise eine Beurteilung der Glaubhaftigkeit der Annahmen durch interne und externe historische Informationen und die im Rahmen der Prognoseerstellung berücksichtigten, zu ergreifenden Maßnahmen.[57] Ebenso sollte der Prüfer die Angemessenheit von Prognoseinformationen durch erneute Berechnung und Prüfung der Konsistenz der Einflussfaktoren sicherstellen.[58] Insbesondere in Bezug auf die Anwendung moderner, tendenziell komplexer Methoden zur Prognose verschiedenster Kennzahlen und Systeme wird ein erneutes Berechnen der Ergebnisse eine Schwierigkeit darstellen. Werden beispielsweise KNN für die Prognose einer Kennzahl wie einer Ausfallwahrscheinlichkeit verwendet, sind die komplexen Berechnungen nicht nachvollziehbar, wenngleich die Ergebnisse möglicherweise besser sind als bei Nutzung anderer Methoden. Bei vielen anderen, statistischen Methoden könnte diese Bedingung allein durch Offenlegung aller Parameter erfüllt werden. Generell werfen die allgemeingültigen Formulierungen des Standards viel Spielraum für die Darstellung prospektiver Informationen auf. Es finden sich keine konkreten Vorgaben zu Methoden, Kriterien und deren Gewichtungen. Damit wird zwar eine allgemeingültige Prüfungsleitlinie geschaffen, jedoch so wenig eingegrenzt, dass aus ihr keine maßgeblich höhere Vergleichbarkeit und Nachvollziehbarkeit von Unternehmensabschlüssen resultiert.

Teilweise werden die Rechnungslegungs- und Prüfungsanforderungen wie die der ISA bzw. ISAE als Hindernis für die Entwicklung von statistischen Analyseverfahren eingestuft.[59] Dennoch bieten Datenanalysen intern Effizienzsteigerungspotenziale in verschiedensten Bereichen. Zusätzlich können sie weitere Erkenntnisse und Plausibilitätsprüfungen für Abschlussprüfer bereitstellen. Die allgemeingültige Formulierung der aufgezeigten Rechnungslegungs- und Prüfungsstandards hat den Vorteil, dass sie die Methodenwahl von Unternehmen und Prüfern wenig einschränkt.

## 2.3 Qualität einer Prognose

Zur Beurteilung der Qualität einer Prognose muss berücksichtigt werden, dass Prognoseverfahren nur in Abhängigkeit von der spezifischen, zugrundeliegenden

[57] Vgl. ISAE 3400 Rn. 18.

[58] Vgl. ISAE 3400 Rn. 21.

[59] Vgl. ALLES (2015) zitiert nach REZAEE, DORESTANI und ALIABADI (2018), S. 186. Dort wird die Nutzung von Big Data thematisiert, wobei die Erkenntnisse hier auf verschiedene Datenverarbeitungsmethoden übertragen werden.

Problemstellung beurteilt werden können.[60] Im Folgenden sollen daher generelle Qualitätskriterien aufgezeigt werden, welche stets unter Berücksichtigung des jeweiligen Prognosezwecks betrachtet werden müssen.

Die Qualität einer Prognose kann insbesondere durch den Informationsgehalt sowie den Sicherheitsgrad einer Prognose bestimmt werden.[61] Der Informationsgehalt ist laut WILD (1974) wiederum definiert durch die Allgemeinheit, Präzision und Bedingtheit der Prognose. Des Weiteren haben die Qualität der Begründung und das Gewicht der Evidenzen einen Einfluss auf die Prognosequalität.[62] Eingeschränkt wird die Nützlichkeit und der Informationsgehalt von Abschlussinformationen insbesondere durch Unsicherheit und die geringe Abschätzbarkeit künftiger Ereignisse sowie durch bewusste Manipulationen.[63] So ist für die Schätzung künftiger Rückflüsse aus Pensionsrückstellungen – abhängig von der Anlage – letztendlich eine Prognose der Entwicklung sämtlicher Kapitalmärkte erforderlich. Aufgrund dessen sind Prognosehorizonte von vielen Jahren mit großer Unsicherheit verbunden, sodass in dieser Arbeit kurz- und mittelfristige Prognosehorizonte (von maximal drei Jahren) betrachtet werden.[64] Berücksichtigt man weiterhin die Möglichkeit von Manipulationen durch das Management[65] und die Tatsache, dass es für die meisten Abschlussadressaten ex ante beinahe unmöglich ist, Manipulationen eindeutig zu identifizieren und aufzudecken, werden die Einschränkungen des Informationsgehalts deutlich.[66] Auch interne Prognosen und Szenarioanalysen sind häufig nur über einen kurzen Zeitraum verlässlich. Umfangreiche Befragungen von Managern bzw. Chief Financial Officers durch GRAHAM (2022) zeigen, dass Unternehmen abhängig von der jeweiligen Branche nur über einen Horizont von circa zwei Jahren verlässlich planen können und viele Aspekte in Bezug auf die betriebliche Entwicklung bereits über einen Zeitraum von einem Jahr nicht verlässlich vorhergesagt werden können.[67]

---

[60] Vgl. BRETZKE (1975), S. 122.

[61] Vgl. WILD (1974), S. 138.

[62] Vgl. WILD (1974), S. 138 für die Wirkungsrichtungen der einzelnen Kriterien.

[63] Vgl. LEV, LI und SOUGIANNIS (2010), S. 780. Die schlechte Abschätzbarkeit wird dort unter anderem durch sich schnell ändernde Marktverhältnisse und technologische Veränderungen definiert.

[64] Vgl. LEV, LI und SOUGIANNIS (2010), S. 781.

[65] Vgl. Kapitel 5.

[66] Vgl. LEV, LI und SOUGIANNIS (2010), S. 781; Besonders viele Manipulationen betreffen laut Securities and Exchange Comission (SEC) den Ausweis von Rückstellungen. Vgl. beispielsweise DECHOW, SLOAN und SWEENEY (1996).

[67] Vgl. GRAHAM (2022), S. 21, 84. Tabelle A5.I. (S. 84) zeigt, dass die Prognosen vieler Kennzahlen um mehr als 20 % von den tatsächlichen Ausprägungen abwichen.

Im Rahmen seiner Definition von Qualitätskriterien für Prognosen geht WILD (1974) davon aus, dass es auch unter Verwendung von Prognosemodellen kaum möglich ist, Prognoserisiken als Wahrscheinlichkeiten anzugeben. Daraus leitet er die Bedeutung der aufgezeigten Kriterien zur Evaluation von Prognosen ab.[68] Seit dieser Erkenntnis haben sich mathematische, statistische Prognoseverfahren jedoch massiv weiterentwickelt und die Analyse großer Datenmengen ist durch aktuelle Rechenkapazitäten bereits der Standard. Dennoch bleibt ein Prognoserisiko schwer quantifizierbar. Zudem wird in aller Regel die Berücksichtigung von qualitativen Aussagen in Bezug auf die Zukunft gefordert, sodass die aufgezeigten, qualitativen Bewertungskriterien weiterhin von großer Relevanz sind.

Zwar würde die Vernachlässigung qualitativer Informationen zu einer besseren Nachprüfbarkeit der Prognoseaussage führen, jedoch würden damit relevante Informationen vernachlässigt und somit Verzerrungen herbeigeführt. So kann eine reine Extrapolation von Zeitreihen, wenngleich mathematisch korrekt, nur unter zusätzlicher Betrachtung qualitativer Einschätzungen über den weiteren Geschäftsverlauf zielführend sein. Eine reine Extrapolation eines Datensatzes kann damit nur befürwortet werden, wenn der Prognosegegenstand historisch eine qualitative Konstanz aufweist.[69] Für den weiteren Gang der Arbeit lässt sich daraus die Notwendigkeit des Einbezugs nicht quantitativ erfassbarer Daten ableiten.[70] Sie werden stets separat evaluiert und in der Entscheidungsfindung berücksichtigt werden müssen.

## 2.4 Qualität von Finanzberichterstattungen

Zur Qualität von Finanzberichterstattungen finden sich viele Studien.[71] Von großem Interesse ist die verbindliche Übernahme der internationalen Rechnungslegungsstandards und deren Auswirkungen auf die Qualität ausgewiesener Werte.[72] Die verpflichtende Anwendung der IAS/IFRS stellt eine der wichtigsten Änderungen in der Historie der Finanzberichterstattung dar.[73] Die Verlässlichkeit und Relevanz von Rechnungslegungsdaten ist für darauf basierende Prognosen von großer Bedeutung.

---

[68] Vgl. WILD (1974), S. 139 f.

[69] Vgl. BRETZKE (1975), S. 127.

[70] Vgl. BRETZKE (1975), S. 180. Zum Informationsgehalt von Prognosen generell siehe auch GALLINGER (1993), Abschnitt 3.4.

[71] Vgl. beispielsweise BEATTIE, MCINNES und FEARNLEY (2004); DASKE und GEBHARDT (2006).

[72] Vgl. dazu DASKE und GEBHARDT (2006).

[73] Vgl. DASKE, HAIL u. a. (2008), S. 1090.

Auf die Analysen dieser Arbeit hat die verpflichtende Anwendung der IAS/IFRS nach verschiedenen Tests nur marginale Auswirkungen und kann vernachlässigt werden. Grundsätzlich sind zudem Einschränkungen der Aussagekraft von Analysen der verpflichtenden Umstellung zu beachten.[74]

BEATTIE, MCINNES und FEARNLEY (2004) untersuchen Schilderungen in Geschäftsberichten und bewerten die Qualität anhand dieser. Sie versuchen Eigenschaften von Qualität in Bezug auf Geschäftsberichte zu identifizieren und beobachtbare, stellvertretende Indikatoren dafür zu finden. Als Messungen für die allgemeine Qualität sind verschiedenste Ansätze denkbar. So könnte der Umfang der Berichterstattung[75] zu verschiedenen Themen, Meinungen von Analysten oder die Vollständigkeit von geforderten, qualitativen Berichten wie der US-amerikanischen MD&A einen Anhaltspunkt für die Qualität liefern.[76]

BARTH, LANDSMAN und LANG (2008) evaluieren die Qualität von Rechnungslegungsdaten unter Anwendung der IAS/IFRS und anderen Rechnungslegungssystemen. Die Qualität von Rechnungslegungsdaten definieren sie durch die folgenden drei Merkmale, welche anschließend durch verschiedene Methoden wie beispielsweise mittels Regressionsanalysen getestet werden.[77]

1. Die Nutzung von Rechnungslegungspolitik (‚earnings management‘)
2. Die korrekte zeitliche Erfassung von Verlusten (‚timely loss recognition‘)
3. Die Ausprägung von Metriken der Wertrelevanz (‚value relevance metrics‘)

Im Verlauf dieser Arbeit werden insbesondere Auswirkungen der Rechnungslegungspolitik auf die Prognosegüte ausgewiesener Gewinne und Cashflows untersucht. Sie können durch verschiedene Modelle quantifiziert sowie in notwendige und diskretionäre Abgrenzungen unterteilt werden.[78] Den Einfluss von Rechnungslegungspolitik auf die Qualität der Finanzberichterstattung quantifizieren

[74] Vgl. Abschnitt 3.7.1.

[75] Dieser wird häufig im Verhältnis zu der Größe des Unternehmens und dem daraus resultierenden, erwarteten Umfang der Berichterstattung betrachtet.

[76] Vgl. BEATTIE, MCINNES und FEARNLEY (2004), S. 208–213, 230 f. für eine Übersicht verschiedener Ansätze.

[77] Vgl. BARTH, LANDSMAN und LANG (2008), S. 475.

[78] Vgl. Abschnitt 5.4.2.1.

BARTH, LANDSMAN und LANG (2008) durch die im Folgenden vereinfacht dargestellten vier Metriken.[79]

1. Varianz der Veränderung des Nettoeinkommens ($\Delta NI$, $NI$ = ,net income'). Dazu werden die Residuen einer Regression des $\Delta NI$ auf verschiedene andere Einflüsse genutzt, um diese Einflüsse zuerst herauszufiltern. Darunter sind der operative Cashflow, Marktwert, Verschuldungsgrad und weitere mithilfe der Gesamtvermögen normalisierte Regressoren.
2. Verhältnis der ersten Metrik (Varianz des $\Delta NI$) zur Varianz der Veränderung operativer Cashflows ($\Delta CFO$). Letztere wird ebenfalls zuerst um weitere Einflüsse bereinigt.
3. Korrelation von Periodenabgrenzungen (,accruals') und Cashflows. Es wird ebenfalls um verschiedene Faktoren bereinigt und die entstehenden Residuen betrachtet.
4. Häufigkeit des Ausweises hoher negativer Ergebnisse. Dazu wird untersucht, wie häufig das Verhältnis von ausgewiesenem Gewinn zum Gesamtvermögen unter einer bestimmten Schwelle liegt.

DASKE und GEBHARDT (2006) hingegen beurteilen die Qualität von Geschäftsberichten nicht anhand der Eigenschaften ausgewiesener Gewinne, sondern anhand von Beurteilungen verschiedener Wirtschaftszeitschriften, welche wiederum aus Expertenbefragungen stammen.[80] Damit beruhen die Beurteilungen jedoch auf rein subjektiven Wahrnehmungen. Sie finden eine signifikant gestiegene Qualität der Finanzberichterstattung durch die Übernahme der IAS/IFRS für Unternehmen in Deutschland, Österreich und der Schweiz.[81] Die Ergebnisse entsprechen damit denen von BARTH, LANDSMAN und LANG (2008). Ob sich daraus tatsächlich eine objektiv höhere Qualität der Finanzberichterstattung nach IAS/IFRS im Vergleich zum HGB ableiten lässt, bleibt fraglich. Weiterhin bleibt der Kritikpunkt einer geminderten Nachvollziehbarkeit der auf beizulegenden Zeitwerten basierenden Rechnungslegungssysteme aufgrund der Wertermittlungen anhand von Barwertkalkülen bestehen.

Grundsätzlich ist zu hinterfragen, ob strengere und umfangreichere Vorgaben die Qualität der Rechnungslegung erhöhen. Sie könnten insbesondere rechnungs-

---

[79] Vgl. BARTH, LANDSMAN und LANG (2008), S. 481–485. Metriken 1.–3. beziehen sich auf das Ziel einer Gewinnglättung, 4. auf das Erreichen von Gewinnzielen. Vgl. zur Quantifizierung der zeitlichen Verlusterfassung sowie der Wertrelevanz weiterhin S. 485 f. der zitierten Quelle.

[80] Vgl. DASKE und GEBHARDT (2006), S. 468 f.

[81] Vgl. DASKE und GEBHARDT (2006), S. 461, 494.

legungspolitische Ermessensspielräume verkleinern und letztlich zu relevanteren Informationen führen.[82] Dem entgegnen viele Autoren, dass striktere Regulierungen und damit einhergehende, kleine Ermessensspielräume zu einer Zunahme an Sachverhaltsgestaltungen[83] führen könnte.[84] Sachverhaltsgestaltungen verursachen wiederum tatsächliche Kosten im Unternehmen und damit reale Effizienzverluste. EWERT und WAGENHOFER (2005) argumentieren jedoch anhand eines modelltheoretischen Ansatzes, dass striktere Regulierungen grundsätzlich mit weniger Rechnungslegungspolitik und einer höheren Qualität der Berichterstattung einhergehen.[85] Gegen umfangreiche Ermessensspielräume spricht zudem der durch notwendige Erläuterungen gesteigerte Umfang der Berichterstattung. Weitere nichtfinanzielle Informationen und umfangreiche Erläuterungen und Berichte erschweren die Extraktion relevanter Informationen und damit effektive und systematische Prognosen.[86] Die Kosten für sämtliche Bewertungsaktivitäten steigen durch die schwierigere Informationsgewinnung.[87]

Relevant ist in dieser Arbeit letztlich die Prognoseeignung von Rechnungslegungsdaten, welche sicher auch ein Indikator für die allgemeine Qualität der Finanzberichterstattung ist. Ein direkter Vergleich von Prognosen auf Basis von Abschlüssen nach HGB und IAS/IFRS ist mangels geeigneter Vergleichsunternehmen nur mit großen Einschränkungen möglich.[88] Es kann jedoch grundsätzlich angenommen werden, dass Gewinne nach handelsrechtlichen Vorschriften geglättet werden und entsprechend weniger stark schwanken als nach internationalen Standards ausgewiesene Gewinne.[89] Diese potenziell geringere Verzerrung ausgewiesener Gewinne könnte ein Indiz für eine bessere Prognoseeignung handelsrechtlich ausgewiesener Gewinne sein. Möglicherweise sind langfristige Trends, welche für die Ermittlung künftiger Zahlungsströme beispielsweise in Unternehmensbewertungen besonders wichtig sind, so erkennbarer. Andererseits bringt die starke Shareholderorientierung

---

[82] Vgl. EWERT und WAGENHOFER (2005), S. 1101.

[83] Vgl. Abschnitt 5.1.

[84] Vgl. EWERT und WAGENHOFER (2005), S. 1102; SCHIPPER (2003), S. 68 mit Bezug auf; NELSON, ELLIOTT und TARPLEY (2002), S. 180, 197.

[85] Vgl. EWERT und WAGENHOFER (2005), S. 1101, 1115; DASKE, HAIL u. a. (2008), S. 1092.

[86] Vgl. HIRST und HOPKINS (1998), S. 47 f.

[87] Vgl. HIRST und HOPKINS (1998), S. 48.

[88] Vgl. dazu die Ausführungen in Abschnitt 2.5. Zudem besteht die im Weiteren betrachtete Stichprobe allein aus börsennotierten und damit zur Anwendung der IAS/IFRS verpflichteten Unternehmen. Vgl. Abschnitt 3.7.1.

[89] Vgl. HUNG und SUBRAMANYAM (2007), S. 652. Die dort durchgeführte, empirische Analyse stützt die Erwartung aufgrund der auf beizulegende Zeitwerte ausgerichteten internationalen Rechnungslegung und der starken Ausprägung des Vorsichtsprinzips im Handelsrecht.

der internationalen Rechnungslegung möglicherweise bessere Eigenkapitalbewertungen und informationsreichere Gewinnausweise, welche Unternehmensbewertungen vereinfachen könnten.

Für unternehmensindividuelle Prognosen könnten weiterhin Anpassungen der Wertausweise zur Korrektur rechnungslegungspolitischer Einflussnahmen die Qualität der Daten steigern. Im Rahmen dieser Arbeit können jedoch keine Anpassungen vorgenommen werden. Sie würden ein intensives Studium aller Geschäftsberichte erfordern, da nicht alle notwendigen Informationen in der Datenbank erfasst sind. Derartige Anpassungen sind lediglich bei der Betrachtung weniger einzelner Abschlüsse möglich. Doch Anpassungen sind auch problematisch, da nicht bekannt ist, ob sie die Aussagekraft tatsächlich erhöhen. Sie unterstellen, dass entsprechende Anpassungen zu Wertausweisen führen, welche denen der Rechnungslegungsvorschriften überlegen sind.[90] Eine Auswertung sämtlicher Anhangangaben geht zudem bereits bei der Analyse einzelner Geschäftsberichte mit großem Aufwand einher, sodass Anpassungen für den umfassenden Datensatz dieser Arbeit, trotz wesentlicher Angaben im Anhang, ausgeschlossen werden müssen.[91]

## 2.5 Auswirkungen der verpflichtenden Anwendung internationaler Rechnungslegungsstandards

Die verpflichtende Anwendung internationaler Rechnungslegungsstandards ab dem Jahr 2005 verfolgt das Ziel einer Verbesserung der Vergleichbarkeit kapitalmarktorientierter Unternehmen.[92] Sie betrifft damit alle in dieser Arbeit betrachteten Unternehmen der deutschen Stichprobe. Nachfolgend werden wichtige Auswirkungen und Forschungsergebnisse zu der Umstellung analysiert und im Hinblick auf die folgenden empirischen Analysen beurteilt.

### 2.5.1 Allgemeine Auswirkungen auf die Qualität der Finanzberichterstattung

Ob die verpflichtende Anwendung der IAS/IFRS zu einer höheren Qualität der Finanzberichterstattung führt, kann schon aufgrund etlicher Definitionen der Qua-

[90] Vgl. Coenenberg, Haller und Schultze (2021), S. 1102 f.

[91] Vgl. Wohlgemuth (2007), S. 86; Küting und Weber (2015), S. 263.

[92] Vgl. Europäische Union (EU) (2002), Rn. 1 sowie zur Vorteilhaftigkeit vergleichbarer Abschlüsse De Franco, Kothari und Verdi (2011), S. 926 f.

lität nicht eindeutig festgestellt werden.[93] Es ist jedoch davon auszugehen, dass dargelegte Informationen unabhängig von der allgemeinen Qualität der Berichterstattung nützlicher für den Adressatenkreis der Investoren geworden sind.[94] DASKE, HAIL u. a. (2008) finden insbesondere für Deutschland und andere Länder mit strikten Rechtssystemen und Rechnungslegungsvorschriften positive Effekte durch die verpflichtende Übernahme der internationalen Rechnungslegungsstandards. Sie drücken sich durch eine gesteigerte Marktliquidität, niedrigere Kapitalkosten und höhere Eigenkapitalwerte aus.[95] Auch andere Autoren finden derartige Vorteile und weisen auf die Bedeutung der jeweiligen Rechtssysteme der Länder hin.[96] Ähnliche Ergebnisse für Deutschland liefern HUNG und SUBRAMANYAM (2007) für die Eigenkapitalbuchwerte. Sie decken jedoch auch eine bedeutend höhere Variabilität von Buchwerten und Gewinnen unter IAS/IFRS auf.[97] Abgesehen von den Kapitalmarkteffekten und der Nützlichkeit für Investoren finden sich jedoch keine eindeutigen Hinweise auf eine Verbesserung der Qualität von Finanzberichterstattungen.[98]

Die Untersuchung von Unternehmen, welche die IAS/IFRS ab 2005 verpflichtend anwenden, basiert auf dem zuvor beschriebenen Differenz-von-Differenzen Ansatz und damit auf einem Vergleich der Gruppe von betroffenen Unternehmen und einer Kontrollgruppe (‚treatment and control group'‘).[99] Allerdings kann in diesem Fall keine gute Kontrollgruppe definiert werden, da alle vergleichbaren Unternehmen von der Regelung betroffen sind. So besteht die Kontrollgruppe in dieser Studie aus Unternehmen, welche nicht zur Anwendung der IAS/IFRS

[93] Vgl. Abschnitt 2.4.

[94] Der Fokus dieser Arbeit und damit der folgenden Ausführungen liegt auf der Finanzberichterstattung von Unternehmen. Darüber hinaus gibt es Hinweise auf eine durch die verpflichtende Anwendung der IAS/IFRS verursachte, international höhere Vergleichbarkeit der Textbestandteile von Geschäftsberichten. Vgl. LANG und STICE-LAWRENCE (2015), S. 116, 131. Sie ist als klarer Vorteil der verpflichtenden Anwendung internationaler Rechnungslegungsstandards zu werten.

[95] Vgl. DASKE, HAIL u. a. (2008), S. 1085, 1131 sowie S. 1118 für die Bewertung des Rechtssystems der jeweiligen Länder.

[96] Vgl. LANDSMAN, MAYDEW und THORNOCK (2012), S. 34, 53; DE GEORGE, LI und SHIVAKUMAR (2016), S. 898, 994; DEMMER, PRONOBIS und YOHN (2019), S. 1023.

[97] Vgl. HUNG und SUBRAMANYAM (2007), S. 623. Sie untersuchen Unternehmen, welche zwischen 1998 und 2002 auf die internationalen Rechnungslegungsstandards umgestellt haben.

[98] Vgl. DE GEORGE, LI und SHIVAKUMAR (2016), S. 994.

[99] Vgl. DASKE, HAIL u. a. (2008), S. 1105 sowie Abschnitt 3.7.1 der vorliegenden Arbeit.

verpflichtet wurden.[100] Bei diesen Unternehmen können jedoch systematische Unterschiede vorliegen, welche die entdeckten Effekte auslösen. Es liegt zumindest nahe, dass die beschriebenen Kapitalmarkteffekte nicht allein auf die Umstellung der Rechnungslegung zurückzuführen sind und es bleibt unbekannt, welche Einflüsse zusätzlich bestehen.[101] Aufgrund dieser unumgänglichen Unwägbarkeiten bei Anwendung der Differenz-von-Differenzen Methodik, wird in dieser Arbeit kein Vergleich von auf IAS/IFRS- und HGB-Abschlüssen basierenden Prognosen vorgenommen. In einer solchen Analyse müssten zwangsläufig systematisch verschiedene Unternehmen (solche, die zur Anwendung der internationalen Standards verpflichtet sind mit denen, die es nicht sind) oder verschiedene Zeitpunkte (die gleiche Stichprobe von Unternehmen vor und nach 2005 bzw. verpflichtender Anwendung der internationalen Standards) betrachtet werden. In beiden Fällen können nur vage Schlussfolgerungen gezogen werden und es verbleiben etliche alternative Ursachen für entdeckte Effekte.

Das Ziel der Verordnung ist eine verbesserte Vergleichbarkeit der Abschlüsse kapitalmarktorientierter Unternehmen in den verschiedenen Ländern.[102] Sie stellt ein weiteres Qualitätsmerkmal dar. Zweifelsfrei trägt die verpflichtende Anwendung der IAS/IFRS zu einer Vereinheitlichung bei. Wenngleich jedoch die länderübergreifende Vergleichbarkeit insgesamt zugenommen hat, können sprachliche und kulturelle Barrieren die Vergleichbarkeit trotz grundsätzlich gleicher Regelungen einschränken. Differenzen können durch die Übersetzungen in verschiedene Sprachen sowie kulturell verschiedene Interpretationen der verbalen Beschreibungen entstehen. Diese Differenzen sind in der Interpretation von Beschreibungen der Unsicherheit in den Standards sowie den verschiedenen Übersetzungen empirisch nachgewiesen.[103] Die betrachteten, verbalen Unsicherheitsbegriffe finden sich in

[100] Vgl. DASKE, HAIL u. a. (2008), S. 1131. Es wird angegeben, dass zum Teil mit Unternehmen verglichen wurde, welche die internationalen Standards noch nicht angewandt haben. Nach 2005 waren jedoch alle vergleichbaren Unternehmen zur Anwendung verpflichtet.

[101] Vgl. DASKE, HAIL u. a. (2008), S. 1132.

[102] Vgl. EUROPÄISCHE UNION (EU) (2002), Rn. 1.

[103] Vgl. DOUPNIK und RICHTER (2003), S. 15 sowie S. 20 für einen Überblick über die betrachteten Ausdrücke von Unsicherheit; DOUPNIK und RICHTER (2004), S. 1, 15.

verschiedenen Standards und betreffen ebenfalls die in Abschnitt 2.8.1 thematisierte, grundlegende Fortbestehensprognose.[104]

DOUPNIK und RICHTER (2003) decken Differenzen zwischen Urteilen in Bezug auf die Unsicherheit durch Wirtschaftsprüfer in den USA und Deutschland auf. Den direkt übersetzten Begrifflichkeiten ordnen die befragten Wirtschaftsprüfer signifikant unterschiedliche quantitative Wahrscheinlichkeiten zu.[105] Unterschiede werden jedoch nicht allein auf die Übersetzung, sondern insbesondere auf die verschiedenen Sprachkulturen zurückgeführt.[106] DOUPNIK und RICHTER (2004) erweitern ihre zuvor aufgezeigte Studie um eine Betrachtung der Begriffe im Kontext, d. h. in Bezug auf Schwellen für den Ansatz von Vermögenswerten oder Verbindlichkeiten.[107] Die Ergebnisse deuten erneut auf einen geringen Effekt der Übersetzung hin.[108] Es findet sich jedoch ein großer sprachkultureller Effekt, da Wirtschaftsprüfer aus den USA und Deutschland den gleichen verbalen Wahrscheinlichkeitsangaben signifikant unterschiedliche numerische Wahrscheinlichkeiten zuordnen. Dementsprechend beeinflusst die Kultur die Einschätzung von Wahrscheinlichkeiten, welche den verbalen Ausführungen in den Standards zugeordnet werden müssen. Dadurch kann es in den beiden betrachteten Ländern zu verschiedenen Ausweisentscheidungen kommen und die Vergleichbarkeit der Finanzberichterstattungen eingeschränkt sein.[109] Die Annahme und Berücksichtigung dieser Forschungsergebnisse hätte weitreichende Folgen. Um eine tatsächliche Vergleichbarkeit zwischen verschiedenen Ländern herzustellen, müsste auf verbale Beschrei-

---

[104] Vgl. beispielsweise IAS 37.13 f. (‚probable' bzw. ‚wahrscheinlich', wobei die Formulierung in diesem Standard durch IAS 37.23 dadurch konkretisiert wird, dass mehr dafür als dagegen sprechen muss), IAS 38.21, IFRS 9.5.7.1A (‚probable' bzw. ‚wahrscheinlich'), IFRS 9.6.3.3 (‚highly probable' bzw. ‚hochwahrscheinlich') und IAS 37.33 (‚virtually certain' bzw. ‚so gut wie sicher') in der internationalen sowie der von der EU gebilligten deutschen Fassung sowie DOUPNIK und RICHTER (2004), S. 16.

[105] Vgl. DOUPNIK und RICHTER (2003), S. 30, zu der Methodik und Datengrundlage S. 21–24 sowie insbesondere die Ergebnisse auf S. 26.

[106] Dennoch halten die Autoren fest, dass eine Übersetzung der Standards die beste Alternative ist. Die Interpretation und Differenzierung verschiedener Unsicherheitsbegriffe fällt Anwendern in der eigenen Sprache leichter. Vgl. DOUPNIK und RICHTER (2003), S. 30.

[107] Vgl. DOUPNIK und RICHTER (2004), S. 9 f. für die Stichprobe und deskriptive Statistiken sowie insbesondere S. 13 zu den Ergebnissen. Es handelt sich um einen vergleichbaren Versuchsaufbau, wobei ebenfalls Wirtschaftsprüfer aus den USA und Deutschland befragt werden.

[108] Dafür werden die numerischen Wahrscheinlichkeiten ausgewertet, welche deutsche Wirtschaftsprüfer den deutschen und englischen Begriffen zuordnen. Vgl. DOUPNIK und RICHTER (2004), S. 12.

[109] Vgl. DOUPNIK und RICHTER (2004), S. 13, 15 f.

bungen von Untersicherheit in den IAS/IFRS gänzlich verzichtet werden.[110] Da sich bis heute viele dieser Formulierungen in den Standards finden, könnte die konkrete Angabe numerischer Werte zu einer höheren Vergleichbarkeit verschiedener Länder beitragen.[111]

### 2.5.2 Auswirkungen auf die Prognosefähigkeit von Residualgrößen

Die verpflichtende Umstellung auf eine IAS/IFRS Rechnungslegung könnte ein potenzielles Problem im Rahmen der Betrachtung deutscher Unternehmen sein. Es werden Konzernabschlüsse börsennotierter Unternehmen betrachtet, welche in dem betrachteten Zeitraum ihre Rechnungslegung auf die internationalen Rechnungslegungsstandards umstellen mussten. Nur wenige Unternehmen haben bereits in den 1990er Jahren internationale Rechnungslegungsstandards oder US-GAAP verwendet. In diesen Fällen wurde auf freiwilliger Basis ein zusätzlicher Abschluss erstellt. Eine befreiende Wirkung hatte ein Abschluss nach internationalen Standards nicht. Mit dem Kapitalaufnahmeerleichterungsgesetz (KapAEG) wurde es kapitalmarktorientierten, deutschen Mutterunternehmen ermöglicht, einen Konzernabschluss nach IAS/IFRS oder US-GAAP aufzustellen, welcher von der Verpflichtung zur Aufstellung eines handelsrechtlichen Konzernabschlusses befreite. Durch die EU-Verordnung Nr. 1606/2002 mussten Konzernabschlüsse kapitalmarktorientierter Mutterunternehmen schließlich ab 2005 verpflichtend nach IAS/IFRS aufgestellt werden.[112] Der durch das KapAEG eingeführte § 292a HGB zur befreienden Wirkung eines Abschlusses nach internationalen Standards ist zu diesem Zeitpunkt bzw. mit der EU-Verordnung weggefallen. Wie zuvor bereits dargelegt wird der Systemwechsel ausgiebig analysiert und etliche Studien über dessen Auswirkungen und insbesondere Kapitalmarkteffekte veröffentlicht. Auch die Prognosefähigkeit der Abschlussdaten wird untersucht, wobei insbesondere eine höhere Genauigkeit von Analystenprognosen festgestellt wird und deren Ursache in einer gestiegenen Qualität der ausgewiesenen Daten gesehen wird.[113] Doch auch für auf der

---

[110] Vgl. DOUPNIK und RICHTER (2003), S. 31.

[111] Vgl. DOUPNIK und RICHTER (2004), S. 16.

[112] Vgl. EUROPÄISCHE UNION (EU) (2002), Artikel 4.

[113] Vgl. DEMMER, PRONOBIS und YOHN (2019), S. 1023 m. w. N.

Rechnungslegung basierende Prognosen ausgewiesener Gewinne wird nach der Umstellung teilweise eine höhere Genauigkeit festgestellt.[114]

Nach HGB ausgewiesene Cashflows sind meist gut mit nach IAS/IFRS ausgewiesenen Cashflows vergleichbar.[115] Jedoch unterliegen ausgewiesene Cashflows längst keinen einheitlichen Ermittlungsvorschriften, sodass sie nicht über alle Rechnungslegungssysteme hinweg identisch und vergleichbar sind. Differenzen bestehen aufgrund verschiedener Vorschriften bei der Zuordnung von Cashflows zu den Kategorien der laufenden Geschäftstätigkeit, der Investitionstätigkeit und der Finanzierungstätigkeit.[116] So kommt es in einigen Fällen zu unterschiedlichen Kategorisierungen zwischen den Rechnungslegungssystemen. Betroffen sind insbesondere Zinsaufwendungen und -erträge sowie erhaltene Dividenden, welche gem. IAS/IFRS in allen Kategorien erfasst werden können und gem. US-GAAP lediglich der laufenden Geschäftstätigkeit zugeordnet werden dürfen.[117] Die in dieser Arbeit verwendeten operativen Cashflows deutscher und US-amerikanischer Unternehmen sind somit nicht direkt miteinander vergleichbar und unterliegen verschiedenen Definitionen. Je nach Geschäftstätigkeit können die ausgewiesenen Werte stark von dem Rechnungslegungssystem abhängig sein.[118] Weitere Unterschiede zwischen den IAS/IFRS und US-GAAP bestehen beispielsweise in der Definition von Zahlungsmitteläquivalenten, da sie gem. IAS 7 dazu dienen müssen, kurzfristigen Zahlungsverpflichtungen nachzukommen.[119] Diese Anforderung besteht nach US-GAAP nicht.[120] Auch die Anforderungen an Zahlungsmitteläquivalente sind verschieden.

[114] Vgl. DEMMER, PRONOBIS und YOHN (2019), S. 1063. Zu beachten ist jedoch, dass die in Abschnitt 3.7.1 beschriebenen Einschränkungen durch die Anwendung der Differenz-von-Differenzen Methodik auch für diese Ergebnisse gelten. Zudem werden lediglich 1-Schritt Prognosen betrachtet, sodass die Ergebnisse an Robustheit einbüßen. Vgl. DEMMER, PRONOBIS und YOHN (2019), S. 1026, 1041 sowie S. 1027 für die zur Prognose der Gewinngrößen verwendeten Modelle.

[115] Mit Einführung des IDW HFA 1/1995 „Die Kapitalflussrechnung als Ergänzung des Jahres- und Konzernabschlusses" und letztlich DRS 2 im Jahre 1999 wurden auch bei Rechnungslegung nach HGB Zahlungsstromgrößen berichtet. Vgl. § 297 Absatz 1 HGB i. d. F. vom 1. Mai 1998. Inzwischen wurde der DRS 2 von DRS 21 abgelöst, welcher dem IAS 7 ähnlich ist. Vgl. AMEN (2019), Rz. 81 zu kleineren Unterschieden zwischen dem DRS 21 und dem IAS 7.

[116] Vgl. GORDON u. a. (2017), S. 839.

[117] Vgl. IAS 7.31, 7.33 f.; ASC 230-10-45-16; GORDON u. a. (2017), S. 840 f.; KPMG (2021), S. 32.

[118] Vgl. GORDON u. a. (2017), S. 843.

[119] Vgl. IAS 7.7.

[120] Vgl. ASC 230-10-45-6.

Die IAS/IFRS fordern eine Abstimmung des Ausweises in der Kapitalflussrechnung (KFR) und in der Bilanz mittels einer Überleitungsrechnung, während nach US-GAAP Unterschiede zwischen Bilanz und Kapitalflussrechnung durch die verschiedene Behandlung der Zahlungsmitteläquivalente in der Bilanz auftreten können und Anteile an den Zahlungsmitteln in der Kapitalflussrechnung ausgewiesen werden, welche nicht in der Bilanzposition enthalten sind.[121] Außerdem unterscheiden sich beide Systeme in der Zuordnung einer Transaktion zu einer der drei Kategorien. Besteht eine Transaktion aus mehreren Komponenten, ist sie nach IAS/IFRS auf die verschiedenen Kategorien aufzuteilen und nicht nach der vorherrschenden Charakteristik der Transaktion einer einzigen Kategorie zuzuordnen.[122] Die US-GAAP lassen ein Zuordnung auf Basis der vorherrschenden Herkunft oder Verwendung der Zahlungsmittel zu, sofern die einzelnen Komponenten nicht eindeutig voneinander getrennt werden können.[123] Weiterhin werden Ertragsteuern gem. US-GAAP stets der operativen Geschäftstätigkeit zugeordnet.[124] Die IAS/IFRS erlauben darüber hinaus auch eine Zuordnung zur Investitions- oder Finanzierungstätigkeit, wenn die steuerbezogenen Cashflows dem jeweiligen Geschäftsvorfall zugeordnet werden können.[125] Auch Cashflows die im Zusammenhang mit zur Weitervermietung und anschließendem Verkauf gehaltenen Vermögenswerten anfallen, werden unterschiedlich behandelt. Nach IAS/IFRS gehören sie stets zur operativen Geschäftstätigkeit, nach US-GAAP werden sie entsprechend der vorherrschenden Herkunft oder Verwendung der Zahlungsströme zugeordnet.[126] Weitere bedeutsame Unterschiede umfassen die Behandlung von Zahlungsströmen aus der Forderungsabtretung (Factoring)[127], Angabepflichten bei Veränderungen der Verbindlichkeiten aus Finanzaktivitäten[128] und den Ausweis von Cashflows im Zusammenhang mit

---

[121] Vgl. IAS 7.45; ASC 230-10-45-4, 230-10-50-7 f.; KPMG (2021), S. 30. Bei den nicht in der Bilanzposition enthaltenen Zahlungsmitteln handelt es sich um zweckgebundene Zahlungsmittel (‚restricted cash‘ und ‚restricted cash equivalents‘), welche dem Unternehmen nicht frei zur Verfügung stehen. Eine entsprechende Definition gibt es in der internationalen Rechnungslegung nicht.

[122] Vgl. IAS 7.12.

[123] Vgl. ASC 230-10-45-22A.

[124] Vgl. ASC 230-10-45-17.

[125] Vgl. IAS 7.35 f.

[126] Vgl. IAS 7.14; ASC 230-10-45-22A; KPMG (2021), S. 33.

[127] Vgl. IAS 7.43; ASC 230-10-45-16 (a); KPMG (2021), S. 33 f.

[128] Vgl. IAS 7.44A–7.44D; KPMG (2021), S. 37.

aufgegebenen Geschäftsbereichen.[129] Zudem finden sich weitere Unterschiede, welche von geringerer Bedeutung sind.[130]

Der Leser sollte sich dieser Differenzen bewusst sein, um die Vergleichbarkeit von Abschlüssen verschiedener Rechnungslegungssysteme einschätzen zu können. Die folgenden empirischen Analysen sind trotz dieser Differenzen valide und liefern wichtige Erkenntnisse. Letztlich werden zur Beurteilung der Prognosegüte nur die Abschlüsse eines Rechnungslegungssystems bzw. eines Landes miteinander verglichen. So wird beurteilt, mit welcher Methode oder unter Berücksichtigung welches Indikators für rechnungslegungspolitische Einflussnahmen die besten Prognoseergebnisse erzielt werden. Es werden jedoch keine absoluten Werte zwischen Abschlüssen verschiedener Rechnungslegungssysteme miteinander verglichen. Die Unternehmen, welche miteinander in der Gruppe einer Stichprobe verglichen werden, unterliegen dem gleichen System und damit identischen Variablendefinitionen und Vorschriften an die Berechnung dieser. Differenzen zwischen diesen Unternehmen entstehen letztlich eher durch eröffnete Wahlrechte, welche von den Unternehmen unterschiedlich ausgeübt werden. Die zuvor beschriebenen Unterschiede zwischen den internationalen Rechnungslegungsstandards und den US-GAAP mindern dementsprechend nicht die Aussagekraft der Ergebnisse diese Arbeit. Lediglich für die gelegentlichen Vergleiche beider Stichproben sind die aufgezeigten Differenzen zu berücksichtigen.

## 2.6 Gegenüberstellung von HGB und IAS/IFRS

### 2.6.1 Zwecke der Rechnungslegung

Da sich die Zwecke der handelsrechtlichen und internationalen Rechnungslegung in einiger Hinsicht voneinander unterscheiden, werden an dieser Stelle in Kürze die grundlegenden Konzeptionen beider Systeme aufgezeigt und bedeutsame Unterschiede im Hinblick auf den Informationsgehalt erläutert.

Die Zwecke der Rechnungslegung sind die Information über die Vermögens-, Finanz- und Ertragslage sowie nach dem Handelsrecht die Anspruchsbemessung. Dabei stellt die Bilanz die Vermögens- und Finanzlage anhand aller Vermögen und Schulden dar, wobei das Ziel die korrekte Eigenkapitalbestimmung ist. Die Gewinn- und Verlustrechnung zielt auf die Ermittlung der Erfolgslage anhand der Residualgröße aus Erträgen und Aufwendungen ab. Die Kapitalflussrechnung dient letztlich

[129] Vgl. IFRS 5.33 (c); ASC 230-10-45-24A i. V. m. 205-20-50-5B (c).

[130] Für eine Übersicht über die Unterschiede zwischen den IAS/IFRS und US-GAAP in Bezug auf die Kapitalflussrechnung vgl. KPMG (2021), S. 28–38.

der Investition und Finanzierung. Sie stellt Einzahlungen und Auszahlungen gegenüber und zielt auf die Veränderung des Finanzmittelbestands ab.[131]

Die den Rechnungslegungssystemen zugeschriebenen Zwecke verdeutlichen die dargelegten Unterschiede. Nach dem HGB erstellte Einzelabschlüsse haben zwei Hauptfunktionen. Sie dienen der Information und der Einkommensmessung.[132] Unter die Zahlungsbemessungsfunktion fällt auch die steuerrechtliche Funktion des Abschlusses mit dem Ziel einer von der Leistungsfähigkeit abhängigen, fairen Besteuerung. Konzernabschlüsse haben lediglich eine Informationsfunktion. Das Kriterium für die Informationsfunktion ist die Entscheidungsnützlichkeit.[133] Analog zu handelsrechtlichen Konzernabschlüssen basieren die IAS/IFRS allein auf der Informationsfunktion, weshalb der Gesetzgeber eine Anwendung auf Ebene eines einzelnen Unternehmens zur Steuerbemessung ausschließt.[134] Ein nach IAS/IFRS ermittelter Gewinn dient nicht der Ausschüttungsbemessung.[135] Die IAS/IFRS enthalten ebenso keine Ausschüttungsgrenzen.[136] Dies kann nur durch ein nationales Gesellschaftsrecht geregelt werden.

Die handelsrechtliche Rechnungslegung verfolgt grundsätzlich das Ziel einer Erfolgs- und Vermögensermittlung. Sie dient der Informationsvermittlung im Jahres- und Konzernabschluss und im Jahresabschluss darüber hinaus der Anspruchsbemessung. Über diese Ziele hinaus besteht jedoch kein explizites Zielsystem oder eine Zielformulierung im Handelsrecht.[137] Dementsprechend ist nicht klar definiert, auf welche Art von Abschlussadressat die Informationsvermittlung ausgelegt ist. Erfolg und Vermögen sind mehrdeutige Begriffe, da Erfolg nicht für alle Investoren auf die gleiche Art und Weise zu messen ist.[138] Der Abschluss dient somit verschiedenen Adressaten und muss deren Interessen vereinen. Die notwendige Normierung erfolgt

---

[131] Vgl. BUCHHOLZ (2016), S. 1–5; SCHNEIDER (1997a), S. 46–66, 200–202; AMEN (2019), Rz. 1–5.

[132] Zum Teil wird ebenfalls die Dokumentationsfunktion genannt. Vgl. BUCHHOLZ (2016), S. 114. Der Zweck der Einkommensmessung wird auch Ausschüttungsbemessungs- oder Zahlungsbemessungsfunktion bezeichnet. Vgl. dazu SCHNEIDER (1997a), S. 84–86.

[133] Vgl. WAGENHOFER und EWERT (2015), S. 5.

[134] Vgl. COENENBERG, HALLER und SCHULTZE (2021), S. 24.

[135] Vgl. BUCHHOLZ (2016), S. 237.

[136] Vgl. COENENBERG, HALLER und SCHULTZE (2021), S. 25.

[137] Vgl. COENENBERG, HALLER und SCHULTZE (2021), S. 18.

[138] Vgl. COENENBERG, HALLER und SCHULTZE (2021), S. 19. Es werden kurzfristige Kapitalanleger und langfristige, auf Nachhaltigkeit bedachte Investoren unterschieden. Das seit Jahren steigende Volumen nachhaltiger Investitionen verdeutlicht diesen Trend. Vgl. STATISTA UND FORUM NACHHALTIGE GELDANLAGE (2021).

durch den Gesetzgeber.[139] Die Rechnungslegung nach IAS/IFRS ist hingegen vorrangig auf die Informationsbedürfnisse von Investoren ausgelegt, wenngleich der Abschluss verschiedensten Anspruchsgruppen dienen soll.[140] Den IAS/IFRS wird dementsprechend eine Investorenorientierung zugeschrieben.

Unabhängig von einer Ausrichtung auf eine bestimmte Gruppe von Adressaten bleibt die Möglichkeit der Einflussnahme auf Wertausweise durch den notwendigen Ausweis zukunftsbezogener Informationen.[141] Diese zukunftsorientierten Informationen werden als wertvoller für Investoren erachtet, da sich der Wert eines Unternehmens aus dem zukünftigen Erfolg ergibt.[142] Die Folge ist ein Zielkonflikt zwischen der Relevanz und Verlässlichkeit ausgewiesener Werte.[143] Durch den stärkeren Zukunftsbezug ist dieser Konflikt in der internationalen Rechnungslegung umso bedeutender. Im Gegensatz dazu besagt der Objektivierungsgrundsatz des HGB, dass der Abschluss möglichst nachprüfbare und damit vergangenheitsorientierte Informationen enthalten soll. Grundsätzlich geschieht dies durch die zahlungsorientierte, periodengerechte Abbildung.[144] Unschärfen entstehen jedoch durch Rückstellungen, beizulegende Zeitwerte, Gemeinkostenschlüsselungen und ähnliche, ermessensbehaftete Ausweise.[145] Die starke Ausprägung des Gläubigerschutzes und Vorsichtsprinzips schränkt die Spielräume jedoch ein und bewirkt, dass dem HGB eine Gläubigerorientierung zugeschrieben wird.[146]

Welches Rechnungslegungssystem letztlich nützlichere Informationen in verschiedener Hinsicht liefert, kann nicht eindeutig beantwortet werden. Die folgenden Analysen geben jedoch Anhaltspunkte und werfen Verbesserungspotenziale der Systeme auf. Beachtlich ist in diesem Zusammenhang die abnehmende Wertrelevanz von Abschlussinformationen, welche darauf hindeuten, dass vermittelte Informationen ihren Zweck teilweise verfehlen.[147]

[139] Vgl. Schildbach (1986), S. 89–91 sowieso die weiterführenden Überlegungen zu Gründen für gesetzliche Eingriffe und damit einhergehenden Schwierigkeiten S. 91–98.

[140] Vgl. IFRS Conceptual Framework 1.2, 1.5; IFRS RK.9 i. V. m. RK.10.; Coenenberg, Haller und Schultze (2021), S. 25.

[141] Vgl. Coenenberg, Haller und Schultze (2021), S. 19.

[142] Vgl. Wagenhofer und Ewert (2015), S. 6; Kapitel 6.

[143] Vgl. Wagenhofer und Ewert (2015), S. 7; Abschnitt 2.2.

[144] Vgl. Coenenberg, Haller und Schultze (2021), S. 19; Wagenhofer und Ewert (2015), S. 6 f.

[145] Vgl. Coenenberg, Haller und Schultze (2021), S. 21.

[146] Vgl. Buchholz (2016), S. 236.

[147] Vgl. Lev (2018), S. 465 f.; Abschnitt 2.7.

### 2.6.2 Gläubigerschutz und Zukunftsorientierung im HGB

Das im HGB grundlegend verankerte Gläubigerschutzprinzip darf in Bezug auf Prognosen der Rechnungslegungsdaten nicht unberücksichtigt bleiben. Es führt bewusst zu einer zeitlich unausgewogenen Erfassung von Gewinnen und Verlusten. So werden Verluste frühzeitig bzw. bereits bei Vorliegen von Indikatoren in der Buchhaltung berücksichtigt, Gewinne jedoch erst mit ihrem tatsächlichen Eintritt erfasst. Das Gläubigerschutzprinzip äußert sich durch das Realisations- und das Imparitätsprinzip. Dies geht aus § 252 Absatz 1 Nr. 4 HGB hervor.[148] Zwar hat sich die handelsrechtliche Rechnungslegung aufgrund von Harmonisierungsbestrebungen bereits an die internationale Rechnungslegung und damit dem dort geltenden Prinzip der ‚true and fair presentation' angenähert, allerdings bleibt die verzerrende Wirkung des Gläubigerschutzes im Grunde bestehen.[149]

Dem Imparitätsprinzip, dessen Bezeichnung aus der Ungleichbehandlung von Gewinnen und Verlusten (lat. Impar = ungleich) hervorgeht,[150] liegt insbesondere das Niederstwertprinzip und die Berücksichtigung drohender Verluste zugrunde.[151] Die Berücksichtigung vorhersehbarer Risiken und Verluste impliziert, dass auch nicht realisierte, drohende Verluste in den Wertansätzen berücksichtigt werden.[152] Der Vorsichtsgedanke wird hier durch die Erhaltung von Kapital und das Verhindern zu hoher Ausschüttungen an die Anteilseigner berücksichtigt.[153] Konkret äußert sich das Niederstwertprinzip durch die Vorschriften zur Abschreibung von Vermögensgegenständen des Anlage- und Umlaufvermögens in § 253 Absatz 3 und 4 HGB. Die Berücksichtigung drohender Verluste aus schwebenden Geschäften sowie Instandhaltungsrückstellungen sind durch § 249 Absatz 1 Satz 1 HGB begründet.[154]

Das Realisationsprinzip regelt, dass positive Erfolgsbeiträge erst mit ihrem tatsächlichen Eintritt erfasst werden dürfen und äußert sich weiterhin in der

---

[148] Vgl. Störk und Büssow (2020), Rn. 29; Becker (2018), S. 58.

[149] Eine Annäherung hat beispielsweise durch die Übernahme des Grundsatzes der fair presentation i. S. d. Ziels ein „den tatsächlichen Verhältnissen entsprechendes Bild der Vermögens-, Finanz- und Ertragslage" (§ 264 Absatz 2 Satz 1 HGB sowie § 297 Absatz 2 Satz 1 HGB) zu vermitteln, stattgefunden. Diese Formulierung wurde bereits 1986 in das HGB aufgenommen (vgl. § 264 HGB i. d. F. vom 01.01.1986). Vgl. auch Busse von Colbe (1993), S. 21 zur Historie des ‚true and fair view'-Grundsatzes.

[150] Vgl. Störk und Büssow (2020), Rn. 34.

[151] Vgl. Störk und Büssow (2020), Rn. 29.

[152] Vgl. Baetge, Kirsch und Thiele (2017), S. 137.

[153] Vgl. Störk und Büssow (2020), Rn. 32; Baetge, Kirsch und Thiele (2017), S. 137.

[154] Vgl. Baetge, Kirsch und Thiele (2017), S. 139; Störk und Büssow (2020), Rn. 41.

Wertobergrenze in Höhe der Anschaffungs- oder Herstellungskosten für noch nicht verkaufte Güter.[155]

Aufgrund der teilweise fehlenden Präzision des Vorsichtsprinzips, wirft das Prinzip einen Ermessensspielraum auf, welcher durch die aufgezeigten, gesetzlichen Wertobergrenzen und Wertuntergrenzen eingeschränkt wird.[156] Zudem bleibt die Frage nach dem Realisationszeitpunkt von Gewinnen und damit einhergehend die Bestimmung des Zeitpunktes der Leistungserbringung. So gilt gem. HGB die ‚completed-contract' Methode, nach der bei Langfristfertigungen Umsatzerlöse erst mit Fertigstellung und Übergabe des Gesamtwerkes verbucht werden dürfen.[157] Dies kann zu verzerrten Umsatz- und Gewinnausweisen führen. Im Gegensatz dazu erlauben die IAS/IFRS die ‚percentage of completion' Methode, welche für Auftragsfertigungen eine Umsatzrealisierung an den Fertigstellungsgrad der Leistung bindet und damit Teilgewinnrealisierungen erlaubt.[158] Sie geht wiederum einher mit der Problematik der Messung des Fertigstellungsgrades. So könnte dieser beispielsweise an den geplanten und bereits angefallenen Kosten oder an der geplanten und bereits verstrichenen Dauer des Projektes gemessen werden. Typisch ist dabei die ‚cost-to-cost' Methode, welche den Fortschritt als Teil der bereits angefallenen Aufwendungen an den geschätzten Gesamtaufwendungen definiert.[159] Das damit einhergehende Schätzproblem ist offensichtlich. Nach HGB ist diese Methode nicht zulässig, da sie gegen das Realisationsprinzip verstößt und letztendlich (durch mögliche, zu hohe Ausschüttungen) die notwendige Kapitalerhaltung im Unternehmen gefährdet.[160]

Bezüglich der Prognosefähigkeit werden unterschiedliche Schlüsse gezogen, ob das Vorsichtsprinzip die Prognose- und Wertrelevanz von Rechnungslegungsinformationen steigert oder mindert. Dazu sei auf Abschnitt 2.7 verwiesen sowie anzumerken, dass in den betrachteten empirischen Arbeiten nicht das Vorsichtsprinzip des HGB thematisiert wird, sondern grundlegend das im Englischen bekannte

---

[155] Vgl. Baetge, Kirsch und Thiele (2017), S. 136; Becker (2018), S. 60; § 252 Absatz 1 Nr. 4 HGB sowie § 255 HGB.

[156] Vgl. Störk und Büssow (2020), Rn. 32.

[157] Vgl. Störk und Büssow (2020), Rn. 44; Baetge, Kirsch und Thiele (2017), S. 371.

[158] Vgl. IFRS 15.35.

[159] Vgl. Baetge, Kirsch und Thiele (2017), S. 376.

[160] Vgl. Störk und Büssow (2020), Rn. 44; Baetge, Kirsch und Thiele (2017), S. 377 f., BT-Drucksache 16/10067, S. 38.

'accounting conservatism' untersucht wird.[161] In der deutschsprachigen Literatur wird im Allgemeinen die Auffassung vertreten, dass das Vorsichtsprinzip die Informationsfunktion des Jahresabschlusses beeinträchtigt. So schreiben BAETGE, KIRSCH und THIELE (2017) von einer beeinträchtigten Rechenschaftsfunktion und einer unzutreffenden Abbildung der wirtschaftlichen Lage von Unternehmen.[162] Empirische Studien wie die von HARRIS, LANG und MÖLLER (1995)[163], welche teilweise einen niedrigeren Informationsgehalt von Jahresabschlussdaten deutscher Unternehmen im Vergleich zu amerikanischen Unternehmen aufdecken, deuten auf eine eingeschränkte Nützlichkeit von HGB-Abschlüssen zur Prognosebildung und Entscheidungsfindung hin.[164] So wird unter anderem auf die unterschiedliche Erfassung von Risiken hingewiesen. Während nach HGB alle vorhersehbaren Risiken und Verluste erfasst werden müssen, dürfen nach US-GAAP lediglich wahrscheinliche und quantifizierbare Risiken berücksichtigt werden.[165] Das deutsche System gewährt damit größere Spielräume für Bilanzpolitik durch die Bildung und Auflösung von Rückstellungen.[166]

Die empirische Untersuchung deutet jedoch in vielerlei Hinsicht auch auf eine vergleichbare Wertrelevanz und Informationsgüte beider Systeme hin. So finden die Autoren beispielsweise bezogen auf den Zusammenhang von Aktienrenditen und ausgewiesenen Gewinnen, keine Anhaltspunkte für eine geringere Wertrelevanz der Rechnungslegungsdaten nach HGB im Vergleich zu den US-GAAP.[167] Zudem sind die Studien vor dem Bilanzrechtsmodernisierungsgesetz (BilMoG) entstanden, sodass die damit einhergehende Annäherung an die internationale Rechnungslegung und damit auch die US-GAAP zu einer Veränderung der Ergebnisse führen könnte.

---

[161] Accounting conservatism beschreibt grundsätzlich eine asymmetrische Berücksichtigung von Gewinnen und Verlusten und höhere Anforderungen für den Ausweis von Gewinnen als von Verlusten. Vgl. ASHTON und WANG (2015), S. 387 m. w. N. u. a. zu FELTHAM und OHLSON (1995) und OHLSON (1995).

[162] Vgl. BAETGE, KIRSCH und THIELE (2017), S. 137, 140; sowie auch BECKER (2018), S. 59 für eine ähnliche Einschätzung und weitere Nachweise.

[163] Die Autoren untersuchen das HGB und die US-GAAP auf Bedeutungsunterschiede für die Aktienbewertung. Vgl. HARRIS, LANG und MÖLLER (1995), S. 1025.

[164] Vgl. HARRIS, LANG und MÖLLER (1995), S. 1022, 1028. Es wird eine niedrigere Aussagekraft des ausgewiesenen Eigenkapitals in deutschen Rechnungslegungsdaten im Vergleich zu US-amerikanischen Rechnungslegungsdaten gefunden; KOCH (2005), S. 84 f.

[165] Vgl. § 252 Absatz 1 Nr. 4 HGB und ASC 450-20-25-2 (ehemals Statement of Financial Accounting Standards (SFAS) 5.8), vgl. FINANCIAL ACCOUNTING STANDARDS BOARD (FASB) (2010).

[166] Vgl. HARRIS, LANG und MÖLLER (1995), S. 1000–1002.

[167] Vgl. HARRIS, LANG und MÖLLER (1995), S. 1018, 1020, 1028.

Somit scheint eine Prognose von Residualgrößen trotz des nach HGB möglicherweise verzerrenden Gläubigerschutzprinzips sinnvoll.[168]

Um der Rechenschafts- und Informationsfunktion des Jahresabschlusses gerecht zu werden, schlagen BAETGE, KIRSCH und THIELE (2017) den Ausweis weiterer Informationen zu Bilanzposten vor, welchen Schätzungen zugrunde liegen. So werden beispielsweise Bandbreitenrückstellungen beschrieben.[169] Zwar würdigen sie den zentralen Grenzwertsatz, welcher bei einer Vielzahl von Schätzungen unterliegenden Bilanzposten dazu führt, dass sich positive und negative Abweichungen vom Mittelwert ausgleichen und die Werte somit insgesamt zu den tatsächlichen Werten konvergieren.[170] Dennoch schlagen sie den Ausweis von Bandbreitenrückstellungen vor, um dem Adressat die Unsicherheit und damit das potenzielle Risiko aufzuzeigen.[171] Offensichtlich wären beispielsweise der Ausweis von Quantilen und der Varianz, zusätzlich zu dem Mittelwert einer Schätzung, ein Informationsgewinn und damit der Rechenschafts- und Informationsfunktion des Jahresabschlusses zuträglich. Inwiefern ein Ausweis dieser zusätzlichen Informationen für alle Bilanzposten, denen Schätzungen zugrunde liegen, sinnvoll ist und ob die Daten valide ermittelt werden können, bleibt jedoch fraglich.

Die IAS/IFRS basieren im Gegensatz zu den Vorschriften des HGB auf der Entscheidungsnützlichkeit von Abschlussinformationen und damit einer stark ökonomisch geprägten Sichtweise. Sie sollen die Kapitalmarkteffizienz und damit letztlich die Allokationseffizienz einer Wirtschaft steigern.[172] Die IAS/IFRS unterscheiden sich damit grundlegend von dem HGB, welches die Informationsfunktion neben der Dokumentations- und Ausschüttungsbemessungsfunktion weniger stark in den Vordergrund stellt.[173] Diese Verschiedenheit äußert sich auch in der fehlenden Zahlungsbemessungsfunktion der HGB-Vorschriften in den IAS/IFRS.[174] Das Maßgeblichkeitsprinzip und die enge Verknüpfung von Handels- und Steuerbilanz ist typisch für die Rechnungslegung nach HGB.[175]

Das im internationalen Kontext auftretende Vorsichtsprinzip (‚accounting conservatism') ist somit weniger stark ausgeprägt als das deutsche Vorsichtsprinzip,

---

[168] Vgl. HARRIS, LANG und MÖLLER (1995), S. 1025.

[169] Vgl. BAETGE, KIRSCH und THIELE (2017), S. 142.

[170] Dies gilt auch für die versicherungsmathematischen Gewinne und Verluste einer Periode, jedoch nicht für deren Kumulation. Vgl. AMEN (2009), S. 41; AMEN (2007), S. 243.

[171] Vgl. BAETGE, KIRSCH und THIELE (2017), S. 141 f.

[172] Vgl. BALLWIESER (2019), S. 175.

[173] Vgl. RUHNKE und SIMONS (2018), S. 8–10, 12–18; BUCHHOLZ (2016), S. 114, 236 f.

[174] Vgl. BALLWIESER (2019), S. 176; MOXTER (2000), S. 2147.

[175] Vgl. BUCHHOLZ (2016), S. 29–31, 237.

welches explizit und grundlegend im HGB verankert ist. Zu unterscheiden ist zwischen unbedingter Vorsicht (‚unconditional conservatism'), welche durch allgemeine Regelungen wie dem Anschaffungskostenprinzip potenzielle Unterbewertungen hervorruft, sowie bedingter Vorsicht (‚conditional conservatism'), welche zu einer ereignisabhängigen, schnellen Berücksichtigung schlechter Nachrichten führt.[176] Trotz der zuvor beschriebenen, verzerrenden Wirkung hinsichtlich der Informationsfunktion der Finanzberichterstattung, sind auch im internationalen Kontext Vorteile nachweisbar.[177] So mindern die Unterbewertung von Vermögen und Gewinnen (‚unconditional accounting conservatism') sowie die schnellere Berücksichtigung von schlechten Nachrichten bzw. zeitlich verzerrte Informationslage (‚conditional accounting conservatism') das Insolvenzrisiko von Unternehmen.[178] Daraus folgen ebenso Vorteile im Rahmen der Kreditvergabe, sowohl für Kreditgeber als auch für Kreditnehmer. Beispielsweise aus niedrigeren Zinsen für Kreditnehmer und einem früheren Erreichen von Covenants, welches einen Vorteil für Kreditgeber darstellt.[179] Weiterhin kann eine erhöhte Vorsicht zu gesteigerter Zuverlässigkeit der Ausweise führen und so dem Informationsgehalt ausgewiesener Werte zuträglich sein.[180] Gemessen wird dieser Konservatismus typischerweise anhand des Verhältnisses von Markt- und Buchwerten der Unternehmen.[181] Zu nennen ist insbesondere der Ansatz von BEAVER, und RYAN (2000).[182] Alternativ liefern PENMAN und ZHANG (2002) einen Ansatz, welcher das Ausmaß des Konservatismus unabhängig von Marktwerten berechnet und damit robuster gegenüber der Volatilität am Markt ist.[183]

---

[176] Vgl. KÜHNBERGER (2014), S. 433.

[177] Vgl. BIDDLE, MA und SONG (2020), S. 1 m. w. N.; AGOSTINI (2018), S. 124.

[178] Vgl. BIDDLE, MA und SONG (2020), S. 4. Die Studie bezieht sich auf 34.897 Beobachtungen zu US-amerikanische Unternehmen in der Zeit von 1989 bis 2007.

[179] Vgl. ZHANG (2008), S. 27. Es wird ein Zusammenhang zwischen dem Ausmaß des accounting conservatism und niedrigeren Zinssätzen aufgedeckt. Zu beachten ist jedoch, dass dies unter anderem von der herangezogenen Kennzahl für das Ausmaß des accounting conservatism abhängt und andere Autoren ebenfalls zu gegenteiligen Ergebnissen kommen. Vgl. S. 51 sowie FRANCIS, LAFOND u. a. (2004).

[180] Vgl. BALACHANDRAN und MOHANRAM (2011), S. 289, 291, 300. Sie untersuchen die im Zeitablauf gesunkene Wertrelevanz und decken eine durch das Vorsichtsprinzip verursachte, gegenläufige Entwicklung auf; KÜHNBERGER (2014), S. 433.

[181] Vgl. ZHANG (2008), S. 49.

[182] Vgl. BEAVER, und RYAN (2000), S. 134.

[183] Vgl. PENMAN und ZHANG (2002), S. 242–244. Vgl. zu beiden Ansätzen BALACHANDRAN und MOHANRAM (2011), S. 274, 280 f.

### 2.6.3 Glaubhaftigkeit der Finanzberichterstattung

Die Glaubhaftigkeit von Finanzberichterstattungen ist insbesondere durch den jüngsten Bilanzskandal der Wirecard AG zu thematisieren. Die Erteilung eines uneingeschränkten Bestätigungsvermerkes[184] war insbesondere für den Abschluss des dem Skandal vorangegangenen Wirtschaftsjahres nicht gerechtfertigt und stellt die Glaubhaftigkeit ausgewiesener Werte sowie die Effektivität der Wirtschaftsprüfung in Frage. Der Fall verdeutlicht zudem die gesellschaftliche Verantwortung der Rechnungslegung. Etliche Privatanleger und kapitalmarktgebundene Altersvorsorgeversicherungen verloren Teile ihres Vermögens.

Das Aufdecken betrügerischer Handlungen ist häufig schwer und der Übergang vom eher harmlosen Ausnutzen rechtlicher Ermessensspielräume zum Betrugsfall ist fließend. Im Fall der Wirecard AG gab es jedoch bereits Jahre zuvor Bedenken in Bezug auf die Bilanzierungspraktiken des Unternehmens und die Werthaltigkeit des ausgewiesenen Vermögens. Sie deuteten bereits 2015 auf Straftaten und Fälschungen in der Rechnungslegung hin. Den Hinweisen ging die Bundesanstalt für Finanzdienstleistungsaufsicht jedoch nicht nach.[185] Auch die DPR wurde nicht aktiv. In der Öffentlichkeit könnten diese Erkenntnisse mit Unverständnis wahrgenommen worden und das Vertrauen in die Finanzberichterstattung nachhaltig geschädigt sein. Dennoch ist festzuhalten, dass gute Kontrollmechanismen existieren. Sie müssen jedoch genutzt werden, um derartige Skandale zu verhindern. Betrügerisch beeinflusste Unternehmensbewertungen und weitere zukunftsorientierte Wertausweise sind allerdings schwierig zu enttarnen. Fehlende, konkrete methodische Vorgaben erschweren zudem das Aufdecken von Betrugsfällen. Die daraus resultierenden Kosten und die Häufigkeit derartiger Vorfälle sind zudem nur schwer zu schätzen.[186] Massive Einflussnahmen wie im Beispiel der Wirecard AG sind jedoch zum Nachteil aller Anspruchsgruppen, sodass sie seltene Ausnahmen darstellen. Die Prävention solcher Betrugsfälle ist dennoch bedeutend für die Glaubhaftigkeit der Rechnungslegung.[187]

Die sinkende Wertrelevanz von Abschlussinformationen könnte ebenfalls zu einem Glaubhaftigkeitsverlust der Finanzberichterstattung beitragen.[188] Die zuneh-

---

[184] Vgl. § 322 HGB.

[185] Vgl. McCrum (2015), McCrum (2020).

[186] Vgl. Rezaee und Riley (2009), S. 14.

[187] Vgl. beispielsweise Rezaee und Riley (2009), insbesondere Kapitel 4, S. 78–96 zur Aufdeckung und Prävention von Betrugsfällen sowie Tanski (2021), Kapitel 16 zu den Rechtsfolgen von Verstößen in Deutschland.

[188] Vgl. dazu Abschnitt 2.8.8; Lev (2018); Lev und Gu (2016).

mende Loslösung von Aktienkursen und Wertausweisen der Finanzberichterstattung könnte eine geringere Glaubhaftigkeit propagieren. Grundsätzlich kann der handelsrechtlichen Rechnungslegung eine höhere Glaubhaftigkeit durch das Anschaffungs- oder Herstellungskostenprinzip sowie das ausgeprägte Vorsichtsprinzip zugeschrieben werden. Sie könnte jedoch zum Nachteil der Relevanz sein. Wertausweise nach IAS/IFRS sind tendenziell volatiler und somit unvorhersehbarer. Nach IAS/IFRS ausgewiesene, beizulegende Zeitwerte dürften die Relevanz ausgewiesener Werte erhöhen, da sie die aktuellen Werte besser wiedergeben. Marktpreise sind zudem glaubhaft und leicht zugänglich, sodass Wertausweise prinzipiell von sämtlichen Adressaten überprüft werden können. Dies setzt jedoch eine Ermittlung von beizulegenden Zeitwerten auf der ersten Stufe der Bewertungshierarchie voraus, welche in den meisten Fällen nicht gegeben ist.[189]

## 2.7 Die Wertrelevanz von Abschlussinformationen

Das in dieser Arbeit später eingesetzte Feltham-Ohlson Modell dient vielfach als Grundlage zur Ermittlung der Wertrelevanz verschiedenster Wertausweise in den publizierten Abschlüssen.[190] Es misst die Bedeutung von in der Finanzberichterstattung ausgewiesenen Werten für die Marktkapitalisierung von Unternehmen. Unter der strengen Annahme, dass die Marktkapitalisierung den tatsächlichen Unternehmenswert darstellt, kann so der Informationsgehalt bzw. die Wertrelevanz ausgewiesener Werte ermittelt werden. Im Feltham-Ohlson Modell sind dies die operativen Gewinne und Vermögen. Mit weiteren Regressoren lässt sich die Wertrelevanz jedoch für beliebige Posten der Abschlüsse ermitteln. Die Untersuchung von Auswirkungen des Vorsichtsprinzips ist ein ebenso häufiger Anwendungsfall und geht damit einher.[191]

### 2.7.1 Definition und Bedeutung

In Abschlüssen ausgewiesene Werte werden als wertrelevant bezeichnet, wenn sie mit dem Marktwert des Eigenkapitals, d. h. dem Unternehmenswert zusammen-

[189] Vgl. Abschnitt 2.8.2.

[190] Vgl. beispielsweise BARTH, BEAVER und LANDSMAN (2001), S. 91 f.; HOLTHAUSEN und WATTS (2001), S. 13, 59.

[191] Vgl. BARTH, BEAVER und LANDSMAN (2001), S. 78.

hängen bzw. diesen erklären können.[192] Im Rahmen der Wertrelevanzforschung werden somit ausgewiesene Werte auf ihren Erklärungsgehalt für den Marktwert eines Unternehmens untersucht. Die Marktkapitalisierung wird dabei typischerweise als Unternehmenswert genutzt bzw. annahmegemäß mit dem Marktwert des Eigenkapitals gleichgesetzt.[193] Zur empirischen Untersuchung von Auswirkungen einzelner Rechnungslegungsstandards auf Marktkapitalisierungen bzw. Aktienkurse der Unternehmen stellt sich generell die Frage, ob die Marktkapitalisierung der passende Indikator für die Effektivität und Sinnhaftigkeit von Standards ist.[194] Die Marktkapitalisierung stellt aufgrund einer Vielzahl von insbesondere kurzfristigen (und damit stichtagsbezogenen) äußeren Einflüssen, keinen reellen Unternehmenswert dar. Dazu ist jedoch zu berücksichtigen, dass es bei der Bestimmung der Wertrelevanz von Abschlussinformationen nicht darum geht, einen möglichst korrekten Unternehmenswert zu ermitteln. Vielmehr geht es darum, die für Investoren bewertungsrelevanten Charakteristika zu identifizieren.[195] Und genau für diesen Zweck ist die Marktkapitalisierung geeignet, da sie die Erwartungen der Investoren, wenn auch stichtagsbezogen verzerrt, widerspiegelt. Steigt der Informationsgehalt von Rechnungslegungsdaten, sollten ihre Kosten, z. B. die Kosten der Informationsbeschaffung sinken und sich die gestiegene Zuverlässigkeit in steigenden Aktienkursen widerspiegeln.[196] So könnten Standardänderungen zur Verbesserung der Informationsfunktion retrospektiv empirisch überprüft werden.[197] Das Konzept der Wertrelevanz steht jedoch teilweise im Widerspruch zum HGB. Das Realisationsprinzip und eine geringe Berücksichtigung von

---

[192] Vgl. BARTH, BEAVER und LANDSMAN (2001), S. 79; COENENBERG, HALLER und SCHULTZE (2018), S. 1362: Diese Definition nennt neben dem Marktwert des Eigenkapitals auch Marktrenditen als Kapitalmarktgrößen zur Messung von Wertrelevanz; KÜHNBERGER (2014), S. 433.

[193] Vgl. BARTH, BEAVER und LANDSMAN (2001), S. 81. Auch der IDW S1 beschreibt die Marktkapitalisierung als mögliche Plausibilitätsprüfung für nach dem Standard berechnete Unternehmenswerte. Vgl. IDW S1, Rn. 15.

[194] Vgl. LEV (2018), S. 468.

[195] Vgl. BARTH, BEAVER und LANDSMAN (2001), S. 98 f.

[196] Vgl. LEV (2018), S. 468.

[197] Aufgrund der Vielzahl von Einflussfaktoren wären derartige Überprüfungen jedoch kritisch zu hinterfragen. So beruhen Vorhaben zur Verbesserung der Informationsfunktion weiterhin zumindest zum Teil auf Vermutungen, da es auch keine abschließende Theorie des externen Rechnungswesens gibt. Vgl. BUSSE VON COLBE (1993), S. 24.

Aktienbewertungen sorgt schließlich für zuverlässige und nachvollziehbare Aussagen, steht damit jedoch teilweise der Informationsfunktion im Wege.[198]

Besonders ausgeprägt ist die Wertrelevanzforschung im Bereich von Finanzinstrumenten, da in diesen Fällen häufig große Ermessensspielräume bestehen. So stellt sich beispielsweise die Frage, ob die ausgewiesenen Werte von vergebenen Darlehen oder derivativen Finanzinstrumenten zuverlässig und wertrelevant sind.[199] Typische Anwendungen zu nicht-finanziellen Vermögenswerten umfassen häufig immaterielle Vermögenswerte, wie beispielsweise Forschungs- und Entwicklungskosten. LEV und SOUGIANNIS (1996) untersuchen den Zusammenhang zwischen Forschungs- und Entwicklungskosten und dem ausgewiesenen Gewinn sowie den Aktienkursen und decken entsprechende Abhängigkeiten auf, welche auf eine Wertrelevanz für Investoren hindeuten.[200]

Ähnlich wie zur Prognosefähigkeit von Cashflows, gibt es auch zu dem Bereich der Wertrelevanz Studien zur Vergleichbarkeit von IAS/IFRS und anderen Rechnungslegungssystemen. Beispielhaft sei auf BARTH, LANDSMAN, YOUNG u. a. (2014) verwiesen, welche die Differenzen zwischen Nettogewinnen und Eigenkapitalbuchwerten nach IAS/IFRS und anderen Rechnungslegungssystemen als signifikanten Einflussfaktor des Aktienkurses identifizieren und daher deren Wertrelevanz begründen.[201]

Zu unterscheiden ist weiterhin die Betrachtung von Aktienkursen absolut bzw. im Niveau und die Betrachtung von Differenzen. Typischerweise werden die absoluten Werte (‚levels') betrachtet. Alternativ kann auch die Reihe der Differenzen (‚returns') untersucht werden.[202] BARTH, BEAVER und LANDSMAN (2001) beschreiben, dass die Untersuchung der Differenzen die möglichen Forschungsfragen stark limitiert und eine Betrachtung der absoluten Werte ertragreicher und sinnvoller

---

[198] Vgl. WALLMEIER (2009), S. 221. Die Ausführungen beziehen sich allerdings auf die Standardsetzung, sodass der Wertrelevanzforschung dort eine Sinnhaftigkeit für diese abgesprochen wird. Zu beachten ist jedoch, dass die Standardsetzung nicht der einzige Anreiz für derartige Forschung ist und, dass das Realisationsprinzip in Vergangenheit z. B. mit der Fair Value Bewertung durchbrochen wurde. Diese Abkehr von rein historischen Daten deutet auf eine stärkere Korrelation mit (zukunftsgerichteten) Marktdaten hin; BALLWIESER (2019), S. 189.

[199] Vgl. BARTH, BEAVER und LANDSMAN (2001), S. 82–84, sowie insbesondere die dort angegebenen Studien. Trotz umfangreicher Neuregelungen der Rechnungslegungsvorschriften bleibt das Problem, wie in Abschnitt 2.8.5.2 dargelegt, bestehen.

[200] Vgl. LEV und SOUGIANNIS (1996), S. 107, 112.

[201] Vgl. BARTH, LANDSMAN, YOUNG u. a. (2014), S. 313.

[202] Vgl. BARTH, BEAVER und LANDSMAN (2001), S. 95 sowie Abschnitt 3.3.2 der vorliegenden Arbeit.

ist.[203] Wie in Abschnitt 3.3 aufgeworfen, kann die Analyse der Differenzen jedoch zusätzlichen Erklärungsgehalt liefern und in einem weiteren Schritt in die Schätzfunktionen der Variablen im Niveau integriert werden. Dies kann die Prognose letztlich verbessern. Damit kommt auch eine Betrachtung der Differenzen in Frage, sofern damit stärkere Abhängigkeiten identifiziert und die Wertrelevanz besser evaluiert werden kann. Empfehlenswert ist daher eine Betrachtung beider Varianten, wie beispielsweise durch BALACHANDRAN und MOHANRAM (2011).[204]

ONALI, GINESTI und VASILAKIS (2017) befassen sich mit der korrekten Schätzung von Modellen zur Wertrelevanz. Sie betrachten lineare Paneldatenmodelle zu verschiedenen europäischen Staaten und darin die Berücksichtigung von festen Effekten (‚fixed effects model') und zufälligen Effekten (‚random effects model'). Die dort betrachteten Regressionsmodelle für Preise und Renditen bzw. das ‚Price Regression Model' (PRM) und ‚Return Regression Model' (RRM) werden ebenfalls in anderen Studien verwendet.[205] Das Regressionsmodell für Preise (PRM) beschreibt den Aktienkurs als abhängige Variable durch die Regressoren Buchwert je Aktie und Gewinn je Aktie sowie einen Achsenabschnitt. Das Regressionsmodell für Renditen (RRM) beschreibt die Rendite als abhängige Variable durch die Regressoren Gewinn je Aktie und Veränderung des Gewinns ggü. dem Vorjahr (wobei die Regressoren durch den Aktienkurs normalisiert werden) sowie einen Achsenabschnitt.[206] Anhand dieser Modelle wird entsprechend die Bedeutung der Regressoren Buchwert je Aktie, Gewinn je Aktie, Veränderung des Gewinnes etc. und damit deren Wertrelevanz gemessen.

Der Nutzen dieser Art von Forschung wird ebenso in Frage gestellt. Forschung im Bereich der Wertrelevanz von Abschlussinformationen dient durch seinen starken Bezug zum Marktwert und Aktienkurs von Unternehmen insbesondere Investoren, welche ausgewiesene Werte interpretieren und auswerten müssen. Darüber hinaus dient sie Forschern, anderen Nutzern und Erstellern von Abschlüssen sowie den Erstellern von Rechnungslegungsstandards.[207] Zur Diskussion des Nutzens von Wertrelevanzforschung für Standardsetzer sei insbesondere auf HOLTHAUSEN und WATTS (2001) und BARTH, BEAVER und LANDSMAN (2001) verwiesen. Im Folgenden werden Argumente für und gegen Forschung im Bereich der Wertrelevanz

---

[203] Vgl. BARTH, BEAVER und LANDSMAN (2001), S. 95 f.

[204] Vgl. BALACHANDRAN und MOHANRAM (2011), S. 276 f.

[205] Vgl. ONALI, GINESTI und VASILAKIS (2017), S. 461 m. w. N., insbesondere zu; ABOODY und LEV (1998), S. 172 (PRM); KALLAPUR und KWAN (2004), S. 158 (PRM); BARTH, LANDSMAN und LANG (2008), S. 486 (PRM and RRM).

[206] Vgl. ONALI, GINESTI und VASILAKIS (2017), S. 461; sowie BARTH, LANDSMAN und LANG (2008), S. 486.

[207] Vgl. BARTH, BEAVER und LANDSMAN (2001), S. 79.

aufgezeigt und diskutiert. HOLTHAUSEN und WATTS (2001) erkennen aufgrund des Mangels einer zugrundeliegenden Accounting-Theorie, anhand welcher die Ergebnisse ausgewertet werden könnten, keinen direkten Nutzen dieser Forschung für Standardsetzer. Ähnlich kritisch wird der Nutzen für die Entwicklung von Rechnungslegungsstandards von FÜLBIER, HITZ und SELLHORN (2009) betrachtet.[208] Den Personen, die an der Entwicklung von Rechnungslegungsstandards arbeiten, sei nicht klar, inwiefern sie das Wissen über die Relation zum Unternehmens- bzw. Eigenkapitalwert nutzen können.[209]

Die von ihnen aufgeworfene, fehlende Theorie der Rechnungslegung sehen BARTH, BEAVER und LANDSMAN (2001) indirekt jedoch in dem Rahmenwerk des Financial Accounting Standards Board (FASB).[210] Es wird somit keine explizite Theorie der Rechnungslegung benötigt, da die Zwecke (hier des FASB) definiert sind und die Wertrelevanzforschung einen Ansatz darstellt, um die dargelegte Anforderung der Relevanz und Verlässlichkeit zu prüfen.[211] Eine explizite Accounting-Theorie kann das Framework jedoch nicht darstellen, da es verschiedenste soziale Aspekte und Probleme der Praxis berücksichtigen muss.[212] Zudem zeigen sie auf, dass ca. die Hälfte der vom FASB zur Entscheidungsfindung herangezogene Literatur aus dem Bereich der Wertrelevanzforschung stammt.[213] Diese Arbeiten orientieren sich an Aktienkursen bzw. Marktkapitalisierungen oder Analystenschätzungen dieser.[214]

HOLTHAUSEN und WATTS (2001) befürchten, dass der Forschung die Annahme zugrunde liegt, dass die vorwiegende Aufgabe der Rechnungslegung die Eigenkapitalbewertung sei. So schreiben sie beispielsweise von der „current assumption of the dominance of the equity valuation role of accounting“,[215] welche jedoch nicht bewiesen ist.[216] Wenn Form und Inhalt von Jahresabschlüssen stärker an den Anforderungen von Fremdkapitalgebern statt Eigenkapitalgebern ausgerichtet ist, könnte dies die Aussagekraft von Bewertungsmodellen auf Basis

[208] Vgl. FÜLBIER, HITZ und SELLHORN (2009), S. 473; BALLWIESER (2019), S. 185.
[209] Vgl. HOLTHAUSEN und WATTS (2001), S. 64.
[210] Vgl. BARTH, BEAVER und LANDSMAN (2001), S. 78.
[211] Vgl. BARTH, BEAVER und LANDSMAN (2001), S. 80.
[212] Vgl. BARTH, BEAVER und LANDSMAN (2001), S. 90.
[213] Vgl. BARTH, BEAVER und LANDSMAN (2001), S. 87 f. m. w. N.; BOTOSAN (1997); HIRST und HOPKINS (1998).
[214] Vgl. BOTOSAN (1997), S. 328; HIRST und HOPKINS (1998), S. 47, 64 f.
[215] HOLTHAUSEN und WATTS (2001), S. 65.
[216] Vgl. HOLTHAUSEN und WATTS (2001), S. 64.

von Rechnungslegungsdaten beeinträchtigen.[217] BARTH, BEAVER und LANDSMAN (2001) beschreiben hingegen, dass das FASB zwar Fremd- und Eigenkapitalgeber berücksichtigt, dessen starker Fokus jedoch auf Eigenkapitalgebern liegt.[218]

HOLTHAUSEN und WATTS (2001) schreiben dem Ohlson Modell lediglich eine Nützlichkeit für die Bewertung zu, nicht jedoch zur Evaluation der Wertrelevanz von Abschlussinformationen und nicht für die thematisierte Entwicklung von Rechnungslegungsstandards.[219]

Es zeigen sich jedoch Missverständnisse in HOLTHAUSEN und WATTS (2001), wie beispielsweise die Beschreibung, dass es unwahrscheinlich sei, dass der Buchwert dem Marktwert des Eigenkapitals entspricht.[220] Eine derartige Aussage geht nicht vom Feltham-Ohlson Modell oder den zugrundeliegenden Artikeln aus.[221] Weiterhin wird beschrieben, dass das Feltham-Ohlson Modell keine Berücksichtigung von Wachstum ermöglicht. Dies ist jedoch einfach in das Modell zu integrieren, beispielsweise über die Variablen für sonstige Informationen.[222] Das Feltham-Ohlson Modell berücksichtigt die Effekte des Vorsichtsprinzips bzw. des ‚accounting conservatism' explizit und ist nützlich für eine Untersuchung von dessen Auswirkungen.[223]

Zur Messung der Wertrelevanz von Abschlussinformationen und unter Berücksichtigung der mit der Nutzung von Aktienkursen bzw. Marktkapitalisierungen verbundenen Schwierigkeiten und potenziellen Fehlern hält LEV (2018) dennoch fest: „The association of key financial report items with share prices and returns [...] is the traditional and still the most common methodology to assess the relevance of financial information to investors."[224] Ebenso wird jedoch an dieser Stelle anerkannt, dass teilweise nicht zwischen Kausalität und Korrelation unterschieden werden kann.[225] Die Betrachtung vieler Unternehmen aus verschiedenen Branchen und in verschiedenen Zeiträumen in dieser Arbeit trägt jedoch dazu bei, dass zufälligen Korrelationen nicht fälschlich als kausale Zusammenhänge interpretiert werden.

---

[217] Vgl. HOLTHAUSEN und WATTS (2001), S. 65.

[218] Vgl. BARTH, BEAVER und LANDSMAN (2001), S. 89.

[219] Vgl. HOLTHAUSEN und WATTS (2001), S. 62.

[220] Vgl. HOLTHAUSEN und WATTS (2001), S. 59.

[221] Das Feltham-Ohlson Modell stellt schließlich eine Überleitung von Buchwerten in potenzielle Marktwerte zur Verfügung, wobei nicht allein Daten der Rechnungslegung, sondern ebenfalls weitere Informationen eingebunden werden können.

[222] Vgl HOLTHAUSEN und WATTS (2001), S. 62; FELTHAM und OHLSON (1995), S. 702; BARTH, BEAVER und LANDSMAN (2001), S. 92.

[223] Vgl. BARTH, BEAVER und LANDSMAN (2001), S. 94.

[224] LEV (2018), S. 468.

[225] Vgl. dazu auch KÜHNBERGER (2014), S. 433.

Diese Arbeit untersucht in Kapitel 6 die Wertrelevanz von Abschlussinformationen. Laut BARTH, BEAVER und LANDSMAN (2001) kann sie jedoch auch der dort als Fundamentalanalyse (‚fundamental analysis') beschriebenen Forschung zugeordnet werden. Diese berücksichtigt alle Variablen (und damit auch solche Informationen, welche nicht in den Abschlüssen enthalten sind) in der Schätzfunktion, welche potenziell einen Erklärungsgehalt für den aktuellen oder künftigen Unternehmenswert haben. In der Wertrelevanzforschung, wie sie dort definiert ist, werden ausschließlich Abschlussinformationen verwendet.[226] Die Berücksichtigung makroökonomischer Variablen stellt somit eine Nutzung von nicht in den Abschlüssen vorhandener Informationen dar. Es sollen schließlich grundsätzlich bewertungsrelevante Charakteristika identifiziert werden. Hauptsächlich werden jedoch Ausweise der Finanzberichterstattungen als erklärende Variablen herangezogen, um ihren Informationsgehalt zu evaluieren.

Deutlich wird, dass Uneinigkeit über die Nützlichkeit von Forschung im Bereich der Wertrelevanz für Standardsetzer besteht. Fraglich bleibt, ob Forschungsergebnisse direkt relevant für Fragen der Standardsetzung sind.[227] Beklagt wird unter anderem eine zu starke Auseinandersetzung mit der Beschreibung und Erklärung von (aus Regelungsänderungen resultierenden) aktuellen Phänomenen, anstelle der Frage, wie Regelungen sein sollten und Geschäftsvorfälle abgebildet werden sollten.[228] Nichtsdestotrotz stellt besagte Forschung wichtige Erkenntnisse für Forscher und weitere Anspruchsgruppen (insbesondere jedoch Investoren) zur Verfügung und hat damit – völlig unabhängig von der Bedeutung für Standardsetzer wie das IASB oder nationale Gesetzgeber – eine Daseinsberechtigung. Dennoch können folgende Kriterien genutzt werden, um für die Standardsetzung relevante Forschung zu definieren.[229]

1. Auswirkungen vorgeschlagener Regelungen oder Änderungen auf den Abschluss
2. Mögliche und wahrscheinliche Auswirkungen auf das Verhalten der Abschlussersteller
3. Mögliche und wahrscheinliche Auswirkungen auf das Verhalten der Abschlussadressaten (insbesondere der Investoren)

---

[226] Vgl. BARTH, BEAVER und LANDSMAN (2001), S. 90.

[227] Vgl. FÜLBIER, HITZ und SELLHORN (2009), S. 464 f. Die dort aufgeführten Artikel deuten eine größer werdende Lücke zwischen aktueller Forschung und den Informationsansprüchen von Standardsetzern an.

[228] Vgl. SCHIPPER (1994), S. 63. Unter Beachtung der weiterhin vorherrschenden Wertrelevanzforschung gilt diese Kritik unverändert.

[229] Vgl. FÜLBIER, HITZ und SELLHORN (2009), S. 466; SCHIPPER (1994), S. 62 f.

Potenzielle Forschungskategorien sind entsprechend das Aufzeigen möglicher Regelungsalternativen und deren Diskussion, sowie die Berechnung von Abschlussinformationen unter diesen Alternativen (‚what-if research'). [230] Diese Ausführungen beziehen sich jedoch auf noch unveröffentlichte Regelungen. Allerdings können im Sinne der ex-post Forschung[231] auch die Effektivität und die Auswirkungen von Regeländerungen und neuen Standards evaluiert und damit ggf. Reformen ausgelöst werden.[232] Darunter fallen auch Vergleiche verschiedener Rechnungslegungssysteme und Zeiträume.[233] In Bezug auf die von FÜLBIER, HITZ und SELLHORN (2009) aufgezeigten, für die Standardsetzung relevanten Forschungsbereiche, trägt die vorliegende Arbeit zu der Frage der Bewertung einzelner Posten (‚measurement') und zu Fragen der Präsentation und Veröffentlichung (‚presentation and disclosure') bei.[234]

Über die Berechnung typischer Modelle zur Analyse der Wertrelevanz ausgewiesener Gewinne und Vermögen anhand des Feltham-Ohlson Modells hinaus, werden in dieser Arbeit Modelle zur Prognose von Cashflows betrachtet. Im Rahmen dessen wird der Erklärungsgehalt von Abschlussinformationen für künftige Cashflows ermittelt. Dabei wird keine Verbindung zu der Marktkapitalisierung oder Aktienrenditen der Unternehmen hergestellt, sodass es sich nicht um eine Analyse der Wertrelevanz im Sinne der angeführten Definition handelt. Es wird dennoch die Bedeutung bestimmter Abschlussposten für künftige Cashflows und damit im weiteren Sinne deren Wertrelevanz bestimmt. Beide Herangehensweisen sind vielversprechend. Die Nutzung von Cashflows anstelle von Marktkapitalisierungen insbesondere, da diese tendenziell weniger äußeren Einflüssen und damit kurzfristigen Schwankungen unterliegen. Ermittelte Zusammenhänge und Ergebnisse könnten entsprechend robuster sein.

---

230 Vgl. FÜLBIER, HITZ und SELLHORN (2009), S. 466; SCHIPPER (1994), S. 63.

231 Zur Differenzierung von ex-ante und ex-post Forschung im Bereich der Finanzberichterstattung und Standardsetzung vgl. auch SCHIPPER (1994), S. 62.

232 Vgl. FÜLBIER, HITZ und SELLHORN (2009), S. 468.

233 Vgl. beispielsweise PALEA und SCAGNELLI (2017).

234 Vgl. FÜLBIER, HITZ und SELLHORN (2009), S. 471–474.

### 2.7.2 Wertrelevanzforschung zur Übernahme der IAS/IFRS in der EU

Die ab 2005 geltende, verpflichtende Anwendung der IAS/IFRS für kapitalmarktorientierte Konzerne in der Europäischen Union[235] brachte einen starken Umbruch mit sich, welcher in vielerlei Hinsicht wissenschaftlich untersucht wurde. Auch die Wertrelevanz ausgewiesener Informationen stand dabei im Fokus.[236] Ein Vergleich der Unternehmensberichterstattungen vor und nach der verpflichtenden Anwendung von Unternehmen, welche zuvor nicht nach internationalen Standards berichtet haben, kann Aufschluss über die Marktrelevanz der Informationen geben. Wie üblich, wird dabei die Korrelation ausgewiesener Daten mit Marktdaten bzw. Aktienkursen untersucht. ELBAKRY u. a. (2017) untersuchen dies für Unternehmen in Deutschland und dem Vereinigten Königreich. Sie nutzen einen Kointegrationsansatz, d. h. ein Vector Error Correction Model (VECM), finden jedoch lediglich für Unternehmen im Vereinigten Königreich kointegrierende Beziehungen, sodass das Ohlson Modell bzw. die Beziehungen zwischen Rechnungslegungsdaten und Aktienrenditen für deutsche Unternehmen durch einfachere Ordinary Least Squares (OLS) Regressionen abgebildet werden könnten.[237] Weiterhin beziehen die Autoren den stärkeren Zusammenhang zwischen Rechnungslegungsdaten und Marktwerten im Vereinigten Königreich auf die Rechtssysteme der Länder. In Ländern mit einem auf Rechtsprechungen basierenden Common Law Rechtssystem (UK) sei die Wertrelevanz höher als in Ländern mit Code Law Rechtssystem bzw. kodifizierten Gesetzen (Deutschland). Der Umstieg auf die Rechnungslegung nach IAS/IFRS sei (im Hinblick auf die Zielsetzung eines starken Zusammenhangs von Rechnungslegungsdaten und Aktienrenditen) in beiden Systemen vorteilhaft und die Vorteile eines effizienteren Aktienmarktes durch die höhere Qualität ausgewiesener Werte würde etwaige Kosten zeitnah ausgleichen.[238] Ob es grundsätzlich sinnvoll ist, die Qualität der Rechnungslegung an der Korrelation mit Marktdaten zu messen und damit allein auf den Informationsgehalt für Investoren abzustellen, ist jedoch kritisch zu betrachten. Es sind weiterhin die Dokumentations- und Ausschüttungsbemessungsfunktion zu beachten. Ferner umfasst die Informationsfunktion natürlich nicht nur Informationsbedürfnisse der Investoren, sondern aller Stakeholder. So nennt das

---

[235] Vgl. EUROPÄISCHE UNION (EU) (2002), Artikel 4. Das davon abweichende Wahlrecht für Mitgliedstaaten, gem. Artikel 9 unter bestimmten Voraussetzungen eine Anwendung ab 2007 zuzulassen, ist für diese Arbeit nicht von Relevanz.

[236] Vgl. BARTH, LANDSMAN, YOUNG u. a. (2014).

[237] Vgl. ELBAKRY u. a. (2017), S. 24. Dies steht im Widerspruch zu den Ergebnissen dieser Arbeit. Vgl. Abschnitt 6.4.4.2.

[238] Vgl. ELBAKRY u. a. (2017), S. 24.

Rahmenkonzept neben Investoren und potenziellen Investoren auch Arbeitnehmer, Kreditgeber, Lieferanten und andere Gläubiger, Kunden, Regierungen und ihre Institutionen sowie die Öffentlichkeit als Beispiele für Abschlussadressaten.[239] Zudem ist unter der Zielsetzung die Nützlichkeit für wirtschaftliche Entscheidungen für einen „weiten Adressatenkreis" angeführt und von der Erfüllung der gemeinsamen Bedürfnisse der meisten Adressaten die Rede.[240] Wie groß die jeweiligen Adressatengruppen im Einzelfall sind und damit von „den meisten" Adressaten ausgegangen werden kann, hängt vom jeweiligen Unternehmen ab. Darüber hinaus kann die Orientierung an Marktkapitalisierungen und damit den Aktienkursen von Unternehmen aufgrund der starken Einflüsse politischer, ökonomischer, soziokultureller, technologischer und rechtlicher Art in Frage gestellt werden. Zudem sind Marktkapitalisierungen lediglich gröbste Annäherungen an Unternehmenswerte, da sie auf Aktienkursen basieren, die sich aus einer geringen Anzahl von Aktien ergeben, welche angeboten und nachgefragt werden. Zumindest der Zeitpunktbezug kann durch Jahresdurchschnittswerte abgeschwächt werden.

Teile des Marktwertes bzw. der Marktkapitalisierung basieren somit nicht auf den fundamentalen Daten eines Unternehmens, sondern sind auf aktuelle Erwartungen und die Stimmung von Investoren zurückzuführen. Dieser Teil kann als Differenz zwischen der Marktkapitalisierung und einem durch Bewertungsverfahren errechneten Unternehmenswertes verstanden werden.[241]

## 2.8 Ausgewählte Anwendungsbereiche von Prognosen in der Rechnungslegung

Prospektive Wertausweise finden sich an vielen Stellen in den Abschlüssen von Unternehmen. Die wichtigsten sollen in diesem Kapitel beispielhaft dargestellt und ihre Relevanz für den Informationsgehalt herausgestellt werden. Anwendungsbereiche in der Rechnungslegung beschreiben solche, in denen Prognosen vom Unternehmen, d. h. intern erstellt werden und sie damit im Einflussbereich des Managements liegen. Unter die Anwendungsbereiche mit Rechnungslegungsbezug fällt beispielsweise die Unternehmensbewertung durch externe Investoren, welche keinen Einfluss auf Wertausweise im Jahres- oder Konzernabschluss haben. Wie zuvor bereits beschrieben, ist der Anteil an Wertausweisen mit prognostischem Anteil, ins-

[239] IFRS RK.9.

[240] IFRS RK.12 f.

[241] Vgl. YOHN (2020), S. 3176. Dazu sei auf den Forschungszweig der „behavioral finance" verwiesen.

besondere durch die zunehmende Internationalisierung bzw. Annäherung der nationalen Rechnungslegungsvorschriften an die IAS/IFRS, gestiegen.[242] Prognosen finden sich sowohl im Lagebericht in Form qualitativer Aussagen über die künftige Entwicklung eines Unternehmens im Branchenumfeld als auch in verschiedenen Posten des Abschlusses. So sind sie beispielsweise bei der Bildung von Rückstellungen (Prozessrückstellungen, Garantierückstellungen etc.), bei Wertermittlungen und Wertminderungen des Anlagevermögens oder bei Schätzungen von Ein- und Auszahlungen im Rahmen des Liquiditätsmanagements bzw. der Wertberichtigung von Forderungen ausschlaggebend.

Über die Abschlüsse hinaus, enthalten auch Zwischenberichterstattungen prospektive Wertausweise, welche auf vorherigen Prognosen aufbauen und sie ggf. aktualisieren müssen. Nach nationalen Rechnungslegungsvorschriften sind allein börsennotierte Gesellschaften bzw. solche, die im Inland Aktien emittiert haben, zur Zwischenberichterstattung verpflichtet. Dementsprechend ist sie im Wertpapierhandelsgesetz (WpHG) geregelt.[243] Die Zwischenberichterstattung gem. dem Deutschen Rechnungslegungs Standard (DRS) 16 ist verpflichtend für Unternehmen die zur Erstellung eines Konzernabschlusses und Konzernlageberichts verpflichtet sind und erfordert die Aktualisierung früherer Prognosen. Haben sich Einschätzungen über künftige Entwicklungen geändert, muss dies – vorausgesetzt es handelt sich um maßgebliche bzw. relevante Veränderungen – berichtet werden.[244] Gleiches wird explizit für den Zwischenlagebericht aufgeführt.[245] Aufgrund der Regelungen zur Anwendung der IAS/IFRS für kapitalmarktorientierte (gem. § 264d HGB) Mutterunternehmen[246], hat der DRS 16 nur wenig Relevanz für die Rechnungslegungsvorschriften. Die Regelungen für den Zwischenlagebericht und den Bilanzeid bzw. die Versicherung der gesetzlichen Vertreter haben daher die relativ größte Bedeutung.[247] Diese Bestandteile sind auch bei Anwendung der internationalen Rechnungslegungsstandards von deutschen Unternehmen auszuweisen. Der DRS 16 ist entsprechend auch bei Anwendung der IAS/IFRS zu berücksichtigen. In diesem Fall gilt der DRS 16 nicht vollumfänglich und es bleiben Teile davon

---

[242] Vgl. Kapitel 1.

[243] Vgl. § 115 Absatz 1 WpHG.

[244] Vgl. DRS 16.2 sowie die Zusammenfassung des DRS 16.

[245] Vgl. DRS 16.34 f. sowie explizit für den Prognose-, Chancen- und Risikobericht DRS 16.43.

[246] Vgl. § 315e HGB.

[247] Vgl. Busse von Colbe (2010), S. 651 f. sowie § 115 Absatz 3 Satz 2 WpHG (Der Inhalt des im angegebenen Werk zitierten § 37w WpHG findet sich aktuell im § 115 WpHG). § 115 Absatz 3 Satz 2 WpHG besagt, dass die „für den Jahresabschluss geltenden Rechnungslegungsgrundsätze anzuwenden" sind.

unbeachtet.[248] Die Regelungen zum Zwischenlagebericht und der Versicherung der gesetzlichen Vertreter fallen jedoch nicht unter diese Ausnahmen.

Für die Zwischenberichterstattung nach internationalen Standards finden sich in IAS 34 ähnliche Regelungen. Dieser sieht die Überprüfung und gegebenenfalls Aktualisierung von Schätzungen vor.[249] Weiterhin verweist IAS 34 dabei auf IAS 8.[250] IAS 8 „Rechnungslegungsmethoden, Änderungen von rechnungslegungsbezogenen Schätzungen und Fehler" zeigt in diesem Zusammenhang beispielhaft Sachverhalte auf, für welche Schätzungen notwendig sein können.[251] Korrekturen von Schätzungen gelten dabei nicht als Fehlerkorrekturen.[252] Je nach Sachverhalt und betroffenem Wertausweis, ist die entsprechende Änderung im Gewinn oder Verlust oder den entsprechenden aktiven oder passiven Bestandskonten zu erfassen.[253]

Im Folgenden werden ausgewählte Aspekte der Rechnungslegung nach HGB und IAS/IFRS dargestellt, welche direkt oder indirekt einer Prognoseerstellung bedürfen. Die Bedeutung dieser Ausweise sowie das rechnungslegungspolitische Potenzial der Regelungen wird hervorgehoben. Die Auswirkungen derartiger Ermessensspielräume auf die Qualität von Finanzberichterstattungen und deren Eignung als Grundlage für die langfristige Planung wird insbesondere in Kapitel 5 analysiert.

### 2.8.1 Die Fortbestehensprognose als Grundlage der Finanzberichterstattung

Grundlage aller Wertansätze in der Finanzberichterstattung ist die Annahme der Fortführung des Unternehmens bzw. die Erfüllung des Unternehmenszweckes und damit eine positive Fortbestehensprognose.[254] Dabei handelt es sich um eine juristisch glaubhaft gemachte Prognoseaussage in unbedingter Form,[255] bei der in Schriftsätzen dokumentierte Tatsachen als Indikatoren für oder gegen das Fortbestehen glaubhaft gemacht werden. Quantitative betriebswirtschaftliche Analysen

---

[248] Vgl. DRS 16.8.

[249] Vgl. IAS 34.15, 16A (d) sowie 29 f.

[250] Vgl. IAS 34.24 f. sowie 27 i. V. m. IAS 8.32–38.

[251] Vgl. IAS 8.32.

[252] Vgl. IAS 8.34.

[253] Vgl. IAS 8.36 f.

[254] Die im Folgenden beschriebenen Regelungen gelten weitestgehend analog für die US-amerikanische Rechnungslegung. Vgl. ASC 205–40 zur Fortbestehensprognose.

[255] Vgl. GALLINGER (1993), S. 17 sowie zum Prognosebegriff und dessen Abgrenzung S. 15–23.

können dabei als eine Tatsachenbehauptung einfließen.[256] Der Grundgedanke des Going-concern-Prinzips ist eine durch die Fortführungsannahme definierte Wertebasis aller Vermögenswerte. Werden die Geschäfte eines Unternehmens nicht fortgeführt bzw. in absehbarer Zeit eingestellt,[257] müssen Abschlüsse auf einer anderen Wertebasis erstellt werden, da Vermögenswerte in diesem Fall einen geringeren Wert für das Unternehmen haben.[258] Dann werden alle Vermögensgegenstände zu Liquidationswerten ausgewiesen.[259]

#### 2.8.1.1 Die Fortbestehensprognose im Handelsrecht

Fortbestehensprognosen sind bei dem Vorliegen wirtschaftlicher oder rechtlicher Auslöser zu erstellen. Ein wirtschaftlicher Auslöser liegt immer dann vor, wenn sich ein Insolvenzgrund, d. h. insbesondere eine drohende Zahlungsunfähigkeit oder Überschuldung abzeichnet. Die Insolvenzordnung gibt diese Indikatoren als Eröffnungsgründe eines Insolvenzverfahrens für haftungsbeschränkte Unternehmen an.[260] Der Überschuldungstatbestand liegt jedoch nur dann vor, wenn neben der bilanziellen Überschuldung auch eine negative Fortbestehensprognose vorliegt. Ist die Fortführung des Unternehmens überwiegend wahrscheinlich, liegt trotz bilanzieller Unterdeckung keine Überschuldung vor.[261] Somit wird die Fortbestehensprognose hauptsächlich zu einer Zahlungsfähigkeitsprognose.[262] Dies verdeutlicht die Bedeutung modellgestützter Prognosen, insbesondere der Zahlungsmittel und Cashflows. Sie bedingen das Ergebnis einer Fortbestehensprognose.

Grundsätzlich besteht in den folgenden Fällen ein Anlass zur Erstellung einer Fortbestehensprognose. Bei einem negativen Cashflow aus laufender Geschäftstätigkeit, bei einer bilanziellen Überschuldung sowie bei einem die verfügbaren liqui-

---

[256] Vgl. GROSS und AMEN (2006), S. 344.

[257] Der Prognosezeitraum beträgt grundsätzlich zwölf Monate ab dem Bilanzstichtag. Vgl. FRYSTATZKI (2017), S. 1495 sowie GROSS und AMEN (2006), S. 342 m. w. N. Auch der ISA 570.13 definiert einen Zeitraum von mindestens zwölf Monaten. Bei drohender Zahlungsunfähigkeit sieht § 18 Absatz 2 InsO jedoch einen Prognosezeitraum von 24 Monaten vor.

[258] Vgl. AGOSTINI (2018), S. 100.

[259] Vgl. GROSS und AMEN (2006), S. 340; FRYSTATZKI (2017), S. 1497, 1500; BUCHHOLZ (2016), S. 18 f. (letzte m. w. N.).

[260] Vgl. §§ 18, 19 InsO. Zur Definition der generellen Zahlungsunfähigkeit vgl. § 17 Absatz 2 InsO sowie zur Definition der Überschuldung § 19 Absatz 2 InsO.

[261] Vgl. § 19 Absatz 2 InsO; FISCHER (2016), S. 665.

[262] Vgl. FISCHER (2016), S. 665 f. sowie viele weitere Nachweise zu Literaturquellen, in denen die Meinung vertreten wird, dass § 19 Absatz 2 InsO lediglich eine Zahlungsfähigkeitsprognose verlangt und diese als maßgebliche Prognose verstanden wird.

den Mittel übersteigenden Kapitalbedarf.[263] Diese Auslöser müssen kontinuierlich evaluiert werden, um Missstände frühzeitig zu erkennen und eine Fortbestehensprognose zu veranlassen. Doch die Erkennung einer Krise und Beurteilung von Insolvenzgefahren kann sehr komplex sein und allein bereits viel Zeit in Anspruch nehmen.[264]

Als rechtlicher Auslöser ist insbesondere das Going-Concern-Prinzip der Rechnungslegung zu nennen, welches die Prüfung der Fortbestehensannahme im Rahmen der Erstellung des Abschlusses vorsieht. § 252 Absatz 1 Nr. 2 HGB fordert eine Bewertung ausgewiesener Vermögensgegenstände und Schulden unter der Annahme der Fortführung der Unternehmenstätigkeit (im Gegensatz zur Liquidation), vorausgesetzt dieser Annahme stehen keine „tatsächlichen oder rechtlichen Gegebenheiten" entgegen.[265] Die Going-Concern-Prämisse stellt einen der Grundsätze ordnungsmäßiger Buchführung dar.[266] Weiterhin hat der Abschlussprüfer beispielsweise im Rahmen der jährlichen Prüfung eine „Beurteilung des Fortbestandes und der künftigen Entwicklung des Unternehmens"[267] vorzunehmen und muss darüber berichten.[268]

Die Erstellung von Fortbestehensprognosen erfolgt mithilfe von Finanzplänen, anhand derer die Zahlungsfähigkeit des Unternehmens und eine mögliche Überschuldung analysiert werden können. Die Zahlungsfähigkeit muss dabei über den gesamten Prognosezeitraum gewährleistet sein.[269] Somit stellt sich die Frage nach der zeitlichen Basis und Detailliertheit der Finanzpläne, welche nicht ausreichend geregelt wird. Das Ziel der Fortbestehensprognose ist die Sicherstellung der Zahlungsfähigkeit und Vermeidung einer Überschuldung mit überwiegender Wahrscheinlichkeit, wobei diese Formulierung eindeutig Ermessensspielraum für den Prognoseersteller bereitstellt.[270] In der Praxis stellt sich häufig die Frage danach, wie lange die Annahme der Fortführung eines Unternehmens gerechtfertigt und

---

263 Vgl. GROSS und AMEN (2006), S. 337.

264 Vgl. FISCHER (2016), S. 668.

265 Vgl. auch IDW PS 270 n. F., Rn. 4.

266 Vgl. WÖHE und KUSSMAUL (2012), S. 39; BUCHHOLZ (2016), S. 18 f.

267 Vgl. § 321 Absatz 1 HGB.

268 Vgl. GROSS und AMEN (2006), S. 337 f. zu diesen und weiteren rechtlichen Auslösern der Fortbestehensprognose.

269 Vgl. GROSS und AMEN (2006), S. 340 f.; FISCHER (2016), S. 666.

270 Vgl. GROSS und AMEN (2006), S. 343 f. Die überwiegende Wahrscheinlichkeit darf nicht als prozentualer Wert über 50 % verstanden werden. Es muss allgemein mehr dafür als dagegen sprechen; Vgl. dazu auch FISCHER (2016), S. 666 m. w. N. sowie S. 667 m. w. N. zu der überwiegend vertretenen Meinung des Vorhandenseins von Beurteilsspielraum.

die beschriebene überwiegende Wahrscheinlichkeit gegeben war.[271] Kommt der Prognoseersteller zu einer negativen Fortbestehensprognose muss sämtliches Vermögen zu Liquidationswerten bewertet werden, wodurch Unternehmen plötzlich, durch die Neubewertung den Tatbestand der Überschuldung erfüllen könnten.[272]

Als Prognosegrundlage dient eine integrierte Bilanz-, Erfolgs- und Finanzplanung der künftigen Entwicklung.[273] Der Prognoseersteller hat die gesamtwirtschaftliche sowie branchenspezifische Entwicklung zu berücksichtigen sowie beispielsweise Konzepte und deren Umsetzungs- und Erfolgswahrscheinlichkeiten in die Prognose einzubeziehen.[274] Der qualitative Charakter dieser spezifischen Prognose, welcher gewiss unumgänglich ist, wird an dieser Stelle besonders deutlich. Die Prognose für eine gesteigerte Nachvollziehbarkeit des Ergebnisses auf historische Werte des externen Rechnungswesens zu basieren, wäre sicher nicht zielführend. Anders als die Entwicklung der Gesamtwirtschaft oder einer Branche, lassen sich Konzepte und Spezifika einzelner Unternehmen nur schwer durch quantifizierte Größen abbilden und in ein quantitatives Modell einbinden. Die Umsetzbarkeit eines erarbeiteten, umfangreichen Sanierungskonzeptes kann allein durch dessen Glaubhaftigkeit und angemessene Annahmen beurteilt werden und unterliegt damit zwangsläufig subjektiven Ermessensspielräumen. GROSS und AMEN (2006) beschreiben weiterhin die zu betrachtenden Merkmale und notwendigen Inhalte von Sanierungs- bzw. Fortführungskonzepten. Die Teilergebnisse aus Potenzialen, Maßnahmen und Barrieren sollen letztlich Anhaltspunkte für die notwendige, überwiegende Wahrscheinlichkeit einer Fortführung geben, welche zu einem positiven Prognoseergebnis führt.[275]

Das Institut der Wirtschaftsprüfer in Deutschland (IDW) regelt die Beurteilung der Fortführungsannahme im Prüfungsstandard 270.[276] Gemäß dieses Standards hat der Abschlussprüfer verpflichtend zu prüfen, ob die Einschätzung des Managements über die Fortführung des Unternehmens angemessen ist und ob wesentliche Unsicherheiten diesbezüglich bestehen. Über etwaige bestandsgefährdende oder den Bestand wesentlich beeinträchtigende Risiken und Tatsachen ist zu berichten.[277] Gleichzeitig wird jedoch anerkannt, dass der Prüfung zukünftiger Ereignisse enge Grenzen gesetzt sind, der Abschlussprüfer künftige Ereignisse nicht verifizieren

[271] Vgl. FISCHER (2016), S. 665.
[272] Vgl. GROSS und AMEN (2006), S. 345 f.
[273] Vgl. GROSS und AMEN (2006), S. 357.
[274] Vgl. GROSS und AMEN (2002), S. 436.
[275] Vgl. GROSS und AMEN (2006), S. 354.
[276] Vgl. IDW PS 270 n. F.
[277] Vgl. IDW PS 270 n. F., Rn. 10 f., 14; §§ 322 Absatz 2 Satz 3, 321 Absatz 1 HGB.

kann und ein uneingeschränkter Bestätigungsvermerk die tatsächliche Unternehmensfortführung nicht garantiert.[278]

Ziel des Prüfers ist es, angemessene Nachweise über die Validität der Einschätzung des Managements zu sammeln.[279] Es ist die Einschätzung des Managements zu prüfen oder eine solche mit den gesetzlichen Vertretern zu erarbeiten. Dabei wird auf Befragungen abgestellt und beschrieben, dass auf Gegebenheiten zu achten ist, welche Zweifel an der Fortführung aufkommen lassen.[280] Geeignete Prüfungshandlungen werden in den Anwendungshinweisen konkret benannt. Dort werden mögliche Analysewerkzeuge nach finanzwirtschaftlichen, betrieblichen und sonstigen Gegebenheiten aufgeteilt vorgeschlagen. Unter anderem sind Überschuldungsprüfungen, Kennzahlenanalysen, wichtige Personalwechsel, Wettbewerbsanalysen und laufende Gerichtsverfahren als wichtige Anhaltspunkte für die Prüfung der Fortführungsfähigkeit aufgeführt.[281] Mithilfe dieser Kriterien lässt sich die Fortführungsannahme weitgehend objektiv beurteilen. Dennoch zeugt nicht zuletzt der aktuelle Bilanzskandal der Wirecard AG von potenziell mangelhaften Prüfungsnachweisen über die Fortführungsannahme und der nicht vorhandenen Fortführungsgarantie.

Der IDW PS 270 n. F. wirft zudem Fragen bezüglich seiner Verbindlichkeit auf. Zum Teil wird ein Konflikt zwischen dem Bericht über bestandsgefährdende Risiken und den Verschwiegenheitspflichten von Geschäftsführern und Vorständen beschrieben. Die Verbindlichkeit des Prüfungsstandards sei dementsprechend unklar.[282] Dies führt dazu, dass ein uneingeschränktes Testat trotz fehlender Angabe zu bestandsgefährdenden Risiken im Anhang ausgestellt werden kann.[283] In der Praxis könnte der Standard sein Ziel somit verfehlen und gar für eine trügerische Sicherheit sorgen.

#### 2.8.1.2 Die Fortbestehensprognose nach IAS/IFRS

Die internationalen Rechnungslegungsstandards sehen ebenfalls eine Überprüfung des Fortbestehens vor. Anwender der IAS/IFRS sind bei der Aufstellung des Abschlusses zur Durchführung einer Fortbestehensprognose verpflichtet.[284] Das Management hat dabei sämtliche verfügbaren Informationen über mindestens zwölf

[278] Vgl. IDW PS 270 n. F., Rn. 12.; HAASMANN (2019), S. 3.

[279] Vgl. IDW PS 270 n. F., Rn. 14.

[280] Vgl. IDW PS 270 n. F., Rn. 15 f.

[281] Vgl. IDW PS 270 n. F., Rn. A5.

[282] Vgl. HAASMANN (2019), S. 3; § 93 Absatz 1 AktG; § 43 GmbHG.

[283] Vgl. HAASMANN (2019), S. 7 f.

[284] Vgl. IAS 1.25.

Monate zu berücksichtigen.[285] Gem. IAS 1.25 ist der Abschluss nicht mehr unter der Annahme des Fortbestehens aufzustellen, sobald eine Auflösung des Unternehmens beabsichtigt wird oder „keine realistische Alternative“[286] mehr dazu besteht.[287] Zudem sind wesentliche Unsicherheiten anzugeben und im Falle eines Abweichens von der Fortbestehensannahme die Gründe dafür sowie die Grundlagen, auf denen der Abschluss erstellt wird. IAS 1.26 regelt weiterhin, dass Unternehmen mit bisher rentablen Geschäftsbetrieben und schnell verfügbaren Finanzierungsoptionen ohne weitere Prüfung vom Fortbestehen ausgehen können. Andernfalls sollen „zahlreiche Faktoren im Zusammenhang mit der derzeitigen und künftigen Rentabilität, Schuldentilgungsplänen und potenziellen Refinanzierungsquellen“[288] in die Analyse einfließen. Eine explizite Vorgabe von zu berücksichtigenden Indikatoren bleibt aus. Die beschriebenen Regelungen entsprechen zum großen Teil denen der US-amerikanischen Rechnungslegung. Durch Konvergenzbestrebungen des FASB und IASB zu den Rechnungslegungssystemen ähneln die Regelungen der US-GAAP häufig denen der IAS/IFRS. Die prinzipienbasierten Regelungen der IAS/IFRS (‚principle-based‘ statt ‚rule-based accounting‘ in den US-GAAP) führen jedoch zu mehr Flexibilität und damit Ermessensentscheidungen durch das Management.[289]

Die international anerkannten Grundsätze zur Abschlussprüfung regeln die Prüfung der Going-Concern-Prämisse. Der ISA 570 verpflichtet das Management zur Prüfung der Fortbestehensannahme[290] und den Prüfer dazu, ausreichend Nachweis für die Angemessenheit dieser Annahme zu erlangen. Im Rahmen dessen sind wesentliche Unsicherheiten zu evaluieren, welche die Fähigkeit des Unternehmens fortbestehen zu können einschränken.[291] Hat das Management, wie in den IFRS gefordert[292], eine Fortbestehensprognose durchgeführt, soll der Prüfer diese mit dem Management besprechen und die Vollständigkeit der berücksichtigten Indikatoren[293] begutachten. Liegen wesentliche Unsicherheiten vor, sollen die Pläne des Managements diskutiert werden, welche auf eine Beseitigung dieser

[285] Vgl. IAS 1.26.

[286] IAS 1.25.

[287] Vgl. auch IDW PS 270 n.F., Rn. 4.

[288] IAS 1.26.

[289] Vgl. AGOSTINI (2018), S. 104 f. Vgl. weiterhin S. 112–114 für eine Übersicht über bestehende Unterschiede zwischen den US-GAAP und IFRS.

[290] Vgl. ISA 570.4.

[291] Vgl. ISA 570.9.

[292] Vgl. IAS 1.25.

[293] Vgl. ebenso ISA 570.14.

abzielen.[294] Sollten Zweifel am Fortbestand des Unternehmens bestehen, sind weitere Prüfungshandlungen notwendig, um wesentliche Unsicherheiten zu analysieren. Der Prüfer hat das Management aufzufordern, einen Fortbestehensprognose zu erstellen, muss Zukunftspläne hinsichtlich ihrer Potenziale und Erfolgswahrscheinlichkeiten evaluieren, Cashflow Prognosen prüfen sowie aktuellste Informationen einbeziehen und schriftliche Pläne des Managements über künftige Maßnahmen und deren Umsetzbarkeit einfordern.[295] Zur Prognose der Cashflows fordert der Standard eine Prüfung der Zuverlässigkeit zugrundeliegender Daten. Darüber hinaus müssen die der Prognose zugrundeliegenden Annahmen auf angemessene Eintrittswahrscheinlichkeiten geprüft werden.[296] Auf Basis dieser Bewertungen und aufgedeckter, wesentlicher Unsicherheiten schließt der Prüfer auf die Angemessenheit der Fortbestehensprognose.[297] Liegt nach dem Ermessen des Prüfers eine wesentliche Unsicherheit vor, wird die Fortbestehensprognose negiert oder unter Veröffentlichung und expliziter Darstellung des Sachverhalts und entsprechenden Zukunftsplänen akzeptiert. Für den letzten Fall muss klar hervorgehoben werden, dass das Unternehmen seinen Verbindlichkeiten möglicherweise nicht nachkommen kann.[298]

Insgesamt lässt sich feststellen, dass die bisher typischerweise nur jährliche Erstellung von Fortbestehensprognosen nach HGB und IAS/IFRS zu wenig Sicherheit für Investoren liefert. Zu dem Zeitpunkt der Prognoseerstellung durch den Abschlussprüfer könnte das Unternehmen bereits in großen Schwierigkeiten stecken, welche Investoren zuvor nicht bekannt waren. Eine kontinuierliche Überwachung der herangezogenen Indikatoren und sofortige Veröffentlichung wesentlicher Risiken wäre mit heutigen Rechenleistungen problemlos möglich und könnte Abhilfe schaffen bzw. Informationsasymmetrien abbauen.[299] Wenngleich eine rein

---

[294] Vgl. ISA 570.10 (a), 570.12 sowie AGOSTINI (2018), S. 103. ISA 570.10 (b) regelt weiterhin den Fall, in dem das Management bisher keine Fortbestehensprognose erstellt hat. In diesem Fall soll die Grundlage der Fortführungsannahme diskutiert werden und wesentliche Unsicherheiten in Bezug auf diese Annahme erfragt werden. Für den Fall der Anwendung der IFRS ist dies aufgrund der zuvor beschriebenen, verpflichtenden Erstellung jedoch irrelevant.

[295] Vgl. ISA 570.16 (a)–(e).

[296] Vgl. ISA 570.16 (c) (i), (ii). Der im Originaltext geforderte ‚adequate support for the assumptions' wird nicht weiter definiert, sodass Ermessensspielraum entsteht. Eine Anknüpfung an Annahmen externer Organisationen beispielsweise zu Branchen- und gesamtwirtschaftlichen Entwicklungen könnte für objektivere Prognosen sorgen.

[297] Vgl. ISA 570.17. Eine wesentliche Unsicherheit liegt insbesondere dann vor, wenn der Sachverhalt dem Grundsatz der ‚fair presentation' entgegensteht. Vgl. ISA 570.18.

[298] Vgl. ISA 570.19 sowie 570.21–23.

[299] Vgl. AGOSTINI (2018), S. 122.

objektive Bewertung des Fortbestehens einer Unternehmung nicht möglich ist, da mit zukünftigen Entwicklung zwangsläufig Unsicherheiten einhergehen, können modellgestützte Prognosen Trends aufdecken und absolut nachvollziehbare Ergebnisse und Begründungen liefern.[300] Die zuvor aufgezeigte Vereinfachung der Fortbestehensprognose zu einer Zahlungsfähigkeitsprognose erlaubt eine sinnvolle Anknüpfung an Prognosemodelle für Cashflows, welche für eine kontinuierliche Überwachung mit unternehmensinternen Daten[301] genutzt werden können.

### 2.8.2 Fair Value Bilanzierung

Fair Value Bewertungen sind eines der typischen Merkmale der internationalen Rechnungslegung. Etliche Standards schreiben die Bewertung von Vermögenswerten und Schulden gem. IFRS 13 vor.[302] In diesem Kapitel wird die Wertermittlung gem. IFRS 13 kurz dargelegt und insbesondere die Ermittlung von Bilanzausweisen auf der dritten Stufe der im Folgenden erläuterten Bewertungshierarchie[303], d. h. durch Barwerttechniken, beschrieben. Diese Werte werden maßgeblich durch Prognosen beeinflusst und stehen damit im Mittelpunkt der Analyse.[304]

#### 2.8.2.1 Grundlagen und Bewertungsmethoden

Die Ermittlung von Fair Values bzw. beizulegenden Zeitwerten erfolgt nach einer Ermittlungshierarchie. Diese besagt, dass Fair Values auf Basis von Marktpreisen ermittelt werden sollen, sofern diese verfügbar sind.[305] Sollten keine aktuellen Markt- oder Vergleichspreise für Vermögenswerte vorhanden sein, wird der Fair

---

[300] Vgl. FISCHER (2016), S. 666.

[301] Unternehmensinterne Daten bieten den Vorteil einer hohen Verfügbarkeit, sodass mehr Informationen vorliegen und der zeitliche Abstand zwischen den Beobachtungen minimiert wird.

[302] Dies bezieht sich insbesondere auf die Folgebewertung von Sachanlagevermögen gem. IAS 16 (nach IAS 16.29 besteht ein Wahlrecht zur Bewertung zu fortgeführten Anschaffungs- bzw. Herstellungskosten oder zum beizulegenden Zeitwert, d. h. zur Bewertung nach dem Anschaffungskostenmodell gem. IAS 16.30 oder nach dem Neubewertungsmodell gem. IAS 16.31.) und IAS 40 sowie immaterielle Vermögenswerte gem. IAS 38.

[303] Vgl. Abschnitt 2.8.2.1.

[304] Die Beschreibungen des Kapitels gelten größtenteils analog für die Rechnungslegung nach US-GAAP. Fair Value Bewertungen sind dort durch ASC 820 vorzunehmen und wie in der IAS/IFRS-Rechnungslegung seit langer Zeit verankert. Vgl. beispielsweise KROG (1998), S. 90 f.

[305] Vgl. IFRS 13.72 und IFRS 13.76–90 für die jeweiligen Inputfaktoren der Hierarchiestufen sowie KÜTING (2009), S. 829 f.

Value kapitalwertorientiert und damit unter Eröffnung großer Freiräume in der Parameterbestimmung der Barwertkalküle ermittelt.[306] Die Bewertung erfolgt danach wie im Folgenden beschrieben.

Im Rahmen des kapitalwertorientierten Verfahrens zur Ermittlung eines Fair Values wird der Wert eines Vermögenswertes durch die Diskontierung der ihm zuzuordnenden, zukünftigen Zahlungen ermittelt. Somit müssen die Cashflows des zu bewertenden Vermögenswertes prognostiziert werden.[307] Das Vorgehen ähnelt dementsprechend einer Unternehmensbewertung mittels DCF-Verfahren.

Während die Nutzung von Cashflows für das kapitalwertorientierte bzw. einkommensbasierte Verfahren (‚income approach') vorherrscht, beschreibt IFRS 13 neben den Barwerttechniken explizit auch Optionspreismodelle und die Residualgewinnmethode.[308] Sie kann zur Bewertung „bestimmter immaterieller Vermögenswerte" mithilfe des einkommensbasierten Ansatzes verwendet werden.[309] Dementsprechend hat die in Kapitel 6 evaluierte Bewertungsmethode auf Basis von Residualgewinnen direkte Relevanz für die Ermittlung beizulegender Zeitwerte.

Weiterhin muss ein entsprechender Zinssatz für die Diskontierung der Zahlungen ermittelt werden. Dieser Thematik kommt auch in der Unternehmensbewertung eine große Bedeutung zu. Sie wird in dieser Arbeit jedoch nur nebensächlich betrachtet.[310]

In der internationalen Rechnungslegung nimmt die Fair Value Bewertung eine zentrale Rolle ein. Damit findet sie sich an verschiedensten Stellen, welche letztendlich durch die potenzielle kapitalwertorientierte Ermittlung Prognosefelder darstellen. Anwendungsfelder, in denen Fair Values häufig nicht aus Marktdaten abgeleitet werden können, umfassen unter anderem die Bewertung immaterieller Vermögenswerte. Für sie liegen häufig keine Marktdaten vor, sodass Bewertungen mithilfe von

---

[306] Vgl. BALLWIESER, KÜTING und SCHILDBACH (2004), S. 544; KÜTING und HAYN (2006), S. 1211 f.

[307] Vgl. IFRS 13.72. Die kapitalwertorientierte Ermittlung eines Fair Values stellt die dritte Stufe der beschriebenen Bemessungshierarchie dar. Somit ist die Ermittlung von Fair Values auf Basis von beobachtbaren Marktpreisen stets vorzuziehen. IDW S5 (Grundsätze zur Bewertung immaterieller Vermögenswerte) Rn. 18 weist ebenfalls auf drei Bewertungsmethoden hin, welche zur Ermittlung eines Fair Values genutzt werden können. Das marktpreisorientierte Verfahren (‚market approach'), das kapitalwertorientierte Verfahren (‚income approach') und das kostenorientierte Verfahren (‚cost approach').

[308] Vgl. IFRS 13.B11.

[309] Vgl. IFRS 13.B11 (c).

[310] Vgl. Abschnitt 6.1.2. Die mangelnde Objektivität in der Ermittlung bezieht sich hauptsächlich auf das unternehmensspezifische Risiko bzw. den Betafaktor des CAPM. Die Ermittlung der Marktrendite sowie der risikolosen Rendite ist i. d. R. einfach nachvollziehbar.

Barwertverfahren durchgeführt werden müssen.[311] Sie machen zudem einen bedeutenden Teil der Vermögenswerte aus und ihre Bedeutung nimmt stetig zu. Weitere Standards, welche Fair Value Bewertungen vorschreiben und für die wiederum die Bewertung mithilfe von kapitalwertorientierten Verfahren besonders bedeutsam ist, sind IFRS 3 (Unternehmenszusammenschlüsse), IAS 31 (Anteile an Joint Ventures) und IAS 28 (Anteile an assoziierten Unternehmen). Aus ihnen resultieren Vermögenswerte, für die häufig keine Marktwerte beobachtbar sind.[312]

#### 2.8.2.2 Kritische Auseinandersetzung

Grundsätzlich ist der Fair Value definiert als Preis, der typischerweise zwischen zwei Marktteilnehmern an einem bestimmten Bemessungsstichtag gezahlt würde.[313] Daraus leitet sich nun die Bewertungshierarchie ab, wonach vorzugsweise nach dem marktbasierten Ansatz (‚market approach'), d. h. nach auf aktiven Märkten[314] beobachtbaren Marktpreisen zu bewerten ist.[315] Bereits an dieser Stelle, d. h. im bewertungstechnischen Idealfall der Ermittlung von Fair Values, bestehen Ermessensspielräume. So ist für den Fall mehrerer verfügbarer Märkte nicht definiert, welcher Markt zur Ermittlung des Preises heranzuziehen ist.[316] Auf der zweiten Stufe, wenn kein aktiver Markt für einen Vermögenswert verfügbar ist, werden Preise beispielsweise aus vergangenen, vergleichbaren Transaktionen abgeleitet oder für Schulden typische Zinssätze und Zinskurven herangezogen.[317] Ist auch dies nicht möglich, werden auf der dritten Stufe nicht beobachtbare Faktoren zur Bewertung herangezogen. Dabei kommt der einkommensbasierte Ansatz (‚income approach') zur Anwendung und es müssen die zu erwartenden Überschüsse geschätzt werden.[318] Diese werden anschließend häufig mittels Barwertverfahren wie beispiels-

---

[311] Vgl. KRAMER (2010), S. 115.

[312] Vgl. dazu CASSEL (2012).

[313] Vgl. IFRS 13.9.

[314] Aktive Märkte sind solche, auf denen zu jeder Zeit ge- und verkauft werden kann bzw. Käufer und Verkäufer vorhanden sind sowie Marktpreise öffentlich zugänglich bzw. nachprüfbar sind. Vgl. IFRS 13.23, 13.76, 13.78. Der Nachprüfbarkeit wird eine große Bedeutung beigemessen. Sie soll durch die Regelungen des IFRS 13 maximiert werden. Vgl. IFRS 13.61.

[315] Dazu werden häufig Multiplikatorverfahren verwendet. Vgl. IFRS 13.B6.

[316] Vgl. OBERMAIER (2009), S. 547.

[317] Vgl. IFRS 13.81–82. Die Vergleichbarkeit von Vermögenswerten muss kritisch hinterfragt werden. Möglicherweise sind in diesem Zusammenhang Anpassungen notwendig, welche wiederum Ermessensspielräume eröffnen. Vgl. OBERMAIER (2009), S. 547.

[318] Vgl. IFRS 13.86–90. Im Optimalfall, beispielsweise bei Anleihen mit fester Verzinsung, kann dies einfach sein. In aller Regel trifft dieser Fall jedoch nicht zu. Vgl. BAETGE (2009), S. 18.

weise dem DCF-Verfahren diskontiert.[319] Damit geht zudem (neben der Schätzung der Zahlungsströme) die Schwierigkeit der Ermittlung des Diskontierungszinssatzes einher. Dazu wird in der Regel ein fixer Zinssatz mithilfe des Capital Asset Pricing Models (CAPM) berechnet und verwendet, welches allerdings mit einer Reihe weiterer Ermessensspielräume und Ermittlungsschwierigkeiten einhergeht.[320] Korrekterweise müsste zudem mit periodenspezifischen Zinssätzen (‚spot rates') diskontiert werden.[321] Die größte Unsicherheit sollte jedoch mit der Prognose von Höhe, Wahrscheinlichkeit und zeitlichem Anfall künftiger Cashflows einhergehen. Somit repräsentieren die gem. der zweiten und dritten Stufe der Fair-Value-Hierarchie ermittelten Werte nicht die Erwartungen der Marktteilnehmer, wie es für Fair Values grundsätzlich vorgesehen ist.[322] Alternativ kann mithilfe des kostenbasierten Ansatzes (‚cost approach') der Wert von Vermögenswerten als Wiederbeschaffungskosten ermittelt werden.[323] Der kostenbasierte Ansatz ist der zweiten Stufe der Fair-Value-Hierarchie[324] zuzuordnen.

Fraglich bleibt letztlich, ob die marktbasierte Fair Value Bewertung mit ihren tendenziell realitätsnäheren Bewertungen die Prognoseeignung von Abschlussdaten erhöht oder die Bewertung auf Basis von Anschaffungs- und Herstellungskosten durch eine höhere Nachvollziehbarkeit und weniger Subjektivität im Wertansatz eine höhere Relevanz für die Prognoseerstellung aufweist und damit entscheidungsnützlicher ist.

Zweifelsfrei ist die Fair Value Bewertung komplexer als die auf Anschaffungs- und Herstellungskosten basierende Bewertung nach dem HGB.[325] So sind im Rahmen von Folgebewertungen stets Werthaltigkeitstests durchzuführen und Marktwerte zu beobachten und zu vergleichen. Die Bewertungen gem. IAS/IFRS könnten damit volatiler, weniger planbar und für Prognosen schlechter geeignet sein. MEYER und BRAUN (2010) schreiben der Fair Value Bewertung Verlässlichkeitsdefizite zu und beschreiben sie als Treiber der Komplexität der Rechnungslegung.[326] Eine Ana-

---

[319] Die Nutzung von Barwertkalkülen ist die Regel. Vgl. beispielsweise OBERMAIER (2009), S. 547 für spezifische Regelungen der IAS/IFRS. Im Anschluss daran ist weiterhin eine Variante der Barwertkalküle zu wählen. Dies sind beispielsweise die Varianten APV, WACC, TCF oder FTE, wobei alle dieser Varianten zu den gleichen Ergebnissen führen sollten.

[320] Vgl. dazu Abschnitt 6.1.

[321] Vgl. BAETGE (2009), S. 19 f. m. w. N.; KÜTING und HAYN (2006), S. 1217 gibt einen Überblick über zu schätzende Parameter für die Anwendung kapitalwertorientierter Verfahren.

[322] Vgl. MEYER und BRAUN (2010), S. 1780.

[323] Vgl. IFRS 13.B8.

[324] Vgl. IFRS 13.72 sowie 13.76–80 (Stufe 1), 13.81–85 (Stufe 2) und 13.86–90 (Stufe 3).

[325] Vgl. beispielsweise KÜTING (2009); MEYER und BRAUN (2010).

[326] Vgl. MEYER und BRAUN (2010), S. 1779.

lyse der durch die Deutsche Prüfstelle für Rechnungslegung (DPR) festgestellten Fehler in Abschlüssen bis 2010 verdeutlicht, dass die Mehrheit der aufgedeckten Fehler einen Bezug zur Fair Value Bewertung haben, sodass sie möglicherweise darin begründet sind.[327] Weiterhin hinterfragen MEYER und BRAUN (2010) die Bilanzierung von immateriellen Vermögenswerten generell. So würden diese von Investoren aufgrund der zugrundeliegenden Subjektivität häufig nicht zur Entscheidungsfindung herangezogen werden, sodass eine umfassende Beschreibung vorhandener Potenziale im Lagebericht den Informationsnutzen steigern könnte.[328]

Unter der Annahme des Vorhandenseins von aktiven Märkten für alle Vermögenswerte, die mit ihrem beizulegenden Zeitwert angesetzt werden müssen, resultieren aus dem Standard die beabsichtigten, entscheidungsnützlichen und wertrelevanten Abschlussinformationen. Zusätzlich muss es sich um absolut homogene Güter, liquide Märkte und vollständig transparente Preisstrukturen handeln.[329] So ist ein solcher, marktbezogener Wert unabhängig von etwaigen Anschaffungskosten bzw. historischen Transaktionen. Liegen jedoch keine aktiven Märkte vor[330] und es muss auf die zweite und dritte Stufe der Bewertungshierarchie ausgewichen werden, führen die Schätzungen der Cashflows zu subjektiven, schlecht interpretierbaren Wertausweisen.[331] Weiterhin beeinflussen die häufig anzupassenden Wertausweise, bei erfolgswirksamer Verbuchung, den Gewinn. Dadurch wird der Gewinnanteil aus operativer Geschäftstätigkeit schwerer zu ermitteln sein und die Bilanzanalyse erschwert.[332] Auch ist nicht klar definiert, wann ein Markt als aktiv anzusehen ist. Werden die strikten Annahmen somit schrittweise aufgelöst, werden strukturelle, schwerwiegende Probleme der Fair Value Bewertung offengelegt.[333]

---

[327] Vgl. MEYER und BRAUN (2010), S. 1780. Hier wird jedoch dargestellt, dass vor allem die Bilanzierung von Unternehmenserwerben, latenten Steuern und Finanzinstrumenten fehlerbehaftet sind. Es ist zu beachten, dass die Bilanzierung von Finanzinstrumenten durch den IFRS 9 seither großen Veränderungen unterlag.

[328] Vgl. MEYER und BRAUN (2010), S. 1782 m. w. N.

[329] Vgl. KÜHNBERGER (2014), S. 434.

[330] KÜTING (2009) geht davon aus, dass es für „mehr als 95 % aller Vermögenswerte" keine objektiven Marktpreise gibt. Vgl. KÜTING (2009), S. 834. Dazu auch KÜTING und KAISER (2010), S. 377; KÜHNBERGER (2014), S. 436 f. Der Mangel aktiver Märkte wird unter anderem daran deutlich, dass für die große Mehrheit aller Aktiengesellschaften sowie alle Personengesellschaften keine Börsennotierung und damit kein Marktpreis vorliegt. Anteile an diesen Unternehmen sind jedoch mit dem Fair Value zu bewerten, sodass letztlich kapitalwertorientierte Verfahren eingesetzt werden müssen. Vgl. KÜTING und HAYN (2006), S. 1212.

[331] Vgl. BAETGE (2009), S. 18, 23; BARTH, BEAVER und LANDSMAN (2001), S. 85.

[332] Vgl. KÜTING (2009), S. 834.

[333] Vgl. KÜHNBERGER (2014), S. 434.

Gleichzeitig können auch auf erster Stufe der Bewertungshierarchie, d. h. unter optimalen Bedingungen ermittelte beizulegende Zeitwerte, ungeeignet sein. Beispielsweise wenn die entsprechenden Vermögenswerte nicht zum Verkauf vorgesehen sind.[334] Ein starker Anstieg von Marktpreisen, beispielsweise durch kurzfristige Lieferengpässe bestimmter Produkte, kann dazu führen, dass Unternehmen selbstgenutzte Vermögensgegenstände zu hohen Marktwerten ausweisen, welche nicht dem tatsächlichen Nutzen dieser für das Unternehmen entspricht. Eine Bewertung auf zweiter oder dritter Stufe der Bewertungshierarchie wäre in diesem Fall realitätsgetreuer.

Weiterhin ist es naheliegend, dass Stufe-3 Bewertungen die Finanzkrise um 2008 verstärkt haben. In der Öffentlichkeit wurde die Bilanzierung von Fair Values als wichtiger Treiber der Finanzkrise aufgefasst.[335] So waren mit der Subprime-Krise keine Marktwerte mehr für verschiedene Finanzinstrumente zu ermitteln, da diese Märkte schlicht zusammenbrachen. Infolgedessen mussten entsprechende Fair Values auf Basis von Stufe-3 Bewertungsmodellen (mark-to-model Ansätzen) ermittelt werden und eröffneten damit weite Ermessensspielräume, welche wiederum einem generellen Vertrauensverlust zwischen den Finanzinstituten Vorschub leistete.[336] BAETGE (2009) schreibt in dem Zusammenhang von „unzuverlässigen und von außen undurchschaubaren"[337] Bewertungen sowie „viel zu großen Ermessensspielräume[n]".[338] Letztlich plädiert er für striktere Vorgaben bezüglich der zu treffenden Annahmen an Bewertungsmodelle oder eine Abwendung von Stufe-2 und Stufe-3 Bewertungen zugunsten einer Bilanzierung zu Anschaffungs- und Herstellungskosten.[339] Aus einer umfangreichen Umfrage unter Managern bzw. Chief Financial Officers von DICHEV u. a. (2013) wird deutlich, dass auch Praktiker zum großen Teil Kritik üben und den starken Fokus auf Bewertungen zu beizulegenden Zeitwerten bemängeln.[340]

BARTH und LANDSMAN (2010) hingegen schlussfolgern, dass beizulegende Zeitwerte keinen direkten Einfluss bzw. nur eine geringfügige Rolle in der Finanzkrise spielten und diese nicht herbeigeführt haben. Sie erkennen jedoch an, dass nicht ausreichend Informationen preisgegeben wurden, um ausgewiesene Vermögenswerte und Schulden bewerten und einschätzen zu können. Daher empfehlen sie den

[334] Vgl. KÜHNBERGER (2014), S. 435.

[335] Vgl. BARTH und LANDSMAN (2010), S. 400, 403.

[336] Vgl. BAETGE (2009), S. 14.

[337] BAETGE (2009), S. 14.

[338] BAETGE (2009), S. 15.

[339] Vgl. BAETGE (2009), S. 23.

[340] Vgl. DICHEV u. a. (2013), S. 21 f.

Ausweis weiterer Informationen, beispielsweise zu der Sensitivität ausgewiesener Fair Values.[341] Dennoch sei die Sicherstellung eines stabilen Finanzsystems eine Aufgabe der Aufsichtsbehörden, nicht der Standardsetzer.[342]

Zumindest ist aber der Einfluss von Stufe-3 Bewertungen erkennbar, da Anwender die Auswirkungen von Bewertungen mit nicht-beobachtbaren Inputfaktoren auf den Gewinn und das sonstige Ergebnis der Periode angeben müssen. Diese Angaben sind als Erläuterungen im Anhang zu finden.[343] Dennoch werden die nationalen Vorschriften als überlegen angesehen und der Beitrag der Fair Value Bewertung zur Vermittlung von entscheidungsnützlichen Informationen in Frage gestellt.[344] Ergebnisse einer Studie von LEV (2018) bzw. LEV und GU (2016), welche auf eine in den letzten 20 Jahren stark gesunkene Relevanz von Abschlussdaten hindeuten, lassen ebenso die Vermutung zu, dass das Fair Value Accounting nicht zu einer Steigerung der Nützlichkeit von Rechnungslegungsdaten geführt hat.[345] Zu der Kenntlichmachung von Schätzungen als solche hält LEV (2018) fest, dass diese nicht die Auswirkungen der Schätzungen auf die Qualität der Abschlussinformationen mindert.[346]

Die Dominanz beizulegender Zeitwerte hat einen starken Einfluss auf die Unternehmensbewertung. Fraglich ist, welche Bewertungskonzeption zu der besten Datenbasis führt. LIVDAN und NEZLOBIN (2017) untersuchen die Auswirkungen einer Rechnungslegung nach Wiederbeschaffungswerten, historischen Anschaffungs- bzw. Herstellungskosten und Nutzungswerten auf die Unternehmensbewertung analytisch. Dabei finden sie heraus, dass die Rechnungslegung nach Wiederbeschaffungskosten am besten zur Unternehmensbewertung geeignet ist.[347] Sie entspricht dem kostenbasierten Ansatz (‚cost approach‘) und damit der zweiten Stufe der Fair-Value-Hierarchie nach IFRS 13, sofern die Wiederbeschaffungskosten marktbasiert ermittelt werden.[348] Dies spricht für eine höhere Relevanz der IAS/IFRS Rechnungslegung (obwohl die betrachteten Regelungen zum kostenbasierten Ansatz lediglich ein Teil der Bilanzierung nach IFRS 13 ist) im Vergleich zu

---

[341] Vgl. BARTH und LANDSMAN (2010), S. 399, 417.

[342] Vgl. BARTH und LANDSMAN (2010), S. 418.

[343] Vgl. IFRS 13.91.

[344] Vgl. KÜTING (2009), S. 835; BAETGE (2009), S. 13.

[345] Vgl. LEV (2018), S. 469.

[346] Vgl. LEV (2018), S. 478.

[347] Vgl. LIVDAN und NEZLOBIN (2017), S. 1122, 1125.

[348] Marktbasiert werden Werte beispielsweise durch Preise ähnlicher Vermögenswerte oder Schulden auf aktiven oder nicht aktiven Märkten, identische Vermögenswerte oder Schulden auf nicht aktiven Märkten oder andere am Markt beobachtbare Inputfaktoren ermittelt. Vgl. IFRS 13.82.

der maßgeblich auf historischen Anschaffungs- und Herstellungskosten basierenden Rechnungslegung nach dem HGB.

Für Bewertungen anhand von beizulegenden Zeitwerten sprechen zudem die Nachteile des Anschaffungskostenmodells, wie dessen gewinnglättende Wirkung, welche ökonomische Entwicklungen nur unzureichend berücksichtigt und dessen erhöhende Wirkung auf stille Reserven. Daraus resultiert die Möglichkeit Risiko zu verschleiern.[349] Die durch beizulegende Zeitwerte hervorgerufene Berücksichtigung unrealisierter Gewinne und Verluste in der Gewinn- und Verlustrechnung erhöht die Volatilität ausgewiesener Gewinne. Diese wird häufig als Nachteil aufgefasst und ist ein typischer Kritikpunkt an Fair Value Bewertungen. Sie kann jedoch auch als eine den Tatsachen entsprechende, realitätsnahe Bewertung angesehen werden. Laut BARTH und LANDSMAN (2010) entspricht die durch Fair Value Bewertungen hervorgerufene Volatilität ausgewiesener Gewinne und Verluste zum Teil der ökonomisch zugrundeliegenden Volatilität und muss daher in dem Gewinnausweis enthalten sein, damit dieser für Investoren nützlich sein kann.[350] Dementsprechend ist eine Rückkehr zu alternativen Bewertungen bei vorliegenden Marktinstabilitäten keine wünschenswerte Option. Das Anschaffungskostenmodell würde in diesem Zusammenhang keine relevanten und tendenziell realitätsferne Werte unter Missachtung aktueller Marktdynamiken liefern.[351] Für die Ermittlung künftiger Erfolge ist eine höhere Volatilität der historischen Werte jedoch nachteilig und die Prognoseeignung könnte beeinträchtigt sein. Insbesondere bei nicht vorliegender Verkaufsabsicht und entsprechend schlechter Repräsentation des zukünftigen Erfolges.[352] Diese Argumente sprechen für eine Bewertung anhand der Anschaffungs- oder Herstellungskosten.

### 2.8.3 Immaterielle Vermögenswerte

#### 2.8.3.1 Ansatz und Bewertung nach HGB

Aufgrund des Vollständigkeitsgebots der handelsrechtlichen Rechnungslegung sind alle Vermögensgegenstände in der Bilanz aufzunehmen.[353] Für selbstgeschaffene immaterielle Vermögensgegenstände gilt grundsätzlich ein Ansatzwahlrecht, wobei für bestimmte Vermögenswerte jedoch ein explizites Ansatzverbot gilt. Darunter

---

349 Vgl. KÜHNBERGER (2014), S. 437.

350 Vgl. BARTH und LANDSMAN (2010), S. 404.

351 Vgl. KÜHNBERGER (2014), S. 437; BARTH und LANDSMAN (2010), S. 405.

352 Vgl. KÜHNBERGER (2014), S. 438; KÜTING und KAISER (2010), S. 375 m. w. N.; BALLWIESER, KÜTING und SCHILDBACH (2004), S. 543.

353 Vgl. § 246 Absatz 1 HGB.

fallen unter anderem selbst geschaffene Marken und Kundenlisten.[354] Ein wichtiges Ansatzkriterium ist die zweifelsfreie Separierbarkeit des Wertes und der zugehörigen Kosten. Um einen Ansatz zu begründen, muss der selbst erschaffene immaterielle Vermögensgegenstand nach herrschender Meinung verwertet bzw. unternehmensextern veräußert werden können.[355] Im Gegensatz zum HGB wird die selbstständige Verwertbarkeit nach IAS/IFRS nicht als definierendes Kriterium für einen Vermögenswert herangezogen.[356] Die Möglichkeit der Aktivierung selbsterstellter immaterieller Vermögenswerte wurde mit dem BilMoG eingeführt. Dieser Schritt wird als Stärkung der Informationsfunktion und Annäherung an die IFRS gewertet, wobei die Regelung zulasten des Objektivierungs- und Vorsichtsgedanken der Rechnungslegung, jedoch zugunsten des Vollständigkeitsprinzips geht.[357]

Ebenso wie nach IAS 38 ist eine Trennung zwischen Forschungs- und Entwicklungskosten notwendig. Forschungskosten sind nicht aktivierbar.[358] Daher entsteht auch hier in Zusammenhang mit dieser Abgrenzung ein Ermessensspielraum, welcher in gewissem Maße die Aktivierung oder Nicht-Aktivierung solcher selbst erstellten immateriellen Vermögensgegenstände betrifft, welche nicht explizit vom Ansatz ausgeschlossen sind.[359] Weiterhin ist die Kostenzuordnung zu den verschiedenen Phasen nicht ermessensfrei.[360] Im Gegensatz zu der internationalen Rechnungslegung enthalten die zu aktivierenden Herstellungskosten gem. § 255 Absatz

---

[354] Vgl. § 248 Absatz 2 HGB; COENENBERG, HALLER und SCHULTZE (2021), S. 187 f.; BAETGE, KIRSCH und THIELE (2019), S. 247.

[355] Vgl. SCHMALENBACH-GESELLSCHAFT FÜR BETRIEBSWIRTSCHAFT E. V. (2008), S. 1814; COENENBERG, HALLER und SCHULTZE (2021), S. 188.

[356] Vgl. IAS 38.8. Zu der im Gegensatz zum HGB geforderten Identifizierbarkeit auch IAS 38.12; SCHMALENBACH-GESELLSCHAFT FÜR BETRIEBSWIRTSCHAFT E. V. (2008), S. 1815.

[357] Vgl. SCHMALENBACH-GESELLSCHAFT FÜR BETRIEBSWIRTSCHAFT E. V. (2008), S. 1813. Es wird weiterhin eine „Bedeutungsverschiebung zugunsten der Informationsfunktion" festgestellt (S. 1815).

[358] Vgl. § 255 Absatz 2 HGB; PELLENS u. a. (2021), S. 186; COENENBERG, HALLER und SCHULTZE (2021), S. 188; BAETGE, KIRSCH und THIELE (2019), S. 247; SCHMALENBACH-GESELLSCHAFT FÜR BETRIEBSWIRTSCHAFT E. V. (2008), S. 1813. Gem. § 255 Absatz 2a HGB ist eine Aktivierung ausgeschlossen, sofern Forschungs- und Entwicklungskosten nicht verlässlich getrennt werden können. Die Definitionen von Forschung und Entwicklung entsprechen denen des IAS 38.8. Vgl. PELLENS u. a. (2021), S. 186.

[359] Vgl. LÜDENBACH, HOFFMANN und FREIBERG (2018), § 13 Rn. 25, 33.

[360] Vgl. SCHMALENBACH-GESELLSCHAFT FÜR BETRIEBSWIRTSCHAFT E. V. (2008), S. 1816.

2 HGB ebenfalls Gemeinkosten sowie ein Wahlrecht bezüglich weiterer Verwaltungskosten.[361]

Die Bewertung erfolgt handelsrechtlich immer anhand den fortgeführten Anschaffungs- und Herstellungskosten.[362] Somit sind planmäßige und ggf. außerplanmäßige Abschreibungen vorzunehmen. Sollte die Nutzungsdauer unbestimmt und auch eine Schätzung dieser nicht verlässlich sein, ist eine Nutzungsdauer von zehn Jahren anzunehmen.[363] Erworbene immaterielle Vermögensgegenstände sind, bei entgeltlichem Erwerb, stets zu aktivieren. Dem liegt die Annahme eines durch den Erwerbsprozess objektivierten Wertes zugrunde.[364] Bei Unternehmenszusammenschlüssen kann es analog zum IFRS 3 dazu kommen, dass das Unternehmen einen derivativen Geschäfts- oder Firmenwert aktivieren muss. Trotz einer fehlenden Verkehrsfähigkeit des Geschäfts- oder Firmenwertes, wird er als Vermögensgegenstand behandelt. Dieser ist der Betrag, um den die Anschaffungskosten den Saldo der beizulegenden Zeitwerte (Substanzwert) übersteigt.[365] Der DRS 24 konkretisiert Vorschriften zur Behandlung immaterieller Vermögensgegenstände in Konzernabschlüssen.

#### 2.8.3.2 Ansatz und Bewertung nach IAS/IFRS

IAS 38 regelt den Ansatz und die Bewertung immaterieller Vermögenswerte. Schon intuitiv und besonders aufgrund der typischerweise einzigartigen, individuellen Natur immaterieller Vermögenswerte stellt sich die Frage nach potenziellen Bewertungsgrundlagen. Am Markt beobachtbare Vergleichswerte sind häufig nicht vorhanden.[366] Dennoch stellen immaterielle Vermögenswerte heutzutage die maßgeblichen Werttreiber vieler Unternehmen dar und verdrängen materielle Vermögenswerte immer weiter.[367]

---

[361] Vgl. Coenenberg, Haller und Schultze (2021), S. 189; Schmalenbach-Gesellschaft für Betriebswirtschaft e. V. (2008), S. 1818. Weitere Verwaltungskosten dürfen zu angemessenen Teilen berücksichtigt werden und es gilt ein Ansatzverbot für Vertriebskosten.

[362] Vgl. Pellens u. a. (2021), S. 186.

[363] Vgl. § 253 Absatz 3 Satz 3 HGB; Coenenberg, Haller und Schultze (2021), S. 191; Baetge, Kirsch und Thiele (2019), S. 258.

[364] Vgl. Baetge, Kirsch und Thiele (2019), S. 245 f.

[365] Vgl. Baetge, Kirsch und Thiele (2019), S. 248; Coenenberg, Haller und Schultze (2021), S. 190 f.; § 246 Absatz 1 HGB. Ein originärer Geschäfts- oder Firmenwert darf im Gegensatz hierzu in keinem Fall angesetzt werden. Er erfüllt nicht die Anforderungen an einen Vermögensgegenstand.

[366] Vgl. Pellens u. a. (2021), S. 369, 371.

[367] Vgl. Lev und Gu (2016), S. 78.

Der Standard ist nicht auf solche Vermögenswerte und Sachverhalte anzuwenden, die bereits in anderen Standards explizit geregelt werden. Darunter fallen beispielsweise Vermögenswerte, die aufgrund von Pensionsverpflichtungen (IAS 19) vorliegen, finanzielle Vermögenswerte (IAS 32, IFRS 9) und erworbene Geschäfts- oder Firmenwerte (IFRS 3).[368] Unter IAS 38 fallen Vermögenswerte, welche einen künftigen Zufluss wirtschaftlichen Nutzens erwarten lassen und von einem Unternehmen beherrscht werden.[369] Für einen Ansatz gem. IAS 38 müssen die Vermögenswerte zudem identifizierbar sein, in der Verfügungsgewalt des Unternehmens stehen und es muss der künftige Nutzen bestehen.[370] Typisch sind vor allem Forschungs- und Entwicklungskosten.[371] Der künftige Nutzen kann gem. IAS 38.17 in Form von Kosteneinsparungen oder zusätzlichen Einnahmen anfallen.[372] Es wird weiter konkretisiert, dass eine verlässliche Schätzung der Anschaffungs- und Herstellungskosten ebenso Voraussetzung für den Ansatz ist wie der wahrscheinliche Zufluss eines künftigen Nutzens.[373] Bei Erfüllung dieser Kriterien erfolgt der Ansatz zu Anschaffungs- oder Herstellungskosten.[374] Für die auf dem eigenen Ermessen basierende Einschätzung dieser Wahrscheinlichkeit sind vernünftige Annahmen zu treffen, welche die wirtschaftlichen Gegebenheiten über die voraussichtliche Nutzungsdauer berücksichtigen.[375] Dies verdeutlicht bereits, wie ermessensbehaftet die Bewertung immaterieller Vermögenswerte nach IAS 38 sein kann.

Der Standard unterscheidet weiter nach der Erwerbsart immaterieller Vermögenswerte (Einzelerwerb, Erwerb durch Unternehmenszusammenschluss, Tausch und selbsterstellt).[376] Besonders relevant in Hinblick auf prospektive Bewertungen sind durch Unternehmenszusammenschlüsse erworbene, immaterielle Vermögenswerte sowie selbst erstellte Werte wie sie beispielsweise durch Forschungs- und Entwicklungstätigkeiten anfallen. Der Standard regelt den Ansatz von unter IFRS 3

---

[368] Vgl. IAS 38.3. Auch selbst geschaffene Geschäfts- oder Firmenwerte dürfen gem. IAS 38.48 f. nicht angesetzt werden.

[369] Vgl. IAS 38.8.

[370] Vgl. IAS 38.10; WOHLGEMUTH (2007), S. 110; PELLENS u. a. (2021), S. 62 f. Zur Definition der Kriterien der Identifizierbarkeit und Beherrschung vgl. IAS 38.11–16. Sie sind für diese Arbeit von nachrangiger Bedeutung.

[371] Vgl. IAS 38.5. IAS 38.9 nennt explizite Rechte und Werte, welche immaterielle Vermögenswerte im Sinne des Standards darstellen. Vgl. auch COENENBERG, HALLER und SCHULTZE (2021), S. 187.

[372] Vgl. PELLENS u. a. (2021), S. 364.

[373] Vgl. IAS 38.21.

[374] Vgl. IAS 38.24.

[375] Vgl. IAS 38.22 f.; WOHLGEMUTH (2007), S. 111; PELLENS u. a. (2021), S. 365.

[376] Vgl. IAS 38.25–47; PELLENS u. a. (2021), S. 367.

erworbenen immateriellen Vermögenswerten (nicht aber eines Geschäfts- oder Firmenwertes, wie zuvor dargelegt) und die Bewertung zum beizulegenden Zeitwert gem. IFRS 13.[377] Aufgrund vielfach mangelnder Marktpreise ist die Bewertung anhand von Barwertkalkülen, d. h. der dritten Stufe der Bewertungshierarchie, in den meisten Fällen notwendig.[378] Sie ist mit den bekannten Ermessensspielräumen, insbesondere bei der Ermittlung künftiger Zahlungsmittelüberschüsse sowie des Diskontierungszinssatzes behaftet.[379]

Selbst erstellte immaterielle Vermögenswerte bergen bezüglich der Ermittlung von Herstellungskosten und künftigen Nutzenzuflüssen besonders große Schwierigkeiten. Zusätzlich muss der immaterielle Vermögenswert abgrenzbar und Aufwendungen für die Erstellung eindeutig zuzuordnen sein.[380] Da Ausgaben für Forschung und Entwicklung unterschiedlich behandelt werden, kommt der Abgrenzung von Forschungs- und Entwicklungsphase eines selbst erstellten immateriellen Vermögenswertes eine besondere Bedeutung zu.[381] Ausgaben der Forschung sind in der Periode als Aufwand zu erfassen, Ausgaben der Entwicklung sind bei Erfüllung der genannten Kriterien als immaterieller Vermögenswert anzusetzen.[382] Die in IAS 38.57 genannten Kriterien für einen Ansatz von Entwicklungskosten beziehen sich im Wesentlichen auf die Nutzbarkeit, die Beabsichtigung der Nutzung, die Möglichkeit der Fertigstellung des Wertes und die eindeutige Zurechenbarkeit von Ausgaben.[383] Die dort aufgeführten Aktivierungsbedingungen können von Bilanzierenden derart beeinflusst werden, dass in vielen Fällen über die Aktivierung entschieden werden kann. Die Beurteilung der in IAS 38.57 genannten Kriterien ist stark ermessensbehaftet, sodass von einem faktischen Ansatzwahlrecht auszugehen ist.[384] Für die Ermittlung des künftig zu erwartenden Nutzens verweist der Standard auf den

[377] IAS 38.33 f.

[378] Vgl. PELLENS u. a. (2021), S. 369.

[379] Vgl. dazu auch Abschnitt 2.8.2.

[380] Vgl. PELLENS u. a. (2021), S. 370.

[381] Vgl. IAS 38.52; PELLENS u. a. (2021), S. 370; WOHLGEMUTH (2007), S. 113.

[382] Vgl. IAS 38.54 sowie 38.57. Ausgaben der Forschung stehen hier stellvertretend für sämtliche Ausgaben, welche die Ansatzvoraussetzungen nicht erfüllen. Vgl. COENENBERG, HALLER und SCHULTZE (2021), S. 186; LINK, OLDEWURTEL und KÜMPEL (2014), S. 235 f.; BEHRENDT-GEISLER und WEISSENBERGER (2012), S. 57.

[383] Vgl. auch PELLENS u. a. (2021), S. 371; KIRSCH (2004), S. 42 f. Beispiele für Forschungs- und Entwicklungsaktivitäten finden sich in IAS 38.56 bzw. 38.59.

[384] Vgl. WOHLGEMUTH (2007), S. 122 f. m. w. N.; ROSSMANITH und GERLACH (2008), S. 171; LÜDENBACH, HOFFMANN und FREIBERG (2018), § 13 Rn. 33.

IAS 36 und ggf. die Bewertung als zahlungsmittelgenerierende Einheit.[385] Zu aktivierende Herstellungskosten umfassen alle direkt zurechenbaren Kosten, sodass Gemeinkosten nicht bzw. nur in Ausnahmefällen anzusetzen sind.[386] Die Folgebewertung erfolgt anhand des Anschaffungskosten- oder Neubewertungsmodells.[387] Das Anschaffungskostenmodell beschreibt die fortgeführten Anschaffungs- bzw. Herstellungskosten, d. h. abzüglich planmäßiger Abschreibungen und außerplanmäßiger Wertminderungen. Die Neubewertungsmethode beschreibt den auf einem aktiven Markt ermittelten beizulegenden Zeitwert.[388] Der Standard lässt jedoch für selbst erstellte immaterielle Vermögenswerte keine Bewertung anhand erwarteter künftiger Zahlungsüberschüsse zu. Ist kein Marktpreis beobachtbar, muss nach dem Anschaffungskostenmodell bewertet werden.[389]

Bei bestimmter Nutzungsdauer ist weiterhin eine planmäßige Abschreibung vorzunehmen. Bei unbestimmter Nutzungsdauer sind lediglich außerplanmäßige Wertminderungen zu beachten (‚impairment only').[390] Als Abschreibungsmethode kommen sowohl eine lineare als auch eine degressive oder leistungsorientierte Abschreibung in Frage.[391] Der Folgebewertung durch das Neubewertungsmodell kommt nur eine geringe Bedeutung zu. Dies liegt an der Voraussetzung des Vorhandenseins eines aktiven Marktes, welche nur in seltenen Fällen erfüllt ist.[392] IAS 36.10 schreibt darüber hinaus eine zwingende jährliche Durchführung des Wertminderungstests vor.[393]

Weiterhin werden umfangreiche Anhangangaben, beispielsweise zu Nutzungsdauern und den verwendeten Abschreibungsmethoden, gefordert. Aber auch Angaben zu Schätzänderungen gem. IAS 8 sind offenzulegen.[394] Aufgrund der verpflichtenden Berichterstattung über die Ausübung von Ermessensspielräumen gem. IAS 1.122, ist über die Behandlung von Entwicklungsausgaben zu berichten. Diese werden bei kumulativer Erfüllung der Kriterien des IAS 38.57 aktiviert oder

---

[385] Vgl. IAS 38.60 sowie Abschnitt 2.8.4 der vorliegenden Arbeit.

[386] Vgl. IAS 38.66 sowie PELLENS u. a. (2021), S. 372. IAS 38.66 f. liefern Beispiele für die Behandlung verschiedener Kostenarten.

[387] Vgl. IAS 38.72.

[388] Vgl. IAS 38.74 f. sowie PELLENS u. a. (2021), S. 375 f.; SCHMALENBACH-GESELLSCHAFT FÜR BETRIEBSWIRTSCHAFT E. V. (2008), S. 1821.

[389] Vgl. IAS 38.81.

[390] Vgl. IAS 38.88, 107 f.

[391] Vgl. IAS 38.98 sowie PELLENS u. a. (2021), S. 376 f.

[392] Vgl. PELLENS u. a. (2021), S. 378 f.

[393] Vgl. Abschnitt 2.8.4.2; PELLENS u. a. (2021), S. 338.

[394] Vgl. IAS 38.118, 121. Vgl. dazu auch die weiteren verpflichtenden Angaben gem. IAS 38.122.

unmittelbar aufwandswirksam verbucht, sofern mindestens ein Kriterium nicht erfüllt ist.[395] Trotz dieser weiterführenden Anhangangaben bleiben Unsicherheiten. So muss lediglich über solche Ermessensentscheidungen berichtet werden, welche die Wertausweise am wesentlichsten beeinflussen.[396] Dazu sind erneut subjektive Einschätzungen vorzunehmen. Weiterhin ist nicht über sachverhaltsgestaltende Maßnahmen in diesem Zusammenhang zu berichten. Diese könnten die Aktivierung oder aufwandsmäßige Erfassung beeinflussen.[397]

Insgesamt wird die Aktivierung von immateriellen Vermögenswerten international sehr beschränkt. Zurückzuführen ist dies auf eine „mangelnde Identifizierbarkeit und verlässliche Bewertbarkeit",[398] welche häufig vorliegt. Besonders selbsterstellte Werte unterliegen nach HGB und IAS/IFRS wie dargelegt sehr restriktiven Vorschriften.[399] Diese werden zum Teil als maßgebliche Auslöser für eine schwindende Relevanz der Rechnungslegung angesehen, welche sich in Form von losgelösten Aktienmärkten ausdrückt.[400] Da selbsterstellte Werte und insbesondere selbstgeschaffene Geschäfts- oder Firmenwerte häufig die maßgeblichen Werttreiber sind, eine Bewertung jedoch subjektiv ist, liegt ein Zielkonflikt vor. Die gestiegene Bedeutung immaterieller Vermögenswerte ist weithin bekannt und es findet eine Transformation der Wirtschaft von materiellen zu immateriellen Werttreibern statt.[401] Die größten an der Börse gehandelten Unternehmen verdeutlichen diesen Trend.[402] Besonders die Behandlung von Forschungs- und Entwicklungskosten wird vielfach diskutiert. Fraglich ist, ob sie zur Erklärung der künftigen Leistungsfähigkeit eines Unternehmens beitragen können. Die vielen subjektiven Einschätzungen machen sie anfällig für rechnungslegungspolitische Eingriffe. Doch der Ausweis kann auch dem Abbau von Informationsasymmetrien dienen.[403] Die IAS/IFRS sind mit ihrem prinzipienbasierten Ansatz flexibler, wobei die höhere Flexibilität sie

[395] Vgl. auch Wohlgemuth (2007), S. 123.

[396] Vgl. IAS 1.122.

[397] Vgl. Wohlgemuth (2007), S. 123.

[398] Coenenberg, Haller und Schultze (2021), S. 186.

[399] Für die Rechnungslegung nach US-GAAP gilt dies ebenfalls.

[400] Vgl. Lev und Gu (2016), S. 81; Pellens u. a. (2021), S. 371.

[401] Vgl. Lev, Itamar und Srivastava (2019), S. 7 f.; Haskel und Westlake (2018), S. 239.

[402] Vgl. Enache und Srivastava (2018), S. 3446.

[403] Vgl. Kress, Eierle und Tsalavoutas (2019), S. 673.

entsprechend anfälliger für rechnungslegungspolitische Eingriffe macht.[404] Unter bestimmten Umständen kann die Kapitalisierung von Forschungs- und Entwicklungsausgaben zur Erklärung künftiger Leistungsfähigkeit i. S. d. Aktienkurses beitragen und damit wertrelevant sein.[405] In den meisten Fällen ist jedoch nicht klar, ob sie relevante Informationen zur Beurteilung der künftigen Gewinne enthalten, da die Entscheidung für oder gegen den Ansatz effektiv im Ermessen des Unternehmens liegt.[406] Letztlich sind die größeren Ermessensspielräume und ein potenzieller Abbau von Informationsasymmetrien durch eine wahrheitsgemäße Darlegung der Erfolgsaussichten von Forschungs- und Entwicklungsaktivitäten gegeneinander abzuwägen.[407] Aus Sicht des Verfassers könnte die Relevanz ausgewiesener Werte unter weniger restriktiven Ansatzkriterien zwar gesteigert werden, allerdings nur auf Kosten der Vergleichbarkeit und Nachvollziehbarkeit. Ansätze zur Verbesserung des Ausweises immaterieller Vermögenswerte existieren und ihre Umsetzung könnte dazu beitragen, dass die künftige Leistungsfähigkeit durch die Wertausweise besser abgebildet wird und Prognosen dementsprechend verbessert werden können.[408]

#### 2.8.3.3 Kritische Auseinandersetzung mit dem IAS 38

Die Abgrenzung zwischen Forschungs- und Entwicklungsphase und die damit einhergehende Trennung zwischen Ausgaben, welche aktiviert oder als Aufwand erfasst werden, stellt sowohl nach HGB als auch nach IAS/IFRS den Hauptkritikpunkt dar. Mit der Annäherung des HGB an die internationale Rechnungslegung wurden auch dort zusätzliche Ermessensspielräume eröffnet.[409] Letztlich findet eine Abwägung zwischen Objektivierung bzw. Verlässlichkeit und Zukunftsorientierung statt, wobei die Entscheidungsnützlichkeit erhöht werden soll.[410]

---

[404] Die Behandlung von Forschungs- und Entwicklungskosten stellt einen typischen Unterschied zwischen den IAS/IFRS und dem HGB, aber auch den US-GAAP dar. Die US-GAAP bieten eine geringere Flexibilität und weniger Ansatzmöglichkeiten. Vgl. Cazavan- Jeny, Jeanjean und Joos (2011), S. 162.

[405] Vgl. Kress, Eierle und Tsalavoutas (2019), S. 674.

[406] Vgl. IAS 38.57; Dinh, Kang und Schultze (2016), S. 374, 394; Cazavan- Jeny, Jeanjean und Joos (2011), S. 145, 162.

[407] Vgl. Lev und Zarowin (1999), S. 377; Cazavan- Jeny, Jeanjean und Joos (2011), S. 146.

[408] Vgl. Enache und Srivastava (2018), S. 3463. Die Studie bezieht sich auf die Rechnungslegung nach US-GAAP. Eine derartige Differenzierung könnte jedoch auch den Informationsgehalt der Ausweise nach IAS/IFRS steigern.

[409] Vgl. Schmalenbach-Gesellschaft für Betriebswirtschaft e. V. (2008), S. 2821.

[410] Vgl. Link, Oldewurtel und Kümpel (2014), S. 233.

Die größten Ermessensspielräume eröffnen die Ansatzkriterien des IAS 38.57. Die Beantwortung der Fragen zur technischen Realisierbarkeit, Fertigstellung und Nutzbarkeit sind nicht rein objektiv zu beantworten und damit ermessensbehaftet.[411] Ob ein Projekt realisierbar ist und die Entwicklung später tatsächlich genutzt werden kann, hängt beispielsweise in hohem Maße von der betrachteten Branche ab.[412] Das Kriterium der technischen Realisierbarkeit schränkt Aktivierungsmöglichkeiten häufig stark ein.[413] Weiterhin ist bei beabsichtigter interner Nutzung insbesondere der Nachweis eines künftigen wirtschaftlichen Nutzens ermessensbehaftet.[414] Er macht Prognosen der zugehörigen Cashflows und damit auch des zeitlichen Anfalls sowie des damit einhergehenden Risikos notwendig. Diese wiederum sind nur schwer objektivierbar und es liegt eine große Bewertungsbandbreite vor, sodass Externe die Bewertungen kaum nachvollziehen können.[415] Zu ermitteln sind insbesondere die aus der Nutzung des immateriellen Vermögenswerts resultierenden Einnahmen und Ausgaben.[416] Damit wiederum gehen Schätzungen von Absatzzahlen und Materialpreisentwicklungen sowie der Zuordnung von Verkäufen zu dem jeweiligen immateriellen Vermögenswert einher, welche allesamt ermessensbehaftet sind. Weiterhin können Prognosen von Nutzungsdauern der durch einen immateriellen Vermögenswert hergestellten Güter oder Dienstleistungen notwendig sein. Ferner sind ein angemessener Diskontierungszinssatz und Liquidationserlös am Ende der Nutzungsdauer festzulegen. Die Wahl des Diskontierungszinssatzes umfasst gleichzeitig Entscheidungen über einen konstanten oder zeitabhängigen Zinssatz, Risikoberücksichtigungen und Wachstumsannahmen. Es wird deutlich,

[411] Vgl. IAS 38.57 (a)–(c).

[412] Vgl. LINK, OLDEWURTEL und KÜMPEL (2014), S. 236. Die Pharmabranche wird als kritisches Beispiel identifiziert, da erst rechtliche Zulassungen über die tatsächliche, spätere Nutzung bestimmen. Vgl. BEHRENDT-GEISLER und WEISSENBERGER (2012), S. 56; LÜDENBACH, HOFFMANN und FREIBERG (2018), § 13 Rn. 33.

[413] Vgl. BEHRENDT-GEISLER und WEISSENBERGER (2012), S. 65.

[414] Vgl. IAS 38.57 (d). Für die Ermittlung des künftig zu erzielenden wirtschaftlichen Nutzens wird gem. IAS 38.60 auf die Verfahren des IAS 36 abgestellt. Sie werden in Abschnitt 2.8.4 dargestellt. Bei einem beabsichtigten Verkauf des Vermögenswertes liegen möglicherweise objektive Marktdaten vor, welche weitaus weniger ermessensbehaftet sind. Vgl. WOHLGEMUTH (2007), S. 118.

[415] Vgl. LINK, OLDEWURTEL und KÜMPEL (2014), S. 236 m. w. N.; ROSSMANITH und GERLACH (2008), S. 170 m. w. N.; WOHLGEMUTH (2007), S. 118 f.

[416] Vgl. KIRSCH (2004), S. 43 f. zu dieser und den nachfolgenden Ausführungen dieses Absatzes.

dass dem Management für die Ermittlung künftiger Cashflows letztlich die maßgebliche Bedeutung zukommt.[417] Die restlichen Kriterien in Bezug auf ausreichend zur Verfügung stehende Ressourcen sowie eine verlässliche Bewertung[418] sind weniger ermessensbehaftet.[419]

Die Wertrelevanz aktivierter Entwicklungskosten kann wie gewohnt anhand des empirischen Zusammenhangs mit Aktienkursen bestimmt werden. Der Literaturüberblick von LINK, OLDEWURTEL und KÜMPEL (2014) kommt zu dem Ergebnis, dass die Mehrheit der Studien eine durch die Aktivierung von Entwicklungskosten gestiegene Wertrelevanz der Abschlussdaten finden.[420] Das Ziel einer insgesamt gestiegenen Entscheidungsnützlichkeit scheint damit erreicht zu sein. Dennoch bleiben auf individueller Ebene die zuvor aufgezeigten Gestaltungsspielräume, welche die Vergleichbarkeit und Aussagekraft einzelner Abschlüsse beeinträchtigen.

## 2.8.4 Wertminderung von Vermögenswerten

### 2.8.4.1 Wertminderungen nach HGB

Das Handelsrecht sieht grundsätzlich planmäßige Abschreibungen aufgrund von Verschleiß sowie außerplanmäßige Abschreibungen bei unvorhersehbaren Ereignissen und dauerhafter Wertminderung vor.[421] Für die planmäßige Abschreibung von Vermögen mit begrenzter Nutzungsdauer stehen verschiedene Methoden zur Verfügung. Bedeutsam sind die lineare, leistungsabhängige und degressive Abschreibung.[422] Die Wahl der Abschreibungsmethode hat gem. § 243 Absatz 1 HGB im Einklang mit den GoB zu stehen.[423] Die Bestimmung der wirtschaftlichen Nutzungsdauer erfolgt dabei theoretisch auf Basis von Erfahrungswerten. Praktisch wer-

---

[417] Vgl. WOHLGEMUTH (2007), S. 120.

[418] Vgl. IAS 38.57 (c) und (d).

[419] Vgl. LINK, OLDEWURTEL und KÜMPEL (2014), S. 236 f. sowie WOHLGEMUTH (2007), S. 116–121 zu den einzelnen Kriterien und möglichen Nachweisen zu ihrer Erfüllung; KIRSCH (2004), S. 43.

[420] Vgl. LINK, OLDEWURTEL und KÜMPEL (2014), S. 234 f. m. w. N. Zu diesem Ergebnis kommen unter anderem LEV und SOUGIANNIS (1996), deren Untersuchung im Abschnitt 2.7 betrachtet wird.

[421] Vgl. § 253 Absatz 3 Satz 1–4 HGB zu der planmäßigen Abschreibung sowie § 253 Absatz 3 Satz 5 HGB zu der außerplanmäßigen Abschreibung. Zu beachten sind jedoch Abweichungen von dieser Regelung wie das strenge Niederstwertprinzip für Finanzanlagen (vgl. § 253 Absatz 3 Satz 6 HGB).

[422] Vgl. TANSKI (2021), S. 144 ff.

[423] Vgl. COENENBERG, HALLER und SCHULTZE (2021), S. 164.

den jedoch auch für handelsrechtliche Zwecke häufig steuerliche Abschreibungstabellen zu betriebsgewöhnlichen Nutzungsdauern zur Bemessung herangezogen.[424]

Außerplanmäßige Abschreibungen werden bei zuvor nicht absehbaren Wertminderungstatsachen, wie beispielsweise einer Vernichtung oder mangelnden Verwendungsmöglichkeit vorgenommen und können sowohl für abnutzbares als auch nicht abnutzbares Vermögen vorgenommen werden.[425] Wertaufholungen bei einem Wegfall des Grundes für eine außerplanmäßige Abschreibung sind, mit Ausnahme von Geschäfts- oder Firmenwertabschreibungen, vorzunehmen.[426]

Die planmäßigen Abschreibungen des Handelsrechts haben den Vorteil, absolut nachvollziehbar zu sein und die Planbarkeit zu erhöhen. Wesentliche Einflussnahmen sind durch die konkreten Vorgaben, wie sie zuvor dargelegt wurden, kaum möglich. Im Vergleich zur Fair Value Bewertung der internationalen Rechnungslegung mangelt es jedoch an Relevanz und Berücksichtigung aktueller Informationen in Bezug auf die Vermögenswerte. Dieser Relevanzverlust gilt jedoch nur, wenn die beizulegenden Zeitwerte unter strenger Informationseffizienz ermittelt werden, d. h. der beizulegende Zeitwert unter optimalen Bedingungen ermittelt werden kann. Dies umfasst das Vorliegen eines aktiven Marktes mit homogenen Produkten und homogene Erwartungen aller Marktteilnehmer (sodass die Preisuntergrenze des Verkäufers der Preisobergrenze des Käufers entspricht).[427] Im Handelsrecht werden Sachanlagen und immaterielle Vermögenswerte nach Anschaffungs- oder Herstellungskosten bewertet. Dies vereinfacht Bewertungen im Vergleich zu den internationalen Standards.

#### 2.8.4.2 Wertminderungen nach IAS/IFRS

IAS 36 „Wertminderungen von Vermögenswerten" regelt die Bemessung und den Umgang mit Wertminderungen vieler Vermögenswerte und insbesondere des Sachanlagevermögens.[428] Der Standard definiert einen Werthaltigkeitstest, welcher in der Regel bei dem Vorliegen von Anzeichen für eine Wertminderung durchgeführt

[424] Vgl. Coenenberg, Haller und Schultze (2021), S. 163.; Tanski (2021), S. 143 schreibt, dass viele Unsicherheiten zu Ermessensspielräumen führen, jedoch keine übermäßig lange oder kurze Nutzungsdauer angesetzt werden darf.

[425] Vgl. Coenenberg, Haller und Schultze (2021), S. 169; Tanski (2021), S. 142 f.

[426] Vgl. § 253 Absatz 5 HGB; Coenenberg, Haller und Schultze (2021), S. 170. Die Wertobergrenze der fortgeführten Anschaffungs- oder Herstellungskosten bleibt bestehen.

[427] Vgl. Küting und Hayn (2006), S. 1212.

[428] Wertminderungsregeln finden sich darüber hinaus in vielen weiteren Standards, wie beispielsweise dem IAS 2 (Vorratsvermögen) oder dem IFRS 9 (Finanzvermögenswerte). Vgl. Pellens u. a. (2021), S. 337.

werden muss.[429] Er ist grundsätzlich für jeden einzelnen Vermögenswert durchzuführen, sofern diese separierbare Zahlungsströme generieren. Andernfalls sind zahlungsmittelgenerierende Einheiten (ZMGE) zu bilden und im Rahmen des Werthaltigkeitstests zu untersuchen.[430]

#### 2.8.4.2.1 Die Ermittlung des erzielbaren Betrags im Rahmen des Werthaltigkeitstests

Eine Wertminderung wird immer dann vorgenommen, wenn der erzielbare Betrag den Buchwert eines Vermögenswertes oder einer ZMGE unterschreitet.[431] Der erzielbare Betrag ermittelt sich gem. IAS 36.6 dazu wie folgt:

$$\text{Erzielbarer Betrag} = max\{\text{Fair Value} - \text{Veräußerungskosten; Nutzungswert}\}.$$

Die vorgeschriebene Methodik entspricht im weiteren Sinne den DCF-Verfahren und ähnelt damit Unternehmensbewertungen. Es drängen sich somit die typischen Schwierigkeiten, wie das Prognoseproblem der resultierenden Zahlungsströme, des Diskontierungszinssatzes und möglicher Wachstumsfaktoren auf.[432] An dieser Stelle sei auf einige konzeptionelle Unterschiede zwischen den IAS/IFRS und US-GAAP in Hinblick auf Wertminderungen hingewiesen.[433]

Die Ermittlung des ersten Teils der obigen Gleichung erfolgt gemäß der in Abschnitt 2.8.2 beschriebenen Fair-Value-Hierarchie. Die Veräußerungskosten sind

---

[429] Vgl. IAS 36.9 und IAS 36.12.

[430] Vgl. IAS 36.6; IAS 36.66; PELLENS u. a. (2021), S. 348 f.

[431] Vgl. IAS 36.6. In der Regel erzeugen einzelne Vermögenswerte keine eigenen Cashflows, sodass ZMGE gebildet werden müssen. Vgl. KÜTING (2013), S. 1789 m. w. N.

[432] Vgl. RUHNKE und SIMONS (2018), S. 305 f.

[433] Wertminderungstests werden vom FASB durch ASC 350 „Intangibles – Goodwill and Other" sowie ASC 360 „Property, Plant, and Equipment" geregelt. Vgl. zu Wertminderungstests in Zusammenhang mit erworbenem Goodwill insbesondere ASC 350-20-35-3 bis 19 sowie für Anlagevermögen ASC 360-10-35-17. Während der IAS 36 auf den Nutzungswert und damit die Ermittlung eines Vergleichswertes durch Barwertverfahren setzt, werden nach US-GAAP lediglich der Buchwert und erwartete, undiskontierte Cashflows verglichen (vgl. ASC 360-10-35-29). Eine Prognose des Diskontierungszinssatzes ist nach US-GAAP somit nicht erforderlich, sodass die Prognoseanforderungen der Rechnungslegungssysteme an dieser Stelle voneinander abweichen. Nichtsdestotrotz ergibt sich durch Verweis auf Fair Value-Bewertungen durch Barwertverfahren (für langfristige Vermögenswerte mit unsicheren Zahlungen) in ASC 360-10-35-36 erneut die Anforderung der Ermittlung eines Diskontierungszinssatzes. Dies ist entsprechend der Zinssatz, welcher auch für andere Ermittlungen von beizulegenden Zeitwerten, in diesem Fall gem. ASC 820 „Fair Value Measurement" (analog zu IFRS 13), genutzt wird.

durch IAS 36.38 definiert. Die Ermittlung des Nutzungswertes unterliegt daraufhin weitaus größerem Ermessen. Sie basiert maßgeblich auf erwarteten, auf die Vermögenswerte zurückzuführenden Cashflows.[434] Das derartigen Schätzungen zugrundeliegende Risiko soll gem. IAS 36.32 als Abschlag in der Cashflow-Schätzung oder als Aufschlag auf den verwendeten Diskontierungszinssatz berücksichtigt werden. Gem. IAS 36.33 sollen die Schätzungen der Cashflows auf den „vom Management genehmigten Finanzplänen/Vorhersagen" basieren. Weiterhin können für spätere Zeiträume konstante oder abnehmende Wachstumsraten für die Cashflows angenommen werden.[435] BRAUN (2018) schreibt von „ambitionierten Cashflow-Prognosen" welche häufig nicht dem Erwartungswert entsprächen und meist einen starken Anstieg der Cashflows in den folgenden Jahren berücksichtigen.[436] Derartige Prognosen beruhen auf subjektiven Einschätzungen und werden in vielen Fällen nicht gerechtfertigt sein. Es mangelt an einer Referenz zu historischen Realisationen von entsprechenden Cashflows, welche zumindest ein nachvollziehbarer Anhaltspunkt für künftige Cashflows sind. Verbindliche Vorschriften für eine systematische, d. h. modellgebundene Ermittlung würden Abhilfe schaffen, indem sie ausgewiesene Werte nachprüfbarer und Ermessensspielräume einschränken würde.

Der Diskontierungszinssatz soll marktbezogen ermittelt werden.[437] Ist dies nicht möglich, wird explizit auf das CAPM, Zinssätze für Neukredite und marktübliche Fremdkapitalzinssätze verwiesen.[438] Zudem soll er die Kapitalstruktur des Unternehmens unberücksichtigt lassen, was damit begründet wird, dass die zu erwartenden Rückflüsse eines Vermögenswertes (oder einer ZMGE) unabhängig von dessen Finanzierung ist.[439] Können einem einzelnen Vermögenswert keine Cashflows zugeordnet werden, ist zur Ermittlung einer möglichen Wertminderung die Bewertung einer zahlungsmittelgenerierenden Einheit (eng. ‚cash generating unit') vorzunehmen. Gemäß IAS 36.6 ist dies die „kleinste identifizierbare Gruppe von Vermögenswerten", welche unabhängige Cashflows erzeugt.

Wird eine notwendige Wertminderung festgestellt, wird zunächst eine eventuelle Neubewertungsrücklage gemindert und der darüberhinausgehende Teil erfolgswirksam als Aufwand erfasst.[440] Die Wertminderung einer ZMGE erfolgt durch

---

[434] Vgl. IAS 36.30.

[435] Die Wachstumsrate sollte i. d. R. der Durchschnittswachstumsrate der Branche oder des Landes entsprechen oder niedriger sein. Vgl. IAS 36.33 (c).

[436] Vgl. BRAUN (2018), S. 751.

[437] IAS 36.A16.

[438] IAS 36.A17 f.

[439] IAS 36.A19.

[440] IAS 36.59–61.

anteilige, buchwertproportionale Abschreibung der zugehörigen Vermögenswerte. Ist eine ZMGE mit zugeordnetem, derivativen Geschäfts- oder Firmenwert im Wert zu mindern, wird dieser zuerst gemindert und nur der darüberhinausgehende Wertminderungsbedarf auf die Vermögenswerte aufgeteilt.[441] Zuschreibungen auf einen erfassten Geschäfts- oder Firmenwert sind aufgrund der Gefahr einer Aktivierung originärer Geschäfts- oder Firmenwerte nicht erlaubt.[442]

#### 2.8.4.2.2 Die Bedeutung des IAS 36

Der IAS 36 „Wertminderungen von Vermögenswerten" hat insbesondere im Zusammenhang mit der Einführung des IFRS 3 „Unternehmenszusammenschlüsse" an Bedeutung gewonnen.[443] Der bei Unternehmenszusammenschlüssen in aller Regel entstehende derivative Goodwill (die Differenz zwischen Anschaffungskosten und beizulegendem Zeitwert der erworbenen Vermögenswerte und Schulden) unterliegt aufgrund seiner unbestimmten Nutzungsdauer keiner planmäßigen Abschreibung.[444]

Ein ausgewiesener Geschäfts- oder Firmenwert (‚goodwill') muss jährlich, sowie bei Hinweisen auf eine Wertminderung, einem Werthaltigkeitstest unterzogen werden. Dazu muss der derivative Geschäfts- oder Firmenwert auf zahlungsmittelgenerierende Einheiten (ZMGE) verteilt werden, da er allein keine Cashflows generieren kann.[445] Weiterhin ist jährlich zu überprüfen, ob die Annahme der unbegrenzten Nutzungsdauer weiterhin gerechtfertigt ist.[446]

Der notwendige Werthaltigkeitstest für einen ausgewiesenen Geschäfts- oder Firmenwert ist die Schwachstelle des Standards, welche Ermessensspielraum eröffnet. Wenig objektive Regelungen wie die Zuteilung von Geschäfts- oder Firmenwerten zu ZMGE und die Wahl von Bewertungsparametern führen bei entsprechenden Absichten von Unternehmen zu aufgeschobenen Wertminderungen und damit zu überhöht ausgewiesenen Vermögenswerten.[447] Es resultieren sogenannte Goodwill-Blasen. Dies wird an dem stark gefallenen Verhältnis von angefallenen Abschrei-

---

[441] Vgl. IAS 36.104.

[442] Vgl. IAS 36.124 i. V. m. IAS 38.48; KIRSCH (2004), S. 52.

[443] Gleiches gilt für die US-amerikanische Rechnungslegung. Diese regelt Abschreibungen durch ASC 350 und 360.

[444] Vgl. IAS 38.107.

[445] Vgl. IAS 36.10; 38.108 (hier wird auf IAS 36 verwiesen); sowie IAS 36.80 f. i. V. m. 36.88 zur Aufteilung des Goodwills auf zahlungsmittelgenerierende Einheiten. Die Zuteilung hat nach zu erwartenden Synergien aus dem Zusammenschluss zu erfolgen.

[446] Vgl. IAS 38.109.

[447] Vgl. BRAUN (2018), S. 751.

bungen zu ausgewiesenen Geschäfts- oder Firmenwerten in den Jahresabschlüssen der DAX-Konzerne deutlich.[448]

Durch die zum Teil großen Ermessensspielräume im Zusammenhang mit der Ermittlung des erzielbaren Betrags bzw. Nutzungswertes und damit der Möglichkeit, Abschreibungen der Geschäfts- oder Firmenwerte zu verhindern oder zumindest aufzuschieben, entsteht ein erhöhtes Risiko von fehlerhaft ausgewiesenen Vermögenswerten. Die ausgewiesenen Goodwill-Bestände gewinnen relativ an Bedeutung und könnten letztlich eine mangelnde Werthaltigkeit und schlechte Nachprüfbarkeit aufweisen, sodass der Informationsnutzen ausgewiesener Werte gemindert wird.[449]

#### 2.8.4.2.3 Kritische Auseinandersetzung mit dem IAS 36

Der Wertminderungstest nach IAS 36 ist einer der Gründe für eine gestiegene Subjektivität der Rechnungslegung. Insbesondere im Vergleich zu den Wertminderungsvorschriften des HGB wird die Komplexität des Standards deutlich. Er ist ein Grund für die anhaltende Kritik einer mangelnden Zuverlässigkeit der IFRS.[450] Zu der Durchführung des Wertminderungstests in der Praxis ist anzunehmen, dass der Nutzungswert in den meisten Fällen den erzielbaren Betrag bestimmt.[451] Folgend werden die damit einhergehenden, kritischen Aspekte beleuchtet.

Die Allokation des Geschäfts- oder Firmenwertes auf einzelne ZMGE ist kritisch zu hinterfragen. In der Regel wird es nur schwierig möglich sein, einen derivativen Geschäfts- oder Firmenwert verursachungsgerecht auf die Vermögenswerte oder ZMGE zu verteilen. Es besteht die Möglichkeit, Fehlinvestitionen zu kaschieren.[452] Zudem können Wertminderungen durch Verrechnung von Wertminderungen und Wertsteigerungen verschiedener Unternehmenserwerbe vermieden werden.[453] Weiterhin kann die Zuordnung eines Goodwills auf verschiedene ZMGE verändert werden, wenn das Unternehmen seine Berichtsstruktur verändert.[454] Daraus resultiert ein weiterer Spielraum, welcher zur Verhinderung von Wertminderungsaufwand genutzt werden kann. Ein Indiz dafür, dass Wertminderungen umgangen werden, ist unter anderem der geringe Wertminderungsaufwand, der von Unternehmen realisiert wird.[455]

---

[448] Vgl. LEIBFRIED (2016), S. 353.
[449] Vgl. BRAUN (2018), S. 750, 754.
[450] Vgl. KÜHNBERGER (2014), S. 436.
[451] Vgl. KÜTING (2013), S. 1799 m. w. N.
[452] Vgl. KÜTING (2013), S. 1799.
[453] Vgl. BALLWIESER (2019), S. 191.
[454] Vgl. IAS 36.87.
[455] Vgl. BALLWIESER (2019), S. 192; DUFF & PHELPS LLC (2019).

Die Ermittlung des erzielbaren Betrags aus Vermögenswerten oder ZMGE ist stark ermessensbehaftet und muss genau wie die Ermittlung von beizulegenden Zeitwerten auf der dritten Hierarchiestufe kritisch hinterfragt werden. Gleiches gilt für den Diskontierungszinssatz. Typische Schwierigkeiten ergeben sich bezüglich künftiger Cashflows (insbesondere Höhe und Eintrittswahrscheinlichkeit), Wachstumsraten der Zahlungsüberschüsse sowie des CAPM zur Ermittlung eines Diskontierungszinssatzes bzw. der Ermittlung eines risikolosen Zinssatzes, eines Marktzinses sowie des Betafaktors.[456] Wird beispielsweise aufgrund einer mangelnden Börsennotierung ein Peer-Group-Beta ermittelt, ist zu hinterfragen, ob die Risikostrukturen der Vergleichsunternehmen gleich sind. Eine manipulierte Peer-Group führt zu einem veränderten Diskontierungszins und damit zu einem verzerrten Nutzungswert.

MEYER und BRAUN (2010) weisen darauf hin, dass häufig nicht wie von IAS 36.33b gefordert auf Basis des gegenwärtigen Zustands bewertet wird, sodass der Endwert (‚terminal value') der Cashflowplanung positiv verzerrt wird und ein zu optimistischer Wert für ZMGE ermittelt wird bzw. Wertminderungsaufwendungen aufgeschoben werden.[457] KÜTING (2013) erläutert, dass die Abschreibungen auf Geschäfts- oder Firmenwerte im Verhältnis zu den Buchwerten im Durchschnitt lediglich 1,68 % betragen, woraus eine theoretische Restnutzungsdauer von knapp 60 Jahren resultiert. Diese sei wiederum nicht angemessen.[458] Letztlich ist insbesondere die unbestimmte Nutzungsdauer eines derivativen Geschäfts- oder Firmenwertes kritisch zu sehen. KÜTING (2013) plädiert daher für eine planmäßige Abschreibung bei einer Nutzungsdauer von 10 bis 20 Jahren.[459]

Die Abgrenzung von ZMGE unterliegt ebenfalls dem Ermessen des Managements, da nur grundsätzliche verbale Vorschriften zu der Vermögenswertzuordnung existieren. Innerhalb von ZMGE kann es zu einem Ausgleich von Wertminderungen und Werterhöhungen kommen, welche grundsätzlich vermieden werden sollen.[460] Die Wahl der Abgrenzung von ZMGE bzw. der Zuordnung von Vermögen kann somit rechnungslegungspolitisch motiviert sein.

Schlüsselfrage bezüglich der Wertminderungsvorschriften bleibt die Frage nach der angemessensten Behandlung von Geschäfts- oder Firmenwerten. Sind

---

[456] Vgl. KÜTING (2013), S. 1800; MEYER und BRAUN (2010), S. 1781.

[457] Vgl. MEYER und BRAUN (2010), S. 1781.

[458] Vgl. KÜTING (2013), S. 1802. Zum Teil liegt die theoretische Restnutzungsdauer einzelner Unternehmen bei über 200 Jahren; LEIBFRIED (2016), S. 354 geht von durchschnittlich 56 Jahren aus und kritisiert derartige implizite Annahmen ebenfalls.

[459] Vgl. KÜTING (2013), S. 1803.

[460] Vgl. KÜTING (2013), S. 1799.

marktnahe Bewertungen an ihre Grenzen gestoßen und sind sowohl eine planmäßige Abschreibung als auch der derzeitige Impairment-Only-Approach ungeeignet? Abhilfe könnte eine Abkehr von der Bilanzierung eines einzigen Wertes sein, sodass ein „Schwarm" von Informationen publiziert wird, welcher eine potenziell bessere Informationsbasis darstellt. Dies würde es Investoren erleichtern, eigene Bewertungen vorzunehmen und Einschätzungen abzuleiten.[461]

Ein systemübergreifender Vergleich könnte Aufschluss darüber geben, ob Geschäfts- oder Firmenwerte innerhalb eines Rechnungslegungssystems unpassend erfasst werden. ANDRÉ, FILIP und PAUGAM (2016) analysieren das Verhalten von Unternehmen bezüglich der Wertminderung ausgewiesener Geschäfts- oder Firmenwerte. Dabei decken sie große Unterschiede zwischen europäischen IAS/IFRS-Abschlüssen und US-amerikanischen US-GAAP-Abschlüssen auf. Insgesamt verbuchten US-amerikanische Unternehmen häufiger einen Wertminderungsaufwand und haben in größerem Umfang bzw. einen größeren Anteil ihrer ausgewiesenen Geschäfts- oder Firmenwerte im Wert gemindert.[462] Dies deutet erneut auf zu hoch ausgewiesene Geschäfts- oder Firmenwerte nach IAS/IFRS hin. Die Ursache dafür bleibt letztlich unklar, könnte jedoch in einem stärker ausgeprägten Vorsichtsprinzip im Vergleich zu europäischen IAS/IFRS-Anwendern oder verstärkter Anwendung von Praktiken des sog. ‚big bath accounting' liegen.[463] Die Erkenntnisse dieser Studie sowie die zum Teil sehr hohen, theoretischen Nutzungsdauern von Geschäfts- oder Firmenwerten sind ein Indiz für eine Abweichung von dem Grundsatz der Darstellung tatsächlicher Verhältnisse.

### 2.8.5 Finanzinstrumente

#### 2.8.5.1 Ansatz und Bewertung nach HGB

Mangels einer expliziten Definition von Finanzinstrumenten im HGB können Finanzinstrumente in Anlehnung an die internationale Rechnungslegung sowie aufgeführte Beispiele in § 2 Absatz 4 WpHG definiert werden.[464] Demnach umfassen Finanzinstrumente alle Verträge, die bei zwei Vertragsparteien gleichzeitig einmal

[461] Diese Idee wirft LEIBFRIED (2016), S. 355 auf.

[462] Vgl. ANDRÉ, FILIP und PAUGAM (2016), S. 349 f. Im betrachteten Zeitraum von 2006 bis 2015 lag der Median-Wertminderungsaufwand im Verhältnis zu den ausgewiesenen Geschäfts- oder Firmenwerten für US-amerikanischen Unternehmen bei 33 %, für europäische Unternehmen lediglich bei 5 %. Die relative Höhe ausgewiesener Geschäfts- oder Firmenwerte war auf gleichem Niveau.

[463] Vgl. ANDRÉ, FILIP und PAUGAM (2016), S. 350.

[464] Vgl. COENENBERG, HALLER und SCHULTZE (2021), S. 273.

zu einem finanziellen Vermögenswert und einmal zu einer finanziellen Verbindlichkeit bzw. einem Eigenkapitalinstrument werden.[465] Bedeutsam sind neben typischen Finanzanlageinstrumenten wie Wertpapieren insbesondere Sicherungsinstrumente (‚hedging instruments') wie Optionen und Futures, welche zur Absicherung von Kursrisiken, beispielsweise in Bezug auf Wechselkurse oder Rohstoffpreise, genutzt werden. Sie unterliegen speziellen, teils komplexen Regelungen.[466] Zu Finanzanlagen zählen weiterhin Beteiligungen, Anteile an verbundenen Unternehmen und Ausleihungen. Weiterhin sind Instrumente des Umlaufvermögens abzugrenzen.[467]

Der im Vergleich zu der internationalen Rechnungslegung größte Unterschied liegt in der Wertobergrenze für finanzielle Vermögensgegenstände. Sie entspricht den Anschaffungs- oder Herstellungskosten.[468] Unrealisierte Gewinne, wie sie in Zeitwerten berücksichtigt würden, bleiben damit vom Ansatz ausgeschlossen.[469] Diese Orientierung an den Anschaffungskosten zeugt erneut von der Bedeutung des Vorsichtsprinzips im Handelsrecht. Zudem gilt für die erfolgswirksam zu erfassenden Wertminderungen im Falle des Umlaufvermögens das strenge Niederstwertprinzip gem. § 253 Absatz 4 HGB, sodass stets auf niedrigere beizulegende Zeitwerte abzuschreiben ist. Für Finanzinstrumente im Sachanlagevermögen gilt gem. § 253 Absatz 3 HGB das gemilderte Niederstwertprinzip, sodass ein Wahlrecht zur Abschreibung besteht, falls die Wertminderung voraussichtlich vorübergehend ist.[470] Wertaufholungen sind in beiden Fällen bis zu den ursprünglichen Anschaffungs- oder Herstellungskosten notwendig (Zuschreibungsgebot).[471] Ein weiterer Ausdruck des dominierenden Vorsichtsprinzips ist die Behandlung von Verbindlichkeiten. Während nach internationalen Standards i. d. R. Barwerte

[465] Vgl. IAS 32.11.

[466] Vgl. Coenenberg, Haller und Schultze (2021), S. 275 f.

[467] Vgl. § 271 HGB; § 266 Absatz 2 HGB; Coenenberg, Haller und Schultze (2021), S. 276–279; Baetge, Kirsch und Thiele (2019), S. 317–319. Die gem. der Gliederung des § 266 HGB angegebenen Anteile an verbundenen Unternehmen im Umlaufvermögen setzen eine Aufgabe der Besitzabsicht voraus. Vgl. Coenenberg, Haller und Schultze (2021), S. 282.

[468] Vgl. § 253 Absatz 1 HGB. Da die Nutzungsdauer nicht zeitlich begrenzt ist, sind keine planmäßigen Abschreibungen vorzunehmen. Vgl. § 253 Absatz 3 HGB.

[469] Ausnahmen stellen lediglich Handelsbestände von Kredit- und Finanzdienstleistungsinstituten dar. Sie dürfen zu beizulegenden Zeitwerten bewerten, müssen jedoch weitere Vorsichtsmaßnahmen treffen. Vgl. § 340e Absatz 3 und 4 HGB; Pellens u. a. (2021), S. 674.

[470] Vgl. Pellens u. a. (2021), S. 674; Baetge, Kirsch und Thiele (2019), S. 322, 331; Coenenberg, Haller und Schultze (2021), S. 283.

[471] Vgl. § 253 Absatz 5 HGB; Coenenberg, Haller und Schultze (2021), S. 283 f.; Baetge, Kirsch und Thiele (2019), S. 323.

verwendet werden, sind Verbindlichkeiten handelsrechtlich mit ihrem Erfüllungsbetrag zu passivieren.[472]

### 2.8.5.2 Ansatz und Bewertung nach IAS/IFRS

Mit Einführung des IFRS 9 „Finanzinstrumente" hat die Zukunftsorientierung der Rechnungslegung stark zugenommen.[473] Insbesondere die Neuerungen bezüglich der Wertminderung von Finanzinstrumenten stellen einen stark prospektiven Bezug her. Während unter der Anwendung des nun abgelösten IAS 39 lediglich zum Bewertungsstichtag eingetretene Verluste im Wertausweis berücksichtigt wurden, muss nun auch der erwartete Verlust eines Finanzinstruments berücksichtigt werden und sich im Wertansatz widerspiegeln.[474] Erwartete Verluste sind gem. IFRS 9.5.5.17 die wahrscheinlichkeitsgewichteten und diskontierten Differenzen zwischen den vertraglich vorgesehenen und den erwarteten Zahlungen.

Die Ermittlung von Kreditrisiken hat nicht zuletzt durch die Basel-Vorschriften stetig an Bedeutung gewonnen. Gleichzeitig haben die methodischen Ermittlungsmöglichkeiten (von logistischer Regression bis Support Vector Machines und Künstlichen Neuronalen Netzen) stark zugenommen. Zuletzt unterstreicht der IFRS 9 die praktische Bedeutung der Kreditrisikomodellierung und Ermittlung von Ausfallwahrscheinlichkeiten.[475]

Grundsätzlich besteht ein Zielkonflikt zwischen der Darlegung glaubhafter und relevanter Informationen. Während historische und damit eindeutig nachprüfbare Daten den Anspruch der Glaubhaftigkeit befriedigen, sind allein prospektive Informationen relevant und entscheidungsnützlich.[476] Welche Auswirkungen der Ausweis rein historischer Daten haben kann, wird am Beispiel des IAS 39 zur Zeit der Finanzkrise 2008 deutlich. Die alleinige Berücksichtigung bereits eingetretener Verluste durch den IAS 39 verursache zum Zeitpunkt der Finanzkrise, dass massive Kreditrisiken in den Wertansätzen der Jahresabschlüsse unberücksichtigt blieben und sich erst mit dem schlagartigen Eintreten der Kreditausfälle in der Buchführung

---

[472] Vgl. § 253 Absatz 1 HGB; Pellens u. a. (2021), S. 675.

[473] Gleiches gilt für die US-amerikanische Rechnungslegung, welche ähnliche Regelungen umgesetzt hat und insbesondere auch auf erwartete Verluste abstellt. Die weitestgehend gleichen Regelungen finden sich in ASC 326.

[474] Vgl. Mölls und Filusch (2017), S. 249; IFRS 9.1.1 sowie IFRS 9.5.5.1.

[475] Vgl. Vanek und Hampel (2017), S. 760.

[476] Vgl. Bardens, Meurer und Gebova (2012), S. 809; Auch Obermaier (2009), S. 546 beschreibt einen Zielkonflikt zwischen der Verlässlichkeit und Entscheidungsnützlichkeit von Rechnungslegungsdaten in Bezug auf Fair Value-Bilanzierungen.

der entsprechenden Kreditinstitute niederschlug. Die getroffene Risikovorsorge war unzureichend und es kam zu hohen unerwarteten Verlusten.[477]

Im Bereich der Prognoseerstellung ist besonders das Wertminderungsmodell des IFRS 9 interessant. Für die Ermittlung der erwarteten Verluste gibt der Standard keine Berechnungsformel vor, sodass sich das folgende Modell aus der Praxis ergeben hat.[478] Das Modell der erwarteten Kreditverluste bzw. Expected Credit Loss (ECL) Modell hat grundsätzlich folgende Struktur:

$$ECL = PD \cdot LGD \cdot EAD \tag{2.1}$$

wobei $PD$ die Ausfallwahrscheinlichkeit (Probability of Default), $LGD$ die Verlustquote im Ausfallereignis (Loss Given Default) und $EAD$ den gefährdeten Betrag im Ausfallereignis (Exposure at Default) angibt. Die Ermittlung der Ausfallwahrscheinlichkeit ist komplex und greift auf eine Vielzahl von strengen Annahmen zurück, welche im Weiteren betrachtet werden sollen. Der Berechnung der zu erwartenden Verlustquote $LGD$ und des gefährdeten Betrags $EAD$ kommt in der Literatur eine geringere Bedeutung zu als der Ermittlung der Ausfallwahrscheinlichkeit $PD$. Sie basieren letztlich auf Prognosen der jeweiligen Zahlungsströme. Grundsätzlich werden eindeutige Kriterien zur Festlegung der Modellparameter, zur Kalibrierung der Modelle sowie zur Bestimmung einer wesentlichen Risikoverschlechterung bzw. eines signifikanten Anstiegs der $PD$ gefordert.[479]

#### 2.8.5.2.1 Unter IFRS 9 fallende Finanzinstrumente und Kategorien

Voraussetzung für die Anwendung des ECL-Modells des IFRS 9 ist grundsätzlich, dass das Finanzinstrument nicht zum beizulegenden Zeitwert (Fair Value) bewertet wird, sowie die Erfüllung der Zahlungsstrombedingung.[480] Die Zahlungsstrombedingung SPPI (Solely Payments of Principal and Interest) setzt voraus, dass die von den Finanzinstrumenten verursachten Zahlungsströme ausschließlich aus

[477] Vgl. Pellens u. a. (2017), S. 642; Khakzad, Sundri und Seres (2016), S. 27; Henselmann, Ditter und Holstein (2014), S. 356.

[478] Vgl. Mölls und Filusch (2017), S. 250 f.; Khakzad, Sundri und Seres (2016), S. 31; Löw und Vogt (2018a), S. 386.

[479] Vgl. Khakzad, Sundri und Seres (2016), S. 28; Hommel, Kiy und Zick (2016), S. 572.

[480] Vgl. IFRS 9.4.1.2 sowie IFRS 9.4.1.2A. Viele Teilaspekte des IFRS 9 sind in weiteren Standards geregelt. Die Definition von Finanzinstrumenten findet sich beispielsweise in IAS 32 (vgl. IAS 32.11), den Ausweis regelt IFRS 7 und die Ermittlung der relevanten beizulegenden Zeitwerte regelt IFRS 13. Vgl. Pellens u. a. (2021), S. 614 f.

Zins- und Tilgungszahlungen bestehen.[481] Weiterhin ist vom Geschäftsmodell des Gläubigers abhängig, wie das Finanzinstrument zu behandeln ist. Folgende Kategorien gibt der IFRS 9 vor:[482]

- Bewertung zu fortgeführten Anschaffungskosten bzw. Amortised Cost (AC), wenn das Finanzinstrument dauerhaft, zur Realisierung vertraglich geregelter Zahlungsströme gehalten werden soll. Dabei müssen die Zahlungsströme zu vertraglich festgelegten Zeitpunkten erfolgen und lediglich Tilgungs- und Zinszahlungen auf den ausstehenden Kapitalbetrag verkörpern.[483]
- Bewertung zum Fair Value through Other Comprehensive Income (FVTOCI), d. h. erfolgsneutral im sonstigen Ergebnis zum beizulegenden Zeitwert, wenn das Finanzinstrument gehalten oder verkauft werden soll. Hierzu gelten die gleichen Bedingungen wie für die Kategorie der fortgeführten Anschaffungskosten sowie zusätzlich, dass das Geschäftsmodell den Verkauf als Zielsetzung vorsieht.[484]
- Bewertung zum Fair Value through Profit or Loss (FVTPL), d. h. erfolgswirksam zum beizulegenden Zeitwert, in allen weiteren Fällen. In diese Kategorie fallen unter anderem zu Handelszwecken gehaltene Finanzinstrumente, aber auch Investitionen in Eigenkapital- und Schuldinstrumente, welche die vorigen Bedingungen nicht erfüllen.[485]

Finanzielle Verbindlichkeiten werden grundsätzlich zu fortgeführten Anschaffungskosten (AC) bewertet.[486] Es gibt jedoch Ausnahmen, wie zum Handel gehaltene Verbindlichkeiten, welche in die Kategorie FVTPL fallen.[487] Es besteht weiterhin für bestimmte finanzielle Vermögenswerte und Verbindlichkeiten das Wahlrecht zur Bewertung in der Kategorie FVTPL (eine sog. Fair Value Option). Dieses Wahlrecht besteht bei dem Erstansatz und ist unwiderruflich.[488] Typische Eigenkapitaltitel wer-

---

[481] Vgl. IFRS 9.4.1.2 sowie HOMMEL, KIY und ZICK (2016), S. 570. Beispiele dazu, wann ausschließlich Zins- und Tilgungszahlungen vorliegen, finden sich in IFRS 9.B4.1.11 sowie B4.1.13.

[482] Vgl. IFRS 9.4.1.1; IFRS 9.4.1.2; IFRS 9.4.1.2A; IFRS 9.4.1.4; HOMMEL, KIY und ZICK (2016), S. 570; COENENBERG, HALLER und SCHULTZE (2021), S. 293; PELLENS u. a. (2021), S. 646–652.

[483] Vgl. IFRS 9.4.1.2 (a) und (b).

[484] Vgl. IFRS 9.4.1.2A (a).

[485] Vgl. IFRS 9.4.1.4; COENENBERG, HALLER und SCHULTZE (2021), S. 295.

[486] Vgl. IFRS 9.4.2.1.

[487] Vgl. COENENBERG, HALLER und SCHULTZE (2021), S. 295.

[488] Vgl. IFRS 9.4.1.5; PELLENS u. a. (2021), S. 651; COENENBERG, HALLER und SCHULTZE (2021), S. 295.

den entsprechend der obigen Kategorien als FVTPL behandelt, da sie die genannte Zahlungsstrombedingung nicht erfüllen. Sie können dennoch bei dem Erstansatz unwiderruflich der Kategorie FVTOCI zugeordnet werden, wenn sie nicht dem Handelsbestand zugehören.[489] Reklassifizierungen in Bezug auf die drei Kategorien sind grundsätzlich möglich, jedoch für finanzielle Verbindlichkeiten und nach Ausübung eines der genannten Wahlrechte ausgeschlossen. Dafür müssen jedoch bedeutende Auswirkungen nachgewiesen werden.[490]

Das besonders kritische ECL-Modell ist insbesondere auf Finanzinstrumente anzuwenden, welche mit fortgeführten Anschaffungskosten angesetzt werden. Zusätzlich fallen auch Schuldinstrumente der Kategorie FVTPL darunter.[491] Schwierigkeiten in Bezug auf IFRS 9 ergeben sich insbesondere in der Umsetzung des ECL-Modells bzw. in der[492]

- Bestimmung der Ausfallwahrscheinlichkeit $PD$,
- Ermittlung einer signifikanten Erhöhung der Ausfallwahrscheinlichkeit $PD$ und
- Beurteilung einer signifikanten Verschlechterung der Kreditqualität.

Diese Eigenschaften sind für die Stufenzuordnung des IFRS 9 und damit für die Höhe der Wertminderung zu bestimmen. Die Stufenzuordnung ergibt sich aus der Kreditrisikoveränderung im Vergleich zu dem Zeitpunkt des Erstansatzes.[493] Finanzinstrumente der ersten Stufe weisen kein signifikant erhöhtes Risiko im Vergleich zu dem Zeitpunkt des Erstansatzes auf. Dementsprechend werden typischerweise alle neu anzusetzenden Finanzinstrumente der ersten Stufe zugeordnet. Für sie ist der erwartete Verlust gem. dem ECL-Modell lediglich für den Zeitraum der folgenden zwölf Monate zu berücksichtigen. Die Ausfallwahrscheinlichkeit ($PD$) bezieht sich lediglich den Zeitraum von einem Jahr.[494] Die berechneten Wertminderungen (Aufwendungen oder Erträge) sind anschließend erfolgswirksam zu erfassen.[495] Auf der zweiten Stufe liegt ein signifikant erhöhtes Kreditrisiko im Vergleich zu dem Zeitpunkt des Erstansatzes vor. Ein Finanzinstrument ist entsprechend in diese

---

[489] Vgl. IFRS 9.5.7.5; PELLENS u. a. (2021), S. 649 f.; COENENBERG, HALLER und SCHULTZE (2021), S. 296.

[490] Vgl. PELLENS u. a. (2021), S. 652; IFRS 9.4.4.1 f.

[491] Vgl. COENENBERG, HALLER und SCHULTZE (2021), S. 304.

[492] Vgl. u. a. HOMMEL, KIY und ZICK (2016).

[493] Vgl. zu allen Stufen PELLENS u. a. (2021), S. 654; COENENBERG, HALLER und SCHULTZE (2021), S. 304 f.

[494] Vgl. IFRS 9.5.5.5; COENENBERG, HALLER und SCHULTZE (2021), S. 304.

[495] Vgl. IFRS 9.5.5.8.

Kategorie zu transferieren, falls eine signifikante Erhöhung festgestellt wird.[496] Im Unterschied zu der ersten Stufe wird der erwartete Verlust auf der zweiten Stufe über die gesamte Laufzeit des Finanzinstruments (sog. ‚lifetime expected credit losses') ermittelt.[497] Der dritten Stufe sind letztlich Finanzinstrumente zuzuordnen, welche über die Merkmale der zweiten Stufe hinaus (für sie werden die Wertminderungen somit ebenfalls über die gesamte Laufzeit ermittelt) eindeutige Anzeichen einer Wertminderung aufgrund besonderer Vorkommnisse aufweisen. Sie werden als finanzielle Vermögenswerte mit beeinträchtigter Bonität (‚credit impaired financial assets') bezeichnet.[498] Der Standard zeigt im Anhang A verschiedene Indikatoren für eine beeinträchtigte Bonität auf, wie beispielsweise finanzielle Schwierigkeiten des Vertragspartners, Ausfall oder Überfälligkeit und eine wahrscheinliche Insolvenz eines Kreditnehmers. Auf dieser Stufe werden die effektiven Zinserträge zusätzlich unter Berücksichtigung bzw. Abzug der Risikovorsorge ermittelt.[499] Dementsprechend hat die Stufenzuordnung nicht allein Einfluss auf die Höhe der Wertminderungen, sondern durch die Berechnung auf Basis des Netto- oder Bruttobuchwertes bzw. vor oder nach Abzug der Wertminderung ebenfalls auf die Höhe der zu erfassenden Erträge.

Der Standard nennt als konkreten Hinweis auf eine signifikante Kreditrisikoerhöhung eine Überfälligkeit vertraglicher Zahlungen von mehr als 30 Tagen.[500] Da das Vorliegen einer „signifikanten Erhöhung" der Ausfallwahrscheinlichkeit weiterhin jedoch nicht näher definiert ist, liegt die Beurteilung zum Teil im Ermessen des Managements. Zudem ergibt sich das Problem, dass bei relativer Betrachtung des Ausfallrisikos zum Ausfallrisiko im Zugangszeitpunkt, eine signifikante Verschlechterung bei generell niedrigen Wahrscheinlichkeiten eher eintritt.[501]

Dass die Beurteilung von signifikanten Veränderungen der Ausfallwahrscheinlichkeit oder Kreditqualität stark im Ermessen der Unternehmen liegt, zeigen unter anderem die veröffentlichten Hinweise des IASB und der Europäische Wertpapier- und Marktaufsichtsbehörde (ESMA) zur Pandemie im Jahr 2020.[502] Dort wird klargestellt, dass der IFRS 9 keine methodischen Vorgaben macht und damit von

496 Vgl. IFRS 9.5.5.9.

497 Vgl. IFRS 9.5.5.3 f.

498 Vgl. IFRS 9.5.5.13 sowie Anhang A in der internationalen sowie von der EU gebilligten Fassung.

499 Vgl. IFRS 9.5.4.1 (b).

500 Vgl. IFRS 9.5.5.11.

501 Vgl. Hommel, Kiy und Zick (2016), S. 573.

502 Vgl. International Accounting Standards Board (IASB) (2020); European Securities and Markets Authority (ESMA) (2020).

Anwendern verlangt sowie ihnen explizit erlaubt, die jeweiligen Umstände in der Berechnung der erwarteten Verluste zu berücksichtigen. Des Weiteren wird dargelegt, dass in die Bewertung der Prognosen sowohl die Effekte der Pandemie, als auch die Unterstützungsmaßnahmen der Regierungen einbezogen werden sollen.[503] Neben diesen Hinweisen liefert die Bekanntgabe keine Vorgaben und mindert damit keinesfalls die Ermessensspielräume der Unternehmen. Dennoch ist eine Berücksichtigung der wirtschaftlichen Folgen sicher im Interesse der Adressaten und damit der Bewertung nach dem ehemaligen IAS 39 überlegen. So hält das IASB fest, dass der Ausweis erwarteter Verluste, trotz der großen Unsicherheit dringend erforderliche Informationen liefert.[504] Die ESMA weist zur Berechnung erwarteter Verluste darauf hin, dass aufgrund der Knappheit an verlässlichen Informationen Schwierigkeiten bei der Erstellung kurzfristiger Prognosen bezüglich der Gesamtwirtschaft auftreten werden. Unternehmen sollen aus diesem Grund einen stärkeren Fokus auf die langfristige Entwicklung legen sowie Maßnahmen der Behörden wie Zahlungsstundungen berücksichtigen.[505] Diese Hinweise erwecken den Anschein, dass eine frühzeitige, gewinnmindernde Berücksichtigung hoher erwarteter Verluste verhindert werden soll. Möglicherweise birgt dies ein Risiko für die Abschlussadressaten, jedoch ist die Berücksichtigung erwarteter Verluste wie dargestellt bereits eine große Verbesserung des Informationsgehalts von Rechnungslegungsdaten und sollte Auswirkungen wie die des IAS 39 zur Finanzkrise im Jahr 2008 verhindern.

#### 2.8.5.2.2 Das Expected Credit Loss Modell des IFRS 9

In der Einleitung zum IFRS 9 wurde bereits eine vereinfachte Berechnungsformel für den Expected Credit Loss (ECL) aufgezeigt. Interessant ist insbesondere die Ermittlung der entsprechenden Parameter. Weiterhin ist zu beachten, dass der errechnete ECL diskontiert werden muss und sich für den ECL eines Finanzinstrumentes $i$ im Zeitpunkt $t$ für den Zeitraum $\tau = t + 1, ..., T$ damit folgende Formel ergibt:[506]

$$ECL_{i,t} = \sum_{\tau=t+1}^{T} PD_{i,\tau} \cdot EAD_{i,\tau} \cdot LGD_{i,\tau} \cdot q_i^{-(\tau-t)} \qquad (2.2)$$

mit $q_i = (1+r_{i,eff})$, wobei $r_{i,eff}$ den Effektivzinssatz beschreibt. Die in der Formel verwendeten Parameter entsprechen den in der Praxis bereits verwendeten Parame-

503 Vgl. International Accounting Standards Board (IASB) (2020), S. 1 f.

504 Vgl. International Accounting Standards Board (IASB) (2020), S. 2.

505 Vgl. European Securities and Markets Authority (ESMA) (2020), S. 4.

506 Vgl. IFRS 9.A; Hommel, Kiy und Zick (2016), S. 571; Coenenberg, Haller und Schultze (2021), S. 306. Die Formeln wurden an die gängige Notation dieser Arbeit angepasst, um Konsistenz herzustellen und die Verständlichkeit zu erhöhen.

tern der Basel-Vorschriften.[507] Die dargestellte Formel 2.2 zeigt den ab der zweiten Stufe (d. h. bei signifikant höherem Ausfallrisiko im Vergleich zu dem Zeitpunkt des Erstansatzes) zu verwendenden ‚lifetime expected credit loss'. Der auf zwölf Monate beschränkte ECL, wie er auf der ersten Stufe berechnet wird, ergibt sich für $T = t + 1$. Die Ausfallwahrscheinlichkeit $PD_{i,\tau}$ ist auf den jeweiligen Fall abgestimmt. Dies ist als weitere Schwierigkeit der Bestimmung eines erwarteten Verlusts festzuhalten. Die oben aufgeworfenen Modellparameter sind im Falle der Berechnung des ‚lifetime expected credit losses' für den gesamten Zeitraum eines Finanzinstruments zu schätzen.[508] Eine derartige Schätzung der PD über mehrere Perioden kann mit Markovmodellen unter Zugrundelegung von Übergangswahrscheinlichkeiten durch Migrationsmatrizen durchgeführt werden.[509]

**(1) Ermittlung von Ausfallwahrscheinlichkeiten**

Die Ausfallwahrscheinlichkeit kann sowohl durch Kreditrisikomodelle, welche von Banken bereits aufgestellt werden müssen, als auch durch externe Informationen auf Basis historischer Kreditausfälle ermittelt werden.[510] Der Standard stellt explizit auf einen angemessenen Zeit- und Kostenaufwand ab und erlaubt die Nutzung externer Datenquellen.[511]

**Migrationsmatrizen** stellen eine Möglichkeit zur Ermittlung periodenabhängiger Ausfallwahrscheinlichkeiten dar. Sie geben die Migrationswahrscheinlichkeiten zwischen verschiedenen Ratingklassen bis hin zum Ausfall von Finanzinstrumenten an. Die Anwendung von Migrationsmatrizen geht auf JARROW, LANDO und TURNBULL (1997) zurück, die unter anderem zeitdiskrete Migrationsmatrizen beschreiben, wie sie üblicherweise zur Anwendung kommen.[512] In der Regel werden sie jährlich bestimmt und beziehen sich auf den Zeitraum von einem Jahr. Für die erste Stufe des Wertminderungsmodells sind sie somit gut geeignet, da genau für diesen Zeitraum die Ausfallwahrscheinlichkeiten benötigt werden. Schwieriger

[507] Vgl. KHAKZAD, SUNDRI und SERES (2016), S. 31.

[508] Vgl. die im vorigen Abschnitt beschriebene Stufenzuordnung des IFRS 9 sowie IFRS 9.5.5.3.

[509] Vgl. HOMMEL, KIY und ZICK (2016), S. 572; KHAKZAD, SUNDRI und SERES (2016), S. 31; MÖLLS und FILUSCH (2017), S. 253; Markovmodelle und die Nutzung von Migrationsmatrizen (‚transition matrices') finden in verschiedenen Bereichen Anwendung. Vgl. beispielsweise GALLINGER und HEALEY (1987), S. 274–286 für eine Anwendung zur Prognose von Zahlungsströmen aus Forderungen und dem Forderungsbestand mithilfe von Markovketten (‚markov chain analysis'), welche eine einfache Form von Markovmodellen darstellen.

[510] Vgl. HOMMEL, KIY und ZICK (2016), S. 572; IFRS 9.B5.5.51.

[511] Vgl. IFRS 9.B5.51.

[512] Vgl. JARROW, LANDO und TURNBULL (1997), S. 481, 487.

ist es jedoch ab der zweiten Stufe des Wertminderungsmodells, d. h. sobald die erwartete Wertminderung über die gesamte Restlaufzeit eines Finanzinstrumentes berechnet werden muss. Als offensichtliche Schwachstelle im Rahmen der Nutzung von Migrationsmatrizen ist somit die Verwendung von gleichen Migrationswahrscheinlichkeiten für jedes Jahr zu nennen.[513] Dies wird daran deutlich, dass zu der Berechnung von Wahrscheinlichkeiten für den Zeitraum $[t-1, t]$, die Migrationsmatrix mit $t$ potenziert wird[514] bzw. im stetigen Fall durch Nutzung der Matrixexponentialfunktion.[515] Abhilfe schafft eine konjunkturbedingte Modellierung der Migrationsmatrizen.[516] Diese bedarf jedoch auch der Prognose eines Indikators für die konjunkturelle Lage und eröffnet entsprechend weitere Ermessensspielräume.

Die zuvor beschriebene Methode der Migrationsmatrizen ist jedoch nur dann anwendbar, wenn die zu bewertenden Finanzinstrumente ein Rating besitzen. Andernfalls muss ein Rating zugeordnet werden, was zweifelsfrei schwierig ist und zu Ermessensspielräumen führt.[517] Zudem besteht auch für den Fall, dass ein Finanzinstrument ein Rating besitzt bzw. durch die Nutzung der vorgegebenen Migrationswahrscheinlichkeiten, eine Abhängigkeit von der entsprechenden Ratingagentur. Wie beschrieben wird diese jedoch explizit durch den Standard gebilligt. Die Verwendung externer Ratings wird insgesamt als geeignetes Instrument zur Ermittlung von Ausfallwahrscheinlichkeiten für Finanzinstrumente gehalten.[518] Auch dann, wenn die Finanzinstrumente selbst kein direktes Rating besitzen. Die Nutzung externer Datenquellen führt immerhin zu einer gewissen Vereinheitlichung der Anwendung, damit zu einer höheren Vergleichbarkeit ermittelter Wertansätze nach IFRS 9 und letztlich zu einem potenziell höheren Aussagegehalt der Abschlussinformationen.[519]

Migrationsmatrizen stehen in der Literatur jedoch aufgrund der Interpolation von Ausfallwahrscheinlichkeiten unter Kritik. Die Schwierigkeit der Prognose steigt mit einer geringen Datenbasis bezüglich historischer Ratings und langen Laufzeiten der Finanzinstrumente.[520] Zudem werden aufgrund der Datenverfügbarkeit zeitdiskrete Migrationsmatrizen verwendet. zeitstetige Ansätze, wie bereits von

[513] Vgl. LÖW und VOGT (2018a), S. 389.

[514] Vgl. KHAKZAD, SUNDRI und SERES (2016), S. 31; VANEK und HAMPEL (2017), S. 763 f.; MÖLLS und FILUSCH (2017), S. 253.

[515] Vgl. LÖW und VOGT (2018a), S. 389.

[516] Vgl. FILUSCH, MÖLLS und RATZ (2018), S. 441–447.

[517] Vgl. HOMMEL, KIY und ZICK (2016), S. 572.

[518] Vgl. IFRS 9.B5.51; BOSSE, STEGE und HITA-HOCHGESAND (2017).

[519] Vgl. BOSSE, STEGE und HITA-HOCHGESAND (2017), S. 447.

[520] Vgl. LÖW und VOGT (2018a), S. 389 f. m. w. N.

Jarrow, Lando und Turnbull (1997) beschrieben,[521] könnten jedoch zu genaueren Ergebnissen führen. Zu dieser Schlussfolgerung kommen beispielsweise Jafry und Schuermann (2004).[522] Auch die Annahme der Eigenschaft von Markovketten steht in der Kritik. Migrationsmatrizen modellieren die Migrationswahrscheinlichkeiten als autoregressiven Prozess erster Ordnung und betrachten damit nur ein zurückliegendes Rating. Es gibt jedoch Hinweise darauf, dass sich eine vorausgehende Ratingveränderung ebenfalls auf die zukünftige Bonität auswirkt und dementsprechend eine Modellierung höherer Ordnung benötigt wird.[523] Eine Herabstufung des Ratings eines Finanzinstrumentes oder Unternehmens geht somit, im Vergleich zu den in der Ratingklasse verbleibenden Unternehmen, mit einer höheren Wahrscheinlichkeit für eine weitere Herabstufung einher.[524]

**Marktbezogene Berechnungen von Ausfallwahrscheinlichkeiten** sind eine weitere Alternative zur Berechnung des benötigten Parameters $PD$. Danach kann die Ausfallwahrscheinlichkeit $PD$ eines Finanzinstruments als Differenz eines risikolosen Zinssatzes zu seinem Marktzins ermittelt werden.[525] Dabei ergeben sich die bekannten Ermessensspielräume, wie sie auch bei der Verwendung des CAPM z. B. in der Unternehmensbewertung auftreten.[526] So ist die errechnete Ausfallwahrscheinlichkeit maßgeblich von der verwendeten risikolosen Vergleichsanlage abhängig. Häufig werden dafür Staatsanleihen herangezogen, wobei sich die Frage stellt, welche Staatsanleihe und welche Restlaufzeit gewählt werden sollte.[527]

Um die Nachteile dieser Methoden zu umgehen, kommt nur eine direkte bzw. eigene Ermittlung von Migrationsmatrizen auf Basis der aufgezeichneten, historischen Ausfallwahrscheinlichkeiten und Migrationswahrscheinlichkeiten der Schuldner in Frage. Dies setzt jedoch das Vorhandensein einer entsprechenden Datenbasis voraus.[528]

Weiterhin trägt die Integration makroökonomischer Faktoren zu einer verbesserten Schätzung von Ausfallwahrscheinlichkeiten bei. Zweifelsfrei haben diese große Auswirkungen auf die Zahlungsfähigkeit der Vertragsparteien. Zudem sind makro-

---

[521] Vgl. Jarrow, Lando und Turnbull (1997), S. 494.

[522] Vgl. Jafry und Schuermann (2004), S. 2604, 2632 f.

[523] Vgl. Christensen, Hansen und Lando (2004), S. 2575; Figlewski, Frydman und Liang (2012), S. 88 m. w. N., 104.

[524] Vgl. Christensen, Hansen und Lando (2004), S. 2597.

[525] Vgl. Spremann und Ernst (2011), S. 85; zitiert nach Hommel, Kiy und Zick (2016), S. 572.

[526] Vgl. dazu auch Abschnitt 6.1 dieser Arbeit.

[527] Vgl. Hommel, Kiy und Zick (2016), S. 573.

[528] Vgl. Löw und Vogt (2018a), S. 389.

ökonomische Indikatoren und ähnliche Informationen häufig ohne unangemessenen Kosten- und Zeitaufwand verfügbar, sodass sie die Bedingung des Standards erfüllen.[529] Die Berücksichtigung dieser gesamtwirtschaftlichen Entwicklung ist durch szenariobasierte Migrationsmatrizen möglich. Die zu verwendende Migrationsmatrix ergibt sich dann gewichtet aus den jeweiligen Szenarien (den konjunkturabhängigen Migrationsmatrizen) und deren Eintrittswahrscheinlichkeiten.[530]

Ungeachtet aller bisher aufgezeigten Schwierigkeiten geeignete Migrationsmatrizen zu ermitteln, ist es daher wichtig, auch makroökonomische Einflussfaktoren in die Analyse einzubeziehen bzw. in den Migrationswahrscheinlichkeiten und damit in der Ausfallwahrscheinlichkeit zu berücksichtigen. Verschiedene makroökonomische Indikatoren werden als bedeutende Einflussfaktoren identifiziert.[531]

**(2) Ermittlung des gefährdeten Betrags ($EAD$)**

Bei dem Positionswert bei Ausfall bzw. Exposure at Default (EAD) handelt es sich letztlich um den Wert des Finanzinstruments zum Ausfallzeitpunkt und damit um einen Geldwert anstelle einer Quote, wie sie im Falle der PD und des LGD ermittelt werden. Aufgrund dessen stellt der EAD die diskontierten Cashflows des Finanzinstruments zu einem bestimmten Zeitpunkt dar. Diskontiert wird mit dem effektiven Zinssatz des Finanzinstruments:[532]

$$EAD_{i,t} = \sum_{\tau=t+1}^{T} CF_{i,\tau} \cdot (1 + r_{i,eff})^{-(\tau-t)}. \tag{2.3}$$

$EAD_{i,t}$ beschreibt den Positionswert eines Finanzinstrumentes $i$ bei Ausfall im Zeitpunkt $t$.[533] Zusätzlich ist die potenzielle Inanspruchnahme von bereits bewilligten Kreditlinien zu berücksichtigen.[534] Sie wird in der angegebenen Formel zur Vereinfachung nicht berücksichtigt.

**(3) Ermittlung der Verlustquote ($LGD$)**

Auch die Ermittlung der Verlustquote bzw. des Loss Given Default (LGD) basiert auf der Schätzung künftiger Rückflüsse bzw. konkreter auf der Prognose von Erlösen

---

[529] Vgl. IFRS 9.5.5.17 (c).

[530] Vgl. BOSSE, STEGE und HITA-HOCHGESAND (2017), S. 446; LÖW und VOGT (2018a), S. 390. Im Hinblick auf die Anforderungen des IFRS 9.5.5.17 (a) ist dieses Vorgehen zu favorisieren.

[531] Vgl. beispielsweise VANEK (2016), S. 123 f.; DUFFIE, SAITA und WANG (2007), S. 646.

[532] Vgl. LÖW und VOGT (2018b), S. 439.

[533] Der Zeitpunkt $t$ kennzeichnet in diesem Fall den Ausfallzeitpunkt.

[534] Vgl. IFRS 9.2.1 (g); IFRS 9.B5.5.31.

und Kosten, die im Rahmen des Abwicklungsprozesses anfallen. Dies ist die Herangehensweise zur Berechnung des sog. workout LGD, welcher wie folgt ermittelt wird:[535]

$$LGD_{i,t} = \frac{EAD_{i,t} - \sum_{\tau=t}^{T} DCF_{i,\tau}}{EAD_{i,t}}. \tag{2.4}$$

Die Formel beschreibt die Verlustquote bei Eintritt des Ausfalls in Zeitpunkt $t$. Der Zeitpunkt $T$ kennzeichnet in diesem Fall das Ende der Abwicklung eines Finanzinstrumentes nach dem Ausfallereignis. $DCF_{i,\tau}$ beschreibt hier die unter gegebenem Ausfall noch zu erwartenden und mit dem Effektivzinssatz diskontierten Zahlungen im Rahmen der Abwicklung. Sie entsprechen somit nicht den diskontierten Cashflows des $EAD_{i,t}$.

Der workout LGD stellt nur einen möglichen Berechnungsansatz dar. Zusätzlich existieren weitere Ansätze zur Berechnung der LGD, beispielsweise ein Markt-LGD oder ein auf historischen Daten basierender LGD. Der workout LGD stellt jedoch den für die Praxis bedeutsamsten Ansatz dar.[536]

Dabei ist offensichtlich, dass die Berechnung seinerseits von der Prognose der anfallenden Kosten, d. h. beispielsweise des Buchwertverlusts, des Zinsverlusts und der Kosten des Abwicklungsverfahrens, abhängt. Sie werden in der Prognose der Zahlungsströme nach dem Ausfallereignis $DCF_{i,\tau}$ berücksichtigt. Ebenso kann der LGD marktbezogen ermittelt werden, sofern für das zugrundeliegende Finanzinstrument ein zuverlässiger Marktpreis bestimmt werden kann. Dann ist der LGD definiert als Differenz (‚credit spread') zwischen der Verzinsung des betrachteten Finanzinstruments und dem risikolosen Zinssatz. In diesem Fall wird keine Prognose der Zahlungsströme benötigt.

Eine weitere Schwierigkeit, welche sich auf alle Bestandteile der Formel 2.2 bezieht, ist die korrekte Ermittlung der Laufzeit eines Finanzinstrumentes. Sie ist nicht immer eindeutig feststellbar. Unsicherheiten werden beispielsweise durch vertraglich geregelte Verlängerungsoptionen in der Kreditvergabe verursacht. Daraus resultiert letztlich die Notwendigkeit von Erwartungswerten. Der Standard geht von einer verlässlichen Schätzbarkeit der Laufzeiten aus.[537]

Letztlich bleibt festzustellen, dass die Ermittlung von Wertansätzen für Finanzinstrumente mit vielen Ermessensspielräumen einhergeht. Dennoch wäre eine alleinige Bewertung auf Basis fortgeführter Anschaffungskosten aufgrund der Besonderheiten von Finanzinstrumenten nicht vorteilhafter, da ihr zum Teil eine geringe Relevanz und bezüglich Finanzinstrumenten eine schwere Ermittlung zugesprochen

[535] Vgl. Löw und Vogt (2018b), S. 437; Bosse (2015), S. 770.

[536] Vgl. Bosse (2015), S. 770.

[537] Vgl. IFRS 9 Anhang A Effektivzinssatz.

wird.[538] Genauso ginge eine alleinige Bewertung zu Fair Values, wie sie vielfach gefordert wird, mit verschiedenen Problemen hinsichtlich einer objektiven Bewertung einher. Zu nennen sind insbesondere nur schwer objektiv ermittelbare Fair Values, wenn Bewertungsverfahren respektive Prognosen künftiger Zahlungsströme benötigt werden und eine höhere Ergebnisvolatilität.[539] Der Ansatz ist somit ein notwendiger Kompromiss, wenngleich striktere Vorgaben in Bezug auf zu verwendende Methoden und Parameterermittlungen zu weniger Möglichkeiten für rechnungslegungspolitische Einflussnahmen führen würden.

### 2.8.6 Rückstellungen

Durch den vielfältigen Charakter von Rückstellungen ist eine Prognose dieser besonders schwierig und scheinbar kaum mit konkreten methodischen Vorgaben vereinbar zu sein. Sie bergen großes rechnungslegungspolitisches Potenzial und sind daher in Hinblick auf die Verlässlichkeit der ausgewiesenen Werte problematisch.[540] Nichtsdestotrotz ist die Bildung und Auflösung von Rückstellungen erfolgswirksam und sie stehen damit explizit oder implizit im Mittelpunkt der Modelle etlicher Studien.[541] Im Kontext dieser Arbeit wird besonders die Prognosefähigkeit von Ergebnisgrößen untersucht und Rückstellungen im Hinblick auf ihre Aussagekraft bezüglich künftiger Gewinne und Cashflows analysiert. Im Folgenden soll zuerst ein Überblick über den rechtlichen Rahmen des Handelsrechts und der internationalen Rechnungslegung gegeben werden.[542]

#### 2.8.6.1 Ansatz und Bewertung nach HGB

Das HGB verpflichtet Unternehmen mit § 249 HGB zur Bildung von Rückstellungen für ungewisse Verbindlichkeiten, drohende Verluste aus schwebenden Geschäften sowie unterlassene Instandhaltungen, welche innerhalb von drei Monaten des

---

538 Vgl. PELLENS u. a. (2021), S. 610.

539 Vgl. PELLENS u. a. (2021), S. 610–612.

540 Vgl. BAETGE (1998), S. 19.

541 Vgl. beispielsweise LEV, LI und SOUGIANNIS (2010), S. 785 f., 800, 805; DECHOW und DICHEV (2002), S. 38 f.; DECHOW (1994), S. 16; BARTH, CLINCH und ISRAELI (2016), S. 777 f.; BARTH, CRAM und NELSON (2001), S. 36; COHEN, DEY und LYS (2008), S. 763.

542 Die Regelungen der US-GAAP entsprechen erneut weitestgehend denen der IAS/IFRS-Rechnungslegung. Vgl. ASC 450.

folgenden Geschäftsjahres nachgeholt werden, und freiwillig gewährte Gewährleistungen. Hinzu kommen Rückstellungen für Abraumbeseitigung.[543] Für andere als diese Gründe dürfen keine Rückstellungen gebildet werden, wenngleich dies gegen das Vorsichtsprinzip, jedoch für eine eindeutige Regelung spricht.[544]

Unter einer ungewissen Verbindlichkeit ist immer eine Drittverpflichtung, d. h. insbesondere keine Innenverpflichtung zu verstehen.[545] Ungewissheit bezieht sich auf das Bestehen und/oder die Höhe der Verpflichtung.[546] Die Wahrscheinlichkeit der Inanspruchnahme durch Dritte darf weiterhin nicht zu niedrig sein. Insbesondere ist eine bloße Möglichkeit nicht ausreichend.[547] Die Erfassung drohender Verluste aus schwebenden Geschäften dient dem Gläubigerschutz und der vollständigen Erfassung sämtlicher Schulden eines Unternehmens.[548] Um eine entsprechende Rückstellung bilden zu dürfen, muss der drohende Verlust hinreichend wahrscheinlich eintreten. Die alleinige Möglichkeit eines Verlustes ist erneut nicht ausreichend, sodass konkrete Indizien für einen künftigen Verlust vorliegen müssen.[549] Unterlassene Instandhaltungen sind Innenverpflichtungen, sodass zum Stichtag keine Verpflichtung gegenüber Dritten besteht.[550] Sie setzen eine Instandhaltung oder Instandsetzung von Gütern voraus, welche im betroffenen Geschäftsjahr unterlassen wurden und diesem entsprechend zuzuordnen sind.[551] Durch die Einschränkung auf einen Zeitraum von drei Monaten nach Bilanzstichtag wird der rechnungslegungspolitische Spielraum erheblich eingeschränkt. Die Aufstellung der Bilanz erfolgt in der Regel innerhalb von drei Monaten, sodass das Nachholen von Wartungsarbeiten dann nur noch in einem kleinen Zeitfenster möglich ist.[552] Kulanzrückstellungen bzw. freiwillige Gewährleistungen ohne rechtliche Verpflichtung sind ebenfalls zu

---

[543] Vgl. § 249 Absatz 1 HGB; SCHUBERT (2020), Rn. 6; HAAS (2011), S. 11 f.

[544] Vgl. § 249 Absatz 2 HGB; SCHUBERT (2020), Rn. 10; COENENBERG, HALLER und SCHULTZE (2021), S. 458 f.; TANSKI (2021), S. 239 f.

[545] Vgl. HAAS (2011), S. 13. Innenverpflichtungen können dennoch Rückstellungen begründen. Dies ist für die weiteren Kategorien, Gewährleistungen ohne rechtliche Grundlage, Instandhaltungsaufwendungen und Abraumbeseitigung der Fall.

[546] Vgl. SCHUBERT (2020), Rn. 26. Zur notwendigen, hinreichenden Konkretisierung ungewisser Verbindlichkeiten vgl. Rn. 33.

[547] Vgl. COENENBERG, HALLER und SCHULTZE (2021), S. 456; SCHUBERT (2020), Rn. 43.

[548] Vgl. SCHUBERT (2020), Rn. 51. Zur Definition schwebender Geschäfte vgl. Rn. 52–56 sowie COENENBERG, HALLER und SCHULTZE (2021), S. 475 und TANSKI (2021), S. 262.

[549] Vgl. SCHUBERT (2020), Rn. 60; COENENBERG, HALLER und SCHULTZE (2021), S. 475; TANSKI (2021), S. 262 führt notwendige, „sehr wahrscheinliche Anhaltspunkte“ an.

[550] Vgl. SCHUBERT (2020), Rn. 101; COENENBERG, HALLER und SCHULTZE (2021), S. 478.

[551] Vgl. TANSKI (2021), S. 265.

[552] Vgl. SCHUBERT (2020), Rn. 107.

erfassen. Sie stellen faktische Verpflichtungen dar und sind in dem Umfang, in dem sie das gesetzlich vorgeschriebene Maß übersteigen anzusetzen.[553]

Die Regelungen unterliegen, vor allem durch die mangelnde Definition einer ausreichenden Wahrscheinlichkeit für den Ansatz einer Rückstellung, dem Ermessen der Bilanzierenden. Zur Konkretisierung ist festzuhalten, dass die bilanzierenden Unternehmen für die Bewertung von Eintrittswahrscheinlichkeiten (der Inanspruchnahme oder des Entstehens einer Verbindlichkeit) nicht die pessimistischste Alternative wählen dürfen und in Bezug auf das Bestehen einer Verbindlichkeit mehr Gründe dafür als dagegen sprechen müssen.[554]

Das Steuerrecht regelt Rückstellungen umfassend und teilweise abweichend vom Handelsrecht. So dürfen beispielsweise keine Drohverlustrückstellungen gebildet werden.[555] Durch ihre Verbuchung als Aufwendungen wirken Rückstellungen gewinnmindernd, wodurch ebenfalls die Steuerlast reduziert wird.[556]

Rückstellungen sind klar von Verbindlichkeiten getrennt. Sie unterscheiden sich durch die Unsicherheit bzw. nicht sichere Bestimmbarkeit des tatsächlichen Vorliegens einer Verpflichtung sowie des Erfüllungsbetrages der Verpflichtung.[557] Unter die aufgeführten ungewissen Verbindlichkeiten fallen auch Pensionsverpflichtungen und damit besonders schwierig zu prognostizierende bzw. zu bewertende Verbindlichkeiten.[558] Ihre Berechnung muss auf versicherungsmathematischen Grundsätzen basieren und insbesondere Überlebenswahrscheinlichkeiten berücksichtigen sowie Annahmen an eine sinnvolle Diskontierung der Verpflichtungen treffen. Somit müssen Altersstrukturen, Mitarbeiterfluktuationen und künftige Entwicklungen von Gehältern und Renten berücksichtigt werden.[559] Aufgrund ihrer Sonderstellung und

---

[553] Vgl. TANSKI (2021), S. 266; SCHUBERT (2020), Rn. 112–114.

[554] Vgl. TANSKI (2021), S. 257 m. w. N. zu entsprechender Rechtsprechung.

[555] Vgl. § 5 Absatz 4a EStG; SCHUBERT (2020), Rn. 13.

[556] Vgl. SCHUBERT (2020), Rn. 3 f.

[557] Vgl. SCHUBERT (2020), Rn. 2, 24.

[558] Vgl. SCHUBERT (2020), Rn. 7. Die internationale Rechnungslegung regelt Pensionsverpflichtungen separat von Rückstellungen durch den IAS 19 „Leistungen an Arbeitnehmer". Aus diesem Grund werden Pensionsverpflichtungen in dieser Arbeit separat betrachtet.

[559] Vgl. GROTTEL und JOHANNLEWELING (2020), Rückstellungen für Pensionen und ähnliche Verpflichtungen.

der separaten Regelung in der internationalen Rechnungslegung werden Pensionsverpflichtungen auch in dieser Arbeit separat, in Abschnitt 2.8.7 betrachtet.[560]

#### 2.8.6.2 Ansatz und Bewertung nach IAS/IFRS

In der internationalen Rechnungslegung werden Rückstellungen weiter unterteilt. So lassen sich Rückstellungen und sonstige Schulden (‚provisions and other liabilities') unterscheiden. Unter die sonstigen Schulden (‚other liabilities') fallen beispielsweise Verbindlichkeiten aus Lieferungen und Leistungen sowie abgegrenzte Schulden (‚trade payables and accruals'). Dabei sind die sonstigen Schulden (darunter auch die Periodenabgrenzungen) sicherer und besser zu schätzen als Rückstellungen (‚provisions'), welche in Höhe, Eintrittszeitpunkt und -wahrscheinlichkeit unsicher sind und in der Folge auch größeren diskretionären Spielräumen unterliegen.[561]

Die Verbindlichkeiten aus Lieferungen und Leistungen sowie abgegrenzte Schulden (‚trade payables and accruals') sind in IAS 37.11 (a) und (b) definiert. Verbindlichkeiten aus Lieferungen und Leistungen sind formal vereinbarte oder in Rechnung gestellte Zahlungsverpflichtungen für Güter oder Dienstleistungen.[562] Abgegrenzte Schulden sind gem. IAS 37 weder bezahlte, noch in Rechnung gestellte oder überhaupt formal vereinbarte Schulden. Darunter fallen auch an Mitarbeiter geschuldete Beträge wie Urlaubsgelder. Diese in IAS 37.11 als sonstige Schulden bezeichneten Bestandteile werden oft als Teil der Verbindlichkeiten aus Lieferungen und Leistungen sowie sonstigen Verbindlichkeiten und damit separat von Rückstellungen ausgewiesen.[563]

In vielen Forschungsartikeln finden sich zu den Begriffen abweichende Definitionen. ‚Accruals' stellen darin häufig die Gesamtheit aller Korrekturen von Cashflows dar, welche die Definition einer weitestgehend von der zeitlichen Komponente von Rechnungen und Zahlungen unbeeinflussten Ergebnisgröße zulassen.[564] Eine solche Ergebnisgröße soll die Leistungsfähigkeit eines Unternehmens besser

---

[560] Weiterhin sind Leasingverhältnisse (IFRS 16), passive latente Steuern (IAS 12) und Versicherungsverträge (IFRS 17) in separaten Standards geregelt, deren spezielle Vorschriften maßgebend sind und über denen des IAS 37 stehen. Vgl. COENENBERG, HALLER und SCHULTZE (2021), S. 482. Sie weisen insgesamt eine geringere Relevanz auf und werden in dieser Arbeit nicht beschrieben. Der Leser sei auf COENENBERG, HALLER und SCHULTZE (2021) und PELLENS u. a. (2021) verwiesen.

[561] Vgl. IAS 37.11 sowie SCHRIMPF-DÖRGES (2020), Rn. 13–15. Weiterhin beschreibt IAS 37.25 Rückstellungen als unsicherer als die meisten anderen Bilanzpositionen.

[562] Vgl. IAS 37.11 (a).

[563] Vgl. IAS 37.11.

[564] Vgl. BALL, GERAKOS u. a. (2016), S. 28, 30.

abbilden als eine rein zahlungsstrombasierte Größe und ist letztlich der ausgewiesene Gewinn eines Unternehmens.[565] Diese Abgrenzungen zahlungsunwirksamer Komponenten wird in vielen Forschungsartikeln verwendet, da sie einen Einfluss auf die Profitabilität von Unternehmen haben. In empirischen Arbeiten wurde die als ‚accrual anomaly' bezeichnete Relation zwischen Periodenabgrenzungen und Renditen vielfach bestätigt. Sie besagt vereinfacht, dass Renditen mit steigenden zahlungsunwirksamen Ergebnisbestandteilen abnehmen.[566] Laut BALL, GERAKOS u. a. (2016) könnte die geringere Profitabilität auf Basis von Zahlungsstromgrößen (welche auf Jahre mit hohen Periodenabgrenzungen im ausgewiesenen Gewinn folgen) eine mögliche Erklärung dafür sein.[567] Dies setzt jedoch hohe passive Abgrenzungen voraus (transitorisch oder antizipativ), sodass Zahlungsmittelzuflüsse noch im alten Geschäftsjahr bzw. Zahlungsmittelabflüsse erst im folgenden Geschäftsjahr auftreten. Laut SLOAN (1996) könnte die Ursache eine fälschliche Beurteilung von Periodenabgrenzungen durch Investoren sein. Sie würden den kurzfristigen Charakter bzw. die geringere Nachhaltigkeit dieser unterschätzen, wodurch Fehlbewertungen entstünden.[568]

Die eigentlichen Rückstellungen (‚provisions') sind Schulden mit noch unbekannter Höhe und unbekanntem Eintrittszeitpunkt. Ihnen liegt jedoch eine bereits bestehende Verpflichtung (Schuld) des Unternehmens zugrunde, welche in der Vergangenheit begründet wurde und welche voraussichtlich zu einem Abfluss wirtschaftlicher Ressourcen führen wird.[569] Für Rückstellungen gilt eine Ansatzpflicht, wenn eine gegenwärtige Verpflichtung aus vergangenen Ereignissen besteht, ein daraus resultierender Abfluss von Ressourcen wahrscheinlich ist und der Verpflichtungsbetrag verlässlich geschätzt werden kann.[570] Als verpflichtendes Ereignis wird eine rechtlich durchsetzbare Pflicht oder eine von Dritten gegenüber dem Unternehmen gerechtfertigte Forderung genannt.[571] Dass eine gegenwärtige Verpflichtung zweifelsfrei besteht, ist nicht immer, beispielsweise im Falle eines Rechtsstreits, gegeben. Für derartige Fälle muss vom Vorliegen einer Verpflichtung ausgegangen werden, wenn unter Berücksichtigung aller Informationen (darunter auch

565 Vgl. DECHOW (1994), S. 3; BALL, GERAKOS u. a. (2016), S. 28 f.

566 Vgl. BALL, GERAKOS u. a. (2016), S. 29 mit vielen weiteren Nachweisen.

567 Vgl. BALL, GERAKOS u. a. (2016), S. 29.

568 Vgl. SLOAN (1996); BALL, GERAKOS u. a. (2016), S. 29.

569 Vgl. IAS 37.10.

570 Vgl. IAS 37.14; SCHRIMPF-DÖRGES (2020), Rn. 8; HAAS (2011), S. 78 f.; COENENBERG, HALLER und SCHULTZE (2021), S. 482 f.

571 Vgl. IAS 37.17; SCHRIMPF-DÖRGES (2020), Rn. 37. Vgl. auch IAS 37.18–22.

Einschätzungen von Sachverständigen) „mehr dafür als dagegen spricht".[572] Für die Voraussetzung eines wahrscheinlichen Abflusses von Ressourcen wird die gleiche Formulierung verwendet.[573] Die Verlässlichkeit der Betragsschätzung ist Voraussetzung für den Ansatz einer Rückstellung und wird auf eine Herangehensweise ähnlich der Szenarioanalyse gestützt. Sofern ein „Spektrum möglicher Ergebnisse"[574] bestimmt werden kann, sollte eine hinreichend verlässliche Schätzung gem. IAS 37.25 vorgenommen werden können.[575] Diese Definition, welche lediglich seltene Ausnahmefälle ausschließt, soll einer Vermeidung von Passivierungen unter dem Vorwand einer mangelnden Schätzbarkeit der Verpflichtungshöhe entgegenwirken.[576] Dies bedeutet jedoch auch, dass Unternehmen, sobald eine Bandbreite möglicher Erfüllungsbeträge (unabhängig von der Breite des Intervalls) ermittelt werden kann, eine Rückstellung (als einwertige Punktschätzung) ausweisen müssen. Im Sinne des Vorsichtsprinzips werden somit eklatante Unsicherheiten in Bezug auf die ausgewiesene Höhe der Verpflichtungen in Kauf genommen. Darüber hinaus stellt der Standard auf die bestmögliche Schätzung des Erfüllungsbetrages ab.[577] Diese bestmögliche Schätzung wiederum soll der bei vernünftiger Betrachtung anfallende Erfüllungsbetrag sein.[578] Dies kann der wahrscheinlichste Betrag sein oder der Erwartungswert aus verschiedenen Szenarien.[579] Eine weitere Definition bleibt im Standard aus und ist aufgrund der Vielfalt möglicher Rückstellungsgründe wohl kaum möglich. Bezüglich der Bewertung regelt der Standard weiterhin, dass Risiken und Unsicherheiten künftiger Entwicklungen zu berücksichtigen sind[580], der Buchwert als Erfüllungsbetrag anzusetzen ist[581] und künftige Ereignisse bei wahrscheinlichem Eintritt in der Bewertung berücksichtigt werden sollen.[582] Für

[572] Vgl. IAS 37.15 f.; PELLENS u. a. (2021), S. 483; COENENBERG, HALLER und SCHULTZE (2021), S. 487 f.

[573] Vgl. IAS 37.23.

[574] IAS 37.25.

[575] Vgl. SCHRIMPF-DÖRGES (2020), Rn. 49.

[576] Vgl. PELLENS u. a. (2021), S. 485.

[577] Vgl. IAS 37.36.

[578] Vgl. IAS 37.37; SCHRIMPF-DÖRGES (2020), Rn. 53.

[579] Vgl. IAS 37.39 f.; SCHRIMPF-DÖRGES (2020), Rn. 54 f.; COENENBERG, HALLER und SCHULTZE (2021), S. 488.

[580] Vgl. IAS 37.42 f.

[581] Vgl. IAS 37.45.

[582] Vgl. IAS 37.48 f.; SCHRIMPF-DÖRGES (2020), Rn. 64 f.; PELLENS u. a. (2021), S. 488.

weiter in der Zukunft liegende Verpflichtungen regelt IAS 37, wie auch das HGB, eine verpflichtende Abzinsung der Rückstellungsbeträge.[583]

Weiterhin sind Eventualverbindlichkeiten abzugrenzen. Diese sind nicht als Rückstellungen zu klassifizieren und auszuweisen, da sie aus Ereignissen hervorgehen, welche nicht im Einflussbereich des Unternehmens liegen und damit vom Unternehmen nicht vollständig kontrollierbar sind.[584] Im Gegensatz zu Rückstellungen weisen Eventualverbindlichkeiten keine hinreichende Eintrittswahrscheinlichkeit auf oder der Betrag kann nicht hinreichend verlässlich geschätzt werden.[585] Eventualverbindlichkeiten dürfen von Unternehmen nicht angesetzt werden, sind jedoch mit einer Schätzung und unter Angabe der vorliegenden Unsicherheiten im Anhang anzugeben.[586]

### 2.8.7 Pensionsverpflichtungen

Pensionsverpflichtungen stellen ungewisse Verbindlichkeiten dar, da sie zwar dem Grunde nach, nicht aber der Höhe nach eindeutig beziffert werden können.[587] Sie sind besonders stark von Schätzungen betroffen, da strikte Annahmen getroffen werden müssen.[588] So beispielsweise zur Mitarbeiterfluktuation, künftigen Gehältern, dem Renteneintrittsalter, Sterbe- und Invaliditätswahrscheinlichkeiten sowie makroökonomischen Entwicklungen, wie sie auch für andere Standards benötigt werden (beispielsweise zu Inflation, Wachstum und Zinsniveau).[589] Grundsätzlich wird zwischen leistungs- und beitragsorientierten Versorgungsplänen unterschieden, d. h. zwischen der Zahlung durch das Unternehmen direkt und der Leistung über externe Versorgungsträger.[590] Im Folgenden werden die Regelungen des Han-

[583] Vgl. IAS 37.45 f.; SCHRIMPF-DÖRGES (2020), Rn. 74–80.

[584] Vgl. IAS 37.12, 27.

[585] Vgl. IAS 37.13, 23; SCHRIMPF-DÖRGES (2020), Rn. 16–18; COENENBERG, HALLER und SCHULTZE (2021), S. 94.

[586] Vgl. IAS 37.27 f., 86; SCHRIMPF-DÖRGES (2020), Rn. 19; PELLENS u. a. (2021), S. 486. Gleiches gilt für Eventualforderungen. Vgl. dazu IAS 37.31, 34, 89. Bei dem Vergleich von Eventualforderungen und -verbindlichkeiten fällt die unterschiedliche Handhabung und damit eine Ausprägung des Vorsichtsprinzips auf. Eventualverbindlichkeiten sind anzugeben, sofern sie „nicht unwahrscheinlich" sind, Eventualforderungen, wenn sie „wahrscheinlich" sind.

[587] Vgl. TANSKI (2021), S. 247; COENENBERG, HALLER und SCHULTZE (2021), S. 465.

[588] Vgl. IAS 19.66.

[589] Vgl. COENENBERG, HALLER und SCHULTZE (2021), S. 467; MÜLLER (2016), S. 467, sowie IAS 19.87 und 19.90.

[590] Vgl. beispielsweise IAS 19.26–49; § 1 Absatz 2 BetrAVG.

delsrechts sowie der IAS/IFRS dargestellt. Vom Steuerrecht wird in dieser Arbeit weitestgehend abstrahiert.

Systematische Probleme und Ermessensspielräume hinsichtlich des Ansatzes von Pensionsverpflichtungen wurden in der Vergangenheit aufgedeckt und durch Änderungen des IAS 19 zum Teil behoben.[591] BILLINGS u. a. (2017) dokumentieren große Ermessensspielräume, welche die Aussagekraft der Informationen mindern, und fordern mehr Erklärungen bezüglich zugrundeliegender Annahmen.[592] Die verwendeten Daten stammen teilweise aus der Zeit vor der Überarbeitung des Standards im Jahr 2011.[593] Nichtsdestotrotz bleiben die Prognoseanforderungen des Standards bestehen und es müssen weiterhin die oben genannten, strikten Annahmen getroffen werden.

#### 2.8.7.1 Ansatz und Bewertung nach HGB

Pensionen können von Unternehmen grundsätzlich in drei Formen gewährt werden. Als Direktversicherung über eine betriebsfremde Versicherungsgesellschaft, welche im Versicherungsfall zahlt, über eine Pensions- oder Unterstützungskasse, an der das Unternehmen zumindest teilweise beteiligt ist, oder in Form einer unmittelbaren Versorgung durch das Unternehmen ohne Beteiligung weiterer Gesellschaften.[594] Auch bei mittelbaren Versorgungen steht das Unternehmen ein und muss bei Unterdeckung die Versorgung sicherstellen.[595]

Pensionsverpflichtungen sind im Handelsrecht als solche separat in der Bilanz auszuweisen.[596] Die Passivierungspflicht ergibt sich aus § 249 HGB für unmittelbare Pensionszusagen. Mittelbare Zusagen, beispielsweise über Direktversicherungen, müssen nicht passiviert werden.[597] Für mittelbare Pensionsverpflichtungen besteht ein Wahlrecht zur Passivierung.[598] Für den Ausweis gilt weiterhin ein Saldierungsgebot für Vermögenswerte und Schulden, welche sich ausschließlich auf

591 Vgl. AMEN (2007).

592 Vgl. BILLINGS u. a. (2017), S. 18.

593 Dies gilt ebenso für die empirischen Analysen dieser Arbeit. Insbesondere wurde mit der Änderung im Jahr 2011 die Korridormethode abgeschafft und eine sofortige Erfassung von Veränderungen in der Nettoschuld und entstehenden Kosten sowie der Ansatz von Neubewertungen eingeführt.

594 Vgl. COENENBERG, HALLER und SCHULTZE (2021), S. 464 f.

595 Vgl. COENENBERG, HALLER und SCHULTZE (2021), S. 465 m. w. N.

596 Vgl. § 266 Absatz 3 HGB.

597 Vgl. § 249 Absatz 1 HGB; TANSKI (2021), S. 248; COENENBERG, HALLER und SCHULTZE (2021), S. 465. Von Altzusagen vor 1987 wird abstrahiert.

598 Vgl. COENENBERG, HALLER und SCHULTZE (2021), S. 465.

Altersversorgungsverpflichtungen beziehen bzw. zu deren Deckung gehalten werden.[599] Das grundsätzliche Saldierungsverbot des § 246 Absatz 2 HGB wird durchbrochen. Aus § 253 Absatz 1, 2 und 6 HGB ergibt sich die Bewertung anhand des Barwertes des Erfüllungsbetrages bzw. der erwarteten, zu leistenden Rentenzahlungen.[600] Mögliche, positive Unterschiedsbeträge, welche durch die Saldierung auftreten können, sind zu aktivieren.[601]

Die jährlichen Aufwendungen werden als gesonderter Posten über die Gewinn- und Verlustrechnung in eine Rückstellung überführt.[602] Aus einem veränderten Zinsniveau resultierende Aufwendungen und Erträge sind davon getrennt, im Finanzergebnis auszuweisen.[603] Dabei handelt es sich um eine bloße Aufzinsung ohne direkte Zahlungsauswirkung und finanzielle Belastung. Zu unterscheiden sind solche Rückstellungen, die sich auf Pensionen beziehen, welche bereits gezahlt werden (d. h. der Versicherungsfall eingetreten ist) und Rentenanwartschaften, bei denen der Versicherungsfall noch nicht eingetreten ist. Laufende Renten werden mit dem Barwert der voraussichtlichen, zu zahlenden Leistungen angesetzt. Rentenanwartschaften werden mit dem Wert der gesamten Leistung zum aktuellen Zeitpunkt (Anwartschaftsbarwert) unter Berücksichtigung künftiger Einstellungen in die Rückstellungen angesetzt.[604] Mögliche Bewertungsverfahren sind die Methode der laufenden Einmalprämien (entsprechend IAS 19), die Gegenwartswertmethode oder die Teilwertmethode.[605]

Im Unterschied zu der nach IAS 19 ausschließlich zu verwendenden Methode der laufenden Einmalprämien (‚projected unit credit method') werden die Verpflichtungen, die den einzelnen Jahren zuzuordnen sind, bei der Gegenwartswert- und Teilwertmethode gleichverteilt.[606] Gegenwartswert- und Teilwertmethode unterscheiden sich weiterhin im Betrachtungszeitraum für den Pensionsanspruch. Er beginnt

---

[599] Vgl. Coenenberg, Haller und Schultze (2021), S. 465; § 246 Absatz 2 Satz 2 HGB.

[600] Vgl. Tanski (2021), S. 249; Coenenberg, Haller und Schultze (2021), S. 467.

[601] Vgl. § 246 Absatz 2 Satz 3 HGB. Es gilt eine Ausschüttungssperre gem. § 268 Absatz 8 HGB.

[602] Der Ausweis erfolgt gem. § 275 Absatz 2 Nr. 6b HGB (im Falle der Gesamtkostenrechnung) bzw. als Anhangangabe gem. § 285 Nr. 8b HGB (im Falle des Umsatzkostenverfahrens). Vgl. auch Coenenberg, Haller und Schultze (2021), S. 466.

[603] Vgl. § 277 Absatz 5 HGB; Coenenberg, Haller und Schultze (2021), S. 466. Die konkreten Posten finden sich in § 275 Absatz 2 und 3 HGB.

[604] Vgl. Coenenberg, Haller und Schultze (2021), S. 468.

[605] Vgl. Grottel und Johannleweling (2020), Rn. 198; Coenenberg, Haller und Schultze (2021), S. 468.

[606] Vgl. Coenenberg, Haller und Schultze (2021), S. 468; Grottel und Johannleweling (2020), Rn. 198.

mit Diensteintritt (Teilwertmethode) oder der Pensionszusage (Gegenwartswertmethode).[607] Die Gegenwartswertmethode steht deshalb zum Teil in der Kritik, da die Rückstellungsbildung höher als bei der Teilwertmethode ausfällt, wenn die Zusage später als der Diensteintritt stattfindet.[608] Steuerlich ist nur die Teilwertmethode zulässig.[609] Die jährlichen Aufwendungen ergeben sich jeweils aus dem Barwert der Differenz der Gesamtverpflichtung in Zeitpunkt $t$ und $t-1$.

Zu den notwendigen Annahmen macht das HGB wenig konkrete Vorgaben. Grundsätzlich sind sozioökonomische sowie zinsbezogene Annahmen zu treffen. Während Sterbe- und Invalidisierungswahrscheinlichkeiten z. B. über anerkannte, veröffentlichte Tabellen ermittelt werden können, sind die Mitarbeiterfluktuation, Höhe der Leistungen sowie die genauen Pensionszeitpunkte weniger objektiv bestimmbar. Die Fluktuation von Mitarbeitern ist unternehmensindividuell und wird nicht nur branchenabhängig, sondern auch abhängig von der jeweiligen Position verschieden sein. Auch die Entgeltdynamik ist individuell und hängt beispielsweise von der Entwicklung der Mitarbeiter im Unternehmen ab. Für sozioökonomische Annahmen wie Sterbewahrscheinlichkeiten werden meist die Heubeck-Richttafeln (Richttafeln RT 2018 G der Heubeck AG) verwendet.[610] In diesen Richttafeln aus dem Jahr 2018 werden im Unterschied zur vorherigen Version auch Einkommensunterschiede berücksichtigt und höheren Alterseinkommen eine höhere Lebenserwartung zugeordnet.[611] Wenngleich dies tendenziell zu genaueren Bestimmungen von Sterblichkeiten bzw. Lebenserwartungen führen mag, bleiben die individuellen Lebensumstände und das gesamte zur Verfügung stehende Alterseinkommen sowie Vermögensverhältnisse für das Unternehmen unbekannt.

Die tendenziell gestiegene Lebenserwartung führt bei den Unternehmen, mit der erstmaligen Anwendung für das Geschäftsjahr 2018, zu einmalig erhöhten Aufwendungen und zusätzlichen Pensionsrückstellungen (nach HGB und IAS/IFRS) von bis zu 2 %, welche den Gewinn dieses Jahres und letztlich das Eigenkapital mindern.[612] Für Außenstehende erkennbar sind diese Effekte nicht zwangsläufig, da über derartige Änderungen von Bewertungsparametern nicht berichtet werden

[607] Vgl. Coenenberg, Haller und Schultze (2021), S. 469.

[608] Vgl. Coenenberg, Haller und Schultze (2021), S. 469.

[609] Vgl. § 6a EStG; Coenenberg, Haller und Schultze (2021), S. 470; Tanski (2021), S. 250; Grottel und Johannleweling (2020), Rn. 209.

[610] Vgl. Grottel und Johannleweling (2020), Rn. 209; Coenenberg, Haller und Schultze (2021), S. 469; Zwirner (2018), S. 577.

[611] Vgl. Zwirner (2018), S. 578.

[612] Vgl. Zwirner (2018), S. 579.

muss. Lediglich die Verwendung der Richttafeln sowie wesentliche, außerordentliche Aufwendungen und Erträge sind anzugeben.[613]

Als zinsbezogene Annahme ist insbesondere der Abzinsungssatz festzulegen. Er ist im Handelsrecht festgeschrieben als der von der Deutschen Bundesbank veröffentlichte, durchschnittliche Marktzinssatz aus den vergangenen zehn Geschäftsjahren, wobei insgesamt eine Restlaufzeit von 15 Jahren angenommen werden kann.[614] Durch die aktuelle Marktlage und über die Jahre stetig gesunkene Zinssätze, sind Pensionsrückstellungen in den Bilanzen deutscher Unternehmen durch den geringen Abzinsungseffekt stetig gestiegen.[615] Demnach wird teilweise kritisiert, dass Unternehmen zu hohe Abzinsungen vornehmen und damit zu viel Eigenkapital ausgewiesen wird, da wie beschrieben ein durchschnittlicher Zinssatz der vergangenen zehn Jahre genutzt wird.[616] Verursacht durch die konstant sinkenden Zinssätze war dieser Durchschnittszinssatz lange höher als der aktuelle Stichtagszinssatz.[617] Durch diese Praxis entstehen zwangsläufig stille Lasten.[618] Die seit Anfang 2022 erneut steigenden Zinssätze kehren diese Entwicklung um. In Zukunft könnten Unternehmen durch den zuletzt starken Anstieg des Zinsniveaus niedrigere Diskontierungszinssätze verwenden als die Stichtagszinssätze.

#### 2.8.7.2 Ansatz und Bewertung nach IAS/IFRS

Auch nach internationalen Rechnungslegungsstandards kann zuerst nach dem Aufbau des Planvermögens (‚plan assets') unterschieden werden.[619] Weiterhin sind erneut beitragsorientierte (‚defined contribution') und leistungsorientierte (‚defined benefit') Versorgungszusagen möglich.[620] Während beitragsorientierte Pläne unternehmensextern verwaltet werden, können leistungsorientierte Pläne intern oder extern über Versorgungsträger verwaltet werden.[621] Grundsätzlich

---

[613] Vgl. ZWIRNER (2018), S. 580 sowie § 285 Nr. 24, 31, 32 HGB und § 314 Absatz 1 Nr. 16, 23, 24 HGB.

[614] Vgl. § 253 Absatz 2 HGB; TANSKI (2021), S. 249; COENENBERG, HALLER und SCHULTZE (2021), S. 467.

[615] Vgl. ZWIRNER (2018), S. 578.

[616] Vgl. MÜLLER (2016), S. 467.

[617] Vgl. dazu auch die Beschreibung aktueller Entwicklungen in PELLENS u. a. (2021), S. 516 f.

[618] Vgl. PELLENS u. a. (2021), S. 534.

[619] Vgl. PELLENS u. a. (2021), S. 517.

[620] Vgl. IAS 19.27; COENENBERG, HALLER und SCHULTZE (2021), S. 489; PELLENS u. a. (2021), S. 510.

[621] Vgl. PELLENS u. a. (2021), S. 511.

bemisst sich die Pensionsrückstellung aus dem Barwert der gesamten Verpflichtung abzüglich des Planvermögens zu dessen beizulegenden Zeitwert.[622]

Bei beitragsorientierten Plänen besteht die Verpflichtung des Arbeitgebers lediglich aus der rechtzeitigen Beitragszahlung. Das versicherungsmathematische Risiko liegt bei dem Arbeitnehmer.[623] Hier besteht keine Rückstellung. Die Beitragszahlungen werden sofort als Aufwand erfasst.[624] Bei leistungsorientierten Plänen richtet sich die Verpflichtung der Unternehmen nach den für die Arbeitnehmer bestimmten, zuvor formelmäßig festgelegten Leistungen (einer zugesagten Betriebsrente), sodass das versicherungsmathematische Risiko beim Arbeitgeber liegt. In diesem Fall müssen, aufgrund der direkten Leistungsverpflichtung des Unternehmens, Rückstellungen gebildet werden.[625]

Im Falle leistungsorientierter Versorgungszusagen ist die Methode der laufenden Einmalprämien (‚projected unit credit method') anzuwenden.[626] Nach dieser Methode wird jedes zusätzliche Jahr eines Mitarbeiters im Unternehmen als zusätzlicher Rentenanspruch gewertet, sodass die Rückstellung mit der Dauer des Verbleibes im Unternehmen ansteigt. Dabei wird jedes Jahr einzeln bewertet.[627] Dafür wird in jeder Periode der laufende Dienstzeitaufwand ermittelt und als Rückstellung eingestellt. Er stellt einen Anteil des gesamten Barwertes der erwarteten Verpflichtung bzw. den Barwert des dem laufenden Jahr zugeordneten Pensionsanspruchs dar. Die Zuordnung erfolgt typischerweise anhand einer Planformel oder alternativ linear.[628] Typisch ist eine Bemessung anhand des jeweiligen Gehalts, wobei sich die Berechnung dabei auf einen konstanten Teil des im jeweiligen Jahr gezahlten Entgelts bezieht.[629] Der Methode liegt eine anfängliche Schätzung der Leistungen zugrunde, welche auf den Renteneintrittstermin abgezinst, anschließend auf die Perioden (die aktive Dienstzeit) verteilt und für jedes Jahr auf die aktuelle Periode abgezinst werden, wo sie letztlich als Aufwand zu erfassen sind.[630]

---

[622] Vgl. IAS 19.8.

[623] Vgl. IAS 19.28; PELLENS u. a. (2021), S. 510.

[624] Vgl. COENENBERG, HALLER und SCHULTZE (2021), S. 489; PELLENS u. a. (2021), S. 512.

[625] Vgl. IAS 19.30; COENENBERG, HALLER und SCHULTZE (2021), S. 490; PELLENS u. a. (2021), S. 512.

[626] Vgl. IAS 19.67 und 19.57 (a).

[627] Vgl. IAS 19.68.

[628] Vgl. IAS 19.70; PELLENS u. a. (2021), S. 514.

[629] Vgl. IAS 19.74.

[630] Vgl. COENENBERG, HALLER und SCHULTZE (2021), S. 468, 490; PELLENS u. a. (2021), S. 513.

Das Planvermögen wird durch Marktwerte oder diskontierte künftige Cashflows und damit zum beizulegenden Zeitwert bzw. dem Fair Value bewertet.[631] Laufende Kosten sind der Dienstzeitaufwand, Nettozinsaufwendungen (beide in der Gewinn- und Verlustrechnung zu erfassen) und versicherungsmathematische Gewinne und Verluste aufgrund von Neubewertungen (im sonstigen Ergebnis zu erfassen).[632]

Der Dienstzeitaufwand umfasst hauptsächlich die der aktuellen Periode zuzuordnenden Pensionsansprüche, d. h. die laufende Einmalprämie.[633] Der Standard stellt dahingehend ein kontinuierliches Prognoseproblem dar. Der Pensionsaufwand muss schon zu Beginn jeder Periode geschätzt werden. Dazu werden die dann aktuellen verschicherungsmathematischen Annahmen verwendet. Im Weiteren werden unterjährig Pensionszahlungen geleistet und mit dem Abschluss der Periode erfolgt eine erneute Bewertung der Pensionsverpflichtung anhand der neuen Parameter zum aktuellen Stichtag. Zuletzt liefert der Vergleich der tatsächlichen Pensionsverpflichtung mit der fortgeschriebenen Pensionsverpflichtung (d. h. der zum letzten Stichtag festgestellten Verpflichtung, welche um den zu Jahresbeginn geschätzten Zinsaufwand und Dienstzeitaufwand erhöht und um die unterjährigen Pensionszahlungen vermindert wurde) die Höhe des versicherungsmathematischen Gewinnes oder Verlustes.[634]

Der Nettozinsaufwand ergibt sich aus der Nettoschuld leistungsorientierter Pläne und dem Abzinsungssatz.[635] Er setzt sich aus der Verrechnung von dem erwarteten Ertrag (aus dem Planvermögen) und dem Zinsaufwand (für die Pensionsverpflichtung) zusammen.[636]

Neubewertungen ergeben sich aus von der Planung abweichenden Realisationen der versicherungsmathematischen Parameter wie z. B. der Zinssätze.[637] Die Erfassung von versicherungsmathematischen Gewinnen oder Verlusten im

---

[631] Vgl. IAS 19.113; PELLENS u. a. (2021), S. 518; COENENBERG, HALLER und SCHULTZE (2021), S. 491.

[632] Vgl. IAS 19.120; PELLENS u. a. (2021), S. 519; COENENBERG, HALLER und SCHULTZE (2021), S. 491.

[633] Vgl. IAS 19.71 sowie weiterhin zu sonstigen Bestandteilen (z. B. einen nachzuverrechnenden Dienstzeitaufwand aus Planänderungen oder Abgeltungen) PELLENS u. a. (2021), S. 519; COENENBERG, HALLER und SCHULTZE (2021), S. 491 f. und IAS 19.102–105 und 19.109–111.

[634] Vgl. AMEN (2009), S. 45; IAS 19.122A, 123A, 125 und 128.

[635] Vgl. IAS 19.123.

[636] Vgl. PELLENS u. a. (2021), S. 520; IAS 19.124.

[637] Vgl. IAS 19.128; PELLENS u. a. (2021), S. 521.

sonstigen Ergebnis verhindert eine Beeinflussung ausgewiesener Gewinne und damit eine rechnungslegungspolitische Einflussnahme mittels entsprechender Parameter.[638]

Zu den versicherungsmathematischen Annahmen, welche kritisch und besonders relevant im Kontext der Prognosebildung und der Rechnungslegungspolitik sind, hält der IAS 19 Folgendes fest. Der Standard schreibt, im Gegensatz zum Handelsrecht, die Nutzung eines Stichtagszinssatzes vor.[639] Dieser Kalkulationszinssatz wird aus Unternehmensanleihen in gleicher Währung und mit gleicher Restlaufzeit abgeleitet, welche mindestens mit einem AA-Rating versehen sind.[640] Daraus folgen aufgrund der in den vergangenen Jahren sinkenden Zinssätze höhere Belastungen nach IAS 19 im Vergleich zu den Regelungen des HGB. Das von ca. 2008 bis 2016 stetig abfallende und bis 2022 sehr niedrige Zinsniveau führte dazu, dass der Stichtagszinssatz niedriger ist als der handelsrechtlich zu verwendende Durchschnittszinssatz der vergangenen zehn Jahre. Dementsprechend fiel der Diskontierungseffekt nach IAS 19 über viele Jahre schwächer aus. Die aktuell steigenden Zinsen mindern dies und können diesen Trend umkehren.

IAS 19 schreibt weiterhin vor, Sensitivitätsanalysen über relevante Bewertungsparameter durchzuführen und darüber zu berichten.[641] Rechnungslegungspolitische Spielräume ergeben sich letztlich aus der Darstellung der Aufwendungen und Erträge aus Zinsen. Nettozinsaufwendungen und -erträge können sowohl im Finanzergebnis als auch im operativen Ergebnis als Personalkosten berücksichtigt werden.[642] Dies ist in der Rechnungslegung nach HGB wie zuvor beschrieben ausgeschlossen.[643] Napier (2009) stellt die Regelungen zu Pensionsrückstellungen in Frage und zeigt rechnungslegungspolitische Spielräume auf. Künftige Gehalts- und Rententrends werden sowohl nach den IAS/IFRS als auch dem HGB seit dem BilMoG in der Berechnung von Pensionsverpflichtungen berücksichtigt und eröffnen damit Ermessensspielraum.[644] Weiterhin wird der Diskontierungszinssatz hinsichtlich der Risikoberücksichtigung und dementsprechend der Angemessenheit einer Ableitung aus Unternehmensanleihen in Frage gestellt.[645] Insbesondere ist die Nutzung eines Stichtagszinssatzes zu kritisieren, welche größere

---

638 Vgl. Coenenberg, Haller und Schultze (2021), S. 491 f.

639 Vgl. Grottel und Johannleweling (2020), Rn. 200; Pellens u. a. (2021), S. 534.

640 Vgl. IAS 19.83 f.; Pellens u. a. (2021), S. 514.

641 Vgl. IAS 19.145; Coenenberg, Haller und Schultze (2021), S. 492.

642 Vgl. Pellens u. a. (2021), S. 527; IAS 19.134.

643 Vgl. § 277 Absatz 5 HGB; Coenenberg, Haller und Schultze (2021), S. 466.

644 Vgl. IAS 19.87; IAS 19.90; Pellens u. a. (2021), S. 513, 533.

645 Vgl. Napier (2009), S. 247.

Schwankungen der versicherungsmathematischen Gewinne und Verluste hervorruft und die Nützlichkeit ausgewiesener Werte für externe Adressaten mindert.[646] Auch wird die Verrechnung von Vermögenswerten und Schulden kritisch aufgefasst, sofern der Arbeitgeber das Pensionsvermögen kontrolliert.[647] Angaben zu der Höhe des Planvermögens und der Verbindlichkeiten sind jedoch größtenteils im Anhang anzugeben.[648]

### 2.8.8 Auswirkungen auf den Informationsgehalt von Abschlussinformationen

Wie dargestellt, beinhalten in Abschlüssen ausgewiesene Werte vielfach Schätzungen und Prognosen. Viele dieser zugrundeliegenden Prognosen, die dafür verwendeten Modelle und Annahmen sind zudem extern nicht ersichtlich, sodass deren Auswirkung auf die Realitätstreue des Abschlusses insbesondere für außenstehende Investoren und die Öffentlichkeit unbekannt bleiben. Folgende Maßnahmen zur Steigerung des Informationsgehalts von Abschlussinformationen sind denkbar.

1. Eine vollständige Aufdeckung der Verfahren zur Erstellung der Prognosen sowie der zugrundeliegenden Annahmen. Es sind bereits viele Annahmen offenzulegen und an strikte Vorgaben geknüpft, jedoch bleiben viele Bewertungen undurchsichtig. Sehr umfangreiche Angaben zu den einzelnen Werten könnten hingegen verwirren und zu einer Informationsflut führen.
2. Die Aufteilung der Gewinn- und Verlustrechnung in Ausweise von historischen Daten und auf Prognosen basierende Werte stellt eine weitere mögliche Verbesserung von Abschlüssen dar.[649]
3. Eine Ex-post Korrektur von Abschlüssen, sodass Manager einen Anreiz haben, möglichst genaue Prognosen zu veröffentlichen und daher mehr Aufwand in die Prognoseerstellung stecken.[650] Der Anreiz besteht, da Unternehmen i. d. R. keinen Vertrauensverlust erleiden wollen, wie er mit großen Korrekturen der zuvor ausgewiesenen Werte einhergehen würde.

---

[646] Vgl. Amen (2009), S. 60 f.

[647] Vgl. Napier (2009), S. 247.

[648] Vgl. Pellens u. a. (2021), S. 531 f.; IAS 19.135–152.

[649] Vgl. Lev, Li und Sougiannis (2010), S. 805. Sie schreiben von einem „urgent need to enhance the reliability of accounting estimates".

[650] Vgl. Lev, Li und Sougiannis (2010), S. 805 sowie Kapitel 5.

Zu beachten ist, dass die Informationsbedürfnisse der verschiedenen Abschlussadressaten verschieden sind, sodass sie letztlich nicht vollumfänglich befriedigt werden können. Das IASB fokussiert dahingehend die ‚common information needs', d. h. die Ansprüche der größten Zahl von primären Abschlussadressaten.[651] Beispielsweise könnte die Angabe von Prognosemethoden und sämtlichen Annahmen und Parametern somit unter Informationen fallen, welche nur für eine geringe Anzahl an Abschlussadressaten relevant sind. Das IASB regelt dazu jedoch auch, dass die Standards Ausweispflichten für Informationen enthalten können, welche nur für eine bestimmte Gruppe der Adressaten nützlich sind.[652] Dementsprechend müssten sämtliche Bewertungsverfahren und Annahmen an Wertausweise angeführt werden.

LEV (2018) schreibt in diesem Zusammenhang jedoch von einer weit verbreiteten Unzufriedenheit mit Informationen der Finanzberichterstattung und einem derzeit schlechten Informationsgehalt ausgewiesener Gewinne, welche die künftige Leistungsfähigkeit sowie Aktienkurse und -renditen nicht mehr widerspiegeln. Ursächlich dafür könnten Regelungen sein, welche vor allem auf Sachanlagevermögen abgestimmt sind und Bewertungsregeln für immaterielle Vermögenswerte vernachlässigen.[653] So ist die Bewertung von immateriellen Vermögenswerten grundsätzlich schwierig, wie bereits in Abschnitt 2.8.2 und 2.8.3 beschrieben.[654] Zudem erfüllen viele immaterielle Vermögenswerte die Ansatzkriterien nicht und müssen entsprechend als Aufwand erfasst werden.[655]

Beklagt wird ein starker Anstieg der Komplexität von Rechnungslegungsstandards, eine zu starke Fokussierung der Bilanz anstelle der Gewinn- und Verlustrechnung (darunter fällt insbesondere die Bewertung von Vermögenswerten zu beizulegenden Zeitwerten) sowie eine unpassende Abbildung immaterieller Vermögenswerte.[656] Diese Thematik wird häufig angeführt, da immaterielle Vermögenswerte stetig an Bedeutung gewinnen und die Thematik komplex ist.[657] Der Informationsgehalt von Abschlussinformationen lässt sich nur durch weitere Konkretisierun-

---

651 Vgl. IFRS Conceptual Framework 1.8, sowie BALLWIESER (2019), S. 199.

652 Vgl. IFRS Conceptual Framework 1.8.

653 Vgl. LEV (2018), S. 465, 469.

654 Beispielsweise aufgrund der Einzigartigkeit dieser Vermögenswerte und fehlenden Märkten.

655 Vgl. grundsätzlich IAS 38.21 und IAS 38.68 (zu den Ansatzkriterien) sowie beispielsweise IAS 38.54 und 38.57 für Forschungs- und Entwicklungskosten; BUCHHOLZ (2016), S. 243 f. und Abschnitt 2.8.3 der vorliegenden Arbeit.

656 Vgl. LEV (2018), S. 466. Immaterielle Vermögenswerte werden hier als die wichtigsten wertschöpfenden Ressourcen von Unternehmen beschrieben.

657 Vgl. LEV und GU (2016), S. 78; PELLENS u. a. (2021), S. 369, 371.

gen und Änderungen der Vorgaben steigern. Denkbar wäre eine Überarbeitung der zuvor beschriebenen Regelungen zu immateriellen Vermögenswerten. Der Ausweis sämtlicher immaterieller (selbst erstellter) Vermögenswerte könnte dazu beitragen, dass ausgewiesene Vermögensbestände eher den tatsächlichen Verhältnissen entsprechen.[658] Ebenso könnten Maßnahmen zur Steigerung der Zuverlässigkeit von Schätzungen und Prognosen des Managements vorgenommen werden.[659] Dazu fordert LEV (2018) die Umsetzung einer verpflichtenden, nachträglichen Überprüfung von Prognosen anhand der tatsächlich eingetretenen Realisierungen.[660] So könnte über Realisierungen der Prognosen berichtet, sowie Erklärungen von Managern bei großen Abweichungen gefordert werden, sodass eine Verpflichtung dieser entsteht. Eine Erklärung für schlechte Prognosen abgeben zu müssen, würde dem Ansehen der Manager bereits schaden und einen dementsprechend großen Anreiz liefern, möglichst gute Prognosen zu erstellen.[661]

### 2.8.9 Lageberichterstattung

Neben dem Jahresabschluss stellt die Lageberichterstattung ein wesentliches Instrument zur Informationsvermittlung an die Adressaten dar, welches den Jahresabschluss insbesondere um prognostische und qualitative Informationen ergänzt.[662] Während der Lagebericht eine zentrale Rolle in der handelsrechtlichen Berichterstattung spielt, ist er im internationalen Kontext als weniger relevant einzustufen. Die IAS/IFRS umfassen grundsätzlich keine Regelung zur Erstellung eines dem handelsrechtlichen Lagebericht ähnlichen Berichts.[663] Die maßgebliche Regelung auf internationaler Ebene, d. h. in den IASB-IFRS, ist der IFRS Practice

---

[658] Vgl. LEV (2018), S. 484 für eine Abwägung der Vor- und Nachteile eines erweiterten Ausweises von immateriellem Vermögen und der derzeit häufig anzutreffenden Aufwandserfassung über die Gewinn- und Verlustrechnung. Die aufgeführten Argumente beziehen sich sowohl auf die Regelungen und Definitionen der US-GAAP bzw. des FASB als auch auf die der IAS/IFRS bzw. des IASB (vgl. S. 482).

[659] Vgl. LEV (2018), S. 480.

[660] Dieser Ansatz geht auf LUNDHOLM (1999) zurück und wird ebenfalls im Abschnitt 5.4 angesprochen.

[661] Vgl. LEV (2018), S. 485.

[662] Vgl. FINK, KAJÜTER und WINKELJOHANN (2013), S. 3.

[663] Vgl. COENENBERG, HALLER und SCHULTZE (2021), S. 992.

Statement (IFRS PS) 1 „Management Commentary".[664] Die US-GAAP unterscheiden sich grundsätzlich in ihrer Rechtsnatur und ihrem Verpflichtungscharakter von der handelsrechtlichen Rechnungslegung und sehen keinen Lagebericht vor. Ein entsprechendes Element wird in der Accounting Standards Codification (ASC) nicht erwähnt. Börsennotierte Unternehmen sind in den USA jedoch aufgrund von Anforderungen der Börsenaufsichtsbehörde dazu verpflichtet, einen dem Lagebericht ähnlichen Bericht, eine *Management's Discussion and Analysis of Financial Position and Results of Operations* (MD&A), zu erstellen und einzureichen.[665] Ähnlich wie nach HGB und IAS/IFRS stehen in dem Bericht prospektive Analysen im Vordergrund, wobei für die Darstellung der wirtschaftlichen Lage ein Vergleichszeitraum von drei Jahren sowie Trends über fünf Jahre anzugeben sind.[666] In Bezug auf engere Prognosebereiche bzw. Prognosen in Bilanzausweisen sind darin besonders die Hinweise zu entscheidenden Schätzungen (‚critical accounting estimates') zu nennen. Danach müssen entscheidende Schätzungen, z. B. in Bezug auf Wertminderungen von Geschäfts- oder Firmenwerten, dargelegt werden, wenn sie subjektiv sind und ein hohes Maß an Ermessensausübung erfordern sowie ihre Auswirkungen auf das Periodenergebnis wesentlich sind.[667] MAYEW, SETHURAMAN und VENKATACHALAM (2015) decken eine signifikante Erklärungskraft der MD&A für die Prognose von Insolvenzen auf, welche die Bedeutung der qualitativen Berichterstattung unterstreicht.[668]

#### 2.8.9.1 Grundlagen und Anforderungen des HGB

Die Pflicht zur Aufstellung eines Lageberichts ergibt sich für mittelgroße und große Kapitalgesellschaften aus § 264 Absatz 1 Satz 1 HGB, sowie für Konzerne aus § 290 Absatz 1 und Absatz 2 HGB (sofern der Sitz im Inland liegt und ein Beherrschungsverhältnis vorliegt). Der Inhalt des Lageberichts wird durch § 289 HGB (Inhalt des Lageberichts) bzw. § 315 HGB (Inhalt des Konzernlageberichts) vorgegeben. Ergänzend ist zudem der Deutsche Rechnungslegungsstandard Nr. 20[669]

---

[664] Dieser wurde im Dezember 2010 veröffentlicht, ist bisher jedoch noch nicht durch die European Financial Reporting Advisory Group (EFRAG) von der EU übernommen worden. Auch auf internationaler Ebene ist er nicht gleichbedeutend mit den Standards, sondern stellt lediglich unverbindliche Empfehlungen dar.

[665] Vgl. COENENBERG, HALLER und SCHULTZE (2021), S. 995–997; sowie U.S. SECURITIES AND EXCHANGE COMMISSION (SEC) (2020).

[666] Vgl. COENENBERG, HALLER und SCHULTZE (2021), S. 995.

[667] Vgl. U.S. SECURITIES AND EXCHANGE COMMISSION (SEC) (2020), section 9510.1 und 9510.2.

[668] Vgl. MAYEW, SETHURAMAN und VENKATACHALAM (2015), S. 1621, 1645.

[669] Vgl. DEUTSCHES RECHNUNGSLEGUNGS STANDARDS COMMITTEE (DRSC) (2012).

(Konzernlageberichterstattung) zu beachten und umzusetzen.[670] Weiterhin stellt die (freiwillige oder verpflichtende) Anwendung der internationalen Rechnungslegungsstandards keine Befreiung von der Lageberichterstattung nach HGB dar.[671]

Die Anforderungen des § 289 bzw. § 315 HGB, über die wesentlichen Chancen und Risiken der Unternehmung bzw. des Konzerns zu berichten, wird durch den DRS 20 konkretisiert. Dieser umfasst neben weiteren Berichtselementen im Wesentlichen den „Wirtschaftsbericht"[672] sowie den „Prognose, Chancen- und Risikobericht"[673]. Der Wirtschaftsbericht umfasst Angaben zu dem gesamtwirtschaftlichen und branchenbezogenen Umfeld[674], dem Geschäftsverlauf[675] sowie der Vermögens-, Finanz- und Ertragslage des Unternehmens[676]. Die Analyse und Bewertung der Vermögens-, Finanz- und Ertragslage soll explizit unter Berücksichtigung von Faktoren stattfinden, die einen Zeitvergleich erschweren könnten.[677] Weiterhin ist über finanzielle und nichtfinanzielle Leistungsindikatoren zu berichten, sofern sie für die interne Steuerung verwendet werden.[678] Als Beispiele für finanzielle Leistungsindikatoren werden unter anderem der Cashflow, EBIT und EBITDA angegeben.[679] Damit ist die Cashflow-Prognose ein verpflichtender Bestandteil des Lageberichts, sofern sie intern zur Steuerung des Konzerns herangezogen wird.

Der Prognosebericht umfasst eine Geschäftsverlaufsprognose, für welche die wesentlichen Annahmen der Prognosen anzugeben sind.[680] Als Beispiele für derartige Annahmen werden unter anderem die Inflationsrate, Wechselkurse und die

---

[670] Die DRS werden vom Deutschen Rechnungslegungs Standards Committee (DRSC), einem privaten Rechnungslegungsgremium, herausgegeben und werden durch den Gesetzgeber in Form des § 342 HGB in das Gesetz eingebunden. Zu der Organisationsstruktur des DRSC allgemein und einem potenziellen Spannungsverhältnis zwischen der nationalen und internationalen Rechnungslegung durch den IFRS- und HGB-Ausschuss des DRSC vgl. PELLENS u. a. (2014), S. 67.

[671] Vgl. § 325 Absatz 2a Satz 4 HGB sowie § 315e Absatz 1 HGB.

[672] Vgl. DRS 20.53–113.

[673] Vgl. DRS 20.116–167.

[674] Vgl. DRS 20.59–61.

[675] Vgl. DRS 20.62–63.

[676] Vgl. DRS 20.64–100.

[677] Vgl. DRS 20.64.

[678] Vgl. DRS 20.102 und DRS 20.106.

[679] Vgl. DRS 20.103. Es wird jedoch nicht explizit festgelegt, welche Kennzahlen zu veröffentlichen sind. Vgl. DRS 20.B27.

[680] Vgl. DRS 20.118 sowie DRS 20.120.

Entwicklung der Branche genannt.[681] Weiterhin wird dazu die Konsistenz dieser Annahmen gefordert, z. B. im Rahmen der Prognosen von Cashflows für Werthaltigkeitstests zu Geschäfts- oder Firmenwerten.[682] Als Prognosezeitraum fordert der Standard mindestens ein Jahr.[683] Festzuhalten ist jedoch, dass weder zu den genutzten Modellen zur Prognoseerstellung, noch zu quantitativen Ausprägungen der Annahmen, Angaben gemacht werden müssen.[684] Lediglich qualitative Aussagen zur erwarteten Wirkungsrichtung sind anzugeben und in Bezug auf ihre Intensität zu gewichten.[685] Beispielsweise könnte über einen deutlich/leicht/stark steigenden oder fallenden Umsatz berichtet werden. d. h. neben Punkt- und Intervallprognosen sind qualifiziert-komparative Prognosen zulässig.[686]

Im Rahmen der Risikoberichterstattung gem. DRS 20 sollen sich Unternehmen auf Risiken beschränken, welche grundsätzlich einen Einfluss auf das Entscheidungsverhalten der Jahresabschlussadressaten haben.[687] Eine einzelne Darstellung, Analyse und Beurteilung ist für wesentliche Risiken erforderlich.[688] Die Quantifizierung dargestellter Risiken wird erneut eingeschränkt gefordert, d. h. nur sofern dies auch intern geschieht und die resultierende Angabe für Abschlussadressaten wesentlich ist.[689] Beispielhaft wird die Quantifizierung von Marktrisiken durch Sensitivitätsanalysen und den Value at Risk angeführt.[690] Gleiche Regelungen gelten für den Chancenbericht.[691]

#### 2.8.9.2 Grundlagen und Anforderungen der IAS/IFRS

Wie zu Beginn des Kapitels dargelegt, umfassen die IFRS auf europäischer Ebene keine Aufstellungspflicht für einen Bericht, welcher dem handelsrechtlichen Lagebericht ähnlich ist. Dennoch sehen vereinzelte Standards die Veröffentlichung von Informationen vor, welche gem. HGB im Lagebericht zu veröffentlichen sind. Dies

[681] Vgl. DRS 20.122.

[682] Vgl. DRS 20.121. Cashflow-Prognosen werden zudem als geeignetes Instrument zur Darstellung von Liquiditätsrisiken angeführt. Vgl. DRS 20.A1.11.

[683] Vgl. DRS 20.127.

[684] Vgl. zur fehlenden Konkretisierung der Angabe von Annahmen auch Fink, Kajüter und Winkeljohann (2013), S. 172.

[685] Vgl. DRS 20.129.

[686] Vgl. DRS 20.128.

[687] Vgl. DRS 20.146.

[688] Vgl. DRS 20.149.

[689] Vgl. DRS 20.152.

[690] Vgl. DRS 20.153.

[691] Die Vorschriften des DRS 20 hinsichtlich des Risikoberichts sind analog anzuwenden. Vgl. DRS 20.165.

sind insbesondere Angaben zu Risiken, deren Messung und Bewältigung (IFRS 7) sowie Angaben zu dem Bereich Forschung und Entwicklung (IAS 38).[692] IAS 1.13 zeigt mögliche Inhalte eines Managementberichts auf. Dabei steht die Vermögens-, Finanz- und Ertragslage sowie wichtige Unsicherheiten im Vordergrund. Konkret könnten Treiber der Ertragskraft, Veränderungen im Unternehmensumfeld (und Reaktionen des Unternehmens darauf) sowie die Investitions- und Dividendenpolitik beleuchtet werden.[693] Weiterhin werden Finanzierungsquellen, die angestrebte Kapitalstruktur und außerbilanzielle Ressourcen als mögliche Berichtsbestandteile aufgeführt.[694] Die Regelungen des IAS 1.13 stellen jedoch keine Verpflichtung zur Erstellung eines solchen Berichts dar und sind ebenfalls keine Empfehlung dafür.[695]

Dem IFRS Practice Statement 1 „Management Commentary"[696] wird, aufgrund der fehlenden Übernahme durch die EU und der damit einhergehenden geringen Bedeutung für deutsche und europäische Unternehmen, in dieser Arbeit eine untergeordnete Rolle zugewiesen. Auch bei Anwendung der IASB-IFRS mangelt es dem IFRS PS 1 an Bedeutsamkeit. Aufgrund seiner Unverbindlichkeit sind Unternehmen nicht dazu verpflichtet, ihren Bericht in Übereinstimmung mit dem IFRS PS 1 zu erstellen.[697]

Die jüngste Überarbeitung des IFRS PS 1 reagiert auf neue Anforderungen der Unternehmen. Er soll es Unternehmen ermöglichen, die nach ihrem Ermessen wichtigsten und langfristigsten Projekte zu erläutern und gleichzeitig klare Regulierungen schaffen, welche eindeutig sind und deren Einhaltung vom Wirtschaftsprüfer evaluiert werden kann.[698] Als Zielsetzung weist der IFRS PS 1 das Zurverfügungstellen von Informationen auf, welche das Verständnis von Vermögens-, Finanz- und Ertragslage für Investoren und Gläubiger steigern, sowie Einblicke in potenziell beeinflussende Faktoren bezüglich Wertschaffung und Zahlungsmittelgenerierung

---

[692] Vgl. Coenenberg, Haller und Schultze (2021), S. 992 f.

[693] Vgl. IAS 1.13 (a).

[694] Vgl. IAS 1.13 (b), (c).

[695] Vgl. Coenenberg, Haller und Schultze (2021), S. 993.

[696] Vgl. die Definition in IFRS PS 1, IN3.

[697] Vgl. IFRS PS 1, IN1 f., IN4.

[698] Vgl. International Accounting Standards Board (IASB) (2021), IFRS PS 1 Exposure Draft, IN8 f.

geben. Dabei sind auch langfristige Faktoren einzubeziehen.[699] Dazu sind Informationen aus sechs Bereichen zu berücksichtigen. Es ist einzugehen auf:[700]

1. das Geschäftsmodell und die Generierung von Wert und Zahlungsströmen,
2. die Strategie des Managements in Bezug auf das Geschäftsmodell,
3. jegliche Ressourcen, von denen das Geschäftsmodell abhängt,
4. Risiken, die Einfluss auf das Geschäftsmodell, die Strategie oder Ressourcen haben könnten,
5. Faktoren und Entwicklungen im Geschäftsumfeld, welche das Geschäftsmodell, die Strategie, Ressourcen oder Risiken beeinflussen oder beeinflussen könnten,
6. die Vermögens-, Finanz und Ertragslage generell, sowie die aktuellen und potenziellen Einflussfaktoren darauf, durch die zuvor genannten Bereiche.

Für IAS/IFRS anwendende Konzerne in Deutschland ergeben sich aufgrund der verpflichtenden Lageberichterstattung nach HGB[701] auch bei Anwendung des IFRS PS 1 keine maßgeblich erweiterten Berichtspflichten. Die Vorschriften durch das HGB und den DRS 20 umfassen bereits alle im IFRS PS 1 aufgeführten Informationen und sind in der Regel detaillierter. Lediglich Angaben zu den Zielen und Strategien sind auf internationaler Ebene fester Bestandteil und national nicht zwingend vorgeschrieben.[702]

## 2.9 Ausgewählte Anwendungsbereiche von Prognosen mit Rechnungslegungsbezug

Externe Nutzer von Abschlussdaten haben keinen Einfluss auf Wertausweise, sind jedoch mangels weitreichenderer Informationen auf deren Nutzung, insbesondere für Prognosen angewiesen. Für Unternehmensanalysen stehen Abschlussdaten daher im Vordergrund. Durchgeführt werden sie in aller Regel von Eigenkapitalinvestoren, welche Bewertungen vornehmen, um Chancen und Risiken einer Investition aufzudecken. Im Fokus dieses Abschnitts stehen somit

[699] Vgl. International Accounting Standards Board (IASB) (2021), IFRS PS 1 Exposure Draft, 3.1.

[700] Vgl. International Accounting Standards Board (IASB) (2021), IFRS PS 1 Exposure Draft, 4.1.

[701] Vgl. § 315e Absatz 1 HGB.

[702] Vgl. Coenenberg, Haller und Schultze (2021), S. 994 f. sowie DRS 20.39.

Unternehmensbewertungen und Analystenprognosen, welche jeweils kurz skizziert und in den Kontext der Prognosebildung gesetzt werden.

### 2.9.1 Unternehmensbewertungen

Während die Bildung von Prognosen hinsichtlich einzelner Abschlussposten, wie bisher an vielen Beispielen erläutert, spezifischen Annahmen unterliegen, sind Unternehmensbewertungen weniger reglementiert. Allein aus der Rechtsprechung lassen sich Regelungen und Anhaltspunkte ableiten.[703] Die Komplexität des Prognosegegenstandes bzw. der Ermittlung künftiger Zahlungsströme einer gesamten Unternehmung ist besonders groß, sodass der spekulative Charakter im Rahmen von Unternehmensbewertungen besonders ausgeprägt ist. Den Bewertungsspielräumen der Prognoseersteller kommt in diesem Anwendungsfall somit eine besondere Bedeutung zu.

Diese Arbeit fokussiert insbesondere die Ermittlung künftiger Zahlungsüberschüsse, welches eines der Kernprobleme der Unternehmensbewertung darstellt. Dazu werden verschiedene Methoden und Verfahren vorgestellt und bezüglich dieses Prognoseproblems untersucht. Der Fokus liegt dabei auf den Discounted Cash Flow (DCF) Verfahren, welche als Standard in der Unternehmensbewertungspraxis anzusehen sind und beispielsweise vom IDW als gängige Praxis angeführt werden,[704] sowie der Bewertung auf Basis von Residualgewinnen, wie sie im Feltham-Ohlson Modell vorgenommen wird. Somit ergeben sich Prognoseprobleme zu künftigen Cashflows und künftigen Gewinnen. Welche dieser beiden Größen besser zur Prognose geeignet ist, beschäftigt Forscher seit vielen Jahren. Im Abschnitt 6.2 wird auf dieses Problem näher eingegangen. Weiterhin sind Unternehmensbewertungen mittels Multiplikatoren weit verbreitet. Dafür werden veröffentlichte Multiplikatoren, beispielsweise Umsatz- oder Gewinnmultiplikatoren, mit der entsprechenden Größe des zu bewertenden Unternehmens multipliziert.[705] Dieser Ansatz ist letztlich zwar nachprüfbar und einfach anzuwenden, beruht jedoch maßgeblich auf den verwendeten Multiplikatoren, welche extern ermittelt werden und das Prognoseproblem damit ausgelagert wird.[706]

---

[703] Vgl. GROSSFELD, EGGER und TÖNNES (2016), Rn. 3, 5–7.

[704] Vgl. IDW S1.

[705] Vgl. DEMIRAKOS, STRONG und WALKER (2010), für eine empirische Analyse zur Genauigkeit der Wertermittlung durch DCF-Verfahren und Multiplikatoren.

[706] Die Wertermittlung erfolgt letztlich extern, sodass die Methode mit der Verwendung von Analystenschätzungen für Cashflow- und Gewinnprognosen gleichzusetzen ist und daher in dieser Arbeit nicht weiter betrachtet wird.

Kapitalwertberechnungen wie sie bei Unternehmensbewertungen nach DCF-Verfahren durchgeführt werden unterliegen grundsätzlich zwei Prognoseproblemen. Dies sind die Ermittlung eines angemessenen Zinssatzes für die Diskontierung der künftigen Zahlungsüberschüsse sowie die Ermittlung der künftigen Zahlungsüberschüsse selbst. Der Ermittlung eines angemessenen Kapitalisierungszinssatzes kommt in der Literatur eine größere Bedeutung zu, obwohl die Prognose der künftigen Ein- und Auszahlungen zumindest von gleicher Bedeutung ist.[707] Viele Studien abstrahieren von der prognostischen Ebene der künftigen Zahlungsströme in der Unternehmensbewertung, sodass der große Bestand an Literatur des Themenbereichs überwiegend aus Studien zur Wahl von Diskontierungsfaktoren, der Berücksichtigung von Steuern und Wachstumsfaktoren usw. besteht. Die künftigen Zahlungsströme werden hingegen meist simpel, z. B. durch Extrapolation fortgeschrieben.[708] Da sie das Ergebnis jedoch maßgeblich beeinflussen und die Prognose der Überschüsse auch vom IDW S1 als Kernproblem angesehen werden,[709] befasst sich diese Arbeit mit dem Prognoseproblem und beleuchtet Verbesserungspotenziale.

### 2.9.2 Analystenprognosen

Prognosen von Analysten werden vielfach auf ihre Genauigkeit und Einflussfaktoren untersucht. Dabei werden unterschiedliche Schlussfolgerungen gezogen. Teilweise liefern Analystenprognosen bessere Schätzungen als einfache Zeitreihenmodelle und teilweise werden sie gar von einem Random Walk[710] (RW) geschlagen.[711] Die Einschätzungen von Analysten entstammen häufig der ‚Institutional Brokers' Estimate System' (I/B/E/S) Datenbank. Sie werden gegenüber modellgebundenen Schätzungen insbesondere aufgrund ihres zeitlichen Vorteils als überlegen

[707] Vgl. Kuhner (2006), S. 4 f.

[708] Der IDW S1 ist dazu ebenso wenig konkret. Zur Prognose der künftigen Zahlungsüberschüsse wird jedoch festgehalten, dass die Vergangenheitsanalyse den Ausgangspunkt der Prognose darstellen soll (vgl. Rn. 72, 75) und marktbezogene, d. h. branchenspezifische und volkswirtschaftliche Daten hinzugezogen werden können (vgl. Rn. 71). Rn. 78 verdeutlicht mit dem Hinweis zu „langfristigen Fortschreibungen von Trendentwicklungen" die fehlende Konkretisierung des Standards.

[709] Vgl. IDW S1, Rn. 68.

[710] Vgl. Wolters (2004), S. 74 f., 87; Verbeek (2017), S. 299, 302; Hackl (2012), S. 335.

[711] Vgl. beispielsweise Bradshaw, Drake u. a. (2012); Givoly, Hayn und Lehavy (2009); Gell (2012) sowie Evans, Njoroge und Yong (2017), S. 1454 f. und die Ausführungen zu verschiedenen Studien in Abschnitt 4.3.4 der vorliegenden Arbeit.

angesehen. Ausgewiesene Daten in den Geschäftsberichten gehören bereits der Vergangenheit an, sodass Analystenschätzungen einen Informationsvorsprung haben. Dieser führt in einigen Studien zu überlegenen Prognoseergebnissen.[712] Unter Verwendung des Ohlson Modells werden Analystenschätzungen zum Teil direkt als überlegene Ergebnisgröße herangezogen.[713] Die Ergebnisse sind jedoch stark von der verwendeten Stichprobe und dem Zeitraum abhängig, sodass sie nicht generalisiert werden können.[714] Andere Studien belegen schließlich, dass Analystenschätzungen häufig von modellbasierten Prognosen dominiert werden.[715]

Die Prognoseerstellung wird bei Nutzung dieser Daten nicht mehr von Unternehmen selbst vorgenommen und Einflüsse auf die resultierenden Werte sind nicht nachvollziehbar. Die Prognosen der Analysten unterliegen zudem individuellen, privaten Informationen dieser Personen, welche die Nachvollziehbarkeit einschränken. Nachteilig scheint zudem die Gefahr von Herdenverhalten unter den beteiligten Analysten. Dies wirkt sich negativ auf die Genauigkeit aus.[716] Weiterhin ist nicht bekannt, wie effizient die Analysten fundamentale Daten der Rechnungslegung verwerten. Welche Bedeutung beispielsweise Informationen zu Gewinnen und Cashflows oder ausgewiesene Forschungs- und Entwicklungskosten für die abgegebene Prognose haben, bleibt unbekannt.[717] Zudem existieren Analystenprognosen meist nur für große, börsennotierte Unternehmen und damit eine insgesamt geringe Anzahl an Unternehmen.[718] Die vorgeschlagenen, modellbasierten Prognosen in dieser Arbeit sind unabhängig von vorliegenden Analystenprognosen und können für alle Unternehmen erstellt werden.[719]

Aus diesen Gründen ist eine reine Verwendung von Analystenprognosen für die Anforderungen dieser Arbeit nicht wünschenswert. Auch die Kombination eines modellbasierten Ansatzes mit Prognosen von Analysten führt dazu, dass die Prognose nicht vollständig selbst erstellt wird. Die Ergebnisse sind potenziell stark von

[712] Vgl. BROWN u. a. (1987), S. 61, 85; FRIED und GIVOLY (1982), S. 85, 103 f.; BERGMANN und SCHULTZE (2018), S. 1058.

[713] Vgl. HIGGINS (2011), S. 596, 602.

[714] Vgl. BROWN u. a. (1987), S. 85.

[715] Vgl. beispielsweise HARRIS und WANG (2019), S. 425, 434 f.; HOU, DIJK und ZHANG (2012), S. 504, 506, 523.

[716] Vgl. CLEMENT und TSE (2005), S. 339. Vgl. auch TRUEMAN (1994) für eine theoretische Grundlage des Herdenverhaltens sowie BIKHCHANDANI und SHARMA (2001), S. 302–304 zu weiteren Studien bezüglich dessen Verbreitung.

[717] Vgl. ABARBANELL und BUSHEE (1997), S. 23 decken Ineffizienzen in der Verwendung von Fundamentaldaten durch Analysten auf.

[718] Vgl. EVANS, NJOROGE und YONG (2017), S. 1454.

[719] Vgl. GERAKOS und GRAMACY (2013), S. 2.

subjektiven Vorstellungen der Analysten geprägt. Derartige Modelle liefern zum Teil vielversprechende Prognosen, entsprechen jedoch nicht der Zielsetzung dieser Arbeit.[720] Dementsprechend werden weder für die folgenden Cashflow- und Gewinnprognosen, noch im Rahmen des Feltham-Ohlson Modells Analystenprognosen herangezogen. Die zu erstellenden Prognosen sollen vom Unternehmen selbst erstellt werden, nachvollziehbar und replizierbar sein sowie möglichst wenig subjektiven Einflüssen unterliegen.

[720] Vgl. AZEVEDO, BIELSTEIN und GERHART (2021), S. 574 f.

# 3 Methodik und Datenbasis

Sowohl subjektive Schätzungen und Prognosen des Managements als auch objektive, modellgebundene Schätzungen und Prognosen haben Vor- und Nachteile.[1] Durch komplexe quantitative Methoden erstellte Prognosen für die Rechnungslegung sind Prognosen des Managements potenziell durch eine systematischere Auswertung historischer Daten überlegen. Prognosen des Managements können hingegen subjektive Informationen bezüglich der Erwartung makroökonomischer Entwicklungen oder des Geschäftsverlaufes enthalten, welche auf historischen Daten basierende Modelle missachten.[2] Damit mangelt es ihnen jedoch an Objektivität und zugrundeliegende Annahmen sind meist nicht bekannt. Zudem sind auch Analystenprognosen häufig nicht zufriedenstellend. Daher liegt der Fokus nachfolgend auf quantitativen Methoden zur Prognoseerstellung, welche die Anforderung der Nachvollziehbarkeit erfüllen.[3] Sie werden in diesem Kapitel vorgestellt und kommen in den folgenden Kapiteln der Arbeit zur Anwendung.

---

[1] Grundsätzlich beziehen sich Schätzungen auf schwer zu messende Variablen, deren Ausprägung bereits eingetreten ist und Prognosen auf sich in der Zukunft realisierende Ereignisse und Zustände. Vgl. MANDL und JUNG (2002), Sp. 1699; GALLINGER (1993), S. 15. Vgl. auch die auf die Rechnungslegung bezogenen Beispiele zu Schätzungen und Prognosen in MANDL und JUNG (2002), Sp. 1701. Im Folgenden bezieht sich die Schätzung in der Regel auf die Koeffizientenschätzung anhand historischer Daten. Die Prognose ist letztlich das Ergebnis der Modellberechnung auf Basis der geschätzten Koeffizienten.

[2] Vgl. DING u. a. (2020), S. 1128.

[3] Mithilfe dieser Methoden werden empirische Ergebnisse erzielt, welche objektiv evaluiert werden können. Vgl. MONAHAN (2018), S. 144.



L. B. Heidbrink, *Quantitative Prognosen in der externen Unternehmensrechnung*,
https://doi.org/10.1007/978-3-658-47506-2_3

## 3.1 Modellierung von Querschnitts- und Zeitreihendaten

Viele in dieser Arbeit und der zitierten Literatur verwendeten Methoden basieren zumindest teilweise auf linearen Regressionen. Sie sind das Standardwerkzeug der empirischen Forschung in der Rechnungslegung und verwandten Bereichen. Geschätzt wird ausgehend von einem multiplen linearen Regressionsmodell $y_j = \beta_0 + \sum_{i=1}^{n} \beta_i x_{ji} + \epsilon_j$, wobei $y$ die unabhängige Variable, $x_i, \ldots, x_n$ die erklärenden Variablen, $\beta_0$ eine Konstante, $\beta_1, \ldots, \beta_n$ die Regressionskoeffizienten und $\epsilon$ den Fehlerterm darstellen. Mithilfe des Modells mit $n$ erklärenden Variablen und $j = 1, \ldots, J$ Beobachtungen werden Schätzer für die Koeffizienten $\beta_i$, dargestellt durch $\widehat{\beta_i}$, ermittelt. Dies erfolgt im Falle der Methode der kleinsten Quadrate bzw. Ordinary Least Squares (OLS) Schätzung durch Minimierung der Residuenquadratsumme entsprechend[4]

$$\sum_{j=1}^{J} \epsilon_j^2 = \sum_{j=1}^{J} [y_j - (\beta_0 + \beta_1 x_{j1} + \cdots + \beta_n x_{jn})]^2 \rightarrow min \tag{3.1}$$

sodass die Schätzer $\widehat{\beta_0}, \ldots, \widehat{\beta_n}$ diese Bedingung erfüllen. Die Regressionskoeffizienten zeigen den marginalen Effekt der erklärenden Variable unter sonst gleichen Bedingungen (c. p.) und sind damit einfach interpretierbar.[5] Als Alternative zur OLS Schätzung ist die Least Absolute Deviation (LAD) Schätzung zu nennen. Dabei wird statt der Residuenquadratsumme die Summe der Absolutwerte der Residuen minimiert. Der Vorteil dieses Verfahrens ist dessen Robustheit gegenüber Ausreißern.[6] Die LAD Schätzung wird in der Forschung nur selten verwendet und kommt daher im weiteren Verlauf der Arbeit nicht zu Anwendung.[7] Zudem werden Ausreißer in den betrachteten Stichproben in dieser Arbeit durch Winsorisierung der Daten eliminiert, sodass die Schätzung mittels LAD keine Vorteile gegenüber der Schätzung mittels OLS bietet.[8]

---

[4] Vgl. Backhaus, Erichson, Plinke u. a. (2018), S. 70; Winker (2017), S. 140 f.

[5] Vgl. Backhaus, Erichson, Plinke u. a. (2018), S. 73.

[6] Vgl. Verbeek (2017), S. 50.

[7] Anwendung findet sie beispielsweise bei Evans, Njoroge und Yong (2017), welche die Verwendung mit der besseren Handhabung von Ausreißern begründen. Vgl. Evans, Njoroge und Yong (2017), S. 1453.

[8] Dieses Vorgehen wird gegenüber der Verwendung von LAD in vielen angewandten Studien vorgezogen. Vgl. Verbeek (2017), S. 50 f.

In Matrixnotation kann das zuvor dargestellte Modell wie folgt definiert werden[9]

$$y = \beta X + \epsilon \quad \text{bzw.} \begin{pmatrix} y_1 \\ \vdots \\ y_J \end{pmatrix} = \begin{pmatrix} \beta_1 \\ \vdots \\ \beta_n \end{pmatrix} \cdot \begin{pmatrix} 1 & x_{11} & \dots & x_{n1} \\ \vdots & \vdots & \ddots & \vdots \\ 1 & x_{1J} & \dots & x_{nJ} \end{pmatrix} + \begin{pmatrix} \epsilon_1 \\ \vdots \\ \epsilon_J \end{pmatrix}. \tag{3.2}$$

Dann lassen sich die Koeffizienten durch $\beta = (X'X)^{-1}X'y$ ermitteln.[10] Unter folgenden Annahmen an ein solches, lineares Regressionsmodell, ergeben sich bestmögliche, unverzerrte Schätzer. Diese Annahmen werden als Gauss-Markov Annahmen bezeichnet.[11] Das Modell muss durch die Regressionsgleichung korrekt abgebildet sein. Dazu gehört, dass keine relevanten Regressoren ausgelassen wurden (‚omitted variable bias') und das zugrundeliegende tatsächliche Modell linear ist. Der Erwartungswert der Fehlerterme soll Null sein ($E(\epsilon) = 0$). Die Varianz soll konstant sein, d. h. Homoskedastizität herrschen ($Var(\epsilon) = \sigma^2$). Es soll weiterhin keine Multikollinearität geben, sodass keine Abhängigkeit zwischen den Regressoren $x_i$ besteht.[12] In dieser Arbeit wird mit Zeitreihendaten gearbeitet und die Prognosebildung steht im Vordergrund, sodass autoregressive Modelle mit verzögerten Regressoren (‚autoregressive distributed lag models') betrachtet werden. Dabei löst die Veränderung eines Regressors keine sofortige Wirkung auf die unabhängige Variable aus. Die zeitverzögert eintretende Wirkung ist von Interesse.[13] Wenn Cashflows oder Gewinne für eine Periode prognostiziert werden sollen, sind schließlich nur die entsprechenden Werte aus Vorperioden bekannt. Modelle in dieser Arbeit entsprechen damit grundsätzlich der Form[14]

$$y_t = \beta_0 + \sum_{j=1}^{q} \beta_j y_{t-j} + \epsilon_t \tag{3.3}$$

wobei $q$ die Anzahl der berücksichtigten, zurückliegenden Perioden darstellt. Typischerweise wird aufgrund der Datenstruktur eine verzögerte Periode, jedoch für

[9] Vgl. Winker (2017), S. 145 f.; Wooldridge (2010), S. 56.

[10] Vgl. Winker (2017), S. 147 f.; Backhaus, Erichson, Plinke u. a. (2018), S. 121; Wooldridge (2010), S. 57.

[11] Vgl. Wooldridge (2013), S. 93. Der Schätzer wird häufig als BLUE (Best Linear Unbiased Estimator) bezeichnet.

[12] Vgl. Wooldridge (2013), S. 83–93. sowie Backhaus, Erichson, Plinke u. a. (2018), S. 90 für die dargestellten Annahmen.

[13] Vgl. Wolters (2004), S. 47.

[14] Vgl. Wooldridge (2013), S. 346–348; Winker (2017), S. 250; Wolters (2004), S. 48.

verschiedene erklärende Variablen berücksichtigt. Eine verzögerte Periode erfasst möglicherweise nicht den gesamten Effekt, sodass auch weitere Verzögerungen geprüft und der Nutzen weiterer Variablen evaluiert werden muss.[15] Ein solches Modell entspricht der Form

$$y_t = \beta_0 + \beta_1 y_{t-1} + \beta_2 x_{t-1} + \beta_3 z_{t-1} + \epsilon_t \tag{3.4}$$

wobei $x_{t-1}$ und $z_{t-1}$ weitere Cashflow- oder sonstige Indikatoren aus der Rechnungslegung darstellen können. Das obige Modell stellt eine Basis für dynamische Regressionsmodelle in der Rechnungslegung dar.

Endogenitätsprobleme können die Aussagekraft von Modellen maßgeblich einschränken und müssen evaluiert werden. Aus diesem Grund sollen potenzielle Einschränkungen im Folgenden aufgezeigt werden, wenngleich sie nicht vollständig gelöst werden können. Das verwendete lineare Regressionsmodell ist beispielsweise zwangsläufig von Endogenitätsproblemen betroffen. So kann insbesondere nicht ausgeschlossen werden, dass es weitere signifikante Regressoren gibt, welche die abhängige Variable beeinflussen und mit zumindest einem Regressor korrelieren. Dann gibt es Verzerrungen durch ausgelassene Variablen (‚omitted variable bias‘). Ein Modell mit dem operativen Cashflow als unabhängige Variable und verzögerten Cashflows, Gewinnen und Periodenabgrenzungsposten als erklärende Variablen wird nicht vollständig sein. Das Unternehmen und insbesondere dessen Umfeld, die Kapitalmärkte, sind zu komplex, um sie vollständig zu erfassen. Derartige Modelle sind aber in der Literatur verbreitet und dienen als sinnvolle Approximation der Zusammenhänge.

Es kann jedoch ausgeschlossen werden, dass eine unabhängige Variable von der abhängigen Variable beeinflusst wird, d. h. eine Verzerrung durch Simultanität (als ‚simultaneity‘ oder ‚reverse causality‘ bezeichnet) besteht. Die zeitliche Komponente der Variablen verhindert dies. Ebenso können Messfehler vernachlässigt werden. Alle Variablen sind eindeutig und eine falsche Erhebung kaum möglich. Fehler in den verwendeten Datenbanken sind hingegen nicht ausgeschlossen, verlieren durch Bereinigungsmaßnahmen wie die Winsorisierung jedoch an Bedeutung.

Weiterhin bestehen möglicherweise lineare Abhängigkeiten bzw. Multikollinearität. Beispielsweise führt ein Abbau der Vorräte in der Regel zuerst zu Forderungen, sodass die beiden erklärenden Variablen voneinander abhängen. Der Kauf von Vorräten führt zudem zu höheren Verbindlichkeiten. Abschreibungen auf Forderungen bei Forderungsausfall sind möglich, sodass auch zwischen Abschreibungen und Forderungen ein statistischer Zusammenhang bestehen könnte. Derartige Abhän-

[15] Vgl. WOOLDRIDGE (2010), S. 164.

gigkeiten sind bei komplexen Untersuchungsgegenständen nicht zu umgehen. Sie schränken die Schätzgenauigkeit des Modells potenziell ein. Die Evaluation der Modelle basiert jedoch auf der Prognosegenauigkeit, sodass Modellkennzahlen zu der Anpassung an Bedeutung verlieren. Der Prognosefehler ist eindeutig und die Ergebnisse der Modellevaluationen robust, da anhand einer Vielzahl von Unternehmen getestet wird.

## 3.2 Zeitreihenanalyse in der Unternehmensrechnung und Rechnungslegung

Methoden aus dem Bereich der Zeitreihenanalyse finden seit langer Zeit Anwendung in der Unternehmensrechnung und Rechnungslegung. Meist werden Modelle dabei mithilfe von Querschnittsdaten berechnet, teilweise werden sie zusätzlich für jedes einzelne Unternehmen berechnet.[16] Die Modellierung einzelner bzw. unternehmensindividueller Zeitreihen nimmt jedoch eine weniger bedeutsame Stellung ein.[17] Dennoch tragen sie zu Effizienzsteigerungen in der Rechnungslegung sowie in der Jahresabschlussprüfung bei.[18] Die für etliche Anspruchsgruppen relevante Prognose von Cashflows und Ergebnisgrößen ist in diesem Zusammenhang verhältnismäßig wenig untersucht worden und es gibt nur wenige getestete Modelle, sodass Prognosen zum Teil mit simplen Methoden und strikten Annahmen an beispielsweise Wachstumsraten erstellt werden.[19]

Aktuell vorhandene Rechenkapazitäten und die Möglichkeit, beispielsweise eine große Anzahl von Transaktionen auf Unregelmäßigkeiten hin analysieren zu können, bieten große Chancen für die Modellierung und Prognose von Zahlungsströmen sowie die Aufdeckung von Bilanzbetrug.[20] In dieser Arbeit steht vor allem die Frage im Vordergrund, welcher Mehrwert mithilfe extern verfügbarer Jahresabschlussdaten generiert werden kann. Mithilfe dieser sollen Variablen und Modelle identifiziert werden, welche Prognosen verbessern und damit zu besseren Entscheidungen führen.

Neben der in den folgenden Kapiteln betrachteten Ansätze zur Modellierung und Prognose von Cashflows und Gewinnen existieren viele weitere Ansätze

---

[16] Vgl. BAO u. a. (1983), S. 414; WATTS und LEFTWICH (1977), S. 260 f.

[17] Vgl. GRIFFIN (1977), S. 74 f.

[18] Vgl. REZAEE, DORESTANI und ALIABADI (2018), S. 183; BAO u. a. (1983), S. 416.

[19] Vgl. beispielsweise LOREK (2014), S. 146; LEV, LI und SOUGIANNIS (2010), S. 783. Vgl. auch Abschnitt 6.1.2.2 der vorliegenden Arbeit zur Ermittlung künftiger Zahlungsüberschüsse.

[20] Vgl. REZAEE, DORESTANI und ALIABADI (2018).

beispielsweise zur Identifizierung rechnungslegungspolitischer Einflüsse.[21] Das folgende Beispiel verwendet ein Zeitreihenmodell zur Aufdeckung von Bilanzbetrug. REZAEE, DORESTANI und ALIABADI (2018) nutzen ein Modell, um Rechnungslegungspolitik und Betrugsfälle zu prognostizieren bzw. aufzudecken.[22] Dabei handelt es sich um ein Autoregressive Moving Average (ARMA) Modell mit jeweils zwei Verzögerungen, welches keine anderen als die vergangenen Werte der quartalsweisen Gewinne berücksichtigt. Mit diesem Modell und vorhandenen Daten von 1980 bis 1994 werden anschließend die Quartalsgewinne (‚quarterly net incomes') der AVIS Budget Group Inc. für den Zeitraum von 1995 bis 1997 prognostiziert. Das Unternehmen hat in dem angegebenen Prognosezeitraum durch widerrechtliche Maßnahmen Umsätze zu hoch und Kosten zu gering erfasst.[23] Die in dem Prognosezeitraum ausgewiesenen Gewinne stellten damit derart starke Abweichungen zu den vergangenen Werten dar, dass eine Extrapolation der Zeitreihe durch das ARMA-Modell Werte lieferte, die näher an den tatsächlichen Gewinnen lagen. Die Anwendung eines solchen Modells hätte daher zu einer früheren Aufdeckung der Unregelmäßigkeiten beitragen können. Natürlich können starke Abweichungen in Umsätzen, Gewinnen und Kosten auch tatsächlich auftreten. Das frühzeitige Erkennen von starken Abweichungen führt jedoch zu weitergehenden Analysen des Geschäftsbetriebs und der Branche und dürfte damit zu einer besseren Informationslage beitragen. Betroffene Unternehmen können ausfindig gemacht und weitergehend analysiert werden. Die in dieser Arbeit verwendeten Modelle sind ebenfalls zur Berechnung von Vergleichswerten sowie der Aufdeckung unregelmäßiger Abweichungen anhand dieser geeignet. Im Unterschied zu den in Kapitel 5 betrachteten Arbeiten, welche vielfach das Modell von JONES (1991) oder eine der Erweiterungen dieses Modells zur Aufdeckung rechnungslegungspolitischer Einflussnahmen nutzen, wird in diesem Beispiel unternehmensindividuell modelliert. Dies bringt jedoch die wohlbekannte Gefahr von zu stark an die Daten angepassten Modellen.[24]

REZAEE, DORESTANI und ALIABADI (2018) geben an, dass die Zeitreihenanalyse in der Rechnungslegung nur wenig Anwendung findet, obwohl sie sowohl von Rechnungslegern als auch von Prüfern sinnvoll genutzt werden könnte (wie anhand ihres Beispiels einer frühzeitigen Erkennung eines Betrugsfalls bzw. von ‚accounting fraud' gezeigt wird).[25] Anzumerken ist, dass REZAEE, DORESTANI und ALIA-

---

[21] Vgl. Kapitel 5.

[22] Vgl. im Folgenden REZAEE, DORESTANI und ALIABADI (2018).

[23] Vgl. REZAEE, DORESTANI und ALIABADI (2018), S. 185, 188.

[24] Vgl. GRIFFIN (1977), S. 75.

[25] Vgl. REZAEE, DORESTANI und ALIABADI (2018), S. 188.

BADI (2018) von der Aufdeckung von ‚earnings management' schreiben, jedoch illegale Bilanzmanipulationen aufdecken. In dieser Arbeit wird der Begriff der Rechnungslegungs- oder Bilanzpolitik (‚earnings management') ausschließlich mit der Nutzung legaler Ermessensspielräume assoziiert und klar von betrügerischen Maßnahmen abgegrenzt.[26] Die dargestellte Anwendung zeigt jedoch anschaulich, wie gut die Veränderungen einer zu erklärenden Variable allein durch deren vergangene Ausprägungen erklärt werden kann.[27] Das dort verwendete Beispiel ist sehr konkret und hat damit keinerlei Allgemeingültigkeit. Starke Veränderungen einer Variable können durch etliche äußere Einflüsse entstehen und deuten nicht zwangsläufig auf Manipulationen bzw. Betrugsfälle hin wie es in diesem Beispiel der Fall ist. Es verdeutlicht dennoch den Nutzen modellgestützter Prognosen auf Unternehmensebene.

## 3.3 Kointegration

Der Kointegrationsansatz gehört zu den wichtigsten Konzepten der Zeitreihenökonometrie.[28] Mit Fehlerkorrekturmodellen (VECMs) können nicht-stationäre Entwicklungen von Zeitreihen sinnvoll abgebildet und zur Prognose genutzt werden.[29]

Im Weiteren soll das Konzept der Kointegration definiert und erläutert werden. Anschließend wird anhand empirischer Daten auf Kointegration getestet und die Erkenntnisse durch Nutzung des Fehlerkorrekturmodells in der Prognose von Zeitreihen der Gewinne und Marktkapitalisierungen berücksichtigt.[30] Für die Prognose von Cashflows kann der Ansatz ebenfalls verwendet werden, wenngleich damit von dem hier betrachteten Bewertungsmodell abgewichen wird. Nach Wissen des Autors gibt es bisher keine Anwendungen dieses Konzepts für die Prognose von Cashflows.[31]

Das Konzept der Kointegration eignet sich dazu, gemeinsame stochastische Trends verschiedener Variablen untereinander aufzudecken.[32] Ein Trend beschreibt dabei eine bestimmte Bewegung einer Variable über einen langen Zeitraum, welche

[26] Vgl. Kapitel 5.

[27] Vgl. REZAEE, DORESTANI und ALIABADI (2018), S. 194.

[28] Vgl. WOLTERS (2004), S. 74.

[29] Vgl. CHENG u. a. (2015), S. 1059.

[30] Vgl. Abschnitt 6.4.

[31] Vgl. auch LOREK (2014), S. 146.

[32] Vgl. ARSHANAPALLI und NELSON (2008), S. 701; FABOZZI u. a. (2014), S. 191.

lediglich von der Zeit abhängig ist.[33] Es werden deterministische und stochastische Trends unterschieden. Deterministische Trends sind verhältnismäßig einfach, nämlich mithilfe einer zeitabhängigen Variablen in einer Regression zu berücksichtigen. Bei einem stochastischen Trend hingegen handelt es sich um eine zufällige (aber konsistente) Bewegung einer Variablen im Zeitablauf.[34] Dieser Trend ist definiert durch die ‚moving average' Koeffizienten des gleitenden Durchschnitts eines Prozesses.[35] Sie hängen damit von ihrer Vergangenheit ab und unterliegen zufälligen Änderungen. Ein Beispiel dafür sind Aktienkurse, die zuerst steigen, anschließend fallen und sich zudem verschieden stark im Zeitablauf verändern.[36] Es wäre dabei nicht sinnvoll, einen deterministischen Trend wie beispielsweise ein konstantes Steigen im Zeitablauf um eine bestimmte Rate zu unterstellen. Die Realität würde damit offensichtlich schlecht abgebildet.[37] Somit bleibt die allgemeine Erkenntnis festzuhalten, dass zur Beschreibung vieler ökonomischer Zeitreihen deterministische Trends unzureichend und damit stochastische Trends in der Modellierung berücksichtigt werden müssen.[38] Liegt ein stochastischer Trend vor, ist der Prozess als nichtstationär einzustufen.[39]

Das Konzept der Kointegration schafft Abhilfe in dem Fall der Regression zweier (oder mehrerer) integrierter Variablen[40], welche zu dem Problem der Scheinkorrelation (‚spurious regression') führt. Sind die betrachteten Prozesse nämlich kointegriert, existiert eine stationäre Linearkombination der Prozesse, welche häufig

[33] Vgl. ARSHANAPALLI und NELSON (2008), S. 701.

[34] Vgl. PFAFF (2008), S. 55; ARSHANAPALLI und NELSON (2008), S. 701.

[35] Vgl. PFAFF (2008), S. 55.

[36] Vgl. ARSHANAPALLI und NELSON (2008), S. 701.

[37] Dies ist ebenfalls ein Kritikpunkt am aufgezeigten Feltham-Ohlson Modell. Es berücksichtigt keine stochastischen Trends und unterstellt damit gleichmäßige Veränderungen einer Variablen über den gesamten Zeithorizont. Diese Annahme ist wenig realitätsnah. Gleichzeitig ist jedoch festzuhalten, dass die Cashflow Planung im Rahmen gängiger Unternehmensbewertungsmodelle, insbesondere der DCF-Verfahren, in aller Regel sehr vereinfacht ist. So werden regelmäßig konstante Wachstumsraten der Cashflows angenommen. Vgl. dazu DRUKARCZYK und SCHÜLER (2015), Kapitel 5.

[38] Vgl. WINKER (2017), S. 267.

[39] Vgl. WINKER (2017), S. 269.

[40] Nichtstationäre Variablen, deren Differenzen eine stationäre Zeitreihe bilden, werden auch integriert genannt und mit $I(d)$ beschrieben, wobei die Ordnung $d$ angibt, welche Differenzen stationär sind. Diese Arbeit beschränkt sich auf $I(1)$ Prozesse, d. h. solche, die nach einmaligem Differenzieren stationär werden. Vgl. VERBEEK (2017), S. 300; HACKL (2012), S. 334; HASSLER (2004), S. 87; NEUSSER (2011), S. 109; WOOLDRIDGE (2013), S. 396 f. Zu $I(2)$ Prozessen vgl. JOHANSEN (1995b), Kapitel 9; KITAMURA (1995); GRANGER und LEE (1990); GRANGER und LEE (1989).

aufschlussreiche Erkenntnisse liefert.[41] NEUSSER (2011) schreibt daher von einer zentralen Bedeutung, welche der Analyse kointegrierter Prozesse zukommt.[42]

### 3.3.1 Relevanz im Kontext der Arbeit

Im Folgenden werden einige relevante Studien zur Prognose mittels Zeitreihenmodellen sowie der Anwendung der Kointegration aufgezeigt. Bereits in den siebziger Jahren wurden einfache Regressionsmodelle und unternehmensindividuelle Zeitreihenmodelle zur Prognose von Ergebnisgrößen und weiteren Kennzahlen der Finanzberichterstattung miteinander verglichen. Insbesondere wurden univariate und multivariate Modelle sowie die Betrachtung einzelner Unternehmen und ganzer Branchen oder Länder untersucht.[43] HILLMER, LARCKER und SCHROEDER (1983) zeigen den Vorteil von multivariaten Zeitreihenmodellen gegenüber univariaten Zeitreihenmodellen und einfachen Regressionsmodellen anhand niedrigerer Prognosefehler auf.[44] Für die Zeitreihen von Gewinnen verbreitete sich die Annahme, dass ein Random Walk die beste Modellierung sei.[45] Diese Untersuchungen in den siebziger und achtziger Jahren basierten jedoch auf einfachen Modellen und konnten Konzepte wie die Kointegration noch nicht berücksichtigen. JOSEPH (2003) nutzt das Kointegrationskonzept zur Prognose von Aktienkursen. In einem out-of-sample Test generiert das verwendete Fehlerkorrekturmodell jedoch schlechtere Prognosen als ein simples Vergleichsmodell.[46] TU, FAN und FAN (2019) erweitern den Kointegrationsansatz und analysieren Zeitreihen aus den Bereichen der Kapitalmarktforschung, der Klimaforschung sowie den Neurowissenschaften.[47]

Einzelne Aktienkurse werden häufig durch Random Walks modelliert. Mehrere, zusammenhängende Zeitreihen eines Unternehmens können jedoch sinnvoll gemeinsam modelliert werden. So könnten Umsätze, Gewinne, Cashflows, Abschreibungen und weitere Daten der Rechnungslegung zu einer besseren Erklärung des Aktienkurses beitragen.

---

[41] Vgl. NEUSSER (2011), S. 223; WOLTERS (2004), S. 74; VERBEEK (2017), S. 353 f.; HACKL (2012), S. 336.

[42] Vgl. NEUSSER (2011), S. 223.

[43] Vgl. BAO u. a. (1983), S. 414, 416.

[44] Vgl. HILLMER, LARCKER und SCHROEDER (1983), S. 401 f. Das Beispiel bezieht sich auf Zeitreihen der Produktion mit zugehörigen Kosten und Materialströmen. Vgl. S. 392.

[45] Vgl. BRADSHAW, DRAKE u. a. (2012), S. 954.

[46] Vgl. JOSEPH (2003), S. 351.

[47] Vgl. TU, FAN und FAN (2019), S. 992 f.

Die Relevanz von Zeitreiheneigenschaften wurde weiterhin bereits durch WU, KAO und LEE (1996) beschrieben. Sie untersuchen die Eigenschaften verschiedener Zeitreihen der Rechnungslegung und zeigen Implikationen für nichtstationäre Zeitreihen auf.[48] So folgern sie unter anderem, dass eine Berücksichtigung der Zeitreiheneigenschaften und die korrekte Abbildung von integrierten bzw. nichtstationären Zeitreihen notwendig ist, um Verfälschungen der Ergebnisse zu verhindern. So kann die Unterscheidung zwischen einem reinen Random Walk und einer ähnlichen, nichtstationären Zeitreihe wichtige Implikationen für die Auswertung von Rechnungslegungsdaten und die Anwendung von Bewertungsmodellen haben.[49] Die von WU, KAO und LEE (1996) untersuchten Zeitreihen[50] werden beinahe alle durch den Dickey-Fuller-Test als nichtstationär eingestuft.[51] Tests auf Kointegration sind somit zwingend notwendig, um sinnvolle Analysen zu erstellen sowie Bewertungsmodelle korrekt anzuwenden.[52]

WAGATHA (2005) entwickelt Ansätze zur Erhöhung der Prognosefähigkeit von Ausfallraten durch Vector Autoregressive (VAR) Modelle, welche makroökonomische Indikatoren beinhalten. Zusätzlich werden auch kointegrierende Beziehungen berücksichtigt.[53] Dabei sind die betrachteten kointegrierten Modelle im Sinne der kleinsten Fehlermaße zum Teil besser, jedoch nicht in allen Fällen bei der Prognose von Insolvenzquoten überlegen.[54] Für die Prognose von Kreditrisiken mittels VAR Modellen stellt er jedoch die Relevanz der Kointegration heraus und erzielt damit die besten Prognosen.[55] Dementsprechend könnte der Ansatz auch die Prognose von Gewinnen bzw. Zeitreihen der Rechnungslegung verbessern und stellt damit ein vielversprechendes Instrument dar.

---

[48] Vgl. WU, KAO und LEE (1996), S. 277.

[49] Vgl. WU, KAO und LEE (1996), S. 278, 293.

[50] Vgl. WU, KAO und LEE (1996), Table 1, S. 283.

[51] Vgl. WU, KAO und LEE (1996), S. 284–287. Gleiches gilt für den Fall einer zusätzlichen, zeitabhängigen Variable als Regressor (einem sog. ‚time trend'), vgl. S. 288–290.

[52] Vgl. WU, KAO und LEE (1996), S. 298 f.

[53] Vgl. WAGATHA (2005), S. 303.

[54] Vgl. WAGATHA (2005), S. 304.

[55] Vgl. WAGATHA (2005), S. 306, 310.

### 3.3.2 Scheinregression und die Entstehung des Konzepts der Kointegration

Bei der Analyse von Zeitreihen mit stochastischen Trends muss ausgeschlossen werden, dass die betrachteten Zeitreihen in dem Zeitraum lediglich zufällig gleichlaufend sind und dadurch auf einen kausalen Zusammenhang geschlossen wird. Eine derartige, fälschliche Annahme eines Zusammenhangs zwischen Variablen wird als unechte Regression oder Scheinregression (‚spurious regression') bezeichnet, welche aufgrund von Trends entstehen.[56] Konkret entstehen Scheinregressionen immer dann, wenn zwei unabhängige I(1)-Prozesse gemeinsam regressiert werden. Liegt ein deterministischer Trend vor, kann das Problem durch Hinzunahme der Zeit als erklärende Variable in der Regressionsgleichung umgangen werden.[57] Liegt ein stochastischer Trend vor, führt die einfache Regressionsanalyse (OLS) zu irreführenden Ergebnissen und kann daher nicht verwendet werden, um valide Aussagen zu treffen. Es existieren grundsätzlich zwei Möglichkeiten, um mit diesem Problem umzugehen.

- Die Analyse kann auf die Betrachtung der Differenzen von Zeitreihen beschränkt werden. Damit wird der in der Zeitreihe vorhandene Trend zwar weitestgehend entfernt, jedoch lassen sich anschließend lediglich Aussagen über die Veränderung der betrachteten Variablen über die Zeit treffen. In aller Regel sind jedoch die absoluten Ausprägungen einer Variablen von Interesse für den Analysten. Das einfache Differenzieren von Zeitreihen mag das Problem der fehlenden Stationarität in vielen Fällen also lösen, ist jedoch in Hinblick auf die weitere Verarbeitung und Interpretation nicht immer zielführend.[58]
- Alternativ kann ein Fehlerkorrekturmodell (Error Correction Model, ECM) bzw. die Technik der Kointegration verwendet werden, um das Problem der Scheinregression zu umgehen und ebenfalls Aussagen über die absoluten Ausprägungen der Variablen treffen zu können.[59] Für die Prognose ist daher insbesondere diese Technik relevant.

---

[56] Für Beispiele zu Scheinregressionen sowie weitere Nachweise vgl. WINKER (2017), S. 269. Vgl. auch VERBEEK (2017), S. 348, 352; NEUSSER (2011), S. 131 f.; GRANGER und NEWBOLD (1986), S. 205 f.

[57] Vgl. WOOLDRIDGE (2013), S. 644; ARSHANAPALLI und NELSON (2008), S. 701.

[58] Vgl. WOLTERS (2004), S. 74.

[59] Vgl. ARSHANAPALLI und NELSON (2008), S. 702; WOOLDRIDGE (2013), S. 646; NEUSSER (2011), S. 223.

In der Zeitreihenanalyse ist zudem häufig die Rede von Granger-Kausalität. Der Test auf Kausalität nach Granger (Granger Causality Test) ermöglicht es, abhängige und unabhängige Variablen und deren Zusammenhänge zu identifizieren. Granger-Kausalität liegt dann vor, wenn eine Zeitreihe durch die Vergangenheit einer anderen Zeitreihe erklärt werden kann bzw. die Prognosefähigkeit einer Variablen durch die Vergangenheit einer anderen Variablen zunimmt.[60] ARSHANAPALLI und NELSON (2008) untersuchen beispielsweise die Aktienindizes von Deutschland, Frankreich und den Niederlanden und finden, dass sich der Aktienindex der Niederlande durch die vergangenen Werte der Indizes in Deutschland und Frankreich erklären lässt. Dementsprechend hilft der Test bei der Identifikation abhängiger und unabhängiger Variablen.[61]

Typische Anwendungen von Kointegration finden sich in der Finanzwirtschaft. Sie umfassen Analysen einzelner Finanzmärkte[62] sowie Analysen von Marktzusammenhängen[63].[64] Die in diesen Arbeiten untersuchten Zeitreihen sind thematisch verwandt und ein Zusammenhang ist intuitiv erkennbar. Das Konzept kann anhand eines einfachen Beispiels verdeutlicht werden. Werden beispielsweise Öl- und Benzinpreise in einem System betrachtet, stellt man anhand entsprechender Tests fest, dass es sich um nicht-stationäre Zeitreihen handelt, die kointegriert sind und damit zur Prognose der jeweils anderen Datenreihe beitragen können.[65] In diesem Fall ist das einleuchtend, da Benzin lediglich eine Weiterverarbeitung des Rohöls ist. Die resultierende, sich durch das ECM ergebende Zeitreihe der Differenzen ist dann stationär und lässt sich leicht prognostizieren. Zwar werden mit ihr zunächst die Differenzen der beiden Zeitreihen prognostiziert, was durch die dann herrschende Stationarität gut möglich ist. Diese werden anschließend jedoch in die Gleichung zur Prognose der Variablen im Niveau (‚in levels') aufgenommen und können diese

---

[60] Vgl. WOOLDRIDGE (2013), S. 657 f. Es erfolgt eine Schätzung mittels OLS mit entsprechendem Test auf Signifikanz der Koeffizienten, welche die Granger-Kausalität anzeigen.

[61] Vgl. ARSHANAPALLI und NELSON (2008), S. 709 f.

[62] Darunter fallen z. B. die Untersuchungen der Kaufkraftparität (‚purchasing power pairity'), der Geldnachfrage (‚money demand') und des Barwertmodells (‚present value model'). Vgl. CAMPBELL und SHILLER (1987), S. 1062, 1072 f.; (1988), S. 2, 13–19. Auch Aktienkurse und Dividenden sind häufig kointegriert, da Aktienkurse in aller Regel von der Dividendenhöhe abhängen.

[63] Beispielsweise untersuchen COLOGNI und MANERA (2008) Zusammenhänge von Ölpreisen, Inflationsraten und Zinsentwicklungen verschiedener Länder.

[64] Vgl. ARSHANAPALLI und NELSON (2008), S. 702.

[65] Die Tests basieren auf Rohöl- und durchschnittlichen Benzinpreisen in den USA im Zeitraum von 2005 bis 2019. Die Daten entstammen der Datenband der Federal Reserve Bank St. Louis (Federal Reserve Economic Data). Eine ähnliche Anwendung zu Benzin- und Rohölpreisen findet sich in WINKER (2017), S. 283.

verbessern.[66] Letztendlich wird dieses Vorgehen auf die Modelle des Rechnungswesens übertragen, sodass langfristige Effekte bzw. Zusammenhänge aufgedeckt und Prognosen verbessert werden können.

### 3.3.3 Stationäre und nicht-stationäre Variablen

Die Stationaritätseigenschaft von betrachteten Variablen ist in empirischen Arbeiten von großer Bedeutung. Bevor mit Zeitreihen gearbeitet wird, muss sichergestellt werden, dass Mittelwerte, Varianzen und Kovarianzen zeitunabhängig und die Zeitreihen damit stationär sind. Dies ist gegeben, wenn $E(Y_t) = m$ für alle $t \in \mathbb{Z}$, $\mathrm{Var}(Y_t) = c_0$ für alle $t \in \mathbb{Z}$ und $\mathrm{Cov}(Y_{t+k}, Y_t) = c_k$ für alle $t, t+k \in \mathbb{Z}$.[67] Anderenfalls, d. h. wenn diese Eigenschaften nicht erfüllt sind, kann die statistische Inferenz fehlleiten und zu falschen Schlussfolgerungen führen.[68] Stationäre Prozesse lassen sich generell durch ARMA bzw. Autoregressive Integrated Moving Average (ARIMA) Modelle, sofern die Prozesse durch Differenzierung stationär werden, beliebig genau abbilden.[69]

Anhand eines einfachen $AR(1)$ Modells $Y_t = \beta_0 + \beta_1 Y_{t-1} + \epsilon_t$ kann der Einfluss des Koeffizienten für den Vorjahreswert $\beta_1$ verdeutlicht werden. Für $|\beta_1| < 1$ nimmt der Einfluss der Vorperioden ab und der Prozess kann einen zeitunabhängigen Erwartungswert haben. Für $\beta_1 > 1$ wird $Y_t$ wachsen und kann nicht stationär sein. Für $\beta_1 = 1$ steigt der Erwartungswert linear, aber die Varianz wird im Zeitablauf größer, sodass die Kriterien nicht erfüllt sind und der Prozess nichtstationär ist.[70]

Häufig wird statt der Bezeichnung der Stationarität die Mittelwertrückkehr (‚mean reversion') als Eigenschaft eines Prozesses beschrieben. Kehrt ein Prozess stets zu seinem Mittelwert zurück bzw. weist eine Mittelwertrückkehr auf, ist er stationär und unterliegt keinem stochastischen Trend.[71] Nichtstationäre Zeitreihen besitzen hingegen eine Einheitswurzel (‚unit root') und erfüllen nicht die genannten Kriterien hinsichtlich Mittelwert, Varianz und Kovarianz.

Ein Beispiel eines nichtstationären Prozesses ist ein Random Walk. Dabei handelt es sich um einen Prozess, welcher zufällig ist und sich daher lediglich um einen

---

[66] Vgl. ARSHANAPALLI und NELSON (2008), S. 702; WOOLDRIDGE (2013), S. 667 f.

[67] Vgl. WINKER (2017), S. 271.

[68] Vgl. MCNELIS (2005), S. 59 f.

[69] Vgl. NEUSSER (2011), S. 21.

[70] Vgl. WINKER (2017), S. 271 f.

[71] Vgl. ARSHANAPALLI und NELSON (2008), S. 702.

zufälligen Fehlerterm im Vergleich zu seiner vorherigen Ausprägung ändert. Dieser kann durch $Y_t = Y_{t-1} + \epsilon_t$ mit einem zufälligen Fehlerterm $\epsilon \sim \mathbb{N}(0, 1)$ beschrieben werden.[72] Dabei ist zwar der Erwartungswert des Random Walks zeitunabhängig, die Varianz jedoch nicht. Sie ist gegeben durch $Var(Y_t) = t \cdot \sigma_\epsilon^2 = t \cdot Var(\epsilon)$.[73]

Typische Zeitreihen aus dem Bereich der Rechnungslegung sind etwa Gewinne, Dividenden, Buchwerte und Cashflows. Diese unterliegen typischerweise, z. B. durch Inflation und den Anreiz von Unternehmen zu wachsen und höhere Dividenden auszuschütten, einer Steigerung im Zeitablauf. Somit ist für viele der im Accounting relevanten Zeitreihen eine fehlende Stationarität der Normalfall.[74] Random Walks werden zudem seit langer Zeit als Vergleichsmodelle und teilweise zur Beschreibung von Aktienkursen herangezogen.[75]

Streng genommen dürfte eine fehlende Stationarität grundsätzlich nur für solche Zeitreihen angenommen werden, welche negative Werte aufweisen können, da jeder nichtstationäre Prozess mit positiver Wahrscheinlichkeit auch negative Werte annimmt.[76] Für das zuvor im Rahmen des Feltham-Ohlson Modells betrachtete Anlagevermögen eines Unternehmens beispielsweise ist dies typischerweise nicht haltbar. Auf einem endlichen Betrachtungszeitraum ist die Herangehensweise jedoch vertretbar.

Die Inspektion der Autokorrelationsfunktion (ACF) kann ein erster Test auf Stationarität sein. Ist die Autokorrelation der ersten Verzögerungen nicht nahe eins, deutet dies darauf hin, dass die Zeitreihe nichtstationär ist und eine Differenzierung dieser zur Stationarität führt. Als statistischer Test auf Stationarität einer Zeitreihe wird im Folgenden auf den Augmented-Dickey-Fuller (ADF) Test zurückgegriffen.[77] Der Test ist eine Erweiterung des Dickey-Fuller Tests. Dieser wiederum geht

[72] Vgl. im Folgenden WOOLDRIDGE (2013), S. 391 f.; ARSHANAPALLI und NELSON (2008), S. 702.

[73] Damit entspricht die Varianz der des oben angeführten Beispiels eines einfachen $AR(1)$ Modells, bei welchem im Gegensatz zu dem hier betrachteten Random Walk zusätzlich eine Konstante in die Modellgleichung aufgenommen wurde.

[74] Vgl. LO und LYS (2000), S. 359; WEI (2006), S. 68.

[75] Vgl. beispielsweise LO und MACKINLAY (1988), eine einflussreiche Studie welche zu dem Ergebnis kommt, dass Random Walks nicht zur Approximation von Aktienrenditen geeignet sind; LI und MOHANRAM (2014), S. 1156.

[76] Vgl. WINKER (2017), S. 272.

[77] Vgl. GRANGER und NEWBOLD (1986), S. 263.

auf DICKEY und FULLER (1979) zurück.[78] Der ADF-Test basiert auf der Hypothese $H_0$: *Zeitreihe hat eine Einheitswurzel/ist nicht-stationär* und der Gegenhypothese $H_1$: *Zeitreihe hat keine Einheitswurzel/ist stationär*. Ausgehend von der Gleichung $\Delta X_t = \beta_0 + \delta t + \beta_1 X_{t-1} + \sum_{i=1}^{p} \Delta X_{t-i} + \epsilon_t$ lautet die Hypothese $H_0$: $\beta_1 = 1$ und die Gegenhypothese $H_1$: $\beta_1 < 1$.[79] Die in der Gleichung berücksichtigte Konstante sowie der lineare, zeitabhängige Trend werden nicht in jedem Fall benötigt. Die Teststatistik entspricht der eines t-Tests für $\widehat{\beta_1}$ und damit $T_{ADF} = \frac{\widehat{\beta_1}}{SE(\widehat{\beta_1})}$.[80]

### 3.3.4 Integrierte und kointegrierte Zeitreihen

Das Konzept integrierter Zeitreihen war bereits lange Zeit vor der Entdeckung von Kointegration bekannt. Die vielfach verwendete Box-Jenkins Methodik sah bereits ein Differenzieren vor, um Stationarität zu erreichen.[81] Kointegration hingegen ist die gemeinsame Analyse mehrerer integrierter Zeitreihen mit dem Ziel, langfristige und stationäre Beziehungen dieser zu finden.[82] Sie liegen vor, wenn die Differenzen zweier integrierter Zeitreihen stationär sind.[83]

Liegt ein gemeinsamer Trend vor, kann die lineare Kombination der Zeitreihen genutzt werden, um langfristige Beziehungen aufzudecken. Mithilfe eines Kointegrationsvektors kann somit ein stationärer Prozess erstellt werden. Beschreibt beispielsweise $Y$ den Vektor betrachteter Zeitreihen und $A$ den kointegrierenden

---

[78] Der Vorteil des Augmented Dickey-Fuller (ADF) Tests gegenüber dem ursprünglichen Dickey-Fuller-Test ist die zusätzliche Berücksichtigung von Autokorrelation in den Fehlertermen und damit von mehr als einer verzögerten Variable in der Gleichung sowie eines linearen, zeitabhängigen Trends. Der ursprüngliche Test setzt unabhängige und identisch verteilte Fehlerterme voraus. Vgl. WINKER (2017), S. 275. Für eine ausführliche Beschreibung des Dickey-Fuller- und Augmented-Dickey-Fuller Tests siehe WINKER (2017), S. 273–277. Vgl. für weitere Details auch BANERJEE u. a. (1993), S. 107–108; SAID und DICKEY (1984); ELLIOTT, ROTHENBERG und STOCK (1996).

[79] Vgl. WINKER (2017), S. 275. Die Notation wurde entsprechend dieser Arbeit angepasst. Vgl. auch die nachfolgend aufgeführten Quellen.

[80] Vgl. WEI (2006), S. 437; VERBEEK (2017), S. 304; WOOLDRIDGE (2013), S. 641 f. $SE()$ bezeichnet den Standardfehler.

[81] Vgl. BOX und JENKINS (1970); BAO u. a. (1983), S. 405; HILLMER, LARCKER und SCHROEDER (1983), S. 390.

[82] Vgl. GRANGER (1981).

[83] Vgl. ENGLE und GRANGER (1987).

Vektor, ist die Linearkombination $Z = A \times Y$ stationär[84] bzw. existieren Koeffizienten $\beta_0, \beta_1, \ldots, \beta_n$ die zu Stationarität von $Z_t = \beta_0 + \beta_1 Y_{1,t} + \cdots + Y_{n,t}$ führen, wobei $n$ die Anzahl der Zeitreihen beschreibt und $t$ den Zeitindex darstellt.[85]

Die Ausführungen dieser Arbeit beschränken sich auf den Fall der einfachen Kointegration. d. h. es wird der Fall einer einmaligen Differenzierung von Prozessen zur Erreichung von Stationarität betrachtet. Die Integrationsordnung wird somit auf $d = 1$ fixiert, sodass für einen ARIMA(k,d,q)-Prozess stets ARIMA(k,1,q) angenommen werden kann. Diese einmalige Differenzierung genügt i. d. R., um Stationarität herzustellen.[86]

### 3.3.5 Das Fehlerkorrekturmodell

Das Vector Error Correction Model (VECM) oder Fehlerkorrekturmodell ist eine alternative Darstellung zu jedem beliebigen, stationären VAR Modell der Ordnung $k$.[87] Mithilfe dessen können die dynamischen Eigenschaften eines Modells aufgedeckt werden.[88]

Ausgehend von einem $p$-dimensionalen VAR Modell der Form[89]

$$Y_t = \sum_{i=1}^{k} \Pi_i Y_{t-i} + \epsilon_t \tag{3.5}$$

[84] Vgl. ARSHANAPALLI und NELSON (2008), S. 703; GRANGER und NEWBOLD (1986), S. 225; VERBEEK (2017), S. 353 f.; HASSLER (2004), S. 99.

[85] Vgl. WINKER (2017), S. 280.

[86] Vgl. NEUSSER (2011), S. 109.

[87] Vgl. KIRCHGÄSSNER, WOLTERS und HASSLER (2013), S. 132; VERBEEK (2017), S. 356 f.; HASSLER (2004), S. 106.

[88] Vgl. KIRCHGÄSSNER, WOLTERS und HASSLER (2013), S. 132; HACKL (2012), S. 337.

[89] Die Notation dieses Beispiels orientiert sich an JOHANSEN (1995b), ist jedoch leicht an diese Arbeit angepasst. So beschreibt beispielsweise $Y_t$ statt $X_t$ den p-dimensionalen autoregressiven Prozess. Für das Verständnis der Methode ist eine Vergleichbarkeit mit den Originalquellen jedoch gewahrt. Vgl. im Folgenden JOHANSEN (1995b), insbesondere S. 89–95. Zu empfehlen ist weiterhin KIRCHGÄSSNER, WOLTERS und HASSLER (2013), deren Notation jedoch abweicht.

wobei $t = 1, \ldots, T$ den Zeitindex, $k$ die Anzahl verzögerter Variablen und $\epsilon_t$ den Fehlerterm darstellen, kann durch Umformulierung das Fehlerkorrekturmodell aufgestellt werden:[90]

$$\Delta Y_t = \alpha\beta' Y_{t-1} \sum_{i=1}^{k-1} \Gamma_i \Delta Y_{t-i} + \epsilon_t. \tag{3.6}$$

Die Matrizen $\alpha$ und $\beta$ haben die Dimension $p \times r$, wobei $r = 0, \ldots, p$ und für den Fehlerterm $\epsilon_t \sim \mathcal{N}_p(0, \Omega)$ gilt. $\Gamma_i$ beschreibt die kurzfristige Dynamik des Modells. Häufig wird die Notation $H_r$ verwendet, wobei der Index $r$ die Dimension von $\alpha$ und $\beta$ und damit die Rangrestriktion der Matrix $\alpha\beta'$ angibt. Dieser Rang der Matrix $\alpha\beta'$ ist maßgeblich. Er gibt die Anzahl kointegrierender Beziehungen an. Das Modell mit vollem Rang ($H_p$) beschreibt das unrestringierte I(0) Modell, welches dem VAR Modell entspricht. Auch für $r = 0$ ($H_0$) besteht keine Kointegration.[91] Wenn der Rang $r$ die Bedingung $0 < r < p$ erfüllt, weist das Modell $r$ Kointegrationsvektoren und $p - r$ gemeinsame stochastische Trends auf.[92] In der empirischen Analyse werden Systeme aus den operativen Gewinnen, den operativen Vermögen sowie den Marktkapitalisierungen und damit drei Zeitreihen je Unternehmen genutzt. Für $r = 1$ und $r = 2$ liegen entsprechend kointegrierende Beziehungen vor.[93]

Die Berechnung des Modells erfolgt über den Maximum-Likelihood-Ansatz wie folgt. Die obige Gleichung kann ungeschrieben werden in

$$Z_{0t} = \alpha\beta' Z_{1t} + \Psi Z_{2t} + \epsilon_t \tag{3.7}$$

mit $Z_{0t} = \Delta Y_t$, $Z_{1t} = Y_{t-1}$ und $Z_{2t} = (\Delta Y_{t-1}, \ldots, \Delta Y_{t-k+1})$.[94] Diese Regression führt zu den Residuen

$$R_{0t} = Z_{0t} - M_{02} M_{22}^{-1} Z_{2t}$$
$$R_{1t} = Z_{1t} - M_{12} M_{22}^{-1} Z_{2t},$$

90 Vgl. JOHANSEN (1995b), S. 70. Das dort abgebildete Modell beinhaltet zusätzlich einen deterministischen Trend.

91 Vgl. JOHANSEN (1995b), S. 71; KIRCHGÄSSNER, WOLTERS und HASSLER (2013), S. 226.

92 Vgl. KIRCHGÄSSNER, WOLTERS und HASSLER (2013), S. 226.

93 Vgl. Abschnitt 6.4.

94 Bei $Z_{2t}$ handelt es sich um einen gestapelten Vektor. Nur so entsteht die zur weiteren Berechnung benötigte Dimension eines Vektors.

wobei $M_{ij} = T^{-1} \sum_{t=1}^{T} Z_{it} Z'_{jt}$ $(i, j = 0, 1, 2)$ die Momentenmatrizen sind. Daraus folgt die Gleichung für die Regression mit reduziertem Rang (‚reduced rank regression')

$$R_{0t} = \alpha\beta' R_{1t} + \widehat{\epsilon_t},$$

sodass die bedingten Schätzer für $\alpha$ und $\Omega$ abhängig von $\beta$ bereits definiert werden können. Sie lauten

$$\hat{\alpha}(\beta) = S_{01}\beta(\beta' S_{11}\beta)^{-1}$$

und

$$\hat{\Omega}(\beta) = S_{00} - S_{01}\beta(\beta' S_{11}\beta)^{-1}\beta' S_{10} = S_{00} - \hat{\alpha}(\beta)(\beta' S_{11}\beta)\hat{\alpha}(\beta)'$$

mit $S_{ij} = T^{-1} \sum_{t=1}^{T} R_{it} R'_{jt}$ $(i, j = 0, 1)$. Die resultierende logarithmische Plausibilitätsfunktion (Likelihood-Funktion) entspricht $|\hat{\Omega}(\beta)|$. Dieser Ausdruck soll maximiert werden, um bestmögliche Schätzer zu erhalten. Eine Umformulierung des Ausdrucks führt zu einem Eigenwertproblem, dessen Lösung die Plausibilitätsfunktion maximiert. Es lautet[95]

$$|\lambda S_{11} - S_{10} S_{00}^{-1} S_{01}| = 0. \tag{3.8}$$

Die Lösung dieses Problems sind die Schätzungen der Eigenwerte $1 > \widehat{\lambda_1} > \cdots > \widehat{\lambda_p} > 0$ sowie die Eigenvektoren $v_1, \ldots, v_p$. Die Anzahl positiver Eigenwerte zeigt den Rang der Kointegration an.[96] Der Schätzer für die kointegrierenden Beziehungen $\hat{\beta}$ ergibt sich aus den Eigenvektoren und lautet dementsprechend

$$\hat{\beta} = (\widehat{v_1}, \ldots, \widehat{v_r}).$$

Dieser r-dimensionale Raum maximiert die Plausibilitätsfunktion und stellt den besten Schätzer dar.

### 3.3.6 Tests auf kointegrierende Beziehungen

Wurden durch die bisher durchgeführten Tests zwei oder mehrere $I(1)$ Prozesse gefunden, kann in einem weiteren Schritt auf kointegrierende Beziehungen zwischen diesen Zeitreihen getestet werden. Dazu stehen hauptsächlich zwei Tests, der Engle-Granger Kointegrationstest sowie der Johansen-Juselius Kointegrations-

---

[95] Vgl. für die Berechnungsschritte dieses Eigenwertproblems JOHANSEN (1995b), S. 95.

[96] Vgl. HACKL (2012), S. 395.

test zur Verfügung. Da der Johansen-Juselius Test überlegen ist,[97] wird dieser im Folgenden als Test auf Kointegration herangezogen.[98]

Der Johansen-Juselius Test auf kointegrierende Beziehungen geht auf JOHANSEN und JUSELIUS (1990) zurück und untersucht die oben aufgeführten Eigenwerte $\widehat{\lambda_i}$.[99] Sind sie signifikant positiv, erhöhen sie den Rang $r$ der Kointegration. Die Eigenwerte können auf zwei verschiedene Arten untersucht werden.[100] In dieser Arbeit wird der sog. ‚trace' Test verwendet. Er testet die Hypothese $H_0$: *Es sind maximal i Eigenwerte positiv* gegen die Alternative $H_1$: *Mehr als i Eigenwerte sind positiv*. Die Teststatistik lautet[101]

$$\lambda_{trace}(i) = -T \sum_{i=r+1}^{p} \ln(1 - \widehat{\lambda_i}), \tag{3.9}$$

wobei $\widehat{\lambda_i}$ die geschätzten Eigenwerte und $T$ die Anzahl der Beobachtungen je Zeitreihe darstellen.

Der ‚maximum eigenvalue' Test hingegen testet die Hypothese $H_0$: *Es gibt i positive Eigenwerte* gegen die Hypothese $H_1$: *Es gibt* $i + 1$ *positive Eigenwerte* mit der Teststatistik[102]

$$\lambda_{max}(i, i + 1) = -T \ln(1 - \widehat{\lambda_{i+1}}). \tag{3.10}$$

## 3.4 Random Forests als Prognosemodelle

Aus dem Bereich des maschinellen Lernens sollen ebenfalls Random Forests als Prognosemethode zum Einsatz kommen und mit den bisherigen Verfahren verglichen werden. Random Forests sind weit verbreitet und werden besonders häufig als Vergleich und Maßstab für die Güte von neuronalen Netzen verwendet. Ähnlich wie bei neuronalen Netzen umfasst der Anwendungsbereich von Random Forests insbesondere Klassifikationsaufgaben. Beispielsweise könnte ein Random Forest als Alternative zu dem vielzitierten und auf einem neuronalen Netz basierenden

[97] Vgl. ARSHANAPALLI und NELSON (2008), S. 706 f.

[98] In R ist dieser über das Paket ‚urca' verfügbar.

[99] Vgl. JOHANSEN und JUSELIUS (1990), S. 177 f.

[100] Vgl. KIRCHGÄSSNER, WOLTERS und HASSLER (2013), S. 230–232 beschreiben den ‚maximum eigenvalue' und den ‚trace' Test.

[101] Vgl. JOHANSEN (1995b), S. 92; ARSHANAPALLI und NELSON (2008), S. 707; KIRCHGÄSSNER, WOLTERS und HASSLER (2013), S. 230; JOHANSEN und JUSELIUS (1990), S. 179.

[102] Vgl. JOHANSEN (1995b), S. 93.

‚Baetge-Bilanzrating‘[103] genutzt werden. Ziel dieses Netzes ist es, Unternehmen anhand verschiedener Eigenschaften und betriebswirtschaftlicher Kennzahlen in Kategorien für die Ausfallwahrscheinlichkeit einzusortieren. Im einfachsten Fall könnte beispielsweise zwischen ‚solvent‘ und ‚insolvenzgefährdet‘ unterschieden werden.[104] Dass Random Forests für die Insolvenzprognose besser geeignet sind als herkömmliche Methoden wie die Diskriminanzanalyse oder logistische Regressionen, aber auch neuere Verfahren wie Support Vector Machines (SVM)[105], zeigt die Analyse von BARBOZA, KIMURA und ALTMAN (2017).[106] Mit einer leichten Änderung in der Auswertung können Random Forests jedoch auch für Regressionsaufgaben und die Prognose konkreter Werte bzw. stetiger Variablen genutzt werden. Die Funktionsweise wird nachfolgend in Kürze dargestellt.

### 3.4.1 Theoretische Grundlagen

Die Methode wurde von BREIMAN (2001) entwickelt und seither in etlichen Anwendungsbereichen verwendet.[107] Random Forests basieren auf Entscheidungsbäumen, welche weithin bekannt und leicht verständlich sind.[108] Die Grundidee besteht in der Berechnung einer großen Anzahl an Entscheidungsbäumen, welche anschließend aggregiert werden, um konkretere Aussagen treffen zu können.[109]

Die Technik der Prognoseerstellung durch Aggregation von Entscheidungsbäumen wird als ‚bootstrap aggregating‘ oder kurz ‚bagging‘ bezeichnet. Entscheidungsbäume werden dabei anhand zufälliger Stichproben erstellt, welche durch Ziehen mit Zurücklegen gezogen werden (‚bootstrapping‘).[110] Für jeden Entscheidungsbaum werden etwa zwei Drittel aller Beobachtungen verwendet.[111] Die

[103] Vgl. BAETGE (1998), S. 17. Teilweise findet sich aufgrund des verwendeten Algorithmus auch die Bezeichnung ‚BP-14‘.

[104] Ein weiteres Beispiel ist die Zuordnung von Aktiengesellschaften zu den verschiedenen Aktienindizes anhand von Eigenschaften der Unternehmen. Vgl. GEHRKE (2019), S. 189 f.

[105] Vgl. CORTES und VAPNIK (1995).

[106] Vgl. BARBOZA, KIMURA und ALTMAN (2017), S. 405, 414 f.

[107] Vgl. BREIMAN (2001). Aktuell wurde die Arbeit in über 78700 Werken zitiert (Stand: September 2021).

[108] Vgl. PAVLOV (2000), S. 7. Section 1 enthält zudem wichtige, mathematische Definitionen zu Entscheidungsbäumen.

[109] Vgl. BREIMAN (2001), S. 26; GENUER und POGGI (2020), S. 33.

[110] Vgl. GEHRKE (2019), S. 188 f.

[111] Vgl. BREIMAN (2001), S. 11.

restlichen Daten werden zur Berechnung der Fehlerrate genutzt.[112] Anschließend werden die einzelnen Bäume über die Minimierung eines Fehlermaßes aggregiert, sodass ein Prädiktor entsteht.[113] Für diese Methode spricht vor allem die gesteigerte Genauigkeit sowie die Möglichkeit einer stetigen Überprüfung des Modells.[114]

Eine wichtige Rolle spielt die Aggregation der berechneten Entscheidungsbäume. In der in dieser Arbeit benutzten Regressionsform erfolgt die Aggregation von Entscheidungsbäumen über die Minimierung des mittleren quadratischen Fehlers bzw. Mean Squared Errors (MSE).[115] Random Forests für Klassifizierungen wählen die am häufigsten ermittelte Kategorie als einfaches Mehrheitsvotum.[116] Der Output ist im Regressionsfall der Durchschnitt aller Zielvariablen, welche auf Basis der Kriterien des Entscheidungsbaumes in einen Endknoten fallen.[117]

Die beiden wichtigsten Parameter, welche für das Training von Random Forests spezifiziert werden müssen, sind die Anzahl der zu errechnenden Entscheidungsbäume $n_{tree}$ und die Anzahl der zur Verfügung stehenden Variablen an jedem Knoten $mtry$.[118] Ab bestimmten Werten für die Anzahl der Entscheidungsbäume $n_{tree}$ pendelt sich der Output von Random Forests ein und es sind keine Verbesserungen mehr möglich. Die Prognosegüte steigt in den empirischen Analysen dieser Arbeit ab $n_{tree} = 500$ lediglich marginal, sodass höhere Werte daher als nicht notwendig und nicht erstrebenswert angesehen werden.[119] An jedem Knoten wird weiterhin zufällig die Anzahl $mtry$ an Variablen gezogen, welche als mögliche Variablen zum Aufteilen der Stichprobe zur Verfügung stehen (‚splitting variables').[120] In dieser Arbeit stehen jeweils zwei ($mtry = 2$) erklärende Variablen an den Knoten zur Verfügung, wobei sich die Ergebnisse für höhere Werte kaum verbessern und häufig ein Drittel der Anzahl verfügbarer Variablen gewählt wird. Daraufhin wird die Variable für den Knoten gewählt, welche die Stichprobe unter Minimierung des Fehlermaßes am effektivsten aufteilt.[121] Aus diesem Grund steht in vielen Fällen $OI$ im ersten

---

[112] Vgl. GEHRKE (2019), S. 189.

[113] Vgl. GENUER und POGGI (2020), S. 37, 39; BREIMAN (2001), S. 5; DING u. a. (2020), S. 1102.

[114] Vgl. BREIMAN (2001), S. 11.

[115] Vgl. BREIMAN (2001), S. 25 f.

[116] Vgl. BREIMAN (2001), S. 6; GENUER und POGGI (2020), S. 34.

[117] Vgl. DING u. a. (2020), S. 1102.

[118] Vgl. GENUER und POGGI (2020), S. 33; GEHRKE (2019), S. 189.

[119] Vgl. DING u. a. (2020), S. 1102. Die Güte eines Modells stagniert ab einer bestimmten Anzahl an Entscheidungsbäumen, welche für die Komplexität der verwendeten Daten bei ca. 500 angenommen werden kann.

[120] Vgl. BREIMAN (2001), S. 27.

[121] Vgl. GENUER und POGGI (2020), S. 39.

Knoten. Es hat den höchsten Erklärungsgehalt. Niedrigere Werte für *mtry* führen zu einer geringeren Korrelation der einzelnen Entscheidungsbäume und somit zu einer niedrigeren Varianz.[122] Höhere Werte führen dazu, dass weniger Variablen in den Entscheidungsbäumen enthalten sind, da stets die effizientesten Teilungsvariablen gewählt werden können. Dabei besteht jedoch die Gefahr, relevante Variablen in zu geringem Umfang einzubeziehen. Letztlich sind die Ergebnisse jedoch sehr robust gegenüber der Ausprägung von *mtry* und die optimale Wahl stark von dem Datensatz abhängig.[123]

Die maximale Tiefe der Entscheidungsbäume sowie die minimale Anzahl an Beobachtungen in einem Endknoten müssen so gesetzt werden, dass eine Überanpassung verhindert, jedoch nicht zu stark vereinfacht wird.[124]

Ausblick:
Für das finale Modell wurden verschiedene Parameterkonstellationen getestet und schließlich das beste Modell gewählt.[125] Die Größe der Endknoten ist ein wichtiger Parameter, um die Komplexität der Entscheidungsbäume zu kontrollieren. Sie legt fest, wie viele Unternehmensjahre ein Endknoten mindestens enthalten muss. Je kleiner die Größe gewählt wird, desto größer werden die Entscheidungsbäume. Die definierte Größe von fünf Objekten je Endknoten im betrachteten Fall der Regression kann als Standard betrachtet werden und niedrigere Werte bzw. komplexere Entscheidungsbäume führen nicht zu besseren Ergebnissen.[126] Da die Methodik von Random Forests durch die Verwendung zufälliger Stichproben einer Überanpassung an die Daten entgegenwirkt, liegt der Vorteil höherer Werte für die Größe der Endknoten (‚nodesize') und damit einer Verkleinerung der Entscheidungsbäume lediglich in einer höheren Berechnungsgeschwindigkeit.[127]

---

[122] Vgl. GOLDSTEIN, POLLEY und BRIGGS (2011), S. 19.

[123] Siehe dazu GOLDSTEIN, POLLEY und BRIGGS (2011), S. 19 f. Sie empfehlen eine Bandbreite von Ausprägungen für *mtry* zu testen, um einen für die Daten passenden Wert zu ermitteln. Diese Ergebnisse der empirischen Analyse von Cashflows und Gewinnen in dieser Arbeit waren ebenfalls sehr robust bezüglich der Wahl des Parameters.

[124] Vgl. DING u. a. (2020), S. 1102.

[125] Das Paket ‚randomForest' in R sieht für Regressionen eine minimale Größe der Endknoten (‚nodesize') von fünf Objekten und keine Begrenzung der Endknotenanzahl vor. Vgl. LIAW und WIENER (2002). Die maximale Anzahl möglicher Endknoten ergibt sich dementsprechend aus der Anzahl vorliegender Unternehmensjahre und der minimalen Größe der Endknoten. Für die Stichprobe deutscher Unternehmen ergeben sich maximal 653 (3266/5) Endknoten, für die Stichprobe US-amerikanischer Unternehmen maximal 1898 (9490/5) Endknoten in jedem Entscheidungsbaum. Durch die zufällige Stichprobenziehung variiert die Anzahl jedoch.

[126] Vgl. DÍAZ-URIARTE und ALVAREZ DE ANDRÉS (2006), S. 4 kommen bei der Analyse von Genomdaten zu der gleichen Erkenntnis.

[127] Vgl. GOLDSTEIN, POLLEY und BRIGGS (2011), S. 22.

Die Erkenntnisse bezüglich der Parameter in dieser Arbeit decken sich mit anderen Studien. So bleibt festzuhalten, dass die Wahl der Parameter, insbesondere zu der Komplexität der Entscheidungsbäume, die Prognosegüte nur marginal beeinflussen. Die Ergebnisse sind weitestgehend robust gegenüber Änderungen der Hyperparameter.[128]

Im Folgenden wird das Verfahren für den Fall der Regressionsform anhand einer Teilung der Stichprobe und zwei Endknoten verdeutlicht. Abbildung 3.1 zeigt eine vereinfachte Darstellung eines Entscheidungsbaumes, welcher die grundlegende Methode für Random Forests darstellt. Der obere Knoten zeigt die Variable, auf Basis derer die Daten aufgeteilt werden (‚explanatory variable'). An jedem Knoten werden die Daten in zwei darunterliegende Knoten geteilt. Dazu wird ein Teilungskriterium (‚splitting criterion') herangezogen, welches im Regressionsfall die Residuenquadratsumme (RSS) minimiert.[129] Dieses Teilungskriterium ist aufgrund der unterschiedlichen Stichproben für jeden einzelnen Baum (wie oben beschrieben, werden zufällig Beobachtungen zur Generierung jedes einzelnen Entscheidungsbaumes gezogen) auch bei gleichen Variablen unterschiedlich. Im Endknoten (‚terminal node') wird die Anzahl der Beobachtungsgruppen (bzw. Unternehmensjahre bestehend aus einer Beobachtung für jede Variable in einem Jahr) angegeben, welche die darüberliegenden Kriterien erfüllen ($n$ = Beobachtungen). Zudem wird der Durchschnitt der Zielvariable aller in diese Kategorie fallenden Beobachtungsgruppen ausgewiesen ($y = \sum_{i=1}^{n} \frac{CFO_i}{n}$ = Durchschnitt der Zielvariable für die Prognose des operativen Cashflows).[130]

[128] Vgl. GOLDSTEIN, POLLEY und BRIGGS (2011), S. 18; DÍAZ-URIARTE und ALVAREZ DE ANDRÉS (2006), S. 4.

[129] Analog dazu wird bei der typischen OLS-Schätzung ebenfalls die Gerade geschätzt, indem die Residuenquadratsumme minimiert wird.

[130] Im Fall von Klassifizierungsaufgaben wird die Kategorie ausgewiesen, welche in dem Teildatensatz am häufigsten vorliegt. Vgl. BREIMAN (2001), S. 6.

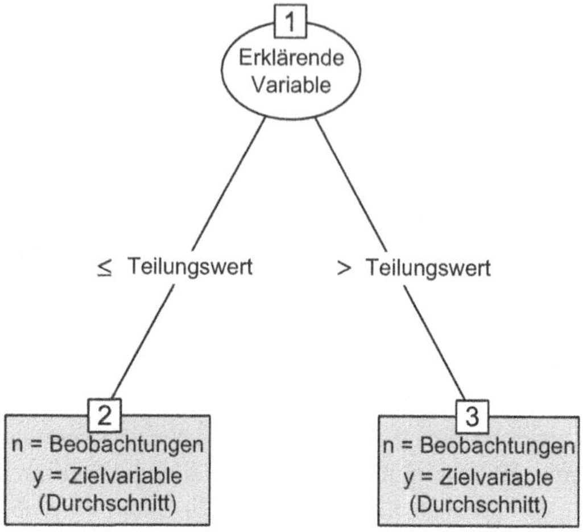


**Abbildung 3.1** Schematische Darstellung eines Entscheidungsbaumes[131]

### 3.4.2 Eignung zur Prognose von Cashflows und Gewinnen

Während Random Forests in vielen Forschungsbereichen Anwendung finden und häufig sehr gute Ergebnisse liefern, unterliegen sie im Vergleich zu Methoden der Zeitreihenanalyse dennoch bedeutsamen Einschränkungen. Ein lineares Regressionsmodell kann beispielsweise zeitliche Trends erfassen, wozu Random Forests nicht in der Lage sind.[132] Insbesondere für langfristige Prognosen von Ergebnisgrößen ist dies ein offensichtlicher Nachteil. Weiterhin sind Random Forests schlechter interpretierbar als Regressionsmodelle, deren Koeffizienten direkt und intuitiv bewertet werden können und Zusammenhänge ausdrücken.[133] Eine derartige Interpretationsmöglichkeit der Einflussstärken bieten Random Forests nicht. Zudem benötigen sie tendenziell mehr Beobachtungen, um gute Ergebnisse liefern zu können. Für sehr kleine Datensätze sind dementsprechend Regressionsmodelle vorzuziehen.

[131] Die Abbildung basiert auf einer mithilfe des R-Pakets ‚party' erstellten Grafik. Vgl. HOTHORN, HORNIK und ZEILEIS (2006).

[132] Random Forests können nicht extrapolieren, d. h. keine Werte außerhalb der für das Training verwendeten Werte ausgeben. Ein lineares Regressionsmodell kann im Vergleich dazu auch Werte außerhalb des Trainingsbereichs errechnen.

[133] Vgl. GEHRKE (2019), S. 202.

Demgegenüber stehen die Vorteile von Random Forests, welche sich insbesondere in einer hohen Flexibilität der Methode ausdrücken. Datenmanagement und insbesondere Bereinigungen von Datensätzen werden weniger benötigt. Tests im Rahmen der Erstellung dieser Arbeit haben insbesondere gezeigt, dass Random Forests robust gegenüber Ausreißern sind.[134] Mit einem nicht oder nur in geringem Umfang winsorisierten Datensatz schneidet die Methode in der out-of-sample Prognose deutlich besser ab, als ein lineares Regressionsmodell. Mit zunehmend stärkerer Beseitigung von Ausreißern nimmt dieser Vorteil stetig ab. Ein weiterer Vorteil gegenüber linearen Regressionsmodellen ist die Möglichkeit nicht-lineare Zusammenhänge abzubilden. Damit sind Random Forests tendenziell besser an die (in-sample) Daten angepasst als lineare Modelle.[135]

### 3.4.3 Anwendungsbeispiel

Anwendungen der Methodik finden sich in der Unternehmensrechnung nur wenige.[136] Insbesondere im Bereich der Rechnungslegung mangelt es an Studien. Die Nützlichkeit des maschinellen Lernens und unter anderem Random Forests decken Ding u. a. (2020) jedoch auf. Sie weisen darauf hin, dass die meisten Posten der Bilanz und Gewinn- und Verlustrechnung auf Schätzungen basieren[137] und finden, dass Verfahren des maschinellen Lernens nützlich sind, um derartige Schätzungen zu verbessern. Dazu wurden Zahlungsverpflichtungen bzw. Schadenaufwendungen von Versicherungsunternehmen prognostiziert, welche letztlich genauer waren, als in den Geschäftsberichten ausgewiesene Werte.[138] Besonders Random Forests haben dabei sehr gute Prognosen erzeugt, welche die in den Geschäftsberichten ausgewiesenen Werte dominierten.[139] Weitere Anwendungen der Methode im Bereich der Prognosebildung beziehen sich auf Preisentwicklungen am Elek-

[134] So auch Gehrke (2019), S. 195.

[135] Vgl. Gehrke (2019), S. 201 f.

[136] Eine Ursache für die mangelnde Anwendung, insbesondere in Bezug auf Schätzungen in der Finanzberichterstattung (‚blanace sheet estimates'), könnte die Datenverfügbarkeit sein. In den meisten Fällen ist der Zugang zu unternehmensinternen Daten Voraussetzung für die Durchführbarkeit derartiger Studien. Vgl. Sellhorn (2020), S. 56.

[137] „Managerial estimates are ubiquitous in accounting: most balance sheet and income statement items are based on estimates" (Ding u. a. (2020), S. 1098).

[138] Vgl. Ding u. a. (2020), S. 1098; Sellhorn (2020), S. 56.

[139] Vgl. Ding u. a. (2020), S. 1111.

trizitätsmarkt[140] sowie die Aktienkursprognose, wobei sie häufig als Vergleich zu künstlichen neuronalen Netzen herangezogen wird.[141]

Die Evaluation von Random Forests erfolgt in dieser Arbeit anhand eines Prognosemodells für Cashflows, welches typische Periodenabgrenzungskomponenten als erklärende Variablen nutzt.

Abbildung 3.2 verdeutlicht die beschriebene Idee und Verarbeitung von Daten in einem Entscheidungsbaum, wobei ein Entscheidungsbaum einen Anteil von $1/n_{tree}$ des Random Forest darstellt. Der abgebildete Baum verarbeitet zudem nur einen Bruchteil des Datensatzes und ist damit kleiner als jeder einzelne Baum des Random Forest. Die Darstellung zeigt einen Baum, welcher mithilfe von 100 Unternehmensjahren (und damit 800 Beobachtungen aufgrund von insgesamt 8 Variablen) erzeugt wurde. Alle Variablen sind mithilfe des Gesamtvermögens normalisiert. Die Zielvariable ist der $CFO_{t+1}$ analog zu der linearen Regression als Vergleichsmodell. Der Entscheidungsbaum teilt die Stichprobe im ersten Knoten anhand des verzögerten, operativen Gewinns $OI_t$. Anschließend werden die Unternehmensjahre bzw. Daten-

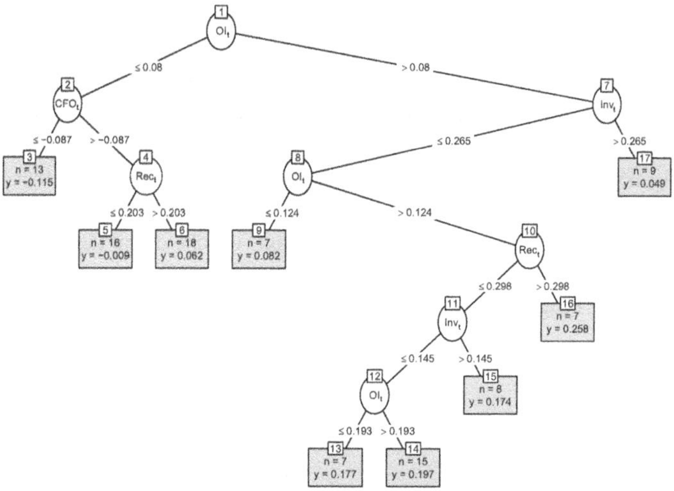


**Abbildung 3.2** Entscheidungsbaum mit der Zielvariablen $CFO_{t+1}$[142]

[140] Vgl. MEI u. a. (2014).

[141] So beispielsweise in VIJH u. a. (2020).

[142] Die Abbildung basiert auf einer mithilfe des R-Pakets ‚party' erstellten Grafik. Vgl. HOTHORN, HORNIK und ZEILEIS (2006).

sätze, welche $OI_t \leq 0,08$ erfüllen, anhand des verzögerten, operativen Cashflows $CFO_t$ geteilt (s. Knoten 2). Daraufhin entsteht der erste Endknoten (mit der Nummer 3) und es wird noch einmal anhand der Forderungen $Rec_t$ geteilt, wodurch die Endknoten 5 und 6 entstehen. Im Weiteren werden die Knoten 7 bis 17 berechnet. Das Teilen in jedem Knoten erfolgt wie zuvor beschrieben durch Minimierung der Residuenquadratsumme (RSS) analog zur OLS-Schätzung. Die größte Reduktion der RSS kann im Beispielfall somit durch Teilung der Stichprobe anhand des verzögerten, operativen Gewinns bei 0,08 erzielt werden. Der Endknoten mit Nummer 3 zeigt letztlich, dass 13 Unternehmensjahre die darüberliegenden Kriterien erfüllen und der durchschnittliche, normalisierte $CFO_{t+1}$ für diese Daten $-0,115$ beträgt. Abbildung 3.2 verdeutlicht zudem, dass nicht jede Variable in einem Entscheidungsbaum verwendet werden muss. Im Beispiel wird die Variable für Abschreibungen $Depr_t$ beispielsweise nicht genutzt. In diesem Fall gab es stets bessere Möglichkeiten, die Daten zu teilen. Die tatsächlichen Entscheidungsbäume, wie sie im Random Forest verwendet werden, sind weitaus größer und grafisch praktisch nicht mehr darstellbar.

## 3.5 Künstliche Neuronale Netze als Prognosemodelle

### 3.5.1 Vorbemerkungen

Künstliche Neuronale Netze haben in der jüngeren Vergangenheit erneut massiv an Aufmerksamkeit und Bedeutung gewonnen. Ursächlich dafür sind sicher größere Datenverarbeitungskapazitäten, aber auch Defizite klassischer Zeitreihenmodelle wie ARMA-Modelle und deren Erweiterungen.[143] KNN sind klassischen Methoden, wie der Regressions- oder Diskriminanzanalyse, in vielen Anwendungsbereichen überlegen.[144] So finden sich vor allem in der Finanzwirtschaft bereits vor dem Jahr 2000 Anwendungen in der Analyse von Transaktionen, für Bonitätsbeurteilungen sowie für Wertermittlungen.[145] Hautpsächlich finden sich jedoch Anwendungen im Bereich der Bonitätsanalyse.[146] Neuere Anwendungen umfassen insbesondere die Spracherkennung sowie die Text- und Bildanalyse, wobei die Anwendung auf Regressionsprobleme stetig zunimmt.[147]

---

[143] Vgl. CHENG u. a. (2015), S. 1054; ZHANG (2012), S. 462.

[144] Vgl. FADLALLA und LIN (2001), S. 112.

[145] Vgl. COAKLEY und BROWN (2000), S. 119.

[146] Vgl. KÜTING und WEBER (2015), S. 390.

[147] Vgl. TORRES u. a. (2021), S. 3

Dennoch finden sich speziell in der Rechnungslegung nur sehr wenige Anwendungen. KNN waren in den Wirtschaftswissenschaften insgesamt lange unterrepräsentiert, wofür die Entwicklung der Methode in völlig anderen Bereichen der Wissenschaft ursächlich sein könnte.[148] Sie bieten jedoch den großen Vorteil, dass im Rahmen der Modelldefinition nicht die Art der Zusammenhänge von Variablen vorgegeben werden muss. Insbesondere werden damit auch andere als nur lineare Zusammenhänge zwischen den Variablen berücksichtigt.[149] KNN bieten eine verhältnismäßig einfache Option, alle kontinuierlichen Funktionen beliebig genau zu approximieren.[150] Nichtsdestotrotz könnte das vorherige Entfernen von Trends bzw. Nichtstationarität die Ergebnisse verbessern und müsste dann auch bei der Anwendung von KNN durchgeführt werden.[151] Grundsätzlich sind KNN umso vielversprechender, je höher das Datenaufkommen ist und je geringer die Struktur in den Daten bzw. je höher die Unsicherheit ist.[152]

Für multivariate Regressionsanalysen zu Prognosezwecken stellen KNN ein Substitut dar und sind für die Anwendungen dieser Arbeit besonders interessant, da Wirkungsrichtungen und -zusammenhänge nicht eindeutig sind.[153] Es gibt keine zugrundeliegende Theorie, welche Wirkungszusammenhänge eindeutig erklären könnte. Das betrachtete System eines Unternehmens und dessen Umwelt ist zu komplex, als dass es durch die geringe Anzahl an erklärenden Variablen beschrieben werden könnte. Die Bedeutung einzelner erklärender Variablen in KNN ist jedoch nur durch Modellvergleiche (und nicht durch Interpretation von Koeffizienten) feststellbar. Um die Bedeutung einer erklärenden Variable zu evaluieren, muss jeweils ein Modell mit und ohne diese Variable erstellt und getestet werden.[154] Zudem werden neue Verfahren entwickelt, welche die Gewichtungen von Knoten aufdecken und damit Aufschluss über die Stärke von Zusammenhängen geben. Die Visualisierung von Einflussfaktoren ist jedoch für Zeitreihendaten im Vergleich zur Bilderkennung besonders schwierig und es gibt nur wenig Forschung dazu.[155] Diese Ansätze könnten in absehbarer Zukunft jedoch zu einer höheren Akzeptanz von KNN führen und potenziell Anwendungen auch im Bereich der

---

[148] Vgl. McNelis (2005), S. 6.

[149] Vgl. Backhaus, Erichson und Weiber (2015), S. 296; McNelis (2005), S. 7; Cheng u. a. (2015), S. 1060.

[150] Vgl. Cheng u. a. (2015), S. 1060; Huang, Lai u. a. (2007), S. 115; Hornik (1993).

[151] Vgl. Zhang (2012), S. 471.

[152] Vgl. Fadlalla und Lin (2001), S. 112, 115.

[153] Vgl. Backhaus, Erichson und Weiber (2015), S. 296.

[154] Vgl. McNelis (2005), S. 104.

[155] Vgl. Siddiqui u. a. (2019), S. 67027.

Rechnungslegung ermöglichen. Deutungen der Einflüsse bleiben jedoch aufwändig und sind nicht eindeutig.[156]

Trotz neuerer Entwicklungen wie der von SIDDIQUI u. a. (2019) bleibt die black-box Eigenschaft bzw. eine eingeschränkte Interpretierbarkeit von KNN bestehen und steht einer umfangreichen Anwendung in der Rechnungslegung im Wege. Ausgewiesene Werte müssen nachvollziehbar sein und Abschlussprüfer sollen Werte erneut berechnen und Einflussfaktoren prüfen können.[157] Beides ist im Falle der Anwendung von KNN noch nicht bzw. nur mit bedeutenden Einschränkungen möglich. Bestehende Ansätze sind noch nicht ausreichend erprobt. Auch in anderen, bedeutenden Forschungsfeldern wird daher von der Nutzung wenig interpretierbarer Methoden abgeraten.[158] Nur bedeutend bessere Prognoseergebnisse könnten diese systematischen Nachteile ausgleichen und eine Anwendung in der Praxis rechtfertigen.

### 3.5.2 Grundsätzliche Arten von KNN und deren Einsatzmöglichkeiten

Die Informationsverarbeitung von KNN findet analog zum biologischen Nervensystem statt und es werden grundsätzlich vorwärtsgerichtete (‚feedforward') und rückwärtsgerichtete (‚feedback') KNN unterschieden und damit entsprechend der Richtung der Informationsverarbeitung differenziert.[159] Feedforward bzw. vorwärtsgerichtete Netze lassen keine Rückkopplung zu, sodass keine Datenströme zwischen einzelnen Neuronen einer Schicht sowie zu vorangehenden Schichten des Netzwerkes entstehen.[160] MCNELIS (2005) beschreibt vorwärtsgerichtete Netze mit einer versteckten Schicht als die einfachste, aber meistgenutzte Art von KNN in Bezug auf Anwendungen in der Finanzwirtschaft.[161] Diese Variante von KNN wurde in den 1980er und 1990er Jahren verwendet und ist besser in der in-sample Schätzung bzw. Abbildung der Daten als klassische Modellalternativen.[162] Für Prognosezwecke kann dies jedoch nicht allgemein beantwortet werden. Dafür gilt es einen guten

156 Vgl. SIDDIQUI u. a. (2019), S. 67038.

157 Vgl. Abschnitt 2.2.2 sowie ISAE 3400, Rn. 21.

158 Vgl. AFNAN u. a. (2021), S. 3–5.

159 Vgl. BACKHAUS, ERICHSON und WEIBER (2015), S. 298; KÜTING und WEBER (2015), S. 396.

160 Vgl. BACKHAUS, ERICHSON und WEIBER (2015), S. 298.

161 Vgl. MCNELIS (2005), S. 22.

162 Vgl. CHENG u. a. (2015), S. 1060.

Mittelweg zwischen Modellanpassung an die Trainingsdaten und Generalisierung des Modells zu finden. Aus dieser einfachsten Form von vorwärtsgerichteten KNN entstanden weiterhin mehrschichtige (‚multi-layer') Netze, welche mehrere verdeckte Schichten nutzen und Funktionen dementsprechend genauer approximieren können.[163]

Abbildung 3.3 zeigt den Aufbau eines vorwärtsgerichteten und vollständig verknüpften KNN mit sieben, aus der Rechnungslegung stammenden, verzögerten Variablen zur Erklärung des operativen Cashflows der folgenden Periode. Die verwendeten Variablen entsprechen denen der anderen Modelle, um die Vergleichbarkeit zu wahren. Es zwei verdeckte Schichten dargestellt, wobei die Anzahl der Schichten sowie die Anzahl an Knoten je Schicht zu definieren ist. Alle Verbindungen zwischen den Knoten sind gewichtet. Die Gewichte $w_i, \ldots, w_n$ deuten die Gewichtungen von der Eingangsschicht zur ersten verdeckten Schicht an. Die Eingangssignale werden mit den Gewichten multipliziert.[164] Die Abbildung zeigt allerdings vereinfachend ein vorwärtsgerichtetes Netz. Das in der weiteren Analyse verwendete KNN ist ein rekurrentes Netz, welches Verbindungen zwischen den Knoten einer Schicht, sowie zu vorgelagerten Schichten zulässt. Die Abbildung

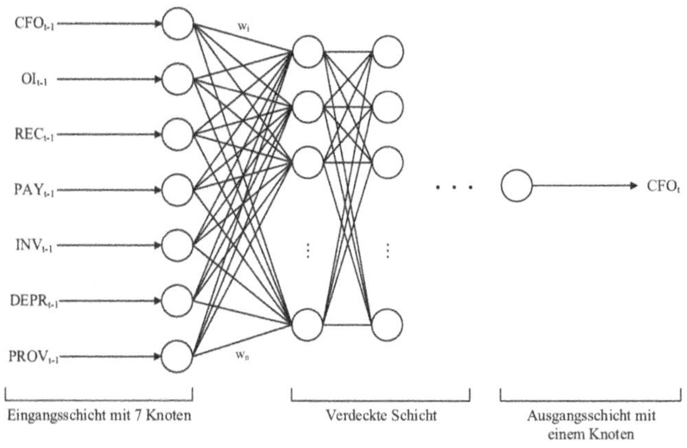


**Abbildung 3.3** Schematische Abbildung eines vollständig verknüpften feedforward KNN zur Prognose des $CFO_t$

[163] Vgl. TORRES u. a. (2021), S. 7. Sie werden häufig als „deep feed forward neural networks" bezeichnet.

[164] Vgl. KÜTING und WEBER (2015), S. 393; CRONE (2010), S. 169.

verdeutlicht dennoch den Grundgedanken der empirischen Evaluation, welche sich an dieses Grundlagenkapitel anschließt.

Feedback Netze lassen entsprechend Verbindungen zwischen Neuronen und vorangehenden Schichten zu.[165] Rekurrente Neuronale Netze (RNN) können Outputs von Neuronen erneut verwenden, sodass Neuronen einer Schicht miteinander und mit vorgelagerten Schichten verbunden sein können. Dies macht sie mit MA-Prozessen vergleichbar. Sie sind für die Verarbeitung von Sequenzen prädestiniert und nur bei Vorliegen einer zeitlichen Dimension in den Daten sinnvoll, wohingegen vorwärtsgerichtete Netze sowohl mit Querschnitts- als auch mit Zeitreihendaten verwendet werden können.[166] Im Gegensatz zu MA-Prozessen haben die verzögerten Fehlerterme jedoch keinen direkten Einfluss auf die Zielgröße, sondern ändern die Schichten bzw. Neuronen.[167] So können Gewichte, welche die Verbindungsstärke zwischen einzelnen Neuronen darstellen, angepasst werden.[168] Dies stellt gleichzeitig einen Nachteil von rekurrenten Netzen dar. Sie sind aufgrund der Vielfalt möglicher Topologien und aufgrund des aufwändigeren Trainings schwieriger und weniger eindeutig umsetzbar.[169] RNN sind jedoch weit verbreitet und stellen die fortschrittlichste Art von KNN dar. Ebenfalls zu erwähnen sind Convolutional Neural Networks (CNN). Sie werden üblicherweise in der Bildverarbeitung genutzt.[170]

Weiterhin können KNN anhand ihrer Eingangs- und Ausgangsstruktur in sog. ‚one-to-one', ‚one-to-many', ‚many-to-one' und ‚many-to-many' Netzwerkarchitekturen differenziert werden. In dieser Arbeit werden many-to-one Netzwerke genutzt, da verschiedene Inputs für die Prognose einer bestimmten Zeitreihe (insbesondere der Gewinne oder Cashflows) genutzt werden. Viele Eingangsgrößen werden benötigt, um Informationen über Periodenabgrenzungsposten und andere Abschlussbestandteile für die Prognose von Erfolgskennzahlen nutzen zu können. An einer Prognose aller Eingangsvariablen besteht jedoch kein primäres Interesse.

Die Inputs werden in den Schichten des KNN durch eine Propagierungs- bzw. Aktivierungsfunktion transformiert und bis zum letzten Knoten weitergereicht. Dadurch können auch nichtlineare Prozesse modelliert werden, wenn die

---

[165] Vgl. BACKHAUS, ERICHSON und WEIBER (2015), S. 299; ZHANG (2012), S. 465; KÜTING und WEBER (2015), S. 396.

[166] Vgl. MCNELIS (2005), S. 34 f.

[167] Vgl. MCNELIS (2005), S. 34 f.

[168] Vgl. BACKHAUS, ERICHSON und WEIBER (2015), S. 299.

[169] Vgl. ZHANG (2012), S. 465.

[170] Vgl. TORRES u. a. (2021), S. 11 f. für eine Beschreibung des Aufbaus von CNN.

Transformation entsprechend nichtlinear ist.[171] Meist werden dafür Sigmoidfunktionen verschiedener Art verwendet.[172] Für Prognosen von Zeitreihendaten wird häufig beispielsweise die Hyperbeltangensfunktion ($tanh$) verwendet.[173] Als Aktivierungsfunktion können jedoch verschiedene Funktionen herangezogen werden. Dazu gehören neben logistischen Funktionen auch lineare Funktionen.[174] Eine lineare Aktivierungsfunktion hätte jedoch zur Folge, dass keine nichtlinearen Zusammenhänge modelliert und letztlich ein großer Vorteil von KNN entfallen würde.[175] Ebenfalls können nichtlineare Zusammenhänge nur bei Vorliegen mindestens einer verdeckten Schicht abgebildet werden. Andernfalls wäre das Modell linear.[176]

Mithilfe der Gewichte wird der Aktivierungsgrad von Neuronen anhand einer Fehlerfunktion so bestimmt, dass mit den Werten der erklärenden Variablen (den Inputs) bestmöglich die Zielvariable ermittelt wird.[177] Diese ist bei dem hier relevanten, überwachten Lernen bekannt.[178] Der Prozess ist mit der Minimierung eines Fehlermaßes, analog zu der Regression, vergleichbar.

Je mehr Schichten ein KNN hat, desto komplexere Prozesse können abgebildet werden. Durch mehr Schichten erhöht sich jedoch auch die Anzahl der Parameter des Modells, wodurch wiederum die Freiheitsgrade abnehmen und mehr Rechenleistung benötigt wird.[179] KNN können schnell zu groß werden und es erscheint sinnvoll, möglichst wenige Schichten und Neuronen je Schicht zu verwenden.[180] Vorhandene Studien in der Zeitreihenanalyse nutzen ebenfalls meist eine verdeckte Schicht mit einer geringen Anzahl an Knoten.[181] Die Wahl dieser Parameter beeinflussen die Ergebnisse jedoch stark, sodass ihnen eine große Bedeutung beizumessen ist.[182]

---

[171] Vgl. McNelis (2005), S. 21; Backhaus, Erichson und Weiber (2015), S. 298; Küting und Weber (2015), S. 394.

[172] Vgl. McNelis (2005), S. 24, 26 f.

[173] Vgl. Torres u. a. (2021), S. 8.

[174] Vgl. Backhaus, Erichson und Weiber (2015), S. 313 für eine Übersicht üblicher Aktivierungsfunktionen.

[175] Vgl. Backhaus, Erichson und Weiber (2015), S. 314.

[176] Vgl. Coakley und Brown (2000), S. 122.

[177] Vgl. Backhaus, Erichson und Weiber (2015), S. 302, 316.

[178] Vgl. Küting und Weber (2015), S. 397 m. w. N.

[179] Vgl. McNelis (2005), S. 32 f.

[180] Vgl. McNelis (2005), S. 57. Als am besten geeignete Modelle werden dort einfache Modelle, etwa mit einer verborgenen Schicht und drei Neuronen in dieser Schicht beschrieben.

[181] Vgl. Zhang (2012), S. 469.

[182] Vgl. Torres u. a. (2021), S. 8.

KNN sind weiterhin keinesfalls einheitlich. Es gibt verschiedenste Netztypen, sodass KNN lediglich die Bezeichnung für eine Gruppe von Verfahren ist, denen iterative Lernprozesse zugrunde liegen.[183] Das Lernen bezieht sich dabei insbesondere auf die Anpassung von Gewichten innerhalb des Netzes.[184] Die Bestimmung eines Netztypes und einer effizienten Topologie sind schwierige Aufgaben, welche individuell für jedes Problem und jeden Datensatz sind.[185]

Der Backpropagation-Algorithmus ist ein Verfahren zur effizienten Anpassung von Gewichten, sodass die Zielvariable besser approximiert wird.[186] Im Rechnungswesen ist dieser Algorithmus vor allem durch das Baetge-Bilanzrating bekannt geworden. Dies ist ein KNN zur Aufdeckung insolvenzgefährdeter Unternehmen, welches den Backpropagation-Algorithmus nutzt.[187] Als Propagierungsfunktion nutzt er in aller Regel die gewichtete Summe der Ausgabewerte vorgelagerter Neuronen.[188] Der Algorithmus bestimmt die mittlere quadratische Abweichung der Netzausgabe von den wahren Werten und passt die Gewichte im Netz rückwärtsgerichtet an, um diesen Fehler zu minimieren.[189] Die Gewichte werden dabei mithilfe des Gradientenabstiegsverfahrens so angepasst, dass die jeweilige Änderung die Fehlerfunktion minimiert.[190] Es wird währenddessen immer wieder das gesamte Netz berechnet, um die Fehler an der Ausgangsschicht und den Einfluss eines Gewichtes zu ermitteln.[191] Die Lernrate bestimmt die Stärke der Gewichtsanpassung in diesem Prozess. Für sie kann ebenfalls keine allgemeingültige Empfehlung ausgesprochen werden, sodass sie für jeden Datensatz und jede Netztopologie individuell zu ermitteln ist. Bei einer zu niedrigen Lernrate erhöht sich der Rechenaufwand, bei einer zu hohen Rate können Minimalstellen der Fehlerfunktion unentdeckt bleiben.[192] Problematisch bleibt zudem, dass der Backpropagation-Algorithmus mittels des Gradientenabstiegsverfahrens lokale Minima ermittelt, welche stark von

[183] Vgl. BACKHAUS, ERICHSON und WEIBER (2015), S. 300.

[184] Vgl. BACKHAUS, ERICHSON und WEIBER (2015), S. 317.

[185] Vgl. ZHANG (2012), S. 468 f.

[186] Vgl. BACKHAUS, ERICHSON und WEIBER (2015), S. 307; RUMELHART, HINTON und WILLIAMS (1986), ist die grundlegende Arbeit für diesen Algorithmus.

[187] Vgl. BAETGE (1998), S. 17.

[188] Vgl. BACKHAUS, ERICHSON und WEIBER (2015), S. 312.

[189] Vgl. BACKHAUS, ERICHSON und WEIBER (2015), S. 317. Der Ablauf wird auf den Seiten 317–319 beschrieben.

[190] Vgl. ZHANG (2012), S. 465.

[191] Vgl. BACKHAUS, ERICHSON und WEIBER (2015), S. 319.

[192] Vgl. BACKHAUS, ERICHSON und WEIBER (2015), S. 319.

den globalen Minima abweichen können.[193] Daher kann nie mit Sicherheit angenommen werden, dass eine bestmögliche Lösung gefunden wurde. Um dies zu umgehen, sollten die ermittelten Werte der Zielvariable Mittelwerte mehrerer Initialisierungen sein.[194] ZHANG (2012) weist darauf hin, dass neben dem typischen Backpropagation-Algorithmus weitere Ansätze existieren, die zu besseren Ergebnissen führen können und daher ebenso getestet werden sollten.[195]

Neuronale Netze der Long Short-Term Memory (LSTM) Variante sind rekurrente Netze, welche auf dem Konzept von HOCHREITER und SCHMIDHUBER (1997) basieren. Sie wurden speziell für sequenzielle Probleme entwickelt, welche zuvor, besonders bei komplexen Netzstrukturen, nicht zufriedenstellend modelliert werden konnten. Nach dieser grundlegenden Arbeit wurde das Konzept stetig weiterentwickelt. LSTM wurde entwickelt, um auch langfristige Abhängigkeiten berücksichtigen zu können. Dies geschieht durch die Gedächtniszellen (‚memory cells'). Einfache RNN mit vielen Schichten weisen durch den Backpropagation-Algorithmus sehr niedrige Gradienten auf, sodass die ersten Schichten des Netzes nur in geringem Umfang zum Lernen herangezogen werden. Sie haben deshalb nur ein kurzes Gedächtnis.[196] Ursächlich dafür ist die Anpassung der Gewichte mithilfe der Ableitungen der Aktivierungsfunktion, welche miteinander multipliziert werden und meist im Wertebereich [0,1] liegen. LSTM löst dieses Problem, indem Informationen durch die verschiedenen Gates beibehalten und irrelevante Informationen aussortiert werden können.[197] Ebenso können die Gradienten zu groß werden, wenn die Gewichte sehr groß sind.[198] Die zuvor beschriebenen Aktivierungsfunktionen sind dafür jedoch weniger anfällig. Dieses Problem kann LSTM nicht lösen und dazu führen, dass Minima nicht gefunden werden.[199] Möglicherweise sind die in dieser Arbeit betrachteten Zeitreihen nicht lang genug, um das Potenzial von LSTM Netzen zu nutzen. Dennoch stellen sie die wohl effizienteste und aktuellste Variante von RNN für Zeitreihendaten dar. Aus diesem Grund basiert die empirische Evaluation von KNN als Vergleich zu klassischen Methoden auf der nachfolgend

[193] Vgl. COAKLEY und BROWN (2000), S. 123.

[194] Vgl. BACKHAUS, ERICHSON und WEIBER (2015), S. 323, 344.

[195] Vgl. ZHANG (2012), S. 469. Genannt werden das Verfahren der konjugierten Gradienten, das Quasi-Newton-Verfahren und der Levenberg-Marquardt-Algorithmus zur Optimierung.

[196] Vgl. TORRES u. a. (2021), S. 9.

[197] Vgl. HOCHREITER und SCHMIDHUBER (1997), S. 1743; GERS, SCHMIDHUBER und CUMMINS (2000), S. 2452; TORRES u. a. (2021), S. 9.

[198] Vgl. HOCHREITER und SCHMIDHUBER (1997), S. 1736.

[199] Vgl. GERS, SCHMIDHUBER und CUMMINS (2000), S. 2451; GREFF u. a. (2017), S. 2230. Die Aktivierungsfunktion ist neben dem Vergesstor die wichtigste Komponente für die Ergebnisse des Verfahrens.

dargelegten LSTM Methode. Das Konzept basiert auf der Nutzung von Toren (‚gates‘), die den Informationsfluss regulieren und unter anderem vorgeben, welche Information genutzt und wie sie behandelt wird. HOCHREITER und SCHMIDHUBER (1997) haben ein Eingangs- (‚input‘) und ein Ausgangstor (‚output gate‘) eingeführt. Nach Erweiterung um ein Vergesstor (‚forget gate‘) durch GERS, SCHMIDHUBER und CUMMINS (2000) umfasst eine LSTM-Zelle letztlich drei Tore und ist durch die folgenden Gleichungen definiert:[200]

$$y_t^{in} = \sigma(W^{in}x_t + U^{in}h_{t-1} + b^{in}) \tag{3.11}$$

$$y_t^{out} = \sigma(W^{out}x_t + U^{out}h_{t-1} + b^{out}) \tag{3.12}$$

$$y_t^{f} = \sigma(W^{f}x_t + U^{f}h_{t-1} + b^{f}) \tag{3.13}$$

$$\tilde{c}_t = tanh(W^{c}x_t + U^{c}h_{t-1} + b^{c}) \tag{3.14}$$

$$c_t = y_t^{f} \circ c_{t-1} + y_t^{in} \circ \tilde{c}_t \tag{3.15}$$

$$h_t = y_t^{out} \circ tanh(c_t) \tag{3.16}$$

wobei $y_t^{in}$, $y_t^{out}$, $y_t^{f}$ das Eingangs-, Ausgangs- und Vergesstor (bzw. input, output und forget gate) darstellen. $\tilde{c}_t$ beschreibt die Informationen, die potenziell zum aktuellen Zellstatus (‚cell state‘) hinzugefügt werden können, $c_t$ den neuen Zellstatus und $h_t$ den Ausgangswert der Zelle ($h_{t-1}$ beschreibt dementsprechend den Ausgangswert der vorgelagerten Gedächtniszelle). Für die Berechnung dieser Variablen werden zusätzlich die Gewichtungsmatrizen $W^{in}$, $W^{out}$, $W^{f}$ und $U^{in}$, $U^{out}$, $U^{f}$ sowie Vektoren der Verzerrungen (‚bias vectors‘) $b^{in}$, $b^{out}$, $b^{f}$, $b^{c}$ und die Eingangsgrößen des Netzes $x_t$ benötigt. Für die empirische Evaluation werden als Eingangsgrößen $x_t$ die Gewinne, Cashflows und andere Rechnungslegungsgrößen verwendet. Weiterhin beschreibt $\sigma$ die logistische Sigmoidfunktion.[201] In der Berechnung von $c_t$

---

[200] Vgl. GERS, SCHMIDHUBER und CUMMINS (2000), S. 2453 f., 2456; TORRES u. a. (2021), S. 9; FISCHER und KRAUSS (2018), S. 657; YAN und OUYANG (2018), S. 690 f.

[201] Teilweise wird diese nur als „die Sigmoidfunktion" und damit nicht exakt beschrieben, da auch die Hyperbeltangensfunktion $tanh$ eine Sigmoidfunktion ist, die jedoch einen anderen Wertebereich annimmt. Gemeint ist jedoch die logistische Sigmoidfunktion $\sigma(t) = \frac{1}{1+e^{-t}}$. Vgl. HOCHREITER und SCHMIDHUBER (1997), S. 1752, 1768; GERS, SCHMIDHUBER und CUMMINS (2000), S. 2453 f. Für $\tilde{c}_t$ wird häufig abweichend von der zuvor angegebenen Stelle die Hyperbeltangensfunktion genutzt. Vgl. das zuvor aufgestellte Gleichungssystem mit den entsprechenden Quellenangaben.

und $h_t$ beschreibt $\circ$ eine elementweise Multiplikation, d. h. es ist komponentenweise zu multiplizieren bzw. das Hadamard-Produkt zu berechnen.[202]

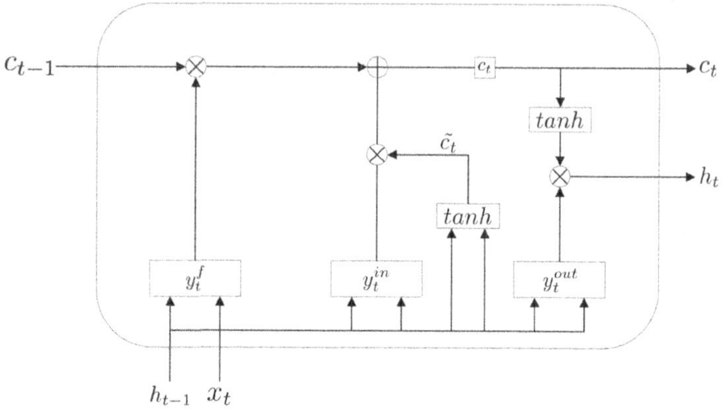


**Abbildung 3.4** LSTM-Zelle[203]

Abbildung 3.4 verdeutlicht die Verknüpfung der Gleichungen einer LSTM-Zelle. Die angedeuteten Multiplikationen sind erneut als elementweise Multiplikationen zu verstehen. Die abgebildete Zelle verwendet die Werte $c_{t-1}$ und $h_{t-1}$ der vorgelagerten Zelle und gibt die Werte $c_t$ und $h_t$ an die nachfolgende Zelle weiter.[204]

Anwendungen der Methode in den Wirtschaftswissenschaften finden sich hauptsächlich in der Finanzwirtschaft. Sie werden vielfach zur Prognose von Aktienkursen oder Indizes verwendet.[205]

KNN tendieren, aufgrund der für sie verhältnismäßig geringen Datenmengen und sehr vielen Parametern, zu Überanpassungen des Modells an die Daten

---

[202] Das Modell ist in der gängigen Vektornotation angegeben. Sie weicht leicht von der ursprünglichen Notation von HOCHREITER und SCHMIDHUBER (1997) und GERS, SCHMIDHUBER und CUMMINS (2000) ab. So kann das Eingangstor beispielsweise als $y_t^{in} = \sigma(net_{in,t})$ angegeben werden, wobei $net_{in,t} = \sum_i w_{in,i} y_{t-1}^i$ und wiederum $y_{t-1}^i = \sigma(net_{in,t-1})$ usw.

[203] Vgl. TORRES u. a. (2021), S. 9; GRAVES, MOHAMED und HINTON (2013), S. 6646.

[204] Vgl. JIANG u. a. (2020), S. 8 für eine Abbildung des Zellgefüges.

[205] Vgl. beispielsweise YAN und OUYANG (2018); JIANG u. a. (2020); FISCHER und KRAUSS (2018); SIAMI-NAMINI, TAVAKOLI und NAMIN (2018).

(‚overfitting‘).[206] Eine Überparametrisierung, insbesondere durch Berücksichtigung irrelevanter Erklärungsgrößen, sollte daher unbedingt vermieden werden.[207] Das Ziel ist stets eine generalisierte Modellierung, sodass im Schätzmodell keine Eigenschaften berücksichtigt werden, welche allein auf die historischen Trainingsdaten zutreffen und beispielsweise durch externe, einmalige Ereignisse hervorgerufen wurden.[208] Die Anzahl verdeckter Schichten und Knoten kann jedoch nicht vor der Modellierung bestimmt werden, sondern ist individuell, häufig durch das Testen verschiedener Modelldefinitionen, festzulegen.[209] Ein weiterer Nachteil von allen KNN gegenüber klassischen Modellalternativen ist die eingeschränkte Nachvollziehbarkeit der Ergebnisse. Anders als bei ökonometrischen Regressions- und Zeitreihenmodellen, können Koeffizienten und Gewichte aufgrund der nichtparametrischen Struktur neuronaler Netze nicht interpretiert werden.[210] Die Bedeutung einzelner Variablen ist daher nicht direkt erkennbar. Es lassen sich jedoch Ableitungen berechnen, welche die Änderungen der Zielgröße durch Änderungen der erklärenden Variablen beschreiben und damit die grundsätzliche Sinnhaftigkeit eines Modells abbilden.[211] Zudem sind KNN deutlich aufwendiger zu berechnen. Diese Rechenintensivität kann bei großen Datenmengen viel Zeit in Anspruch nehmen und entsprechende Kapazitäten beanspruchen.[212]

Das Ziel von wirtschaftswissenschaftlicher Forschung im Bereich der KNN ist in aller Regel ein Vergleich der Schätz- und Prognosegenauigkeit im Vergleich zu typischen, linearen Modellen.[213] Daher ist es üblich, nur eine Zielvariable bzw. eine Zeitreihe zu betrachteten, die prognostiziert werden soll. Alle anderen Zeitreihen des Datensatzes sind rein erklärende Variablen, wie auch bei den klassischen Modellen.[214] Derartige Netze haben entsprechend einen Ausgangsknoten. In dieser Form ist auch die anschließende empirische Analyse angelegt.

---

[206] Vgl. KÜTING und WEBER (2015), S. 397; MCNELIS (2005), S. 102, 105.

[207] Vgl. BACKHAUS, ERICHSON und WEIBER (2015), S. 309.

[208] Vgl. KÜTING und WEBER (2015), S. 397.

[209] Vgl. ZHANG (2012), S. 464.

[210] Vgl. MCNELIS (2005), S. 7, 105.

[211] Vgl. MCNELIS (2005), S. 105–107.

[212] Vgl. MCNELIS (2005), S. 7.

[213] Vgl. MCNELIS (2005), S. 109.

[214] Vgl. TORRES u. a. (2021), S. 7.

### 3.5.3 Anwendungsfelder von KNN im Rechnungswesen

Anwendungsbereiche in den Wirtschaftswissenschaften zeigen beispielsweise Wong, Lai und Lam (2000) und Fadlalla und Lin (2001) auf.[215] Die meisten dieser Anwendungen stammen aus den Bereichen der Finanz- und Produktionswirtschaft.[216] In der Finanzwirtschaft sind insbesondere die Insolvenzprognose und Kreditratings als Klassifizierungsprobleme und die Prognose von Aktienkursen und -indizes als Regressionsprobleme zu nennen. Diese erfüllen gerade die Datenanforderungen, nämlich eine hohe Anzahl an Datenpunkten, welche viel Unsicherheit und verdeckte Zusammenhänge sowie Störterme enthalten.[217] Ein großer Datensatz ist in aller Regel vorteilhaft für die Anwendung von KNN.[218] Anwendungsbereiche in der Rechnungslegung umfassen unter anderem die Prognose von Unsicherheiten in Zusammenhang mit der Fortbestehensprognose, Betrugsrisiken (‚fraud risk‘) und Falschangaben in Unternehmensabschlüssen zur Prüfungsunterstützung. Eine Anwendung zur Prognose ausgewiesener Gewinne findet sich in der Aufstellung von Wong, Lai und Lam (2000).[219] Callen, Kwan u. a. (1996) prognostizieren ausgewiesene Gewinne anhand von Quartalsdaten. Entgegen der zuvor beschriebenen, allgemeinen Erkenntnis, dass KNN gegenüber linearen Modellen überlegen sind, finden sie höhere Prognosefehler als bei der Prognosebildung mit linearen Zeitreihenmodellen. KNN sind in ihrer Studie sowohl bei der iterativen Prognose jeweils eines Quartals voraus als auch bei der rekursiven Prognose bis zu vier Quartalen voraus, unterlegen und führen zu höheren Prognosefehlern.[220] Verwendet werden verschiedene AR- bzw. ARMA-Modelle, welche jedoch neben den verzögerten abhängigen Variablen (den Gewinnen zurückliegender Quartale) und Fehlertermen, keine weiteren erklärenden Variablen nutzen.[221]

[215] Vgl. Zhang (2012), S. 465. Eine weitere Übersicht geben Coakley und Brown (2000), S. 125 f. Dort wird nach der Art der Forschungsfrage unterschieden und die parametrisierten Vergleichsmodelle angeführt. Vgl. zu finanzwirtschaftlichen Einsatzgebieten und entsprechenden Verweisen auch Küting und Weber (2015), S. 391.

[216] Vgl. Wong, Lai und Lam (2000), S. 1048–1053.

[217] Vgl. Fadlalla und Lin (2001), S. 113–115; Huang, Lai u. a. (2007), S. 114.

[218] Vgl. Zhang (2012), S. 467.

[219] Vgl. Wong, Lai und Lam (2000), S. 1048. Weiterhin finden sich zwei Artikel, welche sich mit der Prognose von Zeitreihen mithilfe von KNN auseinandersetzen, jedoch nicht im Bereich der Rechnungslegung angesiedelt sind.

[220] Vgl. Callen, Kwan u. a. (1996), S. 479 f.; De Gooijer und Hyndman (2006), S. 453.

[221] Vgl. Callen, Kwan u. a. (1996), S. 476.

Ausblick:
Die Modelle dieser Arbeit nutzen zusätzlich erklärende Variablen wie verzögerte Cashflows und Periodenabgrenzungsposten. Das verwendete KNN basiert auf dem Backpropagation-Algorithmus und nutzt ausschließlich eine verdeckte Schicht.[222] Es werden jedoch vorwärtsgerichtete und rekurrente Netze verwendet und alle Parameter variiert, so beispielsweise die Anzahl an Knoten, die Aktivierungsfunktion und Lernrate.[223] Verglichen werden letztlich nur die besten Ergebnisse der KNN mit den linearen Zeitreihenmodellen. Die KNN unterliegen den linearen Modellen unter Betrachtung verschiedener Fehlermaße.[224] Auch andere Studien, unter Betrachtung von anderen als Rechnungslegungsdaten, kommen zu dem Schluss, dass KNN nicht zu besseren Prognosen führen.[225] Ursächlich könnte beispielsweise die zuvor angeführte Überanpassung von Modellen sein. Aber auch verschiedene Prognosehorizonte oder Unterschiede in den verwendeten KNN. Das komplexe Zusammenspiel verschiedenster Gruppen erzeugt Verzerrungen, welche teilweise dazu führen, dass nichtlineare Modelle schlechter abschneiden.[226]

HILL, O'CONNOR und REMUS (1996) befassen sich mit der Prognose von Zeitreihen, jedoch nicht explizit mit Daten aus der Rechnungslegung. Sie verwenden erzeugte Daten aus einem vergangenen Prognosewettkampf.[227] Das Vorgehen ähnelt dem von CALLEN, KWAN u. a. (1996). Es werden verschiedene Topologien getestet, jeweils der Backpropagation-Algorithmus verwendet und für die jährlichen Daten letztlich ein verdeckte Schicht mit zwei Knoten genutzt.[228] Entgegen den Erkenntnissen von CALLEN, KWAN u. a. (1996) finden sie grundsätzlich eine Überlegenheit von KNN im Vergleich zu linearen Modellen für die Prognose von Zeitreihen. Allerdings liegt diese Überlegenheit lediglich bei Monats- und Quartalsdaten vor.[229] Unter Nutzung von Jahresdaten erzeugten die KNN lediglich vergleichbare Ergebnisse zu denen der linearen Modelle.[230] Deutlich wird, dass keine eindeutige Aussage zu der Nützlichkeit der verschiedenen Modellalternativen getroffen werden kann.[231] Die in dieser Arbeit durchgeführte Studie wird ein weiteres Ergebnis für jährlich beobachtete Daten ergeben und dahingehend insbesondere neuere Variationen von

---

222 Vgl. RUMELHART, HINTON und WILLIAMS (1986); CALLEN, KWAN u. a. (1996), S. 477.

223 Vgl. CALLEN, KWAN u. a. (1996), S. 477.

224 Vgl. CALLEN, KWAN u. a. (1996), S. 480 f.

225 Vgl. DE GOOIJER und HYNDMAN (2006), S. 453 f.

226 Vgl. HUANG, LAI u. a. (2007), S. 114 f.; 133 f. Hier werden beispielsweise Erwartungen und Handlungen von Händlern und den Bundesbanken angeführt.

227 Vgl. HILL, O'CONNOR und REMUS (1996), S. 1085.

228 Vgl. HILL, O'CONNOR und REMUS (1996), S. 1085, 1090.

229 Vgl. HILL, O'CONNOR und REMUS (1996), S. 1086 f.

230 Vgl. HILL, O'CONNOR und REMUS (1996), S. 1088.

231 Vgl. ZHANG (2012), S. 473 f.

KNN evaluieren. Dennoch dürfen auch diese Ergebnisse nicht verallgemeinert werden und müssen zusammen mit den verwendeten Daten betrachtet werden. Nur mit einem Vergleich zu klassischen Zeitreihenmodellen und solchen, die regelmäßig in der Forschung herangezogen werden, kann zudem der Nutzen von KNN aufgedeckt werden.[232] Daher erfolgt ein direkter Vergleich zu anderen Methoden unter Anwendung derselben Datengrundlage.

#### 3.5.3.1 Vorbemerkungen und Datenanforderungen

Die Besonderheit der betrachteten Abschluss- bzw. Rechnungslegungsdaten ist deren Datenstruktur. Es handelt sich um einen Panel-Datensatz (engl. ‚panel' oder ‚longitudinal data'), da die betrachteten Zeitreihen für viele Unternehmen vorliegen. Damit weisen derartige Paneldaten sowohl Eigenschaften von Querschnittsdaten als auch von Zeitreihendaten (d. h. von ‚time series' und ‚cross-sectional data') auf. Aus diesem Grund sind sie schwieriger in KNN zu verarbeiten als Daten mit einheitlicher Struktur. Auch die Anwendung von KNN auf reine Zeitreihendaten ist (im Vergleich zu Bild- und Textanalysen) bereits ein eher untypischer Anwendungsfall. Dieser ist jedoch einfacher umzusetzen und stellt die isolierte Betrachtung eines Unternehmens mit den zugehörigen Zeitreihen dar (analog zu multivariaten Zeitreihenanalysen). Die Informationen, welche durch alle anderen Unternehmen (oder einzelne Branchen) vorliegen, sollen jedoch berücksichtigt werden, um bestmögliche Prognosen zu generieren. In verschiedenen Tests trugen sie zu einer deutlichen Steigerung der Prognosegüte bei. Eine Erstellung separater Modelle für jedes einzelne Unternehmen wird daher ausgeschlossen. Die KNN sollen analog zu den klassischen Modellen angewandt werden. Es handelt sich somit um eine Analyse von Querschnittsdaten, wobei die zeitliche Komponente (unabhängig von der Methodik der LSTM-Netze) über die verzögerten Inputvariablen berücksichtigt werden. Ein Modell für alle Unternehmen gemeinsam vernachlässigt die Panelstruktur des Datensatzes und ist somit nicht optimal. Die Notwendigkeit vektorisierter Eingangsdaten führt zu einer Vernachlässigung der Unternehmensebene, doch es bietet sich keine Möglichkeit einer direkten Anwendung von KNN auf Paneldaten.[233] In dieser Form ist jedoch die Vergleichbarkeit mit dem grundsätzlichen Regressionsmodell gegeben. Zudem haben Tests der Zeitreihenmodelle ergeben, dass die zusätzliche Dimension keinen positiven Effekt auf die Prognosegüte hat. Es handelt sich um die bestmögliche Umsetzung eines KNN für das betrachtete Modell.

---

[232] Vgl. ZHANG (2012), S. 470.

[233] Vgl. den theoretischen Ansatz von BAI, ZHANG und GAO (2017), welcher dieses Problem aufgreift. Es finden sich dazu jedoch keine Anwendungen.

#### 3.5.3.2 Prognose von Erfolgsmaßen mittels neuronaler Netze

Im Rahmen der empirischen Analyse soll der Nutzen von KNN für die Prognose operativer Gewinne und Cashflows evaluiert werden. Es werden rekurrente Netze und die LSTM-Methode[234] verwendet, um die Zeitreihen entsprechend den klassischen Modellalternativen zu prognostizieren.[235] Die Anwendung ist dem Bereich des überwachten Lernens zuzuordnen, da anhand von erklärenden Variablen gelernt wird, zu denen das korrekte Ergebnis (d. h. beispielsweise die Ausprägung des $CFO_t$ bei Verwendung verzögerter Erklärungsvariablen aus dem Zeitpunkt $t-1$) bekannt ist. Bei unüberwachtem Lernen hingegen sind lediglich die Inputs bekannt und werden entsprechend ihrer Ähnlichkeit gruppiert.[236]

Für die Modellerstellung und anschließende Evaluation ist, wie auch für die anderen Modelle, eine Aufteilung in einen Trainings- und Testdatensatz notwendig.[237] Die Größen des Trainings- und Testdatensatzes werden den übrigen Untersuchungen anderer Modelle angepasst. Durch die Evaluation von ein- und mehrschrittigen sowie iterativen Prognosen wird ausreichend Variation eingeführt und es werden robuste Ergebnisse generiert.[238] Somit werden verschiedene Konfigurationen evaluiert, welche mit den Analysen der übrigen Modelle vergleichbar sind. Alle weiteren Parameter werden im Hinblick auf die Prognoseergebnisse bestmöglich gesetzt.

Für einen direkten Vergleich der Modellschätzungen mit den alternativen Modellen sind KNN jedoch nicht geeignet. Die Modellkoeffizienten sind nur schwer vergleichbar. Es wird anhand der Prognosegüte (‚out-of-sample') beurteilt, wobei das Modell die wahren, zu prognostizierenden Werte nicht zur Modellerstellung nutzen kann. Dieses Vorgehen entspricht der grundsätzlich empfohlenen Modellauswahl mithilfe einer Validierungsstichprobe, welche nicht zum Trainieren des Modells bzw. der Koeffizienten verwendet wurde. Alternativ könnte eine Modellauswahl ausschließlich anhand der Modellschätzungen (‚in-sample') erfolgen, indem Informationskriterien wie beispielsweise das Bayesian Information Criterion (BIC) oder Akaikes Information Criterion (AIC) herangezogen werden.[239] Dieses Vorgehen würde jedoch nicht im Einklang mit dem Ziel der Arbeit stehen. Es wird schließlich die Prognosegüte und nicht allein die Modellschätzung analysiert.

---

[234] Vgl. Hochreiter und Schmidhuber (1997); Gers, Schmidhuber und Cummins (2000).

[235] Die Umsetzung erfolgt in R auf Basis von TensorFlow, vgl. Abadi u. a. (2015); Allaire und Tang (2022) und Keras, vgl. Allaire und Chollet (2022).

[236] Vgl. Backhaus, Erichson und Weiber (2015), S. 299 f.; Küting und Weber (2015), S. 398; Crone (2010), S. 191.

[237] Vgl. Backhaus, Erichson und Weiber (2015), S. 321.

[238] Vgl. zu der Aufteilung in Trainings- und Testdaten Zhang (2012), S. 467.

[239] Vgl. Zhang (2012), S. 470.

Erwartungsgemäß sollten KNN zudem bessere Schätzungen bzw. Anpassungen an die Trainingsdaten (‚in-sample') liefern, da sie weitaus flexibler sind als ein lineares Modell und letztlich auch nichtlineare Zusammenhänge abbilden können.[240] Der härtere und insbesondere in dieser Arbeit relevante Test ist jedoch der auf die Prognosegüte (‚out-of-sample').[241] Sie ist für KNN trotz der weitaus anpassungsfähigeren Modelle nicht zwangsläufig überlegen.[242]

Die Verzögerungen (‚lags') bzw. generelle Modellstruktur wird, wie üblich, aus dem linearen Vergleichsmodell übernommen.[243] Der dort gewählten Verzögerungsstruktur liegen einerseits Tests und andererseits ökonomische Interpretationen sowie Erkenntnisse anderer Forschungsarbeiten zugrunde.[244] Die Festlegung der Netztopologie ist jedoch erneut ein Abwägen zwischen Anpassung und Generalisierung des Modells.[245] Das Verzerrung-Varianz-Dilemma (‚bias-variance tradeoff') führt zu einem Zielkonflikt. Festgelegt werden müssen die Anzahlen an Schichten und Neuronen je Schicht sowie die Verbindungsstrukturen. Generelle Aussagen können nur schwierig gemacht werden, sodass in aller Regel verschiedenste Topologien getestet werden müssen. Die Wahl der Parameter, d. h. insbesondere die Bestimmung der Anzahlen an Schichten (‚layer') und Knoten (‚nodes') hängt letztlich von den Daten und der Anwendung ab. In der Praxis werden jedoch meist Topologien mit etwa zwei Schichten verwendet.[246] Die betrachteten Abschlussdaten der Rechnungslegung sind verhältnismäßig wenig komplex,[247] sodass das KNN mit wenigen Schichten und Knoten auskommen sollte. In dieser Anwendung sind zudem alle Schichten und Neuronen miteinander verbunden. Es sollen zuvor keine Wirkungsrichtungen vorgegeben bzw. angenommen werden. Irrelevante Verbindungen können im Anschluss über verschiedene Verfahren entfernt werden.[248] Dieses Verfahren zur Vereinfachung von Netzstrukturen und Entscheidungsbäumen wird als Beschneidung (‚pruning') bezeichnet. Dabei werden Verbindungen zwischen den Neuronen entfernt, welche keinen oder nur einen sehr geringen Einfluss auf das

---

240 Vgl. Huang, Lai u. a. (2007), S. 115.

241 Vgl. McNelis (2005), S. 110.

242 Vgl. Rudin (2019), S. 206 f.

243 Vgl. McNelis (2005), S. 109.

244 Diese nutzen regelmäßig eine verzögerte Periode bei jährlich beobachteten Variablen. Vgl. Abschnitt 4.3 der vorliegenden Arbeit sowie beispielsweise Kim und Kross (2005); Lorek (2014); Givoly, Hayn und Lehavy (2009).

245 Vgl. Zhang (2012), S. 469.

246 Vgl. Backhaus, Erichson und Weiber (2015), S. 310; McNelis (2005), S. 57.

247 Insbesondere im Vergleich zu Anwendungen auf große Datensätze, z. B. im Bereich der Bildanalyse.

248 Vgl. Backhaus, Erichson und Weiber (2015), S. 311.

Ergebnis haben. Der Vorteil dieser Vereinfachungen liegt in der Einsparung von Rechenkapazitäten und höheren Geschwindigkeiten, wobei die Prognosegüte nur minimal verringert bzw. das Modell marginal verschlechtert wird und letztlich ein Effizienzgewinn resultiert. Für die Arbeit mit sehr großen Datensätzen und kontinuierlichen Neuberechnungen der KNN hat dieser Schritt eine große Bedeutung. Für Anwendungen auf Daten der Rechnungslegung können entsprechende Vereinfachungen jedoch vernachlässigt werden. Die zu verarbeitenden Datenmengen sind vergleichsweise gering und die Modellierung nimmt für die größten Modelle wenige Minuten in Anspruch. Zudem steht die Vereinfachung im Widerspruch zu dem Ziel einer möglichst hohen Prognosegenauigkeit. Derartige Verfahren werden aus den angeführten Gründen nicht näher erläutert und kommen nicht zum Einsatz.

Grundsätzlich muss bei der Nutzung von KNN für Zeitreihen besonders acht auf die Auswahl der Inputvariablen gelegt werden.[249] Sie stellen die wichtigsten Parameter des KNN dar.[250] Daher werden die Inputvariablen (zusätzlich zu der maßgeblichen Definition des Vergleichsmodells) variiert und verschiedene Kombinationen mit etwa drei bis sechs Variablen und ein oder zwei lags dieser Variablen getestet. Ein derartiges, manuelles Testen verschiedener Parameterkonstellationen findet auch in den meisten Forschungsarbeiten zur Zeitreihenprognose statt.[251] Es gibt letztlich keine exakte Regel zur Festlegung/Bestimmung dieser Eigenschaften. Sie können jedoch, anders als durch reines Testen verschiedener Konstellationen, optimiert werden. Es können verschiedene Bandbreiten der veränderbaren Parameter getestet werden, um die beste Kombination aufzudecken. Dafür werden jedoch große Rechenkapazitäten benötigt. Insbesondere dann, wenn sämtliche Kombinationen der Parameter getestet werden sollen.[252]

Ausblick:
Die manuellen Variationen der Variablenkombination und Anzahl der Verzögerungen haben in dieser Arbeit nicht zu einer Verbesserung der Ergebnisse der KNN gegenüber der Konstellation des linearen Vergleichsmodells[253] (alle sieben um eine Periode verzögerten Eingangsgrößen zur jeweiligen Prognose der Gewinne und Cashflows) geführt. Eine Optimierung der Variablenkombination könnte zu einer geringen Verbesserung der Ergebnisse führen, würde jedoch die Vergleichbarkeit zu den Alternativen Modellen einschränken. Aufgrund der Ergebnisse der manuellen Variationen kann

[249] Vgl. HUANG, LAI u. a. (2007), S. 116.

[250] Vgl. ZHANG (2012), S. 469.

[251] Vgl. beispielsweise CALLEN, KWAN u. a. (1996), S. 477; HILL, O'CONNOR und REMUS (1996), S. 1085; ZHANG (2012), S. 468.

[252] Vgl. TORRES u. a. (2021), S. 13 f.

[253] Vgl. Abschnitt 4.4 zu den beiden hauptsächlich betrachteten Modellen.

davon ausgegangen werden, dass die Ergebnisse durch einfache Parameteränderungen nicht maßgeblich verbessert werden können.

Der Anwender muss zudem den Optimierungsalgorithmus bestimmen. Einige sind in den entsprechenden Paketen hinterlegt. In der empirischen Analyse dieser Arbeit wird *Adam*[254] (‚adaptive moment estimation'), einer der am häufigsten verwendeten Optimierungsalgorithmen verwendet. Er basiert auf dem stochastischen Gradientenabstiegsverfahren.

## 3.6 Methodisches Konzept dieser Arbeit

Tabelle 3.1 zeigt die in dieser Arbeit betrachteten Anwendungsbereiche und welche Methoden in den Bereichen zum Einsatz kommen. Die dargestellte Kombination aus betrachteten Methoden und Anwendungsfällen liefert viele neuartige Ansätze und Erkenntnisse. Erstmals wird das Konzept der Kointegration zur Prognose über verschiedene Horizonte mit einem Vergleich zu einfachen Alternativmodellen sowie erstmals mit den hier betrachteten Zeitreihen der Rechnungslegung angewandt. Auch eine derartige Anwendung von Random Forests und KNN ist dem Autor nicht bekannt. Darüber hinaus gibt es bisher keine Studie, welche die Auswirkungen rechnungslegungspolitischer Einflussnahmen auf die Prognoseeignung von Daten der Rechnungslegung untersucht. Der Großteil vorhandener Literatur bezieht sich auf die Schätzung und Erklärung, nicht aber auf die Prognose.

**Tabelle 3.1** Methodik und Anwendungsfelder der empirischen Analyse

| Methode | Anwendung | | | |
|---|---|---|---|---|
| | Erstellung von Gewinnprognosen | Erstellung von Cashflowprognosen | Aktienkurs- bzw. Marktkapitalisierungsprognose | Analyse rechnungslegungspolitischer Einflüsse |
| Regression | X | X | X | X |
| Kointegration | X | | X | |
| Random Forest | X | X | | |
| KNN | X | X | | |

254 Vgl. KINGMA und BA (2014).

Regressionsmodelle sind am weitesten verbreitet und finden in allen Bereichen Anwendung. Die Erstellung von Prognosen operativer Gewinne und Cashflows erfolgt im Rahmen des Modellvergleichs in Kapitel 4.[255] Dabei werden die Gewinn- und Cashflowprognosen auf Basis von Querschnittsdaten mithilfe von Regressionsmodellen, Random Forests und KNN berechnet. Anschließend werden die Prognoseergebnisse miteinander sowie zu denen von Random Walks verglichen. Random Walks stellen die Verwendung von Vorjahreswerten als Prognose einer Zielvariablen und damit ein einfaches Vergleichsmodell dar. Bietet diese einfache Extrapolation ein besseres Ergebnis als eines der anderen, komplexeren Modelle, stünde der durch die Modelldefinition und -berechnung verursachte Mehraufwand keinem Nutzen gegenüber. Die Prognose des Marktwertes eines Unternehmens steht im Mittelpunkt des Feltham-Ohlson Modells. Um die Prognoseeignung des Modells untersuchen zu können, müssen die tatsächlichen Unternehmenswerte bekannt sein, welche faktisch jedoch nicht existieren. Wie auch in anderen Publikationen muss daher die Annahme getroffen werden, dass die Marktkapitalisierungen den wahren Marktwerten der Unternehmen entsprechen.[256] Das Feltham-Ohlson Modell wird hauptsächlich unter Berücksichtigung kointegrierender Beziehungen untersucht. Regressionsmodelle bilden dafür jedoch die Grundlage und werden ebenfalls für weitere Vergleiche herangezogen. Für die Analyse rechnungslegungspolitischer Einflüsse werden ausschließlich Regressionsmodelle verwendet, obwohl sie in einigen Fällen von anderen Methoden dominiert werden. Das Ziel der Analyse in Kapitel 5 ist es jedoch, den Einfluss von Rechnungslegungspolitik grundsätzlich zu untersuchen. Die absoluten Prognoseergebnisse sind weniger bedeutend. Mit Random Forests können die dort ausgewiesenen Ergebnisse für die jeweils betrachteten Gruppen von Unternehmen weiter verbessert werden. Hinter der als Kointegration beschriebenen Methode verbergen sich multivariate Fehlerkorrekturmodelle. Um das Feltham-Ohlson Modell abzubilden und auf dessen Prognosegüte zu untersuchen, werden die darin enthaltenen Zeitreihen auf Unternehmensebene betrachtet. Dazu wird je Unternehmen ein VECM geschätzt und zur Prognose des operativen Gewinns und der Marktkapitalisierung verwendet. Komplexere Methoden wie Random Forests und KNN können unter Nutzung von Rechnungslegungsdaten nicht sinnvoll auf Unternehmensebene angewandt werden, da in diesem Fall zu wenige Datenpunkte vorhanden sind. Das Feltham-Ohlson Modell basiert auf ausgewiesenen Gewinnen. Zahlungsströme werden in dem Modell nicht betrachtet, sodass die Methode der Kointegration nicht zur Prognose von operativen Cashflows genutzt wird. Verschiedene weitere Tests mit Zahlungsstromgrößen deuteten jedoch darauf hin, dass

[255] Vgl. speziell Abschnitt 4.4.

[256] Vgl. Abschnitt 6.3 sowie 2.7 zur Nutzung von Marktkapitalisierungen allgemein.

Prognosen auf Unternehmensebene mithilfe von VECM schlechtere Ergebnisse liefern, als einfache Regressionsmodelle unter Nutzung von Querschnittsdaten. Dabei wurden unter anderem operative Cashflows, operative Gewinne, Marktkapitalisierungen und das Bruttoinlandsprodukt in separaten VECM je Unternehmen betrachtet.

Abbildung 3.5 verdeutlicht die Erstellung direkter und iterativer Prognosen und damit den methodischen Ansatz dieser Arbeit. Gerade diese Evaluation verschiedener Prognosehorizonte kombiniert mit einem Vergleich zu einfachen Alternativmodellen ist für die hier betrachteten Variablen bisher nicht durchgeführt worden und liefert neue Erkenntnisse. Im oberen Teil von Abbildung 3.5 ist eine direkte Prognose dargestellt. Dabei wird der zurückliegende Zeitraum zur Modellschätzung herangezogen und zur ein- oder mehrschrittigen Prognose verwendet. Das Modell wird jedoch nicht mit der Prognose für $t + 1$ erneut geschätzt, um $t + 2$ zu berechnen. Dementsprechend bleiben die Modellkoeffizienten für jeden weiteren Prognoseschritt unverändert, der prognostizierte Wert beispielsweise aus $t + 1$ wird jedoch zur Berechnung der Prognose für $t + 2$ genutzt, da die im Folgen-

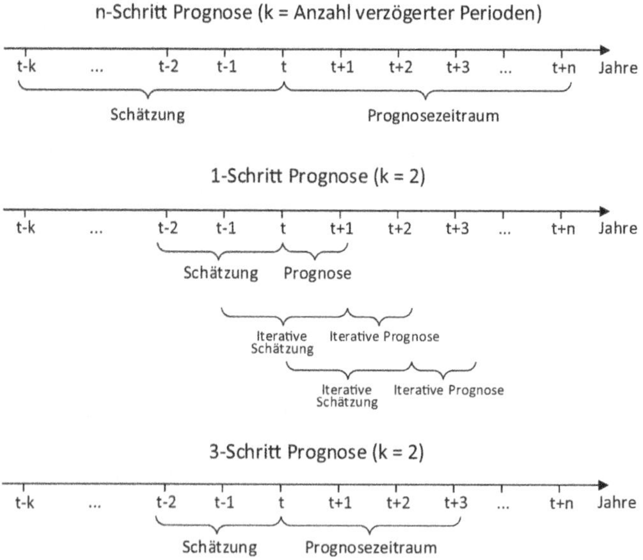


**Abbildung 3.5** Forschungsansatz Out-of-sample Prognose[257]

[257] Vgl. YOHN (2020), S. 3168.

den verwendeten Modelle jeweils die verzögerten Werte aus den vorausgehenden Perioden berücksichtigen. Der mittlere Teil der Grafik zeigt die Prognose eines Schrittes bzw. einer Beobachtung voraus mithilfe von zwei verzögerten Beobachtungen (meist von verschiedenen Variablen) sowie ein iteratives Verfahren, um mehr als einen Schritt voraus zu prognostizieren. Dabei erfolgt für die Prognose von $t+2$ eine erneute Modellschätzung (bzw. Berechnung der Koeffizienten), welche den bereits errechneten Wert für $t+1$ berücksichtigt. Dabei handelt es sich um eine rekursive Prognose, sofern der Datensatz zuvor nicht so gekürzt wurde, dass alle zur Modellschätzung benötigten Daten echte Beobachtungen (statt zuvor berechnete Prognosewerte) sind. Welche dieser Vorgehensweisen für mehrschrittige Prognosen, d. h. die direkte oder iterative Variante, zu den besseren Ergebnissen führt und damit verwendet werden sollte, kann nicht eindeutig beantwortet werden. ZHANG (2012) zeigt verschiedene Arbeiten dazu auf, welche jedoch zu deutlich verschiedenen Ergebnissen kommen.[258] Letztendlich ändert die Vorgehensweise nichts an der in einer Stichprobe enthaltenen Informationen. In dem Sinne werden auch bei der iterativen Methode für mehrschrittige Prognosen keine neuen, wahren Werte in die Modellschätzung aufgenommen und der Prognosefehler des ersten Schrittes kann die Prognose der weiteren Schritte zusätzlich verzerren. Die beste Vorgehensweise scheint individuell, für den betrachteten Datensatz ermittelt werden zu müssen. In dieser Arbeit basieren die Modellschätzungen ausschließlich auf realen Daten und die Koeffizienten der Regressionsmodelle, Random Forests und KNN werden für alle Schritte der langfristigen Prognose beibehalten. Damit wird sichergestellt, dass die verwendeten Modelle auf tatsächlich eingetretenen Beobachtungen berechnet werden. In die Prognose der Werte ab dem Zeitpunkt $t+2$ wird die Prognose des ersten Schrittes bereits über die Berücksichtigung der verzögerten Variablen in der Modelldefinition einbezogen. Durch eine zusätzliche Neuberechnung der Modellkoeffizienten würden vorhandene Prognosefehler des ersten Schrittes die Berechnung der folgenden Werte zusätzlich verzerren.

Das iterative Prognoseverfahren eignet sich insbesondere zur Validierung der Ergebnisse. Es besteht aus vielen Prognosen über eine Periode hinweg anhand der jeweiligen Teilstichproben, sodass mit den jeweils tatsächlich eingetretenen Werten verglichen und der wahre Prognosefehler berechnet werden kann. Einflüsse einzelner Jahre bzw. spezifische Vorkommnisse verlieren dadurch an Relevanz, sodass die Ergebnisse robuster sind und eine Evaluation der verschiedenen Modelle verbessern.

In dem unteren Teil der Grafik ist eine 3-Schritt Prognose dargestellt, wie sie im weiteren Verlauf der Arbeit unter verschiedenen Rahmenbedingungen durchgeführt wird. Im abgebildeten Fall wird das Modell auf Basis von Variablen geschätzt,

---

[258] Vgl. ZHANG (2012), S. 471 f.

für welche die Werte aus den vergangenen zwei Perioden als erklärende Variablen berücksichtigt werden. Mit den dabei ermittelten Koeffizienten werden Werte für die folgenden drei Perioden geschätzt, wobei die Koeffizienten unverändert bleiben, jedoch die Prognosen der Vorperioden für die Berechnung der folgenden Werte genutzt werden. So wird beispielsweise der Prognosewert für die Periode $t + 1$ für die Berechnung der Werte in $t + 2$ und $t + 3$ genutzt.[259] In rechnungslegungsnahen Fragestellungen findet dies bisher kaum Anwendung und mit den hier verwendeten Variablen ist die Analyse neuartig. Die Ergebnisse liefern neue Erkenntnisse, welche langfristige Prognosen von Cashflows präziser und damit den Informationsgehalt ausgewiesener Werte der Rechnungslegung steigern können. Die Umsetzung aller beschriebenen Methoden und Anwendungen dieser Arbeit erfolgt in der Programmiersprache R.[260]

## 3.7 Datenbasis

In diesem Abschnitt wird die Datenbasis für die empirischen Untersuchungen der folgenden Kapitel beschrieben. Es wird eine Stichprobe deutscher sowie eine Stichprobe US-amerikanischer Aktiengesellschaften für die Analysen genutzt. Die Daten entstammen der Worldscope Datenbank von Refintiv.[261] Für die enthaltenen Unternehmen liegen alle im weiteren Verlauf benötigten Variablen ohne fehlende Werte vor, d. h. alle sowohl für das Feltham-Ohlson Modell relevanten Zeitreihen als auch die Cashflows, Periodenabgrenzungsposten sowie Variablen zur Berechnung des Jones Modells.

### 3.7.1 Bereinigung der Daten

Die Worldscope Datensätze für Deutschland und die USA umfassen eine Vielzahl von Einzel- und Konzernabschlüssen. Für beide Länder liegen für die betrachteten Jahre von 1990 bis 2019 tausende Unternehmen vor, welche sinnvoll selektiert werden müssen. Die Grundgesamtheit aller Unternehmen wird durch folgende Kriterien eingegrenzt:

---

[259] Ein solches Vorgehen unter Verwendung von zwei verzögerten Perioden findet sich in Abschnitt 6.4. Dort wird das Feltham-Ohlson Modell als Grundlage zur Prognose von Gewinnen und Marktkapitalisierungen verwendet.

[260] Vgl. R Core Team (2022).

[261] Vgl. London Stock Exchange Group (2023); Thomson Reuters (2012).

- Es werden lediglich Unternehmen ausgewählt, welche von Worldscope vollständig erfasst und abgedeckt sind (sog. ‚full coverage' aufweisen). Darauf aufbauend werden weitere Unternehmen entfernt, für welche fehlende Einträge bei mindestens einer in weiteren Verlauf der Arbeit verwendeten Variablen vorliegen. Darunter fallen beispielsweise operative Gewinne, verschiedene Cashflows, alle betrachteten Periodenabgrenzungen sowie Marktkapitalisierungen.[262] Auch alle Variablen zur Ermittlung des operativen Vermögens müssen vollständig vorliegen.[263] Unter diesen Variablen finden sich auch die Umsätze sowie Cashflows aus Finanzierungs- und Investitionstätigkeit. Sie wurden für weitergehende Untersuchungen genutzt und im Rahmen der Datenbereinigungen berücksichtigt. Zu beachten ist weiterhin, dass der Datensatz, durch die Erfordernis vollständig vorliegender Marktkapitalisierungen allein Unternehmen betrachtet, deren Aktien aktiv am Markt gehandelt werden. Somit fallen viele Aktiengesellschaften und sämtliche anderen Kapitalgesellschaften aus der Stichprobe.[264]
- Es werden nur Unternehmen betrachtet, welche zum Ende des Betrachtungszeitraumes noch bestehen, d. h. im Datensatz kein ‚inactive date' gesetzt wurde. An dieser Stelle ist auf den sog. ‚survivor's bias' oder ‚survivorship bias' hinzuweisen.[265]
- Der Zeitraum wird auf einschließlich 1990 bis 2019 eingegrenzt. Darüber hinaus stehen Daten für das Jahr 2020 zur Verfügung. Sie werden aufgrund der COVID-19 Pandemie ausgelassen und als struktureller Bruch in den Daten gewertet. Die Daten des Jahres werden ausschließlich im Rahmen einer Untersuchung von Krisenjahren verwendet. Aufgrund fehlender Berichterstattungen von Kapitalflussrechnungen umfasst die Stichprobe deutscher Unternehmen grundsätzlich Beobachtungen ab 1995. Für die Jahre zuvor beinhaltet die Datenbank in den meisten Fällen keine Cashflows.

---

262 Im Fokus der folgenden Analysen stehen die Variablen mit den Worldscope Kennziffern WC04860 (Operativer Cashflow), WC01250 (Operative Erträge), WC02051 (Forderungen aus Lieferungen und Leistungen), WC03040 (Verbindlichkeiten aus Lieferungen und Leistungen), WC02101 (Vorräte), WC01151 (Abschreibungen und Amortisationen) und WC03260 (Rückstellungen).

263 Vgl. die Definition des operativen Vermögens in Abschnitt 6.4.2.

264 An dieser Stelle sei auf die Analyse der Eigenschaften sowie der Prognosefähigkeit von Cashflows hingewiesen. Daten aus den Kapitalflussrechnungen sind weitreichender verfügbar und liegen damit für viele Unternehmen vor, welche keine Aktiengesellschaften sind oder deren Aktien nicht aktiv am Markt gehandelt werden. Für sich anschließende Arbeiten allein in diesem Bereich könnten entsprechend umfangreichere Datensätze genutzt werden.

265 Dieser beschreibt eine mögliche Verzerrung durch das Auslassen von sämtlichen Unternehmen, welche keinen Fortbestand haben und damit tendenziell verlustträchtig waren oder beispielsweise durch M&A Aktivitäten vom Markt verschwunden sind.

- Je Unternehmen müssen mindestens 15 Beobachtungen, d. h. eine Verfügbarkeit von 15 Jahren für jede Variable bzw. Zeitreihe vorliegen. Diese Anzahl an Beobachtungen stellt eine angemessene Grundlage für die Anwendung von Methoden der Zeitreihenanalyse dar.[266] Es ist zudem zu beachten, dass die vom Datensatz abgedeckte Zeitspanne von größerer Bedeutung ist als die Anzahl an Beobachtungen.[267]
- Die Stichprobe US-amerikanischer Unternehmen enthält ausschließlich Daten aus nach US-GAAP aufgestellten Abschlüssen.[268] Die Stichprobe deutscher Unternehmen weist keine einheitliche rechtliche Grundlage auf. Insbesondere vor 2005 wurden Abschlüsse hauptsächlich nach dem HGB und zum Teil auch nach US-GAAP aufgestellt. Mit der verpflichtenden Anwendung internationaler Rechnungslegungsstandards im Konzernabschluss ab 2005 vereinheitlicht sich die Stichprobe.[269] Eine vorherige Bilanzierung nach HGB oder vereinzelt US-GAAP hat keine bzw. nur marginale Auswirkungen auf die Ergebnisse. Alle relevanten Analysen wurden unter Auslassung dieser Abschlüsse erneut berechnet und die Ergebnisse verglichen.
- Banken, Versicherungen und andere Finanzdienstleistungsunternehmen werden ausgeschlossen.[270] Sie sind stark reguliert, unterliegen Besonderheiten und es liegt kein typisches operatives Vermögens vor. Das Vorgehen entspricht der gängigen Praxis.[271] Das Entfernen von Banken, Versicherungen und anderen Finanzdienstleistungsunternehmen ist auf deren Besonderheiten zurückzuführen. Es bewirkt, dass die zahlungsunwirksamen Komponenten des Gewinns (‚accrual

---

266 Das Modell von DECHOW, KOTHARI und WATTS (1998), S. 145 verwendet 10 Beobachtungen je Zeitreihe.

267 Vgl. WINKER (2017), S. 275, welcher lange Zeitreihen mit niedriger Frequenz kurzen Zeitreihen mit hoher Frequenz in Bezug auf Stationaritätstests bevorzugt.

268 Die entsprechenden Abschlüsse werden anhand der verwendeten Rechnungslegungsstandards (‚Accounting Standards Followed', WC07536) eingegrenzt.

269 Zum Teil finden sich auch nach 2005 Angaben nach anderen Standards wie z. B. den US-GAAP. Dies ist auf die Übergangsbestimmungen der EU-Verordnung oder doppelt bzw. nach verschiedenen Rechtsgrundlagen aufgestellte Abschlüsse zurückzuführen. Vgl. EUROPÄISCHE UNION (EU) (2002), Artikel 9.

270 Es wird anhand der Branchenklassifizierung (‚General Industry Classification', WC06010) eingegrenzt, wobei die Kategorien ‚Bank/Savings & Loan', ‚Insurance' und ‚Other Financial' ausgeschlossen werden.

271 Vgl. beispielsweise BALL und NIKOLAEV (2022), S. 5; BALL, GERAKOS u. a. (2020), S. 234; BIDDLE, MA und SONG (2020), S. 6; ELBAKRY u. a. (2017), S. 13; ANDRÉ, FILIP und PAUGAM (2016), S. 350; LEE, LIN und YU (2013), S. 540; GUNNY (2010), S. 862; MOREL (2003), S. 1349; CALLEN und MOREL (2001), S. 195; CALLEN und MOREL (2000), S. 307; AHMED, MORTON und SCHAEFER (2000), S. 276.

components'), welche später betrachtet werden, in der Stichprobe von Bedeutung sind. So sind beispielsweise die Vorräte für Finanzdienstleitungsunternehmen keinesfalls eine aussagekräftige Größe für die zukünftige Ertragskraft.[272]

- Alle Zeitreihen werden mithilfe des Gesamtvermögens der Vorperiode ($GV_{i,t-1}$) normalisiert. Diese Adjustierung in Bezug auf die Größe stellt die Vergleichbarkeit von Unternehmen untereinander sicher. Die Verwendung dieser Verhältniszahlen und die Normalisierung mit dem Gesamtvermögen des Vorjahres ist die typische Herangehensweise in Forschungsarbeiten aus diesem Bereich. Grundsätzlich ist zu konstatieren, dass die Normalisierung mittels Vorjahreswerten nicht optimal ist. Sinnvoll ist die Wahl eines zu den erwirtschafteten Stromgrößen passenden Vermögensbestandes. Der im Laufe des Jahres erwirtschaftete Gewinn passt dementsprechend besser zu dem Vermögensbestand zu Beginn des Jahres als zum Ende des Jahres. Mögliche Alternativen wie beispielsweise Jahresdurchschnittswerte des Gesamtvermögens könnten aus Quartalsabschlüssen errechnet werden. Der in dieser Arbeit verwendete Datensatz umfasst jedoch ausschließlich Jahres- und insbesondere Konzernabschlüsse.[273]
- Der Datensatz wird auf das Intervall $[0{,}01; 0{,}99]$ winsorisiert, d. h. Extremwerte am oberen und unteren Rand durch das definierte Minimum und Maximum ersetzt. Ausreißer am oberen Rand erhalten entsprechend den Wert des 99 %-Quantils, am unteren Rand wird Ausreißern der Wert des 1 %-Quantils zugeordnet. Im Gegensatz zu dem Trimmen eines Datensatzes, nimmt die Anzahl vorhandener Beobachtungen bei diesem Verfahren nicht ab. Eine Bereinigung um Ausreißer ist zwingend notwendig, um mögliche Fehler in der Datenbank auszugleichen. Zusätzlich werden so Schätzer ermittelt, welche robuster gegenüber Ausreißern sind.

Die daraus resultierende Stichprobe deutscher Unternehmen umfasst 156 Unternehmen mit durchschnittlich 20,94 Abschluss-Jahren bzw. Verzögerungen jeder Variablen je Unternehmen. Die Stichprobe US-amerikanischer Unternehmen umfasst 448 Unternehmen mit durchschnittlich 21,18 Abschluss-Jahren bzw. Verzögerungen jeder Variablen je Unternehmen.

Die resultierende Stichprobe deutscher Unternehmen weist durch die verpflichtende Übernahme der IAS/IFRS Rechnungslegung um 2005 eine Besonderheit auf. Die im Verlauf der Arbeit verwendeten Gewinn- und Vermögensgrößen (insbeson-

---

[272] Vgl. BARTH, BEAVER, HAND u. a. (2005), S. 321.

[273] Die Nutzung von Zwischenberichterstattungen ginge zudem mit weiteren Risiken einher, da sie nicht zwangsläufig einer Prüfung durch einen Wirtschaftsprüfer unterliegen. Vgl. § 115 Absatz 5 WpHG.

dere operative Vermögen und Gewinne sowie die damit berechneten Residualgewinne) der deutschen Stichprobe werden somit nicht über die gesamte betrachtete Periode auf Basis der gleichen Vorschriften ermittelt. Es entsteht ein struktureller Bruch in den Daten, welcher aufgrund der in Abschnitt 2.5 beschriebenen Regelungen in den meisten Fällen in dem Jahr 2005 eintritt. Um den Einfluss dieser strukturellen Veränderung in der Datengrundlage auf die Ergebnisse zu untersuchen, werden alle Untersuchungen auch für eine Stichprobe US-amerikanischer Unternehmen durchgeführt. Den Daten dieser Unternehmen liegt keine Veränderung des Rechnungslegungssystems zugrunde. Sie wenden über den gesamten Zeitraum die US-GAAP an. Für den Fall, dass alle Ergebnisse gleich sind, kann ein signifikanter Einfluss der Umstellung des Rechnungslegungssystems mit hoher Wahrscheinlichkeit ausgeschlossen werden. Zusätzlich wurden die Berechnungen anhand der Stichprobe deutscher Unternehmen ohne die Daten vor dem Jahr 2005 bzw. ohne nach HGB publizierte Werte durchgeführt, wobei nur marginale Veränderungen zu beobachten sind. Zu beachten ist weiterhin, dass die Vergleichbarkeit von Cashflowgrößen über alle Rechnungslegungssysteme hinweg angenommen werden kann. Es könnten weiterhin Prognosen mit den Daten bis 2005 und nach 2005 erstellt werden, um deren Fehler zu vergleichen. Daraus lassen sich jedoch keine eindeutigen Ergebnisse über die Prognosegüte und Qualität der ausgewiesenen Daten nach HGB und IAS/IFRS ableiten. Es kann nicht ausgeschlossen werden, dass Ergebnisse und Prognosegenauigkeiten aus anderen, insbesondere gesamtwirtschaftlichen Faktoren resultieren. Da alle Unternehmen der Stichprobe ab diesem Zeitpunkt die internationalen Rechnungslegungsstandards anwenden müssen, gibt es keine Vergleichsgruppen, um gleiche Zeiträume betrachten zu können. Nach dem Jahr 2005 kann daher kein Unternehmen, welches nach IAS/IFRS bilanziert, mit einem nach HGB bilanzierenden Unternehmen verglichen werden. Für kapitalmarktorientierte Unternehmen stehen nach der Verpflichtung zur Anwendung der IAS/IFRS im Konzernabschluss keine HGB-Konzernabschlüsse mehr zur Verfügung. Lediglich die IAS/IFRS-Abschlüsse wurden dann veröffentlicht. Systematische Unterschiede können daher in der Zeit und makroökonomischen Faktoren, nicht aber in den Rechnungslegungsvorschriften begründet sein. Für nicht kapitalmarktorientierte Unternehmen ist ein Vergleich möglich, wenn sie mit freiwilligen IAS/IFRS-Anwendern verglichen werden. Die Gruppe freiwilliger IAS/IFRS-Anwender kann sich jedoch in vielerlei Hinsicht systematisch von der Gruppe der HGB-Anwender unterscheiden. Dementsprechend sind vergleichende Studien unter Nutzung des

Differenz-von-Differenzen-Ansatzes[274] unter Berücksichtigung dieser Einschränkungen auszuwerten.[275]

### 3.7.2 Deskriptive Statistiken der Stichproben

Die deskriptiven Statistiken der gesamten Stichprobe sind in den Tabellen 3.2 und 3.3 aufgeführt.[276] Tabelle 3.2 zeigt die absoluten Werte der Daten aller Jahre für

**Tabelle 3.2** Deskriptive Statistiken – Absolutwerte

| | Mittelwert | SD | Q1 | Median | Q3 |
|---|---|---|---|---|---|
| **Deutschland** | | | | | |
| Marktwert | 5417000 | 13838117 | 122352 | 505828 | 2937805 |
| Gesamtbuchwert | 11049340 | 34834039 | 208270 | 708972 | 4166154 |
| Eigenkapitalbuchwert | 2923280 | 8559135 | 85284 | 266624 | 1239644 |
| Operatives Vermögen | 7577124 | 25506343 | 160767 | 548578 | 2932785 |
| Operativer Gewinn | 448101 | 1455918 | 4396 | 29456 | 155721 |
| Residualgewinn | 192175 | 1333630 | -4934 | 10676 | 84899 |
| Operativer Cashflow | 737256 | 2166414 | 12416 | 53146 | 258682 |
| Periodenabgrenzungen ($TA$) | 5866502 | 17533652 | 115232 | 391538 | 2497839 |
| **USA** | | | | | |
| Marktwert | 12930539 | 34445376 | 720876 | 2501240 | 9984959 |
| Gesamtbuchwert | 14659274 | 42150834 | 776482 | 2768622 | 11685262 |
| Eigenkapitalbuchwert | 4631749 | 12415359 | 280793 | 1017718 | 3682495 |
| Operatives Vermögen | 9523050 | 28034360 | 525956 | 1844464 | 7441817 |
| Operativer Gewinn | 1183440 | 3295862 | 57869 | 230340 | 974375 |
| Residualgewinn | 695873 | 2417884 | 16654 | 113833 | 516187 |
| Operativer Cashflow | 1344120 | 3799101 | 60218 | 246600 | 1007975 |
| Periodenabgrenzungen ($TA$) | 5233109 | 13853678 | 346390 | 1110336 | 4148076 |

Bezieht sich auf alle verfügbaren Jahre und Unternehmen. Werte in Tsd. € bzw. Tsd. U.S. $.

[274] Vgl. zu dem ‚Difference-In-Differences' Ansatz VERBEEK (2017), S. 389 f.; WOOLDRIDGE (2013), S. 455–458; WOOLDRIDGE (2010), S. 147–151.

[275] Vgl. auch Abschnitt 2.5.

[276] Die Residualgewinne werden für jedes Unternehmen und sämtliche verfügbaren Jahre durch $RG = G_t - r_f V_{t-1}$ berechnet.

**Tabelle 3.3** Deskriptive Statistiken – Normalisierte Werte

| | Mittelwert | SD | Q1 | Median | Q3 |
|---|---|---|---|---|---|
| **Deutschland** | | | | | |
| Marktwert | 1,0138 | 1,1889 | 0,3655 | 0,6373 | 1,1709 |
| Gesamtbuchwert | 1,0756 | 0,1951 | 0,9855 | 1,0476 | 1,1248 |
| Eigenkapitalbuchwert | 0,4264 | 0,2081 | 0,2767 | 0,4028 | 0,5589 |
| Operatives Vermögen | 0,8133 | 0,2284 | 0,6707 | 0,8338 | 0,9573 |
| Operativer Gewinn | 0,0632 | 0,0841 | 0,0177 | 0,0534 | 0,0992 |
| Residualgewinn | 0,0338 | 0,1102 | -0,0143 | 0,0281 | 0,0745 |
| Operativer Cashflow | 0,0914 | 0,0807 | 0,0479 | 0,0847 | 0,1267 |
| Periodenabgrenzungen ($TA$) | 0,6707 | 0,2721 | 0,4761 | 0,6583 | 0,8512 |
| **USA** | | | | | |
| Marktwert | 1,2524 | 1,0383 | 0,5518 | 0,9576 | 1,6223 |
| Gesamtbuchwert | 1,0835 | 0,2216 | 0,9844 | 1,0469 | 1,1168 |
| Eigenkapitalbuchwert | 0,4507 | 0,2396 | 0,3010 | 0,4387 | 0,6026 |
| Operatives Vermögen | 0,7527 | 0,2260 | 0,6036 | 0,7580 | 0,8968 |
| Operativer Gewinn | 0,1039 | 0,0751 | 0,0566 | 0,0929 | 0,1421 |
| Residualgewinn | 0,0664 | 0,0864 | 0,0196 | 0,0554 | 0,1038 |
| Operativer Cashflow | 0,1051 | 0,0659 | 0,0640 | 0,0983 | 0,1401 |
| Periodenabgrenzungen ($TA$) | 0,4870 | 0,2350 | 0,3022 | 0,4717 | 0,6277 |

Bezieht sich auf alle verfügbaren Jahre und Unternehmen. Mithilfe der Gesamtvermögen der Vorperioden ($GV_{i,t-1}$) normalisierte Werte.

beide Stichproben. Auffällig sind die höheren Marktwerte der Unternehmen der US-amerikanischen Stichprobe. Die Mittelwerte der Marktkapitalisierungen liegen bei 5,4 Mrd. Euro in Deutschland und 12,9 Mrd. USD in den USA. Der Median aller Marktwerte ist für die USA knapp fünfmal höher. Die operativen Cashflows sind mit ca. 737 Mio. Euro im Vergleich zu ca. 1,3 Mrd. USD in Deutschland kleiner. Gleiches gilt für die operativen Gewinne sowie die Eigenkapitalbuchwerte. Der Median aller operativen Gewinne ist in Deutschland weitaus niedriger als in den USA. Auch die Gesamtbuchwerte sind in den USA höher, wenngleich der Unterschied im Vergleich zu den anderen Variablen geringer ist. Es ergeben sich Eigenkapitalquoten von 26,5 % in der deutschen Stichprobe und 31,6 % in der US-amerikanischen Stichprobe. Allein für die Summe der Periodenabgrenzungen zeigt sich ein anderes Bild. Für die deutsche Stichprobe liegt der Mittelwert um etwa 12 % höher als in der US-amerikanischen Stichprobe. Der Median in den USA ist hingegen knapp dreimal so groß. Dementsprechend wird der hohe Mittelwert der deutschen Stichprobe von wenigen Unternehmen mit sehr hohen Periodenabgrenzungen hervorgerufen.

Das Verhältnis der operativen Cashflows zu den Marktwerten der Unternehmen ist in Deutschland höher. Es liegt bei etwa 13,6 % in der Stichprobe deutscher Unternehmen und etwa 10,4 % in der Stichprobe US-amerikanischer Unternehmen. Dies deutet auf tendenziell höhere Bewertungen von Unternehmen in den USA hin. Das Verhältnis operativer Gewinne zu den Marktwerten ist hingegen in den USA höher. Es beträgt ca. 9,2 % im Vergleich zu 8,3 % in Deutschland. Dieses Ergebnis könnte aus einer höheren Profitabilität der Unternehmen in den USA, aber auch aus tendenziell niedriger ausgewiesenen Gewinnen aufgrund des stärker ausgeprägten Vorsichtsprinzips in Deutschland resultieren. Auch das Verhältnis der operativen Cashflows zu den Eigenkapitalbuchwerten liegt in den USA mit ca. 29 % höher. In Deutschland beträgt es ca. 25,2 %. Mittelwert und Median der Absolutwerte operativer Cashflows waren in den USA ebenfalls höher. In Kombination mit der höheren Eigenkapitalquote in der US-amerikanischen Stichprobe deuten die Ergebnisse eine höhere Profitabilität in den USA an. Eine strenge Auslegung des Vorsichtsprinzips in Deutschland hätte eine niedrigere Eigenkapitalbewertung zur Folge, sodass die Cashflow-Eigenkapitalrendite steigt.

Tabelle 3.3 zeigt die entsprechenden Ergebnisse der mit den Gesamtvermögen der Vorperioden normalisierten Variablen. Erneut ergeben sich für viele Variablen der deutschen Stichprobe tendenziell niedrigere Ausprägungen als in den USA. Auch im Verhältnis zu dem Gesamtvermögen der Vorperiode liegen beispielsweise die Mittelwerte und Mediane des Marktwertes, Eigenkapitalbuchwertes, operativen Gewinnes, Residualgewinnes und operativen Cashflows unterhalb der Ausprägungen in der US-amerikanischen Stichprobe. Zu bedenken ist, dass es aufgrund der verschiedenen Rechnungslegungssysteme stets zu Differenzen aufgrund der Ermittlung der Variablen kommen kann. In der Relation von operativen Gewinnen zu den Gesamtvermögen sind beispielsweise die Zähler- und Nennergröße von der Auslegung des Vorsichtsprinzips abhängig. Es beeinflusst sowohl die Höhe des ausgewiesenen Vermögens als auch des Gewinnes. Die Ausprägung dieser Relation ist in der deutschen Stichprobe niedriger. Dass auch der Anteil des operativen Cashflows am Gesamtvermögen in der deutschen Stichprobe niedriger ist, deutet insgesamt auf eine höhere Profitabilität US-amerikanischer Unternehmen oder eine strengere Auslegung des Vorsichtsprinzips in Deutschland hin. Da der operative Cashflow theoretisch unabhängig von buchhalterischen Einflussnahmen ist, müsste die Relation bei niedriger Bewerteten Gesamtvermögen (aufgrund des Vorsichtsprinzips) steigen. Bei in der Finanzanalyse gebräuchlichen verkürzten Berechnungen des Cashflows kann dieser jedoch aufgrund der Nutzung des Jahresüberschusses auch von der Auslegung des Vorsichtsprinzips beeinflusst sein, sodass keine eindeutige Aussage getroffen werden kann. Die normalisierten Gesamtbuchwerte belegen einen durchschnittlichen Anstieg der Vermögen pro Jahr um 7,56 % in Deutschland und 8,35 %

in den USA. Erwartungsgemäß zeigen die Daten zusätzlich, dass die Marktwerte weitaus volatiler als die operativen Vermögen sind.

Auffällig sind erneut die Periodenabgrenzungen, wie bereits bei der vorangegangenen Analyse der Absolutwerte aus Tabelle 3.2. Der Mittelwert aller normalisierten Werte ist in der Stichprobe deutscher Unternehmen etwa 37 % höher als in der Stichprobe US-amerikanischer Unternehmen. Die normalisierten Ergebnisse zeigen auch für den Median einen deutlich höheren Wert für die Periodenabgrenzungen. Er ist in Deutschland über 39 % höher. Diese Auswirkungen könnten trotz IAS/IFRS Bilanzierung aus der historischen Bedeutung der periodengerechten Gewinnermittlung und des Vorsichtsprinzips resultieren.[277]

[277] Vgl. dazu die Ausführungen zu den Untersuchungen von DOUPNIK und RICHTER (2003) und DOUPNIK und RICHTER (2004) in Abschnitt 2.5.

# Cashflow- und Erfolgsprognosen 4

Kapitalflussrechnungen sind seit vielen Jahren integraler Bestandteil der Rechnungslegung und Zahlungsstromgrößen dominieren längst das Finanzcontrolling und insbesondere Unternehmensbewertungen.[1] Dennoch haben die typischen grundlegenden Erfolgskennzahlen Gewinn und Free Cashflow jeweils Vor- und Nachteile, wie in Abschnitt 6.2 thematisiert wird. Cashflows können einer Periode möglicherweise nicht verursachungsgerecht zugeordnet werden und könnten die tatsächliche Leistungsfähigkeit eines Unternehmen damit verzerren.[2] Gewinngrößen sind hingegen theoretische Konstrukte und unterliegen durch die Periodenabgrenzung insbesondere rechnungslegungspolitischen Einflüssen.[3] Doch auch Cashflows können beispielsweise durch das bewusste Herauszögern von Ausgangsrechnungen oder ‚sale-and-lease-back' Geschäfte gestaltet werden.[4] Nichtsdestotrotz geben die Zahlungsströme bzw. die Kapitalflussrechnung Aufschluss über die Höhe der liquiden Mittel[5], welche ein Unternehmen aus der operativen Tätigkeit generiert und damit

---

[1] Vgl. § 264 Absatz 1 HGB (Pflicht zur Aufstellung einer Kapitalflussrechnung für kapitalmarktorientierte Kapitalgesellschaften) sowie § 297 Absatz 1 HGB (Kapitalflussrechnung ist ebenso Pflichtbestandteil von Konzernabschlüssen) und IDW S1 zur Unternehmensbewertung.

[2] Vgl. EWERT und WAGENHOFER (2004), S. 517 f.

[3] Vgl. dazu Kapitel 5.

[4] Vgl. EWERT und WAGENHOFER (2004), S. 518.

[5] Der Begriff liquide Mittel umfasst in diesem Zusammenhang ebenso Zahlungsmitteläquivalente. Dies sind neben Zahlungsmitteln auch kurzfristige Finanzinvestitionen, welche jederzeit veräußerbar sind und nur geringen Wertschwankungen unterliegen. Kurzfristig wird in diesem Zusammenhang eine Restlaufzeit von weniger als drei Monaten angesehen. Vgl. IAS 7.6 sowie PELLENS u. a. (2017), S. 199 f.



L. B. Heidbrink, *Quantitative Prognosen in der externen Unternehmensrechnung*, https://doi.org/10.1007/978-3-658-47506-2_4

über die Innenfinanzierungskraft. Der Gewinn ist letztlich durch seine theoretische Konstruktion nur eine rechnerische Größe.[6] Aufgrund der Objektivität und Unabhängigkeit von subjektiven Schätzungen gewinnt die Kapitalflussrechnung auch für die Bilanzanalyse an Bedeutung.[7] Aus diesen Gründen werden in Prognosemodellen häufig beide Größen oder Teile beider Größen berücksichtigt.[8]

Dies soll Grund genug sein, um die Prognoseeignung beider Größen miteinander zu vergleichen und Prognosen von Cashflows und Gewinnen wissenschaftlich fundiert durchzuführen. Eine reine Extrapolation von aktuellen Werten lässt insbesondere mögliche Einflüsse rechnungslegungspolitischer Maßnahmen unberücksichtigt. Wie in Kapitel 2 dargelegt, basieren Planungen i. d. R. auf einwertigen Annahmen an Entwicklungen von Umsatzzahlen, Materialkosten, Personalkosten, Absatzzahlen, Zinssätzen und anderen Variablen.[9] Auf Basis von Zeitreihenmodellen ermittelte Cashflows sind daher nachvollziehbarer.

## 4.1 Kapitalflussrechnungen als Grundlage für Erfolgsprognosen

### 4.1.1 Regelungen des HGB

Wie eingangs dargelegt, liegt eine Aufstellungspflicht seitens des HGB für kapitalmarktorientierte Kapitalgesellschaften gem. § 264d HGB und Konzerne vor.[10] Der DRS 21 gilt für Mutterunternehmen, welche nicht die internationalen Rechnungslegungsstandards anwenden.[11] Aufgrund einer mangelnden, über die grundlegenden Prinzipien der handelsrechtlichen Rechnungslegung hinausgehenden Definition der Anforderungen an die Kapitalflussrechnung, müssen kapitalmarktorientierte Unternehmen auf die Regelungen des DRS 21 und IAS 7 zurückgreifen.[12] DRS 21 ist lediglich für nicht kapitalmarktorientierte Mutterunternehmen bindend.[13] Für alle

[6] Vgl. Coenenberg, Haller und Schultze (2018), S. 795.

[7] Vgl. Tanski (2021), S. 322.

[8] Vgl. Kim und Kross (2005); Dechow, Kothari und Watts (1998); Lorek und Willinger (2011); Lorek (2014).

[9] Vgl. beispielsweise Drukarczyk und Schüler (2015), S. 132.

[10] Erstmalig wurde die Kapitalflussrechnung 1998 im HGB erwähnt. Zu diesem Zeitpunkt mit einer Aufstellungs- und Offenlegungspflicht für börsennotierte Mutterunternehmen.

[11] Vgl. § 290 HGB; § 297 Absatz 1 HGB.

[12] Vgl. Tanski (2021), S. 321. Gleiches gilt für solche Unternehmen, die freiwillig eine KFR aufstellen und veröffentlichen.

[13] Vgl. DRS 21.4, 21.6 f.; Coenenberg, Haller und Schultze (2021), S. 850.

IAS/IFRS-Anwender gilt der IAS 7 anstelle des DRS 21.[14] Überschneidungen zwischen DRS 21 und IAS 7 gibt es viele und beide Vorschriften gehen auf die erstmalige Konkretisierung des FAS 95 zurück.[15] Für freiwillig erstellte KFR sowie im Falle kapitalmarktorientierter Unternehmen, die gem. § 264 Absatz 1 HGB zur Aufstellung einer KFR verpflichtet sind, dient der DRS 21 als Leitlinie.[16] TANSKI (2021) empfiehlt jedoch eine Orientierung an IAS 7 aufgrund der international höheren Akzeptanz.[17]

Grundsätzlich ist die Kapitalflussrechnung vergangenheitsorientiert und wird in die drei Tätigkeitsfelder der laufenden Geschäftstätigkeit, der Investitionstätigkeit und der Finanzierungstätigkeit unterteilt.[18] Die Ausweise sollen Abschlussadressaten dazu befähigen, die Fähigkeit des Unternehmens zur Erwirtschaftung von Finanzmittelüberschüssen, Erfüllung finanzieller Verpflichtungen und Gewinnausschüttung an Anteilseigner besser einschätzen zu können.[19] Der Nutzer muss die ausgewiesenen Werte auf die Zukunft projizieren und eigenständig Annahmen über die künftige Entwicklung treffen. Der direkte Ausweis einer zukunftsorientierten KFR durch Unternehmen kann auf freiwilliger Basis als Teil des Lageberichts erfolgen.[20]

### 4.1.2 Regelungen der IAS/IFRS

Sämtliche Unternehmen, die ihren Jahresabschluss nach internationalen Rechnungslegungsstandards aufstellen, sind zur Erstellung einer Kapitalflussrechnung verpflichtet.[21] Diese Regelung umfasst sowohl Einzel- als auch Konzernabschlüsse und differenziert nicht nach Rechtsform, Größenkriterien, Branche oder einer Kapi-

---

[14] Vgl. § 315a HGB; DRS 21.5.

[15] Vgl. COENENBERG, HALLER und SCHULTZE (2021), S. 848 f. Die Regelungen des FAS 95/SFAS 95 sind inzwischen in ASC 230 enthalten.

[16] Vgl. COENENBERG, HALLER und SCHULTZE (2021), S. 850; DRS 21.4, 21.6 f.

[17] Vgl. TANSKI (2021), S. 322.

[18] Vgl. DRS 21.15. für Definitionen der einzelnen Tätigkeitsfelder sowie Mindestgliederungen bei direkter und indirekter Ermittlung der jeweiligen Cashflows vgl. DRS 21.39 f. (Operativer Cashflow bzw. Cashflow aus laufender Geschäftstätigkeit), DRS 21.46 (Cashflow aus Investitionstätigkeit), DRS 21.50 (Cashflow aus Finanzierungstätigkeit) oder zusammengefasst in Anlage 1 des DRS 21. Vgl. zum operativen Cashflow auch KÜTING und WEBER (2015), S. 176–179.

[19] Vgl. DRS 21.1; COENENBERG, HALLER und SCHULTZE (2021), S. 849.

[20] Vgl. TANSKI (2021), S. 322.

[21] Vgl. IAS 1.10 sowie IAS 7.1.

talmarktorientierung des Unternehmens.[22] Das IASB beschreibt explizit die Nutzung von Kapitalflussrechnungen als Hilfsmittel für die Modellierung und Beurteilung künftiger Cashflows sowie zum Vergleich von Unternehmen.[23] Prognosen über die Höhe und Wahrscheinlichkeit künftiger Zahlungsüberschüsse werden durch die Kapitalflussrechnung einfacher zu erstellen sein.[24]

Plan-Kapitalflussrechnungen werden auch als Basis für Solvenztests (analog zur Ausschüttungsbemessung nach nationalen Rechtsvorschriften) diskutiert. Sie würden stärker als die geltenden Regelungen des HGB auf prospektiven Daten basieren und könnten für kapitalmarktorientierte Konzerne als Ausschüttungsbemessungsregeln fungieren, welche eine ausreichende Höhe des im Unternehmen verbleibenden Eigenkapitals sicherstellen könnten. Derartige Überlegungen der EU wurden jedoch nicht weiter verfolgt, sodass der IAS/IFRS Konzernabschluss weiterhin informativen Charakter aufweist.[25]

## 4.2 Implikationen für das Finanzcontrolling und die wertorientierte Steuerung

Kapitalflussrechnungen und daraus resultierende Cashflowgrößen bilden die Basis für eine Vielzahl von Kennzahlen, welche für das Finanzcontrolling und die wertorientierte Steuerung genutzt werden. Da stets die Entwicklung solcher Kennzahlen von Bedeutung ist und zur Analyse herangezogen werden sollte, spielen Prognosen von Cashflows, die Systematik und Berechnung von Kapitalflussrechnungen sowie die Zusammensetzung des häufig genutzten Free Cashflows und dessen Nachhaltigkeit eine wichtige Rolle für die strategische Steuerung. Eine typische Gliederung von Kapitalflussrechnungen ist die Gliederung nach der Herkunft des Zahlungsflusses bzw. der betrieblichen Tätigkeit. Dementsprechend finden sich häufig die Bereiche der laufenden Geschäftstätigkeit, der Investitionstätigkeit und der Finanzierungstätigkeit sowie ein Finanzmittelfondsänderungsnachweis.[26] Das Finanzcontrolling zielt auf die Finanzierungstätigkeit des Unternehmens ab und ist mit dem Liquiditätsmanagement verknüpft, welches insbesondere die Sicherung der Zahlungsfähigkeit zum Ziel hat und weiterhin der Koordination von Investitionen dient.[27]

[22] Vgl. PELLENS u. a. (2017), S. 197.

[23] Vgl. IAS 7.4.

[24] Vgl. PELLENS u. a. (2017), S. 198.

[25] Vgl. TREISCH (2017), S. 127; KAHLE und SCHULZ (2008), S. 279.

[26] Vgl. AMEN (2019), Rz. 47–81.

[27] Vgl. ZIRKLER (2008), S. 200.

Die Betrachtung von quartalsweise oder jährlich erfassten Daten ist für diese Zwecke sicher nicht geeignet. Schließlich muss die Liquidität eines Unternehmens auf täglicher oder zumindest wöchentlicher Basis gesichert sein, um eine Zahlungsunfähigkeit abzuwenden.[28] Für diese Anwendung werden zeitnahe, interne Daten benötigt. Für die langfristige, wertorientierte Steuerung hat die Entwicklung von jährlichen Cashflow-Kennzahlen, wie sie in dieser Arbeit betrachtet werden, jedoch erneut große Bedeutung. Typischerweise werden die Zahlungsströme zur Unternehmensbewertung und von Analysten auf Jahresbasis geschätzt.[29] Sowohl für das kurzfristige, interne Finanzcontrolling, als auch für Unternehmensbewertungen werden als Zahlungsüberschussgrößen meist Free Cashflows herangezogen. Über diese herrscht in der Literatur jedoch keine Einigkeit, sodass verschiedene Berechnungsschemata zu finden sind.[30] Im folgenden Abschnitt wird auf die Ermittlung der verwendeten Kennzahlen eingegangen.

### 4.2.1 Die Berechnung des Free Cashflows

Gemäß des Instituts der Wirtschaftsprüfer in Deutschland werden die künftigen Zahlungsüberschüsse nach dem in Tabelle 4.1 aufgeführten Schema berechnet.[31]

**Tabelle 4.1** Ermittlung des Free Cashflows gem. IDW S1

| Ermittlung des Free Cashflows gem. IDW S1 | |
|---|---|
| | Jahresergebnis |
| + | Fremdkapitalzinsen |
| - | Unternehmensteuer-Ersparnis infolge der Abzugsfähigkeit der Fremdkapitalzinsen (‚tax shield') |
| + | Abschreibungen und andere zahlungsunwirksame Aufwendungen |
| - | zahlungsunwirksame Erträge |
| - | Investitionsauszahlungen abzüglich Einzahlungen aus Desinvestitionen |
| +/- | Verminderung/Erhöhung des Nettoumlaufvermögens (ohne liquide Mittel) |
| = | Free Cashflow |

[28] Vgl. GROSS und AMEN (2006), S. 339.

[29] Vgl. IDW S1, Rn. 77 f., 127.

[30] Vgl. ZIRKLER (2008), S. 214; DRUKARCZYK und SCHÜLER (2015), S. 113.

[31] IDW S1, Rn. 127.

Grundsätzlich wird zwischen der direkten und indirekten Ermittlung des Free Cashflows unterschieden.[32] Eine direkte Ermittlung erfolgt von den Umsatzerlösen aus und bereinigt einzelne Erträge und einzelne Aufwendungen um zahlungsunwirksame Komponenten und ergänzt sie um noch nicht erfolgswirksame Zahlungen. Bei der indirekten Ermittlung dient hingegen der festgestellte Jahresüberschuss als Ausgangsgröße, welcher anschließend um sämtliche zahlungsunwirksamen Aufwendungen und Erträge bereinigt wird.[33] Im einfachsten Fall eines Brutto-Cashflows wird der Jahresüberschuss/-fehlbetrag lediglich um die Summe der Abschreibungen/Zuschreibungen des Sachanlagevermögens und die Summe der Erhöhungen/Verminderungen langfristiger Rückstellungen korrigiert. Das Resultat entspricht dem bekannten EBITDA.[34] Die verschiedenen Definitionen des Free Cashflows unterscheiden sich letztlich durch die Höhe der abzugrenzenden Cashflows aus Investitionstätigkeit. Fraglich ist beispielsweise, ob Dividendenauszahlungen den FCF mindern oder sie ebenso Teil des ‚frei verfügbaren' Cashflows sind. DRUKARCZYK und SCHÜLER (2015) berücksichtigen Dividenden in der Berechnung des FCF.[35] ADHIKARI und DURU (2006) untersuchen ausgewiesene Free Cashflow Informationen in Geschäftsberichten US-amerikanischer Unternehmen und finden zehn verschiedene Definitionen des FCF, welche weiterhin zum Teil unter abweichenden Bezeichnungen ausgewiesen wurden. Die Vergleichbarkeit von Unternehmen wird dadurch eingeschränkt und Abschlussadressaten könnten falsche Schlussfolgerungen aus den Daten ableiten.[36]

Welche Cashflow/Free Cashflow-Größe genutzt werden muss hängt im Rahmen der Unternehmensbewertung von dem gewählten Verfahren, d. h. der jeweiligen Variante der DCF-Verfahren ab. So ist insbesondere zwischen den Brutto- und Nettoverfahren zu unterscheiden, welche sich in der unterschiedlichen

[32] Vgl. DRUKARCZYK und SCHÜLER (2015), S. 117; AMEN (2019), Rz. 48–51; COENENBERG, HALLER und SCHULTZE (2018), S. 814 f.; PELLENS u. a. (2017), S. 206.

[33] Vgl. DRUKARCZYK und SCHÜLER (2015), S. 117 f. Dabei ist der Jahresüberschuss um zahlungsunwirksame Aufwendungen zu erhöhen sowie um zahlungsunwirksame Erträge zu mindern. Vgl. AMEN (2019), Rz. 51; PELLENS u. a. (2017), S. 207 sowie WAGENHOFER und EWERT (2015), S. 280 für eine Auflistung von zu korrigierenden Positionen zur Ermittlung des Cashflows aus laufender Geschäftstätigkeit. Um weiterhin den Free Cashflow zu berechnen, sind zudem die Bereiche der Investitions- und Finanzierungstätigkeit zu berücksichtigen, wozu unter anderem Reinvestitionsauszahlungen fallen. Vgl. PELLENS u. a. (2017), S. 208 f. Vgl. auch COENENBERG, HALLER und SCHULTZE (2018), S. 811 sowie IAS 7.19 f. zur direkten und indirekten Ermittlung des Cashflows aus laufender Geschäftstätigkeit.

[34] Vgl. COENENBERG, HALLER und SCHULTZE (2021), S. 1165, 1192.

[35] Vgl. DRUKARCZYK und SCHÜLER (2015), S. 114.

[36] Vgl. ADHIKARI und DURU (2006), S. 316–318. Die verschiedenen Definitionen des Free Cashflows finden sich in Tabelle 1, S. 317.

Berücksichtigung des Fremdkapitals und des Steuervorteils aus der Fremdfinanzierung (dem ‚tax shield') unterscheiden.[37]

Die gegebene Definition des FCF des IDW ist unter Berücksichtigung der Einsatzfelder von Kapitalflussrechnungen möglichst allgemein gehalten. Die für die Rechnungslegung erstellte Finanzierungsrechnung zur Abbildung der Finanzlage wird als Kapitalflussrechnung im engeren Sinne bezeichnet.[38]

Folgend werden die Definitionen der verschiedenen Cashflowgrößen aus der Worldscope Fundamentals Datenbank von Refinitiv angegeben und erläutert.[39] Verwendet wird insbesondere der operative Cashflow, wobei die anderen Größen für weitergehende Tests verwendet werden.

- Cashflow aus laufender Geschäftstätigkeit:[40] stellt den Saldo der Ein- und Auszahlungen dar, der sich aus der Geschäftstätigkeit des Unternehmens ergibt. Er umfasst ebenso außerordentliche Ein- und Auszahlungen.
- Cashflow aus der Investitionstätigkeit: stellt den Saldo der Ein- und Auszahlungen dar, der sich aus Investitionen, Abgängen von Gegenständen des Anlagevermögens, Zunahme der sonstigen Aktiva und sonstigen Investitionstätigkeiten ergibt.
- Cashflow aus der Finanzierungstätigkeit: stellt den Saldo der Ein- und Auszahlungen dar, der sich aus lang- oder kurzfristigen Verbindlichkeiten, Einzahlungen aus der Ausgabe von Aktien, gezahlten Dividenden und anderen Finanzierungsaktivitäten ergibt.

### 4.2.2 Steuerungskennzahlen auf Basis von Kapitalflussrechnungen

Der Vorteil von Kapitalflussrechnungen gegenüber Bilanzen und der Gewinn- und Verlustrechnung ist zweifelsfrei die geringe Verzerrung durch rechnungslegungspolitische Maßnahmen. Die Darstellung der Finanzlage durch die Kapitalflussrechnung ist rein vergangenheitsorientiert und enthält damit im Gegensatz zu Bilanz

---

[37] Vgl. Abschnitt 6.1.2.

[38] Vgl. Coenenberg, Haller und Schultze (2018), S. 797 f. Weitere dort abgegrenzte Einsatzfelder sind vom Unternehmen erstellte Finanzierungsrechnungen zur Finanzplanung und -kontrolle (interner Zweck) sowie für die Rechnungslegung (externer Zweck).

[39] Vgl. dazu Thomson Reuters (2012), S. 478, 555. Die Definitionen haben sich seither nicht verändert und werden in dieser Form im Programm (Refinitiv) angezeigt (Stand 30.03.2022).

[40] Er wird häufig als operativer Cashflow bezeichnet.

und Gewinn- und Verlustrechnung keine zukunftsorientierten Informationen.[41] Aus genau diesem Grund, d. h. aufgrund der hohen Verlässlichkeit auf Kosten einer möglicherweise geringeren, direkten Relevanz im Vergleich zu Gewinngrößen,[42] eignen sich die Daten besonders zu Analysezwecken. Im Vergleich zur klassischen, bilanziellen Jahresabschlussanalyse kommt der KFR als Analysewerkzeug bisher jedoch weniger Beachtung zu.[43]

Wichtig sind die Daten insbesondere für das interne Finanzcontrolling zur Abschätzung des Innenfinanzierungspotenzials, des Finanzierungsniveaus und der Fondsstruktur. So können z. B. Zahlungsmittelquoten für direkt verfügbare Mittel und Zahlungsmitteläquivalente gebildet werden. Weiterhin können Kennzahlen zur Innenfinanzierungskraft, der Investitions- und Ausschüttungskraft sowie der Schuldentilgungs- und Zinsbedienungskraft aufschlussreich sein.[44]

Konkrete Kennzahlen zur wertorientierten Steuerung umfassen beispielsweise die Nettoinvestitionsdeckung und den dynamischen Verschuldungsgrad,[45] aber auch kapitalbezogene Cashflow-Raten[46] und die Cashflow-Umsatzrate.[47] Ebenso können diese Kennzahlen bezogen auf einzelne Segmente oder Regionen berechnet werden, um weitere Erkenntnisse zu liefern.[48]

Auch das im Rahmen von KNN thematisierte Baetge-Bilanzrating basiert auf Cashflow-Kennzahlen. Zur Evaluation der Ertragslage kommen zwei Rentabilitätskennzahlen, zur Evaluation der Finanzlage zwei Kennzahlen zur Finanzkraft zum Einsatz. All diese Kennzahlen nutzen den ‚ertragswirtschaftlichen Cashflow' im Zähler, welcher indirekt ermittelt wird und als ordentliches Betriebsergebnis zuzüglich Abschreibungen definiert ist.[49] Dieser Cashflow beinhaltet somit weniger Korrekturen und ist verhältnismäßig einfach konstruiert.[50]

Darauf aufbauend dienen Kapitalflussrechnungen als Grundlage für das wertorientierte Controlling. Um nun im Rahmen des wertorientierten Controllings Wertbeiträge identifizieren und berechnen zu können, werden üblicherweise DCF-Verfahren

---

[41] Vgl. COENENBERG, HALLER und SCHULTZE (2018), S. 799.

[42] Vgl. Kapitel 2.2.

[43] Vgl. ZIRKLER (2008), S. 217.

[44] Vgl. ZIRKLER (2008), S. 219 f.

[45] Vgl. KÜTING und WEBER (2015), S. 181 f.

[46] Vgl. COENENBERG, HALLER und SCHULTZE (2021), S. 1174.

[47] Vgl. ZIRKLER (2008), S. 227.

[48] Vgl. COENENBERG, HALLER und SCHULTZE (2021), S. 1168.

[49] Vgl. BAETGE (1998), S. 19, 24.

[50] Vgl. DRS 21.40.

verwendet.[51] Die dafür benötigten bewertungsrelevanten Cashflows bzw. die gesamten Plan-Kapitalflussrechnungen müssen durch entsprechende Prognosemodelle ermittelt werden.[52] Entsprechend wichtig ist es, allgemeingültige, objektive Prognoseverfahren zu definieren, welche möglichst gute Ergebnisse liefern. Die vorliegende Arbeit soll dazu beitragen.

### 4.2.3 Grenzen von Cashflows als Erfolgsindikatoren

Cashflowgrößen bieten viele Vorteile hinsichtlich der Messung der Schuldentilgungs-, Investitions- und Gewinnausschüttungskraft von Unternehmen. Neben diesen thematisierten Vorteilen existieren jedoch bedeutsame Kritikpunkte.[53] Kritisiert wird unter anderem die indirekte Ermittlungsmethode, welche wenig Aufschluss über die Finanzströme liefert. Einige der zur Berechnung zu nutzenden Abschlussposten beinhalten sowohl zahlungswirksame als auch zahlungsunwirksame Komponenten, sodass eine völlig korrekte Ermittlung der Cashflows mit verkürzten Rechenschemata nicht möglich ist. Der einfache, indirekt ermittelte Cashflow ist somit kein eindeutiger Maßstab für den Erfolg eines Unternehmens. Er könnte nicht vollständig bereinigt sein und stellt lediglich einen Indikator für den zahlungsmittelbasierten Jahreserfolg dar. Nur der aus der Kapitalflussrechnung, d. h. der direkt ermittelte Netto-Cashflow kann gewährleisten, dass sämtliche buchmäßigen, rechnungslegungspolitischen Einflüsse nicht den Cashflow betreffen.[54] Wie gut der Cashflow als Indikator für den künftigen Erfolg geeignet ist, hängt somit maßgeblich von der Genauigkeit der Ermittlung ab.[55] Zudem ist der Cashflow nur dann prospektiv erfolgsrelevant, wenn er zur Innenfinanzierungskraft beiträgt und mittel für zusätzliche Investitionen zur Verfügung bleiben, sowie künftig erfolgreiche Investitionen getätigt werden können.[56] Derartiges kann aus vergangenen Cashflows nicht geschlossen werden, wäre nur durch unternehmensintern vorliegende Informationen und unter subjektivem Einfluss abbildbar. Daher können diese Aspekte in den folgenden Analysen nicht berücksichtigt werden.

---

[51] Wie in Kapitel 2 dargelegt, gewinnen zahlungsstromorientierte Verfahren bzw. Barwertkalküle auch innerhalb der Rechnungslegung (insbesondere der IAS/IFRS) an Bedeutung.

[52] Vgl. IAS 7.4 zu der direkten Relevanz der Kapitalflussrechnungen für Beurteilungen künftiger Leistungsfähigkeiten durch Barwertmodelle.

[53] Vgl. nachfolgend KÜTING und WEBER (2015), S. 186–188 m. w. N.

[54] Vgl. COENENBERG, HALLER und SCHULTZE (2021), S. 1191 f.

[55] Vgl. COENENBERG, HALLER und SCHULTZE (2021), S. 1194 sowie die Ausführungen zur direkten und indirekten Ermittlung von Cashflows in Abschnitt 4.2.1 der vorliegenden Arbeit.

[56] Vgl. COENENBERG, HALLER und SCHULTZE (2021), S. 1194.

Weiterhin können Unternehmensvergleiche auf Basis von Cashflowgrößen fehlleiten, da sich beispielsweise bei dem Kauf und Leasing von Anlagegütern verschiedene Cashflowgrößen ergeben. Auch die strikte Vergangenheitsorientierung der Größen kann ein Kritikpunkt sein. Sie führt jedoch zu einer hohen Glaubhaftigkeit und Nachvollziehbarkeit, womit sie eine gute Prognosegrundlage bietet. Im Sinne des Zielkonfliktes zwischen der Nachvollziehbarkeit und Entscheidungsnützlichkeit kann diese Eigenschaft somit positiv und negativ aufgefasst werden. Weiterhin werden Konzern-Cashflows durch Änderungen des Konsolidierungskreises beeinflusst, da Differenzen von Bilanzposten zum Vorjahr bei verkürztem Cashflow-Berechnungsschema in die Berechnung einfließen.[57] Nichtsdestotrotz besteht Einigkeit darüber, dass Cashflows zu den wichtigsten Kennzahlen der Rechnungslegung gehören, wie auch etliche in dieser Arbeit aufgezeigten Forschungsarbeiten nahelegen.[58]

## 4.3 Modelle zur Prognose von Cashflows und Gewinnen

Typische Erfolgsmaße eines Unternehmens sind insbesondere der ausgewiesene Gewinn und die verschiedenen Cashflows sowie mit ihnen berechnete Verhältniskennzahlen. Es drängt sich daher die Frage auf, welche dieser Größen besser zur Prognose der zukünftigen Leistungsfähigkeit eines Unternehmens geeignet ist. Zu den einfachsten Prognosemodellen gehören solche, die Gewinne auf Basis aktueller und vergangener Gewinne modellieren, ohne weitere Einflussfaktoren zu berücksichtigen. Dies ist eine typische Herangehensweise und wird unter anderem von Lev und Gu (2016) genutzt.[59] Sie finden, dass sich Cashflows besser zur Prognose eignen und auch von Analysten mit geringeren Prognosefehlern vorhergesagt werden.[60] Die Zeitreihe der Gewinne ist aufgrund von Periodenabgrenzungen und Bestrebungen der Gewinnglättung jedoch weniger volatil und daher potenziell einfacher zu prognostizieren. Die Abhängigkeit von Schätzungen des Managements (insbesondere von Rückstellungen) macht die Prognose der Gewinne allerdings schwieriger als die von Cashflows. Zudem ist die Vergütung des Managements häufig an den Gewinn und nicht an die Cashflows eines Unternehmens gebunden, sodass ein großer Anreiz

---

[57] Vgl. DRS 21.40; Küting und Weber (2015), S. 187; Coenenberg, Haller und Schultze (2021), S. 863.

[58] Vgl. Küting und Weber (2015), S. 188.

[59] Vgl. Lev und Gu (2016), S. 22 f.; Lev (2018), S. 468.

[60] Vgl. Lev und Gu (2016), S. 17 f., 24.; Diese Erkenntnisse passen ebenso zu denen von Sloan (1996).

zur Gestaltung des Gewinns besteht.[61] Deshalb gehen GIVOLY, HAYN und LEHAVY (2009) ebenfalls davon aus, dass die Prognose von Cashflows einfacher ist.[62] Dennoch sollte beachtet werden, dass auch Cashflows, beispielsweise durch einmalige Verkäufe von Vermögensgegenständen des Sachanlagevermögens absichtlich beeinflusst werden können. In der Literatur hat sich zu der Frage ein Fundus an Studien entwickelt und es wird sich vielfach mit der Qualität ausgewiesener Gewinngrößen befasst.[63]

### 4.3.1 Ausgewählte Studien

Die Bedeutung von Prognosen der Ergebnisgrößen wird bereits durch die Ausführungen der internationalen Rechnungslegungsstandards deutlich. IAS 1.9 führt die Prognose künftiger Cashflows als Zweck der IAS/IFRS-Rechnungslegung an. Die ausgewiesenen Informationen sollen es den Adressaten ermöglichen, Höhe, Zeitpunkt und Sicherheit der Cashflows einschätzen zu können.[64] Die Qualität und Wertrelevanz des jeweiligen Erfolgsausweises kann somit anhand der Prognosefähigkeit von Gewinnen und Cashflows gemessen werden. Dieses Vorgehen steht im Einklang mit den Zielen der IAS/IFRS-Rechnungslegung.[65] Methodische Vorgaben für die Prognoseerstellung gibt es jedoch kaum. Die vielen Forschungsarbeiten kommen zu verschiedenen Ergebnissen und zusätzlich vergrößert sich die Anzahl methodischer Ansätze stetig, sodass eine intensive Evaluation von Prognosemethoden äußerst wichtig ist. GIVOLY und HAYN (2000) deuten neben der Relevanz für Investoren auch auf die Bedeutung für die Wissenschaft und Gesetzgeber hin.[66] Klar ist, dass die Prognose von Cashflows und Gewinnen eine grundlegende Problematik der Rechnungslegung darstellt und für viele Stakeholder einer Unternehmung von großer Bedeutung ist.

PALEA und SCAGNELLI (2017) testen die Eignung ausgewiesener Gewinne der internationalen Rechnungslegung für die Prognose von Free Cashflows. Dabei werden 1-Schritt Prognosen durchgeführt und die vergangenen Reingewinne

---

[61] Vgl. DICHEV u. a. (2013), S. 26; Dazu auch MOXTER (2000), S. 2148.

[62] Vgl. GIVOLY, HAYN und LEHAVY (2009), S. 1881.

[63] So beispielsweise DICHEV u. a. (2013); DECHOW, KOTHARI und WATTS (1998); LIU, NISSIM und THOMAS (2007); DECHOW und DICHEV (2002).

[64] Vgl. IAS 1.9. Das IASB definiert die Zielsetzung, dass Rechnungslegungsdaten relevante Informationen für die Prognose von Cashflows bereitstellen sollen.

[65] Vgl. ATWOOD u. a. (2011), S. 104.

[66] Vgl. GIVOLY und HAYN (2000), S. 289.

(‚net incomes‘) der letzten drei Zeitpunkte als erklärende Variablen herangezogen.[67] Das verwendete, autoregressive Modell berücksichtigt neben den vergangenen Gewinnen keinerlei weitere Daten zur Prognose des Free Cashflows der folgenden Periode. Zwar werden sowohl die vergangenen Reingewinne (‚net income‘) als auch die vergangenen (Konzern-)gesamtergebnisse (‚comprehensive income‘) verwendet, um den künftigen Cashflow zu bestimmen, allerdings bleiben weitere verfügbare Daten unberücksichtigt.[68] So könnten beispielsweise Posten der Periodenabgrenzung wie die Entwicklungen von Abschreibungen in der Berechnung berücksichtigt werden. Auch Entwicklungen von Material- und Personalaufwendungen liefern wichtige Informationen. Sie werden meist jedoch nicht explizit ausgewiesen. Intuitiv sollte eine multivariate Betrachtung bereits einen Vorteil für die Prognose von Cashflows bringen. Weiterhin können die entsprechenden Zeitreihen auf Kointegration getestet werden und dessen Berücksichtigung gegebenenfalls zu besseren Ergebnissen führen. Deutlich wird, dass sowohl methodisch als auch in Bezug auf verwendete Daten Verbesserungspotenzial besteht.

Grundsätzlich kann davon ausgegangen werden, dass die nach IAS/IFRS aufgestellten Einzel- und Konzernabschlüsse aufgrund der stärkeren Markt- und Investorenorientierung eine bessere Basis für die Prognose von Cashflows liefern als nationale Rechnungslegungssysteme wie das HGB.[69] So könnten beispielsweise das Vorsichts- und Gläubigerschutzprinzip des HGB im Widerspruch zu einer möglichst marktgetreuen Informationsbasis stehen. PALEA und SCAGNELLI (2017) liefern durch einen Vergleich von nationalen Rechnungslegungssystemen mit den IAS/IFRS Erkenntnisse zur Eignung der beiden Systeme für die Prognoseerstellung. Es werden zwei Gruppen betrachtet, wobei die Daten der Länder Frankreich, Deutschland, Italien und Spanien in der Gruppe der verwendet nationaler Rechnungslegungssysteme zusammengefasst[70] werden und mit den Daten der IAS/IFRS Anwender verglichen werden. Die Analyse zeigt, dass Cashflow-Prognosen auf

[67] Vgl. PALEA und SCAGNELLI (2017), S. 133 f.; 1-Schritt Prognosen von Cashflows mit den Gewinnen als erklärende Variable wurden durch viele Studien untersucht. Vgl. beispielsweise KIM und KROSS (2005); KANAGARETNAM, MATHIEU und SHEHATA (2009); LEV, LI und SOUGIANNIS (2010); Teilweise werden zwei Perioden voraus prognostiziert. Vgl. beispielsweise ATWOOD u. a. (2011).

[68] Konkret teilen PALEA und SCAGNELLI (2017) das Gesamtergebnis (‚comprehensive income‘) in den Reingewinn (‚net income‘) und andere Gewinnbestandteile (‚other comprehensive income‘) auf, um den Informationsgehalt der beiden Regressoren unterscheiden zu können.

[69] Vgl. auch PALEA und SCAGNELLI (2017), S. 134.

[70] Die nationalen Rechnungslegungssysteme der EU-Länder sind durch EU-Richtlinien weitgehend harmonisiert. Vgl. PALEA und SCAGNELLI (2017), S. 129.

Basis von Rechnungslegungsdaten nach IAS/IFRS zu besseren Ergebnissen führen als bei Verwendung von Daten der nationalen Rechnungslegungssysteme.[71] Nicht eindeutig ist, ob der Reingewinn oder das Gesamtergebnis eine bessere Grundlage für die Prognose künftiger Cashflows darstellt.[72]

ATWOOD u. a. (2011) stellen ebenfalls Modelle zur Prognose von Cashflows auf, vergleichen jedoch verschiedene Rechnungslegungssysteme im Hinblick auf die Prognosefähigkeit und Beständigkeit (‚persistence') der Abschlussdaten. Dabei werden drei Gruppen von Anwendern der IAS/IFRS, US-GAAP und anderer nationaler Rechnungslegungsstandards (‚non-US domestic accounting standards') betrachtet. Konkret wird der Zusammenhang zwischen aktuellen Gewinnen und künftigen Cashflows für die verschiedenen Rechnungslegungssysteme untersucht.[73]

Im Hinblick auf einen Vergleich von HGB- und IAS/IFRS-Rechnungslegung ist zu beachten, dass das Regelwerk der IAS/IFRS tendenziell flexibler ist.[74] Unter der Annahme, dass eine missbräuchliche Ausnutzung der sich dadurch ergebenden Spielräume ausgeschlossen ist[75], könnte das Regelwerk der internationalen Rechnungslegung eine bessere Informationsbasis für Prognosen darstellen. So finden ERNSTBERGER, KROTTER und STADLER (2008) bei der Analyse von Auswirkungen der Übernahme internationaler Rechnungslegungsstandards, dass die Genauigkeit von Analystenprognosen steigt, wenn Unternehmen von der HGB- zur IAS/IFRS-Rechnungslegung wechseln.[76] ATWOOD u. a. (2011) finden hingegen keinen signifikanten Unterschied in Bezug auf den Informationsgehalt von IAS/IFRS-Abschlüssen und Abschlüssen anderer Rechnungslegungssysteme.[77] Ein Vergleich zwischen US-GAAP und der internationalen Rechnungslegung deutet in ihrer

[71] Vgl. PALEA und SCAGNELLI (2017), S. 138 f.

[72] Vgl. PALEA und SCAGNELLI (2017), S. 139 haben dahingehend keine eindeutigen Ergebnisse.

[73] Vgl. ATWOOD u. a. (2011), S. 104.

[74] Vgl. dazu Kapitel 2.

[75] Vgl. dazu Kapitel 5.

[76] Vgl. ERNSTBERGER, KROTTER und STADLER (2008), S. 26. Die Analyse bezieht sich auf 591 deutsche Unternehmen und wird mit Prognosen aus der I/B/E/S Datenbank durchgeführt. Vgl. ERNSTBERGER, KROTTER und STADLER (2008), S. 38.

[77] Dies bezieht sich auf den Zusammenhang zwischen aktuellen Gewinnen/Verlusten und zukünftigen Cashflows. Ein expliziter Vergleich zu einzelnen Rechnungslegungssystemen, wie dem HGB, findet durch die Betrachtung der drei Gruppen nicht statt. Unter den ‚anderen Rechnungslegungssystemen' werden die verschiedensten Länder weltweit zusammengefasst. Vgl. ATWOOD u. a. (2011), S. 117.

Studie zur Prognose von Cashflows hingegen auf einen höheren Informationsgehalt von Abschlussdaten nach US-GAAP hin, da diese bessere Prognoseergebnisse liefern.[78]

Erkenntnisse wie die von ATWOOD u. a. (2011) könnten jedoch überholt sein, da sich alle Rechnungslegungssysteme verändern und seither Änderungen oder Ergänzungen an Standards vorgenommen und neue IFRS eingeführt wurden, die zum Teil wiederum andere Standards ersetzt haben.[79] Zwischen dem Handelsrecht und der internationalen Rechnungslegung sind Differenzen zu erwarten. Ein Vergleich beider Systeme sowie eine Trennung nach Ländern wird jedoch durch die verpflichtende Anwendung der IAS/IFRS für kapitalmarktorientierte Konzerne[80] erschwert. Die in dieser Arbeit betrachteten Daten deutscher Unternehmen umfassen für den bedeutendsten Zeitraum, etwa der letzten zehn Jahre, ausschließlich Abschlüsse nach internationalen Rechnungslegungsstandards, da es sich um börsennotierte Konzerne handelt.

Die Prognoseeignung von Abschlussdaten wird häufig mit deren Wertrelevanz verknüpft und entsprechend im Zusammenhang mit den Aktienkursen bzw. Marktkapitalisierungen evaluiert. Die Wertrelevanz von Abschlussinformationen wurde durch viele Studien und mit unterschiedlichen Ergebnissen untersucht. Unter der strengen Annahme, dass der Aktienkurs (‚stock price') dem Barwert zukünftiger Cashflows entspricht, kann der Zusammenhang zwischen ausgewiesenen Gewinnen und Aktienkursen als Maßstab für den Nutzen von Abschlussdaten zur Prognose künftiger Cashflows verwendet werden. Nimmt der Zusammenhang zwischen ausgewiesenen Gewinnen und Aktienkurs ab, kann beispielsweise von einer schwindenden Fähigkeit der Abschlussdaten zur Prognose künftiger Cashflows ausgegangen werden.[81] KIM und KROSS (2005) decken einen steigenden Zusammenhang zwischen Gewinnen und 1-Schritt Prognosen der operativen Cashflows auf. So sei

---

[78] Vgl. ATWOOD u. a. (2011), S. 118.

[79] An dieser Stelle seien auch Harmonisierungsbestrebungen der Europäischen Union zu nennen. So hat sich auch das Handelsgesetzbuch an die internationale Rechnungslegung angenähert und ist an einigen Stellen von grundlegenden Prinzipien abgewichen. Vgl. WAGENHOFER und EWERT (2015), S. 24–26 für einen historischen Überblick.

[80] Vgl. Abschnitt 2.5.2.

[81] Vgl. KIM und KROSS (2005), S. 754; FRANCIS und SCHIPPER (1999), S. 325 definieren wertrelevante Abschlussinformationen als solche, die Variablen enthalten, die auch in Bewertungsmodellen verwendet werden oder der Prognose solcher Variablen dienen. Danach kann die Wertrelevanz von Abschlussinformationen anhand der Fähigkeit Cashflows durch ausgewiesene Gewinne zu prognostizieren, gemessen werden; Allgemein kann die Wertrelevanz von Abschlussinformationen auch durch die Stärke der Korrelation einer Information bzw. eines Signals mit dem aktuellen Gewinn definiert werden. Vgl. LEE, MYERS und SWAMINATHAN (1999), S. 1736.

die out-of-sample Prognosegenauigkeit von operativen Cashflows im Zeitraum von 1973 bis 2000 stetig gestiegen.[82] Das verwendete Modell basiert auf dem von COLLINS, MAYDEW und WEISS (1997) und OHLSON (1995), welches lediglich die Variablen ‚Buchwert des Eigenkapitals' und ‚Gewinn je Aktie' berücksichtigt und setzt sich aus den folgenden drei Gleichungen zusammen[83]

$$P_{it} = \alpha_{0t} + \alpha_{1t}E_{it} + \alpha_{2t}BV_{it} + \epsilon_{it} \tag{4.1}$$

$$P_{it} = \beta_{0t} + \beta_{1t}E_{it} + \epsilon_{it} \tag{4.2}$$

$$P_{it} = \chi_{0t} + \chi_{1t}BV_{it} + \epsilon_{it} \tag{4.3}$$

mit $P_{it}$ = Aktienkurs (‚price') des Unternehmens $i$ drei Monate nach Ende der Periode $t$, $E_{it}$ = Gewinn je Aktie (‚earnings per share') des Unternehmens $i$ in Periode $t$ und $BV_{it}$ = Buchwert je Aktie (‚book value') des Unternehmens $i$ am Ende der Periode $t$. Die Erklärungskraft des Modells bzw. der Gleichungen wird im Weiteren durch das Bestimmtheitsmaß $R^2$ gemessen. Die zusätzliche Erklärungskraft der einzelnen Regressoren ergibt sich dann aus den Differenzen der $R^2$. Die zusätzliche Erklärungskraft des Buchwertes des Eigenkapitals kann somit durch $R_1^2 - R_2^2 = R_{BV}^2$ beschrieben werden, wobei $R_1^2$ das Bestimmtheitsmaß der ersten und $R_2^2$ das Bestimmtheitsmaß der zweiten Gleichung ist.[84]

KIM und KROSS (2005) untersuchen analog zu dem zuvor aufgezeigten Modell von COLLINS, MAYDEW und WEISS (1997) das folgende Modell, welches auf den Zusammenhang von operativen Cashflows und Gewinnen abzielt:[85]

$$CFO_{it+1} = \alpha_0 + \alpha_1 CFO_{it} + \alpha_2 E_{it} + \epsilon_{it} \tag{4.4}$$

---

[82] Vgl. KIM und KROSS (2005), S. 755.

[83] Vgl. COLLINS, MAYDEW und WEISS (1997), S. 45; Wie dort angegeben, basiert das angewandte Modell in Teilen auf OHLSON (1995).

[84] Vgl. COLLINS, MAYDEW und WEISS (1997), S. 45; KIM und KROSS (2005), S. 759.

[85] Vgl. KIM und KROSS (2005), S. 760; DECHOW, KOTHARI und WATTS (1998), S. 145 nutzen dieses Modell mit unternehmensspezifischen Zeitreihendaten, wobei in diesem Fall letztlich Querschnittsdaten verwendet werden. KIM und KROSS (2005) berechnen das Modell somit für alle Unternehmen gemeinsam und berücksichtigen die Zeitreihenstruktur damit nur indirekt. Vgl. WOOLDRIDGE (2013), Part 1 und Part 2 für Grundlagen zur Abgrenzung der Regressionsanalyse mit Querschnittsdaten (‚cross-sectional data') und Zeitreihendaten (‚time series data'). Die verwendeten Cashflows werden zudem indirekt, d. h. aus dem Gewinn abgeleitet. Vgl. KIM und KROSS (2005), S. 768. Ein Nachteil der Verwendung von Querschnittsdaten ist, dass zugrundeliegende zeitliche Zusammenhänge (beispielsweise durch makroökonomische Einflüsse) schwieriger zu erkennen sind. Vgl. BARTH, LANDSMAN, YOUNG u. a. (2014), S. 302.

Die Erklärungskraft der einzelnen Regressoren wird ebenfalls wie oben dargestellt mithilfe der Bestimmtheitsmaße $R^2$ bestimmt. Zu beachten ist, dass der als Regressor fungierende $CFO$ bereits in dem Regressor $E$ steckt, d. h. der ausgewiesene Gewinn den Cashflow aus operativer Tätigkeit beinhaltet. Den Unterschied und damit die zusätzliche Erklärungskraft der Variable $E$ stellen somit die zahlungsunwirksamen Komponenten des Gewinns dar. Dies sind insbesondere Rückstellungen und Abschreibungen.[86] Die Betrachtung von Gewinnen oder Cashflows allein ist in keinem Fall sinnvoll. Die Größen bedingen sich gegenseitig und eine Analyse der Cashflows ist ebenso wichtig wie die Analyse von zahlungsunwirksamen Aufwendungen und Erträgen.[87]

Es muss stets beachtet werden, dass ein gutes Schätzmodell nicht zwangsläufig ein gutes Modell zur Prognose bedingt. So kann es sein, dass das Schätzmodell zu stark an die Daten angepasst ist, damit Trends unpassend widerspiegelt und schlechte Prognosen hervorruft. Aus diesem Grund testen KIM und KROSS (2005) die Vorhersagekraft des Modells durch out-of-sample Prognosen.[88] Evaluiert wird anhand eines Fehlermaßes, welches ähnlich dem Root Mean Squared Error (RMSE)[89] ist und daher ebenfalls große Fehler stärker gewichtet. Im Ergebnis deuten sowohl operative Cashflows als auch Gewinne auf eine im Zeitablauf steigende Prognosefähigkeit hin.[90] Zudem sind Prognosen der operativen Cashflows mit Hilfe der Gewinne als Regressor genauer als solche die lediglich die vergangenen Cashflows in der Modellgleichung berücksichtigen.[91] Dies deutet darauf hin, dass die zahlungsunwirksamen Aufwendungen und Erträge, wie Rückstellungen und Abschreibungen, eine signifikante Erklärungskraft haben. KIM und KROSS (2005) vermuten weiterhin, dass eine stärkere Umsetzung des Vorsichtsprinzips (‚accounting conservatism') zu einer steigenden Prognosefähigkeit von Cashflows führt. Das Vorsichtsprinzip wurde in der untersuchten Zeit bis 2000 gestärkt[92] und eine schnellere Berücksichtigung negativer Ereignisse könnte letztlich die Prognosefähigkeit gesteigert haben.[93]

---

[86] Vgl. KIM und KROSS (2005), S. 760.

[87] Vgl. COENENBERG, HALLER und SCHULTZE (2021), S. 1192.

[88] Vgl. KIM und KROSS (2005), S. 767.

[89] Für die empirischen Analysen der vorliegenden Arbeit werden der RMSE sowie der Mean Absolute Error (MAE) als Fehlermaße verwendet.

[90] Vgl. KIM und KROSS (2005), S. 768.

[91] Vgl. KIM und KROSS (2005), S. 769.

[92] Vgl. GIVOLY und HAYN (2000).

[93] Vgl. KIM und KROSS (2005), S. 771.

Auch GIVOLY und HAYN (2000) untersuchen die Prognosefähigkeit und die Eigenschaften von Zeitreihen des Rechnungswesens. Sie plädieren für eine Neutralisierung des Vorsichtsprinzips, welches die ausgewiesenen Daten durch eine frühe Berücksichtigung schlechter Nachrichten und eine zu späte Berücksichtigung guter Nachrichten verzerrt. Dies lässt erwarten, dass ausgewiesene Gewinne in Phasen schlechter Nachrichten stärker mit dem Aktienkurs korrelieren.[94] Unter der Annahme, dass Rechnungslegungsdaten die tatsächliche Leistungsfähigkeit von Unternehmen widerspiegeln, müssen Abweichungen der Gewinne von den Cashflows bzw. deren Verhältnis lediglich temporär und erwartungstreu (‚mean reverting') sein. Auf dieser Annahme beruht auch das Feltham-Ohlson Modell.[95]

Gemessen werden kann die Bedeutung des Vorsichtsprinzips beispielsweise mithilfe des Marktwert-Buchwert-Verhältnisses.[96] Je höher das Verhältnis ist bzw. je weiter der Marktwert über dem Buchwert liegt, desto stärker könnte das Vorsichtsprinzip ausgelegt und Gewinne entsprechend klein gerechnet worden sein. Zu beachten ist dabei jedoch, dass insbesondere bei der Betrachtung von Marktkapitalisierungen die Erwartungen der Akteure und etliche äußere Faktoren Auswirkungen auf diese Größe bzw. den Aktienkurs haben.[97]

Um eine Analyse mit Querschnittsdaten durchführen zu können bzw. eine Vergleichbarkeit der Daten gewährleisten zu können, betrachten GIVOLY und HAYN (2000) das Verhältnis von Gewinnen und Cashflows zum Gesamtkapital zu Beginn der betrachteten Periode.[98] Die Datenbasis besteht weiterhin lediglich aus Unternehmen, welche über die Gesamtperiode bestanden.[99] Dieses Vorgehen ist üblich und wird auch in dieser Arbeit verwendet, sodass entsprechende Ergebnisse vergleichbar sind.[100] GIVOLY und HAYN (2000) finden, dass die Volatilität der ausgewiesenen Gewinne in vergangener Zeit zugenommen hat und die Varianz in den Jahren der

---

[94] Vgl. GIVOLY und HAYN (2000), S. 289, 291 f.

[95] Vgl. GIVOLY und HAYN (2000), S. 288; FELTHAM und OHLSON (1995), sowie Abschnitt 6.3.

[96] Vgl. GIVOLY und HAYN (2000), S. 294.

[97] Die Betrachtung des Markt- und Buchwertes des Eigenkapitals stellt zudem nur eine Möglichkeit dar, um Auswirkungen des Vorsichtsprinzips zu messen. Weiterhin können beispielsweise die Eigenschaften der Gewinne und Cashflows bezüglich Varianz und Verteilung untersucht werden. Vgl. GIVOLY und HAYN (2000), S. 294 für eine Übersicht über mögliche Indikatoren.

[98] Vgl. GIVOLY und HAYN (2000), S. 295.

[99] Vgl. GIVOLY und HAYN (2000), S. 298. Letztlich werden damit ausschließlich am Markt erfolgreiche Unternehmen betrachtet, sodass ein sog. ‚survivorship bias' berücksichtigt werden muss.

[100] Vgl. Abschnitt 3.7.1.

Untersuchung größer war, als die der Cashflows. Ausgelöst wird die Volatilität der Gewinne insbesondere durch die Varianz der nicht-operativen Posten der Periodenabgrenzung (‚nonoperating accruals'').[101] Dies könnte ein Indikator dafür sein, dass diskretionäre Abschlussbestandteile wie einige Rückstellungsposten zur bewussten Verzerrung anstelle einer möglichst realitätsgetreuen Abbildung der Leistungsfähigkeit eines Unternehmens genutzt werden. Nichtsdestotrotz kann die hohe Varianz zahlungsunwirksamer Bestandteile auch auf reale Vorkommnisse zurückzuführen sein.

LEV, LI und SOUGIANNIS (2010) untersuchen ebenfalls die Nützlichkeit von Prognosen basierend auf Daten der Rechnungslegung und zeigen Verbesserungsvorschläge hinsichtlich der zu verwendenden Variablen auf.[102] Dazu werden zuerst Schätzungen (‚in-sample') vorgenommen, wobei diese branchenspezifisch durchgeführt werden und Cashflows, Gewinne, Veränderungen des Betriebskapitals (Working Capital) und verschiedene Rückstellungen in der Gleichung berücksichtigt werden.[103] Weiterhin werden (‚out-of-sample') Prognosen für Cashflows und Gewinne mit den branchenspezifischen Parametern durchgeführt. Im Ergebnis finden sie keine Indizien dafür, dass die Berücksichtigung von Rückstellungen bzw. ‚accounting estimates' bessere Prognosen hervorbringen. Prognosen auf Basis von vergangenen Cashflows allein würden somit nicht schlechter sein als solche, die Rückstellungen und ausgewiesene Gewinne berücksichtigen. Zudem sind allein auf ausgewiesenen Gewinnen beruhende Vorhersagen von Cashflows im Gegensatz zu den Ergebnissen von KIM und KROSS (2005) schlechter als solche, die auf vergangenen Cashflows basieren.[104] Diese Ergebnisse verdeutlichen erneut die unterschiedlichen Ergebnisse im Vergleich zu den bisher aufgezeigten Studien und damit eine Abhängigkeit vom betrachteten Zeitraum oder der Stichprobe von Unternehmen. In jedem Fall werden weitere Erkenntnisse benötigt.

RICHARDSON, TUNA und WYSOCKI (2010) verdeutlichen in ihrer Literaturrecherche die große Bedeutung von Forschung im Bereich der Gewinn- und Zahlungsstromprognose. Gleichzeitig kritisieren sie, dass es in dem Großteil vorhandener Literatur um Zusammenhänge von Wertausweisen und Eigenschaften der Rechnungslegung mit künftigen Aktienrenditen geht. Wichtiger ist jedoch die direkte

---

[101] Vgl. GIVOLY und HAYN (2000), S. 313 sowie S. 303 f. für die Definitionen der verwendeten Variablen.

[102] Vgl. LEV, LI und SOUGIANNIS (2010), S. 779.

[103] Vgl. LEV, LI und SOUGIANNIS (2010), S. 782, 784, 786–788. Rückstellungen werden insbesondere in vorwiegend auf Fakten basierende und vorwiegend auf Schätzungen basierende Rückstellungen unterteilt. Die auf Schätzungen basierenden Rückstellungen bieten insbesondere für Manipulationen den größeren Angriffspunkt und sind somit als unsicherer anzusehen.

[104] Vgl. LEV, LI und SOUGIANNIS (2010), S. 783.

Prognose ausgewiesener Gewinne.[105] Unter Beachtung des Nutzens verbesserter Gewinnprognosen ist sie gar von unschätzbarem Wert.[106] Aus diesem Grund fokussiert die vorliegende Arbeit insbesondere die Prognose von Gewinnen und Cashflows, aber auch die der Marktkapitalisierungen.[107]

### 4.3.2 Potenzielle Schwachstellen verwendeter Prognosemodelle

Prognosemodelle für die Entwicklung von Gewinnen und Cashflows sind häufig sehr einfach.[108] Trotz der verwendeten Modelle schlussfolgert LEV, LI und SOUGIANNIS (2010), dass die Modelle gute Prognoseergebnisse liefern.[109] Zudem ist die Vielzahl von zugrundeliegenden Schätzungen und Projektionen innerhalb der Abschlussinformationen als Schwachstelle anzusehen, welche in entsprechenden Modellen berücksichtigt werden muss, jedoch nur suboptimal abgebildet werden kann.[110]

Die Gesamtheit der wissenschaftlichen Studien zur Prognosefähigkeit von Cashflows und Gewinnen lässt sich grob in Studien zur Schätzung von Parametern (d. h. ‚in-sample' analysis) und solche zur Prognose (d. h. ‚out-of-sample' prediction) unterteilen.[111] Nicht alle Studien beziehen sich somit tatsächlich auf Prognosen. Einige befassen sich allein mit der Schätzung von Modellen, welche daraufhin nicht zur Prognose genutzt werden. Für die benötigten out-of-sample Prognosen lassen

---

[105] Vgl. RICHARDSON, TUNA und WYSOCKI (2010), S. 450.

[106] Vgl. RICHARDSON, TUNA und WYSOCKI (2010), S. 444.

[107] Die Prognose von Marktkapitalisierungen wird in Kapitel 6 thematisiert. Vgl. auch RICHARDSON, TUNA und WYSOCKI (2010), S. 420. Die Prognose von Gewinnen und Cashflows wird hauptsächlich ohne Berücksichtigung von Kapitalmarktinformationen prognostiziert. Anschließend wird zusätzlich die Marktkapitalisierung betrachtet und auf ihren Erklärungsgehalt untersucht.

[108] LEV, LI und SOUGIANNIS (2010), S. 783 merken beispielsweise an: „our prediction tests are based on fairly simple models. Users may be using different, more sophisticated models[...]"; Ähnliche Modelle werden von PALEA und SCAGNELLI (2017); KIM und KROSS (2005); LOREK (2014), und vielen weiteren Autoren verwendet.

[109] Vgl. LEV, LI und SOUGIANNIS (2010), S. 797.

[110] Vgl. LEV, LI und SOUGIANNIS (2010), S. 783.

[111] Vgl. LEV, LI und SOUGIANNIS (2010), S. 784. In Bezug auf die Zielsetzung der Rechnungslegung, d. h. der Informationsvermittlung von entscheidungsrelevanten Informationen stehen besonders Prognosen im Vordergrund. Vgl. beispielsweise ebenfalls KIM und KROSS (2005), COLLINS, MAYDEW und WEISS (1997), BARTH, CRAM und NELSON (2001) und LOREK (2014) für out-of-sample Prognosen.

sie möglicherweise falsche Rückschlüsse in Bezug auf die Prognosegenauigkeit zu. Als bestes Modell einer ‚in-sample' Parameterschätzung könnte ein zu stark an die vorhandenen Daten angepasstes Modell ausgewählt werden, sodass das Problem der Überanpassung (‚over-fitting') auftritt. Die ermittelten Parameter bzw. die Funktion gibt dann optimal die Vergangenheit der zu erklärenden Größe wieder, ist aufgrund von starken Schwankungen jedoch nicht gut für die Prognose geeignet.[112] Relevante Ergebnisse liefern daher letztlich nur durch die Schätzmodelle erstellte Prognosen außerhalb der Stichprobe, welche zur Modellierung genutzt wurde.

Im direkten Vergleich von beispielsweise KIM und KROSS (2005) und LEV, LI und SOUGIANNIS (2010) entsteht kein eindeutiges Ergebnis in Bezug auf die optimalen Regressoren bzw. Prädiktoren für die Ermittlung künftiger Cashflows. Viele weitere Studien sind zudem nicht direkt vergleichbar, da sie sich in der Anzahl der Regressoren und deren Ermittlung unterscheiden. Zudem werden teilweise branchenspezifische Parameterschätzungen vorgenommen und unterschiedliche Herangehensweisen genutzt, sodass Vergleiche erschwert werden.[113]

### 4.3.3 Auswahl und Evaluation geeigneter Modelle

Für die Evaluation der Modelle kann es empfehlenswert sein, sich nicht ausschließlich auf die statistische Signifikanz und p-Werte zu verlassen. Die ausschließliche Verwendung des p-Wertes zur Beurteilung der statistischen Signifikanz ist – wenn auch häufig in Forschung und Lehre genau so praktiziert – nicht ausreichend. So ist der häufig verwendete p-Wert nicht annähernd so aussagekräftig wie häufig vermutet.[114] Die weitverbreitete Nutzung des p-Wertes als Beurteilung statistischer Signifikanz hat sich im Laufe der Zeit eingebürgert.[115] Eine sinnvolle Herangehensweise zur Ermittlung guter Modelle muss jedoch stets mehrere Kriterien heranziehen, sodass Schlussfolgerungen nicht allein auf dem Über- oder Unterschreiten einer bestimmten Schwelle durch den p-Wert basieren sollten.[116] Dennoch findet sich die Forderung nach einer Herabsetzung der Schwelle auf $p = 0{,}005$, um

---

[112] Es handelt sich um das sogenannte Verzerrung-Varianz-Dilemma (‚bias-variance trade-off').

[113] Vgl. LEV, LI und SOUGIANNIS (2010), S. 784. Unterschiedliche Herangehensweisen bezieht sich hier insbesondere auf die Betrachtung von Querschnittsdaten (‚cross-sectional') oder unternehmensspezifischen Zeitreihendaten (‚firm-specific').

[114] Vgl. WASSERSTEIN, SCHIRM und LAZAR (2019), S. 4.

[115] Vgl. WASSERSTEIN und LAZAR (2016), S. 129.

[116] Vgl. WASSERSTEIN und LAZAR (2016), S. 131, 132; WASSERSTEIN, SCHIRM und LAZAR (2019), S. 4.

einer häufig fehlenden Reproduzierbarkeit entgegenzuwirken und die Glaubhaftigkeit publizierter, neuer Erkenntnisse zu steigern.[117] Die Verbreitung der Schwelle von $p = 0{,}05$ als maßgebliches Kriterium für die Relevanz von Forschungsergebnissen hat allerdings bereits dazu geführt, dass nur noch solche Arbeiten veröffentlicht werden, welche diesen p-Wert unterschreiten. Dieses Vorgehen führt jedoch zu einer Überschätzung der tatsächlichen Einflüsse betrachteter Parameter, da Studien mit höheren p-Werten oder gar gegenteiligen Ergebnissen häufig nicht veröffentlicht oder womöglich von Wissenschaftlern nicht eingereicht werden. ZWET und CATOR (2021) belegen dieses Phänomen anhand der Verteilung von Z-Werten einer Vielzahl von Forschungsarbeiten.[118] Die Forderung von BENJAMIN u. a. (2018), einem Zusammenschluss vieler Wissenschaftler, ist demzufolge kontraproduktiv und würde viele nützliche, die Forschung vorantreibende Arbeiten unterdrücken und deren Publikation verhindern. Ein p-Wert von $p = 0{,}005$ als einziges Kriterium würde das von ZWET und CATOR (2021) beschriebene Problem verschärfen und wäre zur Überwindung der Schwierigkeiten bezüglich der Replikation von Ergebnisse unzureichend.[119]

Die Erkenntnis eines signifikanten (im Sinne eines p-Wertes kleiner 0,05) Einflusses einer Variable in einem Regressionsmodell, welches sich auf einen Spezialfall im Sinne bestimmter Unternehmen, Zeiträume, Branchen oder kleine Stichproben bezieht, ist möglicherweise weder generalisierbar noch reproduzierbar. Gegenteilige Ergebnisse über häufig verwendete erklärende Variablen, für welche keine signifikanten Einflüsse aufgedeckt werden, können einen ebenso großen oder größeren Erkenntnisgewinn liefern. Zudem können auch nur schwach signifikante Variablen (p-Wert oberhalb der typischen Schwellen von 0,05 und 0,1) unter veränderten Rahmenbedingungen an betrachtete Zeiträume, Branchen oder Variablendefinitionen einen stärkeren Einfluss haben und generell wichtige Anreize für weitere Forschungsarbeiten und Diskussionen liefern. MCSHANE u. a. (2019) schlagen ebenfalls eine Abkehr vom p-Wert als maßgebliches Kriterium vor. Es sollte nicht als absolutes Maß für die Signifikanz, sondern vielmehr als eines von vielen Kriterien betrachtet werden.[120]

Eine Betrachtung des p-Wertes als eines von mehreren Kriterien ist somit sinnvoll. Der p-Wert darf nur und kann jedoch nur sinnvoll eingesetzt werden, wenn die

---

[117] Vgl. BENJAMIN u. a. (2018), S. 6. Die Autoren glauben, ein zu niedriges Maß für die statistische Signifikanz sei die Ursache für nicht reproduzierbare Forschungsergebnisse.

[118] Vgl. ZWET und CATOR (2021), S. 438. Für die Analyse wurden etwa eine Million Z-Werte aus der biomedizinischen Forschung verwendet.

[119] Vgl. ZWET und CATOR (2021), S. 439; MCSHANE u. a. (2019), S. 235.

[120] Vgl. MCSHANE u. a. (2019), S. 235.

Entscheidungsregel (‚decision rule') zuvor definiert wurde.[121] KUFFNER und WALKER (2019) zeigen typische Anwendungsfälle auf, welche eine falsche Verwendung des p-Wertes vorsehen und von denen Abstand genommen werden sollte.[122] Auf diesen Erkenntnissen basierend wird der p-Wert in dieser Arbeit zwar zur Einschätzung der Signifikanz von Modellen und Variablen verwendet, jedoch nicht als alleiniges oder maßgebliches Kriterium herangezogen. Letztlich steht in dieser Arbeit zudem weniger die Evaluation der Modellschätzung als die der Prognosegüte im Vordergrund. Die Prognosen werden wiederum anhand der Abweichungen von den tatsächlichen Realisationen, d. h. dem Prognosefehler und den Fehlermaßen RMSE und MAE begutachtet.

Ein weiteres Kriterium zur Bewertung der Güte einer Prognose ist die wirtschaftliche Signifikanz. Diese kann z. B. gemessen werden, indem die prognostizierten Cashflows mit den Entwicklungen am Aktienmarkt, d. h. der Aktienkursperformance der Unternehmen verglichen wird.[123] Dazu werden Portfolios, die aus den Aktien der Unternehmen erstellt werden, welche die besten Cashflowprognosen liefern, mit deren Kapitalmarktrendite verglichen. Die Unternehmen mit den höchsten Cashflows sollten auch am Kapitalmarkt die höchsten Renditen erzielen. Danach könnte unter verschiedenen Prognosemodellen dasjenige ausgewählt werden, welches die höchste Rendite erzielt.[124] Kritisch ist diese Herangehensweise aufgrund der etlichen Einflussfaktoren (insbesondere Spekulationen und makroökonomische Ereignisse) auf die Kapitalmarktrenditen bzw. die Aktienkurse der Unternehmen. Sie kann somit nur als Indiz für die Güte einer Prognose genutzt werden. Nichtsdestotrotz stellt diese Herangehensweise der Wertrelevanzforschung eine Möglichkeit dar, um den Nutzen der Prognosen für Investoren zu messen und damit eine gewisse wirtschaftliche Sinnhaftigkeit festzustellen.

Grundsätzlich führt die Betrachtung disaggregierter Variablen zu besseren Schätzungen innerhalb der Stichprobe als Modelle, welche beispielsweise nur den ausgewiesenen Gewinn, nicht jedoch dessen Komponenten berücksichtigen. Für die Prognose von Cashflows könnten somit quartalsweise Jahresabschlussdaten besser geeignet sein als jährliche.[125] Für Daten des Rechnungswesens könnten allerdings

---

[121] Vgl. KUFFNER und WALKER (2019), S. 3; MCSHANE u. a. (2019), S. 241 beschreiben ebenfalls, dass der p-Wert zwar berücksichtigt, jedoch nicht als Schwellenwert betrachtet werden sollte.

[122] Vgl. KUFFNER und WALKER (2019), S. 2 f.

[123] Vgl. LEV, LI und SOUGIANNIS (2010), S. 788.

[124] Vgl. LEV, LI und SOUGIANNIS (2010), S. 788 f. Sie vergleichen so Modelle, die lediglich die vergangenen Cashflows und solche die zusätzlich Rückstellungen und andere Regressoren berücksichtigen. Vgl. LEV, LI und SOUGIANNIS (2010), S. 789.

[125] Vgl. LOREK (2014), S. 146; LOREK und WILLINGER (2011).

auch jährliche Daten besser geeignet sein, da sie keinen saisonalen Schwankungen unterliegen und Prozesse zur Bildung von Rückstellungen quartalsweise Daten verzerren könnten.[126] Eine möglichst starke Disaggregation betrachteter Daten ist für Prognosezwecke somit nicht immer sinnvoll und führt nicht zwangsläufig zu besseren Ergebnissen.[127] Der optimale Aggregationsgrad ist daher durch Tests verschiedener Modellspezifikationen zu ermitteln. Weiterhin ist relevant, wie die Cashflows berechnet werden. So können aus dem Gewinn abgeleitete (indirekt ermittelte) Cashflows unterschiedliche Zeitreiheneigenschaften aufweisen als direkt ermittelte Cashflows, wie LOREK und WILLINGER (2008) herausfinden.[128]

FAIRFIELD, SWEENEY und YOHN (1996) testen die Aufteilung der Eigenkapitalrentabilität in verschiedene disaggregierte Größen. In einem ersten Schritt wird die Größe beispielsweise in wiederkehrende (‚continuous') und nicht wiederkehrende (‚non recurring') Bestandteile zerlegt.[129] Dabei ist das umfangreichste, disaggregierteste Modell nicht das für die Prognose am besten geeignetste.[130] Häufig wird weiterhin die Aufteilung von operativen Tätigkeiten und Finanzaktivitäten geprüft, wie sie auch im betrachteten Feltham-Ohlson Modell vorgenommen wird und für Industrieunternehmen intuitiv sinnvoll erscheint. So wird die Zerlegung in Lehrbüchern und Artikeln empfohlen.[131] Fraglich ist jedoch wie zuvor beschrieben, ob die Aufteilung auch für Prognosezwecke geeignet erscheint. Bisweilen gibt es keinen empirischen Beweis dafür, dass eine derartige Aufteilung für Prognosen nützlich ist.[132] In der Literatur finden sich sehr unterschiedliche Ergebnisse zu guten

---

[126] Vgl. DECHOW, KOTHARI und WATTS (1998), S. 145 für weitere Referenzen.

[127] Vgl. YOHN (2020), S. 3169 f.; FAIRFIELD, SWEENEY und YOHN (1996), S. 340, 349, 354; ESPLIN u. a. (2014), S. 360.

[128] Vgl. LOREK (2014), S. 148. Die Erkenntnis basiert auf einem Vergleich von Cashflows die nach Statement of Financial Accounting Standards (SFAS) No. 95 (US-GAAP) ausgewiesen wurden und solchen die eigenständig aus Gewinnen abgeleitet wurden, indem beispielsweise um nicht zahlungswirksame Vorgänge wie Rückstellungen bereinigt wird.

[129] Vgl. FAIRFIELD, SWEENEY und YOHN (1996), S. 340; YOHN (2020), S. 3169 f. für eine Übersicht über die verschiedenen Modelle.

[130] Vgl. FAIRFIELD, SWEENEY und YOHN (1996), S. 349.

[131] Vgl. FELTHAM und OHLSON (1995); OHLSON (1995); NISSIM und PENMAN (2001); PENMAN (2013), S. 242 f.; ESPLIN u. a. (2014), S. 359.

[132] Vgl. YOHN (2020), S. 3170. Die Ausführungen dort beziehen sich auf die Prognose der Eigenkapitalrentabilität, welche jedoch mit der Prognose absoluter Ergebnisgrößen vergleichbar ist.

Prognosemodellen, sodass auch in diesem Fall keine eindeutige Aussage zur Vorteilhaftigkeit getroffen werden kann.[133]

LOREK (2014) schlägt folgendes Modell zur Prognose von Cashflows vor, welches auf Quartalsdaten beruht:[134]

$$\begin{aligned} CFO_t =& \beta_0 + \beta_1 CFO_{t-1} + \beta_2 CFO_{t-4} + \beta_3 OIBD_{t-1} + \beta_4 OIBD_{t-4} \\ &+ \beta_5 REC_{t-1} + \beta_6 INV_{t-1} + \beta_7 PAY_{t-1} + \epsilon_t, \end{aligned}$$

wobei $CFO_t$ = operativer Cashflow in $t$, $OIBD$ = operatives Ergebnis vor Abschreibungen (‚operating income before depreciation'), $REC$ = Forderungen aus Lieferungen und Leistungen (‚accounts receivable'), $INV$ = Vorräte (‚inventories') und $PAY$ = Verbindlichkeiten aus Lieferungen und Leistungen (‚accounts payable').

Bei der Entwicklung dieses Modells wurde auch dessen Komplexität berücksichtigt und somit versucht, die Anzahl an unabhängigen Variablen möglichst gering zu halten.[135] Die Betrachtung weiterer statistischer Methoden zur Modellierung von Cashflows bzw. Zeitreihen, wie beispielsweise das Konzept der Kointegration, führen jedoch zu komplexeren Modellen, welche für Abschlussadressaten tendenziell schwieriger anzuwenden sind. Dennoch bieten sie möglicherweise genauere Schätzer und Prognosen. In dieser Arbeit wird insbesondere auf die Genauigkeit von Prognosen abgezielt, sodass auch komplexere Methoden in Betracht gezogen werden. Eine sinnvolle Evaluation basiert auf dem Prognosefehler bzw. der Abweichung zwischen dem prognostizierten Wert außerhalb der Stichprobe sowie dem wahren Wert, welcher zuvor nicht für die Schätzung des Modells verwendet wurde.

Im weiteren Verlauf der Arbeit werden hauptsächlich zwei Fehlermaße zur Beurteilung der out-of-sample Prognose herangezogen. Diese sind die Wurzel der mittleren quadratischen Abweichung (Root Mean Squared Error, RMSE) sowie die mittlere absolute Abweichung (Mean Absolute Error, MAE). Die Fehlermaße sind entsprechend definiert durch $RMSE = \sqrt{\frac{1}{n}\sum_{t=1}^{n} e_t^2}$ und $MAE = \frac{1}{n}\sum_{t=1}^{n} |e_t|$, wobei $e_t = y_t - \hat{y}_t$ die Abweichung des Prognosewertes von dem tatsächlichen Wert angibt. Der RMSE wird typischerweise zur Evaluation von Prognosewerten

[133] Vgl. YOHN (2020), S. 3171 f.; FAIRFIELD und YOHN (2001), S. 380, 383; ESPLIN u. a. (2014), insbesondere S. 359 f.

[134] Vgl. LOREK (2014), S. 149.

[135] Vgl. LOREK (2014), S. 150.

genutzt und ist am weitesten verbreitet.[136] Es sind jedoch verschiedene Fehlermaße für die Beurteilung der Prognosegüte denkbar.[137]

### 4.3.4 Analystenprognosen versus Zeitreihenmodelle

Naturgemäß sind Rechnungslegungsdaten nur in großen zeitlichen Abständen verfügbar und es mangelt ihnen je nach Betrachtungszeitpunkt an Informationen zu kurzfristigen politischen, sozialen, rechtlichen oder technologischen Entwicklungen, welche unterjährig auftreten. Für die Prognose künftiger Entwicklungen der Erfolgsgrößen sind diese Informationen jedoch maßgeblich. Insbesondere für Studien unter Einbezug von Aktienkursen und Renditen sind äußere Einflüsse bedeutsam. Dies verdeutlichten in jüngster Vergangenheit sowohl die Auswirkungen der Pandemie als auch die geopolitischen Spannungen im Osten Europas. Aus diesem Grund berücksichtigt das Feltham-Ohlson Modell[138] die Variablen für ‚sonstige Informationen', welche häufig durch Analystenprognosen modelliert werden. Es stellt sich somit die Frage nach dem Informationsgehalt von Analystenprognosen. BRADSHAW, DRAKE u. a. (2012) vergleichen Gewinnprognosen von Analysten mit einem Random Walk und kommen zu dem Ergebnis, dass Analystenprognosen von Gewinnen zwar bei kurzen Prognosehorizonten besser abschneiden, jedoch bei langfristigen Prognosen vom Random Walk geschlagen werden.[139] Dies wirft die Frage auf, ob Prognosen von Analysten oder die aus Zeitreihenmodellen gewonnenen Prognosen zutreffender sind und beispielsweise für Bewertungsmodelle verwendet werden sollten. Die Ergebnisse von BRADSHAW, DRAKE u. a. (2012) sprechen dafür, dass Analystenprognosen für die langfristige Prognosebildung, welche für Unternehmensbewertungen bedeutsam ist, nicht besser und zudem schlechter nachvollziehbar sind als Herleitungen aus Regressions- bzw. Zeitreihenmodellen.

GIVOLY, HAYN und LEHAVY (2009) kommen zu dem Ergebnis, dass Cashflowprognosen von Analysten genauer sind als Prognosen auf Basis von Zeitreihenmodellen.[140] Fraglich ist, ob dies an der großen Bedeutung der sonstigen Informationen liegt, welche in Daten der Rechnungslegung nicht abgebildet sind und Analysten zur

[136] Vgl. MCNELIS (2005), S. 96, 110.

[137] Eine Übersicht über verschiedenste Fehlermaße, welche in Prognosestudien zu Zeitreihen verwendet werden, findet sich in DE GOOIJER und HYNDMAN (2006), S. 458.

[138] Vgl. FELTHAM und OHLSON (1995).

[139] Vgl. BRADSHAW, DRAKE u. a. (2012), S. 964. Die verwendeten Analystenprognosen entstammen der I/B/E/S Datenbank.

[140] Vgl. GIVOLY, HAYN und LEHAVY (2009), S. 1878, 1892.

Verfügung stehen. Die Ergebnisse könnten jedoch auch auf unzureichende Zeitreihenmodelle zurückzuführen sein.[141] Sie könnten falsch spezifiziert sein, indem sie relevante Einflussfaktoren nicht beachten oder schlechte Parameterschätzungen aufweisen. Weiterhin können auch eine mangelnde Qualität der zugrundeliegenden Daten die Ursache für das schlechte Abschneiden von modellgestützten Prognosen sein.[142]

Das von GIVOLY, HAYN und LEHAVY (2009) verwendete Modell für den Vergleich von Analystenprognosen und modellgestützten Prognosen ist an das von BARTH, CRAM und NELSON (2001) angelehnt, welches wiederum auf DECHOW, KOTHARI und WATTS (1998) aufbaut. BARTH, CRAM und NELSON (2001) fanden heraus, dass die Nutzung des disaggregierten Gewinns zu deutlich besseren Prognosen führt. Der ausgewiesene Gewinn wurde daher in seine Cashflows und Periodenabgrenzungen aufgeteilt und diese als Regressoren verwendet.[143] Die Periodenabgrenzungen wurden weiterhin in ihre Bestandteile aufgeteilt.[144] Daraus ergibt sich folgendes Modell:[145]

$$\begin{aligned} CFO_{i,t} =& \beta_0 + \beta_1 CFO_{i,t-1} + \beta_2 \Delta REC_{i,t-1} + \beta_3 \Delta INV_{i,t-1} + \beta_4 \Delta PAY_{i,t-1} \\ &+ \beta_5 DEPR_{i,t-1} + \beta_6 Other_{i,t-1} + \epsilon_{i,t}, \end{aligned}$$

wobei $CFO$ = operativer Cashflow, $REC$ = Forderungen aus Lieferungen und Leistungen (‚accounts receivable'), $PAY$ = Verbindlichkeiten (‚accounts payable'), $INV$ = Vorräte (‚inventories'), $DEPR$ = Abschreibungen (‚depreciation') und $Other$ = andere Rückstellungen (‚other accruals'), wobei $Other$ die

[141] Wie zuvor dargelegt sind die verwendeten Modelle häufig sehr einfach spezifiziert und missachten grundlegende Eigenschaften der Daten.

[142] Vgl. GIVOLY, HAYN und LEHAVY (2009), S. 1879, 1894. So wird auch die Verfügbarkeit und Genauigkeit der Daten in Frage gestellt. Weiterhin sind Differenzen zwischen verschiedenen Datenbanken nicht zu vernachlässigen. Eine Diskrepanz zwischen den Daten der I/B/E/S Datenbank und Compustat wurde in 96,5 % der Fälle gefunden (vgl. S. 1894). In geringem Umfang können Wertdifferenzen durch Anpassungen wie Umgruppierungen durch die Datenanbieter begründet sein. Die Refinitiv Worldscope Datenbank unterliegt derartigen Anpassungen, um die Vergleichbarkeit der Jahresabschlussdaten zu erhöhen. Zudem werden Kapitalmarktdaten und Kennzahlen beispielsweise bei Aktiensplits oder -zusammenlegungen angepasst. Vgl. THOMSON REUTERS (2012), S. 30, 37.

[143] Vgl. BARTH, CRAM und NELSON (2001), S. 35 f. für die dort verglichenen Modellgleichungen; sowie DECHOW und DICHEV (2002), S. 39, welche den Gewinn ebenfalls in die grundsätzlichen Komponenten Cashflow und Periodenabgrenzungen (‚accruals') teilen.

[144] Vgl. BARTH, CRAM und NELSON (2001), S. 27, 56.

[145] Vgl. GIVOLY, HAYN und LEHAVY (2009), S. 1883, 1891.

Differenz zwischen den Einnahmen aus laufender Geschäftstätigkeit (‚income from continuing operations‘) und den zuvor beschriebenen Variablen darstellt.[146]

Der Prognosefehler wird anschließend anhand der Korrelation aller Prognosefehler untersucht. Der Prognosefehler ergibt sich im einfachsten Fall aus der Differenz zwischen dem tatsächlichen und dem prognostizierten Wert. Die Korrelation kann dann anhand der Regressionsgleichung

$$FE_{i,t} = \beta_0 + \beta_1 FE_{i,t-1} + \epsilon_{i,t} \tag{4.5}$$

mit $FE$ = Prognosefehler (‚forecast error‘) untersucht werden. Ist der Parameter $\beta_1$ anschließend signifikant, enthalten die Fehler noch Informationen und sind nicht allein weißes Rauschen.[147] Sie folgen dann einer AR(1)-Struktur. Ist dies der Fall, bleiben Informationen unberücksichtigt, welche Analysten jedoch für ihre Prognoseerstellung verwenden könnten. Im Ergebnis decken sie jedoch einen mangelnden Informationsgehalt von Cashflowprognosen durch Analysten auf. Sie sind wenig präzise und meist simple Erweiterungen ihrer Gewinnprognosen.[148] Es ist jedoch zu beachten, dass in der Studie lediglich einjährige Prognosen betrachtet werden.[149] Für Unternehmensbewertungen werden hingegen langfristige Prognosen benötigt. Zudem bleiben inhärente Probleme, wie die Subjektivität und fehlende Nachvollziehbarkeit externer Prognosen bestehen.

Zudem gibt es Hinweise darauf, dass der zusätzliche Ausweis von Cashflows durch Analysten zu einer Verbesserung ihrer Gewinnprognosen führt. So finden PAE, WANG und YOO (2007) und CALL, CHEN und TONG (2009), dass Gewinnprognosen von Analysten genauer sind, wenn diese auch Prognosen für Cashflows veröffentlichen.[150]

Der Vergleich beider zuvor angeführten Studien verdeutlicht die kontroversen Ergebnisse zur Überlegenheit von Analysten- oder modellgestützten Prognosen. Im Modell von HOU, DIJK und ZHANG (2012) sind modellgestützte Prognosen der Gewinne erneut überlegen.[151] Auch HARRIS und WANG (2019) ermitteln niedrigere Prognosefehler durch ihr Regressionsmodell im Vergleich zu den I/B/E/S-

[146] Vgl. GIVOLY, HAYN und LEHAVY (2009), S. 1882.

[147] Vgl. GIVOLY, HAYN und LEHAVY (2009), S. 1882.

[148] Vgl. GIVOLY, HAYN und LEHAVY (2009), S. 1902, 1908.

[149] Vgl. GIVOLY, HAYN und LEHAVY (2009), S. 1885.

[150] Vgl. CALL, CHEN und TONG (2009), S. 375, 388; PAE, WANG und YOO (2007), S. 21 f.; GIVOLY, HAYN und LEHAVY (2009), S. 1880.

[151] Vgl. HOU, DIJK und ZHANG (2012), S. 507, 523; EVANS, NJOROGE und YONG (2017), S. 1454.

Konsensschätzungen sowohl für kurzfristige als auch für langfristige Prognosen der Gewinne.[152]

Trotz der Überlegenheit von Analystenprognosen in einigen Studien, werden sie mehrfach als schlechter im Vergleich zu modellgestützten Prognosen befunden. Unter Beachtung der Anforderungen der Nachvollziehbarkeit und Objektivität sind sie ebenfalls nicht wünschenswert. Ziel dieser Arbeit ist es, möglichst präzise Prognosen unter Minimierung subjektiver Einflüsse zu erstellen und dafür geeignete Modelle ausfindig zu machen. Analystenprognosen sind dazu, trotz ihrer Vorteile einer einfachen Ermittlung und der Nutzung aktueller Informationen nicht geeignet.[153]

## 4.4 Empirische Analyse der Prognoseeignung von Cashflows und Gewinnen

Für die empirische Analyse werden die folgenden Modelle der Cashflows und Gewinne verwendet:[154]

$$\begin{aligned} CFO_t &= \beta_0 + \beta_1 OI_{t-1} + \beta_2 CFO_{t-1} + \beta_3 REC_{t-1} + \beta_4 PAY_{t-1} + \beta_5 INV_{t-1} \\ &\quad + \beta_6 DEPR_{t-1} + \beta_7 PROV_{t-1} + \epsilon_t \\ OI_t &= \beta_0 + \beta_1 OI_{t-1} + \beta_2 CFO_{t-1} + \beta_3 REC_{t-1} + \beta_4 PAY_{t-1} + \beta_5 INV_{t-1} \\ &\quad + \beta_6 DEPR_{t-1} + \beta_7 PROV_{t-1} + \epsilon_t. \end{aligned} \tag{4.6}$$

Anhand dieser werden die Koeffizienten geschätzt, welche für die Prognosen benötigt werden. Alle Variablen der Modelle sind mit den unternehmensindividuellen Gesamtvermögen der Vorperiode $GV_{i,t-1}$ normalisiert. Die Modelle nutzen mit ihren erklärenden Variablen viele Abschlussposten, welche einem großem rechnungslegungspolitischen Potenzial unterliegen.[155] Das Verhältnis zwischen Gewinnen und Cashflows kann weiterhin ein Indikator für das Ausmaß sachverhaltsgestaltender Maßnahmen sein oder die Höhe der anderen Periodenabgrenzungen ein Indikator für die Nachhaltigkeit der Gewinne und Cashflows. Die Schätzmodelle zu diesen Gleichungen zeigen die folgenden Tabellen 4.2 und 4.3 (operative Gewinne)

---

[152] Vgl. HARRIS und WANG (2019), S. 425, 434 f.

[153] Vgl. auch die Ausführungen in Abschnitt 2.9.2.

[154] Das Modell entspricht dem, welches für die in Kapitel 5 verwendete Analyse unter Nutzung des Jones Modells zum Einsatz kommt.

[155] Vgl. beispielsweise BAETGE (1998), S. 19.

sowie 4.4 und 4.5 (operative Cashflows) jeweils für die beiden betrachteten Stichproben deutscher und US-amerikanischer Unternehmen.

### 4.4.1 Schätzmodelle

Deutlich wird anhand der Tabellen 4.2 und 4.3, dass die typischen Periodenabgrenzungskomponenten ($REC$, $PAY$, $INV$, $DEPR$, $PROV$) überwiegend signifikante Erklärungsgrößen für ausgewiesene Gewinne sind. Neben dem Gewinn und operativen Cashflow der vorangehenden Periode, welche in beiden Stichproben höchst signifikant sind, weisen weitere Variablen Signifikanz auf. Die Höhe der Verbindlichkeiten wird als signifikant für die deutsche Stichprobe ($\alpha_{sig} = 0{,}1\,\%$) und die US-amerikanische Stichprobe ($\alpha_{sig} = 1\,\%$) ermittelt. Darüber hinaus weisen die Rückstellungen in der deutschen Stichprobe Signifikanz ($\alpha_{sig} = 5\,\%$) auf. Auch die Abschreibungen sind mit einem p-Wert in Höhe von 0, 1505 leicht signifikant. In der Stichprobe US-amerikanischer Unternehmen sind die Abschreibungen ($\alpha_{sig} = 0{,}1\,\%$) und die Forderungen ($\alpha_{sig} = 10\,\%$) signifikant. Die Ergebnisse erscheinen intuitiv sinnvoll, da die Periodenabgrenzung gerade den Zweck verfolgt, eine ökonomisch sinnvolle Gewinngröße ausweisen zu können, welche an die Leistungserbringung geknüpft ist und nicht an die tatsächliche Zahlung gebunden ist. Negative Koeffizienten bedeuten, dass höhere Werte einen negativen Einfluss auf den Gewinn haben. In jedem Fall gehen Periodenabgrenzungskomponenten potenziell mit einem höheren Risiko für Gestaltungen einher als andere Abschlussposten, sodass sie auch für Prognosezwecke eine maßgebliche Rolle innehaben und in Prognosemodellen berücksichtigt werden.

Die Modelle mit normalisierten Variablen weisen Bestimmtheitsmaße von $R^2 = 0{,}6839$ (Deutschland) und $R^2 = 0{,}6097$ (USA) auf. Das Bestimmtheitsmaß gibt an, welcher Teil der Varianz des normalisierten Gewinns durch die Variablen erklärt wird. Die weitere Analyse soll Erkenntnisse dazu liefern, ob anhand dieses Modells gute Prognosen erstellt werden können. Die relativ niedrigen Ausprägungen des $R^2$ resultieren auch daraus, dass die Vorjahreswerte der Variablen (im Hinblick auf die Prognoseerstellung) verwendet werden. Aus der Verwendung aktueller Komponenten der Periodenabgrenzung resultieren höhere Ausprägung des Bestimmtheitsmaßes $R^2$.[156]

[156] Die Tabellen 4.8 und 4.9 zeigen Modelle für den operativen Gewinn mit den erklärenden Variablen desselben Jahres. Erwartungsgemäß zeigen sich dabei höhere Signifikanzwerte für die erklärenden Variablen, höhere $R^2$ und niedrigere Standardfehler der Residuen (Residual Standard Error, RSE). Sie eignen sich jedoch allein zur Erklärung und nicht für die Prognose, da die erklärenden Variablen im Zeitpunkt der Prognoseerstellung noch nicht bekannt sind.

**Tabelle 4.2** Regressionsmodell für $OI_t$ mit verzögerten Abgrenzungsposten (Deutschland)

| | Schätzung | SE | t-Wert | Pr(>\|t\|) | |
|---|---|---|---|---|---|
| (Intercept) | 0,0148 | 0,0027 | 5,49 | 0,0000 | *** |
| $OI_{t-1}$ | 0,7391 | 0,0138 | 53,73 | 0,0000 | *** |
| $CFO_{t-1}$ | 0,1078 | 0,0143 | 7,52 | 0,0000 | *** |
| $REC_{t-1}$ | 0,0049 | 0,0078 | 0,63 | 0,5264 | |
| $PAY_{t-1}$ | -0,0494 | 0,0109 | -4,52 | 0,0000 | *** |
| $INV_{t-1}$ | 0,0071 | 0,0070 | 1,00 | 0,3151 | |
| $DEPR_{t-1}$ | -0,0492 | 0,0342 | -1,44 | 0,1505 | |
| $PROV_{t-1}$ | -0,0190 | 0,0080 | -2,37 | 0,0176 | * |
| $R^2$ | 0,6839 | | | | |
| $RSE$ | 0,04673 (df = 3102) | | | | |
| *Signifikanz:* | ***(p<0,001) **(p<0,01) *(p<0,05) .(p<0,1) | | | | |

**Tabelle 4.3** Regressionsmodell für $OI_t$ mit verzögerten Abgrenzungsposten (USA)

| | Schätzung | SE | t-Wert | Pr(>\|t\|) | |
|---|---|---|---|---|---|
| (Intercept) | 0,0278 | 0,0015 | 18,16 | 0,0000 | *** |
| $OI_{t-1}$ | 0,6944 | 0,0103 | 67,30 | 0,0000 | *** |
| $CFO_{t-1}$ | 0,1251 | 0,0120 | 10,46 | 0,0000 | *** |
| $REC_{t-1}$ | 0,0119 | 0,0068 | 1,76 | 0,0789 | . |
| $PAY_{t-1}$ | -0,0306 | 0,0107 | -2,87 | 0,0041 | ** |
| $INV_{t-1}$ | -0,0001 | 0,0055 | -0,01 | 0,9890 | |
| $DEPR_{t-1}$ | -0,1989 | 0,0253 | -7,86 | 0,0000 | *** |
| $PROV_{t-1}$ | -0,0072 | 0,0069 | -1,04 | 0,2970 | |
| $R^2$ | 0,6097 | | | | |
| $RSE$ | 0,0466 (df = 9034) | | | | |
| *Signifikanz:* | ***(p<0,001) **(p<0,01) *(p<0,05) .(p<0,1) | | | | |

Die Modelle zur Erklärung des $CFO_t$ in den Tabellen 4.4 und 4.5 weisen mit $R^2 = 0{,}3753$ bzw. $R^2 = 0{,}4432$ deutlich niedrigere Ausprägungen des Bestimmtheitsmaßes $R^2$ auf. Für beide Stichproben sind jedoch, bis auf die Forderungen aus Lieferungen und Leistungen, alle erklärenden Variablen signifikant.

Die als erklärende Variablen herangezogenen Posten der Periodenabgrenzung werden zusätzlich allein betrachtet und visualisiert. Abbildung 4.1 zeigt die Entwicklung der Summe aller Periodenabgrenzungen im Zeitraum von 1991 (USA) bzw. 1995 (Deutschland) bis 2019. Auffällig ist die im Zeitablauf sinkende Höhe

**Tabelle 4.4** Regressionsmodell für $CFO_t$ mit verzögerten Abgrenzungsposten (Deutschland)

| | Schätzung | SE | t-Wert | Pr(>\|t\|) | |
|---|---|---|---|---|---|
| (Intercept) | 0,0270 | 0,0036 | 7,45 | 0,0000 | *** |
| $OI_{t-1}$ | 0,3363 | 0,0186 | 18,11 | 0,0000 | *** |
| $CFO_{t-1}$ | 0,2612 | 0,0194 | 13,49 | 0,0000 | *** |
| $REC_{t-1}$ | -0,0084 | 0,0105 | -0,80 | 0,4257 | |
| $PAY_{t-1}$ | -0,0313 | 0,0148 | -2,12 | 0,0341 | * |
| $INV_{t-1}$ | -0,0210 | 0,0095 | -2,21 | 0,0269 | * |
| $DEPR_{t-1}$ | 0,6290 | 0,0462 | 13,62 | 0,0000 | *** |
| $PROV_{t-1}$ | -0,0243 | 0,0108 | -2,25 | 0,0246 | * |
| $R^2$ | 0,3753 | | | | |
| $RSE$ | 0,0631 (df = 3102) | | | | |
| *Signifikanz:* | ***(p<0,001) **(p<0,01) *(p<0,05) .(p<0,1) | | | | |

**Tabelle 4.5** Regressionsmodell für $CFO_t$ mit verzögerten Abgrenzungsposten (USA)

| | Schätzung | SE | t-Wert | Pr(>\|t\|) | |
|---|---|---|---|---|---|
| (Intercept) | 0,0310 | 0,0016 | 19,27 | 0,0000 | *** |
| $OI_{t-1}$ | 0,3433 | 0,0108 | 31,69 | 0,0000 | *** |
| $CFO_{t-1}$ | 0,2675 | 0,0126 | 21,31 | 0,0000 | *** |
| $REC_{t-1}$ | -0,0097 | 0,0071 | -1,35 | 0,1757 | |
| $PAY_{t-1}$ | -0,0543 | 0,0112 | -4,84 | 0,0000 | *** |
| $INV_{t-1}$ | -0,0311 | 0,0058 | -5,38 | 0,0000 | *** |
| $DEPR_{t-1}$ | 0,4920 | 0,0266 | 18,51 | 0,0000 | *** |
| $PROV_{t-1}$ | -0,0362 | 0,0073 | -4,97 | 0,0000 | *** |
| $R^2$ | 0,4432 | | | | |
| $RSE$ | 0,04892 (df = 9034) | | | | |
| *Signifikanz:* | ***(p<0,001) **(p<0,01) *(p<0,05) .(p<0,1) | | | | |

der Summe aller Periodenabgrenzungen in beiden Ländern sowie das stetig höhere Niveau deutscher Unternehmen. Der Zeitraum vor Umstellung auf IAS/IFRS zeigt deutlich höhere Periodenabgrenzungen im Vergleich zu den folgenden Jahren sowie zu den US-Unternehmen. In der deutschen Stichprobe liegen zwischen 1995 und

2000 sehr hohe Periodenabgrenzungen vor.[157] Da es sich in der betrachteten Stichprobe deutscher Unternehmen bis zu dem Jahr 2005 teilweise um handelsrechtliche Abschlüsse handelt, stellt ein Vergleich des Zeitraums mit dem Graphen für US-amerikanische Unternehmen keinen Vergleich von Rechnungslegungen nach IAS/IFRS und US-GAAP dar. Die Grafik verdeutlicht daher keine grundsätzlichen Unterschiede zwischen beiden Systemen. Deutlich wird jedoch, dass Periodenabgrenzungen in Abschlüssen nach HGB tendenziell höher ausfallen. Der Anteil handelsrechtlicher Abschlüsse sinkt kontinuierlich von 100 % im Jahr 1995 auf etwa 68 % im Jahr 2000 und schließlich ca. 32 % im Jahr 2004. Ab 2006 liegt der Anteil bei unter 1 %. Auffallend sind zudem die hohen Werte um das Jahr 2000 in Deutschland und ein Einbruch in beiden Ländern um 2009. Die Ereignisse könnten auf die Börsenkrisen dieser und der umliegenden Jahre zurückzuführen sein.

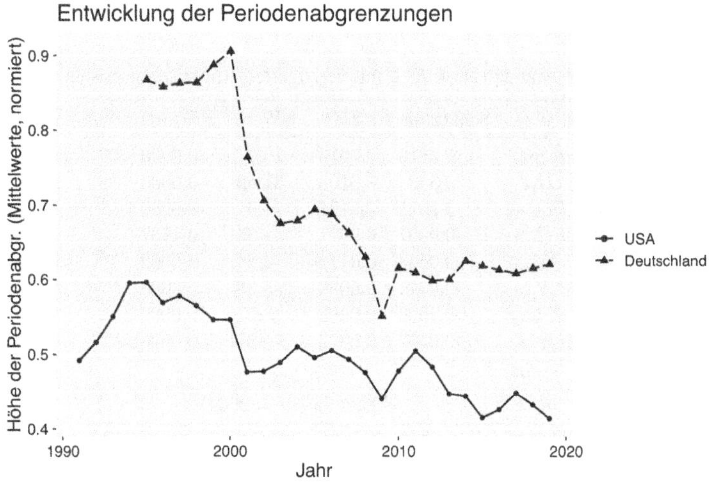


**Abbildung 4.1** Entwicklung von Periodenabgrenzungen in Deutschland und USA[158]

[157] Die Graphen in Abbildung 4.1 zeigen die kumulierte Höhe der erklärenden Variablen des Modells. Die Abbildung verdeutlicht die Bedeutung der erklärenden Variablen. Zur Definition der ‚gesamten Periodenabgrenzungen' (Total Accruals) im später betrachteten Jones Modell siehe Abschnitt 5.5.2.2.

[158] Diese und alle folgenden Visualisierungen von Zeitreihen wurden mithilfe des R-Pakets ggplot2 erstellt. Vgl. dazu WICKHAM (2016). Für die Erstellung der Grafik wurden alle Werte mithilfe der Gesamtvermögen des Vorjahres der jeweiligen Unternehmen normiert.

Die Bedeutung der Periodenabgrenzungen wird in den folgenden Analysen näher untersucht. Je nachdem, ob die Periodenabgrenzungen zweckdienlich sind, d. h. zu einem realitätsnäheren Ausweis beitragen, oder hauptsächlich für rechnungslegungspolitische Ziele verwendet werden, könnte auch die Prognoseeignung beeinflusst sein. Die Analyse wird zeigen, welche der Stichproben mit geringeren Fehlern prognostiziert werden kann und damit auch, wie hohe und niedrige Periodenabgrenzungen auf die Prognosefähigkeit wirken. BERGSTRESSER und PHILIPPON (2006) finden heraus, dass Vorstandsmitglieder und Manager der oberen Führungsebenen in Jahren mit hohen Periodenabgrenzungen ungewöhnlich viele Optionen ausüben und Aktien verkaufen.[159] Diese Erkenntnis ist ein weiteres Indiz dafür, dass hohe Periodenabgrenzungen negativ zu beurteilen sind.

Als naives Vergleichsmodell wird ein Random Walk herangezogen. Dieser wird in vergleichbaren Studien zur Prognosefähigkeit von Erfolgsmaßen ebenfalls genutzt.[160] Der Random Walk ist bereits schwer zu übertreffen und dominiert zum Teil auch Analystenprognosen.[161]

### 4.4.2 Prognoseergebnisse

#### 4.4.2.1 Cashflow- und Gewinnprognosen deutscher Unternehmen

Die Verwendung der oben aufgeführten Modelle unter Nutzung der Stichprobe deutscher Unternehmen führt zu den folgenden in Tabelle 4.6 dargestellten Ergebnissen.

Zuerst werden die Ergebnisse der Cashflowprognosen betrachtet, anschließend die der Gewinne. Die einfache 1-Schritt Prognose der Cashflows zeichnet die Nützlichkeit der verschiedenen Modelle bereits vor. Die besten Ergebnisse erzielt der Random Forest, gefolgt von dem Regressionsmodell. Beide sind dem Random Walk als Vergleichsmodell überlegen. Das KNN, bei dem es sich konkret um ein LSTM-RNN handelt, erzielt die schlechtesten Ergebnisse und scheint zu stark an die betrachteten Daten angepasst zu sein. Es wird von allen anderen Modellen dominiert. Die Ergebnisse stehen damit im Widerspruch zu der weit verbreiteten Meinung, komplexere Modelle würden stets zu besseren Prognoseergebnissen führen. Die Komplexität von Modellen ist häufig kein Indikator für die Prognoseeignung.[162] Das Regressionsmodell liefert für die langfristige Prognose von Cashflows keine

[159] Vgl. BERGSTRESSER und PHILIPPON (2006), S. 528.

[160] Vgl. beispielsweise LI und MOHANRAM (2014), S. 1156; EVANS, NJOROGE und YONG (2017), S. 1484; HARRIS und WANG (2019), S. 425; MONAHAN (2018), S. 149.

[161] Vgl. GERAKOS und GRAMACY (2013), S. 3; MONAHAN (2018), S. 148, 156; Abschnitt 4.3.4.

[162] Vgl. RUDIN (2019), S. 207.

**Tabelle 4.6** Cashflow- und Gewinnprognosen (Deutschland)

| | 1-Schritt | | 3-Schritt | | Iterativ | |
|---|---|---|---|---|---|---|
| | RMSE | MAE | RMSE | MAE | RMSE | MAE |
| $CFO_t$ | | | | | | |
| Random Forest | 0,0593 | 0,0399 | 0,0590 | 0,0424 | 0,0556 | 0,0384 |
| KNN | 0,0785 | 0,0556 | 0,0758 | 0,0548 | 0,0718 | 0,0521 |
| Regression | 0,0602 | 0,0410 | 0,0694 | 0,0509 | 0,0561 | 0,0396 |
| Random Walk ($CFO_t = CFO_{t-1}$) | 0,0659 | 0,0451 | 0,0748 | 0,0483 | 0,0685 | 0,0452 |
| $OI_t$ | | | | | | |
| Random Forest | 0,0390 | 0,0255 | 0,0499 | 0,0344 | 0,0428 | 0,0279 |
| KNN | 0,0761 | 0,0579 | 0,0786 | 0,0590 | 0,0760 | 0,0568 |
| Regression | 0,0390 | 0,0249 | 0,0496 | 0,0338 | 0,0413 | 0,0263 |
| Random Walk ($OI_t = OI_{t-1}$) | 0,0385 | 0,0242 | 0,0527 | 0,0326 | 0,0435 | 0,0267 |

eindeutigen Ergebnisse im Vergleich zu dem Random Walk. Der RMSE ist niedriger, der MAE jedoch höher als der des Vergleichsmodells. Die Fehlerwerte der einzelnen Jahre der 3-Schritt Prognose zeigen, dass der RMSE in den ersten zwei prognostizierten Jahren niedriger und im letzten Jahr höher ist als der des Random Walks. Dies ist ein Indiz dafür, dass das Regressionsmodell allein für kürzere Prognosehorizonte besser geeignet ist. Für das KNN und den Random Forest sind die Endergebnisse der Cashflowprognosen eindeutig. Das KNN ist dem Random Walk in beiden Fehlermaßen unterlegen, der Random Forest erzielt für beide Fehlermaße bessere Ergebnisse als der Random Walk. Der MAE des KNN liegt in allen drei Jahren über denen des Random Walks. Der RMSE ist jedoch in den ersten zwei Perioden leicht niedriger und im dritten Jahr deutlich höher, sodass er im Endergebnis dennoch höher ist als bei dem Vergleichsmodell. RMSE und MAE des Random Forest für die Prognose von Cashflows sind in allen drei Perioden niedriger als die des Random Walks. Dies bestätigt die Methode auch über die hier ausgewiesenen Ergebnisse hinaus als beste Methode zur Prognose operativer Cashflows über alle Horizonte. Sowohl das Regressionsmodell als auch der Random Forest liefern für die iterative Prognose der Cashflows über 10 Perioden bessere Ergebnisse als das Vergleichsmodell, wobei der Random Forest die niedrigsten Fehler erzielt. Die Ergebnisse der einzelnen Jahre bestätigen dies und zeugen von der Robustheit ausgewiesenen Ergebnisse. Sowohl das Regressionsmodell als auch der Random Forest liefern in allen zehn einzelnen Jahren der iterativen Prognose niedrigere Werte für den RMSE und MAE als der Random Walk. Das KNN schneidet erneut schlechter ab und erzielt lediglich in drei von zehn (RMSE) bzw. einem von zehn (MAE) Jahren niedrigere Fehler als der Random Walk.

Zusammenfassend bringen die Ergebnisse der Prognose operativer Cashflows damit folgende Erkenntnisse. Ausschließlich der Random Forest dominiert den Random Walk als Vergleichsmodell anhand beider Fehlermaße und über alle Horizonte. Das mittels OLS geschätzte Regressionsmodell liefert ebenfalls gute Ergebnisse und weist, bis auf den MAE der 3-Schritt Prognose, durchweg niedrigere Fehler auf als der Random Walk. Das KNN weist die höchsten Fehlerwerte auf und erzielt in keinem Fall einen niedrigeren Fehlerwert als eines der anderen Modelle. Insgesamt dominiert der Random Forest alle übrigen Modelle und ist entsprechend stets die beste Wahl für Prognosen der operativen Cashflows deutscher Unternehmen.

Die Ergebnisse der Gewinnprognosen sind weniger eindeutig als die Prognosen operativer Cashflows, jedoch in vielerlei Hinsicht ähnlich. Im Detail ergeben sich folgende Resultate. In der 1-Schritt Prognose der Gewinne dominiert der Random Walk im Gegensatz zu der Prognose der Cashflows alle anderen Modelle. Das Regressionsmodell und der Random Forest weisen beide marginal schlechtere Ergebnisse auf als der Random Walk. Das KNN erzeugt weitaus höhere Fehler. Die 3-Schritt Prognose der Gewinne dominiert das Regressionsmodell mit dem niedrigsten RMSE bzw. der Random Walk mit dem niedrigsten MAE. Die Ergebnisse der einzelnen drei Perioden sind folgerichtig. Die RMSE des Regressionsmodells sind in allen drei Jahren niedriger, die MAE in allen drei Jahren höher als die des Random Walks. Der Random Forest liefert zum Regressionsmodell vergleichbare, jedoch leicht schlechtere Werte für beide Fehlermaße, sodass das Regressionsmodell und der Random Forest niedrigere RMSE als das Vergleichsmodell aufweisen. Die RMSE des Random Forest sind jedoch nur in zwei von drei Perioden niedriger als die des Vergleichsmodells. Die MAE sind analog zu dem Regressionsmodell in allen drei Perioden schlechter. Die drei Einzelergebnisse je Fehlermaß des KNN sind erneut höher als die des Random Walks. In der iterativen Prognose dominiert das Regressionsmodell. Im Vergleich zu den anderen Modellen liefert die OLS Regression in der iterativen Prognose die niedrigsten Fehlerwerte (RMSE und MAE). Die den ausgewiesenen Ergebnissen der iterativen Prognose zugrundeliegenden Fehlerwerte der einzelnen zehn Perioden zeigen, dass die RMSE des Regressionsmodells in acht von zehn Jahren und die MAE in fünf von zehn Jahren niedriger sind als die des Random Walks. Unter Nutzung des RMSE als Fehlermaß liefert das Regressionsmodell dementsprechend in acht der zehn betrachteten 1-Schritt Prognosen bessere Prognoseergebnisse. Der RMSE des Random Forest ist ebenfalls niedriger als der des Random Walks. Dennoch fallen die Einzelergebnisse für die Gewinnprognose im Vergleich zu dem Regressionsmodell schlechter aus. So ist der Random Forest in sechs der zehn einzelnen Jahre der iterativen Prognose besser als das Vergleichsmodell, der MAE lediglich in zwei von zehn Jahren. Das KNN liefert auch in diesem Fall der iterativen Gewinnprognose deutliche schlechtere Ergebnisse als die alternativen Methoden. Insbesondere der MAE der iterativen Prognose mittels KNN ist im Vergleich zu allen alternativen Modellen mehr als doppelt so groß. Da die Abweichungen zum besten Fehlerwert, welchen in diesem Fall das Regressionsmodell erzeugt, für die übrigen Modelle lediglich maximal 6,1 % (MAE) bzw. 5,4 % (RMSE) betragen, sind die Ergebnisse des KNN deutlich schlechter.

Zusammenfassend ergeben sich für die Prognose der operativen Gewinne deutscher Unternehmen keine konsistenten Ergebnisse. Anders als bei der Prognose der operativen Cashflows dominiert keines der Modelle den Random Walk in allen Horizonten und beiden Fehlermaßen. Das KNN erzeugt erneut schlechte Prognosen, wobei sämtliche Fehlerwerte höher sind als bei den alternativen Modellen. Es wird dementsprechend unabhängig von dem gewählten Prognosehorizont und Fehlermaß von allen anderen Modellen dominiert. Der Random Forest weist zum Teil schlechtere Ergebnisse als die des Regressionsmodells und des Random Walks, jedoch insgesamt vergleichbare Ergebnisse auf.

Abbildung 4.2 visualisiert die der iterativen Prognose zugrundeliegenden Ergebnisse für die verschiedenen Methoden unter Verwendung der Stichprobe deutscher Unternehmen. Sie zeigt die Entwicklung des RMSE für die einzelnen zehn 1-Schritt Prognosen, welche zu dem zuvor aufgeführten iterativen Prognoseergebnis aggregiert werden.

Für die Prognose der operativen Gewinne zeigen sich nah beieinanderliegende Fehlerwerte für die Regressionsmodelle, Random Walks und Random Forests. Die KNN erzeugen schlechtere Ergebnisse. Die Regressionsmodelle liefern in den meisten Fällen die besten Prognosen. Weiterhin sind für die Prognose operativer Gewinne tendenziell fallende Fehlerwerte zu beobachten. Dies bezieht sich abgesehen von den KNN auf alle übrigen Modelle. Unter Betrachtung dieser wird der höchste Wert im ersten Jahr (2010), der niedrigste im vorletzten Jahr (2018) gemessen. Diese Entwicklung deutet eine steigende Qualität ausgewiesener Gewinne an. Die Aussagekraft der als erklärende Variablen genutzten Abgrenzungsposten könnte gestiegen sein, sodass Prognosen besser werden und die Ausprägungen der Fehlermaße abnehmen. Auffällig ist zudem, dass auf Jahre mit hohen Prognosefehlern meist Jahre mit niedrigen Prognosefehlern folgen und umgekehrt.

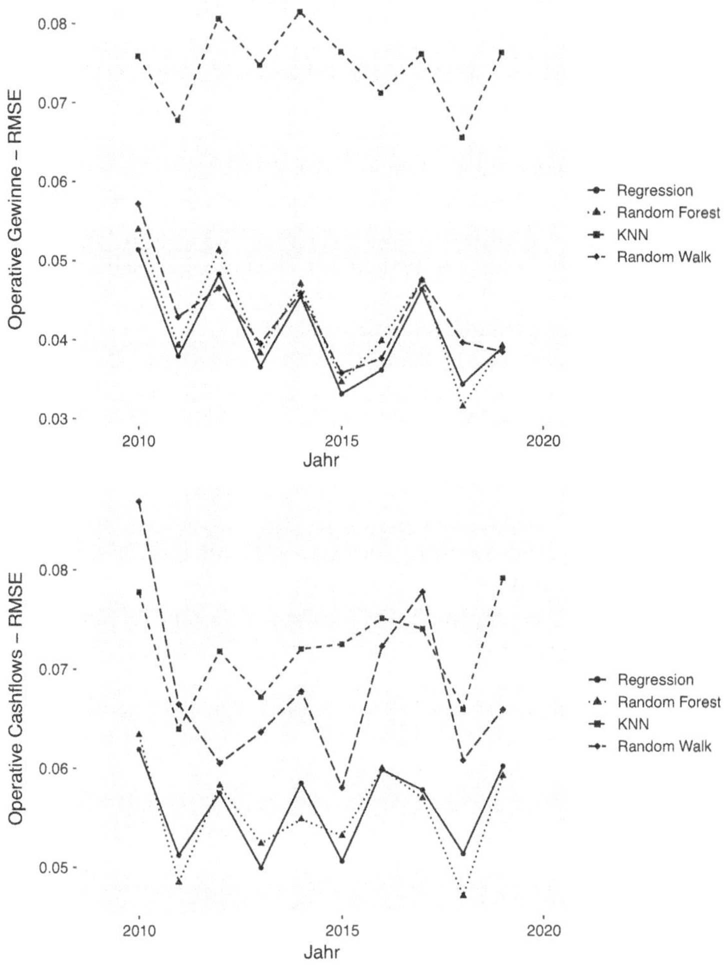


**Abbildung 4.2** Fehlerwerte der iterativen Prognose operativer Cashflows und Gewinne[163]

[163] Die Werte entsprechen den RMSEs für die einzelnen Jahre der iterativen Prognose, wobei über alle Unternehmen der Stichprobe aggregiert wird.

Das untere Diagramm verdeutlicht die thematisierte Überlegenheit der Regressionsmodelle und Random Forests gegenüber den KNN und dem Vergleichsmodell in der Prognose operativer Cashflows. Die Fehlerwerte der Random Forests und der Regressionsmodelle liegen in allen zehn Jahren unterhalb der Werte der übrigen Modelle. Es zeigt sich eine deutliche Überlegenheit der strukturierten Prognosebildung im Vergleich zu der simplen Extrapolation. Für die Prognose der operativen Cashflows ist kein fallender Trend der Fehlerwerte zu erkennen. Für die Regressionsmodelle, Random Forests und Vergleichsmodelle finden sich die höchsten Fehlerwerte im Jahr 2010. Dies war bereits für die Prognose der operativen Gewinne im Diagramm oberhalb zu erkennen. Eine mögliche Ursache ist die diesem Jahr vorausgehende Finanzkrise der Jahre 2008 und 2009.

Für beide Diagramme in Abbildung 4.2 wird deutlich, dass die Graphen der jeweils besten Modelle häufig synchron verlaufen. Für die Prognose operativer Gewinne gilt dies in hohem Maße für die Random Forest Methode, das Regressionsmodell und den Random Walk. Für die Prognose operativer Cashflows insbesondere für die Random Forest Methode und das Regressionsmodell.

#### 4.4.2.2 Cashflow- und Gewinnprognosen US-amerikanischer Unternehmen

Die Verwendung der oben aufgeführten Modelle unter Nutzung der Stichprobe US-amerikanischer Unternehmen führt zu den folgenden in Tabelle 4.7 dargestellten Ergebnissen.

**Tabelle 4.7** Cashflow- und Gewinnprognosen (USA)

| | 1-Schritt | | 3-Schritt | | Iterativ | |
|---|---|---|---|---|---|---|
| | RMSE | MAE | RMSE | MAE | RMSE | MAE |
| $CFO_t$ | | | | | | |
| Random Forest | 0,0405 | 0,0290 | 0,0485 | 0,0330 | 0,0443 | 0,0305 |
| KNN | 0,0664 | 0,0509 | 0,0681 | 0,0504 | 0,0638 | 0,0473 |
| Regression | 0,0411 | 0,0301 | 0,0601 | 0,0422 | 0,0448 | 0,0311 |
| Random Walk ($CFO_t = CFO_{t-1}$) | 0,0448 | 0,0306 | 0,0598 | 0,0379 | 0,0542 | 0,0355 |
| $OI_t$ | | | | | | |
| Random Forest | 0,0375 | 0,0250 | 0,0514 | 0,0333 | 0,0444 | 0,0283 |
| KNN | 0,0597 | 0,0425 | 0,0703 | 0,0495 | 0,0660 | 0,0465 |
| Regression | 0,0371 | 0,0252 | 0,0516 | 0,0344 | 0,0442 | 0,0283 |
| Random Walk ($OI_t = OI_{t-1}$) | 0,0402 | 0,0242 | 0,0577 | 0,0349 | 0,0474 | 0,0280 |

Auch für die Stichprobe US-amerikanischer Unternehmen werden zuerst die Ergebnisse der Prognose von Cashflows und anschließend die der Gewinne betrachtet. Die 1-Schritt Prognose der operativen Cashflows US-amerikanischer Unternehmen wird von der Random Forest Methode dominiert. Dessen Prognosefehler sind deutlich niedriger, wobei der RMSE (MAE) ca. 9,5 % (5,2 %) niedriger als der des Random Walks ist. Zudem liefert auch das Regressionsmodell niedrigere Fehler als das Vergleichsmodell. Der RMSE (MAE) der OLS Regression liegt 8,2 % (1,6 %) unterhalb des Fehlerwertes des Random Walks. Das KNN erzielt die schlechtesten Ergebnisse, welche etwa 48 % (RMSE) bzw. 66 % (MAE) über denen des Vergleichsmodells liegen. Wie in allen Prognosehorizonten dominiert auch in der 3-Schritt Prognose der operativen Cashflows der Random Forest. Als einzige Methode erzielt sie bessere Ergebnisse als der Random Walk als Vergleichsmodell. Die Prognosefehler sind zudem mit 18,9 % (RMSE) und 12,9 % (MAE) deutlich niedriger als die des Random Walks. Bemerkenswert ist die große Differenz zu dem Regressionsmodell, welches in den 1-Schritt Prognosen vergleichbar gut abschneidet. Die Ergebnisse sind gem. RMSE (MAE) 19,3 % (21,8 %) besser als die des Regressionsmodells. Die Ergebnisse der 3-Schritt Prognose sind zudem für den Random Forest und das KNN konsistent, d. h. die Prognose des Random Forest ist in allen drei einzelnen Jahren besser als die des Vergleichsmodells, die des KNN in allen drei Jahren schlechter. Für das Regressionsmodell trifft dies nicht zu. Es ist nur im ersten Prognosejahr besser als der Random Walk. RMSE und MAE sind somit allein in der ersten von drei zu prognostizierenden Perioden niedriger als die des Random Walks. Dieses Ergebnis passt zu den Ergebnissen der 1-Schritt Prognosen. Es bestätigt weiterhin das Ergebnis der 3-Schritt Prognose unter Nutzung der Stichprobe deutscher Unternehmen und die damit verbundene Vermutung, dass das Regressionsmodell nur für kurzfristige Prognosen geeignet ist. So ist das Regressionsmodell in der ersten Periode der 3-Schritt Prognose über 11 % besser (RMSE) als der Random Walk, in den Folgeperioden jedoch bis über 6 % schlechter. Ein ähnliches Bild ergibt sich für den MAE. Er ist über 7 % besser in der ersten der drei Perioden und über 16 % sowie über 21 % schlechter in den beiden Folgeperioden. Die Random Forests hingegen erzeugen auch für langfristige Prognosen die besten Ergebnisse.

Die iterativen Prognosen der operativen Cashflows US-amerikanischer Unternehmen liefern eindeutige Ergebnisse, welche ebenfalls die Ergebnisse aus der Analyse der deutschen Unternehmen bestätigen. Die besten Ergebnisse liefert der Random Forest, darauf folgen in absteigender Reihenfolge das Regressionsmodell, der Random Walk und das KNN. Der Random Forest liefert Prognoseergebnisse mit einem RMSE (MAE), welcher 18,3 % (14,1 %) niedriger ist als der des Random Walks. Die Fehler des Regressionsmodells sind mit einem RMSE (MAE), welcher

17,3 % (12,4 %) niedriger als der des Random Walks ist, vergleichbar niedrig. Die Ergebnisse der verschiedenen Modelle sind für die iterative Prognose der Cashflows zudem vollständig konsistent. Dementsprechend sind sowohl RMSE als auch MAE des Regressionsmodells und des Random Forest in allen zehn Perioden bzw. allen zehn 1-Schritt Prognosen, welche in das Ergebnis für die iterative Prognose einfließen, niedriger als die einzelnen Fehlerwerte des Vergleichsmodells. Die Überlegenheit des Random Forest für Prognosen der operativen Cashflows gilt somit in jedem einzelnen Jahr des für die iterative Prognose betrachteten Zeitraumes von zehn Jahren. Die Einzelergebnisse des KNN sind ebenfalls konsistent, sodass alle RMSE und MAE der einzelnen Jahre über denen des Vergleichsmodells liegen.

Zusammenfassend ist insbesondere festzuhalten, dass die Ergebnisse aus der Analyse der Stichprobe deutscher Unternehmen hinsichtlich der Random Forest Methode bestätigt werden. Der Random Forest ist über alle Horizonte und beide Fehlermaße konsistent die beste Methode zur Prognose operativer Cashflows. Zudem liegen die Fehlermaße in den meisten Fällen deutlich unterhalb denen des Vergleichsmodells, sodass der durch die Anwendung einer zweifelsfrei komplexeren Methode anfallende Mehraufwand für die Modellschätzung und Prognose gerechtfertigt ist. Der Gewinn einer besseren Prognostizierbarkeit künftiger Zahlungsströme und damit einhergehende, bessere Bewertungen von Vermögenswerten, Segmenten und ganzen Unternehmen sollte den vergleichsweise geringen Mehraufwand in jedem Fall rechtfertigen.

Die Ergebnisse der Gewinnprognosen sind ebenfalls vergleichbar mit den Ergebnissen zu der Stichprobe deutscher Unternehmen. Insbesondere gibt es keine eindeutige Überlegenheit einer Methode wie sie im Fall der Cashflowprognose aufgedeckt werden konnte.

Die Ergebnisse der 1-Schritt Prognose der operativen Gewinne US-amerikanischer Unternehmen führen je nach betrachtetem Fehlermaß zu verschiedenen Schlussfolgerungen. Unter Betrachtung des RMSE schneidet das Regressionsmodell am besten ab und auch der Random Forest ist dem Vergleichsmodell vorzuziehen. Unter Betrachtung des MAE hingegen schneidet das Vergleichsmodell am besten ab und der Random Forest ist dem Regressionsmodell vorzuziehen. Die Fehlermaße liegen jedoch insbesondere für das Regressionsmodell und den Random Forest nah beieinander, sodass deren Prognosegüte gleich hoch einzuschätzen ist. Die Abweichungen der Fehlerwerte zwischen dem Regressionsmodell und dem Random Forest betragen lediglich ca. 1 %. Das im Rahmen der Prognosen operativer Cashflows klar favorisierte Random Forest Modell weist einen etwa 6,7 % niedrigeren RMSE, jedoch einen etwa 3,3 % höheren MAE als der Random Walk auf. Das KNN weist erneut weitaus höhere Fehlerwerte auf.

In der langfristigen Prognose über drei Perioden liefern die Prognosen des Random Forest die niedrigsten Fehlerwerte und damit die besten Ergebnisse. Das Regressionsmodell weist Werte auf, welche sehr nah an denen des Random Forest und dem Vergleichsmodell ebenfalls überlegen sind. Der Random Forest als bestes Modell zur langfristigen Prognose von operativen Gewinnen US-amerikanischer Unternehmen liefert einen um 10,9 % (4,6 %) niedrigeren RMSE (MAE) als das Vergleichsmodell. Die Ergebnisse des Random Forest sind zudem konsistent, d. h. auch die Einzelergebnisse der drei Perioden sind denen des Vergleichsmodells überlegen. Das Regressionsmodell liefert im Endergebnis zwar bessere Werte für die langfristige Prognose als das Vergleichsmodell, dies trifft jedoch nicht auf alle Teilergebnisse zu. Während der RMSE im Vergleich zu dem Random Walk in allen Perioden niedriger ist, liegt der MAE nur in zwei von drei Perioden unterhalb des jeweiligen MAE des Vergleichsmodells. Das KNN liefert höhere Fehlerwerte im Vergleich zu allen übrigen Methoden. Zudem sind alle Teilergebnisse der drei Prognoseperioden sowohl für den RMSE als auch den MAE schlechter als die des Random Walks als Vergleichsmodell.

Die Fehlerwerte der iterativen Prognose operativer Gewinne spiegeln die Ergebnisse der 1-Schritt Prognose wider. Sie weisen ähnliche Unterschiede in den Ausprägungen der RMSE und MAE der verschiedenen Methoden auf. Den niedrigsten RMSE liefert die Prognose mithilfe des Regressionsmodells und den niedrigsten MAE erzielt das einfache Vergleichsmodell. Hervorzuheben ist jedoch, dass die Ergebnisse des Random Forest im Vergleich zu den jeweils niedrigsten Ergebnissen (des Regressionsmodells für den RMSE und des Random Walks für den MAE) nur marginal schlechter sind. Der RMSE der Prognose durch den Random Forest liegt unter 0,5 % höher, der MAE nur knapp über 1 % oberhalb des jeweils besten Ergebnisses. Der MAE des Regressionsmodells entspricht zudem dem MAE des Random Forest. Die RMSE der zuletzt genannten Modelle ist etwa 6 % niedriger als der Wert des Vergleichsmodells. Dementsprechend sind das Regressionsmodell und der Random Forest im betrachteten Fall der iterativen Prognose operativer Gewinne als beste Prognosemodelle zu identifizieren. Streng genommen liefern die Ergebnisse dennoch keine klare Erkenntnis darüber, welche Methode am besten zur kurzfristigen Prognose operativer Gewinne herangezogen werden sollte. Diese Mehrdeutigkeit mit einer Tendenz zur Vorteilhaftigkeit des Regressionsmodells und des Random Forest gegenüber dem Vergleichsmodell spiegeln auch die Einzelergebnisse der zehn betrachteten Perioden wider. Die Werte für den RMSE der einzelnen Prognosen durch das Regressionsmodell sind in allen zehn Jahren niedriger als die des Vergleichsmodells, die Werte für den MAE sind jedoch nur in drei Jahren niedriger. Der Random Forest liefert in acht von zehn Perioden bessere Ergebnisse unter Betrachtung des RMSE, jedoch nur in vier Perioden niedrigere MAE.

Zusammenfassend zeigt sich trotz weniger eindeutiger Ergebnisse dennoch die Nützlichkeit der Anwendung von Random Forests zur Prognose operativer Gewinne unter ausschließlicher Nutzung von Daten der Rechnungslegung. Weiterhin kann eine eindeutige Überlegenheit letztlich nur im Vergleich zu dem KNN, nicht jedoch zum einfachen Vergleichsmodell und dem Regressionsmodell festgestellt werden. Tendenziell sind sowohl das Regressionsmodell als auch der Random Forest dem Random Walk als Vergleichsmodell überlegen. Zu diesem Schluss führt eine gleichgewichtige Betrachtung beider Fehlermaße. Es kann sich jedoch keines der beiden Modelle klar voneinander absetzen. Die Prognosen des Random Forest sind im Fall der langfristigen, d. h. der Prognose über einen Horizont von drei Jahren am besten. Der Abstand zu den Ergebnissen des Regressionsmodells ist jedoch nur gering.

Die KNN werden für beide Stichproben und alle Prognosehorizonte dominiert. Die höhere Komplexität der Modelle führt dementsprechend nicht zu besseren Prognoseergebnissen. Typischerweise sollten sie jedoch zu besseren Ergebnissen führen. FISCHER und KRAUSS (2018) prognostizieren beispielsweise Aktienkurse und decken eine Überlegenheit von LSTM-RNN gegenüber Random Forests auf, sodass ihre Ergebnisse im Gegensatz zu den Ergebnissen dieser Arbeit stehen. Erneut wird daran deutlich, dass KNN eine größere Datenmenge bzw. längere Zeitreihen benötigen, um gute Ergebnisse erzeugen zu können. In der genannten Studie werden täglich beobachtete Aktienkurse über einen Zeitraum von 25 Jahren genutzt, sodass je Zeitreihe 5750 Beobachtungen vorliegen.[164] Tatsächlich ist es somit für viele Probleme nicht notwendig, aufwändige Verfahren wie KNN zu verwenden. Häufig führen deutlich einfachere Verfahren zu vergleichbaren oder besseren Ergebnissen.[165] Die aufgezeigten Ergebnisse dieser Arbeit stellen einen solchen Fall dar und rechtfertigen eine Anwendung, insbesondere unter Berücksichtigung der schlechten Interpretierbarkeit der Ergebnisse, nicht.[166]

Abbildung 4.3 visualisiert die der iterativen Prognose zugrundeliegenden Ergebnisse für die verschiedenen Methoden unter Verwendung der Stichprobe US-amerikanischer Unternehmen. Sie zeigt die Entwicklung des RMSE für die einzelnen Schritte der iterativen Prognose analog zu Abbildung 4.2. Die zuvor thematisierten Ergebnisse der iterativen Prognosen aggregieren die Fehlerwerte der einzelnen Jahre.

---

[164] Vgl. FISCHER und KRAUSS (2018), S. 656, 660.

[165] Vgl. RUDIN (2019), S. 207.

[166] Vgl. Abschnitt 3.5.1.

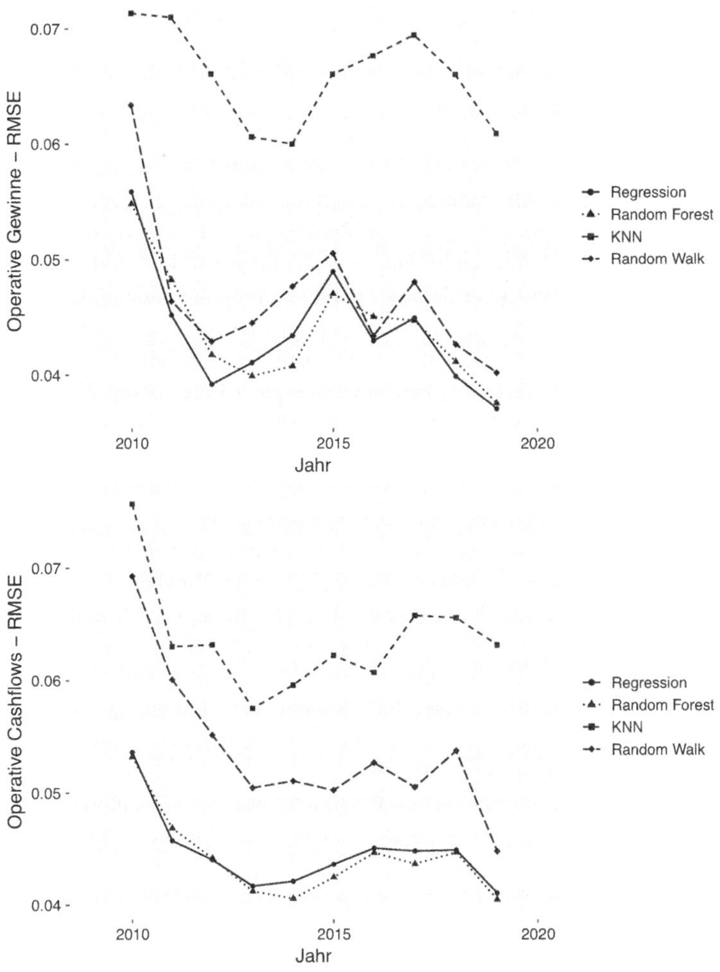


**Abbildung 4.3** Fehlerwerte der iterativen Prognose operativer Cashflows und Gewinne (USA)[167]

[167] Die Werte entsprechen den RMSEs für die einzelnen Jahre der iterativen Prognose, wobei über alle Unternehmen der Stichprobe aggregiert wird.

Das obere Diagramm der Abbildung zeigt die Fehlerwerte der iterativen Prognose operativer Gewinne. Die Graphen weisen einige Gemeinsamkeiten mit der Analyse deutscher Unternehmen auf. Erneut weichen die Ergebnisse des KNN von denen anderer Modelle ab. Sie sind deutlich schlechter, sodass der entsprechende Graph oberhalb aller anderen liegt und die höchsten Fehlerwerte repräsentiert. Weiterhin sind auch in dieser Stichprobe tendenziell fallende Fehlerwerte über die Jahre hinweg zu beobachten. Alle Methoden weisen ihren höchsten Fehlerwert im ersten Jahr der iterativen Prognosen (2010) auf. Zudem haben die drei besten Methoden (Regression, Random Forest und Random Walk) ihren jeweils niedrigsten Fehlerwert im Jahr 2019, dem letzten Jahr der iterativen Prognosebildung. Dies ist, wie auch in der Stichprobe deutscher Unternehmen, ein Indiz für eine steigende Qualität ausgewiesener Gewinne. Die Prognosegenauigkeit steigt im Zeitverlauf, sodass die Ausprägungen des RMSE fallen. Erneut ist wie unter Betrachtung der deutschen Unternehmen ein weitestgehend synchroner Verlauf der Graphen zu beobachten, wobei jedoch weniger Richtungswechsel auftreten. Nach einem starken Abfall der Ausprägungen des RMSE bis 2012, ist ein Anstieg bis 2015 und ein erneuter Rückgang ab 2017 bis zur letzten Periode (2019) zu beobachten.

Das untere Diagramm in Abbildung 4.3 visualisiert die Fehlerwerte der iterativen Prognose operativer Cashflows. Erneut liefern die Random Forest Methode und das Regressionsmodell die niedrigsten Fehlerwerte. In der Cashflowprognose setzen sich diese beiden Modelle deutlicher von dem Vergleichsmodell ab, sodass der Umsetzungsaufwand für die komplexeren Modelle einem deutlich höheren Nutzen gegenübersteht. Die Prognosen mittels Random Forest, Regressionsmodell und Random Walk haben ihren höchsten Wert erneut im ersten Jahr und ihren niedrigsten Wert im letzten Jahr der iterativen Prognose.

Dass der Random Forest die besten Prognosen operativer Cashflows liefert und sowohl die Random Forest Methode als auch die OLS Regression das Vergleichsmodell übertreffen, konnte aus den Ergebnistabellen abgelesen werden. In diesem Diagramm wird zudem deutlich, dass das Regressionsmodell über die letzten sieben Jahre der iterativen Prognose (2013–2019) von der Random Forest Methode übertroffen wird. Der Graphenverlauf ist ebenfalls in den meisten Jahren synchron. Insbesondere die Graphen des Regressionsmodells und des Random Forests weisen die gleiche Struktur auf. Es ist ein starker Rückgang der Fehlerwerte von 2010 bis 2013, anschließend ein leichter Anstieg bis etwa 2016 und deutlicher Rückgang von 2018 auf 2019 zu beobachten. Sowohl in Abbildung 4.2 als auch in Abbildung 4.3 zeigen jeweils beide Diagramme sehr hohe Fehlerwerte im Jahr 2010, welche auf eine durch die vorausgehende Finanzmarktkrise verursachte, erschwerte Prognosebildung zurückzuführen sein kann. In dieser Zeit war die Unsicherheit besonders groß und ausgewiesene Ergebnisse wurden in größerem Umfang als üblich von außerplanmäßigen Vorkommnissen beeinflusst.

Die Ergebnisse und Einschätzungen bezüglich der Nützlichkeit verschiedener Methoden sollen zudem anhand von Krisenzeiten validiert werden. Fraglich ist insbesondere, ob Random Forests auch in Krisenjahren die besten Prognosen liefern. Dementsprechend werden die Ergebnisse der 1-Schritt Prognosen aller Methoden für die Jahre 2008, 2009 und 2020 untersucht. Diese Jahre werden aufgrund der globalen Finanzkrise und der COVID-19 Pandemie als Krisenjahre herangezogen. Die Ergebnisse zeigen, dass die Rangfolge der Methoden und die beschriebenen Schlussfolgerungen dabei unverändert bleiben, sodass von einer hohen Robustheit der Ergebnisse gegenüber makroökonomischen Einflüssen auszugehen ist.[168]

### 4.4.3 Vergleich beider Stichproben

Im Ländervergleich ergeben sich weitere Erkenntnisse zu der relativen Nützlichkeit der verschiedenen Methoden und den ausgewiesenen Cashflows und Gewinnen nach US-GAAP und IAS/IFRS. Der Ländervergleich zeigt, dass die Fehlerwerte in der US-Stichprobe tendenziell niedriger sind. Die Fehlerwerte sind jedoch nicht direkt miteinander vergleichbar, da alle Variablen mithilfe der Gesamtvermögen der Vorjahre normalisiert wurden und durch den Einfluss des Rechnungslegungssystems unterschiedliche Größenordnungen aufweisen können.[169] Mittelwert und Median aller operativen Gewinne sind beispielsweise in der deutschen Stichprobe deutlich niedriger, sodass auch die Fehlermaße niedriger ausfallen. Die Werte für die Prognose von $OI_t$ sind dementsprechend nur schwer vergleichbar.

[168] Für die Untersuchungen dieser Jahre wurden basierend auf den gleichen, in Abschnitt 3.7 dargelegten Kriterien separate Stichproben ermittelt. Für das Jahr 2020 steht entsprechend eine größere Anzahl an Beobachtungen als für das Jahr 2008 zur Verfügung. Das Jahr 2020 wird zudem nur in diesem Rahmen verwendet. Für alle übrigen Analysen wurde es aufgrund der Krise bzw. der mangelnden Allgemeingültigkeit entfernt.

[169] Ein niedrigerer Fehlerwert in der US-amerikanischen Stichprobe bedeutet daher nicht zwangsläufig, dass Gewinne dieser Unternehmen besser prognostizierbar sind. Durch nach US-GAAP tendenziell höher ausgewiesenen Gesamtvermögen ist die Relation von Gewinn oder Cashflow zu dem Gesamtvermögen niedriger. Entsprechend wären auch die Fehlerwerte niedriger.

Die Unterschiede sind jedoch nicht zwangsläufig allein auf die unterschiedlichen Rechnungslegungssysteme zurückzuführen. Die in Abschnitt 2.5 thematisierte, unterschiedliche Auslegung von verbalen Wahrscheinlichkeitsumschreibungen durch verschiedene Anwender ist auch in diesem Zusammenhang zu beachten. Beide betrachteten Rechnungslegungssysteme, die US-GAAP und die internationale Rechnungslegung, sind sich sehr ähnlich. Aufgedeckte Unterschiede sind somit nicht ausschließlich auf unterschiedliche Regelungen zurückzuführen, sondern können auch durch kulturell verschiedene Auslegungen von Unsicherheitsbeschreibungen hervorgerufen werden.[170]

Für die Prognose der operativen Cashflows zeigt sich ein anderes Bild. Die deskriptiven Statistiken beider Stichproben bezüglich des $CFO$ liegen deutlich näher beieinander, wobei Median und Mittelwert in der US-amerikanischen Stichprobe höher sind. Zudem ist die Standardabweichung im Vergleich zu der deutschen Stichprobe niedriger.[171] Gleichzeitig weisen die Fehlermaße für die US-amerikanische Stichprobe deutlich niedrigere Werte auf. Dementsprechend deuten all diese Ausprägungen auf eine höhere Prognosefähigkeit der Rechnungslegungsdaten in den USA hin.

Auffällig sind weiterhin die Verhältnisse der Fehlergrößen der verschiedenen Methoden innerhalb beider Stichproben. Betrachtet man die Ergebnisse des Random Forest, fällt auf, dass die Verhältnisse der Fehlerwerte zwischen den beiden Ländern variieren. So liegen die Fehlerwerte der Prognosen des operativen Cashflows $CFO$ im Fall der deutschen Stichprobe oberhalb der Fehlerwerte für die Prognose des operativen Gewinnes $OI$. Für die US-amerikanische Stichprobe liegt der RMSE der 1-Schritt Prognose ebenfalls leicht höher, für die langfristige 3-Schritt sowie die iterative Prognose liegen die Fehlerwerte der Cashflowprognose jedoch unter denen der Gewinnprognose. Diese Ergebnisse zeigen, dass die Cashflows US-amerikanischer Unternehmen und die Gewinne deutscher Unternehmen verhältnismäßig besser prognostiziert werden können als in der jeweils anderen Stichprobe. Dementsprechend sollten für US-amerikanische Unternehmen Bewertungen auf Basis ausgewiesener Cashflows und für deutsche Unternehmen auf Basis ausgewiesener Gewinne vorgezogen werden.

Die Vorteilhaftigkeit der Random Forests zur Prognose operativer Cashflows ist nun unter verschiedenen Aspekten und für beide Stichproben belegt. Die Ergebnisse deuten auf eine bessere Prognoseeignung der Jahresabschlussdaten in den USA in Bezug auf ihre Cashflows hin. Die niedrigeren Fehlerwerte für die Prognosen operativer Cashflows durch alle Methoden in der US-amerikanischen Stichprobe

---

[170] Vgl. Abschnitt 2.5; DOUPNIK und RICHTER (2003); DOUPNIK und RICHTER (2004).

[171] Vgl. Tabelle 3.3.

wurden zudem vor dem Hintergrund der deskriptiven Statistiken beider Stichproben beleuchtet. Für die Unternehmen in den USA sind die Fehlerwerte für alle betrachteten Modelle tendenziell niedriger. Dementsprechend auch für das Vergleichsmodell, für welches der Random Walk genutzt wurde.[172] Interessant ist darüber hinaus der relative Vorteil einer Prognose durch einen Random Forest gegenüber der des einfachen Vergleichsmodells. Daher wird ebenfalls die durchschnittliche Überlegenheit der Random Forest Methode gegenüber dem Random Walk und dem Regressionsmodell für die verschiedenen Prognosehorizonte und beide Stichproben berechnet.

Für den Vergleich wird der RMSE als Fehlermaß herangezogen. Die Ergebnisse sind jedoch zu der Analyse unter Betrachtung des MAE konsistent. Im Verhältnis zu dem Vergleichsmodell liefern die Random Forests für Deutschland (USA) in der 1-Schritt Prognose etwa 10 % (9,6 %), in der 3-Schritt Prognose etwa 21,1 % (18,9 %) und in der iterativen Prognose etwa 18,8 % (18,3 %) bessere Ergebnisse. Im Vergleich zu dem Regressionsmodell liefern die Random Forests für Deutschland (USA) in der 1-Schritt Prognose etwa 1,5 % (1,5 %), in der 3-Schritt Prognose etwa 15 % (19,3 %) und in der iterativen Prognose etwa 0,9 % (1,1 %) bessere Ergebnisse. Die Ergebnisse weichen in nur geringem Umfang voneinander ab, sodass die Ergebnisse für beide Stichproben konsistent sind. Unterschiede zwischen beiden Ländern und den Rechnungslegungssystemen, d. h. den US-GAAP und IAS/IFRS haben keinen Einfluss auf die beschrieben Ergebnisse. Offensichtlich ist die große Überlegenheit gegenüber dem Random Walk, wobei insbesondere für den langfristigen Prognosehorizont über drei Jahre sowie die iterative Prognose mit ca. 18 bis 21 % niedrigeren Fehlerwerten weitaus bessere Ergebnisse erzielt werden. Für die 1-Schritt Prognose werden ebenfalls bessere Ergebnisse erzielt, wobei die Fehlerwerte wie beschrieben etwa 10 % niedriger sind. Gegenüber dem Regressionsmodell sind die Random Forests für die 1-Schritt und iterative Prognose in beiden Ländern zwar überlegen, jedoch sind die Fehlermaße nur um etwa ein Prozent niedriger. Für langfristige Prognosen erzielen die Random Forests hingegen bedeutend bessere Ergebnisse als das Regressionsmodell. Sie sind etwa 15 % (Deutschland) bzw. 19 % (USA) besser. Zudem verdeutlichen die Ergebnisse erneut die vollständige Überlegenheit gegenüber den weiteren Methoden, da sich für beide Stichproben und alle Horizonte keine den anderen Modellen unterlegene Situation ergibt.

Der Vergleich beider Länder bestätigt die bisherige Einschätzung der verwendeten KNN. Sie liefern insgesamt schlechtere Ergebnisse als das einfache Vergleichsmodell. Im Vergleich beider Stichproben fällt auf, dass alle Fehlerwerte des KNN für die deutsche Stichprobe höher sind als für die US-amerikanische

[172] Dieses Vorgehen findet sich ebenso in vielen anderen Studien. Vgl. Abschnitt 4.4 für eine ausführliche Begründung des Vorgehens.

Stichprobe. Dies gilt für die Prognose von Cashflows und Gewinnen als auch für alle Horizonte. Die Absolutwerte sind jedoch nur beschränkt aussagekräftig. Sie dürfen aufgrund systematischer Unterschiede zwischen beiden Stichproben nicht direkt miteinander verglichen werden, obwohl durch die Normalisierung der Variablen bereits in gewissem Umfang vereinheitlicht wird. Doch auch relativ, im Vergleich zu den jeweiligen Ergebnissen des Regressionsmodells und Random Walks liefern die KNN bei der Betrachtung deutscher Unternehmen deutlich höhere Fehlerwerte als in der US-amerikanischen Stichprobe. Die verwendeten LSTM Modelle sind somit für Rechnungslegungsdaten nach US-GAAP besser geeignet als für die IAS/IFRS-Rechnungslegungsdaten deutscher Unternehmen.

Letztlich ist festzustellen, dass die Aussagekraft ausgewiesener Gewinne in Deutschland höher ist. Dies könnte durch das tendenziell stärker ausgeprägte Vorsichtsprinzip und den stärkeren Fokus der periodengerechten Gewinnermittlung (bzw. der Periodenabgrenzung) verursacht sein. Die höhere Signifikanz der Abgrenzungsposten des Regressionsmodells in Tabelle 4.8 gegenüber dem gleichen Modell für die USA in Tabelle 4.9 bestärkt diese Vermutung. Bei den deutschen Unternehmen ist der Einfluss der Abgrenzungsposten auf den Gewinn des gleichen Jahres stärker. Zudem sind die Cashflows US-amerikanischer Unternehmen tendenziell besser prognostizierbar. Bewertungen auf Basis von Cashflows sind für deutsche Unternehmen dementsprechend mit größeren Bandbreiten der resultierenden Unternehmenswerte verbunden und gehen damit mit einem höheren Risiko einher.

**Tabelle 4.8** Regressionsmodell für $OI_t$ (Deutschland)

| | Schätzung | SE | t-Wert | Pr(>\|t\|) | |
|---|---|---|---|---|---|
| (Intercept) | -0,0055 | 0,0024 | -2,28 | 0,0226 | * |
| $OI_{t-1}$ | 0,5872 | 0,0127 | 46,41 | 0,0000 | *** |
| $CFO_t$ | 0,3422 | 0,0119 | 28,85 | 0,0000 | *** |
| $CFO_{t-1}$ | 0,0486 | 0,0127 | 3,82 | 0,0001 | *** |
| $REC_t$ | 0,0589 | 0,0069 | 8,57 | 0,0000 | *** |
| $PAY_t$ | -0,0509 | 0,0097 | -5,28 | 0,0000 | *** |
| $INV_t$ | 0,0473 | 0,0063 | 7,57 | 0,0000 | *** |
| $DEPR_t$ | -0,3455 | 0,0314 | -11,00 | 0,0000 | *** |
| $PROV_t$ | -0,0200 | 0,0072 | -2,76 | 0,0058 | ** |
| $R^2$ | 0,7548 | | | | |
| $RSE$ | 0,04117 (df = 3101) | | | | |
| *Signifikanz:* | ***(p<0,001) **(p<0,01) *(p<0,05) .(p<0,1) | | | | |

**Tabelle 4.9** Regressionsmodell für $OI_t$ (USA)

| | Schätzung | SE | t-Wert | Pr(>\|t\|) | |
|---|---|---|---|---|---|
| (Intercept) | -0,0076 | 0,0013 | -5,92 | 0,0000 | *** |
| $OI_{t-1}$ | 0,4807 | 0,0087 | 54,97 | 0,0000 | *** |
| $CFO_t$ | 0,5246 | 0,0084 | 62,26 | 0,0000 | *** |
| $CFO_{t-1}$ | -0,0127 | 0,0098 | -1,31 | 0,1916 | |
| $REC_t$ | 0,0966 | 0,0056 | 17,40 | 0,0000 | *** |
| $PAY_t$ | -0,0219 | 0,0088 | -2,49 | 0,0127 | * |
| $INV_t$ | 0,0571 | 0,0045 | 12,68 | 0,0000 | *** |
| $DEPR_t$ | -0,3122 | 0,0217 | -14,42 | 0,0000 | *** |
| $PROV_t$ | 0,0111 | 0,0057 | 1,95 | 0,0516 | . |
| $R^2$ | 0,7408 | | | | |
| $RSE$ | 0,0380 (df = 9033) | | | | |
| *Signifikanz:* | ***(p<0,001) **(p<0,01) *(p<0,05) .(p<0,1) | | | | |

Weitere Bewertungsverfahren, auch auf Basis ausgewiesener Gewinne, sollten in die Wertfindung einbezogen werden.

# 5 Rechnungslegungspolitik als begrenzender Faktor quantitativer Modellierungen

Rechnungslegungspolitische Maßnahmen wie die gezielte Ausübung von Wahlrechten und Sachverhaltsgestaltungen gelten als großer Kritikpunkt der Bilanzanalyse. Derartigen Maßnahmen wird daher häufig durch die Auswahl geeigneter Kennzahlen oder Rückrechnungen gegenübergetreten.[1] Ob entsprechende Rückrechnungen letztlich jedoch dazu führen, dass die Daten besser für Analysen und Prognosen geeignet sind, bleibt unklar.[2] Die internationalen Standards bieten aufgrund ihrer Bestrebungen, möglichst tatsachengetreue Wertausweise zu liefern (‚true and fair view'-Grundsatz) und der damit einhergehenden Orientierung an beizulegenden Zeitwerten größere rechnungslegungspolitische Ermessensspielräume.[3] Definitorisch werden rechnungslegungspolitische Maßnahmen in der internationalen Rechnungslegung durch die Anforderung einer neutralen, willkürfreien Abbildung ausgeschlossen. Wahlrechte sind zudem stets unter Beachtung des ‚true and fair view' Prinzips bzw. der Vermittlung eines den tatsächlichen Verhältnissen entsprechenden Bildes der Vermögens-, Finanz- und Ertragslage, auszuüben.[4] Weiterhin beschränkt der Stetigkeitsgrundsatz die Nutzung rechnungslegungspolitischer Ermessensspielräume insbesondere im Hinblick auf die Wahl von Bewertungsmethoden und der

---

[1] Vgl. BAETGE (1998), S. 18 f.

[2] Vgl. dazu die Ausführungen in Abschnitt 2.4.

[3] Vgl. LACHNIT und MÜLLER (2017), S. 12 sowie die Ausführungen in Kapitel 2.

[4] Vgl. IAS 1.15; § 264 Absatz 2 HGB sowie LACHNIT und MÜLLER (2017), S. 71.



L. B. Heidbrink, *Quantitative Prognosen in der externen Unternehmensrechnung*,
https://doi.org/10.1007/978-3-658-47506-2_5

Ausübung von Wahlrechten.[5] Wie die Ausführungen in Kapitel 2 darlegen, verbleiben dennoch diverse Ermessensspielräume, welche rechnungslegungspolitisch genutzt werden können.

Prognosen unterliegen häufig subjektiven Einflüssen des Prognoseerstellers. In vielen Fällen kann es kein erstrebenswertes Ziel sein, ausschließlich quantitative Indikatoren zur Prognoseerstellung heranzuziehen. Besonders für interne Zwecke spielen Einschätzungen des Managements eine große Rolle. Subjektivität ist durch die jeweilige Berücksichtigung qualitativer Indikatoren zwangsläufig vorhanden. Diese könnten sowohl Bilanzierende als auch Analysten nutzen, um andere Ziele als eine möglichst präzise Prognoseerstellung zu verfolgen. Sie könnten aus Eigennutz beispielsweise einen möglichst hohen oder niedrigen Gewinn prognostizieren wollen.[6] Allgemein kann die Wirkungsrichtung von Rechnungslegungspolitik in eine erhöhende und vermindernde Wirkung in Bezug auf eine Größe der Finanzberichterstattung unterschieden werden.[7] Beides kann im Hinblick auf eine gewünschte Gewinnglättung für den Bilanzierenden wünschenswert sein. Weiterhin kann die zeitliche Dimension der Wirkung unterschieden werden. Bestimmte Maßnahmen haben lediglich einen kurzfristigen Einfluss auf ausgewiesene Werte, andere wirken langfristiger. Sachverhaltsgestaltungen sind typischerweise von kurzer Wirkungsdauer, die Nutzung von Wahlrechten hat vor dem Hintergrund des Stetigkeitsprinzips eine langfristige Wirkung.[8] Das Management eines Unternehmens kann durch verschiedenste Wahlrechte und Ermessensspielräume die Werte der Bilanz und Gewinn- und Verlustrechnung beeinflussen. Externe Analysten müssen somit berücksichtigen, dass auch quantitative Daten der Jahrs- und Konzernabschlüsse in gewissem Maße der Subjektivität des Managements unterliegen. Es ist davon auszugehen, dass die Finanzberichterstattung umfangreich gestaltet werden

---

[5] Der Grundsatz gilt für beide Rechnungslegungssysteme. Vgl. §§ 246 Absatz 3, 252 Absatz 1 Nr. 6, 265 Absatz 1 HGB; IAS 8.13–15; COENENBERG, HALLER und SCHULTZE (2021), S. 1079. Eine Abwendung vom Stetigkeitsgrundsatz der IAS/IFRS ist nur möglich, wenn eine Verbesserung der Aussagekraft des Abschlusses die Folge ist (vgl. IAS 8.14). Nach HGB ist eine Abwendung von dem Stetigkeitsgrundsatz nur in begründeten Ausnahmefällen möglich, um die den tatsächlichen Verhältnissen entsprechende Abbildung der Vermögens-, Finanz- und Ertragslage zu sichern (vgl. § 246 Absatz 3 sowie § 252 Absatz 1 Nr. 6 HGB jeweils i. V. m. § 252 Absatz 2 HGB).

[6] Vgl. GELL (2012), S. 1.

[7] Vgl. WOHLGEMUTH (2007), S. 75 f.

[8] Vgl. FUCHS (1997), S. 33 m. w. N.

kann und die Auswirkungen derartiger Einflussnahmen für externe Analysten nur schlecht erkennbar sind.[9]

Eine ausgiebige Analyse und Berücksichtigung typischer Anreizstrukturen ist für die Prognosebildung somit unabdingbar. Nur so können Nutzer von beispielsweise Gewinn- und Überschussprognosen derartige Einflüsse in ihre eigenen Erwartungen über die Entwicklung eines Unternehmens einbeziehen.[10] Durch die Kenntnis von Anreizen und Ermessensspielräumen können wiederum neutralisierende Maßnahmen ergriffen werden, um die ausgewiesenen Abschlussdaten von rechnungslegungspolitischen Einflüssen zu bereinigen.[11]

## 5.1 Abgrenzung und Relevanz im Kontext der Prognosebildung

Rechnungslegungspolitik beschreibt Maßnahmen eines Unternehmens bzw. dessen Managements, welche darauf abzielen, den Gewinn- und Vermögensausweis eines Unternehmens zu beeinflussen.[12] Derartige Maßnahmen können sowohl reale, sachverhaltsgestaltende Handlungen am Markt (reale Veränderungen wie beispielsweise Investitionsentscheidungen) als auch sachverhaltsabbildende, d. h. lediglich die Rechnungslegung betreffende Maßnahmen (buchmäßige Veränderungen wie beispielsweise die Nutzung vorhandener Wahlrechte im jeweiligen Rechnungslegungssystem) sein.[13] In der internationalen Literatur werden sachverhaltsgestaltende Maßnahmen (Real Earnings Management) und sachverhaltsabbildende Maßnahmen (Accrual Earnings Management) unterschieden. Sachverhaltsabbildende

[9] Küting und Weber (2015) schreiben von einem potenziell „enorm" beeinflussten Bilanzbild, dessen Auswirkungen für Externe nicht „hinreichend quantifizierbar" seien. Vgl. Küting und Weber (2015), S. 418.

[10] Vgl. Gell (2012), S. 2.

[11] Ein derartiges Vorgehen bietet sich insbesondere bei der Analyse einzelner Abschlüsse an. Bei der Analyse von Querschnittsdaten können die gesamten, diskretionären Abgrenzungen approximiert und in der Analyse berücksichtigt werden.

[12] In der Literatur finden sich etliche Definitionen von Rechnungslegungspolitik (synonym auch Bilanzpolitik, Earnings Management, Windows Dressing oder Creative Accounting). Eine Übersicht bietet unter anderem El Diri (2018), S. 6–8.

[13] Vgl. Wagenhofer und Ewert (2015), S. 265; Lachnit und Müller (2017), S. 78; Herold (2006), S. 29. Weitere Beispiele für sachverhaltsgestaltende Maßnahmen sind ‚sale-and-lease-back' Geschäfte und Verschiebungen von Instandhaltungen. Weitere Beispiele für sachverhaltsabbildende Maßnahmen sind verschiedene Verbrauchsfolgefiktionen, Wahlrechtsausübungen in Bezug auf Herstellungskosten und die Wahl von Abschreibungsmethoden.

Maßnahmen haben keinen wirtschaftlichen Einfluss auf das Unternehmen und betreffen ausschließlich die in Abschlüssen ausgewiesenen Werte oder Beschreibungen. Sachverhaltsgestaltende Maßnahmen hingegen beeinflussen ein Unternehmen wirtschaftlich und können damit in einem Konflikt mit übergeordneten Unternehmenszielen stehen.[14] Da Maßnahmen der Rechnungslegungspolitik alle Elemente des Jahresabschlusses sowie den Lagebericht betreffen können, wird der Begriff Bilanzpolitik in dieser Arbeit weitestgehend vermieden. Er impliziert lediglich Auswirkungen auf die Bilanz und wird seiner Bedeutung damit nicht gerecht.[15]

Abzugrenzen ist die Thematik der Rechnungslegungspolitik insbesondere vom Bilanzbetrug (‚fraud'). Dabei handelt es sich um rechtswidrige Handlungen bzw. Manipulationen der ausgewiesenen Werte und Kennzahlen, welche in der Regel strafrechtliche Folgen nach sich ziehen.[16] Unter Rechnungslegungspolitik oder den zuvor aufgezeigten Synonymen hingegen werden grundsätzlich legale Maßnahmen wie das Ausnutzen von Wahlrechten und Bewertungsmethoden oder zeitliche Überlegungen zu Investitionsentscheidungen verstanden.[17] Allerdings sind legale und illegale Maßnahmen aufgrund von rechtlichen Grauzonen nicht immer zweifelsfrei voneinander abzugrenzen. Hier kommt es letztlich auf das Ermessen der Prüfer an.[18]

Abzugrenzen sind weiterhin die unter ihren englischen Bezeichnungen bekannten Bereiche Expectation Management, Earnings Quality und Impression Management.[19] Unter dem Erwartungsmanagement (Expectation Management) wird das Beeinflussen von Erwartungen der Abschlussadressaten durch Ankündigungen des Unternehmens oder Stillschweigen über möglicherweise relevante Sachverhalte verstanden. Das Erwartungsmanagement zielt explizit auf die veröffentlichten Informationen, sowie die Art und Weise der Kommunikation des Unternehmens an die Öffentlichkeit ab. Im Gegensatz zur direkten Einflussnahme auf ausgewiesene Werte, sollen so indirekt die Erwartungen der Abschlussadressaten beeinflusst werden. Konkret geht es häufig um eine negative Beeinflussung von Erwartungen der Analysten und damit auch deren Prognosen, sodass diese anschließend erfüllt

---

[14] Vgl. ROYCHOWDHURY (2006).

[15] Vgl. HOFFMANN (1994), S. 21; HEROLD (2006), S. 30.

[16] So ist die unrichtige oder verschleierte Wiedergabe von Verhältnissen in den Abschlussbestandteilen durch den Gesetzgeber explizit unter Strafe gestellt. Vgl. § 331 Nr. 1 HGB; FREIDANK und VELTE (2013), S. 869.

[17] Vgl. LACHNIT und MÜLLER (2017), S. 72.

[18] Vgl. WAGENHOFER und EWERT (2015), S. 266; LACHNIT und MÜLLER (2017), S. 76; KÜTING und WEBER (2015), S. 33.

[19] Vgl. dazu im Weiteren EL DIRI (2018), S. 10–12.

oder übertroffen werden können.[20] Das Ausmaß des Erwartungsmanagements kann danach anhand der Differenz zwischen dem ältesten und jüngsten Mittelwert der Analystenprognosen einer jeweiligen Periode gemessen werden.[21]

Die Gewinnqualität (Earnings Quality) ist ein Maßstab für die Entscheidungsnützlichkeit und den Informationsgehalt von Abschlussinformationen. Rechnungslegungspolitik hingegen beschreibt die Möglichkeiten der Einflussnahme der Unternehmensvertreter bzw. des Jahresabschlusserstellers auf die ausgewiesenen Größen, welche nicht zwangsläufig negativ auf die Gewinnqualität wirken.

Unter dem Eindrucksmanagement (Impression Management) werden gezielte Maßnahmen zur positiv verzerrten Darstellung qualitativer Abschlusselemente verstanden.[22] So wird die bestehende Informationsasymmetrie zwischen dem Abschlussersteller und dem Adressatenkreis ausgenutzt. Das Eindrucksmanagement zielt explizit auf qualitative Bestandteile und nicht auf Kennzahlen oder Zahlenwerte ab. Eine Messung des Ausmaßes ist dementsprechend schwierig.

Häufig wird anhand der zugrundeliegenden Maßnahmen zwischen sachverhaltsgestaltender (‚real') und buchmäßiger (‚accrual-based') Rechnungslegungspolitik unterschieden. Die gezielte Beeinflussung von Periodenabgrenzungen und insbesondere Rückstellungen (‚accruals')[23] wirkt sich letztlich, durch entsprechende Aufwandserfassungen auf die Höhe des ermittelten Gewinns einer Periode aus. Diese diskretionären Posten erlauben somit eine Einflussnahme auf die Verteilung von Vermögen zwischen den Stakeholdern einer Unternehmung.[24] Zu beachten bleibt jedoch, dass die zugrundeliegenden Cashflows nicht beeinflusst werden, da es sich lediglich um eine darstellerische Beeinflussung handelt. Sachverhaltsgestaltende Maßnahmen (‚real earnings management') beschreiben hingegen unternehmerische Aktivitäten, welche lediglich zum Zwecke der Beeinflussung im Abschluss ausgewiesener Werte vollzogen werden. Es handelt sich somit auch um eine Ver-

---

[20] Vgl. Das, Kim und Patro (2011), S. 1936 m. w. N. Die Autoren untersuchen das Zusammenspiel mit der Rechnungslegungspolitik.

[21] Vgl. Das, Kim und Patro (2011), S. 1941.

[22] Vgl. Merkl-Davies und Brennan (2007), S. 118 f.

[23] Unter ‚accruals' werden häufig insbesondere diskretionäre Rückstellungen verstanden. Es ist jedoch zwischen ‚accruals' und ‚provisions' zu unterschieden. So definiert IAS 37.11 ‚accruals' als abzugrenzende Zahlungen, welche dem Grunde und der Höhe nach feststehen (ähnlich der aktiven und passiven Rechnungsabgrenzung des HGB, bei der jeweils transitorisch oder antizipativ abgegrenzt wird). Weiterhin definiert der Standard ‚provisions' als typische Rückstellungen, welche der Höhe und dem Grunde nach nicht feststehen und durch Schätzungen größeren Risiken unterliegen. IAS 37.11 (b): „the uncertainty [of accruals] is generally much less than for provisions". Vgl. Abschnitt 5.4.2.1.2 der vorliegenden Arbeit.

[24] Vgl. El Diri (2018), S. 13.

änderung der zugrundeliegenden wirtschaftlichen Verhältnisse und damit auch um eine Veränderung des Unternehmenswertes.[25] Entsprechende Maßnahmen sind beispielsweise die Vor- oder Nachverlagerung der Durchführung notwendiger Investitionen oder ‚sale-and-lease-back' Transaktionen. Grundsätzlich kann von negativen Auswirkungen auf den Erfolg eines Unternehmens ausgegangen werden.[26] Aufgrund der positiven Auswirkung veränderter Werte auf die Adressaten kann jedoch auch ein insgesamt positiver Effekt erklärt werden.[27]

In dieser Arbeit wird die Rechnungslegungspolitik im Kontext der Prognosebildung und dessen Methoden beleuchtet. Ziel ist es, Auswirkungen rechnungslegungspolitischer Maßnahmen sowie das diskretionäre Potenzial durch die Wahl von Prognosemethoden und -parametern aufzudecken und im Hinblick auf den Informationsgehalt und den Schutz der Abschlussadressaten zu hinterfragen. Betrachtet werden muss stets der Zielkonflikt zwischen der Vergleichbarkeit und Genauigkeit bzw. Relevanz der ausgewiesenen Werte. So steigern strengere Vorgaben beispielsweise hinsichtlich einer zu verwendenden Prognosemethodik die Vergleichbarkeit von Abschlüssen, führen jedoch möglicherweise dazu, dass Unternehmen aufgrund der methodischen Einschränkung verzerrte Werte ausweisen. Die Vermittlung eines den tatsächlichen Verhältnissen entsprechenden Bildes der Vermögens-, Finanz- und Ertragslage könnte gar verhindert werden. Wird Unternehmen jedoch große Freiheit in Bezug auf die Prognosemethoden gewährt, kann diese ausgenutzt und Stakeholdern geschadet werden. Auch dieser Fall ist nicht wünschenswert. An dieser Stelle sei beispielhaft auf den IFRS 9 verwiesen.[28] Dieser schreibt keine Methodik zur Ermittlung der relevanten Parameter vor und eröffnet damit Spielraum für die Höhe des Ansatzes von Aufwendungen und damit der Höhe des ausgewiesenen Gewinns einer Unternehmung.

In der aktuellen Situation, d. h. bei kaum methodischen Einschränkungen für die Prognose von Gewinnen und Cashflows, könnte es für Abschlussadressaten daher am sinnvollsten sein, die Höhe diskretionärer Periodenabgrenzungen mithilfe geeigneter Modelle aufzudecken und in der eigenen Prognose zu berücksichtigen. Auf diesem Ansatz basiert die empirische Analyse dieses Kapitels.

Die hohe Flexibilität der IAS/IFRS-Rechnungslegung bietet Abschlusserstellern im Vergleich zu den handelsrechtlichen Regelungen größere Freiheiten und Auslegungsspielräume, die sowohl zur Vermittlung von optimalen Informationen als

---

[25] Vgl. El Diri (2018), S. 13.

[26] Vgl. Cohen, Dey und Lys (2008), S. 759; Kothari, Mizik und Roychowdhury (2016), S. 561; El Diri (2018), S. 14.

[27] Vgl. Gunny (2010); El Diri (2018), S. 14.

[28] Vgl. Abschnitt 2.8.5.2.

auch zur bewussten Verzerrung von Informationen genutzt werden können.[29] Wird diese Flexibilität zum Abbau von Informationsasymmetrien (und damit nicht missbräuchlich) genutzt, könnten nach IAS/IFRS ausgewiesene Abschlussinformationen (insbesondere Gewinne) stärker mit künftigen Gewinnen und Cashflows assoziiert sein als es für Abschlussinformationen anderer Rechnungslegungssysteme der Fall ist. In der Folge wäre ihre Prognosefähigkeit höher.[30] Die Anfälligkeit für Maßnahmen der Rechnungslegungspolitik steigt jedoch ebenfalls mit der Flexibilität eines Rechnungslegungssystems.[31]

Die Verbreitung und Zunahme von Managementschätzungen und Prognosen in der Rechnungslegung, wie sie beispielsweise mit dem stetigen Voranschreiten der Zeitwertbilanzierung einhergeht, wird daher heute als Nachteilig für den Informationsgehalt von Abschlussinformationen angesehen. Teilweise wird von einer schwindenden Relevanz von Rechnungslegungsdaten geschrieben.[32]

Politische Gegenmaßnahmen hinsichtlich des gestalterischen Potenzials von Rechnungslegungsvorschriften sind in der Vergangenheit nach Bilanzskandalen aufgekommen und diskutiert worden. In Deutschland ist durch den Skandal der Wirecard AG eine Debatte über die Wirksamkeit der Überwachungsorgane wie der DPR ausgelöst worden. In den USA wurde der *Sarbanes-Oxley Act* (2002) (SOX) als Reaktion auf zuvor aufgetretene Bilanzskandale und eine weite Verbreitung von rechnungslegungspolitischen Praktiken verabschiedet.[33] Primäres Ziel war eine weitreichende Verhinderung von Rechnungslegungspolitik (‚earnings management') und Bilanzbetrug (‚fraud'). Zumindest in Hinblick auf buchmäßige Einflussnahmen wurde dieses Ziel erreicht.[34] Ein damit einhergehender Nachteil könnte jedoch eine gestiegene Nutzung realer Einflussnahmen bzw. sachverhaltsgestaltender Maßnahmen sein, welche Unternehmensaktivitäten in den Bereichen Forschung und Entwicklung sowie Marketing negativ beeinflussen können.[35] Weiterhin stellt der SOX laut BALL (2009) ein Risiko für den historisch erfolgreichen

---

[29] Vgl. COENENBERG, HALLER und SCHULTZE (2021), S. 1111.

[30] Vgl. ATWOOD u. a. (2011), S. 107.

[31] Vgl. SCHIPPER (1994), S. 65.

[32] Vgl. LEV (2018), S. 478.

[33] Vgl. BALL (2009) für eine umfangreiche Evaluation des SOX sowie vergangener Bilanzskandale, ihrer Auslöser und Folgen.

[34] Vgl. COHEN, DEY und LYS (2008).

[35] Darauf deuten Umfragen nach Einführung des SOX in den USA hin. Vgl. GRAHAM, HARVEY und RAJGOPAL (2005); COHEN, DEY und LYS (2008), S. 760.

Shareholder-Value-Ansatz dar, da er politischen Einfluss ausübt und einen auf die Stakeholder ausgerichteten Ansatz fördert.[36]

Hinsichtlich der Prognosebildung ist zu beachten, dass sich die Thematik der Rechnungslegungspolitik nicht allein auf die tatsächlich ausgewiesenen Werte in Jahres- und Konzernabschlüssen bezieht, sondern ebenfalls auf die von Unternehmen veröffentlichten Prognosen, d. h. insbesondere auf Gewinnprognosen. Bei der Verwendung und Interpretation von Gewinnprognosen ist es somit wichtig, die Anreizstrukturen des Managements oder der Analysten zu verstehen und zu berücksichtigen.[37] Gewinnprognosen von Analysten sind nämlich dafür bekannt, positiv verzerrt zu sein.[38] Daher bedarf es beispielsweise dieser Erkenntnis, um eine unverfälschte Erwartung bezüglich künftiger Unternehmensergebnisse zu haben.[39] Eine Nichtbeachtung derartiger Erkenntnisse führt zwangsläufig zur Verzerrung eigener Prognosen über die künftige Leistungsfähigkeit und damit zu eigenen Wettbewerbsnachteilen.

## 5.2 Ausprägungen rechnungslegungspolitischer Maßnahmen

Bedeutsam sind insbesondere die den Unternehmen zur Verfügung stehenden Maßnahmen zur Beeinflussung der ausgewiesenen Werte in den zu veröffentlichenden Rechenwerken. Ermessensspielräume wurden in Kapitel 2 bereits ausgiebig thematisiert. Die dort aufgeworfenen Problembereiche öffnen die Rechnungslegung für subjektive Einflüsse und beziehen sich konkret auf notwendige Prognosen und zukunftsorientierte Ausweise. Sie stellen überwiegend rechnungslegungspolitische Spielräume dar und sind für diese Arbeit besonders relevant. Darüber hinaus gibt

---

[36] Vgl. BALL (2009), S. 317.

[37] Vgl. GELL (2012), S. 1.

[38] Vgl. BRADSHAW, DRAKE u. a. (2012), S. 953; SCHERFF (2019) weist anhand von Ergebnissen des DAX aus 2019 darauf hin, dass Analysten bewusst versuchen, Prognosen gemäß ihres eigenen Nutzens zu beeinflussen, wodurch ein signifikanter Unterschied zwischen Gewinnprognosen durch Buy-Side- bzw. Sell-Side-Analysten entsteht. Buy-Side-Analysten sind etwa Analysten von Fondsgesellschaften und damit auf Kundenseite, Sell-Side-Analysten hingegen sind Vermittler auf der Verkäuferseite. Dies verdeutlicht die Bedeutung der Rechnungslegungspolitik im Rahmen von Prognosebildungen.

[39] Vgl. GELL (2012), S. 2.

es konkrete Ansatz- und Bewertungswahlrechte, welche ausgewiesene Werte maßgeblich beeinflussen können.[40]

All diese den Jahres- oder Konzernabschluss betreffenden Maßnahmen der sachverhaltsabbildenden Rechnungslegungspolitik lassen sich in materielle und formelle Maßnahmen aufteilen.[41] Unter materielle Maßnahmen fallen insbesondere Ansatz- und Bewertungswahlrechte sowie Ermessensspielräume. Sie beeinflussen die Höhe des ausgewiesenen Vermögens und Erfolges einer Unternehmung.[42] Formelle Maßnahmen betreffen die äußere Form eines Jahres- oder Konzernabschlusses und haben keine Auswirkung auf die Höhe der Wertausweise.[43] Konkret fällt beispielsweise die Gliederung der Gewinn- und Verlustrechnung nach dem Umsatz- oder Gesamtkostenverfahren sowie eine mögliche Saldierung aktiver und passiver latenter Steuern darunter.[44] Ermessensspielräume sind weiterhin in Konklusions- und Subsumtionsspielräume zu unterteilen. Konklusionsspielräume entstehen, wenn die Rechtsfolge zu einem Tatbestand nicht eindeutig geregelt ist. Ist ein Tatbestand hingegen ungenau und kann einem Sachverhalt nicht eindeutig zugeordnet werden, besteht ein Subsumtionsspielraum.[45] Entscheidend ist somit, ob ein Spielraum zwischen Sachverhalt und Tatbestand oder Tatbestand und Rechtsfolge besteht.[46]

Einschränkungen der vorhandenen rechnungslegungspolitischen Instrumente sind in vielen Fällen nur schwer umsetzbar, da die Möglichkeit einer möglichst präzisen Abbildung tatsächlicher Verhältnisse durch die Abschlussersteller gewahrt bleiben soll. In welchen Fällen Instrumente missbräuchlich genutzt werden, ist kaum

---

[40] Ein Überblick über konkrete Vorschriften des HGB und der IAS/IFRS findet sich in COENENBERG, HALLER und SCHULTZE (2021), S. 1076–1079. Typische Ausprägungen ergebniserhöhender und ergebnismindernder Maßnahmen, welche als Indikatoren dieser Zielsetzungen dienen können, finden sich in COENENBERG, HALLER und SCHULTZE (2021), S. 1097 f.

[41] Vgl. FREIDANK und VELTE (2013), S. 860; WOHLGEMUTH (2007), S. 63. Nicht diese Abschlüsse betreffende Maßnahmen sind jegliche weitere Veröffentlichungen und Bekanntmachungen von Unternehmen, worunter auch Quartalsabschlüsse fallen.

[42] Auch sachverhaltsgestaltende Maßnahmen haben eine materielle Wirkung in diesem Sinne. Sie haben jedoch zusätzlich einen wirtschaftlichen Einfluss auf das Unternehmen, welcher bei Bewertungswahlrechten beispielsweise nicht gegeben ist. Die an dieser Stelle beschriebenen Maßnahmen haben lediglich einen Einfluss auf die Höhe des Wertausweises. Vgl. auch FREIDANK und VELTE (2013), S. 865 für eine übersichtliche Darstellung materieller Maßnahmen und der verschiedenen Arten von Wahlrechten.

[43] Vgl. FREIDANK und VELTE (2013), S. 863.

[44] Vgl. § 274 Absatz 1 HGB; § 275 Absatz 1 HGB; IAS 1.82, 1.99, 1.102 f. Das Wahlrecht zum Ansatz aktiver latenter Steuern des § 274 Absatz 1 HGB führt gar zu materiellen Unterschieden.

[45] Vgl. BAUER (1981), S. 76; FREIDANK und VELTE (2013), S. 863.

[46] Vgl. BAUER (1981), S. 73.

feststellbar. Zur Erhöhung der Vergleichbarkeit wären insbesondere Einschränkungen der Bilanzansatzwahlrechte (Aktivierungs- und Passivierungswahlrechte) sowie der Methodenwahlrechte in Bezug auf Bewertungen denkbar. Besonders die wenig eingeschränkte Methodenwahl stand bereits im Fokus der Ausführungen in Kapitel 2 und bietet Verbesserungspotenzial.[47]

In den empirischen Auswertungen dieser Arbeit werden allein Konzernabschlussdaten betrachtet. Rechnungslegungspolitische Maßnahmen finden jedoch zusätzlich auf Ebene der Einzelabschlüsse statt, deren Daten wiederum nicht vorliegen. Eine vollständige Analyse auf Ebene einzelner Konzernunternehmen bedarf ebenso ein Studium relevanter Einzelabschlüsse.[48] Konzernabschlüsse enthalten aufbauend auf der Aggregation aller Einzelabschlüsse darüber hinaus zusätzliches rechnungslegungspolitisches Potenzial.[49] Dies entsteht unter anderem aus lediglich im Konzernabschluss vorhandenen Wahlrechten, Spielräumen bezüglich des Konsolidierungskreises, der Bewertung assoziierter Unternehmen und der Währungsumrechnung.[50] Entsprechende Verzerrungen müssen daher akzeptiert werden, sollten dem Prognoseersteller jedoch zumindest bekannt sein.

## 5.3 Anreize und Anreiztheorien

Die Motive für das Ergreifen solcher Maßnahmen können vielfältig sein. Im Vordergrund stehen meist persönliche Anreize der Vertreter eines Unternehmens. So kann mithilfe von Maßnahmen der Rechnungslegungspolitik die Höhe des ausgewiesenen Gewinns und damit unter anderem die Höhe der Ausschüttungen an die Anteilseigner, die Steuerbilanz für die einzelnen Unternehmen und das Ansehen am Kapitalmarkt beeinflusst werden.[51] Auch können andere Motive, wie das Einhalten bestimmter Kennzahlenquoten aufgrund von Financial Covenants insbesondere im einzelnen Abschluss im Vordergrund stehen.[52] So treten kleine Ergebniszunahmen und niedrige Gewinne überdurchschnittlich häufig auf, was ein Indiz für

[47] Vgl. zu möglichen Einschränkungen der Verwendung rechnungslegungspolitischer Maßnahmen im Rahmen der Rechnungslegung nach IAS/IFRS auch WOHLGEMUTH (2007), Kapitel 6.

[48] Vgl. LACHNIT und MÜLLER (2017), S. 309 f.; WOHLGEMUTH (2007), S. 11.

[49] Vgl. LACHNIT und MÜLLER (2017), S. 84 f. für eine Übersicht über die Elemente der Konzernbilanzpolitik.

[50] Vgl. LACHNIT und MÜLLER (2017), S. 310.

[51] Vgl. allgemein LACHNIT und MÜLLER (2017), S. 74.

[52] Vgl. WAGENHOFER und EWERT (2015), S. 265.

aktive Beeinflussungen ist, um negativen Kapitalmarktreaktionen vorzusorgen.[53] Die Thematik ist meist negativ belegt und betont die beabsichtigte Erwartungslenkung von Abschlussadressaten und die Steuerbilanzpolitik. Dabei können die Maßnahmen der Rechnungslegungspolitik ebenso dazu genutzt werden, um ein möglichst realistisches Bild der Unternehmung wiederzugeben, d. h. den Adressaten bestmögliche Informationen zur Verfügung zu stellen und muss daher nicht zwangsläufig schädlich sein.[54] Diskretionäre Spielräume werden in der Rechnungslegung bewusst gewährt, um Rechnungslegern eine auf das jeweilige Unternehmen angepasst Darstellung der Vermögens-, Finanz- und Ertragslage zu ermöglichen.[55]

Der maßgebliche Anreiz für die Nutzung von Maßnahmen der Rechnungslegungspolitik ist jedoch die Einhaltung von Benchmarks und Gewinnprognosen. Neben dem beschriebenen Kapitalmarktanreiz hat das Management häufig aufgrund von erfolgs- und kapitalmarktbasierten Vergütungen einen direkten Anreiz Rechnungslegungspolitik zu betreiben.[56] Je stärker die Vergütung von Managern von dem ausgewiesenen Erfolg der Unternehmen abhängt, desto größer ist der Umfang rechnungslegungspolitischer Maßnahmen.[57] Dementsprechend stellen Management- und Vorstandsvergütungen, die nur in geringem Maße vom ausgewiesenen Ergebnis abhängen, eine denkbare Präventionsmaßnahme gegen eigennützige Einflussnahmen dar. Corporate Governance Maßnahmen, wie beispielsweise ein vom Management unabhängiges Audit Committee, können ebenfalls zur Einschränkung von Manipulationen beitragen. BURGSTAHLER und CHUK (2017) fassen verschiedene Erklärungsansätze für von Unternehmen ausgewiesene, unstetige Gewinne („Discontinuities in earnings distributions at benchmarks“[58]) zusammen und folgern, dass die Erkenntnisse konsistent mit der Annahme sind, dass Gewinne zur Einhaltung von Benchmarks verändert werden.[59] Dies unterliegt der Voraussetzung, dass der Nutzen größer ist als die Kosten der Maßnahmen. So gehen z. B. mit sachverhaltsgestaltenden Maßnahmen Kosten der Verlagerung von Investitionen und mit buchmäßiger Rechnungslegungspolitik Kosten der Rückstellungsermittlung und -rechtfertigung einher.[60]

---

[53] Vgl. COENENBERG, HALLER und SCHULTZE (2021), S. 1098 f.

[54] Vgl. WAGENHOFER und EWERT (2015), S. 265; EL DIRI (2018), S. 8.

[55] Vgl. WAGENHOFER und EWERT (2015), S. 266.

[56] Vgl. COENENBERG, HALLER und SCHULTZE (2021), S. 1099.

[57] Vgl. BERGSTRESSER und PHILIPPON (2006), S. 513, 528; COENENBERG, HALLER und SCHULTZE (2021), S. 1099; MONAHAN (2018), S. 127.

[58] BURGSTAHLER und CHUK (2017), S. 727.

[59] Vgl. BURGSTAHLER und CHUK (2017), S. 729, 747.

[60] Vgl. BURGSTAHLER und CHUK (2017), S. 727, 744.

Neben der Beeinflussung des ausgewiesenen Gewinns in beide Richtungen und der Einhaltung von Benchmarks ist die Glättung der Gewinne über die Zeit als Anreiz zu nennen. Die Glättung ausgewiesener Gewinne (eng. ‚earnings smoothing') führt zu einer geringeren Volatilität der Zeitreihe von Gewinnen, wodurch Externe die Insolvenzwahrscheinlichkeit möglicherweise geringer einschätzen. Die Gewinnglättung wurde erstmals von TRUEMAN und TITMAN (1988) nachgewiesen.[61]

Ist ein Unternehmen am Kapitalmarkt präsent, liegt eine Berücksichtigung dieses Außenauftritts durch das Management nahe. Aktienkurse basieren auf Erwartungen von Investoren, welche wiederum von Kennzahlen wie ausgewiesenen Gewinnen beeinflusst werden. Durch die Auswirkungen auf ausgewiesene Gewinne hat die Rechnungslegungspolitik somit einen Einfluss auf die Entwicklung von Aktienkursen.[62] DICHEV u. a. (2016) evaluieren die Anreize zur Gestaltung von Gewinnen anhand einer Umfrage unter insgesamt 375 Managern bzw. Chief Financial Officers (davon 169 von börsennotierten und 206 von nicht-börsennotierten Unternehmen). Dabei gaben über 90 % der Befragten an, dass Rechnungslegungspolitik generell betrieben wird, um den Aktienkurs zu beeinflussen sowie aufgrund von externem und internem Druck Benchmarks zu erreichen. Ebenfalls gaben ca. 90 % der Befragten an, dass die Vergütung von Managern eine Motivation für Gestaltungen sei.[63] Neuere Daten weisen ebenfalls auf eine Beeinflussung der ausgewiesenen Profitabilität hin. Von den Managern der Unternehmen deren tatsächlicher Umsatz in 2019 niedriger war als dessen Prognose, gaben 64 % an, dass Maßnahmen zur Beeinflussung der gezeigten Profitabilität ergriffen wurden.[64]

Dass besonders die Einflussnahme auf den Aktienkurs eine große Bedeutung für die Anwendung rechnungslegungspolitischer Maßnahmen hat, ist aufgrund der weiteren Implikationen nicht verwunderlich. So gehen mit den gestiegenen Erwartungen von Analysten respektive höheren Aktienkursen auch steigende Erwartungen für künftige Gewinne und Cashflows einher, womit tendenziell auch höhere Unternehmenswerte verbunden sind (direkt, bei Anwendung von Multiplikatorbewertungen oder indirekt, über erhöhte Prognosen der Zählergröße bei Barwertberechnungen). Insbesondere bei anstehenden Unternehmens(teil-)verkäufen oder Kapitalerhöhun-

[61] Vgl. dazu auch GUNNY (2010), S. 860; KOTHARI (2001), S. 144 f.; WAGENHOFER und EWERT (2015), S. 273 f.; EL DIRI (2018), S. 14 f.

[62] Anders als Daten der Bilanz und Gewinn- und Verlustrechnung werden Aktienkurse ausschließlich von ökonomischen Faktoren beeinflusst (vgl. KOCH (2005), S. 59).

[63] Vgl. DICHEV u. a. (2016), S. 29; DICHEV u. a. (2013), S. 26.

[64] Vgl. GRAHAM (2022), S. 85. Im Falle höherer tatsächlicher Umsätze im Vergleich zur Prognose gaben 43 % der Manager an, dass die Profitabilität beeinflusst wurde.

gen über den Kapitalmarkt besteht für die Anteilseigner in diesem Zusammenhang ein großer Anreiz für Einflussnahmen.

Ebenso kann ein möglichst niedriger Gewinn politisch motiviert sein, um einen bestimmten Eindruck an die Öffentlichkeit zu vermitteln.[65] In der Regel werden Gewinne niedriger ausgewiesen, um Gewinne zu glätten bzw. kontinuierlich steigende Gewinne ausweisen zu können. Sehr hohe Gewinne steigern auch die Erwartungen der Analysten und sind in der Folgeperiode schwer zu übertreffen. Hohe Gewinne mittels buchmäßiger Rechnungslegungspolitik niedriger auszuweisen schützt somit potenziell vor negativen Kapitalmarktreaktionen in der Folgeperiode.

Weiterhin können bestehende Kauf- oder Verkaufempfehlungen von Analysten Einfluss auf das rechnungslegungspolitische Verhalten der Unternehmen haben.[66] Unternehmen, für die überwiegend ein Verkauf empfohlen wird, nutzen häufiger stark gewinnreduzierende Maßnahmen (‚earnings baths'), um Reserven aufzubauen. Unternehmen mit überwiegend Kaufempfehlungen neigen hingegen häufiger zu rechnungslegungspolitischen Maßnahmen, welche auf den Ausweis von Gewinnen mindestens in Höhe der Analystenprognosen abzielen.[67]

Auch Agency-theoretische Überlegungen zur Rechnungslegungspolitik sind in der Literatur vorhanden. So lassen sich die Beziehungen zwischen einem Eigentümer (Prinzipal) und Managern (Agenten) sowie anderen Stakeholdern anhand der jeweiligen Nutzenfunktionen modellieren. Zentral ist bei Prinzipal-Agenten-Modellen meist die Entlohnungsstruktur der Agenten. Erhält das Management eines Unternehmens beispielsweise eine hohe variable Erfolgsvergütung, ist dies je nach Nutzenfunktion der Manager ein starker Anreiz für den Ausweis eines möglichst hohen Gewinns.[68] Die zuvor aufgezeigten Ergebnisse von BERGSTRESSER und PHILIPPON (2006), nach denen das Ausmaß der Einflussnahmen mit der Höhe der erfolgsabhängigen Vergütung zunimmt, stellen einen empirischen Beleg für eine derartige Eigenschaft einer Nutzenfunktion dar.[69] Prinzipal-Agenten-theoretische Modelle stellen die Thematik jedoch stark abstrahiert dar und sind grundsätzlich gut anwendbar, wenn es sich bei dem Prinzipal und dem Agenten um jeweils eine

---

[65] Vgl. EL DIRI (2018), S. 86.

[66] Vgl. ABARBANELL und LEHAVY (2003), S. 1, 6.

[67] Vgl. ABARBANELL und LEHAVY (2003), S. 27 f. Sie nutzen ebenfalls die anhand des Jones Modells errechneten, diskretionären Periodenabgrenzungen als Maß für die Rechnungslegungspolitik.

[68] Vgl. WAGENHOFER und EWERT (2015), S. 290; Laut BAETGE (2009), S. 23 sind die meisten Managementvergütungen ergebnisorientiert.

[69] Vgl. BERGSTRESSER und PHILIPPON (2006), S. 513, 528; COENENBERG, HALLER und SCHULTZE (2021), S. 1099.

Person handelt. In diesem Kontext handelt es sich jedoch um viele verschiedene Personen und Anspruchsgruppen, mit jeweils unterschiedlichen Anreizen und Nutzenfunktionen.

## 5.4 Aufdeckung von Gestaltungen und Manipulationen

Möglichkeiten zur Verbesserung der Qualität von Jahresabschlüssen, d. h. unter anderem zur Minimierung von Einflussnahmen und falschen Anreizstrukturen sind aufgrund der dargestellten Problematik besonders wichtig. Vorschläge dazu kommen unter anderem von LUNDHOLM (1999). Er schlägt vor, die Kosten fälschlicher, z. B. übertrieben optimistischer Schätzungen, zu internalisieren.[70] Dies könnte durch einen ex post Ausweis der ursprünglichen Schätzung und des tatsächlichen Ergebnisses erzielt werden. So müssten beispielsweise die ausgewiesenen Rückstellungen und die tatsächlich eingetretenen Werte im Nachhinein gegenübergestellt werden.[71] In Folge würde das Vertrauen von Investoren steigen, da aus Sicht des Unternehmens ein Anreiz besteht, möglichst realitätsgetreu auszuweisen.[72] Weitere Ansätze dazu schlagen zudem eine nachträgliche Korrektur der Jahresabschlüsse vor.[73]

Im Folgenden werden Ansätze thematisiert, welche eine prospektive Aufdeckung rechnungslegungspolitischer Maßnahmen ermöglichen. Betrachtet werden Modelle, welche die Ausnutzung von Ermessensspielräumen durch das Management quantifizieren. Abzugrenzen ist dies erneut von widerrechtlichen Manipulationen bzw. dem Bilanzbetrug, welcher anhand anderer Modelle aufgedeckt werden kann.[74]

### 5.4.1 Zur Erkennbarkeit der Anwendung rechnungslegungspolitischer Maßnahmen

Die Erkennbarkeit rechnungslegungspolitischer Maßnahmen ist die zwingende Voraussetzung, um sinnvolle Korrekturen vornehmen zu können. Aus Sicht der Unter-

[70] Vgl. LUNDHOLM (1999), S. 315.

[71] Vgl. LUNDHOLM (1999), S. 319.

[72] Vgl. LUNDHOLM (1999), S. 320; LEV, LI und SOUGIANNIS (2010), S. 805.

[73] Vgl. LEV und ZAROWIN (1999), S. 380–382.

[74] Zur Aufdeckung von Bilanzbetrug eignet sich beispielsweise das M-Score Modell. Vgl. BENEISH (1999), S. 26–28.

nehmen sind Maßnahmen jedoch besser geeignet, je weniger sie nachvollziehbar und korrigierbar sind. Ihnen ist damit im Sinne einer effektiven Rechnungslegungspolitik daran gelegen, möglichst wenig erkennbare Maßnahmen zu nutzen.[75] Für eine sinnvolle Finanzanalyse stehen jedoch nachhaltige Ergebnisgrößen im Vordergrund, da nur sie einen Anhaltspunkt für den künftigen Erfolg darstellen. Eine bessere Korrektur trägt damit zu besseren Prognosen der künftigen Unternehmenserfolge bei.[76]

Grundsätzlich können Maßnahmen anhand ihrer Erkennbarkeit kategorisiert werden.[77] Zuerst in solche, die gut nachvollziehbar und damit rückrechenbar sind. Weiterhin in Veränderungen, welche nur tendenziell erkennbar sind und Rückrechnungen damit maßgeblich schwieriger machen und letztlich in solche, die nicht erkannt werden können und Rückrechnungen ausgeschlossen sind.

Offene Wahlrechte, zu denen Anhangangaben verpflichtend vorgeschrieben sind, fallen in die erste Kategorie.[78] Verdeckte Wahlrechte wiederum sind schwieriger nachvollziehbar und damit den nur tendenziell erkennbaren Maßnahmen zuzuordnen.[79]

Sachverhaltsgestaltungen sind letztlich den nicht erkennbaren Maßnahmen zuzuordnen. Deren Auswirkungen sind nicht direkt in der Finanzberichterstattung enthalten.[80] Über nicht in der Bilanz enthaltene Geschäfte müssen Unternehmen jedoch berichten, sofern sie für „die Beurteilung der Finanzlage des Unternehmens"

[75] Vgl. WAGENHOFER und EWERT (2015), S. 276, 278; WOHLGEMUTH (2007), S. 73; KROG (1998), S. 107 f.

[76] Vgl. WOHLGEMUTH (2007), S. 83; BAETGE, KIRSCH und THIELE (2004), S. 336.

[77] Vgl. zu den folgenden Ausführungen WOHLGEMUTH (2007), S. 73; FUCHS (1997), S. 32 m. w. N.; Eine Literaturrecherche zur empirischen Messung von Rechnungslegungspolitik findet sich in SZCZESNY (2007).

[78] Ein Beispiel dafür sind selbst geschaffene, immaterielle Vermögensgegenstände des Anlagevermögens, für welche ein explizites Wahlrecht im HGB gilt. Vgl. COENENBERG, HALLER und SCHULTZE (2021), S. 1076. Gem. § 248 Absatz 2 HGB können sie aktiviert werden und § 285 Nr. 22 HGB fordert die Angabe der gesamten und auf die ausgewiesenen, immateriellen Vermögensgegenstände entfallenden Forschungs- und Entwicklungskosten. Sie könnten bei Bedarf bereinigt werden, um die Vergleichbarkeit verschiedener Unternehmen gewährleisten zu können.

[79] Vgl. WOHLGEMUTH (2007), S. 74.

[80] Vgl. KROG (1998), S. 108 m. w. N.

erforderlich sind.[81] Dazu gehören auch Forderungsverkäufe sowie ‚sale-and-lease-back' Transaktionen.[82] Auch bei Anwendung der IAS/IFRS sind Informationen im Anhang auszuweisen, welche für das Verständnis von dargelegten Werten relevant sind.[83] Wann Informationen für das Verständnis relevant sind, ist jedoch nicht, beispielsweise anhand eines Anteils am Gesamtwertausweis, definiert und liegt damit im Ermessen des Managements.

Parameterwahlen in den Barwertkalkülen, wie sie in der Rechnungslegung vielfach benötigt werden, sind meist nicht erkennbar und damit nur näherungsweise ausgleichbar. Sie sind dabei der zweiten Stufe, d. h. lediglich tendenziell erkennbaren Maßnahmen zuzuordnen. Externe Analysten sind dahingehend auf Indikatoren angewiesen, die sich beispielsweise aus der Höhe von Periodenabgrenzungsposten bzw. Relationen von Cashflows und Gewinnen ableiten lassen.

### 5.4.2 Quantitative Ansätze zur Aufdeckung von Rechnungslegungspolitik

Historisch hat die Verpflichtung für Unternehmen, Cashflows bzw. eine Kapitalflussrechnung auszuweisen, zu einer gestiegenen Transparenz geführt. So können etwaige Gestaltungen der Periodenabgrenzungen durch Vergleiche der Gewinne und Cashflows besser erkannt werden.[84] Stehen beide Größen zur Verfügung, kann die Summe der Periodenabgrenzungen als Differenz dieser ermittelt werden. Alternativ kann diese als Summe aller zahlungsunwirksamen Aufwendungen und Erträge definiert werden, welche aus dem Jahresabschluss allerdings nicht direkt ermittelt werden können. Somit stehen zur Ermittlung der Periodenabgrenzungen ähnlich wie bei der Ermittlung der Cashflows, eine direkte und eine indirekte Methode zu Verfügung.[85]

Eine Begutachtung bisheriger Studien zur quantitativen Identifikation des Ausmaßes von Rechnungslegungspolitik[86] zeigt, dass ein Großteil der Analysen die

[81] Dies gilt für mittelgroße und große Kapitalgesellschaften gem. § 285 Nr. 3 HGB bzw. für den Konzernanhang gem. § 314 Absatz 1 Nr. 2 HGB. Für Anwender der IAS/IFRS gilt diese Pflicht gem. § 315e Absatz 1 HGB nicht. Sie müssen die in den entsprechenden Standards geforderten Angaben machen, da der Anhang gem. IAS 1.10 verpflichtender Bestandteil des Abschlusses ist.

[82] Vgl. Philipps (2011), S. 130; Freidank und Velte (2013), S. 861.

[83] Vgl. IAS 1.112.

[84] Vgl. Givoly, Hayn und Lehavy (2009), S. 1880.

[85] Vgl. Wagenhofer und Ewert (2015), S. 280.

[86] Vgl. Szczesny (2007), S. 104.

diskretionären Periodenabgrenzungen fokussiert, welche als Differenz zwischen dem Gesamtbetrag an Periodenabgrenzungen und den als normal angesehenen Periodenabgrenzungen definiert werden.[87] Diese Herangehensweise ermöglicht es, den diskretionären Anteil der Periodenabgrenzungen nicht direkt schätzen zu müssen, sondern über die Schätzung der normalen Periodenabgrenzungen approximieren zu können. Als normal wird häufig z. B. der Durchschnitt der Abgrenzungen vergangener Jahre angenommen.[88] Das Jones-Modell[89] unterliegt ebenfalls strengen Annahmen und erfordert beispielsweise eine bilanzpolitikfreie Periode als Referenz, welche möglicherweise nicht vorhanden ist und überhaupt identifiziert werden muss.[90]

Ein in der Literatur verbreiteter Ansatz zur Aufdeckung von Rechnungslegungspolitik stammt von DECHOW und DICHEV (2002). Sie untersuchen die Qualität ausgewiesener Gewinne und Rückstellungen bzw. Periodenabgrenzungen und folgern, dass daraus auf das Ausmaß angewandter Praktiken der Rechnungslegungspolitik zu schließen ist. Ihr Ansatz zur Messung der Qualität der Periodenabgrenzungen (‚accruals') ist das Ausmaß, in welchem sich diese tatsächlich als Cashflows realisieren.[91] Daraus folgt, dass die Volatilität von Gewinnen und Periodenabgrenzungen eine gute Messgröße für deren Qualität ist.[92] Weiterhin bleibt festzuhalten, dass der Anteil der Periodenabgrenzungen am ausgewiesenen Gewinn Aufschluss über die Qualität des ausgewiesenen Gewinns gibt. Periodenabgrenzungen steigen mit der Unsicherheit der zugrundeliegenden Cashflows. Daher gilt: Je größer die Periodenabgrenzungen, desto niedriger ist die Qualität des ausgewiesenen Gewinns.[93]

Neben den aufgezeigten Modellen zur diskretionären Periodenabgrenzung sind sogenannte Häufigkeitsverteilungsmodelle zu nennen, deren Analysen nicht auf der Ebene einzelner Unternehmen ansetzen, sondern viele verschiedene Jahresabschlüsse[94] auf Gemeinsamkeiten analysieren. Insbesondere ist die Analyse von BURGSTAHLER und DICHEV (1997) hervorzuheben. Sie deckt auf, dass die ausgewiesenen Ergebnisse grundsätzlich einer Normalverteilung folgen, jedoch niedrige

---

[87] Vgl. auch WAGENHOFER und EWERT (2015), S. 280; EL DIRI (2018), S. 19–36.

[88] Vgl. WAGENHOFER und EWERT (2015), S. 281; DECHOW, SLOAN und SWEENEY (1995), S. 197 sowie Abschnitt 5.4.2.1.2 der vorliegenden Arbeit.

[89] Vgl. JONES (1991).

[90] Vgl. Abschnitt 5.4.2.1.

[91] Vgl. DECHOW und DICHEV (2002), S. 53.

[92] Vgl. DECHOW und DICHEV (2002), S. 54.

[93] Vgl. DECHOW und DICHEV (2002), S. 54; SLOAN (1996), S. 314.

[94] Im Fall von BURGSTAHLER und DICHEV (1997) sind es über 64000 Beobachtungen von normalisierten Gewinnen.

Verluste sehr selten und niedrige Gewinne sehr häufig auftreten. Daraus folgern sie, dass Rechnungslegungspolitik häufig betrieben wird, um geringe Verluste in ein leicht positives Ergebnis zu überführen bzw. generell um negative Ergebnisse zu vermeiden.[95] Gleiches gilt für das Verhindern von Ergebnisrückgängen. Wenngleich ihre Schlussfolgerungen schlüssig und intuitiv nachvollziehbar sind, bleiben alternative Ursachen für das Phänomen denkbar. Es wird eine ungewöhnlich starke Abweichung von der Normalverteilung in den Klassen des Histogramms um den Nullpunkt herum im Vergleich zu benachbarten Klassen festgestellt.[96] Dieser Bruch in der Verteilung könnte auch durch eine nicht repräsentative Datenbasis hervorgerufen werden. Unternehmen mit kleinen negativen Gewinnen verschwinden langfristig vom Markt. Weiterhin kann der geringe Anteil an leicht negativen Ergebnissen durch reale Eingriffe der Unternehmen verursacht werden. Zeichnet sich ein solches Ergebnis ab, könnten Anreize für Verkaufsförderungsmaßnahmen und eine Umkehr zu einem leicht positiven Ergebnis besonders groß sein. In diesem Fall handelt es sich um die Durchführung von sachverhaltsgestaltenden Maßnahmen im Gegensatz zu sachverhaltsabbildenden bzw. buchmäßigen Einflussnahmen. Darüber hinaus könnten Unternehmen mit leicht negativen Ergebnissen vermehrt gewinnmindernde Rechnungslegungspolitik betreiben, um in Folgeperioden positivere Ergebnisse auszuweisen und so zu dem geringen Anteil an leicht negativen Gewinnausweisen beitragen.

Die im weiteren Verlauf der Arbeit betrachteten Prognosemodelle für Cashflows sind potenziell dazu geeignet, Rechnungslegungspolitik aufzudecken. Mithilfe der Differenzen zwischen prognostizierten Cashflows und Gewinnen kann ein Modell für die Periodenabgrenzungen, d. h. letztendlich die zahlungsunwirksamen Aufwendungen und Erträge ermittelt werden.[97] Diese wiederum unterliegen diskretionären Spielräumen und können somit zur Aufdeckung von Rechnungslegungspolitik beitragen.[98] Die Evaluation zeigt jedoch, dass derartige Modelle nicht besser zur Aufdeckung geeignet sind, als andere in der Literatur verwendeten Modelle.[99] Grundsätzlich ist zu beachten, dass existierende Modelle zur Aufdeckung von

---

[95] Vgl. BURGSTAHLER und DICHEV (1997), S. 109, 124. Wie dort angegeben sollen 30–44 % der Unternehmen Maßnahmen der Rechnungslegungspolitik nutzen, um statt leicht negativer Ergebnisse geringe Gewinne auszuweisen.

[96] Vgl. BURGSTAHLER und DICHEV (1997), S. 101, 105 f.

[97] Vgl. DECHOW und DICHEV (2002), S. 39. Auch dort wird der Gewinn grundsätzlich in die zwei Komponenten Cashflows und Periodenabgrenzungen aufgeteilt.

[98] Vgl. GIVOLY, HAYN und LEHAVY (2009), S. 1878.

[99] Vgl. GIVOLY, HAYN und LEHAVY (2009), S. 1879.

Rechnungslegungspolitik verschiedenen Begrenzungen und strengen Annahmen hinsichtlich der als normal anzunehmenden Höhe der Periodenabgrenzungen unterliegen.[100]

#### 5.4.2.1 Aufdeckung von buchmäßigen Einflussnahmen

In der Literatur haben sich Modelle durchgesetzt, welche die Periodenabgrenzungen kumuliert berücksichtigen, um auf diese Weise die Summe der diskretionären Abgrenzungen ausfindig zu machen.[101] Die im Folgenden beispielhaft vorgestellten Modelle wurden vielfach verwendet und sind als gängig anzusehen. Letztlich kann im Hinblick auf die Ermittlung diskretionärer Periodenabgrenzungen kein optimales Modell identifiziert werden, da die Höhe diskretionärer Periodenabgrenzungen nicht empirisch beobachtbar ist.[102] In dieser Arbeit wird jedoch die Bedeutung der Modelle für die Prognoseeignung ausgewiesener Werte untersucht. Für die weitere empirische Analyse dieser Arbeit wird das Jones Modell verwendet, welches das wohl bekannteste und am weitesten verbreitete Modell zur Bestimmung diskretionärer Periodenabgrenzungen ist. Die Ergebnisse von GUAY, KOTHARI und WATTS (1996) stützen die Wahl des Jones Modells. Sie schreiben allein dem Jones Modell die Fähigkeit zu, diskretionäre Periodenabgrenzungen aufdecken zu können und finden für das Healy, DeAngelo und Branchenmodell keine empirische Evidenz für eine korrekte Aufdeckung diskretionärer Periodenabgrenzungen.[103]

##### 5.4.2.1.1 Das Jones Modell

Das Modell geht auf JONES (1991) zurück und ist besonders durch die Nutzung und Abwandlung von DECHOW, SLOAN und SWEENEY (1995) bekannt geworden.[104] Wie bereits dargelegt basiert das Modell auf der Annahme der Kenntnis einer von der Rechnungslegungspolitik unbeeinflussten bzw. bilanzpolitikfreien Periode und definiert die Höhe der gestalteten Periodenabgrenzung (Accruals) als Differenz zwischen dem Anstieg diskretionärer und nicht-diskretionärer Periodenabgrenzungen wie folgt. Dabei stellt das Vorjahr die angenommene, bilanzpolitikfreie Periode dar:[105]

---

[100] Vgl. GIVOLY, HAYN und LEHAVY (2009), S. 1885.

[101] Vgl. EL DIRI (2018), S. 19.

[102] Vgl. DEANGELO (1988), S. 37.

[103] Vgl. GUAY, KOTHARI und WATTS (1996), S. 104. Im Vergleich mit einem Modell, welches die Periodenabgrenzungen zufällig aufteilt, finden sie keinen Erkenntniszuwachs bei Nutzung des Healy, DeAngelo und Branchenmodells.

[104] Vgl. EL DIRI (2018), S. 22–25.

[105] Vgl. JONES (1991), S. 207 m. w. N.

$$\Delta TA_t = \Delta DA_t - \Delta NA_t = (DA_t - DA_{t-1}) - (NA_t - NA_{t-1}) \tag{5.1}$$

wobei $TA$ = Gesamte Periodenabgrenzungen (Total Accruals), $DA$ = Diskretionäre Periodenabgrenzungen (Discretionary Accruals) und $NA$ = Nichtdiskretionäre Periodenabgrenzungen (Non-discretionary Accruals). Das Modell lautet auf dieser Basis:[106]

$$\frac{TA_{i,t}}{GV_{i,t-1}} = \frac{\beta_1}{GV_{i,t-1}} + \beta_2 \frac{\Delta U_{i,t}}{GV_{i,t-1}} + \beta_3 \frac{SAV_{i,t}}{GV_{i,t-1}} + \epsilon_{i,t}, \tag{5.2}$$

wobei $GV$ = Gesamtvermögen, $U$ = Umsatzerlöse und $SAV$ = Sachanlagevermögen (Property, Plant & Equipment). Wie bisher gilt $\Delta U_{i,t} = U_{i,t} - U_{i,t-1}$. Die daraus resultierenden Schätzer $\widehat{\beta_1}$, $\widehat{\beta_2}$ und $\widehat{\beta_3}$ werden folgend zur Berechnung der normalen, nicht-diskretionären Periodenabgrenzungen genutzt.[107]

$$NA_{i,t} = \frac{\widehat{\beta_1}}{GV_{i,t-1}} + \widehat{\beta_2} \frac{\Delta U_{i,t} - \Delta REC_{i,t}}{GV_{i,t-1}} + \widehat{\beta_3} \frac{SAV_{i,t}}{GV_{i,t-1}}, \tag{5.3}$$

wobei $REC$ = Forderungen aus Lieferungen und Leistung (Accounts Receivable). Daraus folgt letztlich, dass sich der Anteil diskretionärer Periodenabgrenzungen aus

$$DA_{i,t} = \frac{TA_{i,t}}{GV_{i,t-1}} - NA_{i,t} \tag{5.4}$$

ergibt.[108]

Zu dem Modell ist allgemein zu beachten, dass es unter einer Verzerrung durch ausgelassene, erklärende Variablen (dem ‚omitted variable bias') leidet und diese Einschränkung die Erklärungskraft des Modells mindert.[109] Das Modell ist dennoch zweckdienlich und geeignet, um die diskretionären Periodenabgrenzungen

---

[106] Es wird das modifizierte Modell beschrieben, welches von DECHOW, SLOAN und SWEENEY (1995) entwickelt wurde und auch von COHEN, DEY und LYS (2008) verwendet wird. Es bereinigt die Veränderung des Umsatzes um die Veränderung des Forderungsbestandes in der Berechnung der normalen Höhe der Accruals. Vgl. DECHOW, SLOAN und SWEENEY (1995), S. 198 f.; COHEN, DEY und LYS (2008), S. 763; EL DIRI (2018), S. 25. Vgl. JONES (1991), S. 210–212 für das ursprüngliche Modell.

[107] Vgl. DECHOW, SLOAN und SWEENEY (1995), S. 198 f.; COHEN, DEY und LYS (2008), S. 764.

[108] Vgl. COHEN, DEY und LYS (2008), S. 764; EL DIRI (2018), S. 22, 25.

[109] Vgl. EL DIRI (2018), S. 23. Dies gilt für das ursprüngliche und das modifizierte Modell.

zu approximieren.[110] Als größte Einschränkung bleibt die Annahme einer bilanzpolitikfreien Periode, welche gewiss nicht eindeutig bestimmt werden kann und möglicherweise überhaupt nicht gegeben ist. Zudem stellen WAGENHOFER und EWERT (2015) die Nutzung von Periodenabgrenzungen als Messgröße für rechnungslegungspolitische Einflussnahmen grundsätzlich in Frage, da diskretionäre Periodenabgrenzungen als negativ eingestuft werden, jedoch im Hinblick auf die Informationsfunktion von Abschlüssen zu einem positiven Informationszuwachs führen.[111]

#### 5.4.2.1.2 Die Modelle von Healy und DeAngelo

Ebenso wie das zuvor beschriebene Jones Modell definiert HEALY (1985) die diskretionären Periodenabgrenzungen als Differenz zwischen der Summe aller Periodenabgrenzungen und einem als normal angesehenen Bestand dieser. Gleiches gilt für das Modell von DEANGELO (1986), (1988).[112] Die Modelle unterscheiden sich vom Jones Modell lediglich in der Definition der als normal angesehenen Periodenabgrenzungen. Gemäß der Definition von HEALY (1985) stellen die nicht-diskretionären Periodenabgrenzungen einen Durchschnitt der vergangenen $n$ Perioden wie folgt dar:[113]

$$NA_t = \frac{1}{n} \sum_{i=t-n}^{t} \frac{TA_i}{GV_{i-1}}. \tag{5.5}$$

Im Modell von DEANGELO (1986), (1988) errechnen sich die nicht-diskretionären Periodenabgrenzungen durch[114]

$$NA_t = \frac{TA_{t-1}}{GV_{t-1}}. \tag{5.6}$$

---

110 Vgl. COHEN, DEY und LYS (2008), S. 763; DAS, KIM und PATRO (2011), nutzen das Modell wie viele andere Autoren zur Messung des Ausmaßes diskretionärer Periodenabgrenzungen. Vgl. S. 1941.

111 Vgl. WAGENHOFER und EWERT (2015), S. 282 f. Auf tatsächlichen Ereignissen beruhende, hohe Periodenabgrenzungen werden als diskretionär identifiziert und fälschlich negativ beurteilt.

112 Vgl. DEANGELO (1986), S. 408; DEANGELO (1988), S. 36 f.

113 Vgl. HEALY (1985), S. 96 f.; EL DIRI (2018), S. 20; DECHOW, SLOAN und SWEENEY (1995), S. 197.

114 Vgl. DEANGELO (1986), S. 409; DEANGELO (1988), S. 33; DECHOW, SLOAN und SWEENEY (1995), S. 198.

In beiden Fällen ergibt sich die Summe der Periodenabgrenzungen ($TA_t$) als Differenz zwischen den operativen Cashflows und den ausgewiesenen Gewinnen.[115] Offensichtlich ähneln sich die dargestellten Modelle stark und unterscheiden sich in der Anzahl der zurückliegenden Perioden zur Ermittlung der nicht-diskretionären Abgrenzungen. Im Vergleich zum Jones Modell stellen beide hier vorgestellten Modelle Vereinfachungen dar, welche mit weniger Variablen auskommen. Die grundsätzliche Abhängigkeit von Vorperioden bleibt bestehen und könnte die Ergebnisse verzerren. Zu dem Modell von HEALY (1985) ist zudem zu beachten, dass sich die Ausprägungen der Vorperioden, aufgrund von unterschiedlichen Vorzeichen und Wirkungsrichtungen, ausgleichen können. Eine Berechnung von $NA_t = 0$ ist somit denkbar, sodass in diesem Fall alle Periodenabgrenzungen $TA_t$ (möglicherweise fälschlich) als diskretionär angenommen würden.[116] Welches der Modelle die Realität besser widerspiegelt, hängt letztlich von den Zeitreiheneigenschaften der nicht-diskretionären Periodenabgrenzungen ab. Stellen sie einen erwartungstreuen Prozess dar, ist das Healy Modell angemessen, stellen sie einen Random Walk dar, ist das DeAngelo Modell besser geeignet.[117]

#### 5.4.2.1.3 Das Branchenmodell

Einen von den bisher betrachteten Modellen unterschiedlichen Ansatz zur Bestimmung der nicht-diskretionären Periodenabgrenzungen ($NA$) liefern DECHOW und SLOAN (1991). Sie nutzen die Homogenität einzelner Branchen sowie den Median der Gesamtabgrenzungen ($TA_t$) zur Bestimmung der $NA_t$, sodass sich das Ausmaß der buchmäßigen Gestaltungen aus den Periodenabgrenzungen eines Unternehmens und denen der jeweiligen Branche ergeben. Die zugehörige Gleichung lautet

$$NA_t = \gamma_1 + \gamma_2 median_t(\frac{TA_t}{GV_t}) \tag{5.7}$$

wobei die Koeffizienten $\gamma_t$ und $\gamma_2$ zuvor mittels OLS-Regression bestimmt werden.[118] Das Modell nutzt allein die Informationen der Branche, sodass firmenspezifische Faktoren unberücksichtigt bleiben und die Ergebnisse möglicherweise verzerren. Weiterhin können Korrelationen zwischen den Unternehmen zu Verzerrungen

[115] Vgl. HEALY (1985), S. 89; DEANGELO (1986), S. 408.

[116] Vgl. EL DIRI (2018), S. 20; DECHOW, SLOAN und SWEENEY (1995), S. 198.

[117] Vgl. DECHOW, SLOAN und SWEENEY (1995), S. 198.

[118] Vgl. DECHOW, SLOAN und SWEENEY (1995), S. 199 f.; EL DIRI (2018), S. 21.

führen.[119] Die diskretionären Periodenabgrenzungen werden daraufhin erneut, wie im Jones Modell, d. h. entsprechend Formel 5.4 berechnet.

#### 5.4.2.1.4 Das Cashflow Modell

Das folgende Modell basiert auf den zuvor beschriebenen Ausführungen von DECHOW und DICHEV (2002) und nutzt anders als die bisherigen Modelle die operativen Cashflows und Änderungen des Betriebskapitals (‚working capital'), um auf das Ausmaß diskretionärer Periodenabgrenzungen zu schließen. Mithilfe vergangener und bereits realisierter sowie zukünftiger Cashflows soll das Ausmaß diskretionärer Periodenabgrenzungen aufgedeckt werden. Im folgenden Modell stellt das Residuum die Kenngröße für $DA_t$ dar. Der Teil der Veränderung des Betriebskapitals, welcher nicht durch die Cashflows bestimmt werden kann, wird als diskretionär angenommen und damit auf Rechnungslegungspolitik zurückgeführt:[120]

$$\Delta WC_t = \beta_0 + \beta_1 CFO_{t-1} + \beta_2 CFO_t + \beta_3 CFO_{t+1} + \epsilon_t. \tag{5.8}$$

In dem Modell wird nicht zwischen verschiedenen Branchen unterschieden, sodass dadurch Verzerrungen auftreten können.[121]

### 5.4.2.2 Aufdeckung von Sachverhaltsgestaltungen

An dieser Stelle wird das Modell von ROYCHOWDHURY (2006) zur Modellierung von realen Einflussnahmen auf Bilanzausweise vorgestellt. Es basiert auf dem Modell von DECHOW, KOTHARI und WATTS (1998) zur Relation von Cashflows, Gewinnen und Periodenabgrenzungen.[122] Das Modell verwendet drei Kenngrößen, welche reale Einflussnahmen widerspiegeln sollen und sich in den folgenden Gleichungen ausdrücken.[123] Insbesondere sind dies durch Marketingmaßnahmen herbeigeführte Steigerungen des Umsatzes und damit des operativen Cashflows.[124] Weiterhin kann eine erhöhte Produktion eine reale Einflussnahme darstellen, welche durch Deckungsbeiträge und entsprechende Fixkostendegression zu höheren Gewinnmargen führt.[125] Aus diesem Grund werden die Vorräte bzw. die Bestands-

---

[119] Vgl. DECHOW, SLOAN und SWEENEY (1995), S. 200.

[120] Vgl. EL DIRI (2018), S. 27; DECHOW und DICHEV (2002), S. 40.

[121] Vgl. DECHOW und DICHEV (2002), S. 41.

[122] Vgl. ROYCHOWDHURY (2006), S. 344, 367; DECHOW, KOTHARI und WATTS (1998), S. 135–142.

[123] Vgl. ROYCHOWDHURY (2006), S. 339.

[124] Vgl. ROYCHOWDHURY (2006), S. 340; WAGENHOFER und EWERT (2015), S. 284.

[125] Vgl. WAGENHOFER und EWERT (2015), S. 284.

veränderungen in dem Modell berücksichtigt.[126] Die dritte Kenngröße stellen Einsparungen von Ausgaben dar, welche nicht unbedingt vorgenommen werden müssen. So könnten insbesondere Ausgaben für Marketing sowie Forschung und Entwicklung eingestellt oder verzögert werden, um die entsprechenden Cash-outflows zu reduzieren.[127] Dies wurde bereits als potenzieller Nachteil von starken Regulierungen hinsichtlich buchmäßiger Einflussnahmen bzw. dem Sarbanes-Oxley Act[128] aufgeführt, da diese wiederum zu einer Ausweitung von realen Einflussnahmen (wie sie das Roychowdhury Modell betrachtet) führen könnten.

Ähnlich wie das Jones Modell, welches bereits dargestellt wurde, wird in diesem Modell ebenfalls eine als normal angenommene Höhe (beispielsweise von Cashflowgrößen) errechnet, sodass sich die Höhe der diskretionären bzw. die abnormalen Cashflows aus der Differenz der aktuellen Cashflows zu den als normal bestimmten Cashflows bestimmt. Abnormale Cashflows sind solche, die aus realen Einflussnahmen bzw. Sachverhaltsgestaltungen resultieren.[129] Die Höhe der normalen Cashflows aus operativer Tätigkeit errechnen sich mithilfe der Koeffizienten, welche anhand folgender Gleichung berechnet werden:[130]

$$\frac{CFO_{i,t}}{GV_{i,t-1}} = \beta_0 + \frac{\beta_1}{GV_{i,t-1}} + \beta_2 \frac{VE_{i,t}}{GV_{i,t-1}} + \beta_3 \frac{\Delta VE_{i,t}}{GV_{i,t-1}} + \epsilon_{i,t}, \tag{5.9}$$

wobei $CFO$ = Cashflow aus operativer Tätigkeit sowie $VE$ = Verkaufserlöse (‚sales'). Mithilfe der damit bestimmten Schätzer $\widehat{\beta_0}$, $\widehat{\beta_1}$, $\widehat{\beta_2}$ und $\widehat{\beta_3}$ wird die unternehmensspezifische Höhe der normalen Cashflows aus operativer Tätigkeit bestimmt:

$$CFO_{i,t}^{normal} = \widehat{\beta_0} + \frac{\widehat{\beta_1}}{GV_{i,t-1}} + \widehat{\beta_2} \frac{VE_{i,t}}{GV_{i,t-1}} + \widehat{\beta_3} \frac{\Delta VE_{i,t}}{GV_{i,t-1}}. \tag{5.10}$$

Anschließend ergibt sich die Messgröße für abnormale Cashflows aus operativer Tätigkeit durch:

$$CFO_{i,t}^{abnormal} = \frac{CFO_{i,t}^{real}}{GV_{i,t-1}} - CFO_{i,t}^{normal}, \tag{5.11}$$

[126] Dies geschieht über die Koeffizienten $\beta_3$ und $\beta_4$ in Formel 5.13.

[127] Vgl. ROYCHOWDHURY (2006), S. 340; WAGENHOFER und EWERT (2015), S. 284.

[128] Vgl. *Sarbanes-Oxley Act* (2002).

[129] Vgl. EL DIRI (2018), S. 32 f.; COHEN, DEY und LYS (2008), S. 766; ROYCHOWDHURY (2006), S. 344.

[130] Vgl. COHEN, DEY und LYS (2008), S. 765; WAGENHOFER und EWERT (2015), S. 284.

wobei $CFO_{i,t}^{real}$ = Realisierter CFO des Unternehmens $i$ in Periode $t$.

In der gleichen Vorgehensweise umfasst das Modell weiterhin eine Betrachtung von diskretionären Ausgaben in den Bereichen Marketing, Forschung und Entwicklung sowie Verwaltungs- und Vertriebskosten durch:[131]

$$\frac{Disk.A_{i,t}}{GV_{i,t-1}} = \beta_0 + \frac{\beta_1}{GV_{i,t-1}} + \beta_2 \frac{VE_{i,t-1}}{GV_{i,t-1}} + \epsilon_{i,t}, \tag{5.12}$$

wobei $Disk.A$ = Diskretionäre Ausgaben bzw. Summe der Ausgaben in den zuvor genannten Bereichen. Weiterhin werden die normalen Produktionskosten $PK$ (bestehend aus Umsatzkosten und Bestandsveränderungen) betrachtet:[132]

$$\frac{PK_{i,t}}{GV_{i,t-1}} = \beta_0 + \frac{\beta_1}{GV_{i,t-1}} + \beta_2 \frac{VE_{i,t}}{GV_{i,t-1}} + \beta_3 \frac{\Delta VE_{i,t}}{GV_{i,t-1}} + \beta_4 \frac{\Delta VE_{i,t-1}}{GV_{i,t-1}} + \epsilon_{i,t}, \tag{5.13}$$

wobei $\beta_2$ den Koeffizienten für die Umsatzkosten und $\beta_3, \beta_4$ die Koeffizienten für die Bestandsveränderungen darstellen. Anhand der Koeffizientenschätzungen können entsprechend auch für diese beiden Fälle die als normal angenommenen Höhen und im Weiteren die abnormalen Veränderungen der diskretionären Ausgaben $Disk.A$ und Produktionskosten $PK$ ermittelt werden.

Ähnlich wie das Jones Modell könnte das Modell von ROYCHOWDHURY (2006) durch ausgelassene exogene Variablen verzerrt sein (‚omitted variable bias'). Ebenso liegt auch diesem Modell der Vergleich zur Vorperiode und die Annahme der Freiheit von Gestaltungen dieser Periode zugrunde, welche wie zuvor bereits diskutiert, sehr strikt ist und potenziell zu verzerrten Ergebnissen führen könnte.[133] WAGENHOFER und EWERT (2015) kritisieren die als normal angenommene Periode ebenfalls, beschreiben das Modell als grob und weisen darauf hin, dass die als rechnungslegungspolitische Einflussnahme identifizierte Größe, d. h. beispielsweise der abnormale Cashflow aus operativer Tätigkeit, nicht zwangsläufig aus bewusster Einflussnahme resultiert. Er kann reguläre Ursachen haben kann, welche nicht als solche erkannt werden.[134] Entsprechend würden falsche Schlussfolgerungen gezogen und ein Unternehmen damit gegebenenfalls fälschlich als manipulativ identifiziert.

---

[131] Vgl. EL DIRI (2018), S. 33; COHEN, DEY und LYS (2008), S. 766; ROYCHOWDHURY (2006), S. 345.

[132] Vgl. ROYCHOWDHURY (2006), S. 345; COHEN, DEY und LYS (2008), S. 765 f.; EL DIRI (2018), S. 33; WAGENHOFER und EWERT (2015), S. 284.

[133] Vgl. EL DIRI (2018), S. 34.

[134] Vgl. WAGENHOFER und EWERT (2015), S. 285.

Sowohl für das verwendete Jones Modell als auch für das Modell von Roychowdhury gilt jedoch, dass sie Anhaltspunkte für das Vorliegen von Einflussnahmen und Gestaltungen liefern. Somit können sie genutzt werden, um den Einfluss von rechnungslegungspolitischen Praktiken auf die Prognosefähigkeit von Abschlussdaten zu untersuchen. Dies wird im Rahmen der folgenden empirischen Analyse vertieft.

### 5.4.3 Qualitative Ansätze zur Aufdeckung von Rechnungslegungspolitik

Typischerweise basieren qualitative Herangehensweisen zur Aufdeckung von Rechnungslegungspolitik auf Warnsignalen, nach denen in Jahresabschlüssen gesucht werden kann.[135] Folgende Indikatoren sind beispielhaft zu nennen:[136]

- Höhe der Abweichungen gegenüber der Vorperiode
- Höhe der nicht zahlungswirksamen Erträge und Aufwendungen
- Wechsel von Bilanzierungs- und Bewertungsmethoden
- Höhe des ausgewiesenen Gewinns (nur leicht positive Gewinne deuten auf Maßnahmen der Rechnungslegungspolitik hin, um keinen Verlust ausweisen zu müssen)[137]
- Große Abweichungen zwischen Handels- und Steuerbilanz.[138]

DICHEV u. a. (2013) befragten Manager bzw. Chief Financial Officers nach Warnsignalen, welche auf Rechnungslegungspolitik hindeuten und zeigen die zwanzig am häufigsten genannten Merkmale auf. Am häufigsten wird dabei die Korrelation von Gewinnen und Cashflows aus laufender Geschäftstätigkeit genannt. Korrelieren sie nicht stark oder laufen entgegengesetzt, deutet dies auf beeinflusste Gewinne hin. Weiterhin werden insbesondere Abweichungen zur Branche in Bezug auf ver-

[135] Häufiger als zur Identifizierung von Rechnungslegungspolitik werden Warnsignale zur Aufdeckung von Bilanzbetrug (‚fraud') verwendet. Nichtsdestotrotz lassen sich viele der Erkenntnisse auf weniger schwerwiegende Manipulationen übertragen, welche unter die Rechnungslegungspolitik fallen. Vgl. beispielsweise SCHIEL (2012), S. 73–80 sowie S. 101–103 für einen Überblick über Studien zu Warnsignalen bzw. ‚red flags'.

[136] Vgl. WAGENHOFER und EWERT (2015), S. 276 f.

[137] Darauf weisen empirische Studien hin. Vgl. BURGSTAHLER und DICHEV (1997); WAGENHOFER und EWERT (2015), S. 285.

[138] Diese sind extern nicht bekannt. Über eine Schätzung des Steuerbilanzgewinnes kann das Ausmaß der rechnungslegungspolitischen Gestaltung geschätzt werden. Vgl. auch WAGENHOFER und EWERT (2015), S. 8, 265.

schiedene Kennzahlen, fortlaufendes Übertreffen von Gewinnprognosen und hohe Einmaleffekte als Indikatoren genannt.[139] Auch weitere, unternehmensspezifische Warnsignale, welche von Managern und Abschlussprüfern eines Unternehmens aufgedeckt werden, sind denkbar. Dabei ist zu berücksichtigen, dass Managern und Wirtschaftsprüfern weitaus mehr Informationen zur Verfügung stehen als externen Abschlussadressaten. In dieser Arbeit steht die Sichtweise externer Adressaten bzw. die Auswertung von Abschlussinformationen im Vordergrund.

Ein weiterer, qualitativer Ansatz zur Aufdeckung von Rechnungslegungspolitik ist die Erstellung und Analyse von Profilen eines Unternehmens bezüglich der potenziell nutzbaren Wahlrechte und Ermessensspielräume. Aufgrund der Vielzahl von Ermessensspielräumen und häufig nicht vorliegenden Daten sind dieser Analyse jedoch Grenzen gesetzt und es können lediglich grobe Aussagen über die Anwendung rechnungslegungspolitischer Maßnahmen getroffen werden.[140]

Für die Erstellung eines rechnungslegungspolitischen Unternehmensprofils schlagen KÜTING und WEBER (2015) das folgende Vorgehen vor:[141]

1. Durchsuchung des Anhangs nach gewinnerhöhenden oder -vermindernden Maßnahmen. Die Tatsache, dass sich im Anhang typischerweise keine quantitativen, sondern nur verbale Aussagen finden, erschwert die Analyse.
2. Auswertung der Bilanzierungs- und Bewertungsmethoden im Hinblick auf Methodenwechsel und deren Auswirkungen auf die Wertansätze. Die Informationen dazu finden sich meinst ebenfalls im Anhang.
3. Abschließend erfolgt eine Ursachenanalyse der zuvor aufgedeckten Maßnahmen. Insbesondere im Hinblick auf mögliche Anreize wie eine Gewinnglättung, ein Ausweis eines positiven Ergebnisses oder eines möglichst niedrigen Ergebnisses.

Es wird deutlich, dass eine qualitative Aufdeckung von Maßnahmen der Rechnungslegungspolitik in großem Umfang durch eine Analyse des Anhangs (und ggf. des Lageberichts) stattfindet. Deshalb müssen in diesem Zusammenhang neue Verfahren der automatisierten Textanalyse beispielsweise mittels neuronaler Netze erwähnt werden. Diese könnten zu einer Aufdeckung von Rechnungslegungspolitik beitragen und Vergleiche von Geschäftsberichten (beispielsweise in Bezug auf verwendete Formulierungen) vereinfachen.[142] Häufig werden Geschäftsberichte anhand

---

[139] Vgl. DICHEV u. a. (2013), S. 28.

[140] Vgl. WAGENHOFER und EWERT (2015), S. 279; KÜTING und WEBER (2015), S. 418–420.

[141] Vgl. im Folgenden KÜTING und WEBER (2015), S. 418 f.

[142] Vgl. SELLHORN (2020), S. 54; LANG und STICE-LAWRENCE (2015), S. 131.

der Anzahl darin auftauchender positiv oder negativ belegter Begriffe evaluiert, um die Stimmung des Managements aufzudecken. Dabei werden die Wörter einzeln bzw. ein ‚bag-of-words' mit Listen positiver und negativer Begriffe verglichen.[143] Teilweise wird auch nach charakteristischen Satzteilen gesucht.[144] Die Ergebnisse derartiger Auswertungen dienen ebenfalls als Prädiktor für zukünftige Gewinne und Cashflows.[145] Sie können Prognosen entsprechend verbessern und ermöglichen, analog zu dieser Arbeit, eine effiziente und simultane Analyse einer Vielzahl von Jahresabschlüssen.

Der zuvor erwähnte Bilanzskandal der Wirecard AG zeigt anschaulich, wie schwierig es ist, Unregelmäßigkeiten in Jahresabschlüssen anhand einfacher Warnsignale zu erkennen. Letztendlich handelte es sich in dem Fall nicht um Praktiken der Rechnungslegungspolitik, sondern um Betrug. Dennoch können aus dem Vorfall weitere Warnsignale abgeleitet werden. So deuteten verschiedene Recherchen von Journalisten zu den Bilanzierungs- und Geschäftspraktiken des Unternehmens bereits früh auf Unregelmäßigkeiten hin.

Die Erkenntnisse dieses Kapitels sind im weiteren Verlauf der Arbeit dahingehend zu berücksichtigen, dass aufgedeckte Ermessensspielräume zur gezielten Gestaltung von Kennzahlen anstelle einer möglichst zutreffenden Informationsvermittlung genutzt werden können. So beispielsweise im Rahmen vieler in Kapitel 2 thematisierter Wertermittlungen. Diese Einflussnahmen sollen im Folgenden quantifiziert und deren Bedeutung für die Prognoseerstellung ermittelt werden.

## 5.5 Empirische Analyse

### 5.5.1 Indikatoren für das Vorliegen von Einflussnahmen

Wie vorangegangen erläutert, ist es häufig nicht einfach und eindeutig, ob eine absichtliche und bewusste oder eine zufällige unbewusste Einflussnahme vorliegt.[146] Die Höhe der Periodenabgrenzungen bzw. deren Anteil am Gewinn könnte jedoch ein Indikator für die Qualität und Prognoseeignung von Abschlussdaten sein, auch wenn damit nur der Bereich der buchmäßigen Einflussnahmen, nicht aber der realen Einflussnahmen bzw. der sachverhaltsgestaltenden Maßnahmen betrachtet

---

[143] Vgl. LOUGHRAN und MCDONALD (2016), S. 1198–1209; HUANG, TEOH und ZHANG (2014), S. 1085.

[144] Vgl. LANG und STICE-LAWRENCE (2015), S. 113.

[145] Vgl. HUANG, TEOH und ZHANG (2014), S. 1095 f., 1111.

[146] Vgl. LO (2008), S. 351 f.

wird.[147] Es können somit hauptsächlich Auswirkungen der Höhe aller Periodenabgrenzungen sowie des diskretionären Anteils daran und damit auch der buchmäßigen Rechnungslegungspolitik auf die Prognoseeignung analysiert werden. Ob beispielsweise Investitionen herausgezögert und in das folgende Geschäftsjahr verschoben wurden, ist nur schwer aufzudecken.[148] Typischerweise werden die buchmäßigen Einflussnahmen auf die Periodenabgrenzungen als Analysegegenstand genutzt und als Maßstab für das Ausmaß rechnungslegungspolitischer Maßnahmen herangezogen.[149] Unter die sachverhaltsgestaltenden Maßnahmen fällt auch das Veräußern von Vermögen, um kurzfristig Zahlungsmittel zu generieren. Dies kann jedoch am Cashflow aus operativer Tätigkeit und dem Cashflow aus Investitionstätigkeit sowie der Entwicklung des Anlagevermögens erkannt werden. Derartige Maßnahmen würden sich im betrachteten Modell für ein Unternehmen in einer geringeren Erklärungskraft des Cashflows aus operativer Tätigkeit für den Gewinn ausdrücken.

Die durchschnittliche Höhe der Periodenabgrenzungen in den Stichproben deutscher und US-amerikanischer Unternehmen wurde bereits in Abschnitt 4.4 thematisiert.[150] Im Folgenden werden die mithilfe des Jones Modells berechneten Höhen diskretionärer Periodenabgrenzungen als Ausmaß buchmäßiger, rechnungslegungspolitischer Einflussnahmen, berücksichtigt bzw. die Auswirkungen auf die Prognosefehler analysiert. Abbildung 5.1 zeigt die Entwicklung diskretionärer Periodenabgrenzungen und weist Gemeinsamkeiten mit Abbildung 4.1 auf. Erneut weisen die Unternehmen der deutschen Stichprobe stets höhere Werte im Vergleich zu den US-amerikanischen Unternehmen auf. Besonders unter mehrheitlich handelsrechtlicher Rechnungslegung zwischen den Jahren 1995 und 2000 liegen weitaus höhere Werte vor. In den Jahren zwischen 2015 und 2019 liegen die Ausprägungen diskretionärer Periodenabgrenzungen deutlich näher beieinander, wobei die deutschen Unternehmen in jedem Jahr durchschnittlich höhere Ausprägungen aufweisen. COHEN, DEY und LYS (2008) zeigen die Höhe diskretionärer Periodenabgrenzungen US-amerikanischer Unternehmen auf Basis des Jones Modells für die Jahre 1987 bis 2005 auf, wobei Gemeinsamkeiten zu erkennen sind. Ebenfalls sind die diskretionären Periodenabgrenzungen um das Jahr 2000 sehr hoch und sinken ab diesem Zeitpunkt bis etwa 2005. Der Zeitraum von 2001 bis 2005 wird als ‚post SOX' bezeichnet und die Einführung des SOX als Ursache für die sinkenden diskretionären Periodenabgrenzungen angeführt. Auch die sinkenden Börsenwerte in

---

[147] Vgl. dazu Abschnitt 5.1.

[148] Vgl. LO (2008), S. 353.

[149] Vgl. EL DIRI (2018), S. 32-36 für eine Übersicht über Ansätze zur Aufdeckung sachverhaltsgestaltender Maßnahmen bzw. realer Rechnungslegungspolitik.

[150] Vgl. insbesondere Abbildung 4.1.

diesem Zeitraum und die allgemeine wirtschaftliche Lage können die Höhe der diskretionären Periodenabgrenzungen beeinflusst haben. Die verschiedenen Verläufe in den Jahren vor 2000 sowie die niedrigeren Werte in dieser Arbeit deuten auf Unterschiede in den Datensätzen hin. Die Stichprobe von COHEN, DEY und LYS (2008) ist mit 8157 Unternehmen um ein Vielfaches größer und umfasst damit auch kleinere Unternehmen, welche zu den höheren Verhältnissen von Periodenabgrenzungen zu Gesamtvermögen beitragen könnten. Für die Unterschiede kommen jedoch auch weitere systematische Verschiedenheiten der Stichproben, beispielsweise in Bezug auf die Bereinigung der Daten oder die alleinige Betrachtung überlebender Unternehmen in Frage.[151]

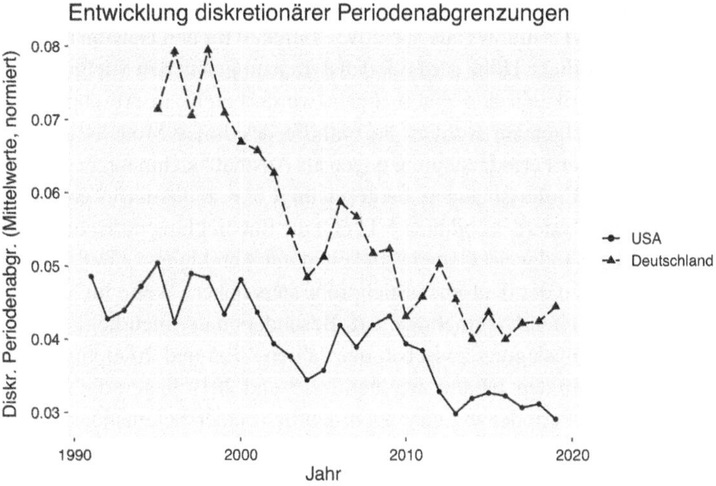


**Abbildung 5.1** Entwicklung diskretionärer Periodenabgrenzungen in Deutschland und USA[152]

Die Erkenntnisse dieser Grafik stützen Vermutungen verschiedener Studien zu den Unterschieden zwischen dem anglo-amerikanischen und dem deutschen Rechtssystem sowie deren Auswirkungen auf Rechnungsleger. Im Vordergrund steht somit

[151] Vgl. COHEN, DEY und LYS (2008), S. 772 in Form von Absolutwerten bzw. S. 773 für die positiven und negativen Periodenabgrenzungen im Zeitablauf. Vgl. zu der dort verwendeten Stichprobe S. 762.

[152] Für die Erstellung der Grafik wurden alle Werte mithilfe der Gesamtvermögen des Vorjahres der jeweiligen Unternehmen normiert.

der Vergleich zwischen einem auf Präzedenzfälle und richterliche Auslegung basierenden Recht (Common Law) und einem auf Abstraktion und kodifizierten Gesetzen basierenden Rechtssystem (Code Law oder Civil Law). Demnach könnten Anreize Rechnungslegungspolitik zu betreiben und die Volatilität ausgewiesener Gewinne zu minimieren, in Ländern mit kodifizierten Gesetzen (Code Law) wie Deutschland größer sein, als in Common Law Rechtssystemen wie in England oder den USA.[153] Die Analyse der Prognosefehler wird Aufschluss darüber geben, ob die Abschlüsse mit höherem Anteil diskretionärer Periodenabgrenzungen besser oder schlechter zu prognostizieren sind.

Im Folgenden werden die Auswirkungen der Höhe aller Periodenabgrenzungen sowie der Höhe der diskretionären Periodenabgrenzungen auf die Prognosefähigkeit von Abschlussdaten mittels einer Analyse von Querschnittsdaten (‚cross-sectional') untersucht.[154] Das dafür verwendete Modell basiert auf den Gleichungen 4.6, welche bereits im letzten Kapitel verwendet wurden. Somit ist die Vergleichbarkeit zu den vorangegangenen Ergebnissen gewahrt. Die Schätzmodelle und Ergebnisse für die vollständigen Stichproben deutscher ($n = 156$) und US-amerikanischer Unternehmen ($n = 448$) finden sich in Abschnitt 4.4.

## 5.5.2 Auswirkungen auf die Prognosegüte von Abschlussinformationen deutscher Unternehmen

### 5.5.2.1 Aufteilung nach Höhe der Periodenabgrenzungen

Zuerst wird die Stichprobe unabhängig vom Jones Modell nach der Höhe der Periodenabgrenzungsposten in zwei Gruppen aufgeteilt. Dazu werden die laut Formel 4.6 verwendeten Komponenten der Periodenabgrenzung genutzt. Sie werden summiert und sind jeweils normalisiert mit dem Gesamtvermögen des Vorjahres $GV_{i,t-1}$. Somit gilt

$$TA_{i,t} = REC_{i,t-1} + PAY_{i,t-1} + INV_{i,t-1} + DEPR_{i,t-1} + PROV_{i,t-1}. \quad (5.14)$$

[153] Vgl. ELBAKRY u. a. (2017), S. 24, 26; BARTOV, GOLDBERG und KIM (2005), S. 110, 117.

[154] Ähnlich wie BALL und SHIVAKUMAR (2005), welche die Qualität ausgewiesener Gewinne privater Unternehmen im Vereinigten Königreich untersuchen. Qualität definieren sie durch den rechtzeitigen Ausweis von Verlusten (vgl. S. 84, 126), welcher sich in der Korrelation von Cashflows und Periodenabgrenzungen (‚accruals') widerspiegelt (vgl. S. 93). Das betrachtete Modell ist ein Regressionsmodell, welches insbesondere den Einfluss des operativen Cashflows auf die Höhe der Periodenabgrenzungen abbildet. Die Definition von Periodenabgrenzungen entspricht der dieser Arbeit (vgl. S. 94).

Anschließend enthält Gruppe 1 die Unternehmen im oberen (höhere normalisierte Periodenabgrenzungen) und Gruppe 2 die Unternehmen im unteren 50 % Perzentil (niedrigere normalisierte Periodenabgrenzungen).

Das Modell der Erklärungskraft von Periodenabgrenzungsposten der vergangenen Periode für den Gewinn[155] wird im Folgenden für beide Gruppen separat betrachtet, um die Einflussstärken vergleichen zu können und erste Unterschiede aufzudecken.

Die Schätzmodelle für die operativen Gewinne $OI$ beider Gruppen in den Tabellen 5.1 und 5.2 zeigen, dass die Regressoren bzw. Periodenabgrenzungen für die Unternehmen mit niedrigeren Ausprägungen der Summe aller Periodenabgrenzungen eine höhere Erklärungskraft haben. In Gruppe 2 sind die Forderungen $REC_{t-1}$, die Verbindlichkeiten $PAY_{t-1}$, die Vorräte $INV_{t-1}$ und die Rückstellungen $PROV_{t-1}$ zusätzlich signifikant. Die Abschreibungen $DEPR_{t-1}$ hingegen weisen für Gruppe 2 keine Signifikanz auf. Die Gewinne und Cashflows der Vorperioden sind für beide Gruppen signifikant, wobei die Koeffizienten bzw. die AR(1) Komponenten vergleichbar hoch sind.

Die Schätzmodelle für die operativen Cashflows $CFO$ in den Tabellen 5.3 und 5.4 unterscheiden sich zwischen den beiden Gruppen weniger stark. Während die erklärende Variable der Vorräte $INV_{t-1}$ für Gruppe 1 Signifikanz aufweist, hat sie in Gruppe 2 keine Relevanz. Dort sind hingegen die Verbindlichkeiten $PAY_{t-1}$ signifikant. Alle weiteren Regressoren weisen in beiden Gruppen die gleichen Signi-

**Tabelle 5.1** Regressionsmodell für $OI_t$ – Gruppe 1

| | Schätzung | SE | t-Wert | Pr(>\|t\|) | |
|---|---|---|---|---|---|
| (Intercept) | 0,0171 | 0,0046 | 3,70 | 0,0002 | *** |
| $OI_{t-1}$ | 0,7334 | 0,0193 | 37,98 | 0,0000 | *** |
| $CFO_{t-1}$ | 0,1132 | 0,0201 | 5,63 | 0,0000 | *** |
| $REC_{t-1}$ | -0,0088 | 0,0109 | -0,80 | 0,4233 | |
| $PAY_{t-1}$ | -0,0151 | 0,0128 | -1,17 | 0,2410 | |
| $INV_{t-1}$ | -0,0007 | 0,0099 | -0,07 | 0,9421 | |
| $DEPR_{t-1}$ | -0,1096 | 0,0466 | -2,35 | 0,0189 | * |
| $PROV_{t-1}$ | -0,0072 | 0,0110 | -0,66 | 0,5118 | |
| $R^2$ | 0,6613 | | | | |
| $RSE$ | 0,04428 (df = 1473) | | | | |
| *Signifikanz:* | ***(p<0,001) **(p<0,01) *(p<0,05) .(p<0,1) | | | | |

[155] Vgl. Formel 4.6, wobei die Variablen wie zuvor mit $GV_{i,t-1}$ normalisiert wurden.

**Tabelle 5.2** Regressionsmodell für $OI_t$ – Gruppe 2

| | Schätzung | SE | t-Wert | Pr(>\|t\|) | |
|---|---|---|---|---|---|
| (Intercept) | 0,0159 | 0,0038 | 4,18 | 0,0000 | *** |
| $OI_{t-1}$ | 0,7239 | 0,0211 | 34,37 | 0,0000 | *** |
| $CFO_{t-1}$ | 0,1038 | 0,0214 | 4,85 | 0,0000 | *** |
| $REC_{t-1}$ | 0,0264 | 0,0128 | 2,07 | 0,0389 | * |
| $PAY_{t-1}$ | -0,1276 | 0,0232 | -5,50 | 0,0000 | *** |
| $INV_{t-1}$ | 0,0242 | 0,0119 | 2,04 | 0,0416 | * |
| $DEPR_{t-1}$ | -0,0033 | 0,0525 | -0,06 | 0,9491 | |
| $PROV_{t-1}$ | -0,0296 | 0,0131 | -2,27 | 0,0235 | * |
| $R^2$ | 0,6919 | | | | |
| $RSE$ | 0,04958 (df = 1465) | | | | |
| *Signifikanz:* | ***(p<0,001) **(p<0,01) *(p<0,05) .(p<0,1) | | | | |

**Tabelle 5.3** Regressionsmodell für $CFO_t$ – Gruppe 1

| | Schätzung | SE | t-Wert | Pr(>\|t\|) | |
|---|---|---|---|---|---|
| (Intercept) | 0,0227 | 0,0063 | 3,61 | 0,0003 | *** |
| $OI_{t-1}$ | 0,3827 | 0,0262 | 14,59 | 0,0000 | *** |
| $CFO_{t-1}$ | 0,1203 | 0,0273 | 4,40 | 0,0000 | *** |
| $REC_{t-1}$ | -0,0114 | 0,0149 | -0,77 | 0,4443 | |
| $PAY_{t-1}$ | -0,0018 | 0,0174 | -0,10 | 0,9179 | |
| $INV_{t-1}$ | -0,0273 | 0,0134 | -2,04 | 0,0415 | * |
| $DEPR_{t-1}$ | 0,8073 | 0,0633 | 12,75 | 0,0000 | *** |
| $PROV_{t-1}$ | -0,0149 | 0,0149 | -1,00 | 0,3179 | |
| $R^2$ | 0,3222 | | | | |
| $RSE$ | 0,06012 (df = 1473) | | | | |
| *Signifikanz:* | ***(p<0,001) **(p<0,01) *(p<0,05) .(p<0,1) | | | | |

fikanzen auf. Das $R^2$ ist im Modell für Gruppe 2 mit 0,409 im Vergleich zu 0,3222 höher, der Standardfehler der Residuen ($RSE$) jedoch auch.

Bezüglich der aufgeführten Schätzmodelle ist zu beachten, dass sich diese auf die 1-Schritt Prognosen beziehen. Für die 3-Schritt Prognose werden weitere Jahre aus dem Datensatz zur Schätzung der Modelle entfernt, sodass sich auch die verwendeten Koeffizienten verändern. In der iterativen Prognose werden für jeden zugrundeliegenden Prognoseschritt neue Modelle berechnet, sodass sich darin mehrfach die Koeffizienten ändern.

**Tabelle 5.4** Regressionsmodell für $CFO_t$ – Gruppe 2

| | Schätzung | SE | t-Wert | Pr(>\|t\|) | |
|---|---|---|---|---|---|
| (Intercept) | 0,0302 | 0,0050 | 6,03 | 0,0000 | *** |
| $OI_{t-1}$ | 0,2557 | 0,0277 | 9,22 | 0,0000 | *** |
| $CFO_{t-1}$ | 0,3813 | 0,0282 | 13,53 | 0,0000 | *** |
| $REC_{t-1}$ | 0,0075 | 0,0168 | 0,45 | 0,6540 | |
| $PAY_{t-1}$ | -0,1006 | 0,0306 | -3,29 | 0,0010 | ** |
| $INV_{t-1}$ | 0,0021 | 0,0156 | 0,13 | 0,8954 | |
| $DEPR_{t-1}$ | 0,4494 | 0,0691 | 6,50 | 0,0000 | *** |
| $PROV_{t-1}$ | -0,0233 | 0,0172 | -1,35 | 0,1759 | |
| $R^2$ | 0,409 | | | | |
| $RSE$ | 0,06527 (df = 1465) | | | | |
| *Signifikanz:* | ***(p<0,001) **(p<0,01) *(p<0,05) .(p<0,1) | | | | |

Für die anschließende Prognose werden die in der Querschnittsanalyse ermittelten Koeffizienten genutzt, um die Gewinne und Cashflows der einzelnen Unternehmen zu prognostizieren. Sollte die Höhe der Komponenten der Periodenabgrenzung tatsächlich mit einer gesteigerten Unsicherheit einhergehen, sollten die Prognosefehler in Gruppe 2 (niedrigere *TA*) niedriger ausfallen.

#### 5.5.2.2 Aufteilung nach Höhe der diskretionären Periodenabgrenzungen mithilfe des Jones Modells

Die Definition der Periodenabgrenzungen (Total Accruals, $TA_{i,t}$) unterscheidet sich in den verschiedenen Studien.[156] DECHOW, SLOAN und SWEENEY (1995) definieren sie mithilfe der Veränderungen von Umlaufvermögen, kurzfristigen Verbindlichkeiten, Zahlungsmitteln und kurzfristige Schulden sowie der Abschreibungen des laufenden Jahres.[157] Diese Definition sowie die von JONES (1991) korrigieren um die Abschreibungen.[158] Sie stellen zwar zahlungsunwirksame Aufwendungen dar, zählen jedoch nicht zu den typischen Periodenabgrenzungsposten. Letztere stellen unabhängig von den zugehörigen Zahlungsströmen sicher, dass Aufwendungen und Erträge der Periode zugeordnet werden, in denen sie wirtschaftlich anfallen. Die Verteilung von Anschaffungs- und Herstellungskosten über den Nutzungszeit-

[156] Vgl. JONES (1991), S. 207; DECHOW, SLOAN und SWEENEY (1995), S. 203; COHEN, DEY und LYS (2008), S. 763; HEALY (1985), S. 94.

[157] Vgl. DECHOW, SLOAN und SWEENEY (1995), S. 203.

[158] Vgl. JONES (1991), S. 207.

raum durch planmäßige Abschreibungen stellt ebenfalls sicher, dass die für den Vermögensgegenstand anfallenden Kosten den durch die Nutzung hervorgerufenen Erträgen in den Perioden zugeordnet werden. Als Accruals werden in den Studien und besonders im US-amerikanischen Raum jedoch in der Regel Aufwendungen und Erträge bezeichnet, für welche die tatsächlichen Zahlungen noch nicht stattgefunden haben und sie damit noch nicht zu Cashflows geführt haben.

COHEN, DEY und LYS (2008) hingegen definierten die $TA_{i,t}$ als Differenz zwischen dem Gewinn vor außerordentlichen Aufwendungen, außerordentlichen Erträgen sowie aufgegebenen Geschäftsbereichen (Earnings before Extraordinary Items and Discontinued Operations, EBXI) und dem operativen Cashflow aus laufender Geschäftstätigkeit $CFO_{i,t}$. Diese Definition wird leicht abgewandelt auch in dieser Arbeit verwendet. Konkret wird für EBXI, welcher in Worldscope nicht zur Verfügung steht, der operative Gewinn verwendet. Der operative Cashflow ist ebenfalls gegeben, sodass $TA_{i,t} = OI_{i,t} - CFO_{i,t}$ gilt.[159] Folgende Ergebnisse liefert das Modell.

Die Schätzung des modifizierten Jones Modells in Tabelle 5.5 entsprechend Gleichung 5.2 wurde zusätzlich mit der typischen Konstanten berechnet, wobei sich unterschiedliche Vorgehensweisen finden.[160] Wird sie ausgelassen und nur die normalisierte Konstante des Modells genutzt, ändert sich das Resultat kaum. Die Gruppenzuordnung ändert sich lediglich für zwei Unternehmen, welche Grenzfälle darstellen und die Prognoseergebnisse letztlich nur marginal beeinflussen. Das sehr

**Tabelle 5.5** Jones Modell der Total Accruals $TA_{t-1}$

| | Schätzung | SE | t-Wert | Pr(>\|t\|) | |
|---|---|---|---|---|---|
| (Intercept) | -0,0055 | 0,0023 | -2,35 | 0,0187 | * |
| Konstante $(1/GV_{i,t-1})$ | -32,6157 | 47,4325 | -0,69 | 0,4917 | |
| $\Delta U_{i,t}$ | 0,0420 | 0,0041 | 10,19 | 0,0000 | *** |
| $SAV_{i,t}$ | -0,0888 | 0,0067 | -13,34 | 0,0000 | *** |
| $R^2$ | 0,0763 | | | | |
| $RSE$ | 0,07207 (df = 3262) | | | | |

*Signifikanz:* ***(p<0,001) **(p<0,01) *(p<0,05) .(p<0,1)
Die Variablen $\Delta U_{i,t}$ und $SAV_{i,t}$ sind wie die Konstante ebenfalls mit dem Gesamtvermögen der Vorperiode $GV_{i,t-1}$ normalisiert.

[159] Es werden die Variablen mit den Kennziffern WC01250 (Operative Erträge) und WC04860 (Operativer Cashflow) verwendet.

[160] Vgl. zur Bedeutung des konstanten Terms AUER und ROTTMANN (2020), S. 489–491.

**Tabelle 5.6** Regressionsmodell für $OI_t$ – Jones Modell Gruppe 1

| | Schätzung | SE | t-Wert | Pr(>\|t\|) | |
|---|---|---|---|---|---|
| (Intercept) | 0.0176 | 0.0041 | 4.34 | 0.0000 | *** |
| $OI_{t-1}$ | 0.7382 | 0.0193 | 38.24 | 0.0000 | *** |
| $CFO_{t-1}$ | 0.1070 | 0.0194 | 5.53 | 0.0000 | *** |
| $REC_{t-1}$ | -0.0091 | 0.0113 | -0.80 | 0.4242 | |
| $PAY_{t-1}$ | -0.0425 | 0.0158 | -2.69 | 0.0073 | ** |
| $INV_{t-1}$ | 0.0103 | 0.0106 | 0.98 | 0.3283 | |
| $DEPR_{t-1}$ | -0.0936 | 0.0508 | -1.84 | 0.0654 | . |
| $PROV_{t-1}$ | -0.0035 | 0.0131 | -0.27 | 0.7898 | |
| $R^2$ | 0,6719 | | | | |
| *RSE* | 0,05185 (df = 1533) | | | | |
| *Signifikanz:* | ***(p<0,001) **(p<0,01) *(p<0,05) .(p<0,1) | | | | |

niedrige $R^2$ wird in diesem Fall nicht weiter beachtet, da das Modell entsprechend seiner Definition berechnet wird. Die Streuung in den Daten wird zwar kaum erklärt, jedoch wird das Modell und die erklärenden Variablen $\Delta U_{i,t}$ und $SAV_{i,t}$ als signifikant ermittelt. Zudem ist das Modell als Standard anzusehen und wird vielfach bestätigt.[161]

Aus den durch dieses Modell ermittelten Koeffizienten folgt die Berechnung der normalen sowie der diskretionären Periodenabgrenzungen.[162] Anschließend werden alle Unternehmen der Stichprobe erneut auf zwei Gruppen aufgeteilt. Als Kriterium dafür wird die Höhe der diskretionären Periodenabgrenzungen der vorletzten Periode (für die 1-Schritt Prognose) des Betrachtungszeitraumes herangezogen. Da die letzte Periode prognostiziert werden soll, muss sie für die Schätzung des Modells, auf welchem letztlich die Prognose basiert, unbekannt bleiben. Für die 3-Schritt Prognose wird der Datensatz entsprechend um die letzten drei Perioden gekürzt. Für die iterative Prognose ändert sich die Gruppenzuordnung mit jedem Prognoseschritt bzw. mit jeder Neuberechnung der Modelle.

Die Schätzmodelle mit dem operativen Gewinn $OI_i$ als abhängiger Variable für Gruppe 1 (höhere diskretionäre Periodenabgrenzungen) und Gruppe 2 (niedrigere diskretionäre Periodenabgrenzungen) zeigen deutliche Unterschiede in den Signifikanzwerten und dem Standardfehler der Residuen.[163] Forderungen und Rückstel-

[161] Vgl. Abschnitt 5.4.2.1.1.

[162] Vgl. Abschnitt 5.4.2.1.

[163] Vgl. Tabellen 5.6 und 5.7.

**Tabelle 5.7** Regressionsmodell für $OI_t$ – Jones Modell Gruppe 2

| | Schätzung | SE | t-Wert | Pr(>\|t\|) | |
|---|---|---|---|---|---|
| (Intercept) | 0.0118 | 0.0035 | 3.33 | 0.0009 | *** |
| $OI_{t-1}$ | 0.7365 | 0.0202 | 36.48 | 0.0000 | *** |
| $CFO_{t-1}$ | 0.1108 | 0.0222 | 4.98 | 0.0000 | *** |
| $REC_{t-1}$ | 0.0228 | 0.0108 | 2.11 | 0.0347 | * |
| $PAY_{t-1}$ | -0.0607 | 0.0152 | -4.00 | 0.0001 | *** |
| $INV_{t-1}$ | 0.0011 | 0.0093 | 0.12 | 0.9080 | |
| $DEPR_{t-1}$ | 0.0009 | 0.0463 | 0.02 | 0.9841 | |
| $PROV_{t-1}$ | -0.0306 | 0.0098 | -3.12 | 0.0018 | ** |
| $R^2$ | 0,7028 | | | | |
| $RSE$ | 0,0411 (df = 1561) | | | | |
| *Signifikanz:* | ***(p<0,001) **(p<0,01) *(p<0,05) .(p<0,1) | | | | |

**Tabelle 5.8** Regressionsmodell für $CFO_t$ – Jones Modell Gruppe 1

| | Schätzung | SE | t-Wert | Pr(>\|t\|) | |
|---|---|---|---|---|---|
| (Intercept) | 0.0264 | 0.0056 | 4.69 | 0.0000 | *** |
| $OI_{t-1}$ | 0.3331 | 0.0268 | 12.43 | 0.0000 | *** |
| $CFO_{t-1}$ | 0.2747 | 0.0269 | 10.22 | 0.0000 | *** |
| $REC_{t-1}$ | -0.0142 | 0.0158 | -0.90 | 0.3682 | |
| $PAY_{t-1}$ | -0.0157 | 0.0220 | -0.72 | 0.4737 | |
| $INV_{t-1}$ | -0.0159 | 0.0147 | -1.09 | 0.2778 | |
| $DEPR_{t-1}$ | 0.6445 | 0.0705 | 9.14 | 0.0000 | *** |
| $PROV_{t-1}$ | -0.0294 | 0.0182 | -1.62 | 0.1061 | |
| $R^2$ | 0,3518 | | | | |
| $RSE$ | 0,07197 (df = 1533) | | | | |
| *Signifikanz:* | ***(p<0,001) **(p<0,01) *(p<0,05) .(p<0,1) | | | | |

lungen sind lediglich in Gruppe 2 signifikante erklärende Variablen und die Verbindlichkeiten weisen eine höhere Signifikanz auf. Abschreibungen haben hingegen nur in Gruppe 1 einen Einfluss. Der RSE ist zudem für Gruppe 2 niedriger und das Bestimmtheitsmaß $R^2$ höher als für die Daten der Gruppe 1.

Die Schätzmodelle für den operativen Cashflow $CFO_i$ zeigen ähnliche Auswirkungen der Aufteilung des Datensatzes wie die Modelle für den operativen Gewinn

**Tabelle 5.9** Regressionsmodell für $CFO_t$ – Jones Modell Gruppe 2

| | Schätzung | SE | t-Wert | Pr(>\|t\|) | |
|---|---|---|---|---|---|
| (Intercept) | 0.0292 | 0.0046 | 6.39 | 0.0000 | *** |
| $OI_{t-1}$ | 0.3514 | 0.0260 | 13.51 | 0.0000 | *** |
| $CFO_{t-1}$ | 0.2254 | 0.0287 | 7.87 | 0.0000 | *** |
| $REC_{t-1}$ | -0.0002 | 0.0139 | -0.01 | 0.9889 | |
| $PAY_{t-1}$ | -0.0598 | 0.0196 | -3.06 | 0.0023 | ** |
| $INV_{t-1}$ | -0.0294 | 0.0120 | -2.45 | 0.0143 | * |
| $DEPR_{t-1}$ | 0.6205 | 0.0596 | 10.41 | 0.0000 | *** |
| $PROV_{t-1}$ | -0.0146 | 0.0126 | -1.15 | 0.2490 | |
| $R^2$ | 0,4161 | | | | |
| $RSE$ | 0,05293 (df = 1561) | | | | |
| *Signifikanz:* | ***(p<0,001) **(p<0,01) *(p<0,05) .(p<0,1) | | | | |

$OI_i$.[164] Zusätzlich zu den in Gruppe 1 als signifikant ermittelten Variablen, haben in Gruppe 2 die ausgewiesenen Verbindlichkeiten ($p < 0{,}01$) und die ausgewiesenen Vorräte ($p < 0{,}05$) einen signifikanten Einfluss auf den operativen Gewinn. Weiterhin ist das $R^2$ für die Daten der Gruppe mit niedrigeren diskretionären Periodenabgrenzungen (Gruppe 2) um etwa 18,3 % höher und der RSE um etwa 26,5 % niedriger. Insgesamt zeigt sich ein klares Bild. Die Daten der Unternehmen mit niedrigeren diskretionären Periodenabgrenzungen erlauben eine bessere Schätzung anhand des verwendeten Modells. Die einzelnen Periodenabgrenzungen sind tendenziell signifikanter, die Standardfehler der Residuen niedriger und die Bestimmtheitsmaße höher.

#### 5.5.2.3 n-Schritt Prognose von Gewinnen und Cashflows mittels Regression

Im Folgenden werden die nach Höhe der gesamten Periodenabgrenzungen sowie Höhe der nach dem Jones Modell als diskretionär ermittelten Periodenabgrenzungen aufgeteilten Gruppen von Unternehmen separat betrachtet. Mithilfe der durch OLS-Regression ermittelten Koeffizienten für die jeweilige Gruppe werden im Folgenden Prognosen der Gewinne und operativen Cashflows der Unternehmen erstellt und die Fehlermaße der Gruppen verglichen. Zuvor wurden bereits die letzten Beobachtungen in der Modellschätzung (‚in-sample') ausgeschlossen, sodass die dort ermittelten Koeffizienten zur Prognose verwendet werden. Durch dieses Vorgehen

[164] Vgl. Tabellen 5.8 und 5.9.

kann der Einfluss von buchmäßiger Rechnungslegungspolitik auf die Prognosegüte der operativen Gewinne und Cashflows untersucht werden.

Zu beachten ist, dass die oben abgebildeten Regressionsmodelle für Gruppe 1 und 2 für die 1-Schritt Prognose gelten. Für die 3-Schritt Prognose muss die Stichprobe anhand der Werte der Finanzberichterstattungen in $t-3$ aufgeteilt werden, sodass die Gruppenzuordnung verschieden ist. Bei der iterativen Prognose handelt es sich um viele 1-Schritt Prognosen. Die Gruppeneinteilung erfolgt dabei mehrmals, jeweils anhand der Vorjahreswerte. Auf das Aufführen sämtlicher Schätzmodelle wird im Sinne der Übersichtlichkeit verzichtet. Sie haben keinen signifikanten Mehrwert. Die mehrfache neue Gruppeneinteilung erfolgt im Einklang mit einer möglichen Anwendung der Thematik in der Praxis. Wenn ein Analyst oder das Management eines Unternehmens Prognosen über ein oder drei Jahre erstellen möchte, werden jeweils die Daten der letzten Finanzberichterstattungen genutzt und auf Basis dieser Daten die Gruppen erstellt.

Grundsätzlich kann die mehrschrittige Prognose direkt und rekursiv durchgeführt werden. In dieser Arbeit wird die rekursive Methode gewählt, d. h. der prognostizierte Wert der Gewinne oder Cashflows für den Zeitpunkt $T+1$ wird für die Prognose des Wertes in Zeitpunkt $T+2$ verwendet. In der direkten Variante würden alternativ die zweiten bzw. dritten Verzögerungen (‚lags') der erklärenden Variablen zur Prognose genutzt werden. Dementsprechend würden die Prognosen des zweiten und dritten Schrittes nicht auf vorangegangenen Prognosewerten basieren. Die direkte Prognose über mehrere Schritte fände somit unter starker Abweichung von der Modellstruktur 4.6 statt und wird daher nicht weiter betrachtet. Bei der rekursiven Berechnung wird die Modellstruktur möglichst gut beibehalten, wenngleich ebenfalls von der ursprünglichen Struktur abgewichen werden muss, da zwangsläufig mit zweiten und dritten Verzögerungen einiger Variablen gearbeitet werden muss. Ein weiterer Nachteil der rekursiven Prognose sind jedoch die Fehlerterme, welche sich mit jedem Prognoseschritt akkumulieren. Die Prognosegüte könnte mit steigenden Horizonten entsprechend schnell abnehmen. Dennoch ist diese Vorgehensweise die sinnvollste Alternative.[165]

In diesem Kapitel handelt es sich bei den mehrschrittigen Prognosen jeweils um rekursive Berechnungen der Werte in den Zeitpunkten $T+1, \ldots, T+3$, sodass ab dem zweiten Schritt die Prognosewerte der Vorperiode in die Berechnung einfließen. Bei direkten Prognosen werden die Modellkoeffizienten für jeden Prognoseschnitt erneut ermittelt bzw. das Schätzmodell erneut berechnet, wobei dann nicht mehr die

[165] Vgl. zur rekursiven Prognose im univariaten und multivariaten Kontext LÜTKEPOHL (2004), S. 70–72 sowie 141–143. Das Vorgehen in dieser Arbeit entspricht dem dort beschriebenen Ansatz.

Vorjahreswerte (sondern um zwei Perioden verzögerte Werte) zur Prognose herangezogen werden, sodass die Modellstruktur verändert würde. Die Koeffizienten $\hat{\beta}_i$ bleiben in dieser Arbeit somit für die Berechnung der Werte $OI_{T+1}, \ldots, OI_{T+3}$ und $CFO_{T+1}, \ldots, CFO_{T+3}$ konstant. Die Prognosewerte unterscheiden sich jedoch aufgrund der in der Modellgleichung verwendeten Variablen. Für die Prognose des Wertes in $t = T + 2$ wird für $OI_{T+1}$ der Schätzwert $\widehat{OI_{T+1}}$ verwendet. Für die anderen Variablen werden jeweils die unveränderten Koeffizienten $\widehat{\beta_i}$ zu den Werten in $T$ verwendet. Die Berechnung von $\widehat{OI_{T+2}}$ erfolgt somit durch $\widehat{OI_{T+2}} = \widehat{\beta_0} + \widehat{\beta_1}\widehat{OI_{T+1}} + \widehat{\beta_2}CFO_T + \widehat{\beta_3}REC_T + \widehat{\beta_4}PAY_T + \widehat{\beta_5}INV_T + \widehat{\beta_6}DEPR_T + \widehat{\beta_7}PROV_T$. Andernfalls könnte nur der Wert für den Zeitpunkt $T + 1$ bestimmt und dieser Wert auch für $T + 2$ und $T + 3$ angenommen werden. Dies wäre jedoch eine 1-Schritt Prognose und nur eine Fortschreibung dieses Wertes für zwei weitere Perioden. Die hier erstellten 3-Schritt Prognosen geben Aufschluss darüber, wie gut die Methode für langfristige Prognosen geeignet ist. Diese werden insbesondere für Barwertkalküle benötigt, sodass die Auswertung besonders für Unternehmensbewertungen relevant ist.

Dementsprechend handelt es sich bei den iterativen Verfahren jeweils um eine Vielzahl von 1-Schritt Prognosen, wobei jeweils die Vorjahreswerte für die Berechnung der Schätzmodelle, d. h. der benötigten Koeffizienten genutzt werden. Die iterativen Prognosen geben in diesem Zusammenhang Aufschluss darüber, wie robust die Ergebnisse sind. Insbesondere werden so Verzerrungen in den Daten der letzten Perioden des Datensatzes als Ursache für die Ergebnisse ausgeschlossen.

#### 5.5.2.3.1 Aufteilung nach Höhe der Periodenabgrenzungen

Tabellen 5.10 und 5.11 zeigen die Ergebnisse der Prognose operativer Gewinne und Cashflows für beide nach der Höhe der gesamten Periodenabgrenzungen aufgeteilten Gruppen und jeweils die Regressionsmodelle in Formel 4.6 sowie deren beschriebene Abwandlung für die 3-Schritt Prognosen. Als Vergleichsmodell dient erneut der Random Walk bzw. die Nutzung der bekannten Gewinne und Cashflows des letzten Jahres der bekannten Daten.

Tabelle 5.10 zeigt die Ergebnisse der Gewinnprognosen. Eine eindeutige Überlegenheit einer der beiden Modelle ist für keine der beiden Gruppen festzustellen. Für die Gruppe von Unternehmen mit insgesamt höheren Periodenabgrenzungen (Gruppe 1) liefert das Regressionsmodell für die 3-Schritt und iterative Prognose niedrigere Fehlermaße und damit bessere Ergebnisse. Sie liegen jedoch nah an den Ergebnissen des Random Walks, welcher für die 1-Schritt Prognose bessere Ergebnisse liefert. Für die zweite Gruppe ist das Regressionsmodell im Fall der 1-Schritt Prognose überlegen, in den übrigen Fällen sind die Ergebnisse nicht eindeutig.

**Tabelle 5.10** Prognosen $OI$ – Aufteilung nach Höhe

| | 1-Schritt | | 3-Schritt | | Iterativ | |
|---|---|---|---|---|---|---|
| | RMSE | MAE | RMSE | MAE | RMSE | MAE |
| Gruppe 1 (hohe $TA_t$) | | | | | | |
| Regressionsmodell | 0,0496 | 0,0326 | 0,0454 | 0,0322 | 0,0358 | 0,0245 |
| RW ($OI_t = OI_{t-1}$) | 0,0402 | 0,0252 | 0,0521 | 0,0331 | 0,0376 | 0,0252 |
| Gruppe 2 (niedrige $TA_t$) | | | | | | |
| Regressionsmodell | 0,0508 | 0,0342 | 0,0519 | 0,0348 | 0,0400 | 0,0239 |
| RW ($OI_t = OI_{t-1}$) | 0,0572 | 0,0349 | 0,0532 | 0,0322 | 0,0423 | 0,0236 |

**Tabelle 5.11** Prognosen $CFO$ – Aufteilung nach Höhe

| | 1-Schritt | | 3-Schritt | | Iterativ | |
|---|---|---|---|---|---|---|
| | RMSE | MAE | RMSE | MAE | RMSE | MAE |
| Gruppe 1 (hohe $TA_t$) | | | | | | |
| Regressionsmodell | 0,0655 | 0,0449 | 0,0635 | 0,0485 | 0,0542 | 0,0395 |
| RW ($CFO_t = CFO_{t-1}$) | 0,0663 | 0,0445 | 0,0743 | 0,0505 | 0,0671 | 0,0452 |
| Gruppe 2 (niedrige $TA_t$) | | | | | | |
| Regressionsmodell | 0,0612 | 0,0403 | 0,0757 | 0,0538 | 0,0584 | 0,0392 |
| RW ($CFO_t = CFO_{t-1}$) | 0,0663 | 0,0445 | 0,0753 | 0,0461 | 0,0676 | 0,0411 |

Im Gruppenvergleich zeigt sich darüber hinaus, dass die Fehlermaße für die erste Gruppe häufig niedriger sind, was eher kontaintuitiv ist.

Tabelle 5.11 zeigt die Ergebnisse der Prognose operativer Cashflows der nach der Höhe aller ausgewiesenen Periodenabgrenzungen aufgeteilten Unternehmen. Eine eindeutige Überlegenheit einer der beiden Modelle bzw. Prognosemethoden zeigt sich erneut nicht. Das Regressionsmodell entsprechend Formel 4.6 ist jedoch in den meisten Fällen überlegen und produziert niedrigere Fehler. Für die langfristige Prognose in Gruppe 2 erzeugt jedoch das Vergleichsmodell bessere Ergebnisse. Der Vergleich beider Gruppen offenbart keine signifikanten Unterschiede in der Höhe der Fehlermaße. Die Aufteilung der Unternehmen zeigt im Falle der Prognose operativer Cashflows keinen eindeutigen Effekt.

Insgesamt zeigt die Gruppenzuordnung anhand der Summe aller Periodenabgrenzungen – anders als in der Modellschätzung – keinen eindeutigen Einfluss auf die Prognoseergebnisse. In der langfristigen Prognose erzielt das Regressionsmodell in Gruppe 1 stets die besten Ergebnisse. Es kann jedoch keine der beiden Gruppen als in allen Fällen besser prognostizierbar identifiziert werden. Daher werden die Unternehmen im Folgenden anhand der diskretionären Periodenabgrenzungen aufgeteilt, welche mithilfe des Jones Modells berechnet werden.

#### 5.5.2.3.2 Aufteilung nach Höhe der diskretionären Periodenabgrenzungen

Die Tabellen 5.12 und 5.13 zeigen schließlich die Prognoseergebnisse unter Aufteilung der Unternehmen anhand der diskretionären Periodenabgrenzungen.

Die Ergebnisse der Gewinnprognosen in Tabelle 5.12 zeigen erneut keine eindeutige Überlegenheit einer Prognosemethode. In Gruppe 2 erzeugt der Random Walk die niedrigeren Fehlerwerte. Der Vergleich beider Gruppen bzw. der Ergebnisse der Regressionsmodelle und der Random Walks zeigt deutlich niedrigere Prognosefehler in der zweiten Gruppe. Die einzige Ausnahme stellt der RMSE der Regressionsmodelle im Falle der 1-Schritt Prognose dar. Die operativen Gewinne der Gruppe von Unternehmen mit niedrigeren diskretionären Periodenabgrenzungen gem. des Jones Modells lassen sich dementsprechend besser prognostizieren. Die 3-Schritt Prognose der Unternehmen in Gruppe 2 führt zu etwa 17,7 % niedrigeren Ausprägungen des RMSE und etwa 12,4 % niedrigeren Ausprägungen des MAE. Im Falle der iterativen Prognose ergeben sich für Gruppe 2 etwa 29,2 % niedrigere Werte für den RMSE sowie etwa 27,1 % niedrigere Werte für den MAE. Dabei wurde der Durchschnitt beider Methoden betrachtet.

Tabelle 5.13 zeigt die Ausprägungen der Fehlermaße zu der Prognose operativer Cashflows unter Aufteilung anhand der diskretionären Periodenabgrenzungen.

**Tabelle 5.12** Prognosen $OI$ – Jones Modell Aufteilung

| | 1-Schritt | | 3-Schritt | | Iterativ | |
|---|---|---|---|---|---|---|
| | RMSE | MAE | RMSE | MAE | RMSE | MAE |
| Gruppe 1 (hohe $DA_t$) | | | | | | |
| Regressionsmodell | 0,0388 | 0,0253 | 0,0523 | 0,0353 | 0,0437 | 0,0278 |
| RW ($OI_t = OI_{t-1}$) | 0,0393 | 0,0243 | 0,0595 | 0,0354 | 0,0467 | 0,0286 |
| Gruppe 2 (niedrige $DA_t$) | | | | | | |
| Regressionsmodell | 0,0391 | 0,0244 | 0,0468 | 0,0320 | 0,0319 | 0,0209 |
| RW ($OI_t = OI_{t-1}$) | 0,0376 | 0,0240 | 0,0447 | 0,0299 | 0,0320 | 0,0202 |

**Tabelle 5.13** Prognosen $CFO$ – Jones Modell Aufteilung

| | 1-Schritt | | 3-Schritt | | Iterativ | |
|---|---|---|---|---|---|---|
| | RMSE | MAE | RMSE | MAE | RMSE | MAE |
| Gruppe 1 (hohe $DA_t$) | | | | | | |
| Regressionsmodell | 0,0625 | 0,0446 | 0,0807 | 0,0600 | 0,0621 | 0,0445 |
| RW ($CFO_t = CFO_{t-1}$) | 0,0713 | 0,0523 | 0,0915 | 0,0587 | 0,0748 | 0,0487 |
| Gruppe 2 (niedrige $DA_t$) | | | | | | |
| Regressionsmodell | 0,0581 | 0,0380 | 0,0553 | 0,0412 | 0,0490 | 0,0335 |
| RW ($CFO_t = CFO_{t-1}$) | 0,0601 | 0,0379 | 0,0531 | 0,0379 | 0,0590 | 0,0376 |

In Gruppe 1 erzielt das Regressionsmodell tendenziell bessere Ergebnisse. Lediglich der MAE der langfristigen Prognose ist höher als der des Vergleichsmodells. In Gruppe 2 ist das Vergleichsmodell in der langfristigen Prognose für beide Fehlermaße überlegen. In der 1-Schritt und iterativen Prognose erzielt das Regressionsmodell allerdings bessere Ergebnisse oder die Werte sind annähernd gleich.[166] Ganz eindeutig zeigt sich in Tabelle 5.13 jedoch, dass alle Ausprägungen der Fehlermaße in Gruppe 2 niedriger sind als in Gruppe 1. Beispielsweise ist der RMSE in der 3-Schritt Prognose im Mittel beider Methoden etwa 36,7 %, der MAE etwa 33,4 % niedriger. Für die iterative Prognose ergeben sich 21,1 % niedrigere RMSE und 23,7 % niedrigere MAE. Die Unterschiede in den Fehlermaßen beider Gruppen sind sowohl in der Prognose operativer Cashflows als auch in der Prognose operativer Gewinne erheblich. Die diskretionären Periodenabgrenzungen gem. des Jones Modells sind ein eindeutiger Indikator für die Prognostizierbarkeit von operativen Cashflows und Gewinnen.

### 5.5.3 Auswirkungen auf die Prognosegüte von Abschlussinformationen US-amerikanischer Unternehmen

#### 5.5.3.1 Aufteilung nach Höhe der Periodenabgrenzungen

Tabellen 5.14 und 5.15 zeigen Schätzmodelle für die nach der Gesamtsumme der Periodenabgrenzungen aufgeteilten Unternehmen der US-amerikanischen Stichprobe. Wie in der Stichprobe deutscher Unternehmen liefern die erklärenden Varia-

[166] Vgl. Tabelle 5.13, Gruppe 2, MAE der 1-Schritt Prognose.

**Tabelle 5.14** Regressionsmodell für $OI_t$ – Gruppe 1 (USA)

| | Schätzung | SE | t-Wert | Pr(>\|t\|) | |
|---|---|---|---|---|---|
| (Intercept) | 0,0365 | 0,0032 | 11,57 | 0,0000 | *** |
| $OI_{t-1}$ | 0,6923 | 0,0142 | 48,88 | 0,0000 | *** |
| $CFO_{t-1}$ | 0,1360 | 0,0166 | 8,18 | 0,0000 | *** |
| $REC_{t-1}$ | -0,0163 | 0,0097 | -1,68 | 0,0932 | . |
| $PAY_{t-1}$ | -0,0041 | 0,0139 | -0,30 | 0,7673 | |
| $INV_{t-1}$ | -0,0201 | 0,0075 | -2,67 | 0,0076 | ** |
| $DEPR_{t-1}$ | -0,2073 | 0,0400 | -5,19 | 0,0000 | *** |
| $PROV_{t-1}$ | -0,0072 | 0,0092 | -0,78 | 0,4370 | |
| $R^2$ | 0,5953 | | | | |
| $RSE$ | 0,0493 (df = 4337) | | | | |
| *Signifikanz:* | ***(p<0,001) **(p<0,01) *(p<0,05) .(p<0,1) | | | | |

**Tabelle 5.15** Regressionsmodell für $OI_t$ – Gruppe 2 (USA)

| | Schätzung | SE | t-Wert | Pr(>\|t\|) | |
|---|---|---|---|---|---|
| (Intercept) | 0,0280 | 0,0019 | 14,90 | 0,0000 | *** |
| $OI_{t-1}$ | 0,7032 | 0,0164 | 42,77 | 0,0000 | *** |
| $CFO_{t-1}$ | 0,1031 | 0,0187 | 5,51 | 0,0000 | *** |
| $REC_{t-1}$ | 0,0305 | 0,0117 | 2,61 | 0,0092 | ** |
| $PAY_{t-1}$ | -0,1081 | 0,0193 | -5,61 | 0,0000 | *** |
| $INV_{t-1}$ | 0,0125 | 0,0117 | 1,07 | 0,2842 | |
| $DEPR_{t-1}$ | -0,1418 | 0,0353 | -4,02 | 0,0001 | *** |
| $PROV_{t-1}$ | -0,0336 | 0,0124 | -2,71 | 0,0067 | ** |
| $R^2$ | 0,6209 | | | | |
| $RSE$ | 0,0443 (df = 4241) | | | | |
| *Signifikanz:* | ***(p<0,001) **(p<0,01) *(p<0,05) .(p<0,1) | | | | |

blen in der Gruppe mit niedrigeren Periodenabgrenzungen signifikantere Werte. Zudem ist das $R^2$ in Gruppe 2 leicht höher sowie der Standardfehler der Residuen niedriger, sodass erneut von einer besseren Schätzbarkeit des Modells für Gruppe 2 auszugehen ist.

Tabellen 5.16 und 5.17 zeigen die entsprechenden Schätzmodelle für den operativen Cashflow $CFO$ als abhängige Variable für beide Gruppen. Anders als unter Betrachtung der deutschen Unternehmen zeigen die Variablen in Gruppe 2 leicht niedrigere Signifikanzwerte als in Gruppe 1. Dennoch ist das $R^2$ höher und der

**Tabelle 5.16** Regressionsmodell für $CFO_t$ – Gruppe 1 (USA)

| | Schätzung | SE | t-Wert | Pr(>\|t\|) | |
|---|---|---|---|---|---|
| (Intercept) | 0,0441 | 0,0034 | 13,16 | 0,0000 | *** |
| $OI_{t-1}$ | 0,3703 | 0,0150 | 24,65 | 0,0000 | *** |
| $CFO_{t-1}$ | 0,2042 | 0,0176 | 11,58 | 0,0000 | *** |
| $REC_{t-1}$ | -0,0320 | 0,0103 | -3,11 | 0,0019 | ** |
| $PAY_{t-1}$ | -0,0564 | 0,0148 | -3,82 | 0,0001 | *** |
| $INV_{t-1}$ | -0,0441 | 0,0080 | -5,52 | 0,0000 | *** |
| $DEPR_{t-1}$ | 0,4799 | 0,0424 | 11,32 | 0,0000 | *** |
| $PROV_{t-1}$ | -0,0427 | 0,0098 | -4,36 | 0,0000 | *** |
| $R^2$ | 0,3967 | | | | |
| $RSE$ | 0,0523 (df = 4337) | | | | |
| *Signifikanz:* | ***(p<0,001) **(p<0,01) *(p<0,05) .(p<0,1) | | | | |

**Tabelle 5.17** Regressionsmodell für $CFO_t$ – Gruppe 2 (USA)

| | Schätzung | SE | t-Wert | Pr(>\|t\|) | |
|---|---|---|---|---|---|
| (Intercept) | 0,0266 | 0,0019 | 13,69 | 0,0000 | *** |
| $OI_{t-1}$ | 0,3039 | 0,0170 | 17,87 | 0,0000 | *** |
| $CFO_{t-1}$ | 0,3311 | 0,0193 | 17,11 | 0,0000 | *** |
| $REC_{t-1}$ | 0,0087 | 0,0121 | 0,72 | 0,4731 | |
| $PAY_{t-1}$ | -0,0720 | 0,0199 | -3,61 | 0,0003 | *** |
| $INV_{t-1}$ | -0,0381 | 0,0121 | -3,16 | 0,0016 | ** |
| $DEPR_{t-1}$ | 0,4908 | 0,0365 | 13,45 | 0,0000 | *** |
| $PROV_{t-1}$ | -0,0356 | 0,0128 | -2,78 | 0,0055 | ** |
| $R^2$ | 0,486 | | | | |
| $RSE$ | 0,0458 (df = 4241) | | | | |
| *Signifikanz:* | ***(p<0,001) **(p<0,01) *(p<0,05) .(p<0,1) | | | | |

RSE niedriger als in Gruppe 1. Im Vergleich zu den entsprechenden Schätzmodellen in der Stichprobe deutscher Unternehmen[167] werden höhere Ausprägungen des Bestimmtheitsmaßes und niedrigere RSE ermittelt.

[167] Vgl. Tabellen 5.3 und 5.4.

### 5.5.3.2 Aufteilung nach Höhe der diskretionären Periodenabgrenzungen mithilfe des Jones Modells

Die Schätzung des Jones Modells, deren Ergebnisse in Tabelle 5.18 dargestellt sind, zeigt im Vergleich zu der Schätzung anhand der Daten deutscher Unternehmen[168] höhere Signifikanzwerte der Variablen. Weiterhin ist das $R^2$ leicht höher, wenngleich immer noch sehr niedrig. Der Standardfehler der Residuen ist zudem niedriger.

**Tabelle 5.18** Jones Modell der Total Accruals $TA_{t-1}$ (USA)

| | Schätzung | SE | t-Wert | Pr(>\|t\|) | |
|---|---|---|---|---|---|
| (Intercept) | 0,0107 | 0,0009 | 11,62 | 0,0000 | *** |
| Konstante $(1/GV_{i,t-1})$ | 551,1286 | 120,6638 | 4,57 | 0,0000 | *** |
| $\Delta U_{i,t}$ | 0,0396 | 0,0017 | 23,92 | 0,0000 | *** |
| $SAV_{i,t}$ | -0,0409 | 0,0019 | -21,57 | 0,0000 | *** |
| $R^2$ | 0,0911 | | | | |
| $RSE$ | 0,0516 (df = 9486) | | | | |

*Signifikanz:* ***(p<0,001) **(p<0,01) *(p<0,05) .(p<0,1)
Die Variablen $\Delta U_{i,t}$ und $SAV_{i,t}$ sind wie die Konstante ebenfalls mit dem Gesamtvermögen der Vorperiode $GV_{i,t-1}$ normalisiert.

Die Modelle für den operativen Gewinn $OI$ unter Aufteilung nach den diskretionären Periodenabgrenzungen (Tabellen 5.19 und 5.20) weisen Gemeinsamkeiten mit den entsprechenden Modellen der deutschen Stichprobe auf.[169] Auch in diesem Fall finden sich in Gruppe 2 mehr signifikante Variablen. So sind in Tabelle 5.20 zusätzlich die ausgewiesenen Forderungen $REC_{t-1}$, Verbindlichkeiten $PAY_{t-1}$ und Rückstellungen $PROV_{t-1}$ signifikant. Das $R^2$ sinkt jedoch anders als unter Nutzung der Stichprobe deutscher Unternehmen leicht. Der RSE ist in beiden Stichproben für Gruppe 2 niedriger. Die Ausprägungen des $R^2$ und RSE sind in beiden Stichproben vergleichbar. Gruppe 2 lässt sich in der deutschen Stichprobe (im Vergleich zu der Gruppe 1 der deutschen Stichprobe sowie Gruppe 2 der US-Stichprobe) besser schätzen, jedoch lässt sich keine der beiden Stichproben bezüglich des $OI$ eindeutig besser modellieren. Das höhere $R^2$ deutet auf eine tendenziell bessere Schätzung in der deutschen Stichprobe hin.

[168] Vgl. Tabelle 5.5.

[169] Vgl. Tabellen 5.6 und 5.7.

**Tabelle 5.19** Regressionsmodell für $OI_t$ – Jones Modell Gruppe 1 (USA)

| | Schätzung | SE | t-Wert | Pr(>\|t\|) | |
|---|---|---|---|---|---|
| (Intercept) | 0,0275 | 0,0025 | 10,92 | 0,0000 | *** |
| $OI_{t-1}$ | 0,7122 | 0,0147 | 48,36 | 0,0000 | *** |
| $CFO_{t-1}$ | 0,1104 | 0,0175 | 6,31 | 0,0000 | *** |
| $REC_{t-1}$ | 0,0057 | 0,0106 | 0,54 | 0,5927 | |
| $PAY_{t-1}$ | -0,0219 | 0,0162 | -1,35 | 0,1759 | |
| $INV_{t-1}$ | -0,0051 | 0,0085 | -0,60 | 0,5505 | |
| $DEPR_{t-1}$ | -0,1450 | 0,0373 | -3,89 | 0,0001 | *** |
| $PROV_{t-1}$ | 0,0058 | 0,0105 | 0,55 | 0,5847 | |
| $R^2$ | 0,6101 | | | | |
| $RSE$ | 0,0505 (df = 4242) | | | | |
| *Signifikanz:* | ***(p<0,001) **(p<0,01) *(p<0,05) .(p<0,1) | | | | |

**Tabelle 5.20** Regressionsmodell für $OI_t$ – Jones Modell Gruppe 2 (USA)

| | Schätzung | SE | t-Wert | Pr(>\|t\|) | |
|---|---|---|---|---|---|
| (Intercept) | 0,0298 | 0,0020 | 14,66 | 0,0000 | *** |
| $OI_{t-1}$ | 0,6644 | 0,0154 | 43,11 | 0,0000 | *** |
| $CFO_{t-1}$ | 0,1444 | 0,0173 | 8,34 | 0,0000 | *** |
| $REC_{t-1}$ | 0,0210 | 0,0092 | 2,30 | 0,0218 | * |
| $PAY_{t-1}$ | -0,0460 | 0,0150 | -3,06 | 0,0022 | ** |
| $INV_{t-1}$ | 0,0072 | 0,0077 | 0,94 | 0,3485 | |
| $DEPR_{t-1}$ | -0,2541 | 0,0379 | -6,71 | 0,0000 | *** |
| $PROV_{t-1}$ | -0,0192 | 0,0097 | -1,98 | 0,0474 | * |
| $R^2$ | 0,598 | | | | |
| $RSE$ | 0,0433 (df = 4336) | | | | |
| *Signifikanz:* | ***(p<0,001) **(p<0,01) *(p<0,05) .(p<0,1) | | | | |

Im Vergleich zu der Stichprobe deutscher Unternehmen[170] weisen die Schätzmodelle mit dem $CFO$ als abhängiger Variable in den Tabellen 5.21 und 5.22 in beiden Gruppen deutlich signifikantere Variablen auf. Wie zuvor sind die erklärenden Variablen in Gruppe 2 signifikanter. Lediglich im Fall der Forderungen $REC_{t-1}$ liegt in Gruppe 2 keine Signifikanz vor, obwohl die Variable in Gruppe 1 mit einem p-Wert von unter 0,1 einhergeht. Die Ausprägungen des $R^2$ sind in beiden Grup-

[170] Vgl. Tabellen 5.8 und 5.9.

**Tabelle 5.21** Regressionsmodell für $CFO_t$ – Jones Modell Gruppe 1 (USA)

| | Schätzung | SE | t-Wert | Pr(>\|t\|) | |
|---|---|---|---|---|---|
| (Intercept) | 0,0306 | 0,0026 | 11,69 | 0,0000 | *** |
| $OI_{t-1}$ | 0,3635 | 0,0153 | 23,76 | 0,0000 | *** |
| $CFO_{t-1}$ | 0,2247 | 0,0182 | 12,37 | 0,0000 | *** |
| $REC_{t-1}$ | -0,0193 | 0,0111 | -1,75 | 0,0807 | · |
| $PAY_{t-1}$ | -0,0543 | 0,0168 | -3,23 | 0,0013 | ** |
| $INV_{t-1}$ | -0,0366 | 0,0088 | -4,16 | 0,0000 | *** |
| $DEPR_{t-1}$ | 0,6030 | 0,0387 | 15,56 | 0,0000 | *** |
| $PROV_{t-1}$ | -0,0183 | 0,0109 | -1,67 | 0,0948 | · |
| $R^2$ | 0,4367 | | | | |
| *RSE* | 0,0524 (df = 4242) | | | | |
| *Signifikanz:* | ***(p<0,001) **(p<0,01) *(p<0,05) .(p<0,1) | | | | |

**Tabelle 5.22** Regressionsmodell für $CFO_t$ – Jones Modell Gruppe 2 (USA)

| | Schätzung | SE | t-Wert | Pr(>\|t\|) | |
|---|---|---|---|---|---|
| (Intercept) | 0,0330 | 0,0022 | 15,35 | 0,0000 | *** |
| $OI_{t-1}$ | 0,3159 | 0,0163 | 19,34 | 0,0000 | *** |
| $CFO_{t-1}$ | 0,3031 | 0,0183 | 16,52 | 0,0000 | *** |
| $REC_{t-1}$ | -0,0001 | 0,0097 | -0,01 | 0,9914 | |
| $PAY_{t-1}$ | -0,0648 | 0,0159 | -4,07 | 0,0000 | *** |
| $INV_{t-1}$ | -0,0214 | 0,0082 | -2,61 | 0,0090 | ** |
| $DEPR_{t-1}$ | 0,3763 | 0,0401 | 9,38 | 0,0000 | *** |
| $PROV_{t-1}$ | -0,0445 | 0,0103 | -4,33 | 0,0000 | *** |
| $R^2$ | 0,436 | | | | |
| *RSE* | 0,0459 (df = 4336) | | | | |
| *Signifikanz:* | ***(p<0,001) **(p<0,01) *(p<0,05) .(p<0,1) | | | | |

pen nahezu identisch. Der RSE ist für die Unternehmen mit niedrigeren diskretionären Periodenabgrenzungen niedriger. Weiterhin sind die Ausprägungen des $R^2$ im Vergleich zu den Schätzmodellen der Stichprobe deutscher Unternehmen höher, sowie die Standardfehler der Residuen niedriger. Dementsprechend ist im Vergleich beider Stichproben von einer besseren Anpassung des Schätzmodells an die Daten US-amerikanischer Unternehmen auszugehen. Dies geht neben den höheren $R^2$ und niedrigeren Ausprägungen des RSE aus den signifikanteren erklärenden Variablen hervor.[171]

### 5.5.3.3 n-Schritt Prognose von Gewinnen und Cashflows mittels Regression

#### 5.5.3.3.1 Aufteilung nach Höhe der Periodenabgrenzungen

Die Tabellen 5.23 und 5.24 zeigen die Prognoseergebnisse der operativen Gewinne $OI_i$ und operativen Cashflows $CFO_i$ für die nach der Höhe der gesamten Periodenabgrenzungen aufgeteilten US-amerikanischen Unternehmen.

Tabelle 5.23 zeigt im Modellvergleich insbesondere für Gruppe 2 keine eindeutigen Ergebnisse. Über die Vorteilhaftigkeit des Regressionsmodells kann hier somit keine Aussage getroffen werden. Für Gruppe 1 erzeugt das Regressionsmodell für die langfristige und iterative Prognose bessere Ergebnisse als das Vergleichsmodell, sodass es als insgesamt vorteilhafter anzunehmen ist. Eindeutig ist hingegen ein niedrigeres Niveau der Fehlermaße in Gruppe 2. Beide Modelle liefern im Vergleich zu den Unternehmen mit höheren Periodenabgrenzungen deutlich niedrigere Fehlerwerte für alle Horizonte und beide Fehlermaße. Das Regressionsmodell liefert durchschnittlich 31,5 % niedrigere RMSE und 26,7 % niedrigere MAE. Der Random Walk liefert durchschnittlich 26,9 % niedrigere RMSE und 27,2 % niedrigere MAE.

**Tabelle 5.23** Prognosen $OI$ – Aufteilung nach Höhe (USA)

| | 1-Schritt | | 3-Schritt | | Iterativ | |
|---|---|---|---|---|---|---|
| | RMSE | MAE | RMSE | MAE | RMSE | MAE |
| Gruppe 1 (hohe $TA_t$) | | | | | | |
| Regressionsmodell | 0,0594 | 0,0397 | 0,0580 | 0,0374 | 0,0491 | 0,0309 |
| RW ($OI_t = OI_{t-1}$) | 0,0477 | 0,0304 | 0,0665 | 0,0408 | 0,0527 | 0,0312 |
| Gruppe 2 (niedrige $TA_t$) | | | | | | |
| Regressionsmodell | 0,0341 | 0,0241 | 0,0441 | 0,0314 | 0,0353 | 0,0232 |
| RW ($OI_t = OI_{t-1}$) | 0,0381 | 0,0242 | 0,0472 | 0,0290 | 0,0360 | 0,0211 |

Tabelle 5.24 zeigt die Ergebnisse der Cashflowprognosen unter Aufteilung der Unternehmen nach der Höhe aller Periodenabgrenzungen. Die Ergebnisse sind mit denen der zuvor beschriebenen Gewinnprognosen in Tabelle 5.23 vergleichbar. Eine

[171] Vgl. Tabellen 5.8 und 5.9 mit 5.21 und 5.22.

eindeutige Überlegenheit einer der beiden Methoden kann nicht festgestellt werden. Das Regressionsmodell ist für beide Gruppen in der iterativen Prognose überlegen. Für die übrigen Horizonte ergeben sich unterschiedliche Ergebnisse. Wieder wird jedoch deutlich, dass die Prognosen in Gruppe 2 zu insgesamt niedrigeren Fehlerwerten führen. Eine Ausnahme ergibt sich für die Cashflowprognose lediglich für das Regressionsmodell im Falle der langfristigen Prognose.[172] Dabei ist der RMSE in Gruppe 2 jedoch lediglich unter 1 % höher, der MAE etwa 3,2 % höher als in Gruppe 1. Der Random Walk erzielt in Gruppe 2 jedoch durchschnittlich etwa 21 % bessere Ergebnisse als in Gruppe 1. Für die iterative Prognose ist der RMSE des Regressionsmodells im Vergleich etwa 22,5 % niedriger und der MAE etwa 26,6 % niedriger, sodass Gruppe 2 insgesamt besser prognostizierbar ist. Anders als in der Stichprobe deutscher Unternehmen[173] ist hier ein klarer Nutzen durch die Aufteilung der Stichprobe zu erkennen. Die Gewinne US-amerikanischer Unternehmen lassen sich in Gruppe 2 (bei niedrigerer Summe der Periodenabgrenzungen) besser, d. h. mit niedrigeren Fehlern prognostizieren. Gleiches gilt auch für die Prognose operativer Cashflows.

**Tabelle 5.24** Prognosen $CFO$ – Aufteilung nach Höhe (USA)

| | 1-Schritt | | 3-Schritt | | Iterativ | |
|---|---|---|---|---|---|---|
| | RMSE | MAE | RMSE | MAE | RMSE | MAE |
| Gruppe 1 (hohe $TA_t$) | | | | | | |
| Regressionsmodell | 0,0540 | 0,0401 | 0,0589 | 0,0408 | 0,0489 | 0,0350 |
| RW ($CFO_t = CFO_{t-1}$) | 0,0533 | 0,0378 | 0,0647 | 0,0437 | 0,0576 | 0,0395 |
| Gruppe 2 (niedrige $TA_t$) | | | | | | |
| Regressionsmodell | 0,0369 | 0,0253 | 0,0594 | 0,0421 | 0,0379 | 0,0257 |
| RW ($CFO_t = CFO_{t-1}$) | 0,0390 | 0,0264 | 0,0545 | 0,0321 | 0,0422 | 0,0267 |

[172] Vgl. Tabelle 5.24.

[173] Vgl. Tabellen 5.10 und 5.11.

#### 5.5.3.3.2 Aufteilung nach Höhe der diskretionären Periodenabgrenzungen

Die Tabellen 5.25 und 5.26 zeigen die Prognoseergebnisse der anhand der Höhe diskretionärer Periodenabgrenzungen gem. des Jones Modells aufgeteilten US-amerikanischen Unternehmen.

**Tabelle 5.25** Prognosen $OI$ – Jones Modell Aufteilung (USA)

| | 1-Schritt | | 3-Schritt | | Iterativ | |
|---|---|---|---|---|---|---|
| | RMSE | MAE | RMSE | MAE | RMSE | MAE |
| Gruppe 1 (hohe $DA_t$) | | | | | | |
| Regressionsmodell | 0,0453 | 0,0308 | 0,0607 | 0,0415 | 0,0493 | 0,0312 |
| RW ($OI_t = OI_{t-1}$) | 0,0500 | 0,0310 | 0,0709 | 0,0454 | 0,0523 | 0,0306 |
| Gruppe 2 (niedrige $DA_t$) | | | | | | |
| Regressionsmodell | 0,0267 | 0,0195 | 0,0402 | 0,0269 | 0,0356 | 0,0233 |
| RW ($OI_t = OI_{t-1}$) | 0,0270 | 0,0174 | 0,0403 | 0,0244 | 0,0365 | 0,0218 |

Eine klare Überlegenheit einer der beiden Methoden ist in Tabelle 5.25 erneut nicht festzustellen. Für die Prognose des operativen Gewinnes je Unternehmen $OI_i$ ist das Regressionsmodell gem. RMSE für alle Horizonte und beide Gruppen zu bevorzugen. Der MAE ist in Gruppe 2 für alle Horizonte und für Gruppe 1 im iterativen Fall jeweils leicht höher als der des Vergleichsmodells. Insbesondere in Gruppe 2 ergeben sich somit abhängig vom verwendeten Fehlermaß verschiedene Schlussfolgerungen, wobei die Ergebnisse meist nah beieinanderliegen. Für Gruppe 2 ergeben sich unabhängig von der Prognosemethode stets niedrigere Fehlerwerte, sodass niedrigere diskretionäre Periodenabgrenzungen wie auch in der Stichprobe deutscher Unternehmen zu einer besseren Prognostizierbarkeit führen. Beispielsweise ist der RMSE der 3-Schritt Prognose im Mittel beider Methoden etwa 38,5 % niedriger, der MAE etwa 40,7 %. Für die iterative Prognose ergibt sich ein 29 % niedrigerer RMSE und 27 % niedrigerer MAE.

Tabelle 5.26 zeigt ähnliche Ergebnisse. Auch für die Prognose der operativen Cashflows je Unternehmen $CFO_i$ ergeben sich in Gruppe 2 konsistent niedrigere Fehlerwerte. Die langfristige Prognose in Gruppe 2 geht mit durchschnittlich etwa

38 % niedrigeren Fehlerwerten, die iterative Prognose mit durchschnittlich 22 % niedrigeren Fehlerwerten einher.[174]

**Tabelle 5.26** Prognosen $CFO$ – Jones Modell Aufteilung (USA)

| | 1-Schritt | | 3-Schritt | | Iterativ | |
|---|---|---|---|---|---|---|
| | RMSE | MAE | RMSE | MAE | RMSE | MAE |
| Gruppe 1 (hohe $DA_t$) | | | | | | |
| Regressionsmodell | 0,0452 | 0,0333 | 0,0696 | 0,0489 | 0,0487 | 0,0345 |
| RW ($CFO_t = CFO_{t-1}$) | 0,0522 | 0,0360 | 0,0748 | 0,0493 | 0,0563 | 0,0375 |
| Gruppe 2 (niedrige $DA_t$) | | | | | | |
| Regressionsmodell | 0,0363 | 0,0269 | 0,0483 | 0,0353 | 0,0384 | 0,0268 |
| RW ($CFO_t = CFO_{t-1}$) | 0,0359 | 0,0251 | 0,0395 | 0,0265 | 0,0439 | 0,0287 |

Methodisch dominiert das Regressionsmodell in Gruppe 1, da es unabhängig vom Horizont und Fehlermaß zu niedrigeren Werten führt. In Gruppe 2 dominiert es lediglich in der iterativen Prognose.[175] In der 1-Schritt und 3-Schritt Prognose schneidet der Random Walk besser ab.

Damit kann letztlich auch das Fazit für die Prognosebildung unter Berücksichtigung von Rechnungslegungspolitik entsprechend der Definition des Jones Modells gezogen werden. Wie auch in der Stichprobe deutscher Unternehmen sind die Unterschiede zwischen den betrachteten Gruppen signifikant. Die Gruppe der Unternehmen mit niedrigeren diskretionären Periodenabgrenzungen weist bedeutend niedrigere Ausprägungen der Fehlermaße auf. Dies gilt sowohl für die Prognose operativer Gewinne als auch für die Prognose operativer Cashflows. Diese Erkenntnisse können im Rahmen der Prognoseerstellung genutzt werden, um die Genauigkeit modellgebundener Prognosen einzuschätzen. Weisen Unternehmen im Vergleich zu der Stichprobe niedrigere diskretionäre Periodenabgrenzungen auf, sind Prognosen und darauf basierende Bewertungen mit weniger Unsicherheit verbunden.

[174] In der 3-Schritt Prognose liegt der RMSE durchschnittlich 38,9 % und der MAE durchschnittlich 37 % unterhalb der Ergebnisse in Gruppe 1. In der iterativen Prognose sind die Fehlerwerte circa 21,6 % (RMSE) bzw. 22,9 % (MAE) niedriger.

[175] Dabei ist der RMSE 12,5 % niedriger, der MAE 6,6 % niedriger als der des Vergleichsmodells.

### 5.5.4 Vergleich beider Stichproben

Die Ergebnisse beider Stichproben sind insgesamt konsistent, sodass die Ergebnisse aus der Analyse deutscher Unternehmen validiert werden. Die Schätzmodelle beider Länder unter Aufteilung nach der Summe aller Periodenabgrenzungen sind sowohl für den operativen Gewinn als auch den operativen Cashflow vergleichbar. In der US-amerikanischen Stichprobe weisen die Regressoren höhere Signifikanzen auf. Im Falle der Schätzmodelle für die Cashflows der US-Stichprobe sind die Ausprägungen des $R^2$ in beiden Gruppen höher, die Standardfehler niedriger. In der deutschen Stichprobe sind hingegen die $R^2$ für die Schätzmodelle der Gewinne höher.[176]

Die Schätzmodelle unter Aufteilung nach der Höhe der diskretionären Periodenabgrenzungen sind für beide Länder vergleichbar. Dies gilt sowohl für die Modelle zur Erklärung der operativen Gewinne als auch der operativen Cashflows. Die Standardfehler sind in allen Fällen in Gruppe 2 niedriger, die $R^2$ auf ähnlichem Niveau. Für die Gewinnmodelle liefert die deutsche Stichprobe höhere Ausprägungen des $R^2$. Die Cashflowmodelle liefern für die US-amerikanische Stichprobe höhere Ausprägungen des $R^2$ und der Signifikanzen.[177]

Die Aufteilung nach der Höhe der gesamten Periodenabgrenzungen liefert für beide Stichproben unterschiedliche Ergebnisse in Hinblick auf die Prognosen. Für die deutschen Unternehmen lassen sich keine Auswirkungen auf die Prognosegüte der operativen Gewinne und Cashflows feststellen.[178] Für die US-amerikanische Stichprobe lässt sich hingegen ein niedrigeres Niveau der Fehlermaße in Gruppe 2 feststellen. Die Höhe der gesamten Periodenabgrenzungen korreliert dementsprechend positiv mit den Prognosefehlern, sodass die Ermittlung künftiger Unternehmenserfolge mit der Höhe der Periodenabgrenzungen schwieriger wird. Dies gilt für die US-amerikanische Stichprobe und die Prognosen operativer Gewinne und Cashflows.[179]

Die Aufteilung nach der Höhe der diskretionären Periodenabgrenzungen hingegen hat für beide Stichproben vergleichbare Auswirkungen auf die Prognoseerstellung. Die Gruppenunterschiede sind für beide Länder sowie unabhängig von der abhängigen Variable signifikant. Im Falle niedrigerer diskretionärer Periodenabgrenzungen ergeben sich niedrigere Ausprägungen der Fehlermaße. Bei niedrigeren $DA_i$ gem. des Jones Modells lassen sich operative Gewinne und Cashflows

---

[176] Vgl. Tabellen 5.1–5.4 (Deutschland) mit 5.14–5.17 (USA).

[177] Vgl. Tabellen 5.6–5.9 (Deutschland) mit 5.19–5.22 (USA).

[178] Vgl. Tabellen 5.10 und 5.11.

[179] Vgl. Tabellen 5.23 und 5.24.

besser prognostizieren. Die Ausprägungen der Fehlermaße sind in der Stichprobe US-amerikanischer Unternehmen niedriger. Dies gilt für alle Horizonte und Fehlermaße der Prognose operativer Cashflows.[180] Die Prognose operativer Gewinne führt insbesondere bei hohen diskretionären Periodenabgrenzungen zu niedrigeren Fehlern in der deutschen Stichprobe.[181] Erneut zeigt sich damit eine tendenziell höhere Prognosefähigkeit des operativen Gewinnes in der Stichprobe deutscher Unternehmen sowie eine höhere Prognosefähigkeit des operativen Cashflows in der Stichprobe US-amerikanischer Unternehmen.

[180] Vgl. Tabelle 5.13 (Deutschland) mit 5.26 (USA).

[181] Vgl. Tabelle 5.12 (Deutschland) mit 5.25 (USA).

# 6 Modellgestützte Erfolgsprognosen für die Unternehmensbewertung

Ein bedeutsamer Anwendungsbereich der zuvor betrachteten Modelle ist die Unternehmensbewertung. Die erstellten Prognosen von Gewinnen und Cashflows können in einem weiteren Schritt für die Unternehmensbewertung genutzt werden. Dafür müssen die zuvor erstellten Gewinn- oder Zahlungsmittelüberschussprognosen diskontiert werden. Insbesondere die Wahl der zu verwendenden Diskontierungszinssätze wirft dabei viele Fragen auf und hat großen Einfluss auf die resultierenden Werte. In diesem Kapitel folgt eine empirische Evaluation residualgewinnbasierter Unternehmensbewertungen anhand einer Erweiterung des Feltham-Ohlson Modells. Da es keine objektiv messbaren Unternehmenswerte gibt und die durch Modelle errechneten Werte dementsprechend nicht überprüfbar sind, wird für empirische Evaluationen häufig und auch in dieser Arbeit auf die Marktwerte des Eigenkapitals im Sinne von Marktkapitalisierungen der Unternehmen zurückgegriffen.

Zur Einordnung und Herleitung des Feltham-Ohlson Modells ist es zuerst notwendig, die grundlegenden Ansätze der Unternehmensbewertung zu definieren. Dafür werden auch die verschiedenen Varianten der DCF-Verfahren und das CAPM als typisches Modell zur Ermittlung des Kapitalkosten- bzw. Diskontierungszinssatzes thematisiert. Anschließend wird darauf aufbauend das Feltham-Ohlson Modell beschrieben und entsprechend der Eigenschaften der Datenbasis angepasst. Daraufhin wird anhand dieses Modells die Eignung residualgewinnbasierter Unternehmensbewertungen bzw. deren Erklärungskraft für die jeweiligen Marktwerte empirisch überprüft. Daraus lässt sich auch die Wertrelevanz der ausgewiesenen Werte ableiten.



L. B. Heidbrink, *Quantitative Prognosen in der externen Unternehmensrechnung*, https://doi.org/10.1007/978-3-658-47506-2_6

## 6.1 Grundlegende Unternehmensbewertungsmodelle

Die bisher aufgegriffenen Modelle zur Prognose von Gewinnen und Zahlungsströmen dienen der Unternehmensbewertung, sofern die ermittelten Werte anschließend zu diesem Zwecke weiter verwendet werden. Typisch sind besonders die DCF-Verfahren, welche auch gem. der Vorschriften der Rechnungslegung anzuwenden sind.[1] Sie stellen jedoch nur eine Möglichkeit zur Ermittlung eines Unternehmenswertes dar. Grundsätzlich ist zwischen den genannten, auf Zahlungsströmen basierenden Verfahren und den rechnungslegungsbasierten Verfahren zu unterscheiden. Das Feltham-Ohlson Modell basiert im Gegensatz zu den DCF-Verfahren auf ausgewiesenen Gewinnen, welche durch Vorschriften der Rechnungslegung bzw. Periodenabgrenzungen und damit zahlungsunwirksamen Aufwendungen und Erträgen beeinflusst werden. Im Folgenden soll ein kurzer Überblick über die verschiedenen, typischsten Modelle gegeben werden.[2] Der Fokus dieser Arbeit liegt dabei auf zukunftsorientierten Bewertungsverfahren, für die entsprechend künftige Gewinne oder Zahlungsströme prognostiziert werden müssen. Sie stellen die gängigen Verfahren zur Bewertung von Unternehmen dar, obwohl ihre praktische Umsetzung mit strikten Annahmen einhergehen.[3] Von älteren Verfahren der Unternehmensbewertung, insbesondere der Substanzwertmethode und ähnlichen Verfahren wird abstrahiert. Es wird somit grundsätzlich das Ertragswertverfahren betrachtet, wobei die relevanten Zählergrößen variieren.[4]

Neben dem auf Cashflows basierenden Ansatz sind ursprünglich der Dividenden- und Gewinnansatz zu unterscheiden. Nach dem Dividendenansatz ist davon auszugehen, dass die Höhe der Ausschüttungen, d. h. die Aufspaltung des Gewinnes in Ausschüttung und Thesaurierung, einen Einfluss auf den Unternehmenswert hat.[5] Nach dem Gewinnansatz ist der Unternehmenswert unabhängig von der Gewinnverwendung bzw. der Ausschüttung oder Thesaurierung.[6] Die Ansätze führen unter den Annahmen von Miller und Modigliani (1961) zu dem gleichen Ergebnis, wenn die interne Rendite der geforderten Verzinsung entspricht.

[1] Vgl. Abschnitt 2.8.2.

[2] Vgl. auch Stromann (2003), S. 12–25.

[3] Vgl. Schildbach (2000), S. 707 f.

[4] Vgl. Kuhner und Maltry (2017), S. 52 f.

[5] Vgl. Gordon (1963).

[6] Vgl. Miller und Modigliani (1961).

### 6.1.1 Das Dividenden-Diskont Modell

Das Dividenden-Diskont Modell[7] ist als Ausgangsmodell der modernen Unternehmensbewertung nach den DCF-Verfahren zu betrachten. Erstmals wird damit der Wert eines Unternehmens durch die Barwerte künftiger Zahlungen und damit vollständig zukunftsorientiert ermittelt. Das Modell definiert den Unternehmenswert als Barwert aller zukünftig an die Investoren auszuschüttenden Dividenden und kann deshalb wie folgt dargestellt werden:

$$UW_t = \sum_{i=1}^{\infty}(1 + r_k)^{-i} d_{t+i}, \tag{6.1}$$

wobei $r$ den als im Zeitablauf fix angenommenen Diskontierungszinssatz und $d_t$ die ausgeschüttete Dividende in Zeitpunkt $t$ beschreibt. Das aufgezeigte Modell impliziert ein zeitlich unbegrenztes Prognoseproblem der Dividendenzahlungen. Da dies nicht praktikabel ist, wird in der Praxis ein Planungshorizont (eine Detailplanungsphase von ca. drei bis fünf Jahren) und ein Endwert angenommen, sodass am Ende der Zahlungsreihe eine ewige Rente bleibt.[8] Dieser auch als Fortführungswert bezeichnete Teil des Unternehmenswertes unterliegt der simplen Annahme eines Wachstumsfaktors der Zahlungsüberschüsse für alle folgenden Perioden und hat damit möglicherweise einen verzerrenden Einfluss auf die berechneten Werte. Diese Unsicherheit kann minimiert werden, indem Modelle mit prozentual möglichst niedrigen Fortführungswerten bevorzugt werden. Im Residualgewinnmodell kommt dem Fortführungswert eine geringere Bedeutung zu als nach den DCF-Verfahren.[9]

Diesem Modell liegt die Annahme zugrunde, dass sich der Wert des Unternehmens lediglich aus den Zahlungsströmen ergibt, die an die Anteilseigner erfolgen. Bei jährlich vollständiger Thesaurierung der Unternehmensgewinne würde daher ein Unternehmenswert von null errechnet, obwohl das Unternehmen werthaltig ist und die Anteile an dem Unternehmen im Wert steigen. Dies ist der grundlegende Unterschied zu den DCF-Verfahren, welche auf Free Cashflows basieren und unabhängig von der Ausschüttungspolitik eines Unternehmens sind bzw. von dieser abstrahieren.

---

[7] Vgl. allgemein zum Barwert KRUSCHWITZ und HUSMANN (2012), S. 147–153.

[8] Vgl. zum Endwert bzw. Restwert auch STROMANN (2003), S. 24; KUHNER und MALTRY (2017), S. 127; KUHNER (2006), S. 716.

[9] Vgl. KOCH (2005), S. 101 sowie die dort aufgeführten, empirischen Untersuchungen.

Das Modell unterliegt weiterhin dem Prognoseproblem der künftigen Dividenden. Diese müssen auf Basis der in Vergangenheit gezahlten Dividenden geschätzt werden, unterliegen jedoch stark subjektiven Einflüssen durch die Ausschüttungspolitik des Unternehmens und die Interessen der Anteilseigner. Weiterhin kann die wirtschaftliche Lage eines Unternehmens nicht eindeutig durch das Verhalten in Bezug auf die Ausschüttung von Dividenden bestimmt werden, sodass das Prognoseproblem erschwert wird.[10]

### 6.1.2 Discounted-Cash-Flow (DCF) Modelle

Die DCF-Modelle in ihren unterschiedlichen Ausprägungen ziehen nun, alternativ zum Dividenden-Diskont Modell, die Barwerte künftiger Cashflows als Zahlungsströme heran, wobei in aller Regel auf den Free Cashflow (FCF) abgestellt wird.[11] Sie sind als Standardmodelle zu betrachten und die in der Wissenschaft und Praxis dominierenden Methoden zur Ermittlung von Unternehmenswerten.[12] Auch das IDW sieht sie als Unternehmensbewertungsmethode vor.[13] Der FCF unterstellt eine fiktive Eigenfinanzierung, da der Steuervorteil aus der Fremdfinanzierung (d. h. die Möglichkeit, Fremdkapitalzinsen als Aufwendungen gewinnmindernd anzusetzen) unberücksichtigt bleibt. Der Total Cashflow (TCF) hingegen stellt auf die gesamten Rückflüsse unter Berücksichtigung der Steuervorteile durch (teilweise) Fremdfinanzierung ab. Der Steuervorteil kann sowohl in den Zahlungsüberschüssen und damit im Zähler der Unternehmenswertformel als auch im Diskontierungszinssatz im Nenner berücksichtigt werden.[14] Das IDW berücksichtigt die Total Cashflow Variante im IDW S1 nicht, sondern schreibt ein konkretes Rechenschema zur Ermittlung der Free Cashflows vor.[15]

---

[10] Vgl. STROMANN (2003), S. 23.

[11] Vgl. beispielsweise DRUKARCZYK und SCHÜLER (2015), S. 110–120.

[12] Vgl. DRUKARCZYK und SCHÜLER (2015), S. 451 f.; KUHNER und MALTRY (2017), S. 75, 77; SCHILDBACH (2000), S. 707.

[13] Vgl. IDW S1 i. V. m. IDW RS HFA 10.

[14] Vgl. KUHNER und MALTRY (2017), S. 225.

[15] Vgl. IDW S1, Rn. 127.

Die DCF-Verfahren auf Basis des FCF folgen vereinfacht dem folgenden Schema[16]

$$UW_t = \sum_{i=1}^{\infty}(1 + r_k)^{-i} FCF_{t+i}. \tag{6.2}$$

Ein weiterer Unterschied der DCF-Verfahren zum Dividenden-Diskont Modell ist die marktwertorientierte Ermittlung des Diskontierungszinssatzes. Dazu wird in der Regel das Capital Asset Pricing Model (CAPM) genutzt, welches unter anderem auf SHARPE (1964) zurückgeht. Es führt letztendlich zu einer konkreten Berechnungsformel für die Eigenkapitalverzinsung. Diese lautet[17]

$$E(r_i) = r_f + \beta_i^{CAPM}(E(r_m) - r_f) \tag{6.3}$$

Dabei wird die Verzinsung von Staatsanleihen häufig als risikoloser Zinssatz $r_f$ angenommen und die Marktverzinsung $E(r_m)$ als durchschnittliche Rendite eines Aktienindexes ermittelt. Der Betafaktor $\beta^{CAPM}$ spiegelt das unternehmensspezifische Risiko wider und bestimmt sich durch die Rendite des Unternehmens $i$ und des Marktes sowie der Varianz der Marktrendite. Der Betafaktor ist definiert als[18]

$$\beta_i^{CAPM} = \frac{cov(r_i, r_m)}{\sigma_m^2}, \tag{6.4}$$

wobei $\sigma_m$ die Standardabweichung der Marktrendite beschreibt. Somit stellt das CAPM eine Möglichkeit zur Verfügung, Unsicherheit in den prognostizierten Zahlungsströmen zu berücksichtigen. Unter Verwendung des CAPM erfolgt dies wie oben dargestellt durch einen höheren Diskontierungszinssatz, welcher letztendlich zu einem geringeren Barwert führt. Alternativ könnte die Unsicherheit ebenso in der Zahlungsreihe, d. h. im Zähler der Barwertformel berücksichtigt werden.[19]

Offensichtlich bestehen sowohl bei der Prognose der Cashflows als auch bei der Ermittlung eines geeigneten Diskontierungszinssatzes Ermessensspielräume. Die Ermittlung der Eigenkapitalverzinsung mithilfe des CAPM wirft unter anderem die Frage nach der Existenz eines risikolosen Zinssatzes auf. Jedes Finanzinstrument unterliegt Risiken und welches Instrument als Grundlage für eine risikolose Verzinsung dienen kann, ist nicht eindeutig. Bei der Verwendung von Staatsanleihen liegt

---

[16] Vgl. KUHNER und MALTRY (2017), S. 228–233; STROMANN (2003), S. 14. Von dem Restwert in Form einer ewigen Rente wird vorerst erneut abstrahiert.

[17] Vgl. KUHNER und MALTRY (2017), S. 191; FAMA und FRENCH (2004), S. 29.

[18] Vgl. DRUKARCZYK und SCHÜLER (2015), S. 55; FAMA und FRENCH (2004), S. 28.

[19] Vgl. STROMANN (2003), S. 21.

zudem eine Abhängigkeit von der Laufzeit vor und es ist fraglich, welche Laufzeit angemessen ist. Bezüglich der Marktrendite ist zu klären, welcher Aktienindex zur Berechnung der Marktrendite herangezogen wird. Je nach Größe des Unternehmens, der Branchenzugehörigkeit und regionaler Präsenz können verschiedene Aktienindizes in Frage kommen. Deren Rendite und Volatilität weicht häufig voneinander ab und beeinflusst letztlich die berechneten Unternehmenswerte. Das wohl größte Problem liegt jedoch darin, dass wohl der Großteil aller zu bewertenden Unternehmen nicht an der Börse notiert sind. Dementsprechend kann der Betafaktor $\beta_i^{CAPM}$ nicht über die oben aufgeführte Formel ermittelt werden. Abhilfe schaffen beispielsweise ‚Peer-Groups' börsennotierter Unternehmen, für die Betafaktoren ermittelt werden können.[20] Die Auswahl möglichst ähnlicher Unternehmen dafür kann sich jedoch an verschiedensten Merkmalen orientieren und unterliegt subjektivem Ermessen. Exakt gleiche Unternehmen im Hinblick auf sämtliche Ausweise der Rechnungslegung, Branche, Produktpalette, Standorte und viele weitere Aspekte ist kaum möglich. Diese Aspekte verdeutlichen erneut die vielen Annahmen, an welche das CAPM gebunden ist. Es basiert bereits grundlegend auf der Portfoliotheorie von MARKOWITZ (1952) und setzt einen vollkommenen Kapitalmarkt voraus, welcher in der Realität nicht existiert. Die Annahmen des CAPM abstrahieren somit stark von der Realität.[21]

Wie dargestellt, sind DCF-Verfahren zur Ermittlung von Unternehmenswerten dennoch als Standardmethode anzusehen und in Wissenschaft und Praxis am weitesten verbreitet. Mit der Verwendung dieser Modelle gehen jedoch etliche Schwierigkeiten in der Anwendung einher.[22] Das theoretische Grundgerüst von Modigliani und Miller sowie das verwendete CAPM sorgen für strikte Annahmen an welche die Methode gebunden ist.[23] GREEN, HAND und ZHANG (2016) analysieren 120 DCF-Modelle von Analysten auf Verkäuferseite (die betrachteten Modelle stammen zumeist von Banken und Fondsgesellschaften[24]). Nach dieser Analyse machen Analysten im Median drei Fehler bei der Modelldefinition oder -anwendung und treffen vier fragwürdige Annahmen hinsichtlich der wirtschaftlichen Entwicklung.[25]

[20] Vgl. DRUKARCZYK und SCHÜLER (2015), S. 226.

[21] Vgl. KUHNER und MALTRY (2017), S. 194.

[22] Vgl. SCHILDBACH (2000), S. 708.

[23] Vgl. MODIGLIANI und MILLER (1958), insbesondere S. 268 f.; MILLER und MODIGLIANI (1961), insbesondere S. 412.

[24] Vgl. GREEN, HAND und ZHANG (2016), S. 617 f.

[25] Vgl. GREEN, HAND und ZHANG (2016), S. 597, 617.

Dies bezieht sich auf falsche Einschätzungen des risikolosen Zinssatzes,[26] welcher im CAPM berücksichtigt wird, fehlende oder fragwürdige Wachstumsannahmen[27] und insbesondere die Annahme deutlich zu stark wachsender Free Cashflows in der Detailplanungsphase und der Rentenphase bzw. dem unendlichen Zeitraum.[28] So wird beschrieben, dass Free Cashflows zum Teil falsch aus den zugrundeliegenden Abschlussdaten abgeleitet werden, falsche Aktienanzahlen durch fehlende Berücksichtigung von Kapitalverwässerungen genutzt werden und teilweise nicht korrekt zwischen dem operativen und betriebsfremden Vermögen unterschieden wird.[29]

Während der risikolose Zinssatz sowie Wachstumsannahmen gut an vorhandene Daten zur wirtschaftlichen Entwicklung angelehnt werden können, scheint besonders die Ermittlung künftiger Free Cashflows der Willkür des Analysten zu unterliegen. Aus diesem Grund wurden in Kapitel 4 bereits konkrete Methoden zur objektiven Prognose von Cashflows und Gewinnen betrachtet.

Als Ursachen für die große Anzahl aufgedeckter Fehler, welche durch Interviews eruiert wurden, wird unter anderem die Unwissenheit von Analysten angeführt. Deren Vorgesetzte vermuten, dass den zuständigen Personen nicht bekannt ist, wie DCF-Modelle aufgestellt und verwendet werden. Darüber hinaus wird angeführt, dass nicht präzise gearbeitet wird, sodass nicht genug Zeit und Aufwand in die Erstellung der Modelle gesteckt wird.[30] Dies sei häufig der Fall, da kein Anreiz besteht, möglichst genaue Bewertungsmodelle zu erstellen.[31] Diese Ursachen beziehen sich auf beide von ERNSTBERGER, KROTTER und STADLER (2008) identifizierten, Analysten-spezifischen Treiber der Prognosegenauigkeit: Verhalten

---

[26] Vgl. DRUKARCZYK und SCHÜLER (2015), S. 238, 462; Der risikolose Zinssatz steht besonders in der aktuellen Niedrigzinsphase immer wieder in der Kritik. Er impliziert eine trügerische Sicherheit. Vgl. KUHNER und MALTRY (2017), S. 194.

[27] Die angenommenen Wachstumsraten sind eher optimistisch und übersteigen für die Rentenphase (das sog. ‚terminal year') im Median dessen, was aus wirtschaftlicher Sicht gerechtfertigt werden kann. Vgl. GREEN, HAND und ZHANG (2016), S. 598; Dass Wachstumsraten in diesem Fall sehr optimistisch sind, liegt natürlich an der Stichprobe bzw. der ausschließlichen Betrachtung von Analysten auf der Verkäuferseite. Grundsätzlich sollte sich die Wachstumsrate jedoch im Laufe der Zeit der Wachstumsrate der Gesamtwirtschaft annähern, da kein Unternehmen dauerhaft stärker als der Markt wachsen kann. Wachstumsraten sollten zudem vor dem Hintergrund der Branche und des Marktsegmentes, welches von dem Unternehmen bedient wird, determiniert werden. Vgl. KUHNER (2006), S. 717 f.

[28] Vgl. GREEN, HAND und ZHANG (2016), S. 597.

[29] Vgl. GREEN, HAND und ZHANG (2016), S. 616.

[30] Vgl. GREEN, HAND und ZHANG (2016), S. 598.

[31] So ergeben sich beispielsweise keine von der Genauigkeit der Modelle abhängigen Auswirkungen auf die Vergütung der Analysten. Vgl. GREEN, HAND und ZHANG (2016), S. 623.

(‚behavior') und Fähigkeit (‚skill').[32] Diese Erkenntnisse zeigen insbesondere die Gefahr einer blinden Übernahme von Analystenprognosen und stärkt die These dieser Arbeit, dass eigene Schätzmodelle errechnet und Prognosen durchgeführt werden sollten.

#### 6.1.2.1 Ermittlung der Parameter des CAPM

Die Ermittlungen des risikolosen Basiszinssatzes, des Betafaktors und der Marktrendite stellen die Schwachstellen des Modells und damit auch der DCF-Verfahren dar. Die vielen, stark vereinfachenden und damit kritischen Annahmen des CAPM schmälern den praktischen Nutzen des Modells. Empirisch ist es nicht haltbar, sodass es grundsätzlich nicht angewendet werden dürfte. Nichtsdestotrotz ist es mangels besserer Alternativen das wohl weit verbreitetste Modell zur Berechnung von Eigenkapitalkosten und findet in etlichen angrenzenden Bereichen Anwendung.[33] Die Ermittlung von Betafaktoren für private Unternehmen ist besonders stark ermessensbehaftet. Die Ableitung angemessener Werte wird dann beispielsweise durch börsennotierte Vergleichsunternehmen (Peer-Groups) ermittelt. Zur Bestimmung der Marktrendite muss ein Marktportfolio bestimmt werden, welches häufig durch große Aktienindizes approximiert wird. Dennoch müsste es grundsätzlich weltweit gestreut sein und könnte neben Aktien auch Anleihen und andere Vermögenswerte enthalten.[34] Die Ermittlungen des Betafaktors und der Marktrendite werden jedoch nicht weiter ausgeführt. Für den weiteren Gang dieser Arbeit wird insbesondere der risikolose Zinssatz benötigt, sodass dafür geeignete Finanzinstrumente thematisiert und ein kurzer Überblick über mögliche stellvertretende Werte gegeben wird.[35]

Für die risikolose Rendite bzw. den Basiszinssatz kommen vor allem Staatsanleihen oder festverzinsliche Wertpapiere mit hoher Bonität in Frage. Die vergangenen Jahre haben jedoch gezeigt, dass lange als sicher geltende Staatsanleihen des Euroraumes ebenfalls ausfallgefährdet sind und eine quasi-Sicherheit somit in Frage gestellt werden kann.[36] In den internationalen Rechnungslegungsstandards wird auch auf Unternehmensanleihen abgestellt. Im Rahmen der Bilanzierung von Pensionsverpflichtungen sind Renditen von hochwertigen, festverzinslichen Unternehmensanleihen als Zinssatz zu verwenden.[37] Ob die Anleihen ein Rating von

---

[32] Vgl. Ernstberger, Krotter und Stadler (2008), S. 27.

[33] Vgl. Fama und French (2004), S. 25, 43 f.

[34] Vgl. Fama und French (2004), S. 25 f., 41.

[35] Für die Anwendung des Feltham-Ohlson Modells wird ein risikoloser Basiszins benötigt. Die DCF-Verfahren werden als Alternative vorgestellt, kommen jedoch nicht zur Anwendung.

[36] Vgl. Kuhner und Maltry (2017), S. 194.

[37] Vgl. IAS 19.83.

AAA oder AA aufweisen müssen, ist in dem Standard weiterhin nicht eindeutig angegeben.[38] Es sind zudem Durchschnittswerte für die verschiedenen Verpflichtungen zu verwenden und bei längerfristigen Verpflichtungen dürfen Extrapolationen der Marktzinssätze geschätzt und verwendet werden.[39]

Grundsätzlich sollte das gewählte Instrument laufzeitäquivalent sein. Durch den besonders langfristigen Horizont ist dies im Falle von Unternehmensbewertungen nicht umzusetzen. Da Bundesanleihen beispielsweise nur mit einer Restlaufzeit von maximal 30 Jahren verfügbar sind, führt die Phase nach dieser Zeit zu Schwierigkeiten.[40] Für die Abzinsung später anfallender Zahlungsüberschüsse muss dennoch ein Diskontierungsfaktor bestimmt werden. Historische Renditen sollten jedoch nicht unverändert in die Zukunft fortgeschrieben werden. Eine Extrapolation des letzten Zinssatzes (beispielsweise in $t = 30$) in die Zukunft schafft typischerweise Abhilfe. Die Folge ist jedoch eine flache Zinsstruktur nach diesem Zeitpunkt, welche die Realität nicht widerspiegelt. Alternativ setzt sich daher die Extrapolation der Zinsstrukturkurve nach dem Nelson-Siegel-Svensson Modell[41] mit den von der Bundesbank veröffentlichten Parametern durch.[42]

#### 6.1.2.2 Ermittlung künftiger Zahlungsüberschüsse

Die Prognose künftiger Zahlungsüberschüsse basiert typischerweise auf einem zwei- oder dreistufigen Phasenmodell. Dieses schließt sich der vorausgehenden Vergangenheitsanalyse zur Identifikation langfristiger Erfolgspotenziale bzw. eines nachhaltigen Erfolgs an.[43] Es wird eine Detailplanungsphase, ggf. eine mittelfristige Planungsphase und die Rentenphase unterschieden.[44] Die Prognosegenauigkeit nimmt mit steigendem Horizont ab, weshalb die Rentenphase besonders schwierig zu prognostizieren und ihr häufig großer Einfluss auf das Gesamtergebnis kritisch zu hinterfragen ist. In der Rentenphase wird eine konstante Entwicklung unterstellt, welche häufig eine Wachstumsannahme beinhaltet. Es sollte ein Zeitpunkt bestimmt werden, ab dem das Wachstum nicht mehr über das Wachstum des

---

[38] Vgl. OBERMAIER (2009), S. 549.

[39] Vgl. IAS 19.85 f.; OBERMAIER (2009), S. 549 (die Referenzen zum IAS 19 sind in dieser Quelle veraltet).

[40] Vgl. KUHNER und MALTRY (2017), S. 105; DRUKARCZYK und SCHÜLER (2015), S. 238; IDW S1, Rn. 116 f.

[41] Vgl. NELSON und SIEGEL (1987); SVENSSON (1994).

[42] Vgl. KUHNER und MALTRY (2017), S. 107; DRUKARCZYK und SCHÜLER (2015), S. 238 f.

[43] Vgl. KUHNER und MALTRY (2017), S. 126.

[44] Vgl. IDW S1, Rn. 75–80; DRUKARCZYK und SCHÜLER (2015), S. 127; SCHULTZE (2003), S. 240.

Marktes hinausgeht.[45] Dementsprechend ist die Detailplanungsphase, welche etwa drei bis acht Jahre umfasst, mit einer hohen Prognosegenauigkeit verbunden.[46] Ihre Planung kann auf detaillierten Unternehmensplanungen basieren.[47] Dies ist jedoch bereits kritisch zu beurteilen. Etliche der für die Detailplanungsphase benötigten Variablen sind für außenstehende Bewerter nicht einsehbar und kaum objektiv zu prognostizieren.[48] So beispielsweise sämtliche Rahmenbedingungen politischer, rechtlicher und ökonomischer Natur sowie im Hinblick auf Produktentwicklungen, Wettbewerbsstruktur und den Kundenstamm, wobei DRUKARCZYK und SCHÜLER (2015) bereits anmerken, „dass die Beschaffung der erforderlichen Informationen für unternehmensexterne Bewerter herausfordernd ist und ihre Prognosen deshalb mit zusätzlichen Unsicherheiten behaftet sind"[49]. Dennoch sollen Bewertungen laut IDW auf zukunftsbezogenen Informationen beruhen und vergangenheitsbezogene Informationen lediglich als Grundlage der Schätzung und Plausibilisierung dienen.[50]

Zwar wird in aller Regel über die Definition von Szenarien und damit mit einer entsprechenden Bandbreite von möglichen Unternehmenswerten geplant, doch auch die Definition von negativen, positiven und den wahrscheinlichsten Entwicklungen sollte Unternehmensbewerter vor große Herausforderungen stellen. Zudem beruhen die Planungsrechnungen der verschiedenen Szenarien in der Regel auf einwertigen Größen und unterliegen strikten Annahmen an bedeutsame Entwicklungen, beispielsweise Wachstumsraten der Branche, Preisentwicklungen und Inflationsraten.[51] Dadurch entsteht zum einen eine große Bandbreite an möglichen Unternehmenswerten und zum anderen große Ermessensspielräume durch die Wahl und Gewichtung der Szenarien.[52] Eine sinnvolle Ergänzung derartiger Planungen ist die Planung auf Basis von Verteilungsannahmen mithilfe der Monte-Carlo

---

[45] Vgl. SCHULTZE (2003), S. 238, 244. Ein konstantes Wachstum über das Marktwachstum hinaus ist schließlich nicht möglich.

[46] Vgl. KUHNER und MALTRY (2017), S. 128.

[47] Vgl. DRUKARCZYK und SCHÜLER (2015), S. 127.

[48] Vgl. KUHNER (2006), S. 714.

[49] DRUKARCZYK und SCHÜLER (2015), S. 126.

[50] Vgl. IDW S1, Rn. 69–71.

[51] Vgl. DRUKARCZYK und SCHÜLER (2015), S. 126.

[52] Vgl. zur Schätzung von bewertungsrelevanten Free Cashflows DRUKARCZYK und SCHÜLER (2015), S. 125–137.

Simulation.[53] Sie liefert eine Wahrscheinlichkeitsverteilung der resultierenden Zahlungsströme auf Basis der getroffenen Verteilungsannahmen der Eingangsvariablen.[54]

Die Anforderungen führen zusätzlich dazu, dass der Informationsvorteil des Unternehmens zum Nachteil des Käufers genutzt werden kann, indem anstehende Projekte und Maßnahmen zur Rationalisierung und Effizienzsteigerung in die Planung einbezogen werden können, um die Erfolgslage positiv verzerrt darzustellen.[55] Die Einschränkung des IDW, dass Auswirkungen künftiger Maßnahmen nur bei vorliegender Einleitung oder konkreter Planung berücksichtigt werden dürfen, ist wenig hilfreich.[56]

Außenstehenden Investoren stehen wie dargelegt nur eingeschränkte und unzureichende Informationen zur Verfügung. Die Evaluation der Detailplanungsphase kann nur unter großer Unsicherheit und zwangsläufig mit starkem subjektivem Einfluss erfolgen. Unbekannt bleiben zum Beispiel operative Informationen zu geplanten Akquisitionen oder die Aufwandsstrukturen bzw. allgemeiner Informationen, welche über die Finanzberichterstattung hinausgehen.[57] Selbst wenn einige dieser Informationen in Form von qualitativen Ausführungen in Geschäftsberichten vorhanden sind, müssen sie in die Ermittlung der künftigen Zahlungsmittelüberschüsse einfließen. Die Herausforderung dabei ist die notwendige Verknüpfung qualitativer und quantitativer Informationen, welche subjektive Einflüsse mit sich bringt und einer möglichst guten Nachvollziehbarkeit und Replizierbarkeit im Wege stehen.[58] Dies widerspricht dem angestrebten, methodisch objektiven Vorgehen dieser Arbeit. Das Ziel ist die Ermittlung eines objektivierten Unternehmenswertes entsprechend der Gutachterfunktion der Unternehmensbewertung.[59] Aus diesem Grund wird von der beschriebenen Ermittlung künftiger Zahlungsüberschüsse abgewichen und stattdessen allein auf Basis historischer Daten prognostiziert.

---

[53] Vgl. RUBINSTEIN und KROESE (2016) und MCLEISH (2005) zur Monte Carlo Simulation sowie AMEN (2007) für eine Anwendung der Methodik zur Modellierung von Pensionsverpflichtungen.

[54] Vgl. SCHULTZE (2003), S. 236.

[55] Vgl. DRUKARCZYK und SCHÜLER (2015), S. 126. Darunter können beispielsweise Umstrukturierungen und umfangreiche Personalentscheidungen fallen.

[56] Vgl. IDW S1, Rn. 32.

[57] Vgl. COENENBERG, HALLER und SCHULTZE (2021), S. 1316.

[58] Vgl. SCHULTZE (2003), S. 236 f.; COENENBERG, HALLER und SCHULTZE (2021) S. 1316 f.

[59] Vgl. IDW S1, Rn. 12. Im Vordergrund steht eine unparteiliche und neutrale Bewertung. Im Gegensatz dazu steht die Beraterfunktion des Bewertenden, wobei subjektive Wertvorstellungen in die Wertfindung einfließen dürfen. Weiterhin gibt es die Funktion des Schiedsgutachters bzw. Vermittlers zur Ermittlung eines Einigungswertes zwischen Käufer und Verkäufer.

### 6.1.2.3 Typische Varianten der DCF-Verfahren

**WACC-Ansatz:** Die wohl bekannteste Variante der DCF-Verfahren ist die Diskontierung von Free Cashflows ($FCF$) mit einem durchschnittlichen Kapitalkostensatz bzw. den Weighted Avgerage Cost of Capital (WACC).[60] In den folgenden Ausführungen sei von einem Free Cashflow vor Zinsen und nach Steuern auszugehen, welcher sich vereinfacht aus $FCF = CF - S^{EK} - I^{Re}$ ergibt, wobei $CF$ = gesamter Cashflow eines Unternehmens, $S^{EK}$ = Steuerzahlungen bei fiktiver Eigenfinanzierung und $I^{Re}$ = Reinvestitionsauszahlungen. Die in Abschnitt 4.2.1 angegebene Definition des IDW S1[61] ist nicht geeignet, da sie den Steuervorteil aus der Fremdfinanzierung in der Berechnung des $FCF$ berücksichtigt. Der so definierte $FCF$ wird für die TCF-Variante benötigt.[62] Der sich ergebende Wert des Unternehmens und anschließend des Eigenkapitals ergibt sich aus der in Abschnitt 6.1.2 dargelegten Formel 6.2 des Ertragswertes, wobei der Diskontierungszinssatz $r$ den WACC entspricht.[63] Dieser entspricht[64]

$$r_{WACC} = \frac{EK}{GK} r^{v}_{EK} + \frac{FK}{GK} i^{FK}(1 - s), \tag{6.5}$$

wobei $EK$ = Eigenkapital, $FK$ = Fremdkapital, $GK$ = Gesamtkapital, $s$ = Unternehmenssteuersatz, $i^{FK}$ = Fremdkapitalzinssatz und $r^{v}_{EK}$ = Eigenkapitalzins des verschuldeten Unternehmens. $r^{v}_{EK}$ wird gem. des CAPM unter Nutzung von $\beta^{v} = \beta^{CAPM}(1 + (1 - s)\frac{FK}{EK})$ bestimmt.[65] Natürlich sind Betafaktoren unverschuldeter Unternehmen nicht zu beobachten, sodass sich die zuvor im Rahmen der Modelldefinition angegebene Formel zur Berechnung von $\beta^{CAPM}$ anhand der Marktwerte bereits auf verschuldete Unternehmen bezieht.[66]

Die Berechnung des $r_{WACC}$ verdeutlicht das auftretende Zirkularitätsproblem. Zur Berechnung wird bereits die Höhe des Eigenkapitals benötigt, welche durch die

---

[60] Vgl. KUHNER und MALTRY (2017), S. 231.

[61] Vgl. Tabelle 4.1.

[62] Vgl. DRUKARCZYK und SCHÜLER (2015), S. 102.

[63] Vereinfachend wird erneut von einem unendlichen Planungshorizont ausgegangen.

[64] Vgl. KUHNER und MALTRY (2017), S. 222; KRUSCHWITZ und HUSMANN (2012), S. 414. Die Multiplikation mit $(1 - s)$ stellt den aus der Fremdfinanzierung resultierenden Steuervorteil dar. Konkrete steuerliche Ausgestaltungen, beispielsweise zur Gewerbe- und Körperschaftsteuer im deutschen Rechtssystem, werden vernachlässigt.

[65] Vgl. KUHNER und MALTRY (2017), S. 223; KRUSCHWITZ und HUSMANN (2012), S. 415.

[66] Vgl. KRUSCHWITZ und HUSMANN (2012), S. 418. Ebenso ist es möglich, die Betafaktoren und Eigenkapitalrenditen verschuldeter Vergleichsunternehmen in unverschuldete Werte zu überführen, um anschließend die Zielkapitalstruktur einzubringen.

Unternehmensbewertung erst bestimmt werden soll. Folglich ist eine Zielkapitalstruktur zu definieren, um dem Problem zu entgegnen.[67]

Folgend werden kurz alternative Ansätze der DCF-Methodik vorgestellt, welche aufgrund der strikten Annahmen an die Verfahren alle zu demselben Ergebnis bzw. errechneten Unternehmenswert führen.[68]

**TCF-Ansatz:** Der TCF-Ansatz beruht ebenfalls auf einem durchschnittlichen Kapitalkostensatz, welcher den Steuervorteil der Fremdfinanzierung jedoch nicht berücksichtigt. Er wird erst nachträglich, in der Wertbestimmung berücksichtigt. Es gilt:[69]

$$r_{TCF} = \frac{EK}{GK} r_{EK}^{v} + \frac{FK}{GK} i^{FK} \tag{6.6}$$

als Diskontierungszinssatz und schließlich für den Unternehmenswert

$$UW_{TCF} = \sum_{t=1}^{\infty} \frac{FCF_{TCF,t}}{(1 + r_{TCF})^t}, \tag{6.7}$$

wobei $FCF_{TCF}$ wie der vom IDW S1 definierte $FCF$[70] den Steuervorteil der Fremdfinanzierung beinhaltet, sodass $FCF_{TCF} = CF - S^{EK} - I^{Re} + s \cdot i^{FK} \cdot FK$.

**APV-Ansatz:** Im Gegensatz zu dem WACC- und TCF-Ansatz wird der Steuervorteil aus Fremdfinanzierung im Adjusted Present Value (APV) Ansatz weder in den Cashflows, noch im Diskontierungszinssatz berücksichtigt. Stattdessen wird er direkt in die Formel zur Wertberechnung einbezogen, sodass für den Unternehmenswert

$$UW_{APV} = \sum_{t=1}^{\infty} \frac{FCF_t}{(1 + r_{EK})^t} + \frac{s \cdot i^{FK} \cdot FK_t}{(1 + i^{FK})^t} \tag{6.8}$$

gilt.[71] Dabei stellt $r_{EK}$ den Eigenkapitalzinssatz bei fiktiver vollständiger Eigenkapitalfinanzierung dar.

---

[67] Die Lösung über eine Vorgabe der Zielkapitalstruktur entspricht der atmenden Finanzierungspolitik, welche voraussetzt, dass der Fremdkapitalbestand ständig überprüft und der Zielsetzung entsprechend angepasst wird. Alternativ dazu müssen bei einer autonomen Finanzierungspolitik alle Fremdkapitalbestände der zukünftigen Perioden im Voraus festgelegt werden. Vgl. Kuhner und Maltry (2017), S. 281–283; Kruschwitz und Husmann (2012), S. 417.

[68] Vgl. Schildbach (2000), S. 712 m. w. N.; Modigliani und Miller (1958); Miller und Modigliani (1961).

[69] Vgl. Drukarczyk und Schüler (2015), S. 102; Kuhner und Maltry (2017), S. 230.

[70] Vgl. IDW S1, Rn. 127; Tabelle 4.1 in der vorliegenden Arbeit.

[71] Vgl. Drukarczyk und Schüler (2015), S. 100, 104 f.

**Equity-Methode:** Die Equity-Methode unter Nutzung des Flow to Equity (FTE) stellt ein Nettoverfahren dar, welches direkt den Wert des Eigenkapitals bestimmt. Die bisherigen Verfahren ermitteln einen Gesamtunternehmenswert, sodass sich der Wert des Eigenkapitals aus der Differenz mit dem Fremdkapitalwert ergibt. Der Eigenkapitalwert lautet dementsprechend[72]

$$EK_{FTE} = \sum_{t=1}^{\infty} \frac{FCF_{TCF,t} - i^{FK} \cdot FK_t + \Delta FK}{(1 + r_{EK}^{v})^t} \tag{6.9}$$

wobei der Zähler dem FTE entspricht.[73]

### 6.1.3 Residualgewinnmodelle

Das Residualgewinnmodell stellt eine Alternative zum Dividenden-Diskont Modell sowie zu den verschiedenen DCF-Verfahren dar und basiert statt auf Cashflows oder Dividenden auf den Residualgewinnen, welche sich durch den bilanziellen Gewinn abzüglich der Verzinsung des Eigenkapitals der Vorperiode ergeben:[74]

$$RG_t = G_t - r_k \cdot EK_{t-1}. \tag{6.10}$$

Der Unternehmenswert wird mittels des Residualgewinnmodells daher wie folgt ermittelt:[75]

$$UW_t = EK_t + \sum_{i=1}^{\infty} (1 + r_k)^{-i} RG_{t+i}. \tag{6.11}$$

Diese Formel ähnelt dem Dividenden-Diskont Modell stark, allerdings gibt sie im Gegenteil dazu den Unternehmenswert abhängig von Ausweisen der Rechnungslegung an.[76] Das Modell ermittelt unter Annahme des Lücke-Theorems den gleichen Unternehmenswert wie die auf Cashflows basierenden Modelle. Das Lücke-Theorem besagt, dass die Kapitalwerte einer Zahlungsreihe identisch sind mit der einer Gewinnreihe, wenn die Gewinnreihe um die Verzinsung des Eigenkapitals

---

[72] Vgl. KUHNER und MALTRY (2017), S. 228 f.

[73] Vgl. BALLWIESER und HACHMEISTER (2021), S. 166; KRAG und KASPERZAK (2000), S. 109, 111.

[74] Vgl. KUHNER und MALTRY (2017), S. 86; STROMANN (2003), S. 16; Abbildung 6.1.

[75] Vgl. KUHNER und MALTRY (2017), S. 88.

[76] Vgl. LEE, MYERS und SWAMINATHAN (1999), S. 1700.

bereinigt wird.[77] Weiterhin muss jedoch das Kongruenzprinzip erfüllt sein. Dies besagt, dass die Summe der Cashflows über die gesamte Periode der Summe der Periodengewinne entsprechen muss bzw. dass Eigenkapitaländerungen ausschließlich durch Gewinne oder Dividenden verursacht werden.[78] Festzuhalten bleibt damit, dass das Residualgewinnmodell große Ähnlichkeit zu den DCF-Verfahren aufweist und unter bestimmten Annahmen dieselben Werte ermittelt.

Das grundlegende Prinzip der Bewertung mithilfe von Residualgewinnen verdeutlicht Abbildung 6.1. Die in den künftigen Perioden anfallenden und die Verzinsung des Buchwertes übersteigenden Gewinne, d. h. die Residualgewinne der Perioden $t, \ldots, \infty$ werden auf den Bewertungszeitpunkt $t$ abgezinst. Zur Ermittlung des Zinssatzes kann das CAPM herangezogen werden. In der praktischen Umsetzung kann ebenfalls eine Rentenphase angenommen werden.

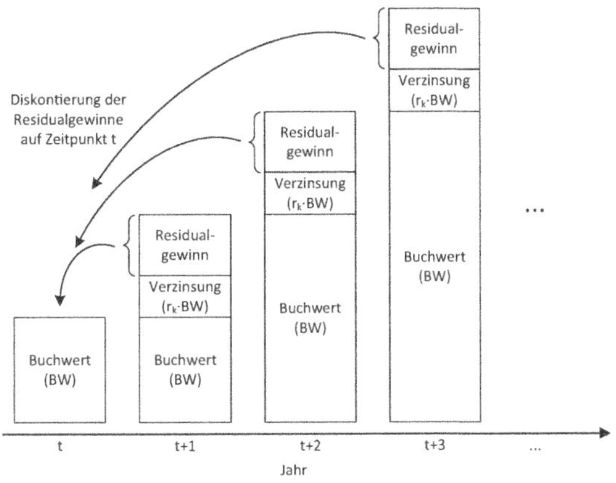


**Abbildung 6.1** Schematische Darstellung des Residualgewinnmodells[79]

Residualgewinne sind grundsätzlich transparenter und plausibler als Cashflows oder Dividenden.[80] Zudem haben Residualgewinnmodelle in empirischen Tests zum Teil besser abgeschnitten als Dividenden-Diskont Modelle. Dies wird damit begründet, dass Gewinnprognosen stärker mit Buchwerten verbunden sind als

---

[77] Vgl. LÜCKE (1955); STROMANN (2003), S. 15; KUHNER und MALTRY (2017), S. 86 f.

[78] Vgl. KUHNER und MALTRY (2017), S. 87.

[79] Vgl. YOHN (2020), S. 3165.

[80] Vgl. COENENBERG, HALLER und SCHULTZE (2021), S. 1305 f.

prognostizierte Dividenden, welche der Ausschüttungspolitik des Unternehmens unterliegen.[81] Gewinne fallen unabhängig von der Ausschüttungspolitik eines Unternehmens an und sind damit möglicherweise besser prognostizierbar.

Insbesondere gibt es kein absolut bestes Modell für die Unternehmensbewertung. Die Frage nach der besseren Prognosefähigkeit von Dividenden oder Cashflows ist nicht eindeutig zu beantworten.[82] Es ist jedoch die fehlende Anfälligkeit von Cashflows für Gestaltungen durch eine gewinnerhöhende oder -vermindernde Rechnungslegungspolitik hervorzuheben.[83]

Für die Ermittlung des Kapitalkostensatzes kann neben dem CAPM das Ohlson-Juettner Modell[84] als Alternative herangezogen werden. Typischerweise werden die Kapitalkosten mithilfe des zuvor beschriebenen CAPM ermittelt, woraus sich letztlich der Diskontierungszinssatz für die künftigen Überschüsse ergibt. Mithilfe des CAPM wird der Eigenkapitalkostensatz allein auf Basis historischer Daten ermittelt. Dies gilt für die Marktrendite und den Betafaktor, welcher die Volatilität eines Aktienkurses widerspiegelt. Der fehlende Zukunftsbezug wurde in der Forschung zum Anlass genommen, Alternativen zu entwickeln.

Das Unternehmensbewertungsmodell von OHLSON und JUETTNER-NAUROTH (2005) ermittelt den Unternehmenswert als Funktion des Gewinns und der Dividende je Aktie für zwei Folgeperioden sowie einer Wachstumsrate und eines Diskontierungsfaktors. Damit errechnet das Modell den Unternehmenswert direkt basierend auf Gewinnprognosen von Analysten. Durch Umformulierung der zugrundeliegenden Formel kann der Kapitalkostensatz direkt auf Basis von Analystenprognosen berechnet werden.[85] Dem liegt jedoch die Annahme des Aktienkurses im Bewertungszeitpunkt als Unternehmenswert zugrunde, sodass eine strikte Annahme getroffen wird und das Modell wie auch das CAPM auf börsennotierte Unternehmen ausgelegt ist.[86] Somit ist es einfach in der Handhabung, erfordert weniger Berechnungen als das CAPM und bezieht Prognosen direkt in die Berechnung der Kapitalkosten ein. Dennoch werden auch in diesem Modell strikte Annahmen über künftige Auszahlungen und Wachstumsraten sowie den aktuellen Unternehmenswert

---

[81] Vgl. LO und LYS (2000), S. 355.

[82] Vgl. STROMANN (2003), S. 23.

[83] Vgl. Abschnitt 6.2.

[84] Vgl. OHLSON und JUETTNER-NAUROTH (2005).

[85] Vgl. OHLSON und JUETTNER-NAUROTH (2005), S. 356. Der Kapitalkostensatz ist dann definiert durch den Gewinn und Preis je Aktie sowie eine Wachstumsrate.

[86] Vgl. OHLSON und JUETTNER-NAUROTH (2005), S. 350 f.

getroffen und es bleibt fraglich, ob der direkte Einbezug von Analystenprognosen zu einer treffenderen Prognose des Kapitalkostensatzes führt.[87]

Für Aktiengesellschaften, deren Aktien an einer Börse gehandelt werden, kann die Marktkapitalisierung berechnet werden und diese als Unternehmensbewertung dienen. Tatsächlich stellt diese Annahme eine typische Herangehensweise dar und die Fundamentalanalyse wird zum Teil als nutzlos angesehen.[88] Aufgrund starker Schwankungen von Aktienkursen und vielen weiteren Faktoren, die diesen beeinflussen, ist die Annahme jedoch sehr streng. Sinnvoller als die Annahme von Gleichheit der Marktkapitalisierung und des Unternehmenswertes erscheint die Annahme einer Annäherung beider Größen im Zeitablauf.[89]

Unter der Annahme vollständiger Markteffizienz spiegelt der Aktienkurs stets den intrinsischen Wert einer Aktie wider, sodass keine Über- oder Unterbewertung von Aktien zustande kommt.[90] Zur Nutzung der Marktkapitalisierung als Approximation eines Unternehmenswertes ist jedoch zu beachten, dass die Marktkapitalisierung i. d. R. durch Multiplikation der im Umlauf befindlichen Aktien und dem aktuellen Aktienkurs berechnet wird. Die Annahme ist somit nicht auf sämtliche Aktien übertragbar. Die Marktkapitalisierung unterliegt damit nicht nur einer starken Volatilität, sondern basiert ebenfalls auf einem Aktienkurs, welcher sich aus dem Angebot und der Nachfrage einer möglicherweise geringen Menge von Aktien ergibt. Sollen somit große Teile eines Unternehmens gekauft werden, wird es i. d. R. zu Paketzuschlägen auf den Preis kommen. Der Kurs steigt durch den Nachfrageanstieg. Ein Verkauf großer Teile eines Unternehmens würde den Kurs entsprechend sinken lassen. Die begrenzte Liquidität am Markt schränkt die Aussagekraft der Marktkapitalisierung somit ein.[91]

## 6.2 Zur Nutzung von Cashflows oder Gewinnen

Weiterhin stellt sich die Frage, ob die Zählergröße der künftigen Cashflows, d. h. die Betrachtung künftiger Ein- und Auszahlungen, eine angemessene Basis für die Wertermittlung eines Unternehmens ist. Von Unternehmen ausgewiesene Cash-

[87] Vgl. GODE und MOHANRAM (2003), S. 400. Dass Analystenprognosen häufig schlechter als modellbasierte Prognosen auf Basis historischer Daten sind, zeigt Abschnitt 4.3.4 der vorliegenden Arbeit.

[88] Vgl. LEE, MYERS und SWAMINATHAN (1999), S. 1693.

[89] Vgl. LEE, MYERS und SWAMINATHAN (1999), S. 1694.

[90] Vgl. zu den Formen der Markteffizienz FAMA (1970); ALBRECHT und MAURER (2016), S. 287 f.

[91] Vgl. KUHNER und MALTRY (2017), S. 314 f. m. w. N.

flows beinhalten häufig einmalige Zahlungen, welche das Verhältnis von Cashflow und Unternehmenswert verzerren[92] und eine Prognose der Cashflows schwieriger machen. Ausgewiesene Gewinne bzw. Jahresüberschüsse könnten daher aussagekräftiger sein, da sie Wertänderungen eines Unternehmens unabhängig von den tatsächlichen Zahlungsströmen widerspiegeln. So findet sich auch im Rahmenwerk der international geltenden IAS/IFRS der Hinweis, dass das ‚accrual accounting' bzw. die Berücksichtigung von Periodenabgrenzungen eine bessere Basis für die Bewertung der Leistungsfähigkeit darstellt als Cashflows allein.[93] Die ausgewiesenen Gewinne wiederum können jedoch durch rechnungslegungspolitische Ermessensspielräume, beispielsweise bei der Bemessung von Rückstellungen, verzerrt sein.[94] Cashflows sind nicht von Ansatz- und Bewertungswahlrechten sowie Ermessensspielräumen betroffen.[95] Eindeutig ist, dass sich der Wert einer Unternehmung nur aus den erwirtschafteten Überschüssen ergeben kann, die an die Eigentümer ausgeschüttet werden könnten. Diese für die Bewertung relevanten Überschüsse (Free Cashflows) sind je nach Methode unterschiedlich definiert und entsprechen aufgrund der Zahlungsmittelebene nicht dem ausgewiesenen Gewinn der Finanzberichterstattung.[96] Historisch gesehen stellen Cashflows das jüngere Maß für die Bewertung der Leistungsfähigkeit eines Unternehmens dar. So wurden in der Rechnungslegungspraxis erste Cashflow-Rechnungen, welche zu einer einzigen ermittelten Kennzahl führten, etwa in den 1970er Jahren aufgestellt. Diese gelten als Vorläufer der heutigen Kapitalflussrechnung[97] und waren in vielerlei Hinsicht (beispielsweise bezüglich der Periodisierung von Zahlungen) nicht befriedigend.[98] Beide gelten als stromgrößenorientierte Rechnungen zur Finanzlage, wobei die Kapitalflussrechnung viele weitere Informationen vermittelt.[99] Zudem tauchten Cashflow-Prognosen von Finanzanalysten seit Mitte der 1990er Jahre vermehrt auf.[100]

---

[92] Vgl. Liu, Nissim und Thomas (2007), S. 56.

[93] Vgl. IFRS Conceptual Framework 1.17. Das in der EU gültige Rahmenkonzept ist nicht derart eindeutig. Es weist dennoch ebenfalls darauf hin, dass die Periodenabgrenzung zu einer Vermittlung besonders nützlicher Informationen für die Entscheidungsfindung führt. Vgl. IFRS RK.22.

[94] Vgl. Liu, Nissim und Thomas (2007), S. 56; sowie Givoly und Hayn (2000), S. 300.

[95] Vgl. Baetge, Kirsch und Thiele (2004), S. 345.

[96] Vgl. Drukarczyk und Schüler (2015), S. 109.

[97] Vgl. Busse von Colbe u. a. (1966).

[98] Vgl. Amen (1998), S. 18.

[99] Vgl. für einen Überblick über die Instrumente Amen und Dellmann (2000), Rz. 5–10.

[100] Neben typischen Gewinnprognosen wiesen 1993 2,5 % der Unternehmen Cashflow-Prognosen aus, 2005 waren es bereits 57,2 %. Zu diesen Ergebnissen kommt eine Untersuchung von Givoly, Hayn und Lehavy (2009), S. 1877 f.

Eine gesetzlich verpflichtende Aufstellung einer Kapitalflussrechnung wurde daraufhin im Jahre 1998 in das deutsche Handelsrecht aufgenommen.[101] Sie gilt bis heute gem. § 297 Absatz 1 HGB lediglich für Konzerne, sowie gem. § 264 Absatz 1 Satz 2 HGB für kapitalmarktorientierte Kapitalgesellschaften, die nicht zur Aufstellung eines Konzernabschlusses verpflichtet sind.[102] Weiterhin können Unternehmen auf freiwilliger Basis eine Kapitalflussrechnung erstellen, die dann auch prüfungspflichtig ist.[103] Zuvor wurde trotz Genehmigung auf europäischer Ebene Mitte der 1980er Jahre lange von einer Aufstellungspflicht abgesehen.[104] Die Ausgestaltung der zu veröffentlichenden Kapitalflussrechnungen ist im DRS 21 geregelt.[105] International gehört die Kapitalflussrechnung zu den obligatorischen Rechenwerken des Jahresabschlusses.[106] Der IAS 7 befasst sich mit der Ausgestaltung der Kapitalflussrechnung und basiert, wie auch der DRS 21, maßgeblich auf dem US-amerikanischen Statement of Financial Accounting Standards (FAS) No. 95.[107]

Die Ursache für die Berichterstattung von Cashflows, zusätzlich zu den anderen Abschlussbestandteilen, liegt in der Nachfrage nach möglichst objektiven Kennzahlen von Investoren, die wiederum aus den Mängeln der bis dahin ausgewiesenen Gewinnkennzahlen resultiert. Aufgrund der Periodenabgrenzungen und ihrer Anfälligkeit für Maßnahmen der Rechnungslegungspolitik büßen die Gewinne an Objektivität ein.[108]

Während die gängigsten Bewertungsverfahren auf Cashflows basieren, sollte jedoch berücksichtigt werden, dass auch diese Manipulationen unterliegen können. Ausgewiesene Gewinne dürften zwar das häufigste Ziel für Gestaltungen sein.[109] Doch auch Cashflows können durch Käufe und Verkäufe von Vermögenswerten als Sachverhaltsgestaltungen gestaltet werden.[110] Ebenso können Unternehmen ihre Rechnungen unverzüglich begleichen oder die Zahlungen hinauszögern. Zum

[101] Vgl. § 297 Absatz 1 HGB in der Fassung vom 1. Mai 1998.

[102] Vgl. AMEN (2019), Rz. 6 Absatz 2, Rz. 9.

[103] Vgl. AMEN (2019), Rz. 7.

[104] Vgl. AMEN (2019), Rz. 6.

[105] Vgl. DRS 21 „Kapitalflussrechnungen"; AMEN (2019), Rz. 10.

[106] Vgl. IAS 1.10 sowie AMEN (2019), Rz. 1.

[107] Vgl. AMEN (2019), Rz. 8, 13.

[108] Vgl. GIVOLY, HAYN und LEHAVY (2009), S. 1879 f.; DEFOND und HUNG (2003), sowie Kapitel 5 dieser Arbeit.

[109] Vgl. Kapitel 5 zur Rechnungslegungspolitik. Auch hier stehen buchmäßige Einflussnahmen auf ausgewiesene Gewinne im Vordergrund.

[110] Vgl. LOREK (2014), S. 145. Ein konkretes Beispiel können sog. ‚sale-and-lease-back' Transaktionen darstellen.

Ende des Geschäftsjahres können so Zahlungsmittelabflüsse in das darauffolgende Geschäftsjahr verschoben und letztlich ausgewiesene Cashflows beeinflusst werden.[111] Eine klare Überlegenheit von Gewinngrößen oder Cashflows in Bezug auf die Eignung für Prognosen gibt es somit nicht. In der Praxis werden jedoch häufig Modelle auf Basis von Cashflows anstelle von Gewinnen verwendet und favorisiert.[112] Aktuelle Ergebnisse von BALL und NIKOLAEV (2022) stützen jedoch die These einer besseren Informationsvermittlung von Gewinnen, welche auch im Rahmenkonzept der IAS/IFRS dargelegt ist.[113] Ebenso decken BARTH, CLINCH und ISRAELI (2016) einen Mehrwert durch Periodenabgrenzungen gegenüber einer alleinigen Nutzung von Cashflows auf.[114] Das IASB schreibt der Kapitalflussrechnung bzw. den Cashflows im Vergleich zu Ergebnisgrößen eine bessere Vergleichbarkeit der Ertragskraft verschiedener Unternehmen zu, da sie nicht durch die Verwendung unterschiedlicher Bilanzierungs- und Bewertungsmethoden beeinflusst werden, welche zu verschiedenen Wertansätzen von gleichen Geschäftsvorfällen führen.[115] Dies umschließt Einflüsse durch rechnungslegungspolitische Maßnahmen der Unternehmen.[116] Es sind weiterhin ergebnisneutrale Eigenkapitalveränderungen zu berücksichtigen, welche weder in den ausgewiesenen Gewinnen, noch in den ausgewiesenen Cashflows abgebildet sind. Sie bleiben damit in Analysen beider Ergebnisgrößen unberücksichtigt. In der Betrachtung des Feltham-Ohlson Modells werden Buchwerte als Maßstab herangezogen, welche auch derartige Vorfälle berücksichtigen.[117]

Neben den hier thematisierten Größen der Gewinne und Cashflows in verschiedenen Ausprägungen finden sich in Geschäftsberichten in aller Regel auch Kennzahlen, welche keine Bestandteile der Rechnungslegungssysteme sind bzw. nicht von diesen als verpflichtende Angabe gefordert werden. Sie werden von Unterneh-

---

[111] Vgl. BALL, GERAKOS u. a. (2016), S. 30.

[112] Vgl. LOREK (2014), S. 146. Die starke Verbreitung von DCF-Verfahren zur Unternehmensbewertung spricht ebenso dafür.

[113] Vgl. BALL und NIKOLAEV (2022), S. 1, 19. Sie finden, dass operative Gewinne besser als Cashflows zur Prognose künftiger operativer Cashflows geeignet sind.

[114] Vgl. BARTH, CLINCH und ISRAELI (2016), S. 803. Das Forschungsdesign weicht von dem dieser Arbeit ab, da die einzelnen Periodenabgrenzungen nach ihrer Auswirkung auf Cashflows kategorisiert werden. Dennoch wird deutlich, dass zusätzliche Informationen in den Periodenabgrenzungen enthalten sind, welche Prognosen künftiger Gewinne und Cashflows verbessern.

[115] Vgl. IAS 7.4.

[116] Vgl. PELLENS u. a. (2017), S. 197 sowie Kapitel 5.

[117] Vgl. beispielsweise PELLENS u. a. (2017), S. 434 zur Ergebniswirksamkeit der Neubewertung von Sachanlagevermögen.

men freiwillig publiziert. Unter diese, sogenannten alternativen Performancemaße fallen Kennzahlen wie die (adjusted) Earnings before Interest and Taxes (EBIT) oder die (adjusted) Earnings before Interest, Taxes, Depreciation and Amortization (EBITDA). Sie dienen häufig der internen Steuerung und sollen die Leistungsfähigkeit bzw. Ertragskraft des Unternehmens verdeutlichen und mit anderen Unternehmen vergleichbar machen.[118] Doch die Bereinigungsschritte, welche für die Ermittlung dieser Kennzahlen notwendig sind, können sich zwischen Unternehmen unterscheiden und die Vergleichbarkeit maßgeblich einschränken.[119] Dies muss bei der Betrachtung entsprechender Kennzahlen berücksichtigt werden und aus diesem Grund werden die im Weiteren verwendeten Kennzahlen aus den üblichen Rechenwerken der Finanzberichterstattung abgeleitet und sind daher vergleichbar.

Zu unterscheiden sind weiterhin die verschiedenen Erfolgskonzeptionen des HGB und der IAS/IFRS. Gemäß der Erfolgskonzeption der internationalen Rechnungslegung werden, anders als nach HGB, nicht alle in die Erfolgsermittlung eingehenden Wertänderungen auch in der Gewinn- und Verlustrechnung erfasst. Nach IAS/IFRS ist zusätzlich das sonstige Ergebnis bzw. Other Comprehensive Income (OCI) zu berücksichtigen.[120] Das Gesamtergebnis bzw. Comprehensive Income (CI) ergibt sich somit aus dem Gewinn zuzüglich OCI. Da zur Prognose besonders der nachhaltige Unternehmenserfolg von Relevanz ist, trägt die Aufteilung zu einer Verbesserung der Ergebnisse modellgestützter Prognosen bei. So können die Prognoseergebnisse durch Nutzung des operativen Ergebnisses in aller Regel verbessert werden.[121] Maßgeblich sind dafür geringere Schwankungen durch einmalige Ereignisse. Das Gesamtergebnis kann darüber hinaus jedoch einen Mehrwert haben. Insbesondere das Verhältnis zu dem operativen Ergebnis kann Aufschluss darüber geben, wie nachhaltig der Erfolg eines Unternehmens ist. Zur Ermittlung einer nachhaltigen Erfolgsgröße haben unter anderem die Regelungen des IFRS 5 (‚Zur Veräußerung gehaltene langfristige Vermögenswerte und aufgegebene Geschäftsbereiche') beigetragen.[122]

Ball, Gerakos u. a. (2016) analysieren die Kennzahlen der operativen Rentabilität (‚operating profitability') und Gesamtkapitalrentabilität (‚gross profitability') auf Basis von Zahlungsstromgrößen. Dazu bereinigen sie das Gesamtergebnis

---

[118] Vgl. Ballwieser (2019), S. 193.

[119] Vgl. Ballwieser (2019), S. 193; Rupp und Haberstumpf (2018).

[120] Vgl. Küting und Weber (2015), S. 252 f.

[121] In aller Regel werden operative Gewinne und Cashflows verwendet. Hinweise auf einen höheren Informationsgehalt operativer Ergebnisse entstammen der Wertrelevanzforschung. Vgl. etwa Bradshaw und Sloan (2002), S. 65; Agnes Cheng, Cheung und Gopalakrishnan (1993), S. 201.

[122] Vgl. Küting und Weber (2015), S. 262.

um Periodenabgrenzungen und normalisieren mittels des ausgewiesenen Gesamtvermögens der Vorperiode. Ihre Untersuchung zeigt eine bessere Prognose von Aktienrenditen durch die operative Rentabilität im Vergleich zur Gesamtrentabilität oder ausgewiesenen Gewinnen.[123] Diese Ergebnisse sprechen ebenfalls für die weitere Betrachtung der operativen Gewinne und Cashflows. Weiterhin liefern BALL, GERAKOS u. a. (2016) empirische Ergebnisse für eine geringe Nützlichkeit von Ergebnisgrößen, welche ebenfalls Periodenabgrenzungskomponenten berücksichtigen. Nach ihren Ausführungen seien Ergebnisse allein auf Basis von von Cashflow- bzw. zahlungsstrombasierten Größen besser zur Prognose künftiger Aktienkursentwicklungen geeignet, als solche unter Einbezug von Periodenabgrenzungen. Ebenso seien Cashflow- bzw. zahlungsstrombasierte Größen besser geeignet, um künftige Renditen zu prognostizieren.[124] Sie untersuchen konkret eine eigens definierte ‚operative Profitabilität', welche in einem zweiten Schritt um zahlungsunwirksame Komponenten bereinigt wird, um die Alternative ‚zahlungsmittelbasierte operative Profitabilität' zu ergeben.[125] Ihre Ergebnisse sprechen dafür, dass Periodenabgrenzungen lediglich zur Prognose der Renditen im folgenden Jahr geeignet sind.[126] Basierend auf der von BALL, GERAKOS u. a. (2016) gewählten Stichprobe, dem Zeitraum und der Definitionen der Erfolgsgrößen bzw. Auswahl der Periodenabgrenzungskomponenten, ist zahlungsmittelbasierten Ergebnisgrößen eine bessere Eignung zur Prognose der künftigen Aktienrenditen zuzuschreiben.[127] Dies spricht grundsätzlich gegen das Feltham-Ohlson Modell, welches auf Gewinngrößen basiert und damit auch Periodenabgrenzungen in die Ergebnisgrößen einbezieht.[128] Es ist jedoch zu beachten, dass das Ziel der vorliegenden Arbeit über die Prognose von Aktienrenditen hinausgeht und auch die Prognose von Gewinnen für die Unternehmensbewertung betrachtet wird. Die empirischen Analysen der vorliegenden Arbeit

---

[123] Vgl. BALL, GERAKOS u. a. (2016), S. 29 m. w. N., 32.

[124] Vgl. BALL, GERAKOS u. a. (2016), S. 29.

[125] Die Größen sind wie folgt definiert: ‚Operative Profitabilität' (‚Operating profitability') = Umsatz (‚sales') – Umsatzkosten (‚cost of goods sold') – Vertriebsgemeinkosten (‚sales, general and administrative expenses, excluding R&D expenses'). Durch weitere Bereinigung der jährlichen Differenzen von Forderungen (‚accounts receivables'), Vorräten (‚inventory'), Verbindlichkeiten (‚accounts payable') und Rechnungsabgrenzungsposten (‚prepaid expenses, deferred revenue, accrued expenses') ergibt sich die ‚zahlungsmittelbasierte operative Profitabilität' (‚cash-based operating profitability'). Diese Definition unterscheidet sich von häufig verwendeten Definitionen, welche den Umsatz beispielsweise um Zinsen, Abschreibungen und Steuern bereinigen. Vgl. BALL, GERAKOS u. a. (2016), S. 30 f.

[126] Vgl. BALL, GERAKOS u. a. (2016), S. 41 f. Die ausgewiesenen Ergebnisse basieren auf der Nutzung der vorgeschlagenen Regressionen von FAMA und MACBETH (1973), S. 611, 634.

[127] Vgl. BALL, GERAKOS u. a. (2016), S. 44.

[128] Vgl. Abschnitt 6.3.

sollen weitere Erkenntnisse zu der Bedeutung der Periodenabgrenzungskomponenten für die künftigen Gewinne und Cashflows liefern.

## 6.3 Das Feltham-Ohlson Modell

FELTHAM und OHLSON (1995) modellieren den Zusammenhang zwischen dem Marktwert einer Unternehmung und dessen Jahresabschlussdaten.[129] Dabei wird strikt zwischen den Ergebnissen der operativen Geschäftstätigkeit und Finanzaktivitäten unterschieden. Des Weiteren müssen Diskrepanzen zwischen dem Markt- und Buchwert von Unternehmen, welche unter anderem aus Rückstellungsbildungen resultieren, berücksichtigt werden.[130] Dazu werden in das Modell zwei Variablen für sonstige Informationen aufgenommen. Diese sollen prognoserelevante Informationen umfassen und werden als linear angenommen.[131] Das Modell stellt somit eine theoretische Grundlage für das Verhältnis zwischen dem Marktwert des Eigenkapitals und Rechnungslegungsdaten dar.[132] Diese Relation soll im Weiteren analysiert und letztlich empirisch auf ihre Prognoseeignung überprüft werden. Es basiert zudem, wie auch die DCF-Verfahren, auf den grundlegenden Annahmen von Modigliani und Miller bezüglich der Unabhängigkeit der Finanzierungsstruktur.[133]

Grundsätzlich basiert das Modell von FELTHAM und OHLSON (1995) auf der Annahme, dass das Eigenkapital einer Unternehmung dem Barwert der künftigen Dividendenzahlungen an die Eigentümer entspricht.[134] Das Modell zieht zur Ermittlung des Marktwertes einer Unternehmung die Buchwerte und Gewinne der verschiedenen Unternehmensbereiche sowie nicht eindeutig definierte sonstige

[129] Dies gilt sowohl für das hier verwendete Feltham-Ohlson Modell als auch für das ursprüngliche Modell von OHLSON (1995), welches die Basis für das hier beschriebene Modell darstellt. Der Unterschied zwischen den Modellen besteht darin, dass das Feltham-Ohlson Modell das grundlegende Modell von OHLSON (1995) durch die Trennung von operativen und finanziellen Vermögenswerten erweitert. Vgl. LO und LYS (2000), S. 351.

[130] Vgl. FELTHAM und OHLSON (1995), S. 690. Die Differenz zwischen Markt- und Buchwert wird als Goodwill bezeichnet.

[131] Vgl. FELTHAM und OHLSON (1995), S. 692.

[132] Vgl. QI, WU und XIANG (2000), S. 142 sowie allgemein OHLSON (1995); FELTHAM und OHLSON (1995); LO und LYS (2000); OHLSON und JUETTNER-NAUROTH (2005), S. 351.

[133] Vgl. FELTHAM und OHLSON (1995), S. 691; MODIGLIANI und MILLER (1958), S. 268 f., 296; MILLER und MODIGLIANI (1961), S. 412–414.

[134] Vgl. FELTHAM und OHLSON (1995), S. 690.

Informationen heran.[135] Es ist eines der wichtigsten Modelle für die empirische Forschung in der Rechnungslegung.[136]

Durch Einführung verschiedener Relationen als Voraussetzungen für das Modell, zeigen FELTHAM und OHLSON (1995), dass sich der selbe Unternehmenswert durch die Nutzung von Cashflows, Gewinnen und operativen Gewinnen in der Diskontierungsformel ermitteln lässt.[137] Diese Relationen sind die:[138]

- Clean Surplus Relation: Annahme, dass alle Buchwertänderungen aus Gewinnen und Dividenden resultieren.
- Net Interest Relation: Annahme risikoloser Finanzaktivitäten durch die weitere Annahme, dass diese lediglich den risikolosen Zins als Rendite erzielen. Damit tragen sie nicht zu den Residualgewinnen bei, welche zur Bewertung herangezogen werden. Somit ergibt sich der Unternehmenswert aus dem Barwert der Residualgewinne des operativen Geschäfts und dem Marktwert der gehaltenen Finanzinstrumente.[139]
- Financial Assets Relation: Annahme, dass sich das Finanzvermögen um erhaltene Zinszahlungen abzüglich der Differenz aus Dividenden und operativem Cashflow erhöht oder vermindert: $V_t^f = V_{t-1}^f + i_t - (d_t - c_t^f)$, wobei $V_t^f$ = finanzielle Vermögenswerte, $i_t$ = Zinserträge, $d_t$ = Dividendenzahlungen und $c_t^f$ = dem Finanzvermögen zugeführte Mittel darstellen.
- Operating Asset Relation: Annahme, dass die Veränderung des operativen Vermögens aus der Differenz von operativem Gewinn und Cashflow resultiert, ausgedrückt durch $V_t = V_{t-1} + G_t - c_t^f$.[140] Bei positivem $c_t^f$ werden die Cashflows in das Finanzvermögen übergeführt.

Weiterhin gelten die bisherigen Annahmen, wie das Barwerttheorem bzw. die Present Value Relation (Annahme, dass der Unternehmenswert den diskontierten Zahlungsüberschüssen, Dividenden oder Residualgewinnen entspricht).

---

[135] Vgl. FELTHAM und OHLSON (1995), S. 692, 700. Mögliche Modellierungen der sonstigen Informationen werden in Abschnitt 6.3.1 thematisiert.

[136] Dies verdeutlichen die vielen Studien, welche im Folgenden zitiert werden und darauf aufbauen. Vgl. auch RICHARDSON, TUNA und WYSOCKI (2010), S. 445.

[137] Vgl. FELTHAM und OHLSON (1995), S. 698.

[138] Vgl. FELTHAM und OHLSON (1995), S. 694–696.

[139] Vgl. FELTHAM und OHLSON (1995), S. 696 f.; STROMANN (2003), S. 28. Ohlson nimmt somit vereinfachend eine völlige Risikoneutralität an.

[140] Die Cashflows $c_t^f$ werden als Dividenden der operativen Geschäftstätigkeit beschrieben. Vgl. FELTHAM und OHLSON (1995), S. 695.

Zur Beschreibung der Relation zwischen Unternehmenswert und Rechnungslegungsdaten stellen FELTHAM und OHLSON (1995) das lineare Informationsmodell (LIM) auf. Dieses hat zum Ziel, den Zusammenhang von Unternehmenswert und Rechnungslegungsdaten möglichst einfach zu modellieren und lautet wie folgt:[141]

$$RG_{t+1} = \omega_{11} RG_t + \omega_{12} V_t + v_{1,t}^{SI} + \epsilon_{1,t+1} \tag{6.12}$$

$$V_{t+1} = \omega_{22} V_t + v_{2,t}^{SI} + \epsilon_{2,t+1} \tag{6.13}$$

$$v_{1,t+1}^{SI} = \gamma_1 v_{1,t}^{SI} + \epsilon_{3,t+1} \tag{6.14}$$

$$v_{2,t+1}^{SI} = \gamma_2 v_{2,t}^{SI} + \epsilon_{4,t+1} \tag{6.15}$$

wobei $RG_t$ = Residualgewinn in $t$, $V_t$ = Operatives Vermögen in $t$ und $v_{i,t}^{SI}$ = sonstige Informationen darstellen. Für den Fehlerterm $\epsilon_{i,t}$ gilt $E[\epsilon_{i,t}] = 0$. Damit ist der Erwartungswert der Fehlerterme nicht von der Zeit $t$ abhängig. Anhand der Schätzer für die Koeffizienten können weiterhin die Prognosen bzw. Schätzer der abhängigen Variablen $\widehat{RG}_{t+1}$, $\hat{V}_{t+1}$ und $\hat{v}_{i,t+1}^{SI}$ ermittelt werden. Der Zirkumflex kennzeichnet jeweils den Schätzer einer Variablen. $\omega_{11}$, $\omega_{12}$, $\omega_{22}$, $\gamma_1$ und $\gamma_2$ sind die AR-Koeffizienten und geben an, in welchem Zusammenhang die Ausprägungen zu denen der Vorperiode stehen. So beschreibt $\omega_{22}$ beispielsweise die jährliche Wachstumsrate des Bestands an Vermögensgegenständen. Für sie wird ein Wertebereich von $1 \leq \omega_{22} < q$ mit $q = 1 + r_f$ angenommen, wobei $r_f$ den risikolosen Zinssatz darstellt. $\omega_{11}$ stellt die Beständigkeit der Gewinne dar und $\omega_{12}$ kann als Grad der Verzerrung bezeichnet werden.[142] Durch $\omega_{12}$ werden somit konkret Maßnahmen der Rechnungslegungspolitik berücksichtigt, indem es Korrekturen der Höhe ausgewiesener Vermögen zulässt. $\omega_{12} = 0$ steht für einen völlig unverzerrten Gewinnausweis, $\omega_{12} > 0$ für ein verzerrt ausgewiesenes Ergebnis.[143] Im theoretischen Fall $\omega_{11} = 1$, d. h. bei absoluter Beständigkeit (‚persistence') der Gewinne und $\omega_{12} = 0$ ist der Gewinn einer Periode somit abhängig von dem Gewinn der vorherigen Periode, den sonstigen Informationen und dem erwartungstreuen Fehlerterm. Für sie werden jedoch a priori Wertebereiche von $0 \leq \omega_{11} < 1$ und $\omega_{12} \geq 0$ angenommen. Weiterhin beschreiben die Parameter $\gamma_i$ inwiefern bzw. wie gut die sonstigen Informationen prognostizierbar sind. Denkbar sind Ausprägungen der $\gamma_i$ von $\gamma_i = 0$ (völlig zufällige sonstige Informationen) bis zu $|\gamma_i| = 1$ (perfekt prognostizierbare sonstige Informationen). Ihr Wertebereich wird jedoch

141 Vgl. FELTHAM und OHLSON (1995), S. 702.

142 Vgl. FELTHAM und OHLSON (1995), S. 701–703.

143 Vgl. FELTHAM und OHLSON (1995), S. 703.

durch die Annahme von $|\gamma_i| < 1$ eingeschränkt.[144] $RG_t$ beschreibt den Gewinn $G_t$ abzüglich der Verzinsung des Vermögens (,abnormal earnings').[145] Damit gilt $RG_t = G_t - r_f V_{t-1}$. Weiterhin beschreiben $G_t$ und $V_t$ jeweils den operativen Gewinn und das operative Vermögen, da die Annahme getroffen wird, dass Finanzaktivitäten keine Übergewinne generieren. Sie werden annahmegemäß lediglich mit dem risikolosen Zinssatz $r_f$ verzinst.[146]

Diese Spezifikationen des LIM führen zu folgender Formel zur Bestimmung des Unternehmenswertes bzw. Marktwertes des Eigenkapitals in $t$ ($P_t$):[147]

$$P_t = EK_t + \alpha_1 V_t + \alpha_2 RG_t + \beta_1 v_{1,t}^{SI} \beta_2 v_{2,t}^{SI} \tag{6.16}$$

mit

$$\alpha_1 = \frac{\omega_{12} q}{(q - \omega_{22})(q - \omega_{11})} \tag{6.17}$$

$$\alpha_2 = \frac{\omega_{11}}{q - \omega_{11}} \tag{6.18}$$

$$\beta_1 = \frac{q}{(q - \omega_{11})(q - \gamma_1)} \tag{6.19}$$

$$\beta_2 = \frac{\alpha_1}{(q - \gamma_2)} \tag{6.20}$$

wobei $q$ den Diskontierungsfaktor beschreibt und durch $q = 1 + r_f$ definiert ist.

Die Nachhaltigkeit der von einem Unternehmen erzielten Gewinne ist für die Bewertung von besonderer Bedeutung. Je gleichbleibender Gewinne anfallen, desto besser können sie prognostiziert werden und Bewertungen verbessern.[148] Diese durch die Persistenz $\omega_{11}$ ausgedrückte Nachhaltigkeit der Gewinne wurde von DECHOW, HUTTON und SLOAN (1999) auf 0.62 für den amerikanischen Markt

---

144 Vgl. FELTHAM und OHLSON (1995), S. 703 f.

145 Dieser wird auch als ,Residualgewinn' bezeichnet. So auch LIU und OHLSON (2000), S. 323. Die Notwendigkeit der Bestimmung eines Diskontierungszinssatzes stellt einen Nachteil des Residualgewinnes gegenüber dem ausgewiesenen Gewinn dar. Vgl. MONAHAN (2018), S. 138, 141.

146 Diese Annahme ergibt sich aus der Net Interest Relation ($i_t = r_f V_{t-1}^f$ mit $i_t$ = Zinsen in $t$ und $V_t^f$ = Finanzvermögen in $t$). Vgl. FELTHAM und OHLSON (1995), S. 694.

147 Vgl. FELTHAM und OHLSON (1995), S. 705.

148 Vgl. DECHOW GE und SCHRAND (2010), S. 350.

beziffert.[149] Dieser Wert beruht jedoch auf der entsprechend alten Stichprobe sowie beispielsweise der Annahme eines Diskontierungszinssatzes von 12 %.[150] Mit dem gleichen Versuchsaufbau und den in dieser Arbeit betrachteten Stichproben resultieren Werte von $\omega_{11} = 0{,}71$ für die USA sowie $\omega_{11} = 0{,}67$ für Deutschland.[151] Dementsprechend hat die Kontinuität der Residualgewinne zugenommen. Ursächlich dafür sind jedoch nicht zwangsläufig verbesserte Rechnungslegungsvorschriften. Stärkere Einflussnahmen zur Gewinnglättung durch Rechnungslegungspolitik oder ein verändertes Marktumfeld wie der weitaus niedrigere Diskontierungszinssatz könnten neben etlichen anderen Faktoren ausschlaggebend sein.[152] Ähnlich zu den Ergebnissen der in dieser Arbeit betrachteten Stichprobe sind die von RICHARDSON, SLOAN u. a. (2005).[153] Der Persistenzparameter liegt bei den dort betrachteten, ähnlichen Modellen bei ca. 0,76–0,78 und sie weisen ein $R^2$ von etwa 0,58 auf.[154]

Letztlich ist das Modell in den Kontext der Methodik dieser Arbeit zu setzen. Bei dem Feltham-Ohlson Modell handelt es sich um eine Unternehmensbewertungsmethode, welche auf autoregressiven Prozessen und damit auf den Methoden der Zeitreihenanalyse basiert. Somit sind alle weiteren Analysen, wie beispielsweise Untersuchungen zu Anwendungsmöglichkeiten des Konzepts der Kointegration, auf Unternehmensbewertungen mithilfe des Feltham-Ohlson Modells anwendbar. So ist es vorstellbar, dass die Zeitreihen des Gewinns, Vermögens und der sonstigen Informationen im LIM stark voneinander abhängig sind und gemeinsame Trends vorliegen. Unter Berücksichtigung entsprechender Daten kann in diesem Zusammenhang auf stochastische Trends und Kointegration im Feltham-Ohlson Modell getestet werden.

---

149 Vgl. DECHOW, HUTTON und SLOAN (1999), S. 16 f.; COENENBERG, HALLER und SCHULTZE (2021), S. 1304 f.

150 Vgl. DECHOW, HUTTON und SLOAN (1999), S. 11.

151 Die verwendete Regressionsgleichung $RG_{t+1} = \omega_0 + \omega_{11} RG_t + \epsilon_{t+1}$ entspricht der des Vergleichsmodells. Das Modell, die Konstante und die erklärende Variable sind signifikant ($p < 0{,}001$) und die Modelle weisen ein $R^2$ i. H. v. 0,53 bzw. 0,56 auf, womit diese über dem $R^2$ des ursprünglichen Modells i. H. v. 0,34 liegen. Vgl. DECHOW, HUTTON und SLOAN (1999), S. 17.

152 Vgl. DECHOW, GE und SCHRAND (2010), S. 351.

153 Vgl. RICHARDSON, SLOAN u. a. (2005), S. 451 f. zu der verwendeten Stichprobe. Es wird der Zeitraum zwischen 1962 und 2001 betrachtet. Ebenfalls werden Finanzdienstleister und Banken ausgeschlossen und die Daten mithilfe des Gesamtvermögens normalisiert.

154 Vgl. RICHARDSON, SLOAN u. a. (2005), S. 461, 471. Das Modell weicht jedoch von dem bisher betrachteten ab und umfasst eine zweite erklärende Variable für die Periodenabgrenzungen. Zudem ist die Gewinngröße um Abschreibungen bereinigt und es werden im Unterschied zu dieser Arbeit keine Residualgewinne betrachtet.

Auch eine Anwendung der in Kapitel 3 und 4 betrachteten Modelle ist möglich. Denkbar ist insbesondere die Anwendung der dort beschriebenen Random Forest Methode oder von KNN für die Prognose der einzelnen Zeitreihen des Feltham-Ohlson Modells bzw. des LIM. Dem entgegen steht die sehr geringe Anzahl verfügbarer Beobachtungen in der unternehmensindividuellen Betrachtung. Eine sinnvolle Anwendung der KNN ist daher beispielsweise nicht möglich. Methoden der klassischen Zeitreihenanalyse eignen sich in diesem Fall besser.

Das Feltham-Ohlson Modell bildet die Beziehung zwischen Daten der Finanzberichterstattung und Marktwerten einer Unternehmung ab. Diese Beziehung kann mittels Jahresabschlussdaten und Börsenkursen kapitalmarktorientierter Unternehmen validiert werden. Letztlich wurde die Nützlichkeit des Feltham-Ohlson Modells von vielen Studien dadurch belegt, dass die errechneten Unternehmenswerte stark mit den Aktienkursen korrelieren und diese Erkenntnis für verschiedene Märkte gewonnen wurde. Dabei wurden vor allem Analysen mit Querschnittsdaten statt auf einzelne Unternehmen bezogene Datensätze durchgeführt, welche somit von unternehmensindividuellen Abhängigkeiten abstrahieren.[155] Die Nutzung von Querschnittsdaten lässt die zeitabhängigen Veränderungen der Variablen einzelner Unternehmen jedoch unberücksichtigt und ist deshalb nicht gut geeignet, um das Modell abzubilden.[156] Eine unternehmensindividuelle Prognose berücksichtigt spezifische Eigenschaften eines Unternehmens und könnte damit besser ausfallen.[157] Eine weitere Schwierigkeit ist die Berechnung der Kapitalkosten, d. h. des Diskontierungszinssatzes und damit einhergehend die Bestimmung des risikolosen Zinses und der Marktrendite.[158]

### 6.3.1 Die Ermittlung der sonstigen Informationen

Wird Jahresabschlüssen lediglich eine Bestätigungsfunktion[159] beigemessen und unterstellt, dass diese lediglich Informationen enthalten, welche im Markt bereits verfügbar waren,[160] erklärt dies verzögerte Zeitreihen der Buchwerte und Residualgewinne im Vergleich zu den Marktwerten.[161] Diese Relationen sollten dann in den

[155] Vgl. LEE, MYERS und SWAMINATHAN (1999), S. 1700 für weitere Nachweise.

[156] Vgl. LEE, LIN und YU (2013), S. 538.

[157] Vgl. COENENBERG, HALLER und SCHULTZE (2021), S. 1305.

[158] Vgl. LEE, MYERS und SWAMINATHAN (1999), S. 1703.

[159] Sie stellt eine wichtige Funktion der Rechnungslegung dar. Vgl. BALL (2013), S. 848.

[160] Vgl. BALL (2013), S. 848 f.; BALLWIESER (2019), S. 189.

[161] Vgl. LEE, LIN und YU (2013), S. 536.

sonstigen Informationsvariablen berücksichtigt werden. Derart simplifiziert darf die Thematik jedoch nicht betrachtet werden. Auch BALL (2013) erkennt Jahresabschlüssen eine gewisse Neuigkeit in den Informationen an.[162] Die Modellierung der Parameter für die sonstigen Informationen ist entsprechend schwierig und es kommen etliche quantitative und qualitative Informationen dafür in Frage. Ansätze, die Variablen für sonstige Informationen zu modellieren, gibt es viele. In der Literatur finden sich beispielsweise die Nutzung von Analystenprognosen,[163] Dividenden,[164] Forschungsaufwendungen[165] oder Pensionsverpflichtungen.[166] OHLSON (2001) schlägt die Modellierung durch Analystenprognosen vor.[167]

BERGMANN und SCHULTZE (2018) ermitteln die sonstigen Informationen alternativ durch ein Modell zur Prognose der operativen Gewinne.[168] Sie prognostizieren Residualgewinne durch Umsätze, operative Aufwendungen, operative Vermögen sowie makroökonomische Variablen (z. B. das Wachstum des Bruttoinlandsproduktes) und unternehmensspezifische Variablen (z. B. den Auftragsbestand (‚order backlog'), welcher ein Indiz für die künftige Leistungsfähigkeit des Unternehmens ist). Es werden jedoch nur US-amerikanische Unternehmen betrachtet, für welche der Auftragsbestand berichtet wird. Das Bruttoinlandsprodukt wird auch in dieser Arbeit stellvertretend für die im Feltham-Ohlson Modell berücksichtigten sonstigen Informationen getestet. In der Umfrage von GRAHAM (2022) wurde es von den Managern am häufigsten als wichtigste makroökonomische Variable angegeben, welche das Ergebnis der Unternehmen beeinflusst.[169] Dementsprechend eignet sie sich intuitiv gut für die Prognose der Erfolgsgrößen. In der empirischen Analyse der vorliegenden Arbeit hat es jedoch nicht maßgeblich zu einer besseren Prognose beigetragen und die Modelle durch weitere Parameter vergrößert. Für die unternehmensindividuelle Abbildung anhand eines VAR Modells und unter Berücksichtigung kointegrierender Beziehungen liegen weiterhin zu wenige Beobachtungen

---

[162] Es wird der über die im Markt verfügbaren Informationen hinausgehende Inhalt veröffentlichter Abschlussinformationen („surprise content of earnings when released") beschrieben und Studien aufgezeigt, welche diesen unter Betrachtung entsprechend kurzer Zeiträume empirisch nachweisen. Vgl. BALL (2013), S. 849.

[163] Vgl. DECHOW, HUTTON und SLOAN (1999), S. 8, 14.

[164] Vgl. HAND und LANDSMAN (2005), S. 439, 467

[165] Vgl. CALLEN und MOREL (2005), S. 304, 307.

[166] Vgl. GOPALAKRISHNAN (1994), S. 383, 385.

[167] Vgl. OHLSON (2001), S. 112 f. Vgl. auch die vorgeschlagenen Modellanpassungen in Bezug auf die sonstigen Informationen durch LIU und OHLSON (2000) und Tests dieser Anpassungen durch CALLEN und SEGAL (2005).

[168] Vgl. BERGMANN und SCHULTZE (2018), S. 1058.

[169] Vgl. GRAHAM (2022), S. 91.

vor. BERGMANN und SCHULTZE (2018) erzielen mit ihrem Modell bessere Prognosen als durch einen Random Walk, jedoch den Analystenprognosen unterlegene Werte.[170] Ihr Modell zur Prognose der operativen Gewinne ist gegenüber einem einfachen AR(1) Vergleichsmodell allein um 2009 überlegen, weshalb gefolgert werden kann, dass das Modell in Zeiten großer Unsicherheit dominiert.[171] Im Weiteren folgt ein Vergleich des Feltham-Ohlson Modells mit Analystenprognosen und ihrem zuvor aufgestellten Modell als sonstigen Informationen. Dabei unterliegt das vorgeschlagene Modell dem, welches Analystenprognosen einbezieht, kann jedoch einen Teil der sonstigen Informationen erklären.[172] Wie bereits in Abschnitt 4.3.4 dargelegt, werden Analystenprognosen in der vorliegenden Arbeit nicht betrachtet, da sie vielfältige weitere Fragen aufwerfen und insbesondere nicht dem Anspruch einer von subjektiven Einflüssen freien Bewertung gerecht werden.

### 6.3.2 Kritik am Feltham-Ohlson Modell

FELTHAM und OHLSON (1995) untersuchen den Zusammenhang zwischen Rechnungslegungsdaten und Unternehmenswerten bzw. Marktwerten von Unternehmen. Das Modell impliziert dadurch zuerst, lediglich auf historischen Daten zu basieren und damit robust gegenüber subjektiven Einflüssen bezüglich der Erwartungen über die künftige Leistungsfähigkeit von Unternehmen zu sein. Eine direkte freie Prognose künftiger Cashflows oder Residualgewinne ist daher zuerst tatsächlich nicht notwendig.[173] Das dargestellte LIM berücksichtigt jedoch zwei Variablen für zusätzliche Informationen, welche nicht weiter definiert werden. Damit berücksichtigt das Modell den Einbezug von prospektiven und qualitativen Informationen, welche sicher nicht vernachlässigt werden dürfen, jedoch ebenfalls große Ermessensspielräume eröffnen.[174] Letztendlich wird die Prognosenotwendigkeit damit in gewisser Weise ausgelagert, jedoch nicht vollständig eliminiert. Zudem

---

170 Vgl. BERGMANN und SCHULTZE (2018), S. 1059, 1064 sowie insbesondere S. 1069 für die verschiedenen, berücksichtigten Variablen.

171 Vgl. BERGMANN und SCHULTZE (2018), S. 1077 f., 1079.

172 Vgl. BERGMANN und SCHULTZE (2018), S. 1086. Es handelt sich um eine Analyse aller Unternehmen gemeinsam, sodass sich die Untersuchung von dieser Arbeit unterscheidet. Tests auf Stationarität und Kointegration werden entsprechend nicht durchgeführt.

173 Vgl. STROMANN (2003), S. 25.

174 Die Schwierigkeit der Messung und Bestimmung der Variablen für sonstige Informationen im Feltham-Ohlson Modell wurde erkannt und Ohlson hat die Variable zur empirischen Umsetzung des Modells aus Prognosen von Analysten abgeleitet. Vgl. LIU und OHLSON (2000), S. 322; OHLSON (2001), S. 112–115.

müssen die Koeffizienten der LIM-Gleichungen und damit auch der Bewertungsformel geschätzt werden. Dies wirft die Frage nach zu verwendenden Schätzmethoden der Gleichungen auf. Weiterhin enthalten die Rechnungslegungsdaten nicht allein objektiv nachprüfbare Werte, sondern sind selbst zukunftsorientiert und enthalten Prognosen, wie in Kapitel 2 dargelegt.

Die Variablen für sonstige Informationen werden in vielen empirischen Studien zudem vollständig vernachlässigt oder durch verschiedene Größen, wie die von OHLSON (2001) vorgeschlagenen Analystenprognosen, modelliert. In der Analyse von KANAGARETNAM, MATHIEU und SHEHATA (2009) zur Prognosenützlichkeit des ausgewiesenen Gesamtergebnisses (‚comprehensive income') wird die Variable zuerst ausgelassen, später jedoch in Form von Marktwert-Buchwert-Verhältnissen des Eigenkapitals und Unternehmensgrößen in das Modell aufgenommen. Auf das Ergebnis hat die Berücksichtigung der Variable in der beschriebenen Form jedoch keine Auswirkung.[175] Auch HARRIS, LANG und MÖLLER (1995) vernachlässigen die Variablen für sonstige Informationen vollständig in ihrer Untersuchung der Relevanz des Feltham-Ohlson Modells für die Aktienbewertung. Weiterhin ist zu beachten, dass Prognosen von Analysten nicht für alle Unternehmen verfügbar sind, sodass für diese alternative Maße benötigt werden. Dies bedeutet auch, dass die Ergebnisse etlicher Studien, welche Analystenprognosen als sonstige Informationen im LIM berücksichtigen, nicht auf Unternehmen ohne vorhandene Analystenprognosen übertragen werden können.[176] Die Verwendung von Analystenprognosen stellt zudem einen Zirkelschluss dar. Das Prognoseproblem wird lediglich verlagert und die Nachvollziehbarkeit eingeschränkt, da zugrundeliegende Annahmen und Berechnungen im Rahmen der Prognoseerstellung unbekannt sind.[177]

Grundlegend ist zudem zu hinterfragen, ob das Modelldesign des Feltham-Ohlson Modells den tatsächlichen Gegebenheiten entspricht. So unterstellt das der endgültigen Bewertungsformel zugrundeliegende LIM eine autoregressive Struktur für die Entwicklung des Vermögens und Gewinns sowie der sonstigen Informationsvariablen. Ob die Entwicklung des operativen Vermögens sich tatsächlich sinnvoll durch einen AR(1)-Prozess beschreiben lässt, muss empirisch validiert werden. Sollte das operative Vermögen besser durch einen Prozess mit weiteren verzögerten Variablen (z. B. ein AR(2)-Modell) oder weitere Regressoren erklärt bzw. modelliert werden können, sollte das Modelldesign weiter verbessert werden. Aus diesem Grund erfolgt die empirische Validierung in diesem Kapitel.

---

[175] Vgl. KANAGARETNAM, MATHIEU und SHEHATA (2009), S. 363.

[176] Vgl. KIM, LEE und TIRAS (2013), S. 399; KUO (2017), S. 196.

[177] Vgl. Abschnitt 2.9.2 für eine Diskussion der Verwendung von Analystenprognosen.

Deutlich wird, dass durch die explizite Nutzung von Zeitreihen in diesem Unternehmensbewertungsmodell auch die Thematik der Stationarität von Zeitreihen beachtet werden muss und das Modell verbessern könnte. Ebenso könnte die Modellierung kointegrierender Beziehungen eine nützliche Erweiterung des Modells sein.[178]

Weiterhin ist die Relation zwischen Markt- und Buchwert von Finanzvermögenswerten zu beachten. Das Modell unterstellt, dass der Buchwert dem Marktwert entspricht. Daher bezieht sich das Modell allein auf operative Gewinne und der Wert des Finanzvermögens muss zur Kaufpreisermittlung anschließend addiert werden. Die Relation ist fraglich und es bedürfte im Einzelfall empirischer Tests zur Überprüfung der Annahme.[179] Werden jedoch allein die Implikationen des IFRS 9 zu der Berücksichtigung erwarteter Verluste im Ansatz von finanziellen Vermögenswerten beachtet, wird deutlich, dass die Annahme in der Realität nicht zutreffen könnte und potenziell Änderungen an der Bewertung vorgenommen werden müssen.

Zur empirischen Anwendung des Modells ist zu beachten, dass lediglich Unternehmen mit gleichen Rechnungslegungssystemen sinnvoll miteinander verglichen werden können.[180] Zudem bleibt es fraglich, ob der Diskontierungsfaktor und die Informationsvariablen für jedes Unternehmen spezifisch ermittelt werden sollten. Während einige Studien zu dem Ergebnis kommen, dass unternehmensspezifische Diskontierungsfaktoren und Informationsvariablen keinen signifikanten Unterschied hervorrufen, könnten diese Erkenntnisse auch auf fehlerhafte Modellumsetzungen zurückzuführen sein.[181] Intuitiv scheinen insbesondere für die Informationsvariablen lediglich unternehmensspezifische Ausprägungen sinnvoll zu sein, welche beispielsweise die Chancen und Risiken der Branche und einzelnen Unternehmung berücksichtigen.

---

178 Ansätze zur Berücksichtigung von Kointegration bei der Analyse und Validierung des Feltham-Ohlson Modells liefern beispielsweise QI, WU und XIANG (2000); MOREL (2003); LEE, LIN und YU (2013).

179 Vgl. LIU und OHLSON (2000), S. 330.

180 Vgl. LO und LYS (2000), S. 360.

181 Vgl. LO und LYS (2000), S. 362; Eine Vermutung ist, dass die fehlende Berücksichtigung von Skaleneffekten hinsichtlich der Unternehmensgrößen bzw. -werte diese Problematik hervorrufen könnte. LO und LYS (2000), S. 361 empfehlen daher, die Variablen mit dem Wert der Unternehmung zu Beginn des Betrachtungszeitraums zu dividieren, sodass sie normalisiert sind bzw. mit Relationen gearbeitet wird. In dieser Arbeit werden alle Variablen mit dem Gesamtvermögen der Vorperiode normalisiert.

### 6.3.3 Das Feltham-Ohlson Modell und Kointegration

In diesem Abschnitt werden Forschungsarbeiten aufgezeigt, welche sich mit den Themen der Stationarität und Kointegration in Verbindung mit dem Feltham-Ohlson Modell auseinandersetzen.

LEE, MYERS und SWAMINATHAN (1999) untersuchen den langfristigen Zusammenhang von Preis (‚price') und Wert (‚value') der verschiedenen Unternehmen des Dow Jones. Der Preis bezieht sich auf den Aktienkurs bzw. die Marktkapitalisierung, der Wert beschreibt den dort als ‚instrinsic value' bezeichneten Unternehmenswert, welcher als Barwert aller künftigen Zahlungsströme (in Analogie zu den DCF-Verfahren) definiert wird. Zur Herleitung dieses intrinsischen Wertes nutzen LEE, MYERS und SWAMINATHAN (1999) ein Residualgewinnmodell, welches auf den Arbeiten von OHLSON (1995) und FELTHAM und OHLSON (1995) basiert.[182] Die Untersuchung alternativer Bewertungsmaßstäbe erfolgt unter Zugrundelegung des intrinsischen Unternehmenswertes aus dem Residualgewinnmodell. Die Differenz zwischen den Bewertungen stellt den Fehler dar und soll ebenso wie die Standardabweichung minimiert werden.[183] Ist der Preis bzw. Aktienkurs ein unverzerrter Schätzer des intrinsischen Werts aus dem Feltham-Ohlson Modell, dann muss der Erwartungswert des Fehlers Null sein.

Als Vergleichsmaße zu dem durch das Residualgewinnmodell ermittelten Wert bzw. dem Wert-Preis-Verhältnis ziehen LEE, MYERS und SWAMINATHAN (1999) auch weitere Größen wie das Dividenden-Preis-Verhältnis, das Kurs-Gewinn-Verhältnis und das Buchwert-Marktwert-Verhältnis heran.[184] Die Untersuchung der Zeitreihen der alternativen Relationen offenbart starke Autokorrelationen mit Koeffizienten im Bereich von 0,97 bis 0,98, welche ein Anzeichen für nicht-stationäre Zeitreihen sind.[185] Für die Wert-Preis-Relation ist der Autokorrelationskoeffizient mit etwa 0,85 niedriger. Einheitswurzeltests ergeben weiterhin, dass das Vorliegen von Stationarität nur für die verschiedenen Wert-Preis-Relationen angenommen werden kann, nicht jedoch für die alternativen Kennzahlen.[186] Bessere Bewertungen erzeugen dementsprechend bessere Wert-Preis-Relationen, d. h. solche, die wiederum bessere Prognosen der Rentabilität liefern. Die Bewertung

---

[182] Vgl. LEE, MYERS und SWAMINATHAN (1999), S. 1693, 1696.

[183] Vgl. LEE, MYERS und SWAMINATHAN (1999), S. 1697.

[184] Vgl. LEE, MYERS und SWAMINATHAN (1999), S. 1706.

[185] Vgl. LEE, MYERS und SWAMINATHAN (1999), S. 1713; Gleiches geht aus der Untersuchung von QI, WU und XIANG (2000), S. 152 für Markt- und Buchwerte des Eigenkapitals hervor.

[186] Vgl. LEE, MYERS und SWAMINATHAN (1999), S. 1714.

anhand des Feltham-Ohlson Modells dominieren in ihrer Studie die Prognosen der Rentabilität.[187] Die Ergebnisse deuten somit darauf hin, dass eine Überprüfung der Daten auf kointegrierende Beziehungen sinnvoll sein kann und eine entsprechende Erweiterung das Feltham-Ohlson Modell verbessern kann.

Weiterhin führt die Berücksichtigung von zeitabhängigen Zinssätzen zu einer besseren Schätz- (‚in-sample') und Prognosegenauigkeit (‚out-of-sample').[188] In dieser Arbeit werden ebenfalls out-of-sample Prognosen als maßgebliches Kriterium für die Beurteilung von Modellen genutzt, da dies weit verbreitet ist sowie damit zu stark an die Daten angepasste Modelle vermieden werden.[189] Zudem werden basierend auf den zuvor dargelegten Ergebnissen ebenfalls zeitabhängige Diskontierungszinssätze verwendet. Zur Ermittlung sinnvoller Kapitalkosten bzw. Diskontierungszinssätze ist zu beachten, dass auf Basis des CAPM ermittelte Kapitalkosten den Beschränkungen des CAPM als Marktgleichgewichtsmodell (unter anderem der Annahme vollkommener Märkte) unterliegen. So kritisiert MOREL (2003) die Nutzung zweier ungleicher Modelle zur Berechnung des Unternehmenswertes und der Kapitalkosten.[190]

KOCH (2005) nutzt das Residualgewinnmodell ebenfalls zur Aktienbewertung und untersucht Bewertungsmultiplikatoren wie die Preis/Buchwert- und Preis/Gewinn-Verhältnisse und deren Eigenschaften im Zeitablauf. Auf Stationarität und mögliche kointegrierende Beziehungen wird jedoch nicht geprüft.

BARTH, BEAVER, HAND u. a. (2005) untersuchen verschiedene Ausprägungen des LIM, welche auf der grundlegenden Definition von FELTHAM und OHLSON (1995) und OHLSON (1995) aufbauen. Sie erweitern das LIM um eine Zerlegung des operativen Gewinns in den Cashflow und die Periodenabgrenzungen bzw. nichtzahlungswirksamen Bestandteile.[191] Sie bewerten die Modelle anhand der out-of-sample Prognosegenauigkeit.[192] In dieser Studie werden nicht die Datensätze einzelner Unternehmen separat modelliert, sondern Querschnittsdaten betrachtet. Die Autoren folgern, dass die Berücksichtigung der LIM-Struktur generell empfehlenswert ist und sie zu niedrigeren Prognosefehlern führt. Weiterhin werden große Unterschiede zwischen den Branchen festgestellt, sodass eine Aufteilung

---

[187] Vgl. LEE, MYERS und SWAMINATHAN (1999), S. 1736.

[188] Vgl. LEE, MYERS und SWAMINATHAN (1999), S. 1696, 1737.

[189] Vgl. BROOKS (2019), S. 369; BARTH, BEAVER, HAND u. a. (2005), S. 318.

[190] Vgl. MOREL (2003), S. 1344 f. Dass beide Modelle grundlegend verschieden sind, wird beispielsweise an der Berücksichtigung des Risikos deutlich. Während das CAPM dieses explizit mit dem Betafaktor ($\beta^{CAPM}$) berücksichtigt, ist es im Feltham-Ohlson Modell nicht als Parameter, sondern als Varianz und Kovarianz in den Fehlertermen des LIM enthalten.

[191] Vgl. BARTH, BEAVER, HAND u. a. (2005), S. 315–317.

[192] Vgl. BARTH, BEAVER, HAND u. a. (2005), S. 318.

sinnvoll sein könnte. Zudem führt die Aufteilung der Gewinngröße in Cashflow und Periodenabgrenzungen zu niedrigeren Fehlern.[193] Dies zeigt, dass die Berücksichtigung von Cashflowgrößen auch im Rahmen der Residualgewinnmodelle sinnvoll sein kann und einen Informationsgewinn bringt.

KUO (2017) betrachtet ebenfalls die Genauigkeit von Prognosen durch das Feltham-Ohlson Modell sowie deren Abhängigkeit von branchenspezifischen (durchschnittliche Buchwerte, Gewinne etc. einer Branche) und unternehmensspezifischen (z. B. die Abweichung des Buchwertes eines Unternehmens vom Durchschnitt der Branche) Faktoren. Verschiedene VECM Spezifikationen werden mithilfe von Daten aus Taiwan getestet.[194] Somit wählen sie, im Gegensatz zu vielen anderen zuvor aufgezeigten Studien einen Ansatz, der die Zeitreihenstruktur der Daten berücksichtigt.[195] Die Bedeutung von branchenspezifischen Faktoren in der Bewertung wird auch in anderen Studien belegt.[196] Grundsätzlich besteht Einigkeit darüber, dass Fehlerkorrekturmodelle bzw. die Berücksichtigung von Kointegration den Informationsgehalt des Feltham-Ohlson Modells steigern und die Genauigkeit der Prognosen verbessern.[197] Der Zeitreihenansatz von KUO (2017) basiert auf Durchschnittswerten. So wurde nicht für jedes Unternehmen der Stichprobe ein eigenes VECM berechnet, sondern Mittelwerte der Buchwerte, Gewinne und Marktkapitalisierungen bzw. Preise aller Unternehmen oder Unternehmen einer Branche gebildet,[198] sodass anschließend nur eine Zeitreihe je Branche geschätzt und prognostiziert wurde.[199] In der vorliegenden Arbeit werden beide Ansätze verfolgt.[200]

Im Ergebnis wurde festgestellt, dass branchen- und unternehmensspezifische Eigenschaften die Schätzung und Prognose verbessern.[201] Weiterhin nehmen die

---

[193] Vgl. BARTH, BEAVER, HAND u. a. (2005), S. 335.

[194] Vgl. KUO (2017), S. 197, 202 f., 205.

[195] Die Rede ist i. d. R. vom sog. ‚time series approach' im Gegensatz zu OLS bzw. ‚cross-sectional studies'.

[196] Vgl. beispielsweise FOSTER, KASZNIK und SIDHU (2012), S. 767, 792. In dieser Studie werden jedoch keine Zeitreihenmodelle betrachtet und zusätzlich länderspezifische Faktoren berücksichtigt.

[197] Vgl. KUO (2017), S. 196 f.; TSWEI (2013), S. 1062 (ebenfalls mit Daten aus Taiwan); QI, WU und XIANG (2000), S. 158 f.; BROOKS (2019), S. 470.

[198] Vgl. KUO (2017), S. 202 f.

[199] Vgl. KUO (2017), S. 213–215.

[200] Grundsätzlich werden für jedes einzelne Unternehmen VECM geschätzt und zur Prognose verwendet. Abschnitt 6.4.7 nutzt darüber hinaus Durchschnittswerte, wie in der beschriebenen Arbeit.

[201] Vgl. KUO (2017), S. 198, 222.

Prognosefehler mit längeren Horizonten ab.[202] Dies spricht für eine Ermittlung langfristiger Gleichgewichte durch die Fehlerkorrekturmodelle.

Modelle, welche mögliche kointegrierende Beziehungen berücksichtigen, sind somit grundsätzlich vorzuziehen. Neben KUO (2017) halten auch ELBAKRY u. a. (2017) Fehlerkorrekturmodelle (VECMs) für geeigneter als OLS-Regressionen. Es handelt sich um einen komplexeren Ansatz, welcher potenziell bessere Ergebnisse liefert und Missspezifikationen wie fehlenden Stationaritäten vorbeugt.[203] Durch das Einfügen von Variablen, welche das langfristige Verhalten respektive die Beziehungen der Variablen im Zeitablauf abbilden, können letztlich bessere Ergebnisse erzielt werden.[204]

Das Vorsichtsprinzip ist ein weiterer Faktor, welcher eine Beobachtung des LIM in der Praxis beeinträchtigt. Es ist eine mögliche Erklärung für Unterbewertungen durch das Feltham-Ohlson Modell, welche aus Verzerrungen im LIM resultieren.[205] ASHTON und WANG (2015) integrieren daher eine Kennzahl für das Vorsichtsprinzip in das LIM, welche um dessen Auswirkungen bereinigen soll. Die Studie nutzt Querschnittsdaten und unterscheidet sich damit von der vorliegenden Arbeit.[206] Nichtsdestotrotz sollte das Vorsichtsprinzip und letztlich die dadurch verursachte Zeitverzögerung durch den zögerlichen Ansatz von Erträgen und sofortigen Ansatz von Aufwendungen als mögliche Problemquelle bedacht werden.[207]

## 6.4 Empirische Validierung des Feltham-Ohlson Modells

Die empirische Untersuchung erfolgt anhand von Abschlussinformationen deutscher und US-amerikanischer Unternehmen. Die Bereinigung der Daten und Merkmale der Stichprobe werden in Abschnitt 3.7 detailliert beschrieben. Es werden demnach nur Unternehmen herangezogen, für die Daten über einen Zeitraum von mindestens 15 Jahren zur Verfügung stehen und die entsprechenden Zeitreihen damit

---

[202] Vgl. KUO (2017), S. 198 f.

[203] Vgl. ELBAKRY u. a. (2017), S. 11, 15, 24.

[204] Vgl. ELBAKRY u. a. (2017), S. 16; GREENE (2018), S. 1039 f.

[205] Vgl. ASHTON und WANG (2015), S. 388 f., 397.

[206] Vgl. ASHTON und WANG (2015), S. 403.

[207] Grundsätzlich liegt bereits eine Zeitverzögerung vor, da Preise am Markt stets auf allen aktuell verfügbaren Informationen beruhen, Buchwerte jedoch auf den Stichtag ausgerichtet sind.

mindestens 15 Beobachtungen umfassen. Alle Berechnungen werden wie zuvor in R durchgeführt.[208]

Empirische Analysen des Feltham-Ohlson Modells können grundsätzlich Aufschluss darüber geben, wie gut das Modell die Eigenschaften eines Datensatzes beschreibt. Die Genauigkeit der errechneten Unternehmenswerte kann letztlich jedoch nicht überprüft werden. Schließlich gibt es keinen objektiven Unternehmenswert. Dennoch kann mithilfe des Modells untersucht werden, wie sich die durch das Feltham-Ohlson Modell berechneten Unternehmenswerte im Vergleich zu den Marktwerten eines an einer Börse gehandelten Unternehmens verhalten. Für diesen Vergleich wird die Marktkapitalisierung eines Unternehmens herangezogen. Weiterhin kann mithilfe der Kointegration ein Zusammenhang zwischen den einzelnen Zeitreihen eines Unternehmens aufgedeckt und modelliert werden. Damit untersucht diese Arbeit die Möglichkeit Unternehmenswerte durch Rechnungslegungsdaten zu prognostizieren und deckt relevante Variablen und potenzielle Modellanpassungen auf.

Die empirische Analyse dieser Arbeit basiert damit allein auf börsennotierten Unternehmen. Dennoch können Modelle, welche die Marktkapitalisierungen besser abbilden und beschreiben, auch auf nicht öffentlich gehandelte Unternehmen angewandt werden. Die Modelle können somit im Rahmen von Akquisitionen, Fusionen oder Börsengängen genutzt werden.[209] Es resultiert ein aus der Finanzberichterstattung abgeleiteter Unternehmenswert, welcher unter Beachtung üblicher Relationen von Buchwerten und Marktwerten errechnet wird. Dieser liefert einen weiteren Anhaltspunkt für die Wertermittlung. Letztendlich basieren alle Modelle, und damit auch das Feltham-Ohlson Modell, auf vereinfachenden Annahmen, welche einfache Repräsentationen der realen Welt erlauben sollen. Die Realität ist jedoch deutlich komplexer und kann somit nicht fehlerfrei abgebildet werden.[210] Ähnlich wie bei der Analyse von Cashflows[211] wird die Wertrelevanz und Prognoseeignung des Feltham-Ohlson Modells in vielen Studien ohne Berücksichtigung der Zeitreiheneigenschaften der Daten evaluiert.[212]

---

[208] Vgl. R Core Team (2022).

[209] Vgl. Lee, Myers und Swaminathan (1999), S. 1694.

[210] Vgl. Barth, Beaver und Landsman (2001), S. 92.

[211] Vgl. Abschnitt 4.3.

[212] Vgl. Kuo (2017), S. 200.

### 6.4.1 Motivation des Forschungsansatzes

Unternehmensbewertungen werden seit langer Zeit mithilfe des Dividenden-Diskont Modells sowie der Discounted Cashflow Verfahren durchgeführt. Aufgrund der überwiegenden Anwendung dieser Ansätze, wurde der Jahresabschlussanalyse weniger Beachtung geschenkt. Beide Verfahren nutzen Ergebnisgrößen, welche nicht direkt aus der Finanzberichterstattung stammen. Insbesondere Dividenden hängen stark von der Ausschüttungspolitik der Unternehmen ab. DCF-Verfahren sind hingegen unabhängig von der tatsächlichen Ausschüttung an die Anteilseigner, jedoch werden die notwendigen Free Cashflows entweder aus dem Gewinn oder einer Kapitalflussrechnung abgeleitet.[213] Die Relevanz von Forschung im Bereich der Jahresabschlussanalyse nahm damit ab. Mit dem Ohlson Modell und einer Bewertung auf Basis von Buchwerten nahm ihre Bedeutung daraufhin zu und stellt nun einen vielversprechenden Forschungszweig dar.[214]

Die von Ohlson (1995) und Feltham und Ohlson (1995) verwendete Ergebnisgröße berücksichtigt Periodenabgrenzungen und abstrahiert damit von der tatsächlichen Vereinnahmung oder Verausgabung der Zahlungsmittel. Dies unterscheidet Residualgewinnmodelle maßgeblich von den vorherrschenden DCF-Verfahren, welche auf Zahlungsmittelebene agieren. Unter Berücksichtigung der Tatsache, dass das Konzept der Periodenabgrenzung der Erfüllung von Zielen der Rechnungslegung allgemein dient, ist es nur logisch, diese Informationen auch für Unternehmensbewertungen zu nutzen.[215] Hohe Rückstellungen beispielsweise stellen für das Unternehmen ein Risiko dar, würden bei Anwendung der DCF-Verfahren und Ableitung der Zahlungsmittelüberschüsse aus der Kapitalflussrechnung jedoch nicht berücksichtigt.

Da die Residualgewinne eines Unternehmens letztlich dessen Eigenkapitalrentabilität widerspiegeln, sollte sich die Forschung mit der Prognose des Buchwertes sowie der Eigenkapitalrentabilität beschäftigen.[216] Dahingehend werden häufig einfache AR(1)-Modelle dieser Variablen untersucht und der Fokus auf den Grad der Aggregation der Variablen gelegt.[217] So kann unter anderem der Informationsgehalt von Periodenabgrenzungsposten ermittelt werden.[218] Zu unterscheiden ist jedoch erneut zwischen einer hohen Erklärungsgüte bzw. Schätzgenauigkeit (‚in-sample')

[213] Vgl. Yohn (2020), S. 3164 f.

[214] Vgl. Yohn (2020), S. 3174, 3180.

[215] Vgl. IFRS RK.22; § 250 HGB.

[216] Vgl. Yohn (2020), S. 3166.

[217] Vgl. Nissim und Penman (2001); Yohn (2020), S. 3166 f.

[218] Vgl. dazu die Analyse der Bedeutung von Periodenabgrenzungsposten in Kapitel 5.

und der Prognosegüter (‚out-of-sample'). Während ein signifikanter Koeffizient zu einem Periodenabgrenzungsposten in einem Regressionsmodell zwar einen Einfluss und eine Erklärungsgüte signalisiert, muss die Variable jedoch nicht zwangsläufig für eine Prognose geeignet sein. Daher gilt es stets mit einem passenden Forschungsdesign die Prognosegüte und ihre Veränderung unter Einbezug verschiedener Variablen zu messen.[219] YOHN (2020) beschreibt dieses Vorgehen als wesentlich für die Jahresabschlussanalyse.[220]

### 6.4.2 Operationalisierung der benötigten Variablen

Zur konsistenten Anwendung des Modells von FELTHAM und OHLSON (1995) ist es notwendig, die dort aufgeworfenen Größen korrekt zu definieren und die passenden Größen aus den zu nutzenden Datenbanken zu extrahieren. Um die Grundform des Modells abzubilden, wird wie zuvor beschrieben, die Marktkapitalisierung, der operative Gewinn sowie das operative Vermögen benötigt. Der Ermittlung des operativen Vermögens kommt dabei die größte Schwierigkeit zu. Es stellt keinen verpflichtenden Bilanzausweis nach dem HGB oder den IAS/IFRS dar.[221] Somit müssen die von FELTHAM und OHLSON (1995) als ‚operativ' bezeichneten Vermögenswerte aus verschiedenen Bilanzpositionen abgeleitet werden. COENENBERG, HALLER und SCHULTZE (2021) zeigen Möglichkeiten zur Ermittlung eines betriebsnotwendigen Vermögens sowie die typischerweise im angloamerikanischen Raum verwendeten operativen Vermögenswerte (‚operating assets') auf. Die angegebene Definition bereinigt das Gesamtvermögen um finanzielle Vermögenswerte, zur Veräußerung gehaltene Vermögenswerte und aufgegebene Geschäftsbereiche sowie Liquide Mittel.[222] Um die so berechneten operativen Vermögenswerte wiederum mit einem betriebsnotwendigen Vermögen vergleichbar zu machen, müssen weiterhin sämtliche operativen Verbindlichkeiten von der Größe abgezogen

---

[219] Vgl. YOHN (2020), S. 3166; Abbildung 3.5.

[220] Vgl. YOHN (2020), S. 3168.

[221] Vgl. IAS 1.54 sowie § 266 Absatz 2 HGB.

[222] Vgl. COENENBERG, HALLER und SCHULTZE (2021), S. 1117 f. sowie zur Definition der zur Veräußerung gehaltenen Vermögenswerte und aufgegebenen Geschäftsbereiche den IFRS 5 mit gleichlautendem Titel. Zahlungsmittel und Zahlungsmitteläquivalente fließen jedoch in das operative Vermögen ein, da sie für das operative Geschäft notwendig sind.

werden.[223] Die Berechnung des operativen Vermögens erfolgt in dieser Arbeit durch das in Tabelle 6.1 dargestellte Schema.[224]

**Tabelle 6.1** Berechnung des operativen Vermögens

| | |
|---|---|
| | Gesamtvermögen |
| - | Anteile an unkonsolidierten Tochtergesellschaften |
| - | Sonstige Kapitalanlagen |
| - | Sonstige liquide Mittel |
| - | Sonstige Vermögenswerte |
| - | Kurzfristige Investitionen |
| = | Operatives Vermögen |

Die Marktkapitalisierungen und operativen Gewinne lassen sich ohne notwendige Bereinigungen aus der Datenbank entnehmen.[225]

Zur Ermittlung der im Feltham-Ohlson Modell verwendeten Residualgewinne (‚abnormal earnings'), welche durch $RG_t = G_t - r_f V_{t-1}$ definiert sind, wird zusätzlich der Zinssatz $r_f$ benötigt. Dieser stellt wie im Abschnitt 6.3 dargestellt, einen risikofreien Zinssatz dar. Zudem haben zeitabhängige Zinssätze zum Teil zu höheren Genauigkeiten geführt und spiegeln die Realität besser wider.[226] Daher wird $r_f$ im Folgenden durch die Rendite zehnjähriger Staatsanleihen der Bundesrepublik Deutschland und der USA approximiert. Aus den monatlichen Renditen

[223] Vgl. Coenenberg, Haller und Schultze (2021), S. 1118.

[224] Vgl. Trautwein (2008), S. 170. Es wird die Definition gemäß Coenenberg, Haller und Schultze (2021), S. 1117 f. verwendet, wobei die Zahlungsmittel & Zahlungsmitteläquivalente nicht hinzugerechnet werden müssen, da sie im Gesamtvermögen enthalten sind und nicht durch die zu kürzenden Posten entfernt werden. Je nach Branche und Datenabdeckung untergliedert sich die Variable ‚Sonstige Vermögenswerte' weiter. Die Worldscope Kennziffern lauten: WC02999 (Gesamtvermögen), WC02256 (Anteile an unkonsolidierten Tochtergesellschaften), WC02250 (Sonstige Kapitalanlagen), WC02149 (Sonstige liquide Mittel), WC02652 (Sonstige Vermögenswerte), WC02008 (Kurzfristige Investitionen).

[225] Die Kennziffern lauten WC08001 (Marktkapitalisierung) und WC01250 (Operative Erträge).

[226] Zeitabhängige Zinssätze werden unter anderen von Lee, Myers und Swaminathan (1999) gefordert. Ein Beispiel einer Studie, welche konstante Diskontierungszinssätze nutzt, ist Dechow, Hutton und Sloan (1999).

wurden Jahresmittelwerte errechnet und in der Berechnung der Residualgewinne berücksichtigt. Abbildung 6.2 zeigt die verwendeten Renditen.[227]

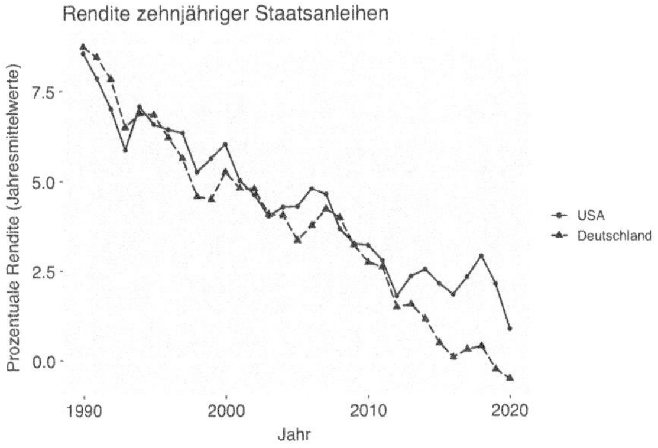


**Abbildung 6.2** Renditen zur Approximation von $r_f$

## 6.4.3 Deskriptive Analyse der Stichprobe

Eine visuelle Begutachtung der Zeitreihen erlaubt erste Schlüsse bezüglich der weiteren Vorgehensweise. Die folgenden Grafiken zeigen einen kontinuierlich steigenden Bestand operativer Vermögenswerte und Gewinne sowie ebenfalls steigende Marktkapitalisierungen im Zeitverlauf. Dies lässt vermuten, dass die Zeitreihen nicht stationär sind.[228]

Die Abbildungen 6.3 und 6.4 zeigen die Entwicklungen der Mittelwerte aller im VECM verwendeten Variablen für die unveränderten Werte in den oberen Grafiken sowie für die mit den Gesamtvermögen der Vorperiode normalisierten Werte in den unteren Grafiken.

Die unveränderten Werte aller Variablen steigen im Niveau kontinuierlich. Besonders die operativen Vermögen und Marktkapitalisierungen steigen im Zeitverlauf stark an, sodass von nicht-stationären Zeitreihen auszugehen ist. Aufgrund von Inflation entspricht diese Entwicklung der Erwartung. Hinzu kommen sinkende

---

[227] Vgl. ORGANIZATION FOR ECONOMIC CO-OPERATION AND DEVELOPMENT (OECD) (2022a); (2022b), für die der Grafik zugrundeliegenden Daten.

[228] Wie in Abschnitt 3.3.3 dargelegt, ist dies bei vielen Zeitreihen der Fall und bedarf einer entsprechenden Berücksichtigung in der weiteren Analyse. Vgl. WEI (2006), S. 68 f.

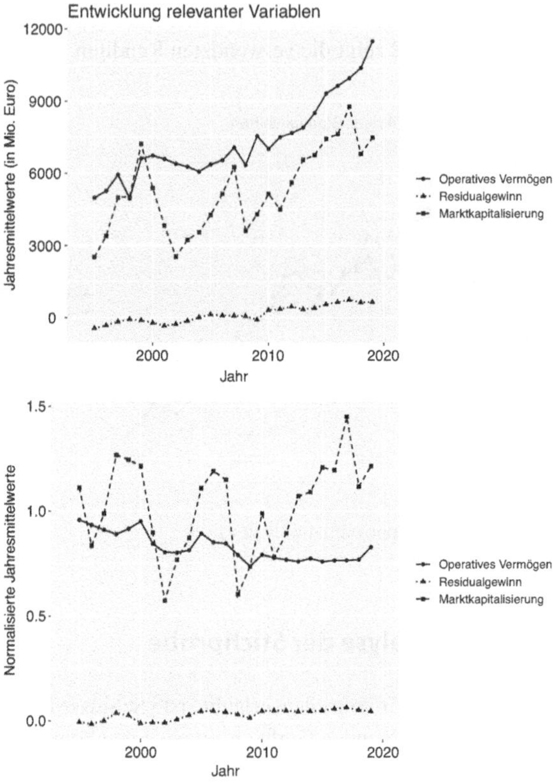


**Abbildung 6.3** Entwicklung der unveränderten und normalisierten Variablen des VECM (Deutschland)

Zinsen im Betrachtungszeitraum, welche zu höheren Vermögensbeständen führen. Zwischen den Graphen der operativen Vermögen und Marktkapitalisierungen ist eine ähnliche Entwicklung in vielen Perioden zu erkennen. Dies bezieht sich auf eine steigende oder fallende Entwicklung sowie die Steigung des Graphen im Sinne einer visuellen Begutachtung. Für die deutsche Stichprobe weisen sie besonders von 1995 bis 1999 sowie zwischen 2004 und 2017 eine starke Ähnlichkeit auf. Auch die Graphen für die US-amerikanische Stichprobe weisen in vielen Jahren eine ähnliche Entwicklung auf. In der Stichprobe US-amerikanischer Unternehmen liegen die durchschnittlichen Marktkapitalisierungen im Gegensatz zu den deutschen Unternehmen häufig über den durchschnittlichen operativen Vermögen. In der deut-

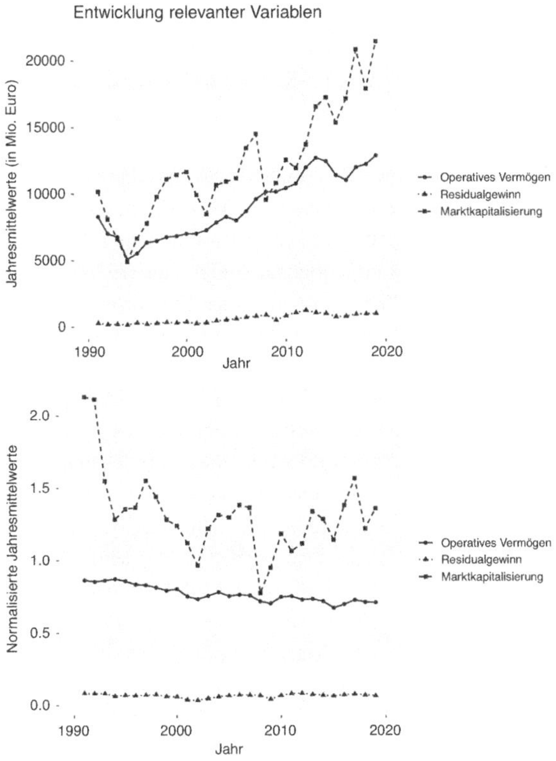


**Abbildung 6.4** Entwicklung der unveränderten und normalisierten normalisierten Variablen des VECM (USA)

schen Stichprobe liegen die durchschnittlichen operativen Vermögen mehrheitlich oberhalb der Marktkapitalisierungen.

Auffällig sind die Einbrüche der Marktkapitalisierungen in den Krisenjahren um 2001 und 2002 sowie 2008. Sie sind in allen Grafiken deutlich erkennbar. Die unveränderten Werte US-amerikanischer Unternehmen zeigen eine Trennung bzw. ungleiche Entwicklung von Vermögen und Marktkapitalisierungen in den Jahren vor den Krisen. Die durchschnittliche Marktkapitalisierung steigt deutlich stärker als das durchschnittliche operative Vermögen und sinkt in den Krisenjahren abrupt auf ein ähnliches oder unter das Niveau des operativen Vermögens.

Werden nun die unteren Graphen der Mittelwerte der normalisierten Variablen betrachtet, fallen tendenziell sinkende Werte für das operative Vermögen auf.

Möglicherweise ist dies auf eine stärkere Präsenz immaterieller Vermögenswerte zurückzuführen, welche aufgrund der in Kapitel 2 beschriebenen restriktiven Ansatzkriterien häufig nicht in den Daten der Rechnungslegung abgebildet sind. Sie sind jedoch offensichtlich weniger trendbehaftet als die Graphen der unveränderten Werte.

Weiterhin ist ein eher geringer Zusammenhang zwischen den operativen Vermögen und der Marktkapitalisierung insbesondere in den letzten Jahren der betrachteten Periode zu erkennen. Die Modellierung des Zusammenhangs beider Variablen wird dadurch erschwert. Zum Teil sind jedoch auch gleiche Entwicklungen zu erkennen, beispielsweise in den Jahren 2000–2005 in beiden Stichproben sowie in 2009–2011 der deutschen Stichprobe und in den Jahren 2013–2018 in der US-amerikanischen Stichprobe. Zudem ist die Entwicklung in der letzten Periode der deutschen Stichprobe ähnlich. Des Weiteren liegt die normalisierte Marktkapitalisierung in der Stichprobe deutscher Unternehmen vielfach oberhalb des operativen Vermögens, obwohl die unveränderten Werte größtenteils unterhalb des operativen Vermögens liegen. Der Grund dafür ist, dass die normalisierten Werte nicht mithilfe des durchschnittlichen Gesamtvermögens, sondern mit den individuellen Verhältnisgrößen der Unternehmen berechnet wurde. Das Verhältnis der Mittelwerte in der oberen Grafik entspricht daher nicht zwangsläufig dem Mittelwert der normalisierten Variablen in der unteren Grafik.

Letztlich wird deutlich, dass die Marktkapitalisierungen besonders volatil sind und eine Prognose dieser entsprechend schwierig ist. Dennoch sind gleichlaufende Entwicklungen über lange Zeitraume erkennbar, welche nützliche Informationen für die Prognose darstellen und im Weiteren nutzbar gemacht werden sollen. Die normalisierten Residualgewinne sind insbesondere in der US-amerikanischen Stichprobe sehr konstant. Die Einbrüche um die Jahre 2001 und 2009 sind deutlich erkennbar. Die absoluten Werte steigen im Zeitablauf, was unter anderem auf die Inflation zurückzuführen ist.

Modellierungen des operativen Vermögens entsprechend der Definition des LIM als AR(1)-Prozess ohne Konstante verdeutlichen die unzureichende Modellspezifikation. Die Variablen für sonstige Informationen $v_{i,t}^{SI}$ wurden bisher jedoch ausgelassen, da sie nur schwer zu schätzen bzw. abzubilden sind.[229] Die Schätzung des Modells $\hat{V}_{t+1} = \omega_{22} V_t + \hat{\epsilon}_{2,t+1}$ führt anschließend zu hohen Werten von $\omega_{22}$,

[229] Die Variablen für sonstige Informationen sollen zukunftsgerichtete Informationen enthalten und wurden in empirischen Untersuchungen unter anderem durch Analystenprognosen modelliert. Vgl. dazu Abschnitt 6.3.2. Häufig werden sie in empirischen Studien vollständig ausgeschlossen, da sie durch viele verschiedene Daten modelliert werden können und im Gegensatz zu den Markt- und Buchwerten sowie Gewinnen, nicht direkt beobachtbar sind. Vgl. QI, WU und XIANG (2000), S. 146.

welche für eine häufig fehlende Stationarität sprechen und gemeinsam mit der visuellen Begutachtung verdeutlichen, dass zeitabhängige Trends in der Modellierung berücksichtigt werden müssen und kointegrierende Beziehungen vorliegen könnten. Das LIM ist in diesem Fall somit nicht geeignet, um die Variablen angemessen zu modellieren und kann durch weitere Spezifikationen verbessert werden. Im Weiteren wird die Annahme der Stationarität überprüft und darauf aufbauend Verbesserungsvorschläge geliefert.

Bereits die erste Begutachtung der Entwicklungen von Vermögen, Gewinnen und Marktkapitalisierungen deutet darauf hin, dass die Zeitreihen nicht stationär sein könnten.[230] Für einzelne Unternehmen kann diese Vermutung weiterhin durch die Betrachtung der (partiellen) Autokorrelationsfunktionen getestet werden. Wenn die Autokorrelationsfunktion (ACF) vom Ausgangsniveau langsam abflacht und gleichzeitig die partielle Autokorrelationsfunktion nach der ersten Verzögerung stark abnimmt und nahe null bleibt, ist dies ein Hinweis darauf, dass die Zeitreihe nicht stationär ist. Analytisch kann die Stationaritätsannahme mithilfe des Augmented-Dickey-Fuller (ADF) Tests formal überprüft werden. Die Gleichung des ADF-Tests, die zu testenden Hypothesen und die Teststatistik wurden in Abschnitt 3.3.3 dieser Arbeit thematisiert. Ist diese Annahme vorliegender Stationarität verletzt, können die betrachteten Zeitreihen z. B. differenziert werden, um Stationarität herzustellen. Im Falle der zuvor verwendeten, durchschnittlichen Werte ergibt sich beispielsweise eine bessere Modellanpassung respektive niedrigere Ausprägung des AIC-Wertes für die Zeitreihen der Differenzen. Deren Modellierung könnte somit zusätzliche Informationen für die Prognose der Zeitreihen im Niveau liefern.

Für das Feltham-Ohlson Modell bzw. das LIM und die Gleichung für das operative Vermögen wird somit getestet, ob in $V_{t+1} = \omega_{22} V_t + \epsilon_{2,t+1}$ angenommen werden kann, dass $\omega_{22} = 1$ gilt. Alternativ kann dieser Test für die Gleichung der Differenzen wie folgt definiert werden. Die Gleichung für das operative Vermögen kann umgeschrieben werden in[231]

$$\Delta V_{t+1} = V_{t+1} - V_t = \theta V_t + \epsilon_{2,t+1} \tag{6.21}$$

mit $\theta = (\omega_{22} - 1)$, sodass die Hypothesen nun $H_0\colon \theta = 0$ und $H_1\colon \theta < 0$ lauten müssen.[232] Fehlende Stationarität wird auch in anderen Studien mit verschiedenen

[230] Zur Definition von Stationarität sei auf Abschnitt 3.3.3 verwiesen. Die Arbeit folgt der Definition von Wei (2006), S. 10.

[231] Vgl. Wooldridge (2013), S. 640.

[232] Vgl. Wei (2006), S. 189–191 für die zugehörige Teststatistik sowie die darauffolgenden Seiten für die Teststatistiken zu Modellen, die eine Konstante oder einen linearen, zeitabhängigen Trend berücksichtigen.

Stichproben und Zeiträumen festgestellt, sodass die Problematik nicht allein in der betrachteten Stichprobe auftritt.[233]

Die Ergebnisse der deskriptiven Analyse der Zeitreihen lassen bereits ein Zwischenfazit zu und bestimmen das weitere Vorgehen. Dass die Zeitreihen der Vermögenswerte nicht stationär sind, ist intuitiv leicht zu begründen. Abhängig vom erzielten Gewinn und der Ausschüttung an die Anteilseigner ist anzunehmen, dass das Vermögen im Regelfall (d. h. im Gewinnfall) stetig ansteigt und damit nicht stationär ist. Das Feltham-Ohlson Modell berücksichtigt dies durch den Wertebereich des Regressionskoeffizienten $\omega_{22}$ ($1 \leq \omega_{22} < q$ mit $q = 1 + r_f$), welcher das Wachstum auf die Höhe des risikolosen Zinssatzes beschränkt, die Realität damit möglicherweise nicht passend abbildet und einer Anpassung bedarf. Die untere Grenze wird benötigt, um einem Verfall des Vermögens und Gewinns im Zeitablauf vorzubeugen.[234] Für den Gewinn ist die fehlende Stationarität nicht derart intuitiv zu begründen. Der von Unternehmen ausgewiesene Gewinn bezieht sich lediglich auf ein Geschäftsjahr und ist daher nicht fortlaufend wie der Bestand des Vermögens. Ein vorhandener Trend könnte jedoch auf die Inflation zurückgehen. Zudem trägt die Betrachtung ausschließlich überlebender Unternehmen dazu bei, dass negative Gewinne entfernt und durchschnittlich steigende Gewinne beobachtet werden. Modelltheoretisch werden kontinuierlich steigende Residualgewinne durch den Wertebereich des Koeffizienten $\omega_{11}$ ($0 \leq \omega_{11} < 1$) ausgeschlossen.[235]

### 6.4.4 Statistische Tests auf Stationarität und kointegrierende Beziehungen

Im Folgenden werden die einzelnen Unternehmen der betrachteten Stichproben deutscher und US-amerikanischer Gesellschaften mithilfe statistischer Tests auf deren Zeitreiheneigenschaften untersucht. Liegt bei vielen Unternehmen bzw. Zeitreihen das Problem der fehlenden Stationarität vor, kann es bei typischen OLS Regressionen zu Scheinregressionen kommen.[236] Dann ist es notwendig mit den Zeitreihen der Differenzen zu arbeiten oder die entsprechenden Daten zu

---

[233] Vgl. beispielsweise LEE, LIN und YU (2013), S. 535, 541; QI, WU und XIANG (2000), S. 143; WU, KAO und LEE (1996).

[234] Vgl. FELTHAM und OHLSON (1995), S. 703 f.; Gleichung 6.13 der vorliegenden Arbeit.

[235] Vgl. FELTHAM und OHLSON (1995), S. 703; Gleichung 6.12 der vorliegenden Arbeit.

[236] Vgl. Abschnitt 3.3.2 für eine Definition des Problems der Scheinregression (‚spurious regression‘).

normalisieren.[237] Das Konzept der Kointegration kann darüber hinaus zusätzlichen Nutzen stiften, falls die betrachteten Zeitreihen eines Unternehmens gemeinsamen Trends unterliegen.

Weiterhin werden häufig Skalierungseffekte thematisiert und mögliche Handhabungen diskutiert. Im Folgenden werden jedoch Zeitreihendaten einzelner Unternehmen behandelt, sodass eine Berücksichtigung nicht notwendig ist. Skalierungseffekte treten bei dieser Analyse nicht auf, da jedes Unternehmen einzeln mit seinem Datensatz betrachtet wird. Daher ist eine Normalisierung (beispielsweise durch den Buchwert des Eigenkapitals oder das Gesamtkapital) nicht notwendig und Größenunterschiede können vernachlässigt werden. Sie sind lediglich bei der Analyse von Querschnittsdaten, insbesondere bei linearen Regressionsmodellen von Bedeutung, da sie zu Scheinregressionen und damit verzerrten Ergebnissen führen können.[238] Dennoch kann eine Normalisierung der Daten zur Milderung des Problems nicht-stationärer Zeitreihen sinnvoll sein.[239] Aus diesem Grund und zur Konsistenz mit den vorherigen Analysen wird für die Modellschätzung und Prognose weiterhin mit den durch das jeweilige Gesamtkapital der Vorperiode normalisierten Variablen gearbeitet.

Das Vorgehen entspricht zu Beginn dem von Qi, Wu und Xiang (2000). Dort werden zuerst Marktwerte, Buchwerte und Residualgewinne auf Stationarität überprüft. Anschließend wird für alle nicht-stationären Fälle geprüft, ob Buchwert und Residualgewinn (d. h. die Daten der Rechnungslegung) mit dem Marktwert kointegriert sind.[240]

#### 6.4.4.1 Test auf Stationarität

Zuerst müssen die vorliegenden Zeitreihen auf Stationarität überprüft werden. Nur wenn diese vorliegt, kann eine Zeitreihe sinnvoll modelliert und prognostiziert

---

[237] Siehe dazu u.a. Qi, Wu und Xiang (2000), S. 141. Dort wird vorgeschlagen, die Variablen mit dem vergangenen Marktwert (‚lagged market value‘) zu normalisieren, um das Problem der fehlenden Stationarität zu umgehen; Morel (2003), S. 1350, 1357 findet gleiche Ergebnisse für die Normalisierung mit vergangenen Marktwerten (‚lagged price‘) und Buchwerten (‚lagged book value‘); Callen und Morel (2000), S. 310 f. (Normalisierung mit vergangenen Buchwerten); (2001), S. 198. Dort wird ebenfalls eine mögliche Heteroskedastizität als Grund für die Normalisierung mit vergangenen Buchwerten angegeben.

[238] Vgl. Trautwein (2008), S. 120 f.; Barth (2000), S. 14 f. zu der Abwägung zwischen Daten im Niveau und in Differenzen.

[239] Darauf deuten die im Folgenden betrachteten Studien und die Empfehlungen der entsprechenden Autoren hin.

[240] Vgl. Qi, Wu und Xiang (2000), S. 143 f. Dort wird im Weiteren die Prognosegenauigkeit der Marktwerte zwischen den stationären und nicht-stationären Unternehmen verglichen.

werden.[241] Dennoch findet die Thematik in einigen Studien keine Anwendung und die Daten werden nicht auf das vorliegen von Stationarität geprüft.[242] Alle folgenden Stationaritätstests werden mithilfe des ADF-Tests, wie er zuvor beschrieben wurde, durchgeführt.[243]

Zuerst werden die Ergebnisse für die Stichprobe deutscher Unternehmen betrachtet. Die Tests von Buchwerten[244], Marktwerten bzw. Marktkapitalisierungen, operativen Gewinnen sowie Residualgewinnen deuten überwiegend auf nicht-stationäre Zeitreihen hin. Die ausgewiesenen Werte der Teststatistik, die p-Werte sowie die Anteile stationärer Zeitreihen sind in den Tabellen 6.2 (Deutschland) und 6.3 (USA) ausgewiesen. Auf einem Signifikanzniveau von $\alpha_{sig} = 1\,\%$ (5 %) können allein für 1,92 % (5,13 %) der Zeitreihen der Gesamtvermögen die $H_0$-Hypothese der Nicht-Stationarität verworfen und sie damit als stationär eingestuft werden. Für das operative Vermögen können 1,28 % (4,49 %) als stationär eingestuft werden. Von den Zeitreihen der Marktwerte können lediglich 3,21 % (6,41 %) als stationär eingestuft werden. Für das operative Ergebnis ergeben sich vergleichbare Werte von 3,21 % (8,97 %). Die Residualgewinne können mit 4,49 % (9,62 %) als stationär eingestuft werden.[245] Die Ergebnisse sind damit (bis auf die Residualgewinne) vergleichbar mit denen von Qi, Wu und Xiang (2000), welche eine Stichprobe US-amerikanischer Unternehmen im Zeitraum von 1958 bis 1994 betrachten.[246]

Die Ergebnisse der Stichprobe US-amerikanischer Unternehmen offenbart ähnlich niedrige und in den meisten Fällen niedrigere Werte im Vergleich zu der Stichprobe deutscher Unternehmen. Auf einem Signifikanzniveau von $\alpha_{sig} = 5\,\%$ werden im Vergleich nur 2,46 % statt 5,13 % der Gesamtvermögen, 3,13 % statt 4,49 % der operativen Vermögen, 2,9 % statt 6,41 % der Marktwerte, 4,46 % statt 8,97 % der operativen Gewinne und 3,79 % statt 9,62 % der Residualgewinne als stationär eingestuft.[247]

Insgesamt sind die Ergebnisse für die Kennzahlen zu Buch- und Marktwerten in dieser Form bereits von Qi, Wu und Xiang (2000) entdeckt worden und gelten damit

---

241 Vgl. dazu Abschnitt 3.3.2.

242 Völlig vernachlässigt wird das Problem häufig fehlender Stationarität beispielsweise in Myers (1999) und Ahmed, Morton und Schaefer (2000). Vgl. Lee, Lin und Yu (2013), S. 538.

243 Für die Durchführung des Tests wird die Funktion adf.test() in R verwendet. Für weitere Details zum Test vgl. Abschnitt 3.3.3 dieser Arbeit.

244 Dabei werden sowohl das Gesamtvermögen (‚total assets') als auch die Teilmenge des operativen Vermögens (‚operating assets') untersucht.

245 Vgl. Tabelle 6.2.

246 Vgl. Qi, Wu und Xiang (2000), S. 148, 151. Ihre Stichprobe umfasst 95 Unternehmen.

247 Vgl. Tabelle 6.3.

**Tabelle 6.2** ADF Einheitswurzeltest – Deutsche Aktiengesellschaften

| | Mittelwert | SD | Q1 | Median | Q3 | |
|---|---|---|---|---|---|---|
| Gesamtvermögen | | | | | | |
| $T_{ADF}$ | -1,6237 | 1,5157 | -2,4265 | -1,8762 | -1,0176 | |
| p-Wert | 0,6146 | 0,3053 | 0,4099 | 0,6195 | 0,9180 | |
| Anteil stationär ($\alpha_{sig} = 5\,\%$) | | | | | | 0,0513 |
| Anteil stationär ($\alpha_{sig} = 1\,\%$) | | | | | | 0,0192 |
| Operatives Vermögen | | | | | | |
| $T_{ADF}$ | -1,4203 | 1,7144 | -2,3758 | -1,7004 | -0,9165 | |
| p-Wert | 0,6602 | 0,2883 | 0,4292 | 0,6865 | 0,9329 | |
| Anteil stationär ($\alpha_{sig} = 5\,\%$) | | | | | | 0,0449 |
| Anteil stationär ($\alpha_{sig} = 1\,\%$) | | | | | | 0,0128 |
| Marktwert | | | | | | |
| $T_{ADF}$ | -1,8407 | 1,7803 | -2,6375 | -1,9795 | -1,3367 | |
| p-Wert | 0,5599 | 0,3061 | 0,3295 | 0,5802 | 0,8251 | |
| Anteil stationär ($\alpha_{sig} = 5\,\%$) | | | | | | 0,0641 |
| Anteil stationär ($\alpha_{sig} = 1\,\%$) | | | | | | 0,0321 |
| Operativer Gewinn | | | | | | |
| $T_{ADF}$ | -2,0037 | 1,2555 | -2,6241 | -2,1101 | -1,4206 | |
| p-Wert | 0,5444 | 0,3056 | 0,3346 | 0,5304 | 0,7931 | |
| Anteil stationär ($\alpha_{sig} = 5\,\%$) | | | | | | 0,0897 |
| Anteil stationär ($\alpha_{sig} = 1\,\%$) | | | | | | 0,0321 |
| Residualgewinn | | | | | | |
| $T_{ADF}$ | -2,1230 | 1,3565 | -2,6690 | -2,1516 | -1,5337 | |
| p-Wert | 0,5202 | 0,3003 | 0,3175 | 0,5146 | 0,7500 | |
| Anteil stationär ($\alpha_{sig} = 5\,\%$) | | | | | | 0,0962 |
| Anteil stationär ($\alpha_{sig} = 1\,\%$) | | | | | | 0,0449 |

*$T_{ADF}$ beschreibt die Teststatistik des ADF-Tests. Es werden jeweils zwei verzögerte Werte berücksichtigt. Dies entspricht dem Standard und wird anhand von trunc$((T-1)^{1/3})$ ermittelt. Vgl. die Dokumentation der Funktion adf.test().*

auch für den in dieser Arbeit betrachteten Zeitraum von 1990 bis 2019.[248] Während in der genannten Studie jedoch ebenfalls nur wenige stationäre Zeitreihen zu Buch- und Marktwerten gefunden werden, beträgt der Anteil stationärer Zeitreihen der Residualgewinne 78,9 %.[249] Bei gleichem Signifikanzniveau ($\alpha_{sig} = 10\,\%$) beträgt

[248] Vgl. QI, WU und XIANG (2000), S. 151.

[249] Vgl. QI, WU und XIANG (2000), S. 151. Diese nutzen den Phillips-Perron Unit Root Test und berücksichtigen keinen Trend.

**Tabelle 6.3** ADF Einheitswurzeltest – US-amerikanische Aktiengesellschaften

| | Mittelwert | SD | Q1 | Median | Q3 | |
|---|---|---|---|---|---|---|
| Gesamtvermögen | | | | | | |
| $T_{ADF}$ | -1,5787 | 1,7012 | -2,2530 | -1,7134 | -0,9291 | |
| p-Wert | 0,6597 | 0,2805 | 0,4760 | 0,6815 | 0,9310 | |
| Anteil stationär ($\alpha_{sig} = 5\,\%$) | | | | | | 0,0246 |
| Anteil stationär ($\alpha_{sig} = 1\,\%$) | | | | | | 0,0134 |
| Operatives Vermögen | | | | | | |
| $T_{ADF}$ | -1,6196 | 1,2963 | -2,3252 | -1,7179 | -0,9242 | |
| p-Wert | 0,6435 | 0,2923 | 0,4484 | 0,6799 | 0,9317 | |
| Anteil stationär ($\alpha_{sig} = 5\,\%$) | | | | | | 0,0313 |
| Anteil stationär ($\alpha_{sig} = 1\,\%$) | | | | | | 0,0156 |
| Marktwert | | | | | | |
| $T_{ADF}$ | -1,4830 | 1,5165 | -2,2022 | -1,6869 | -0,7921 | |
| p-Wert | 0,6707 | 0,2805 | 0,4953 | 0,6918 | 0,9507 | |
| Anteil stationär ($\alpha_{sig} = 5\,\%$) | | | | | | 0,0290 |
| Anteil stationär ($\alpha_{sig} = 1\,\%$) | | | | | | 0,0156 |
| Operativer Gewinn | | | | | | |
| $T_{ADF}$ | -2,0302 | 1,0613 | -2,5561 | -2,0382 | -1,4888 | |
| p-Wert | 0,5555 | 0,2748 | 0,3604 | 0,5578 | 0,7671 | |
| Anteil stationär ($\alpha_{sig} = 5\,\%$) | | | | | | 0,0446 |
| Anteil stationär ($\alpha_{sig} = 1\,\%$) | | | | | | 0,0089 |
| Residualgewinn | | | | | | |
| $T_{ADF}$ | -2,0320 | 1,0541 | -2,6225 | -2,0138 | -1,4974 | |
| p-Wert | 0,5504 | 0,2778 | 0,3352 | 0,5671 | 0,7638 | |
| Anteil stationär ($\alpha_{sig} = 5\,\%$) | | | | | | 0,0379 |
| Anteil stationär ($\alpha_{sig} = 1\,\%$) | | | | | | 0,0112 |

*$T_{ADF}$ beschreibt die Teststatistik des ADF-Tests. Es werden jeweils zwei verzögerte Werte berücksichtigt. Dies entspricht dem Standard und wird anhand von trunc($(T-1)^{1/3}$) ermittelt. Vgl. die Dokumentation der Funktion adf.test().*

der Anteil stationärer Zeitreihen nach dem ADF-Test in der betrachteten Stichprobe lediglich 14,74 % (Deutschland) bzw. 8,93 % (USA). Diese große Differenz könnte grundsätzlich auf die in der Vergleichsstudie fehlende Berücksichtigung eines zeitabhängigen Trends oder das andere Testverfahren zurückzuführen sein. Das Hinzufügen eines zeitabhängigen Trends ändert die oben beschriebenen Ergebnisse laut den Autoren jedoch nicht.[250] Die Ergebnisse dieser Arbeit deuten damit auf

[250] Vgl. Qɪ, Wᴜ und Xɪᴀɴɢ (2000), S. 152.

eine höhere Quote kointegrierter Zeitreihen hin. Dies wird im Folgenden untersucht und ebenfalls mit den Ergebnissen in QI, WU und XIANG (2000) verglichen. LEE, LIN und YU (2013) berechnen den ADF-Test ebenfalls auf Basis von Buchwerten, Marktwerten und Residualgewinnen jeweils einer Aktie und decken auf einem Signifikanzniveau von $\alpha_{sig} = 5\,\%$ jeweils einen Anteil an stationären Zeitreihen von 35 % (Marktwert), 23 % (Buchwert) und 60–64 %[251] (Residualgewinn) auf.[252] Möglich ist somit auch, dass die Differenzen durch den unterschiedlichen Zeitraum verursacht werden.

Intuitiv erscheint der aufgedeckte, hohe Anteil an Zeitreihen mit fehlender Stationaritätseigenschaft, unter Berücksichtigung von Inflation und steigenden Preisen, ebenfalls sinnvoll. Dies stellt eine intuitive Erklärung für vorhandene, lineare Trends in den Zeitreihen dar. Der hier verwendete ADF-Test berücksichtigt jedoch bereits eine Konstante sowie einen linearen Trend, sodass die Ergebnisse um diesen Einfluss bereinigt sind bzw. Zeitreihen mit lediglich linearem Trend durch den Test als stationär eingestuft werden.[253] Der niedrige Anteil stationärer Zeitreihen passt dennoch zu der Art der betrachteten Daten und entspricht der Erwartung.[254] Die Erkenntnisse lassen mögliche kointegrierende Beziehungen wahrscheinlicher erscheinen, sodass nachfolgend auf gemeinsame Trends mit der Marktkapitalisierung getestet wird.

#### 6.4.4.2 Test auf Kointegration mit der Marktkapitalisierung

Für die folgenden Tests wird das Verfahren von Johansen angewendet.[255] Im Vergleich zu dem Engle-Granger-Verfahren ist für den Fall von mehr als zwei Variablen lediglich die Methode von Johansen sinnvoll, da sie Zusammenhänge mehrerer Variablen berücksichtigen kann.[256] Für die gemeinsame Betrachtung des operativen Vermögens, Residualgewinnes und der Marktkapitalisierung eines Unternehmens ist somit nur diese Methode geeignet.

Es werden weiterhin jeweils zwei verzögerte Werte einbezogen, wie bereits bei den zuvor durchgeführten ADF-Tests. Die Berechnung der AIC-Werte[257] für verschiedene Anzahlen vergangener Werte deutet zum Teil jedoch darauf hin, dass die

[251] Abhängig von gewählten Diskontierungszinssätzen.

[252] Vgl. LEE, LIN und YU (2013), S. 542. Der dort verwendete Datensatz stammt aus der Center for Research in Security Prices (CRSP) Datenbank und umfasst 314 Unternehmen für den Zeitraum von 1973 bis 2006.

[253] Vgl. dazu auch die Beschreibung der Funktion adf.test() in der Dokumentation zu dem R-Paket ‚tseries'.

[254] Vgl. MONAHAN (2018), S. 160.

[255] Vgl. JOHANSEN (1995a), Kapitel 5, 6.

[256] Vgl. PFAFF (2008), S. 126.

[257] Vgl. AKAIKE (1974).

Berücksichtigung von drei bis vier Verzögerungen zu besseren Ergebnissen führt, wobei die Ergebnisse nah beieinander liegen. In einigen Fällen sind jedoch nicht ausreichend Beobachtungen bzw. Datenpunkte vorhanden, um mehr als zwei Verzögerungen in die Modelle aufzunehmen.[258] Aufgrund dessen werden im Folgenden zwei verzögerte Werte in die Modelle aufgenommen, um die Anzahl an Freiheitsgraden möglichst hoch zu halten. Bei der recht geringen Anzahl an Beobachtungen ist dieses Vorgehen angemessen. Die schnell wachsende Anzahl zu schätzender Parameter bei der Betrachtung weiterer Zeitreihen und Verzögerungen ist ein grundsätzliches Problem der VAR Modelle.[259]

Der Rang der Kointegration (‚cointegration rank') wird mit $r$ bezeichnet und gibt die Anzahl kointegrierender Beziehungen an.[260] In diesen Fällen der Betrachtung von drei Zeitreihen ist auf Basis des entsprechenden Signifikanzniveaus bei einem Ergebnis von $r = 1$ und $r = 2$ Kointegration vorhanden. Für $r = 3$ gilt bei einer Betrachtung von drei Zeitreihen, dass nicht vom Vorhandensein kointegrierender Beziehungen ausgegangen werden kann.[261]

Bei der Berechnung der in den Tabellen 6.4 und 6.5 aufgeführten Ränge wurde jeweils ein linearer Trend in das Modell aufgenommen. Die Berücksichtigung eines linearen Trends scheint – wie zuvor beschrieben – bei rein ökonomischer Argumentation insbesondere durch die Inflation sinnvoll. Weiterhin ist zwischen der Berechnung von lang- und kurzfristigen Effekten im VECM zu unterscheiden. Der Unterschied liegt in dem Fehlerkorrekturterm des Modells, welcher bei Betrachtung kurzfristiger Effekte die erste Verzögerung der endogenen Variablen berücksichtigt oder die Verzögerung $k - 1$ im Falle langfristiger Effekte.[262] Dies verdeutlicht, weshalb im gewählten Fall von $k = 2$ die Wahl zwischen lang- und kurzfristigen

[258] Grundsätzlich muss $T - k \geq p * k$ mit $T$ = Anzahl Beobachtungen einer Zeitreihe, $k$ = Anzahl Verzögerungen (‚lags') und $p$ = Anzahl der Zeitreihen erfüllt sein, damit das System berechnet werden kann. Die Anzahl der Zeitreihen multipliziert mit der Anzahl an Verzögerungen muss für eine zusätzliche Konstante oder lineare Trends entsprechend erhöht werden. Für ein Unternehmen mit beispielsweise $T = 15$ Beobachtungen ist die Aufnahme von maximal drei Verzögerungen möglich. Die aufgezeigte Bedingung bleibt erfüllt. Auch die Aufnahme eines linearen Trends wäre noch möglich. Die Anzahl an Variablen $p$ erhöht sich entsprechend um eins. Für die Berücksichtigung eines linearen Trends werden allerdings weitere Beobachtungen verwendet, da hiermit eine zusätzliche Variable in die Modelle aufgenommen wird, sodass die Freiheitsgrade sinken. Ist die obige Bedingung nicht erfüllt, ist die Anzahl der Parameter in dem System zu hoch, sodass nicht ausreichend Datenpunkte für die Berechnung zur Verfügung stehen.

[259] Vgl. HACKL (2012), S. 391.

[260] Vgl. Abschnitt 3.3.5.

[261] Vgl. PFAFF (2008), S. 80; Abschnitt 3.3.5.

[262] Vgl. PFAFF (2008), S. 79 f. für die Gleichungen beider Modelle sowie S. 131.

**Tabelle 6.4** Johansen trace test auf kointegr. Beziehungen (Deutschland)

| | $r=0$ | $r=1$ | $r=2$ | $r=3$ | Anteil kointegr. Beziehungen |
|---|---|---|---|---|---|
| $\alpha_{sig}=1\,\%$ | 104 | 48 | 3 | 1 | 32,69 % (51/156) |
| $\alpha_{sig}=5\,\%$ | 70 | 65 | 18 | 3 | 53,21 % (83/156) |
| $\alpha_{sig}=10\,\%$ | 50 | 65 | 34 | 7 | 63,46 % (99/156) |

*Angaben in Absolutwerten bei insgesamt 156 getesteten Unternehmen. Unter zusätzlicher Berücksichtigung eines Trends in den Modellen (ecdet=trend), sowie zwei Verzögerungen ($k=2$).*

**Tabelle 6.5** Johansen trace test auf kointegr. Beziehungen (USA)

| | $r=0$ | $r=1$ | $r=2$ | $r=3$ | Anteil kointegr. Beziehungen |
|---|---|---|---|---|---|
| $\alpha_{sig}=1\,\%$ | 269 | 148 | 26 | 5 | 38,84 % (174/448) |
| $\alpha_{sig}=5\,\%$ | 193 | 179 | 59 | 17 | 53,13 % (238/448) |
| $\alpha_{sig}=10\,\%$ | 143 | 184 | 92 | 29 | 61,61 % (276/448) |

*Angaben in Absolutwerten bei insgesamt 448 getesteten Unternehmen. Unter zusätzlicher Berücksichtigung eines Trends in den Modellen (ecdet=trend), sowie zwei Verzögerungen ($k=2$).*

Effekten[263] keine Auswirkungen auf das Ergebnis hat. Aufgrund der Wahl von $K$ ergibt sich in beiden Fällen die Aufnahme der ersten Verzögerung bzw. der um eine Periode verzögerten Variablen in das Modell.

Die Ergebnisse verdeutlichen die Notwendigkeit einer Berücksichtigung von Kointegration in der Modellierung, indem sie die Evidenz für das Vorliegen kointegrierender Beziehungen liefern. In der Stichprobe deutscher Unternehmen finden sich je nach Signifikanzniveau ca. 33 % ($\alpha_{sig} = 1\,\%$), 53 % ($\alpha_{sig} = 5\,\%$) und 63 % ($\alpha_{sig} = 10\,\%$) Unternehmen mit kointegrierenden Beziehungen zwischen dem operativen Vermögen, dem Residualgewinn und der Marktkapitalisierung.[264] Mit steigendem Signifikanzniveau können mehr Eigenwerte als signifikant positiv eingestuft werden und den Rang $r$ der Kointegration erhöhen. Auf dem Signifikanzniveau von $\alpha_{sig} = 5\,\%$ weisen von insgesamt 156 Unternehmen in der Stichprobe deutscher Unternehmen 65 einen Rang von $r = 1$ und 18 einen Rang von $r = 2$ auf. Bei einem Großteil der Unternehmen ist dementsprechend ein

[263] Sie wird unter Nutzung des ‚urca' Pakets in R durch die Angabe von ‚transitory' oder ‚longrun' umgesetzt.

[264] Vgl. Tabelle 6.4.

Kointegrationsvektor in der Modellierung zu berücksichtigen und es liegen $p - r$ gemeinsame stochastische Trends vor.[265] Die Testergebnisse zu der Stichprobe US-amerikanischer Unternehmen entsprechen weitestgehend den zuvor beschriebenen Ergebnissen der deutschen Unternehmen. Abhängig vom Signifikanzniveau ergeben sich ca. 39 % ($\alpha_{sig} = 1\,\%$), 53 % ($\alpha_{sig} = 5\,\%$) und 62 % ($\alpha_{sig} = 10\,\%$) Unternehmen mit kointegrierenden Beziehungen zwischen den betrachteten Variablen.[266] Deutlich wird, dass eine Berücksichtigung dieser Eigenschaften für eine möglichst korrekte Modellierung der Daten unabdinglich ist. Im Folgenden werden entsprechende Kointegrationsvektoren genutzt, um die Modellierung zu verbessern. Fraglich und bisher unbeantwortet bleibt, ob die so verbesserte Modellierung ebenfalls zu einer höheren Prognosegüte beiträgt oder zu einer Überanpassung an die Daten zur Schätzung des Modells bzw. der Parameter führt. Dies wird in der vorliegenden Arbeit erstmals analysiert.

Die Berücksichtigung einer Konstanten in der Modellierung verändert die Ergebnisse darüber hinaus nur marginal.[267] Auch die Berücksichtigung weiterer Verzögerungen, d. h. höhere Werte für Parameter $k$ (etwa $k = 3{,}4$) verändern die Ergebnisse nicht maßgeblich.

LEE, LIN und YU (2013) decken Kointegration für 53 % der Unternehmen auf und nutzen daher den Ansatz der fraktionalen Kointegration (‚fractional cointegration').[268] Diese finden sie für knapp 90 % der Unternehmen ihrer Stichprobe und unterstützen das Modell von Ohlson damit im Gegensatz zu QI, WU und XIANG (2000), die nur wenige entsprechende Beziehungen aufdecken.[269] Fraktionale Kointegration bedeutet, dass ein Autoregressive Fractionally Integrated Moving Average (ARFIMA) Modell verwendet wird, welches im Gegensatz zu ARIMA-Modellen reelle Werte zwischen 0 und 1 anstelle von natürlichen Zahlen für den Parameter d eines ARIMA(k,d,q) Modells zulässt.[270] ARFIMA Modelle kommen seltener zum

[265] Vgl. Abschnitt 3.3.5. Dies bedeutet, dass bei $p = 3$ Zeitreihen zwei stochastische Trends ($r = 1$) bzw. ein stochastischer Trend ($r = 2$) vorliegt.

[266] Vgl. Tabelle 6.5.

[267] Der Anteil an Unternehmen mit kointegrierenden Beziehungen im entsprechenden Datensatz schwankt abhängig vom Signifikanzniveau um maximal 2,25 %. Für das Signifikanzniveau von 10 % werden exakt die gleichen Ergebnisse erzielt.

[268] Vgl. LEE, LIN und YU (2013), S. 542 f.

[269] Vgl. LEE, LIN und YU (2013), S. 535 f.; QI, WU und XIANG (2000), S. 158 f.

[270] Vgl. WEI (2006), S. 489–494; VERBEEK (2017), S. 306; LEE, LIN und YU (2013), S. 539.

Einsatz und die Bestimmung des Parameters $d$ ist aufwendiger.[271] LEE, LIN und YU (2013) argumentieren, dass nur fraktionale Kointegration vorliegt und der Prozess langsam zu seinem Mittelwert zurückkehrt, also stationär ist.[272] Die Ergebnisse der vorliegenden Arbeit sprechen dagegen und letztlich mehrheitlich für volle Kointegration. Bei der Analyse eines einzelnen VECM mit Durchschnittswerten von KUO (2017) wird der Rang mit $r = 2$ ermittelt.[273]

### 6.4.5 Out-of-sample Prognose

In diesem Abschnitt folgt die Prognose über die Stichprobe zur Schätzung der Modelle hinaus. Die als vorteilhaft für die Modellierung identifizierten Änderungen werden nun bezüglich ihrer Auswirkungen auf die Prognosegüte untersucht. Im Fokus stehen die Prognosen der Marktkapitalisierung sowie des Residualgewinnes. Die Prognose von Marktkapitalisierungen entspricht letztlich einer Prognose von Aktienmarktrenditen, welche für Investoren essenziell ist. Prognosen von Residualgewinnen werden insbesondere für Unternehmensbewertungen benötigt, wie sie zuvor betrachtet wurden.[274] Die Prognosegüte der Modelle wird erneut für beide Variablen anhand von 1-Schritt, 3-Schritt und iterativen 1-Schritt Prognosen evaluiert.

#### 6.4.5.1 Prognose der Marktkapitalisierung

##### 6.4.5.1.1 1-Schritt Prognose

Die Ergebnisse der 1-Schritt Prognosen zeigen, dass die Berücksichtigung der kointegrierenden Beziehungen zu besseren Prognoseergebnissen führen kann. Dies repliziert das Ergebnis von QI, WU und XIANG (2000) für den in dieser Arbeit betrachteten Datensatz.[275] Tabelle 6.6 zeigt die Ergebnisse. Die Interpretation der absoluten Ausprägungen ist unter Berücksichtigung der zuvor beschriebenen Normalisierung

---

[271] Eine weitere Anwendung liefern BOLLERSLEV u. a. (2013). Vgl. auch VERBEEK (2017), S. 306. Sie untersuchen Aktienmarktrenditen sowie Volatilitäten und finden eine nützliche Anwendung zur Modellierung erwarteter und realisierter Volatilitäten. Vgl. BOLLERSLEV u. a. (2013), S. 409, 422 f.

[272] Vgl. LEE, LIN und YU (2013), S. 544.

[273] Vgl. KUO (2017), S. 209.

[274] Vgl. Abschnitt 6.1.3 und 6.2.

[275] Vgl. QI, WU und XIANG (2000), S. 154. Die Autoren finden ebenfalls eine signifikant höhere Prognosegenauigkeit für die Marktwerte der Unternehmen, bei denen kointegrierende Beziehungen aufgedeckt wurden.

**Tabelle 6.6** 1-Schritt out-of-sample Prognosefehler des Marktwertes

| | Mittelwert | SD | Q1 | Median | Q3 |
|---|---|---|---|---|---|
| Fehlerwerte (VECM) | | | | | |
| Keine Koint. ($n = 73$) | 0,1003 | 0,8751 | -0,1345 | 0,0678 | 0,1884 |
| $r = 1$ ($n = 65$) | 0,1309 | 1,4376 | -0,2033 | -0,0190 | 0,2049 |
| $r = 2$ ($n = 18$) | 0,0430 | 0,3737 | -0,1405 | 0,0544 | 0,2476 |

| | VECM | | Vergleichsmodell | |
|---|---|---|---|---|
| | RMSE | MAE | RMSE | MAE |
| Keine Koint. ($n = 73$) | 0,8748 | 0,4174 | 0,5890 | 0,3005 |
| $r = 1$ ($n = 65$) | 1,4325 | 0,5308 | 0,5091 | 0,2971 |
| $r = 2$ ($n = 18$) | 0,3657 | 0,2773 | 0,1789 | 0,1268 |

*Für die Prognose wurden die vorteilhaftesten Spezifikationen gewählt. Die Ermittlung des Ranges $r$ erfolgt unter Berücksichtigung eines Trends in den Modellen sowie zwei Verzögerungen ($k = 2$).*

aller Variablen anhand der Gesamtvermögen der Vorperiode[276] ($GV_{i,t-1}$) vorzunehmen.[277] Für den Fall $r = 2$ in Tabelle 6.6 werden die niedrigsten Ausprägungen der Fehlermaße RMSE und MAE errechnet. Wichtiger ist jedoch die Auswertung der Ausprägungen im Verhältnis zu den weiteren Ergebnissen, insbesondere dem Vergleichsmodell und den Unternehmen ohne kointegrierende Beziehungen in den Daten. Auffällig sind die mit dem Rang $r$ nicht einheitlich fallenden oder steigenden Fehlergrößen. Insbesondere sind Mittelwert und Standardabweichung der Prognosefehler, wie auch RMSE und MAE, für $r = 2$ am geringsten und $r = 1$ am höchsten. Die Ausprägungen für $r = \{0,3\}$ (keine Kointegration) liegen dazwischen. Das einfache VAR Modell ohne Berücksichtigung der Wechselwirkungen zwischen den verschiedenen Zeitreihen ($r = \{0,3\}$) schneidet somit besser ab als unter Berücksichtigung der Kointegration ($r = 1$). Das Vergleichsmodell liefert jedoch ähnliche Werte für beide Fälle.[278] Der RMSE beträgt 0,5890 ($r = \{0,3\}$)

[276] Dabei handelt es sich um eine übliche Vorgehensweise. Vgl. beispielsweise MOREL (2003), S. 1349; CALLEN und MOREL (2001), S. 196; DECHOW und DICHEV (2002), S. 42; COHEN, DEY und LYS (2008), S. 768; BARTH, LANDSMAN und LANG (2008), S. 489; BALL, GERAKOS u. a. (2020), S. 236; BALL, GERAKOS u. a. (2016), S. 31. Die Testergebnisse in Abschnitt 6.4.4.2 wurden bereits mit normalisierten Daten durchgeführt, sodass die Normalisierung nicht zur gewünschten Stationarität aller Zeitreihen geführt hat.

[277] Vgl. Tabellen 3.2 und 3.3 für die deskriptiven Statistiken der Absolutwerte und normalisierten Werte des Datensatzes.

[278] Dies spricht gegen eine höhere Komplexität bzw. Schwierigkeit die als $r = 1$ klassifizierten Zeitreihen zu prognostizieren.

bzw. 0,5091 ($r = 1$). Die Ausprägungen des MAE liegen mit 0,3005 ($r = \{0,3\}$) bzw. 0,2971 ($r = 1$) nah beieinander. Das VECM liefert in diesem Fall verzerrte Werte, welche auf eine fälschliche Modellspezifikation als auch auf Besonderheiten in der Periode zurückzuführen sein können. Die Auswertung der iterativen Prognose wird dahingehend Aufschluss geben. Im Fall $r = 2$ zeigen sich die niedrigsten Fehlerwerte des VECM. RMSE und MAE sind niedriger als die der VECM für die Fälle $r = \{0,3\}$ und $r = 1$. Das Vergleichsmodell liefert für $r = 2$ noch einmal niedrigere Fehlerwerte. Es schlägt das VECM in diesem Fall um ca. 51 % (RMSE) bzw. 54 % (MAE). Letztlich ist festzuhalten, dass der Fall $r = 2$ für beide Modelle zu den niedrigsten Fehlermaßen führt.

#### 6.4.5.1.2 3-Schritt Prognose

Im Fall der 3-Schritt Prognose (Tabelle 6.7) sind Gemeinsamkeiten zu den bisherigen Ergebnissen festzustellen. Insbesondere liefert das Vergleichsmodell für $r = 1$ die höchsten und für $r = 2$ die niedrigsten Fehlerwerte. Das VECM weist für $r = 2$ die höchsten Fehlerwerte auf, liefert jedoch in Bezug auf das Vergleichsmodell keine aussagekräftigen Ergebnisse. Für die Unternehmen, welche nach den Tests in die Gruppe mit einem Rang $r = 1$ fallen, werden erneut hohe Fehlerwerte gemessen. Der MAE ist im Fall $r = 1$ sowohl für das VECM als auch für das Vergleichsmodell am höchsten.

**Tabelle 6.7** 3-Schritt out-of-sample Prognosefehler des Marktwertes

| | Mittelwert | SD | Q1 | Median | Q3 |
|---|---|---|---|---|---|
| Fehlerwerte (VECM) | | | | | |
| Keine Koint. ($n = 73$) | 0,0730 | 0,8120 | -0,1453 | 0,0415 | 0,2345 |
| $r = 1$ ($n = 65$) | 0,0014 | 0,8353 | -0,3363 | -0,0245 | 0,3047 |
| $r = 2$ ($n = 18$) | -0,0289 | 1,0190 | -0,0591 | 0,0706 | 0,2461 |

| | VECM | | Vergleichsmodell | |
|---|---|---|---|---|
| | RMSE | MAE | RMSE | MAE |
| Keine Koint. ($n = 73$) | 0,8135 | 0,4383 | 0,5541 | 0,3295 |
| $r = 1$ ($n = 65$) | 0,8331 | 0,5299 | 0,7525 | 0,4541 |
| $r = 2$ ($n = 18$) | 1,0099 | 0,5267 | 0,4365 | 0,2741 |

*Für die Prognose wurden die vorteilhaftesten Spezifikationen gewählt. Die Ermittlung des Ranges r erfolgt unter Berücksichtigung eines Trends in den Modellen sowie zwei Verzögerungen ($k = 2$).*

Erneut wird das VECM nach beiden Fehlermaßen von dem Vergleichsmodell dominiert, sodass die Berücksichtigung der Kointegration in der Modellierung in diesem Fall nicht vorteilhaft ist. Die Kointegrationstests sind dennoch nützlich, da der ermittelte Rang Aufschluss über die Prognosegüte gibt. So liegen die Fehlermaße des VECM und des Vergleichsmodells im Fall $r = 1$ bedeutend höher als in den übrigen Fällen.[279] Dies gilt für die 3-Schritt und iterative Prognose, welche tendenziell am aussagekräftigsten sind. Eine Klassifikation eines Unternehmens mit $r = 1$ ($r = \{0,2,3\}$) ist entsprechend mit einer schlechteren (besseren) Prognosefähigkeit verbunden. Unabhängig von der Modellwahl (VECM oder Random Walk) sind die Fehlermaße bei den Rängen $r = \{0,2,3\}$ um durchschnittlich 16,8 % in der 3-Schritt Prognose und um durchschnittlich 21,9 % in der iterativen Prognose niedriger.

#### 6.4.5.1.3 Iterative Prognose

Die Ergebnisse der iterativen 1-Schritt Prognose (Tabelle 6.8) weisen mit ihren höchsten Fehlerwerten für $r = 1$ und den niedrigsten für den Fall $r = 2$, auf einen negativen Einfluss durch das Vorhandensein zweier gemeinsamer stochastischer Trends in den Daten auf die Prognose hin. Das VECM weist für alle Prognosehorizonte bzw. in der 1-Schritt, 3-Schritt und iterativen Prognose für $r = 1$ die höchsten

**Tabelle 6.8** Iterative out-of-sample Prognosefehler des Marktwertes

| | Mittelwert | SD | Q1 | Median | Q3 |
|---|---|---|---|---|---|
| Fehlerwerte (VECM) | | | | | |
| Keine Koint. ($n = 73$) | 0,0707 | 1,0294 | -0,2133 | -0,0113 | 0,2094 |
| $r = 1$ ($n = 65$) | -0,0311 | 1,0883 | -0,3227 | -0,0249 | 0,2351 |
| $r = 2$ ($n = 18$) | 0,0107 | 0,7102 | -0,1459 | -0,0113 | 0,2563 |

| | VECM | | Vergleichsmodell | |
|---|---|---|---|---|
| | RMSE | MAE | RMSE | MAE |
| Keine Koint. ($n = 73$) | 1,0310 | 0,4857 | 0,4900 | 0,2640 |
| $r = 1$ ($n = 65$) | 1,0876 | 0,5609 | 0,5839 | 0,3165 |
| $r = 2$ ($n = 18$) | 0,7075 | 0,4131 | 0,4022 | 0,2163 |

*Für die Prognose wurden die vorteilhaftesten Spezifikationen gewählt. Die Ermittlung des Ranges r erfolgt unter Berücksichtigung eines Trends in den Modellen sowie zwei Verzögerungen ($k = 2$).*

[279] Eine Ausnahme stellt der RMSE des VECM in der 3-Schritt Prognose dar. In diesem Fall handelt es sich um einen Ausreißer, da der MAE wie in den übrigen Fällen für $r = 1$ höher ist.

Ausprägungen des MAE auf.[280] Es wird jedoch erneut für alle Ränge $r$ vom Vergleichsmodell dominiert, sodass allein die Rangzuordnung als Indikator für die Prognosegüte herangezogen werden kann. Die besten Ergebnisse werden mithilfe des Random Walks für Unternehmen mit Rang $r = 2$, d. h. bei einem gemeinsamen stochastischen Trend in den betrachteten Zeitreihen ermittelt. Dies ist ebenfalls für die 3-Schritt Prognose zu beobachten. Insgesamt deuten die Ergebnisse bisher darauf hin, dass eine Modellierung der Zeitreihen einzelner Unternehmen gegenüber der Betrachtung von Querschnittsdaten nicht zielführend ist und der Vorteil der Kointegrationsanalyse in der Bestimmung des Ranges liegt.

Die Ergebnisse der Prognosen von Marktkapitalisierungen zeigen, dass das Feltham-Ohlson Modell nützlich ist, um strukturiert zu modellieren und gezielt weitere Informationen (über die Variablen $v_1^{SI}$ und $v_2^{SI}$) einfließen zu lassen. Es ist jedoch nicht optimal für Prognosezwecke, da es in dieser Untersuchung häufig durch einfache Modelle dominiert wird. In der referenzierten Literatur, in welcher ähnliche Herangehensweisen genutzt werden, um das Modell und dessen Prognosekraft zu beurteilen, findet sich kein Hinweis zu Vergleichen mit Vorjahreszahlen oder ähnlich einfachen Extrapolationen.[281] Möglicherweise sind Daten der Finanzberichterstattung aufgrund der nur jährlich vorliegenden Beobachtungen nicht für derartige Zeitreihenmodelle geeignet, da sich zu viele Einflussfaktoren auf die Ausprägungen der Variablen ergeben (so beispielsweise technologische, politische oder rechtliche Einflussfaktoren auf die Unternehmenserfolge und Aktienkurse bzw. Erwartungen von Investoren).[282] Eine Erklärung von Marktwerten allein durch Buchwerte, das operative Vermögen und Residualgewinne ist somit nicht zielführend. Im Folgenden wird daher die Eignung des Modells zur Prognose von Residualgewinnen geprüft.

### 6.4.5.2 Prognose des Residualgewinnes

#### 6.4.5.2.1 1-Schritt Prognose

Die Ergebnisse der Residualgewinnprognose in Tabelle 6.9 zeigen für das VECM erneut höhere Prognosefehler für Unternehmen mit Rang $r = 1$ im Vergleich zu den übrigen Rängen. Der hohe RMSE des VECM im Fall $r = 1$ deutet auf ungleichmäßige bzw. einige hohe Fehler in dieser Gruppe hin. Sie haben einen großen Einfluss auf den RMSE, sodass er für $r = 2$ deutlich niedriger ist. Im kontroversen Fall $r = 1$ zeigt sich entsprechend ein hoher Mittelwerte der absoluten Fehler. Zugleich erzielt

[280] Die Ausprägungen des RMSE bestätigen dies bis auf eine Ausnahme in der 3-Schritt Prognose, wobei die Ausprägung des RMSE im Fall $r = 2$ dort als Ausreißer anzusehen ist. Die Fehlerwerte des Vergleichsmodells bestätigen dies.

[281] Dies bezieht sich insbesondere auf Qi, Wu und Xiang (2000); Lee, Lin und Yu (2013).

[282] Vgl. Monahan (2018), S. 159 f.

das Vergleichsmodell im Fall $r = 1$ die niedrigsten Fehlerwerte. Eine eindeutige Aussage in Bezug auf die Auswirkungen des Ranges $r$ kann im Rahmen der 1-Schritt Prognose der Residualgewinne entsprechend nicht getroffen werden. Das VECM wird jedoch vom Vergleichsmodell dominiert, sodass trotz der Berücksichtigung des Kointegrationsvektors in der Modellierung mit dem naiven Random Walk bessere Prognoseergebnisse erzielt werden. Das VECM übertrifft das Vergleichsmodell allein für den RMSE im Fall $r = 2$.

**Tabelle 6.9** 1-Schritt out-of-sample Prognosefehler des Residualgewinnes

| | Mittelwert | SD | Q1 | Median | Q3 |
|---|---|---|---|---|---|
| Fehlerwerte (VECM) | | | | | |
| Keine Koint. ($n = 73$) | 0,0089 | 0,0966 | -0,0137 | -0,0021 | 0,0245 |
| $r = 1$ ($n = 65$) | 0,0172 | 0,1479 | -0,0245 | -0,0035 | 0,0139 |
| $r = 2$ ($n = 18$) | 0,0035 | 0,0762 | -0,0048 | 0,0024 | 0,0360 |

| | VECM | | Vergleichsmodell | |
|---|---|---|---|---|
| | RMSE | MAE | RMSE | MAE |
| Keine Koint. ($n = 73$) | 0,0964 | 0,0419 | 0,0702 | 0,0272 |
| $r = 1$ ($n = 65$) | 0,1478 | 0,0483 | 0,0425 | 0,0265 |
| $r = 2$ ($n = 18$) | 0,0742 | 0,0451 | 0,0781 | 0,0356 |

*Für die Prognose wurden die vorteilhaftesten Spezifikationen gewählt. Die Ermittlung des Ranges r erfolgt unter Berücksichtigung eines Trends in den Modellen sowie zwei Verzögerungen ($k = 2$).*

#### 6.4.5.2.2 3-Schritt Prognose

Unter Betrachtung der Ergebnisse für das VECM in Tabelle 6.10 finden sich im Unterschied zu der 1-Schritt Prognose der Residualgewinne in diesem Fall die höchsten Fehlerwerte für $r = 2$, die niedrigsten für $r = \{0,3\}$ (keine Kointegration). Dies entspricht den Ergebnissen der 3-Schritt Prognose der Marktkapitalisierung mit Bezug auf das VECM.

Die niedrigsten Ausprägungen der Fehlermaße finden sich erneut für das Vergleichsmodell im Fall $r = 1$. Unter Beachtung beider Modelle werden im Fall $r = \{0,3\}$ die niedrigsten Fehler gemessen, da die Fehlerwerte des Vergleichsmodells für $r = \{0,3\}$ und $r = 1$ nur um maximal 2 % voneinander abweichen. Das Vorliegen von zwei gemeinsamen stochastischen Trends (da $p - r = 3 - 1 = 2$ im Fall $r = 1$) ging in der Prognose der Marktkapitalisierungen mit höheren Fehlern als im Fall $r = 2$ einher, was einen weiteren Unterschied darstellt.

**Tabelle 6.10** 3-Schritt out-of-sample Prognosefehler des Residualgewinnes

| | Mittelwert | SD | Q1 | Median | Q3 |
|---|---|---|---|---|---|
| Fehlerwerte (VECM) | | | | | |
| Keine Koint. ($n = 73$) | 0,0049 | 0,0672 | -0,0190 | 0,0043 | 0,0314 |
| $r = 1$ ($n = 65$) | 0,0058 | 0,0753 | -0,0211 | 0,0048 | 0,0401 |
| $r = 2$ ($n = 18$) | 0,0309 | 0,1085 | -0,0034 | 0,0149 | 0,0700 |

| | VECM | | Vergleichsmodell | |
|---|---|---|---|---|
| | RMSE | MAE | RMSE | MAE |
| Keine Koint. ($n = 73$) | 0,0672 | 0,0414 | 0,0659 | 0,0352 |
| $r = 1$ ($n = 65$) | 0,0754 | 0,0478 | 0,0652 | 0,0345 |
| $r = 2$ ($n = 18$) | 0,1118 | 0,0681 | 0,8927 | 0,0472 |

*Für die Prognose wurden die vorteilhaftesten Spezifikationen gewählt. Die Ermittlung des Ranges r erfolgt unter Berücksichtigung eines Trends in den Modellen sowie zwei Verzögerungen ($k = 2$).*

#### 6.4.5.2.3 Iterative Prognose

Konsistent mit dem Fall der 3-Schritt Prognose, aber im Gegensatz zu der 1-Schritt Prognose der Residualgewinne, liefert das VECM im Fall $r = \{0,3\}$ die niedrigsten Prognosefehler.[283] Das Vergleichsmodell liefert ebenfalls für $r = \{0,3\}$ die niedrigsten RMSE und MAE Werte. Die bedeutsamen Ergebnisse der 3-Schritt und iterativen Prognose deuten entsprechend darauf hin, dass Residualgewinne ohne kointegrierende Beziehungen in den Zeitreihen eines Unternehmens am besten prognostiziert werden können.

Insgesamt kann letztlich für die 1-Schritt, 3-Schritt und iterative Prognose der Residualgewinne festgehalten werden, dass die Aufdeckung eines stochastischen Trends ($r = 2$) in den Datensätzen der einzelnen Unternehmen zu höheren Prognosefehlern führt. Die Ermittlung dieses Ranges ist somit ein Indikator für eine schlechte Prognosefähigkeit und sollte von Bewertern als entsprechendes Risiko in der Residualgewinnprognose deutscher Unternehmen berücksichtigt werden. Die Bandbreite realistischer Unternehmenswerte sollte beispielsweise größer ausfallen. Der Random Walk ist für Unternehmen mit Rang $r = \{0,1,3\}$ immer gut, mit deutlich niedrigeren Fehlern als das VECM und im Vergleich zu den anderen Unternehmen mit dem Rang $r = 2$. Über die Rangzuordnung kann der Prognoseersteller auf niedrigere Fehler in der Bestimmung künftiger Gewinne und Cashflows schließen und hat somit einen Informationsvorsprung und Wettbewerbsvorteil gegenüber

[283] Vgl. Tabelle 6.11.

**Tabelle 6.11** Iterative out-of-sample Prognosefehler des Residualgewinnes

| | Mittelwert | SD | Q1 | Median | Q3 |
|---|---|---|---|---|---|
| Fehlerwerte (VECM) | | | | | |
| Keine Koint. ($n = 73$) | 0,0004 | 0,0800 | -0,0314 | -0,0017 | 0,0268 |
| $r = 1$ ($n = 65$) | -0,0006 | 0,1098 | -0,0297 | 0,0001 | 0,0301 |
| $r = 2$ ($n = 18$) | -0,0023 | 0,2034 | -0,0256 | 0,0003 | 0,0265 |

| | VECM | | Vergleichsmodell | |
|---|---|---|---|---|
| | RMSE | MAE | RMSE | MAE |
| Keine Koint. ($n = 73$) | 0,0799 | 0,0486 | 0,0453 | 0,0249 |
| $r = 1$ ($n = 65$) | 0,1097 | 0,0540 | 0,0535 | 0,0275 |
| $r = 2$ ($n = 18$) | 0,2026 | 0,0802 | 0,0912 | 0,0408 |

*Für die Prognose wurden die vorteilhaftesten Spezifikationen gewählt. Die Ermittlung des Ranges r erfolgt unter Berücksichtigung eines Trends in den Modellen sowie zwei Verzögerungen ($k = 2$).*

Mitbewerbern. Weiterhin werden die verwendeten VECM für die Prognose von Residualgewinnen (mit der Ausnahme des RMSE der 1-Schritt Prognose im Fall $r = 2$) vom Vergleichsmodell dominiert, sodass die einfache Verwendung von Vorjahreswerten den VECM zur Prognose von Residualgewinnen vorzuziehen sind.[284] Gleichzeitig konnten im Verlauf der Arbeit bereits Modelle ermittelt werden, mit welchen Gewinne besser prognostiziert werden können als durch die Vorjahreswerte.[285] Der Nutzen liegt bezüglich der Residualgewinnprognose entsprechend nicht in den VECM, sondern in den Tests auf kointegrierende Beziehungen. Wie dargelegt, kann anhand des Ranges $r$ auf die Prognosefähigkeit der Gewinngröße und Marktkapitalisierung geschlossen werden. Die Prognose sollte anschließend jedoch mit einem alternativen Modell anstelle des VECM durchgeführt werden. So können beispielsweise die bereits niedrigeren Prognosefehler der Unternehmen mit

[284] Dies ist keine ungewöhnliche Erkenntnis, da der Random Walk bereits ein schwer zu schlagendes Modell beschreibt. Zudem dominieren sehr einfache Modelle häufig komplexere Alternativen. Vgl. GERAKOS und GRAMACY (2013), S. 3 sowie auch Abschnitt 4.3.4 der vorliegenden Arbeit zum Abschneiden einfacher Modelle im Vergleich zu Analystenprognosen. Auch im betrachteten Fall des Feltham-Ohlson Modells ist zu beobachten, dass Prognosen durch einfache Modelle schwer zu übertreffen sind. Vgl. CALLEN und SEGAL (2005), S. 409, 422.

[285] Dabei ist zwischen operativen Gewinnen und Residualgewinnen zu unterscheiden. In den vorausgehenden Kapiteln wurden operative Gewinne betrachtet, jedoch lassen sich die Ergebnisse auf Residualgewinne übertragen. Tests der Residualgewinne mit den entsprechenden Modellen haben dies bestätigt.

Rang $r = 1$ noch einmal gesenkt werden. Die unternehmensindividuelle Prognose, d. h. die Modellierung im VECM auf Basis der Datensätze einzelner Unternehmen führt zu größeren Prognosefehlern als die Modellierung mithilfe von Querschnittsdaten. Die vorliegende Arbeit untersucht die unternehmensindividuelle Prognose von Residualgewinnen und Marktkapitalisierungen unter Berücksichtigung kointegrierender Beziehungen erstmalig und liefert bedeutende Erkenntnisse für die Prognoseerstellung durch interne und externe Adressaten.

## 6.4.6 Out-of-sample Prognose US-amerikanischer Unternehmen

### 6.4.6.1 Prognose der Marktkapitalisierung

#### 6.4.6.1.1 1-Schritt Prognose

Die Ergebnisse der 1-Schritt Prognose in Tabelle 6.12 zeigen unterschiedliche Ergebnisse für die VECM bzw. VAR Modelle und die korrespondierenden Vergleichsmodelle. Insbesondere ist der RMSE des VECM mit $r = 2$ am höchsten, während er für das Vergleichsmodell in diesem Fall am niedrigsten ist. Für den MAE ergibt sich der niedrigste Wert für das VAR Modell ($r = \{0,3\}$), während er für das Vergleichsmodell erneut im Fall $r = 2$ am niedrigsten ist. Die Ergebnisse des Vergleichsmodells führen somit zu einer anderen Rangfolge. Der Rang $r = 2$ deutet auf niedrige Prognosefehler des Marktwertes hin. Im Vergleichsmodell zeigen

**Tabelle 6.12** 1-Schritt out-of-sample Prognosefehler des Marktwertes (USA)

| | Mittelwert | SD | Q1 | Median | Q3 |
|---|---|---|---|---|---|
| Fehlerwerte (VECM) | | | | | |
| Keine Koint. ($n = 210$) | -0,0817 | 0,7036 | -0,2861 | -0,0779 | 0,1259 |
| $r = 1$ ($n = 179$) | -0,1489 | 0,6819 | -0,4578 | -0,1126 | 0,1344 |
| $r = 2$ ($n = 59$) | -0,2192 | 0,7091 | -0,3863 | -0,1553 | 0,0065 |

| | VECM | | | Vergleichsmodell | |
|---|---|---|---|---|---|
| | RMSE | MAE | | RMSE | MAE |
| Keine Koint. ($n = 210$) | 0,7067 | 0,4165 | | 0,5654 | 0,3293 |
| $r = 1$ ($n = 179$) | 0,6961 | 0,4735 | | 0,5322 | 0,3383 |
| $r = 2$ ($n = 59$) | 0,7364 | 0,4550 | | 0,4994 | 0,2893 |

*Für die Prognose wurden die vorteilhaftesten Spezifikationen gewählt. Die Ermittlung des Ranges r erfolgt unter Berücksichtigung eines Trends in den Modellen sowie zwei Verzögerungen ($k = 2$).*

sich für $r = 2$ durchschnittlich 9 % (RMSE) bzw. 13 % (MAE) niedrigere Fehlerwerte im Vergleich zu den übrigen Rängen. Das VECM wird vom Vergleichsmodell vollständig dominiert und weist im Fall $r = 2$ mindestens 47 % höhere Fehler auf.

#### 6.4.6.1.2 3-Schritt Prognose

Die Ergebnisse der 3-Schritt Prognose in Tabelle 6.13 ähneln der zuvor betrachteten 1-Schritt Prognose insbesondere darin, dass das VECM im Fall $r = 2$ hohe Fehlerwerte, das Vergleichsmodell in diesem Fall jedoch die niedrigsten Fehlerwerte und damit besten Prognoseergebnisse liefert. Im Vergleich zu dem VAR Modell (keine Kointegration) und dem VECM mit $r = 2$ weist das VECM im Fall $r = 1$ deutlich niedrigere Fehlerwerte auf, welche dennoch höher sind als die des Vergleichsmodells. Die höchsten Fehler weist das Vergleichsmodell wiederum für die Unternehmen ohne kointegrierende Beziehungen auf ($r = \{0,3\}$), sodass der Rang erneut Aufschluss über die Prognosefähigkeit gibt. Zudem dominiert das Vergleichsmodell erneut das betrachtete VAR Modell sowie die beiden VECM. Eine Betrachtung der absoluten Fehlerwerte zeigt insgesamt positivere Abweichungen als bei der 1-Schritt Prognose. Die höheren Mittelwerte und Mediane deuten darauf hin, dass ein steigender Trend zu stark berücksichtigt wurde. Die Ergebnisse dieser Prognose der Börsenwerte steht im Einklang mit der makroökonomischen Entwicklung des Aktienmarktes in einer der Perioden der betrachteten 3-Schritt Prognose. Die Marktkapitalisierungen und großen Leitindizes lagen am Ende des Jahres 2017 untypischerweise höher als am Ende des Jahres 2018. Eine solche Entwicklung bildet

**Tabelle 6.13** 3-Schritt out-of-sample Prognosefehler des Marktwertes (USA)

| | Mittelwert | SD | Q1 | Median | Q3 |
|---|---|---|---|---|---|
| Fehlerwerte (VECM) | | | | | |
| Keine Koint. ($n = 210$) | 0,0183 | 1,3956 | -0,3632 | -0,0174 | 0,3183 |
| $r = 1$ ($n = 179$) | -0,0870 | 0,7828 | -0,4154 | -0,0501 | 0,2401 |
| $r = 2$ ($n = 59$) | 0,0236 | 1,0545 | -0,3453 | -0,0384 | 0,4026 |

| | VECM | | Vergleichsmodell | |
|---|---|---|---|---|
| | RMSE | MAE | RMSE | MAE |
| Keine Koint. ($n = 210$) | 1,3945 | 0,6407 | 0,7083 | 0,4422 |
| $r = 1$ ($n = 179$) | 0,7869 | 0,5155 | 0,5664 | 0,3794 |
| $r = 2$ ($n = 59$) | 1,0518 | 0,6860 | 0,4770 | 0,3009 |

*Für die Prognose wurden die vorteilhaftesten Spezifikationen gewählt. Die Ermittlung des Ranges r erfolgt unter Berücksichtigung eines Trends in den Modellen sowie zwei Verzögerungen ($k = 2$).*

das Modell nicht ab, da Marktkapitalisierungen im Zeitverlauf tendenziell steigen. Infolgedessen stellt die naive Fortschreibung der Vorjahreswerte als Prognose für diesen Zeitraum eine bessere Alternative dar.

#### 6.4.6.1.3 Iterative Prognose

Die iterative 1-Schritt Prognose (Tabelle 6.14) zeigt für das VECM Ergebnisse, welche sich zu den bisher betrachteten Prognosehorizonten teilweise unterscheiden. Das VECM liefert in der Gruppe der Unternehmen mit Rang $r = 2$ gem. RMSE den niedrigsten Prognosefehler, obwohl diese in der 1-Schritt und 3-Schritt Prognose vergleichsweise hohe Fehlerwerte aufweisen. Gleichzeitig ist der MAE in diesem Fall am höchsten, wenngleich die drei Werte nah beieinander liegen.[286] Es fällt zudem auf, dass das Vergleichsmodell ebenfalls für $r = 2$ die besten Ergebnisse liefert. Dies entspricht den Ergebnissen der zuvor betrachteten Prognosehorizonte. Das Vergleichsmodell dominiert das VAR Modell für den Fall ohne Kointegration sowie die VECM für $r = 1$ und $r = 2$. Die Ausprägungen der Fehlermaße sind im Vergleich nur etwa halb so groß, sodass die Ergebnisse auf eine starke Überanpassung der vektorautoregressiven Modelle hindeutet.

**Tabelle 6.14** Iterative out-of-sample Prognosefehler des Marktwertes (USA)

| | Mittelwert | SD | Q1 | Median | Q3 |
|---|---|---|---|---|---|
| Fehlerwerte (VECM) | | | | | |
| Keine Koint. ($n = 210$) | 0,0491 | 1,2814 | -0,3302 | -0,0122 | 0,3439 |
| $r = 1$ ($n = 179$) | 0,0102 | 1,1911 | -0,3666 | -0,0428 | 0,3075 |
| $r = 2$ ($n = 59$) | -0,0418 | 1,0444 | -0,3577 | -0,0617 | 0,3213 |

| | VECM | | Vergleichsmodell | |
|---|---|---|---|---|
| | RMSE | MAE | RMSE | MAE |
| Keine Koint. ($n = 210$) | 1,2820 | 0,6341 | 0,5721 | 0,3473 |
| $r = 1$ ($n = 179$) | 1,1907 | 0,5991 | 0,5165 | 0,3356 |
| $r = 2$ ($n = 59$) | 1,0438 | 0,6393 | 0,4620 | 0,2908 |

*Für die Prognose wurden die vorteilhaftesten Spezifikationen gewählt. Die Ermittlung des Ranges r erfolgt unter Berücksichtigung eines Trends in den Modellen sowie zwei Verzögerungen ($k = 2$).*

Insgesamt ist festzuhalten, dass die Interpretation der vorliegenden Ergebnisse zur Prognose von Marktkapitalisierungen aufgrund etlicher Einflussfaktoren

[286] Dies deutet auf insgesamt höhere Abweichungen des VECM mit $r = 2$ hin, welche jedoch weniger volatil sind und somit zu einer niedrigeren Ausprägung des RMSE führen.

erschwert wird. Häufig ist nicht eindeutig, inwiefern die Volatilität der Marktkapitalisierung aufgrund makroökonomischer Entwicklungen die Prognoseergebnisse beeinflusst. Die Betrachtung stichtagsbezogener Werte verstärkt zudem den Einfluss etwaiger kurzfristiger Verzerrungen. Eindeutig ist hingegen, dass der Rang $r$ erneut ein wichtiger Indikator für die Prognosegüte ist. Die besten Ergebnisse werden konsistent für den Fall eines gemeinsamen stochastischen Trends in den Datensätzen ($r = 2$) erzielt. Die Bestimmung des Ranges $r = 2$ für ein Unternehmen deutet somit auf besser zu prognostizierende Marktkapitalisierungen hin. Die Ergebnisse der drei Tabellen 6.12, 6.13 und 6.14 (der 1-Schritt, 3-Schritt und iterativen Prognose) zeigen im Fall der Kointegration mit dem Rang kontinuierlich abnehmende Werte für den RMSE und MAE des Vergleichsmodells. Der RMSE ist stets für den Fall nicht vorliegender Kointegration am größten und für $r = 2$ am niedrigsten. Gleiches gilt für den MAE, jedoch mit der Ausnahme der 1-Schritt Prognose. Dort liegt der MAE für $r = 1$ über dem Wert für den Fall fehlender Kointegration. Dennoch ist der MAE der Vergleichsmodelle im Fall $r = 2$ für die unterschiedlichen Horizonte durchschnittlich um 18,15 % niedriger als dessen Ausprägungen für die Ränge $r = \{0,3\}$ und $r = 1$.[287]

### 6.4.6.2 Prognose des Residualgewinnes

#### 6.4.6.2.1 1-Schritt Prognose

Die Ergebnisse der einschrittigen Residualgewinnprognose in Tabelle 6.15 zeigen viele Gemeinsamkeiten mit der zuvor betrachteten Prognose der Marktkapitalisierungen. Das VAR Modell und die Fehlerkorrekturmodelle werden von dem Vergleichsmodell dominiert. Ihre Fehlerwerte sind weitaus höher, sodass erneut von einer Überanpassung der komplexen Modelle an die vorhandenen Daten auszugehen ist. Das Vergleichsmodell liefert für die Unternehmen mit $r = 2$ die niedrigsten Fehlerwerte. Unter Betrachtung des RMSE sind sie für die 1-Schritt Prognose durchschnittlich über 38 % niedriger als für die übrigen Ränge. Auch das VECM liefert im Fall $r = 2$ den niedrigsten RMSE.

[287] Im Falle der 1-Schritt Prognose können für $r = 2$ durchschnittlich 13,32 % niedrigere Fehlerwerte, im Falle der 3-Schritt Prognose 26,32 % niedrigere Fehlerwerte und im Falle der iterativen Prognose 14,81 % niedrigere Fehlerwerte ermittelt werden.

**Tabelle 6.15** 1-Schritt out-of-sample Prognosefehler des Residualgewinnes (USA)

| | Mittelwert | SD | Q1 | Median | Q3 |
|---|---|---|---|---|---|
| Fehlerwerte (VECM) | | | | | |
| Keine Koint. ($n = 210$) | -0,0034 | 0,0809 | -0,0198 | -0,0033 | 0,0190 |
| $r = 1$ ($n = 179$) | -0,0084 | 0,0595 | -0,0239 | -0,0075 | 0,0180 |
| $r = 2$ ($n = 59$) | -0,0068 | 0,0573 | -0,0402 | -0,0052 | 0,0126 |

| | VECM | | Vergleichsmodell | |
|---|---|---|---|---|
| | RMSE | MAE | RMSE | MAE |
| Keine Koint. ($n = 210$) | 0,0808 | 0,0364 | 0,0598 | 0,0299 |
| $r = 1$ ($n = 179$) | 0,0599 | 0,0364 | 0,0395 | 0,0251 |
| $r = 2$ ($n = 59$) | 0,0573 | 0,0367 | 0,0294 | 0,0209 |

*Für die Prognose wurden die vorteilhaftesten Spezifikationen gewählt. Die Ermittlung des Ranges r erfolgt unter Berücksichtigung eines Trends in den Modellen sowie zwei Verzögerungen ($k = 2$).*

#### 6.4.6.2.2 3-Schritt Prognose

Auch in der 3-Schritt Prognose (Tabelle 6.16) dominiert das Vergleichsmodell. Die niedrigsten Werte des RMSE ergeben sich für die Kointegrationsmodelle im Fall $r = 1$ und für die Vergleichsmodelle im Fall $r = 2$. Der RMSE des Vergleichsmodells ist jedoch auch im Fall $r = 1$ um ca. 20 % niedriger als der des VECM. Zudem

**Tabelle 6.16** 3-Schritt out-of-sample Prognosefehler des Residualgewinnes (USA)

| | Mittelwert | SD | Q1 | Median | Q3 |
|---|---|---|---|---|---|
| Fehlerwerte (VECM) | | | | | |
| Keine Koint. ($n = 210$) | 0,0309 | 0,6135 | -0,0206 | 0,0089 | 0,0367 |
| $r = 1$ ($n = 179$) | 0,0096 | 0,0806 | -0,0159 | 0,0084 | 0,0363 |
| $r = 2$ ($n = 59$) | 0,0015 | 0,0960 | -0,0246 | 0,0077 | 0,0354 |

| | VECM | | Vergleichsmodell | |
|---|---|---|---|---|
| | RMSE | MAE | RMSE | MAE |
| Keine Koint. ($n = 210$) | 0,6138 | 0,0802 | 0,0764 | 0,0416 |
| $r = 1$ ($n = 179$) | 0,0811 | 0,0485 | 0,0648 | 0,0366 |
| $r = 2$ ($n = 59$) | 0,0957 | 0,0575 | 0,0480 | 0,0342 |

*Für die Prognose wurden die vorteilhaftesten Spezifikationen gewählt. Die Ermittlung des Ranges r erfolgt unter Berücksichtigung eines Trends in den Modellen sowie zwei Verzögerungen ($k = 2$).*

weist das Vergleichsmodell im besten Fall $r = 2$ durchschnittlich 31,55 % niedrigere Ausprägungen des RMSE gegenüber den übrigen Rängen auf. Das VECM weist im Fall $r = \{0,3\}$ den höchsten RMSE und MAE im Vergleich zu den übrigen Rängen auf. Der RMSE ist um ein Vielfaches höher und deutet auf vereinzelte hohe Fehlerwerte hin, welche im RMSE stärker berücksichtigt werden. Darauf deutet auch der in diesem Fall höchste Mittelwert und die nah beieinander liegenden Mediane der absoluten Fehlerwerte hin.

#### 6.4.6.2.3 Iterative Prognose

Im Rahmen der iterativen Residualgewinnprognose (Tabelle 6.17) zeigt sich, dass sowohl das VECM als auch das Vergleichsmodell für den Rang $r = 2$ am besten abschneiden. Die Fehlerwerte des Vergleichsmodells sind jedoch in allen Fällen niedriger. Für den Fall $r = 2$ ist der RMSE des Vergleichsmodells ca. 50 % niedriger. Das Vergleichsmodell weist im Fall $r = 2$ zudem einen um durchschnittlich 29,1 % niedrigeren RMSE im Vergleich zu den übrigen Rängen auf. Das VECM mit $r = 2$ weist ebenfalls einen deutlich niedrigeren RMSE im Vergleich zu den übrigen Rängen auf. Der MAE ist jedoch nur leicht besser, was auf einzelne hohe Fehlerwerte in den Gruppen der Unternehmen mit anderen Rängen hindeutet.

**Tabelle 6.17** Iterative out-of-sample Prognosefehler des Residualgewinnes (USA)

| | Mittelwert | SD | Q1 | Median | Q3 |
|---|---|---|---|---|---|
| Fehlerwerte (VECM) | | | | | |
| Keine Koint. ($n = 210$) | 0,0059 | 0,1478 | -0,0284 | 0,0011 | 0,0304 |
| $r = 1$ ($n = 179$) | 0,0068 | 0,1204 | -0,0241 | 0,0027 | 0,0319 |
| $r = 2$ ($n = 59$) | -0,0023 | 0,0801 | -0,0343 | 0,0005 | 0,0301 |
| | VECM | | | Vergleichsmodell | |
| | RMSE | MAE | | RMSE | MAE |
| Keine Koint. ($n = 210$) | 0,1479 | 0,0595 | | 0,0608 | 0,0317 |
| $r = 1$ ($n = 179$) | 0,1206 | 0,0543 | | 0,0524 | 0,0289 |
| $r = 2$ ($n = 59$) | 0,0801 | 0,0537 | | 0,0399 | 0,0262 |

*Für die Prognose wurden die vorteilhaftesten Spezifikationen gewählt. Die Ermittlung des Ranges r erfolgt unter Berücksichtigung eines Trends in den Modellen sowie zwei Verzögerungen ($k = 2$).*

Insgesamt sind die Erkenntnisse eindeutiger als aus der Analyse der Residualgewinne deutscher Unternehmen. Der Random Walk bzw. das Vergleichsmodell liefert für $r = 2$ immer die besten Prognosen. Der RMSE ist im Vergleich zum

VECM im Fall $r = 2$ durchschnittlich 49,57 % niedriger. Auch im Vergleich zu den übrigen Rängen weist das Vergleichsmodell für $r = 2$ durchschnittlich um 32,96 % niedrigere Werte für den RMSE auf. Damit ist festzustellen, dass die betrachteten vektorautoregressiven Modelle sowie die Fehlerkorrekturmodelle meist keinen Mehrwert für die Prognosen liefern. Sie werden in aller Regel vom Random Walk dominiert. Bedeutsam und von großem Mehrwert sind jedoch die ermittelten Ränge der Datensätze aus je drei Zeitreihen. Dem Johansen-Juselius Test kommt damit eine große Bedeutung zu.[288] Für diejenigen Unternehmen, für welche bei der gemeinsamen Betrachtung der Zeitreihen des operativen Vermögens, des Residualgewinnes und der Marktkapitalisierung der Rang $r = 2$ ermittelt wurde, finden sich weitaus niedrigere Prognosefehler. Das Vorliegen eines gemeinsamen stochastischen Trends zwischen diesen Zeitreihen (da $p - r = 3 - 2 = 1$) sorgt dafür, dass die Ergebnisse des Vorjahres eine sehr gute Prognose darstellen. Im Folgenden werden sowohl die VAR Modelle als auch die VECM anhand von Mittelwerten der Zeitreihen berechnet, um die Informationen aller Unternehmen in den Koeffizienten zu berücksichtigen.[289] Möglicherweise kann die Prognosegüte so im Vergleich zu der unternehmensindividuellen Berechnung gesteigert werden.

### 6.4.7 Erweiterungen und alternative Berechnungen der Modelle

Die zuvor beschriebenen Ergebnisse stehen im Widerspruch zu den Erkenntnissen der Literaturrecherche, welche in Abschnitt 6.3.3 beschrieben werden. KUO (2017) deckt beispielsweise einen Vorteil durch die Berücksichtigung von Kointegration im Feltham-Ohlson Modell auf, obwohl die Ergebnisse dieser Arbeit vor allem einen Vorteil in der Beachtung des Kointegrationsranges belegen, häufig jedoch nicht in der direkten Anwendung der Kointegrationsmodelle für die Prognose. Zu beachten ist jedoch, dass von KUO (2017) lediglich die Zeitreihen der durchschnittlichen Variablen für einzelne Branchen betrachtet werden, sodass letztlich nicht die Gewinne und Marktkapitalisierungen einzelner Unternehmen prognostiziert werden und die Berechnung entsprechend vereinfacht wird. Im Folgenden wird deshalb die Schätzung und Prognose der Zeitreihen der Durchschnittswerte repliziert und die Ergebnisse mit KUO (2017) verglichen. Praxisrelevant ist jedoch insbesondere die

---

[288] Vgl. Abschnitt 3.3.6.

[289] Für die Modelle werden einzelne Zeitreihen benötigt, sodass nicht direkt mit den Querschnittsdaten gerechnet werden kann und stattdessen die Zeitreihen der Durchschnittswerte genutzt werden.

Prognosebildung für jedes Unternehmen individuell. Deshalb werden die auf Durchschnittswerten berechneten Koeffizienten zur Prognose der Durchschnittszeitreihen und der Zeitreihen aller einzelnen Unternehmen verwendet. Während bisher nur die Daten einzelner Unternehmen genutzt wurden, um ihre Gewinne zu prognostizieren, werden nun die Daten aller Unternehmen in die Schätzung der Koeffizienten einbezogen.[290] Die implizite Berücksichtigung der Markt- und Branchenentwicklung könnte die Prognose auf Unternehmensebene verbessern.

Die Ergebnisse in Tabelle 6.18[291] verdeutlichen, dass das Vergleichsmodell tendenziell bessere Prognosen der Durchschnittswerte von Residualgewinnen und Marktkapitalisierungen eines Landes erzeugt. In der langfristigen und iterativen Prognose wird das VECM dominiert. Die Prognosen der durchschnittlichen Werte für alle Unternehmen mittels eines VECM zeigen jedoch keine eindeutige Über-

**Tabelle 6.18** Prognosen der durchschnittlichen $MC$ und $RG$

| | 1-Schritt | 3-Schritt | | Iterativ | |
|---|---|---|---|---|---|
| | RMSE | RMSE | MAE | RMSE | MAE |
| Deutschland - $MC$ | | | | | |
| VECM ($r = 1$, $n = 156$) | 0,0402 | 0,1344 | 0,0999 | 0,2044 | 0,1706 |
| RW ($MC_t = MC_{t-1}$) | 0,0952 | 0,1250 | 0,0993 | 0,1961 | 0,1594 |
| Deutschland - $RG$ | | | | | |
| VECM ($r = 1$, $n = 156$) | 0,0021 | 0,0085 | 0,0077 | 0,0143 | 0,0108 |
| RW ($RG_t = RG_{t-1}$) | 0,0056 | 0,0070 | 0,0064 | 0,0102 | 0,0073 |
| USA - $MC$ | | | | | |
| VECM ($r = 1$, $n = 448$) | 0,0380 | 0,1693 | 0,1520 | 0,3315 | 0,2559 |
| RW ($MC_t = MC_{t-1}$) | 0,1274 | 0,1076 | 0,0931 | 0,1664 | 0,1284 |
| USA - $RG$ | | | | | |
| VECM ($r = 1$, $n = 448$) | 0,0029 | 0,0025 | 0,0025 | 0,0128 | 0,0097 |
| RW ($RG_t = RG_{t-1}$) | 0,0014 | 0,0018 | 0,0017 | 0,0087 | 0,0061 |

[290] Beide Ansätze sind in der Literatur vertreten. Häufiger finden sich jedoch Analysen auf Basis von Querschnittsdaten bzw. Durchschnittswerten. Damit lassen sich jedoch keine individuellen Zusammenhänge zwischen den Zeitreihen eines Unternehmens abbilden und errechnete Koeffizienten können für viele Unternehmen unzutreffend sein. Teilweise wird darauf hingewiesen, dass eine unternehmensspezifische Betrachtung für die weitere Forschung sinnvoll sein kann. Vgl. beispielsweise FAIRFIELD und YOHN (2001), S. 383.

[291] Durch die Betrachtung von Zeitreihen der Durchschnittswerte wird jeweils lediglich ein VECM berechnet, für welches der Rang $r = 1$ ermittelt wurde.

legenheit einer Methode. Während das Vergleichsmodell häufiger bessere Ergebnisse erzielt, ist das VECM dennoch in einigen Fällen der 1-Schritt Prognose überlegen. Die Prognose der durchschnittlichen Marktkapitalisierung und des durchschnittlichen Residualgewinnes deutscher Unternehmen ist im Fall der 1-Schritt Prognose mithilfe des VECM besser bzw. mit niedrigeren Prognosefehlern verbunden. Anhand der Stichprobe US-amerikanischer Unternehmen können diese Ergebnisse jedoch nur für die Marktkapitalisierung der Unternehmen bestätigt werden. Im Fall der Residualgewinnprognose werden mit dem Vergleichsmodell niedrigere Prognosefehler erzielt. Aussagekräftiger bleibt jedoch die Auswertung der iterativen Prognose. Für beide Stichproben bzw. Länder wird jedoch deutlich, dass das VECM für eine langfristige Prognose sowie im iterativen Fall sowohl für die Marktkapitalisierung als auch für den Residualgewinn vom Vergleichsmodell dominiert wird. Im Ländervergleich zeigt sich, dass die durchschnittlichen Residualgewinne vor dem Hintergrund der deskriptiven Statistiken beider Stichproben[292] in der US-amerikanischen Stichprobe besser bzw. mit niedrigeren Fehlern prognostizierbar sind. Darauf deuten die Ergebnisse der 3-Schritt und iterativen Prognose hin. Da es sich in diesem Fall nicht um Prognosen der Zeitreihen einzelner Unternehmen handelt, können die Erkenntnisse zur langfristigen Prognose von Residualgewinnen nicht auf die Unternehmensbewertung übertragen werden. Relevant ist diese Erkenntnis dennoch für die Bewertung ganzer Portfolios.

Weiterhin wird geprüft, ob die bisherige Aufteilung der Unternehmen einer Stichprobe nach dem Rang der Kointegration zu besseren Prognoseergebnissen der durchschnittlichen Werte der Gruppen führt. Die Ergebnisse in Tabelle 6.19 zeigen, dass das VECM in einigen Fällen zu besseren Prognoseergebnissen führt. Es ist insbesondere für langfristige Prognosen geeignet und dominiert das Vergleichsmodell darin entsprechend mehrfach. So ergibt sich dies für die Marktkapitalisierung im Fall $r = 1$, dem Residualgewinn im Fall $r = 2$ (Deutschland) sowie für die Marktkapitalisierung im Fall $r = 1$ und $r = 2$ (USA). In der 1-Schritt Prognose liefert das VAR Modell in der deutschen Stichprobe für die durchschnittliche Marktkapitalisierung und den durchschnittlichen Residualgewinn niedrigere Fehlerwerte. Im Fall $r = 1$ liefert das VECM zur Prognose der durchschnittlichen Marktkapitalisierung deutscher Unternehmen einen niedrigeren Fehlerwert als der Random Walk. In den übrigen Fällen dominiert das Vergleichsmodell. Für die iterative Prognose liefert das Vergleichsmodell jedoch für alle in Tabelle 6.19 betrachteten Fälle bessere Ergebnisse.

Bei einem Vergleich der Kointegrationsränge fällt auf, dass im Falle der 3-Schritt und iterativen Prognose der Residualgewinne für $r = 2$ die höchsten Ausprägungen

[292] Vgl. Tabelle 3.3.

**Tabelle 6.19** Prognosen der durchschnittlichen $MC$ und $RG$ je Rang

| | 1-Schritt | 3-Schritt | | Iterativ | |
|---|---|---|---|---|---|
| | RMSE | RMSE | MAE | RMSE | MAE |
| Deutschland - $MC$ | | | | | |
| Keine Koint. ($n = 73$) | 0,0753 | 0,1139 | 0,0942 | 0,2448 | 0,1952 |
| RW ($MC_t = MC_{t-1}$) | 0,0990 | 0,0880 | 0,0751 | 0,1757 | 0,1418 |
| $r = 1$ ($n = 65$) | 0,1000 | 0,1652 | 0,1254 | 0,3937 | 0,3541 |
| RW ($MC_t = MC_{t-1}$) | 0,1151 | 0,1834 | 0,1398 | 0,2461 | 0,2003 |
| $r = 2$ ($n = 18$) | 0,1080 | 0,2695 | 0,1773 | 0,2573 | 0,1897 |
| RW ($MC_t = MC_{t-1}$) | 0,0077 | 0,1733 | 0,1723 | 0,1443 | 0,1045 |
| Deutschland - $RG$ | | | | | |
| Keine Koint. ($n = 73$) | 0,0101 | 0,0052 | 0,0045 | 0,0149 | 0,0117 |
| RW ($RG_t = RG_{t-1}$) | 0,0110 | 0,0051 | 0,0049 | 0,0114 | 0,0066 |
| $r = 1$ ($n = 65$) | 0,0134 | 0,0136 | 0,0131 | 0,0200 | 0,0177 |
| RW ($RG_t = RG_{t-1}$) | 0,0039 | 0,0088 | 0,0081 | 0,0131 | 0,0105 |
| $r = 2$ ($n = 18$) | 0,0395 | 0,0252 | 0,0241 | 0,0393 | 0,0251 |
| RW ($RG_t = RG_{t-1}$) | 0,0104 | 0,0356 | 0,0345 | 0,0167 | 0,0138 |
| USA - $MC$ | | | | | |
| Keine Koint. ($n = 210$) | 0,1818 | 0,2667 | 0,2546 | 0,1717 | 0,1360 |
| RW ($MC_t = MC_{t-1}$) | 0,1126 | 0,1144 | 0,0960 | 0,1715 | 0,1324 |
| $r = 1$ ($n = 179$) | 0,2028 | 0,1075 | 0,0939 | 0,3483 | 0,2530 |
| RW ($MC_t = MC_{t-1}$) | 0,1332 | 0,1195 | 0,1058 | 0,1698 | 0,1351 |
| $r = 2$ ($n = 59$) | 0,1858 | 0,0649 | 0,0621 | 0,3981 | 0,2546 |
| RW ($MC_t = MC_{t-1}$) | 0,1624 | 0,0872 | 0,0680 | 0,1656 | 0,1214 |
| USA - $RG$ | | | | | |
| Keine Koint. ($n = 210$) | 0,0069 | 0,0023 | 0,0019 | 0,0127 | 0,0094 |
| RW ($RG_t = RG_{t-1}$) | 0,0025 | 0,0014 | 0,0013 | 0,0089 | 0,0063 |
| $r = 1$ ($n = 179$) | 0,0041 | 0,0069 | 0,0055 | 0,0178 | 0,0115 |
| RW ($RG_t = RG_{t-1}$) | 0,0023 | 0,0030 | 0,0027 | 0,0095 | 0,0070 |
| $r = 2$ ($n = 59$) | 0,0058 | 0,0149 | 0,0144 | 0,0224 | 0,0179 |
| RW ($RG_t = RG_{t-1}$) | 0,0053 | 0,0040 | 0,0033 | 0,0104 | 0,0087 |

der Fehlermaße gemessen werden. Dies gilt für beide Modelle und Stichproben. Ein Vergleich beider Länder verdeutlicht zudem signifikante Unterschiede in der Güte von Residualgewinnprognosen. Alle Ausprägungen der Fehlermaße sind in der

US-amerikanischen Stichprobe niedriger im Vergleich zu der deutschen Stichprobe. Dies gilt für beide Modelle und alle Prognosehorizonte.

Tabelle 6.20 unterscheidet sich zu Tabelle 6.19 darin, dass die auf Basis durchschnittlicher Zeitreihen berechneten Koeffizienten in diesem Fall für die Prognose der Zeitreihen einzelner Unternehmen genutzt werden. Dieser Fall steht grundsätzlich im Vordergrund, da nur so einzelne Unternehmen bewertet werden können. Die Ergebnisse zeigen, dass der Random Walk in allen Fällen die besseren Ergebnisse erzielt.

Ein Vergleich der Kointegrationsränge zeigt für die Prognose deutscher Unternehmen auf Unternehmensebene keine eindeutigen Ergebnisse. Der Rang $r = 1$ führt in der 3-Schritt und iterativen Prognose der Marktkapitalisierungen immer zu höheren Fehlern als in den Gruppen für die übrigen Ränge. In der 3-Schritt und iterativen Prognose der Residualgewinne führt der Rang $r = 2$ hingegen zu höheren Fehlerwerten als in den übrigen Gruppen. Dies gilt jeweils sowohl für das VECM als auch das Vergleichsmodell. Die Ergebnisse der US-amerikanischen Unternehmen für die 3-Schritt und iterative Prognose der Marktkapitalisierung zeigen durch beide Modelle im Fall nicht vorliegender Kointegration die höchsten Fehlerwerte im Vergleich zu den übrigen Rängen.

Letztlich hat die Berechnung auf Basis von Mittelwerten unter Berücksichtigung der Kointegrationsränge keine maßgebliche Verbesserung der Ergebnisse hervorgerufen. Die Ergebnisse der Studie von BERGMANN und SCHULTZE (2018) können mit den hier verwendeten Variablen des Feltham-Ohlson Modells nicht repliziert werden. Sie erzielen durch eine Zerlegung des Residualgewinns in die Variablen Umsatz, betriebliche Aufwendungen und operatives Vermögen sowie die Berücksichtigung makroökonomischer Variablen bessere Prognoseergebnisse als durch einen Random Walk.[293] Eine Betrachtung dieser Variablen und zusätzliche Tests auf Kointegration sowie die Gruppierung anhand des Kointegrationsranges könnten die Prognoseergebnisse weiter verbessern und stellen eine interessante Erweiterung für folgende Studien dar. Einige Ergebnisse zu dem Jahr 2018 deuten darauf hin, dass die Marktkapitalisierungen zu volatil sind und verzerrend wirken. Es ist entsprechend denkbar, die Methodik allein zur Prognose der Residualgewinne zu nutzen und Marktkapitalisierungen im VECM beispielsweise durch Umsätze zu ersetzen.

---

[293] Vgl. BERGMANN und SCHULTZE (2018), S. 1059, 1064, 1069.

**Tabelle 6.20** Prognosen der individuellen $MC$ und $RG$ anhand der Mittelwerte je Rang

| | 1-Schritt | | 3-Schritt | | Iterativ | |
|---|---|---|---|---|---|---|
| | RMSE | MAE | RMSE | MAE | RMSE | MAE |
| Deutschland - $MC$ | | | | | | |
| Keine Koint. ($n = 73$) | 1,2600 | 0,8160 | 1,1751 | 0,7436 | 1,0728 | 0,6693 |
| RW ($MC_t = MC_{t-1}$) | 0,5890 | 0,3005 | 0,5541 | 0,3295 | 0,4900 | 0,2640 |
| $r = 1$ ($n = 65$) | 1,6989 | 1,1684 | 1,6203 | 1,1118 | 1,4884 | 0,9411 |
| RW ($MC_t = MC_{t-1}$) | 0,5091 | 0,2971 | 0,7525 | 0,4541 | 0,5839 | 0,3165 |
| $r = 2$ ($n = 18$) | 0,4392 | 0,3054 | 0,6799 | 0,3634 | 0,5947 | 0,3931 |
| RW ($MC_t = MC_{t-1}$) | 0,1789 | 0,1268 | 0,4365 | 0,2741 | 0,4022 | 0,2163 |
| Deutschland - $RG$ | | | | | | |
| Keine Koint. ($n = 73$) | 0,0975 | 0,0573 | 0,0771 | 0,0488 | 0,0776 | 0,0535 |
| RW ($RG_t = RG_{t-1}$) | 0,0702 | 0,0272 | 0,0659 | 0,0352 | 0,0453 | 0,0249 |
| $r = 1$ ($n = 65$) | 0,0776 | 0,0544 | 0,0868 | 0,0596 | 0,0866 | 0,0612 |
| RW ($RG_t = RG_{t-1}$) | 0,0425 | 0,0265 | 0,0652 | 0,0345 | 0,0535 | 0,0275 |
| $r = 2$ ($n = 18$) | 0,1944 | 0,0820 | 0,2039 | 0,0885 | 0,1752 | 0,0831 |
| RW ($RG_t = RG_{t-1}$) | 0,0781 | 0,0356 | 0,0893 | 0,0472 | 0,0912 | 0,0408 |
| USA - $MC$ | | | | | | |
| Keine Koint. ($n = 210$) | 1,2374 | 0,8397 | 1,2442 | 0,8191 | 1,0770 | 0,7551 |
| RW ($MC_t = MC_{t-1}$) | 0,5654 | 0,3293 | 0,7083 | 0,4422 | 0,5721 | 0,3473 |
| $r = 1$ ($n = 179$) | 1,0591 | 0,7149 | 1,0242 | 0,7336 | 0,9568 | 0,7217 |
| RW ($MC_t = MC_{t-1}$) | 0,5322 | 0,3383 | 0,5664 | 0,3794 | 0,5165 | 0,3356 |
| $r = 2$ ($n = 59$) | 1,1241 | 0,7525 | 1,0404 | 0,7361 | 0,9845 | 0,7547 |
| RW ($MC_t = MC_{t-1}$) | 0,4994 | 0,2893 | 0,4770 | 0,3009 | 0,4620 | 0,2908 |
| USA - $RG$ | | | | | | |
| Keine Koint. ($n = 210$) | 0,0892 | 0,0516 | 0,0849 | 0,0564 | 0,0861 | 0,0584 |
| RW ($RG_t = RG_{t-1}$) | 0,0598 | 0,0299 | 0,0764 | 0,0416 | 0,0608 | 0,0317 |
| $r = 1$ ($n = 179$) | 0,0798 | 0,0488 | 0,0782 | 0,0510 | 0,0740 | 0,0519 |
| RW ($RG_t = RG_{t-1}$) | 0,0395 | 0,0251 | 0,0648 | 0,0366 | 0,0524 | 0,0289 |
| $r = 2$ ($n = 59$) | 0,1004 | 0,0540 | 0,1027 | 0,0613 | 0,0805 | 0,0559 |
| RW ($RG_t = RG_{t-1}$) | 0,0294 | 0,0209 | 0,0480 | 0,0342 | 0,0399 | 0,0262 |

In einer Modifikation des Modells wird dies umgesetzt, sodass Umsätze, operative Vermögenswerte und Residualgewinne je Unternehmen betrachtet werden. Der Austausch der Marktkapitalisierungen durch die Umsätze hat jedoch nicht dazu beigetragen, dass mithilfe des VECM bessere Prognosen erzielt werden als durch den Random Walk. Auffällig ist in dieser Konfiguration, dass insbesondere in der US-amerikanischen Stichprobe in keinem Fall für die Unternehmen mit Rang $r = 1$ der niedrigste Fehlerwert ermittelt wird. Dies gilt für beide Modelle, beide Fehlermaße, alle Prognosehorizonte und sowohl für die ursprüngliche Berechnung des VECM als auch die Variante der Berechnung anhand von Querschnittsdaten. Als zweite Modifikation werden je Unternehmen die drei Zeitreihen des Umsatzes, des Bruttoinlandsproduktes und der Residualgewinne betrachtet. Auch dabei bleibt das Vergleichsmodell überlegen. Es zeigen sich erneut die niedrigsten Fehlerwerte für die in dieser Kombination mit Rang $r = 2$ und $r = \{0,3\}$ getesteten Unternehmen.[294] Für das Vergleichsmodell ergibt sich in beiden Stichproben kein Fall, in dem der Rang $r = 1$ zu den niedrigsten Fehlerwerten führt. Das VECM bestätigt dies und liefert grundsätzlich die gleiche Erkenntnis, wobei sich lediglich zwei Ausnahmen zeigen, in denen die Nutzung des RMSE oder MAE eine unterschiedliche Rangfolge der Ergebnisse erzeugt. Die Analyse zeigt, dass der Rang $r = 1$ bzw. das Vorliegen von zwei stochastischen Trends in dem Unternehmensdatensatz zu höheren Prognosefehlern führt.

Darüber hinaus zeigt ein Test von Random Forests für den hier verwendeten Datensatz bzw. die Zeitreihen der Marktkapitalisierungen, der operativen Vermögen und der Residualgewinne, dass in den meisten Jahren auch damit keine besseren Prognosen als durch die Vorjahreswerte erzielt werden können. Lediglich für das Jahr 2018 können deutlich bessere Ergebnisse in beiden Stichproben erzielt werden. Die Ursache dafür könnte die untypische Entwicklung der Aktienmärkte in diesem Jahr sein. Zudem liegt der RMSE der iterativen Residualgewinnprognose in der deutschen Stichprobe leicht unterhalb des Ergebnisses des Vergleichsmodells. Gleiches gilt für den RMSE der 3-Schritt Prognose in der US-amerikanischen Stichprobe. Dennoch deuten die Ergebnisse insgesamt darauf hin, dass die verwendeten Daten nur wenig relevante Informationen zur Erklärung künftiger Marktkapitalisierungen und Residualgewinne enthalten. Die komplexen Erweiterungen des Modells können Prognosen jedoch indirekt, über die Bestimmung des Kointegrationsranges verbessern. Eine zusätzliche Berücksichtigung makroökonomischer Kennzahlen für die Variablen der sonstigen Informationen könnte die Prognosegüte steigern, verursacht jedoch auch, dass aufgrund der vielen Parameter der VECM längere Zeitreihen benötigt werden.

[294] Die Kategorisierung fällt je nach Modifikation bzw. betrachteten Zeitreihen unterschiedlich aus.

### 6.4.8 Auswertung der empirischen Evaluation

Die empirische Evaluation des Feltham-Ohlson Modells deutet darauf hin, dass das Potenzial des Modells in bisherigen Studien nicht ausgenutzt und seine typische Besonderheit der Zeitreihenstruktur vielfach missachtet wird.[295] Deutlich wird jedoch auch, dass sich das Modell trotz starker Modifikationen, beispielsweise durch die Berücksichtigung von kointegrierenden Beziehungen und weiteren Verzögerungen, vielfach nicht als gutes Prognoseinstrument herausstellt. In vielen Konstellationen wird das Modell durch einfache Alternativen dominiert. Dennoch stellt es eine (vereinfachte) Abbildung wichtiger Indikatoren dar, welche zur Veranschaulichung und Plausibilisierung von anderweitig errechneten Unternehmenswerten dienen kann. Eine mögliche Erklärung für die Prognoseergebnisse könnten diverse Einflussfaktoren auf die Marktpreise sein. Die betrachteten Marktkapitalisierungen sind möglicherweise zu stark von sonstigen Informationen wie beispielsweise politischen, technologischen und makroökonomischen Einflüssen dominiert, um als effektives Prognosewerkzeug dienen zu können.[296] Weiterhin können auch die Eigenschaften von Daten der Finanzberichterstattung, d. h. insbesondere der große zeitliche Abstand zwischen den Beobachtungen, ursächlich für die geringe Prognoseeignung sein. In anderen Bereichen wird die Kointegration beispielsweise regelmäßig auf Datensätze angewandt, welche eine größere Anzahl an Beobachtungen je Zeitreihe und eine deutlich geringere Zeitspanne zwischen den Beobachtungen bieten.[297]

Die Erkenntnis der vorangegangenen Untersuchungen ist zweifelsfrei, dass eine Aufdeckung und Berücksichtigung der Zeitreiheneigenschaften betrachteter Variablen sinnvoll ist, um daran anschließende Prognosen und dazu verwendete Modelle verbessern zu können. Ermittelte, kointegrierende Beziehungen der Variablen erlauben eine bessere Einordnung der Daten und verbessern die Modelle sowie die Prognose maßgeblich. Der Test auf Kointegration ist damit in jedem Fall sinnvoll, da die Prognose durch einfache Modelle für diejenigen Unternehmen mit maximal einem stochastischen Trend in den Daten bzw. mit bestimmten Kointegrationsrängen zu niedrigeren Fehlern führt als bei den übrigen Unternehmen.

Das Feltham-Ohlson Modell impliziert die Annahme einer Verbindung zwischen Rechnungslegungsdaten bzw. der Finanzberichterstattung und Marktdaten, d. h. insbesondere Aktienkursen. Die empirische Auswertung bestätigt dies insbesondere

---

[295] Vgl. Studien wie z. B. TRAUTWEIN (2008); STROMANN (2003); LO und LYS (2000).

[296] Weitere Kritikpunkte zu der Marktkapitalisierung als Richtwert für einen Unternehmenswert wurden bereits in Abschnitt 6.1.3 diskutiert.

[297] Vgl. TU, FAN und FAN (2019).

durch den hohen Anteil an kointegrierten Zeitreihen mit den jeweiligen Marktkapitalisierungen. Ebenso tragen diese Zusammenhänge in vielen zuvor betrachteten Fällen zu einer verbesserten Prognose der Marktwerte und Residualgewinne bei, sodass das Konzept grundsätzlich als sinnvolle und aufschlussreiche Erweiterung des Modells angesehen werden kann. Nichtsdestotrotz ist das Modell eher zur Erklärung entsprechender Zusammenhänge als zur Prognose geeignet, da die Prognosen unter verschiedenen Rahmenbedingungen (bezogen auf die betrachteten Prognosehorizonte und verschiedene Kombinationen der Zeitreihen) höhere Fehlerwerte hervorrufen als einfache Modelle wie beispielsweise Random Walks und damit von diesen dominiert werden.

# 7 Schlussbetrachtung und Fazit

Bewertungen der Qualität von Finanzberichterstattungen sind nicht eindeutig. Sowohl verschiedene Gütekriterien als auch unterschiedliche Stichproben empirischer Evaluationen erschweren die Bildung objektiver Urteile.[1] Auch diese Arbeit kann anhand der empirischen Analyse im Hinblick auf untersuchte Länder, Zeiträume und Branchen keine allgemeingültigen Aussagen treffen. Der Mehrwert dieser Arbeit liegt zum einen in den Analysen von Gewinnen und Cashflows, welche Aufschluss über den Einfluss rechnungslegungspolitischer Maßnahmen sowie die Eignung verschiedener Analyse- und Prognosemethoden geben. Zum anderen liegt der Mehrwert in der Analyse des in der Literatur vielfach verwendeten, gewinnbasierten Feltham-Ohlson Modells bezüglich seiner Wertrelevanz und Prognosegüte unter Erweiterung des Modells hinsichtlich der korrekten Berücksichtigung von Zeitreiheneigenschaften. Darüber hinaus werden verschiedene Rechnungslegungsvorschriften im Hinblick auf ihre Prognoseanforderungen analysiert. Diese Analysen schaffen ein Bewusstsein für den prospektiven Charakter der handelsrechtlichen sowie internationalen Rechnungslegung und helfen insbesondere externen Adressaten bei der Beurteilung von Finanzberichterstattungen.

Die vorgestellten Methoden stellen weitestgehend objektive Alternativen zur Ermittlung künftiger Gewinne und Zahlungsströme dar. Wie in Kapitel 2 beispielhaft dargelegt, werden Prognosen künftiger Zahlungsströme zur Bewertung vieler Bilanzposten sowie im Rahmen der Unternehmensbewertung, d. h. immer dort, wo Barwertkalküle zum Einsatz kommen, benötigt. Mit der zunehmenden Zukunftsorientierung der Rechnungslegung sowohl nach IAS/IFRS als auch nach HGB gewinnt die Thematik an Relevanz. Nicht allein für Unternehmen oder Investoren, sondern auch als Ansatz für Gesetzgeber. Als Mittel zur Objektivierung der Rechnungslegung können striktere methodische Vorgaben zu einer höheren Nachvollziehbarkeit

[1] Vgl. KÜHNBERGER (2014), S. 434.



L. B. Heidbrink, *Quantitative Prognosen in der externen Unternehmensrechnung*,
https://doi.org/10.1007/978-3-658-47506-2_7

und Verlässlichkeit von Finanzberichterstattungen führen. Diese würden sowohl rechnungslegungspolitische als auch betrügerische Handlungen einschränken und die Vergleichbarkeit von Unternehmensabschlüssen erhöhen.

## 7.1 Zusammenfassung und zentrale Ergebnisse

Insgesamt kann die vorliegende Arbeit grob in vier Teile unterteilt werden. Der erste Teil umfasst eine Analyse geltender Regelungen der HGB und IAS/IFRS bezüglich prospektiver Wertausweise und ihrer Prognoseanforderungen. Im zweiten Teil der Arbeit wird die Prognoseeignung der in Kapitel 3 beschriebenen Methoden untersucht. Es handelt sich um einen Vergleich von Regressionsmodellen, Random Forests und künstlichen neuronalen Netzen. Dabei werden Random Forests als häufig beste Methode ermittelt, insbesondere für Prognosen von Cashflows. Der dritte Teil der Arbeit untersucht den Einfluss rechnungslegungspolitischer Maßnahmen auf die Erstellung quantitativer Prognosen mithilfe der Finanzberichterstattung. Im vierten Teil der Arbeit wird die Unternehmensbewertung thematisiert und die Zeitreihen eines Unternehmens in einem multivariaten Kontext modelliert, wobei diese verbreitete und bereits evaluierte Herangehensweise um die Berücksichtigung kointegrierender Beziehungen erweitert wird.

Ausgangspunkt aller Untersuchungen ist die Notwendigkeit der Prognose von Erfolgsmaßen sowie die fortschreitende Internationalisierung der Rechnungslegung, mit welcher eine kontinuierlich steigende Zukunftsorientierung einhergeht und Einzug in das deutsche Handelsrecht findet. Vor diesem Hintergrund erfolgt in Kapitel 2 (Zukunftsorientierung der Rechnungslegung) eine ausgiebige Analyse und kritische Auseinandersetzung mit bedeutenden Regelungen des HGB und der IAS/IFRS. Insbesondere Unterschiede in den Ansatz- und Bewertungsvorschriften beider Systeme werden herausgearbeitet, um ihre Bedeutung für die Erstellung von Zahlungsstrom- und Erfolgsprognosen zu analysieren. Im Hinblick auf eine fortschreitende Angleichung der handelsrechtlichen Vorschriften an die internationale Rechnungslegung werden Vor- und Nachteile der beiden Systeme betrachtet. Außerdem erfolgt eine Auseinandersetzung mit der Qualität von Finanzberichterstattungen und Anforderungen an zukunftsorientierte Wertausweise sowie eine Gegenüberstellung der grundlegenden Prinzipien beider Systeme.

Der Erkenntnisgewinn dieses Kapitels ergibt sich aus der Identifizierung von Prognosefeldern innerhalb der Rechnungslegungsstandards und Regelungen des Handelsrechts. Innerhalb dieser Prognosefelder werden die jeweiligen Anforderungen an diese dargestellt und diskutiert. Darunter fallen beispielsweise die umfangreichen Prognosefelder der Bilanzierung von Finanzinstrumenten nach IFRS 9, welche sich aus dem zwingenden Einbezug erwarteter Kreditausfälle ergeben. Weiterhin erfolgt eine Aufdeckung etlicher Ermessensspielräume, welche von Unternehmen sowohl für eine verbesserte Berichterstattung des den tatsächlichen Verhältnissen entsprechenden Bildes der Vermögens-, Finanz- und Ertragslage als auch für eine bewusst verzerrte Berichterstattung genutzt werden können.

Kapitel 3 (Methodik) schafft die Grundlage für alle weiteren Kapitel und die empirischen Analysen indem ein Überblick über alle anschließend angewandten Methoden gegeben wird. Darunter fallen Regressions- und Zeitreihenmodelle mit der Erweiterung der Kointegration, künstliche neuronale Netze und Random Forests. Nach der Einführung in die verschiedenen Methoden wird darüber hinaus das methodische Konzept der Arbeit und der in den folgenden Kapiteln verwendete Datensatz beschrieben, welcher eine Stichprobe deutscher Unternehmen ($n = 156$) und eine Stichprobe US-amerikanischer Unternehmen ($n = 448$) umfasst.

Darauf aufbauend umfasst Kapitel 4 (Cashflow und Erfolgsprognosen) insbesondere einen Modellvergleich zur Prognose der operativen Gewinne und Cashflows. Zudem werden häufig in der Literatur verwendete Modelle analysiert und Zahlungsstromgrößen als Erfolgsindikatoren thematisiert.

Die Erkenntnisse des vierten Kapitels lassen eindeutige Aussagen über die Nützlichkeit der verschiedenen Methoden zu. Die Validierungen der Regressionsmodelle zeigen, dass die Modellschätzungen grundsätzlich geeignet sind und das Modell für den operativen Cashflow eine bessere Schätzung anhand der Daten US-amerikanischer Unternehmen zulässt. Vor allem aber ergibt sich aus dem vierten Kapitel die Erkenntnis, dass Prognosen operativer Cashflows mithilfe der Random Forest Methode am besten sind. Diese liefern über alle Prognosehorizonte, beide Fehlermaße und Stichproben hinweg bessere Ergebnisse als alle übrigen Methoden. Im Vergleich zu dem Random Walk liefern sie etwa 10-21,1 % (Deutschland) bzw. 9,6-18,9 % (USA) bessere Ergebnisse. Im Vergleich zu dem Regressionsmodell schneiden die Random Forests insbesondere in der langfristigen Prognose mit 15 % (Deutschland) und 19,3 % (USA) niedrigeren Fehlerwerten deutlich besser ab. Das Regressionsmodell wiederum liefert für die Prognose operativer Cashflows für die 1-Schritt und iterative Prognose beider Stichproben stets bessere Ergebnisse als das Vergleichsmodell. Die Ergebnisse der Prognosen operativer Gewinne sind weniger aussagekräftig. Sie zeigen keine eindeutig dominierende Methode und in einigen Fällen liefert gar das Vergleichsmodell die besten Ergebnisse. Im Fall der deutschen Stichprobe ist das Regressionsmodell geringfügig besser. Insgesamt ist jedoch auch hier festzustellen, dass durch Random Forests stets gute Ergebnisse erzielt werden, welche nur minimal von den jeweils niedrigsten Fehlerwerten abweichen. Die verwendeten KNN liefern in beiden Stichproben und über alle Horizonte hinweg die höchsten Ausprägungen der Fehlermaße. Sie sind trotz der geringen Anzahl an

Schichten und Knoten zu komplex. Die Schätzmodelle sind zu stark an die Daten angepasst und liefern daher schlechtere Prognosen. Als Schlussfolgerung des Kapitels ist festzuhalten, dass Random Forests sowohl für kurz- als auch langfristige Prognosen von operativen Cashflows und Gewinnen geeignet sind. Insbesondere im Fall der Prognose operativer Cashflows sind sie die absolut beste Methode zur Prognose auf Basis von Daten der Rechnungslegung.

Kapitel 5 (Rechnungslegungspolitik als begrenzender Faktor quantitativer Modellierungen) zeigt insbesondere quantitative Modelle zur Aufdeckung rechnungslegungspolitischer Einflussnahmen auf und nutzt eines dieser Modelle in einer empirischen Analyse, um die Auswirkungen derartiger Einflussnahmen auf die Prognosegüte der operativen Gewinne und Cashflows zu untersuchen.

Die Ergebnisse des fünften Kapitels deuten auf starke Auswirkungen rechnungslegungspolitischer Einflussnahmen auf die Prognosegüte der Erfolgsmaße hin. Zu Beginn der empirischen Analyse wird die Entwicklung diskretionärer Periodenabgrenzungen im Zeitverlauf untersucht. Sie lässt Schlussfolgerungen über die Entwicklung der Rechnungslegungssysteme sowie den Unterschieden zwischen beiden betrachteten Stichproben zu. Es zeigt sich, dass die auf Basis des Modells von Jones (1991) berechneten diskretionären Periodenabgrenzungen im Verhältnis zu den Gesamtvermögen der Unternehmen im Zeitverlauf abgenommen haben und in Deutschland in allen Jahren höher sind als in den USA. Die Schätzmodelle zeigen bessere Ergebnisse für die Gruppen mit jeweils niedrigeren Periodenabgrenzungen. Dies gilt unter Aufteilung der Unternehmen anhand der Höhe sowohl der absoluten Periodenabgrenzungen als auch der diskretionären Periodenabgrenzungen. Die Prognoseergebnisse sind hingegen nicht konsistent. Die nach der absoluten Höhe der Periodenabgrenzungen aufgeteilten Unternehmen weisen keine signifikanten Unterschiede in den Prognoseergebnissen auf. Es kann sowohl für die Betrachtung der operativen Gewinne als auch der operativen Cashflows keine Gruppe als besser oder schlechter prognostizierbar ermittelt werden. Anders ist es bei der Aufteilung nach der Höhe der diskretionären Periodenabgrenzungen. Dort sind die Prognosen für die Unternehmen mit niedrigeren diskretionären Periodenabgrenzungen besser. Sowohl für die Prognosen der operativen Gewinne als auch der operativen Cashflows ergeben sich insbesondere für die 3-Schritt und iterative Prognose niedrigere Prognosefehler als in der Vergleichsgruppe. Die erheblichen Unterschiede verdeutlichen die Bedeutung der Rechnungslegungspolitik für die Prognostizierbarkeit von Gewinnen und Cashflows. Für die Stichprobe US-amerikanischer Unternehmen ergeben sich die gleichen Ergebnisse in Bezug auf die Schätzmodelle. Sie sind für die Gruppe der Unternehmen mit niedrigeren absoluten und diskretionären Periodenabgrenzungen tendenziell besser. Anders als in der deutschen Stichprobe hat die Aufteilung nach der Höhe aller Periodenabgrenzungen einen signifikanten Einfluss auf die Ergebnisse der Prognosen operativer Gewinne und Cashflows. Niedrigere absolute Periodenabgrenzungen führen bei den US-Unternehmen zu besseren Prognoseergebnissen. Gleiches gilt für die Aufteilung der US-Unternehmen anhand der diskretionären Periodenabgrenzungen. Wie auch in der deutschen Stichprobe fallen die Prognosefehler in der Gruppe mit geringen rechnungslegungspolitischen Einflussnahmen gem. des Jones Modells unabhängig von der Modellwahl deutlich niedriger aus. Im Ländervergleich zeigen sich darüber hinaus niedrigere Fehlerwerte für die Prognose operativer Cashflows dieser Unternehmen. Diese Erkenntnis steht im Einklang mit den verhältnismäßig niedrigeren diskretionären Periodenabgrenzungen in der Stichprobe US-amerikanischer Unternehmen.

Kapitel 6 (Modellgestützte Erfolgsprognosen für die Unternehmensbewertung) leitet zur Unternehmensbewertung über, für welche die zuvor bereits erstellten Prognosen von Cashflows oder Gewinnen benötigt werden. Das Kapitel beginnt daher mit einer Einführung in die verschiedenen Bewertungsmethoden, wobei insbesondere DCF-Verfahren und Residualgewinnmethoden betrachtet werden. Die Nutzung von Cashflows oder Gewinnen wird kritisch diskutiert. Folgend wird das Hauptaugenmerk auf die unternehmensindividuelle Bewertung anhand von Residualgewinnen gerichtet. Für diese Vorgehensweise werden die Zeitreihen eines Unternehmens individuell und basierend auf dem Residualgewinnmodell von FELTHAM und OHLSON (1995) betrachtet. Die Herangehensweise unterscheidet sich damit bedeutend von den bisherigen Analysen, in welchen die Daten aller Unternehmen einer Stichprobe für die Modellschätzungen verwendet werden. Die empirische Analyse umfasst Prognosen der Marktkapitalisierungen und Residualgewinne beider Stichproben über verschiedene Horizonte und unter Erweiterung des grundlegenden Modells um kointegrierende Beziehungen. Letztlich werden zudem alternative Modellschätzungen für die Prognosen verwendet, um direkte Vergleiche mit vorhandenen Forschungsarbeiten zu ermöglichen.

Folgende Erkenntnisse liefert das Kapitel: Die deskriptive Analyse der in den VECM modellierten Variablen verdeutlicht die Zusammenhänge insbesondere zwischen den Marktkapitalisierungen und operativen Vermögen der Unternehmen, welche in der Modellierung berücksichtigt werden sollen. Zudem sind die Auswirkungen der großen Wirtschaftskrisen erkennbar. Weiterhin können im Rahmen der Modellschätzung signifikante Zusammenhänge zwischen den Zeitreihen aufgedeckt werden, welche das Feltham-Ohlson Bewertungsmodell als nützliche Erweiterung verbessern. Nur ein geringer Anteil aller Zeitreihen kann als stationär angenommen werden. Gleichzeitig findet sich ein hoher Anteil an Unternehmen mit kointegrierenden Beziehungen zwischen den Zeitreihen. Anders als für die Modellierung sind die Modelle für die Prognosebildung jedoch nicht empfehlenswert. Wenngleich der Kointegrationsrang einen Einfluss auf die Prognosegenauigkeit hat, sind die Prognosen einfacher Vergleichsmodelle meist überlegen. Der Mehrwert liegt damit in der Ermittlung des Kointegrationsranges. Gibt er an, dass den betrachteten drei Zeitreihen eines Unternehmens ein gemeinsamer stochastischer Trend zugrunde liegt, finden sich in vielen Fällen weitaus niedrigere Prognosefehler. In der Stichprobe US-amerikanischer Unternehmen werden in diesem Fall ($r = 2$) durch das Vergleichsmodell stets die niedrigsten Fehlerwerte ermittelt. Dies gilt für alle Horizonte sowie die Prognose von Residualgewinnen und Marktkapitalisierungen. Tests auf kointegrierende Beziehungen sind somit in jedem Fall empfehlenswert, da sie Aufschluss über die Prognostizierbarkeit des Gewinnes und der Marktkapitalisierung eines Unternehmens geben. Es sollte dementsprechend unabhängig von der Modellwahl auf Kointegration getestet werden. Darüber hinaus liefert das Modell einen weiteren Unternehmenswert, welcher als Vergleichswert bzw. zur Plausibilisierung der nach anderen Verfahren berechneten Werte dienen kann. Die alternativen Modellberechnungen anhand von Querschnittsdaten sowie anhand von Durchschnittszeitreihen haben keine maßgebliche Verbesserung der Prognosen von Residualgewinnen und Marktkapitalisierungen hervorgebracht. Teilweise können jedoch Ränge identifiziert werden, welche bessere und schlechtere Prognoseergebnisse bedingen.

Die in der Einleitung aufgezeigten Forschungsfragen lassen sich mit den Erkenntnissen der Arbeit wie folgt beantworten. Auf der Metaebene stellt sich die Frage, ob Gewinn- und Zahlungsmittelüberschussprognosen für die Anwendung von Barwertkalkülen modellgestützt ermittelt werden sollten.

Die Beantwortung dieser Frage erfolgt vor dem Hintergrund der Abwägung zwischen Schätzungen des Managements, welche bekannte Informationen und Erwartungen über die Entwicklung des Geschäfts- und Marktumfeldes in die Prognose einbeziehen und modellbasierten Schätzungen, welche die Nachvollziehbarkeit erhöhen und historische Daten konsistenter verarbeiten. Spezifische Schätzungen des Managements können nicht ermittelt und damit direkt verglichen werden. Öffentlich verfügbar sind jedoch Analystenschätzungen zu den noch nicht veröffentlichten Gewinnen und Cashflows von Unternehmen. Die Literaturrecherche in Abschnitt 4.3.4 zeigt jedoch keine klare Überlegenheit der Prognosen durch Analysten und zum Teil eine Überlegenheit modellbasierter Verfahren. Durch die modellgebundene Erstellung von Prognosen für Bilanzausweise wird besonders die Nachvollziehbarkeit erhöht, da Gestaltungen stärker eingeschränkt werden und in der Folge die Konsistenz von Wertausweisen erhöht wird.[2] Weiterhin trägt insbesondere die Berücksichtigung von rechnungslegungspolitischen Maßnahmen zu besseren Prognosen

[2] Vgl. DING u. a. (2020), S. 1098.

bei.[3] Vor diesem Hintergrund kommt die Arbeit zu dem Schluss, dass modellgebundene Prognosen die Nützlichkeit und Qualität der Finanzberichterstattung erhöhen und dementsprechend zu präferieren sind. Sie zeigt aber auch die Notwendigkeit eindeutiger methodischer Vorschriften auf, um die Vergleichbarkeit von Abschlüssen nicht zu gefährden.[4]

Auf der Makroebene ist zu beantworten, wie die Methoden anzuwenden und für welche Prognosezwecke sie geeignet sind. Da sämtliche Ausweise in Finanzberichterstattungen nachvollziehbar sein sollen, fokussiert die vorliegende Arbeit einen Vergleich verschiedener quantitativer Modelle sowie deren optimale Schätzung und geeignete Anwendungsbereiche. Qualitative Verfahren wurden nicht betrachtet. Insgesamt zeigt sich, dass eine Modellierung auf Unternehmensebene unter Verwendung aggregierter Abschlussdaten zur Prognoseerstellung nicht empfehlenswert ist. Keine der betrachteten Methoden konnte das Vergleichsmodell dominieren. Somit ist die Verwendung von Querschnittsdaten für die Koeffizientenschätzung vorzuziehen. Anhand dieser konnten bessere Prognoseergebnisse erzielt werden. Für diese Modelle erweist es sich als sinnvoll, eine Verzögerung der Variablen einfließen zu lassen. Darüber hinaus haben die Verzögerungen keinen Erklärungsgehalt. Weiterhin sind die Eigenschaften der Daten bedeutend und werden tendenziell vernachlässigt. Insbesondere bei der Modellierung der Daten eines Unternehmens ist auf Zeitreiheneigenschaften zu prüfen. Es sollten Normierungen vorgenommen und auf Stationarität sowie kointegrierende Beziehungen getestet werden. Der Modellvergleich zeigt, dass sich KNN nicht für Prognosen von Daten aus Finanzberichterstattungen eignen. Sie erzielen schlechtere Ergebnisse als einfache Vergleichsmodelle und sind zudem kaum nachvollziehbar, wodurch sie sich für die Anwendung in der Rechnungslegung schlecht eignen. Random Forests sind hingegen bestens für Prognosen operativer Cashflows geeignet. Sie dominieren alle übrigen Modelle über verschiedene Horizonte, beide Stichproben und ebenfalls in Krisenjahren. Langfristige Prognosen weisen für US-amerikanische Unternehmen zudem niedrigere Prognosefehler auf. Für ihre Anwendung muss eine ausreichende Anzahl an Entscheidungsbäumen generiert werden, um die Modelle gut replizieren zu können und robuste Ergebnisse zu erzielen.

Auf der Mikroebene stellen sich konkrete Fragen zu der Umsetzung der Modelle und deren Anwendbarkeit in der Rechnungslegung sowie zu dem Einfluss rechnungslegungspolitischer Maßnahmen des Managements. Darüber hinaus können die Ergebnisse systematische Unterschiede zwischen der Stichprobe deutscher und US-amerikanischer Unternehmen aufdecken. Die Prognoseergebnisse der Random

[3] Vgl. Kapitel 5.

[4] Vgl. Kapitel 2.

Forests lieferten die geringsten Ausprägungen der Fehlermaße und sind darüber hinaus nachvollziehbar. Ferner ist die Methode in Hinblick auf die Prognoseprüfung für Anwendungen in der Rechnungslegung geeignet, da sie die Anforderungen der ISAE erfüllt. Allein KNN kommen den Anforderungen an die Prognoseprüfung nicht nach und sind aufgrund ihrer black-box Eigenschaft nicht empfehlenswert. Die Berücksichtigung von Maßnahmen der Rechnungslegungspolitik in den Prognosemodellen verbessert die Ergebnisse. Investoren sollten jedes Unternehmen auf dessen Ausmaß diskretionärer Beeinflussung untersuchen und dies in der Prognosebildung berücksichtigen. Die empirische Analyse belegt eine Verbesserung der Prognosen bei der Berücksichtigung der durch das Jones Modell errechneten, diskretionären Periodenabgrenzungen.

Im Ländervergleich fällt auf, dass die operativen Cashflows US-amerikanischer Unternehmen besser prognostizierbar sind als die der deutschen Unternehmen. Für die operativen Gewinne ergibt sich jedoch der umgekehrte Fall. Sie lassen sich für die deutschen Unternehmen besser prognostizieren, sodass neben den typischen Verfahren der DCF-basierten Unternehmensbewertung unbedingt gewinnbasierte Verfahren zur Anwendung kommen sollten. Letztlich zeigt die Arbeit im Hinblick auf Prognosen vielseitige Ermessensspielräume auf, welche die Rechnungslegungsstandards bewusst oder unbewusst gewähren. Mit dem steigenden Umfang zukunftsorientierter Wertausweise aufgrund der Internationalisierung der Rechnungslegung wird die Nachvollziehbarkeit dieser Wertausweise bedeutsamer. Mangelnde methodische Vorgaben und die implizite Gewährung von Ermessensspielräumen mindern die Verlässlichkeit der Finanzberichterstattung. Daher sollte künftig durch konkrete Vorgaben bei der Entwicklung und Übernahme von Rechnungslegungsstandards auf methodische Transparenz und Nachvollziehbarkeit geachtet werden.

## 7.2 Diskussion und Relevanz der Ergebnisse

Grundlegend ist von der Überlegenheit modellbasierter Verfahren für die Anwendung in der Rechnungslegung auszugehen. Sie bieten eine höhere Nachvollziehbarkeit und Konsistenz gegenüber Erfahrungsprognosen des Managements. Zudem weisen Ergebnisse zu Analystenprognosen darauf hin, dass diese (und damit subjektive Prognosen von Individuen, zu denen auch Managementprognosen zählen) häufig insbesondere für lange Horizonte von Modellen und simplen Extrapolationen dominiert werden.[5] In dieser Arbeit werden Modelle vorgestellt, welche einem Random Walk als Vergleichsmodell überlegen sind.

[5] Vgl. Abschnitt 4.3.4.

Wie Kapitel 2 zeigt, liefern das HGB und die IAS/IFRS weitestgehend keine methodischen Vorgaben für die Erstellung von Prognosen, deren Bedeutung und Umfang in der Finanzberichterstattung kontinuierlich steigt. Zusätzliche methodische Vorgaben durch die IAS/IFRS (aber auch die US-GAAP, welche durch die Vergleiche mit US-amerikanischen Unternehmen im Fokus stehen) tragen somit zu einer Vereinheitlichung von Finanzberichterstattungen bei. Zweifelsfrei erhöhen sie die Vergleichbarkeit und Nachvollziehbarkeit der Rechnungslegung. Über die Aussagekraft der Geschäftsberichte und das Hauptziel der Informationsvermittlung kann hingegen keine eindeutige Aussage gemacht werden. Eine Einschränkung von Handlungs- bzw. Ermessensspielräumen durch striktere methodische Vorgaben reduziert Gestaltungsmöglichkeiten, aber auch positive Möglichkeiten der Einflussnahme zur Vermittlung eines den tatsächlichen Verhältnissen entsprechenden Bildes der Vermögens-, Finanz- und Ertragslage. Inwieweit eine höhere Vergleichbarkeit und zuverlässigere Wertausweise einen potenziell niedrigeren Informationsgehalt rechtfertigen können, muss abgewogen werden. Gegebenenfalls mangelt es dann an Möglichkeiten der Einflussnahme zur Berücksichtigung makroökonomischer Entwicklungen oder individueller Einschätzungen hinsichtlich des Geschäftsverlaufs.

Der Autor hält subjektive Komponenten der Finanzberichterstattung jedoch für eine im Sinne der Vergleichbarkeit und Konsistenz ausgewiesener Werte unerwünschte Einflussnahme, welche den Informationsgehalt der Rechnungslegung mindert. Mit möglichst wenig Ermessensspielräumen steht dem Abschlussleser eine unverzerrte Datenbasis zur Verfügung, welche für die eigene Prognoseerstellung genutzt werden kann. So können eigene Annahmen über die künftige Entwicklung makroökonomischer Indikatoren oder die Entwicklung bestimmter Branchen und Geschäftsfelder einbezogen werden. Daraus resultieren wiederum individuelle mit Methodeneinsatz objektivierte Prognosen und beispielsweise für die Szenarioanalyse systematisch erstellte Szenarien.

Die Praxisrelevanz ergibt sich unter anderem aus den Schlussfolgerungen für die Entwicklung und Überarbeitung von Rechnungslegungsstandards. Die Ergebnisse der Arbeit deuten darauf hin, dass konkretere methodische Vorgaben und eine verpflichtende Berichterstattung über verwendete Modelle und deren Eigenschaften bzw. Koeffizienten zu einer Verbesserung der Qualität von Geschäftsberichten beitragen. So kann die Finanzberichterstattung auch für Investoren und ihre Bewertungsmodelle attraktiver werden. Random Forests sollten dafür in Betracht gezogen werden. Sie liefern allein auf Basis historischer Daten der Rechnungslegung die besten Prognosen. Doch auch eine verpflichtende Anwendung definierter Regressionsmodelle würde Ermessensspielräume massiv einschränken und zu objektiveren Wertausweisen beitragen.

Die Ergebnisse der Arbeit haben weiterhin Auswirkungen auf die Praxis der Unternehmensbewertung. Die empirische Analyse zeigt, dass die Aussagekraft ausgewiesener Gewinne in der Stichprobe deutscher Unternehmen höher ist und sie besser prognostiziert werden können. Zudem sind die operativen Cashflows US-amerikanischer Unternehmen tendenziell besser prognostizierbar. Dementsprechend sollten die mit den vorherrschenden DCF-Verfahren errechneten Unternehmenswerte deutscher Unternehmen mit größeren Bandbreiten für den Unternehmenswert verbunden werden. Bewertungen auf Basis von Cashflows sind für sie demnach mit einem höheren Risiko verbunden, welches in der Wertfindung berücksichtigt werden muss. Bewertungen auf Basis ausgewiesener Gewinne bieten sich als Vergleich somit insbesondere für deutsche Unternehmen an.

Analysten können ihre Prognosebildung weiterhin durch die Anwendung von Random Forests verbessern, indem sie die rein objektiv ermittelten Prognosen als Vergleichsgröße und zur Validierung nutzen. Weiterhin können sie ihre Prognosen verbessern, indem sie die Erkenntnisse zu den Auswirkungen rechnungslegungspolitischer Einflussnahmen auf die Prognosefähigkeit der Ergebnisgrößen nutzen. Je niedriger der Umfang diskretionärer Periodenabgrenzungen im Vergleich zu anderen Unternehmen ist, desto besser lassen sich ihre Gewinne und Cashflows prognostizieren. Die Auswirkung diskretionärer Periodenabgrenzungen auf die Prognosefähigkeit von Gewinnen und Cashflows für deutsche und US-amerikanische Unternehmen wurde in dieser Arbeit ebenfalls erstmals aufgedeckt. Tests auf kointegrierende Beziehungen anhand der Daten eines Unternehmens geben zusätzlich Aufschluss über die Prognosefähigkeit. Ein gemeinsamer stochastischer Trend in den betrachteten Zeitreihen auf Unternehmensebene ist ein Indikator für eine gute Prognostizierbarkeit dieser Ergebnisgrößen der Rechnungslegung.

Die Forschungsrelevanz des Themas ergibt sich aus der großen und kontinuierlich steigenden Bedeutung von Prognosen für die Wertausweise der Finanzberichterstattung, die dahingehend aufgedeckten Ermessensspielräume und den Erkenntnissen bezüglich zweckoptimaler Methoden und deren Umsetzung. Modelle zur Prognose von Cashflows wurden in der Rechnungslegung bisher wenig thematisiert. Sie bieten jedoch die aufgezeigten Vorteile einer erhöhten Objektivität und Unabhängigkeit von Managementschätzungen bzw. den Rechnungslegern. Durch die fortschreitende Internationalisierung der Rechnungslegungssysteme und erhöhte Prognoseanforderungen aufgrund von zunehmend zukunftsorientierten Wertausweisen gewinnt das Themengebiet der Prognoseerstellung an Bedeutung. Der vermehrte Einbezug von Prognosen und eine enorme Bandbreite potenzieller Modelle erhöhen das rechnungslegungspolitische Potenzial veröffentlichter Wertausweise. Dementsprechend ist eine fortlaufende Evaluation von Prognosemodellen für die verschiedenen Anwendungsbereiche in der Rechnungslegung und mit Rechnungslegungsbezug entsprechend Kapitel 2 notwendig. Die vorliegende Arbeit trägt dazu bei und liefert darüber hinaus empirische Ergebnisse für die Anwendungsbereiche mit Rechnungslegungsbezug unter Anwendung verschiedener Modelle. Daraus leiten sich zweckoptimale Prognoseverfahren sowie die Bedeutung rechnungslegungspolitischer Einflussnahmen und verschiedener Zeitreiheneigenschaften für die Prognose von Erfolgsmaßen ab, welche in folgenden Arbeiten herangezogen werden sollten.

## 7.3 Ausblick

In dieser Arbeit betrachtete Modelle entsprechen der Sichtweise von externen Adressaten der Rechnungslegung wie Investoren, welchen allein die Daten der Finanzberichterstattungen zur Verfügung stehen. Sie eignen sich somit zur Prognose von Erfolgsmaßen für Unternehmensbewertungen. Für viele der internen Anwendungen, beispielsweise zur Prognose von Zahlungsströmen für die Wertermittlung von Vermögensgegenständen, sind andere Variablen respektive Schätzmodelle relevant. Dementsprechend sollten besonders interne Anwendungsmöglichkeiten weitergehend untersucht werden. Analog zu den Analysen dieser Arbeit ergeben sich ebenfalls weitere interessante Forschungsansätze. So könnten weitere Variablen in die Modelle aufgenommen werden, um die Prognosen unabhängig von der Modellwahl zu verbessern. Wie aufgezeigt, könnten beispielsweise Forschungs- und Entwicklungsaufwendungen als Indikator für künftige Gewinne und Cashflows in die Modelle aufgenommen werden. Weiterhin bieten branchenspezifische Untersuchungen sowie die Evaluation weiterer Kapitalmärkte interessante Anknüpfungspunkte. Auch Vergleiche mit Analystenprognosen stellen ein typisches Forschungsfeld dar. Sie wurden in dieser Arbeit nicht betrachtet, da sie den Anforderungen an Prognosen in vielerlei Hinsicht nicht entsprechen. Zudem zeigt die Literaturrecherche in dem Bereich, dass modellbasierte Prognosen denen der Analysten vielfach überlegen sind. Darüber hinaus ist eine Kombination der in Kapitel 4 betrachteten Methoden denkbar, sodass verschiedene Teile eines Datensatzes bestmöglich modelliert und die Ergebnisse insgesamt verbessert werden.[6]

Weitere Forschungsarbeiten sollten insbesondere ein Augenmerk auf kleinere, nicht kapitalmarktorientierte Unternehmen legen. Für Gesetzgeber und Rechnungslegungsgremien sind kleine und mittlere Unternehmen bedeutsam, da sie den größten Teil aller Unternehmen darstellen. Damit die Stichprobe dieser Arbeit über alle

[6] Vgl. ZHANG (2012), S. 472.

Analysen konsistent ist, werden lediglich kapitalmarktorientierte Unternehmen mit IAS/IFRS Rechnungslegung betrachtet. Eine Validierung der Ergebnisse für Unternehmen mit Abschlüssen nach HGB steht noch aus. Aus Investorensicht ist jedoch die Betrachtung öffentlich handelbarer Unternehmen und damit die Perspektive der vorliegenden Arbeit von größerer Bedeutung.

# Standards und Rechtsquellen

**AktG** Aktiengesetz vom 06.09.1965 in: RGBl. I S. 1089, zuletzt geändert durch Artikel 2 des Gesetzes vom 20.07.2022, in: BGBl. I S. 1166.

**ASC** Accounting Standards Codification (ASC), veröffentlicht vom Financial Accounting Standards Board (FASB). Sie stellen die offiziellen US GAAP dar. Entnommen aus: AMERICAN ACCOUNTING ASSOCIATION (2022): *FASB Accounting Standards Codification.* URL: https://asc.fasb.org/Home (besucht am 24.10.2023).

**BetrAVG** Betriebsrentengesetz vom 19.12.1974, in: BGBl. I S. 3610, zuletzt geändert durch Artikel 23 des Gesetzes vom 22.12.2020, in: BGBl. I S. 3256.

**Bundestag Drucksache 16/10067** Entwurf eines Gesetzes zur Modernisierung des Bilanzrechts (Bilanzrechtsmodernisierungsgesetz – BilMoG). Deutscher Bundestag, 30.07.2008.

**DRS 2** Deutscher Rechnungslegungs Standard Nr. 2 (Kapitalflussrechnung), verabschiedet vom DRSC am 31.05.2000. Aufgehoben durch DRS 21 (Kapitalflussrechnung). Datum des Außerkrafttretens: 31.12.2014.

**DRS 16** Deutscher Rechnungslegungs Standard Nr. 16 (Halbjahresfinanzberichterstattung), verabschiedet vom DRSC am 14.09.2012.

**DRS 20** Deutscher Rechnungslegungs Standard Nr. 20 (Konzernlagebericht), verabschiedet vom DRSC am 21.04.2016.

**DRS 21** Deutscher Rechnungslegungs Standard Nr. 21 (Kapitalflussrechnung), verabschiedet vom DRSC am 04.02.2014.

**DRS 24** Deutscher Rechnungslegungs Standard Nr. 24 (Immaterielle Vermögensgegenstände im Konzernabschluss), verabschiedet vom DRSC am 30.10.2015.

**GmbHG** Gesetz betreffend die Gesellschaften mit beschränkter Haftung (GmbH-Gesetz) vom 20.04.1892 in: RGBl. I S. 477, zuletzt geändert durch Artikel 6 des Gesetzes vom 15.07.2022, in: BGBl. I S. 1146.

**HGB** Handelsgesetzbuch vom 10.05.1897 in: RGBl. I S. 219, zuletzt geändert durch Artikel 1 des Gesetzes vom 15.07.2022, in: BGBl. I S. 1146.



L. B. Heidbrink, *Quantitative Prognosen in der externen Unternehmensrechnung*,
https://doi.org/10.1007/978-3-658-47506-2

**IAS/IFRS** International Accounting Standards (IAS) und International Financial Reporting Standards (IFRS). Alle in der Europäischen Union anerkannten und gültigen internationalen Rechnungslegungsstandards. Entnommen aus: Wolf-Dieter HOFFMANN, Norbert LÜDENBACH und Jens FREIBERG (2021): *IAS/IFRS-Texte*. 14. Auflage, Stand: 01.03.2021. NWB Verlag.

**IDW PS 270 n. F.** IDW Prüfungsstandard: Die Beurteilung der Fortführung der Unternehmenstätigkeit im Rahmen der Abschlussprüfung (IDW PS 270 n. F.). Stand: 02.02.2021. IDW Verlautbarungen, IDW Verlag GmbH.

**IDW PS 350 n. F.** IDW Prüfungsstandard: Prüfung des Lageberichts im Rahmen der Abschlussprüfung (IDW PS 350 n. F.). Stand: 12.12.2017. IDW Verlautbarungen, IDW Verlag GmbH.

**IDW S1** IDW Standard: Grundsätze zur Durchführung von Unternehmensbewertungen (IDW S1 i. d. F. 2008). Stand: 04.07.2016. Fachnachrichten des IDW Nr. 7/2008, IDW Verlag GmbH.

**IDW S5** IDW Standard: Grundsätze zur Bewertung immaterieller Vermögenswerte (IDW S5). Stand: 16.04.2015. Fachnachrichten des IDW Nr. 7/2011, IDW Verlag GmbH.

**IFRS PS 1** IFRS Practice Statement 1 Management Commentary – A framework for presentation, veröffentlicht vom International Accounting Standards Board (IASB) am 08.12.2010.

**InsO** Insolvenzordnung vom 5.10.1994, in: BGBl. I S. 2866, zuletzt geändert durch Artikel 35 des Gesetzes vom 10.08.2021, in: BGBl. I S. 3436.

**ISAE 3400** International Standard on Assurance Engagements 3400 (Previously ISA 810), The Examination of Prospective Financial Information. Entnommen aus: INTERNATIONAL AUDITING AND ASSURANCE STANDARDS BOARD (IAASB) (2018): *Handbook of International Quality Control, Auditing, Review, Other Assurance, and Related Services Pronouncements*. Volume 2. New York: International Federation of Accountants (IFAC).

**KapAEG** Gesetz zur Verbesserung der Wettbewerbsfähigkeit deutscher Konzerne an Kapitalmärkten und zur Erleichterung der Aufnahme von Gesellschafterdarlehen (Kapitalaufnahmeerleichterungsgesetz) vom 20.04.1998, in: BGBl. I S. 707, zuletzt geändert durch Artikel 8 Absatz 3 Bilanzrechtsreformgesetz vom 4.12.2004, in: BGBl. I S. 3166.

**WpHG** Wertpapierhandelsgesetz vom 09.09.1998, in: BGBl. I S. 2708, zuletzt geändert durch Artikel 56 des Gesetzes vom 10.08.2021, in: BGBl. I S. 3436.

# Literaturverzeichnis


ABADI, Martín u. a. (2015): *TensorFlow: Large-scale Machine Learning on Heterogeneous Systems*. URL: https://www.tensorflow.org/ (besucht am 24.10.2023).

ABARBANELL, Jeffery und Reuven LEHAVY (2003): „Can Stock Recommendations redict Earnings Management and Analysts' Earnings Forecast Errors?" In: *Journal of Accounting Research*, Nr. 1, 41. Jg., S. 1–31.

ABARBANELL, Jeffrey S. und Brian J. BUSHEE (1997): „Fundamental Analysis, Future Earnings, and Stock Prices". In: *Journal of Accounting Research*, Nr. 1, 35. Jg., S. 1–24.

ABOODY, David und Baruch LEV (1998): „The Value Relevance of Intangibles: The Case of Software Capitalization". In: *Journal of Accounting Research*, 36. Jg., S. 161–191.

ADHIKARI, Ajay und Augustine DURU (2006): „Voluntary disclosure of free cash flow information". In: *Accounting Horizons*, Nr. 4, 20. Jg., S. 311–332.

AFNAN, Michael Anis MIHDI, Yanhe LIU, Vincent CONITZER, Cynthia RUDIN, Abhishek MISHRA, Julian SAVULESCU und Masoud AFNAN (2021): „Interpretable, not black-box, artificial intelligence should be used for embryo selection". In: *Human Reproduction Open*, Nr. 4, S. 1–8.

AGNES CHENG, C. S., Joseph K. CHEUNG und V. GOPALAKRISHNAN (1993): „On the Usefulness of Operating Income, Net Income and Comprehensive Income in Explaining Security Returns". In: *Accounting and Business Research*, Nr. 91, 23. Jg., S. 195–203.

AGOSTINI, Marisa (2018): *Corporate Financial Distress: Going Concern Evaluation in Both International and U.S. Contexts*. Palgrave Pivot, S. 1–128.

AHMED, Anwer S., Richard M. MORTON und Thomas F. SCHAEFER (2000): „Accounting Conservatism and the Valuation of Accounting Numbers: Evidence on the Feltham-Ohlson (1996) Model". In: *Journal of Accounting, Auditing & Finance*, Nr. 3, 15. Jg., S. 271–292.

AKAIKE, Hirotugu (1974): „A New Look at the Statistical Model Identification". In: *IEEE Transactions on Automatic Control*, Nr. 6, 19. Jg., S. 716–723.

ALBRECHT, Peter und Raimond MAURER (2016): *Investment- und Risikomanagement – Modelle, Methoden, Anwendungen*. 4. Aufl. Schäffer-Poeschel.

ALLAIRE, J. J. und François CHOLLET (2022): *keras: R Interface to 'Keras'*. URL: https://cran.r-project.org/package=keras (besucht am 24.10.2023).

ALLAIRE, J. J. und Yuan TANG (2022): *tensorflow: R Interface to 'TensorFlow'*. URL: https://cran.r-project.org/package=tensorflow (besucht am 24.10.2023).

ALLES, Michael G. (2015): „Drivers of the Use and Facilitators and Obstacles of the Evolution of Big Data by the Audit Profession". In: *Accounting Horizons*, Nr. 2, 29. Jg., S. 439–449.




L. B. Heidbrink, *Quantitative Prognosen in der externen Unternehmensrechnung*,
https://doi.org/10.1007/978-3-658-47506-2

ALTMAN, Edward I. (1968): „Financial Ratios, Discriminant Analysis and the Prediction of Corporate Bankruptcy“. In: *The Journal of Finance*, Nr. 4, 23. Jg., S. 589–609.

AMEN, Matthias (1998): *Erstellung von Kapitalflußrechnungen. 2., ergänzte Auflage*. München/Wien: Oldenbourg.

AMEN, Matthias (2007): „Simulation-based comparison of existent IAS 19 accounting options“. In: *European Accounting Review*, Nr. 2, 16. Jg., S. 243–276.

AMEN, Matthias (2009): „Informationsverzerrungen und Glättungseffekte bei der Rechnungslegung über leistungsorientierte Pensionsverpflichtungen nach IAS 19 – dargestellt für das Modell einer regenerierenden Belegschaft“. In: *Zeitschrift für Betriebswirtschaft*, Nr. 3 (Special Issue): Operations Research in der Betriebswirtschaft – Neue Anwendungsgebiete und Ergebnisse, S. 41–68.

AMEN, Matthias (2019): „Kapitalflussrechnung“. In: *Handbuch des Jahresabschlusses (HdJ) – Bilanzrecht nach HGB, EStG und IFRS*. Hrsg. von Joachim SCHULZE-OSTERLOH, Joachim HENNRICHS und Jens WÜSTEMANN. Juli 2019. Köln: Verlag Dr. Otto Schmidt. Kap. Abt. VI/7.

AMEN, Matthias und Klaus DELLMANN (2000): „Kapitalfluß- und Finanzierungsrechnung“. In: *Handbuch des Jahresabschlusses in Einzeldarstellungen (HdJ)*. Hrsg. Von Klaus von WYSOCKI und Joachim SCHULZE-OSTERLOH. Aug. 2000. Köln: Verlag Dr. Otto Schmidt. Kap. Abt. IV/6.

ANDRÉ, Paul, Andrei FILIP und Luc PAUGAM (2016): „Examining the Patterns of Goodwill Impairments in Europe and the US“. In: *Accounting in Europe*, Nr. 3, 13. Jg., S. 329–352.

ARSHANAPALLI, Bala und William NELSON (2008): „Cointegration and Its Application in Finance“. In: *Handbook of Finance*, S. 701–710.

ASHTON, David und Pengguo WANG (2015): „Conservatism in residual income models: Theory and supporting evidence“. In: *Accounting and Business Research*, Nr. 3, 45. Jg., S. 387–410.

ATWOOD, T. J., Michael S. DRAKE, James N. MYERS und Linda A. MYERS (2011): „Do earnings reported under IFRS tell us more about future earnings and cash flows?“ In: *Journal of Accounting and Public Policy*, Nr. 2, 30. Jg., S. 103–121.

AUER, Benjamin und Horst ROTTMANN (2020): *Statistik und Ökonometrie für Wirtschaftswissenschaftler*. 4. Aufl. Wiesbaden: Springer Fachmedien Wiesbaden.

AZEVEDO, Vitor, Patrick BIELSTEIN und Manuel GERHART (2021): „Earnings forecasts: the case for combining analysts' estimates with a cross-sectional model“. In: *Review of Quantitative Finance and Accounting*, Nr. 2, 56. Jg., S. 545–579.

BACKHAUS, Klaus, Bernd ERICHSON, Wulff PLINKE und Rolf WEIBER (2018): *Multivariate Analysemethoden*. 15. Aufl. Berlin, Heidelberg: Springer Gabler.

BACKHAUS, Klaus, Bernd ERICHSON und Rolf WEIBER (2015): *Fortgeschrittene Multivariate Analysemethoden*. 3. Aufl. Berlin, Heidelberg: Springer Gabler.

BAETGE, Jörg (1998): *Empirische Methoden zur Früherkennung von Unternehmenskrisen*. Wiesbaden: VS Verlag für Sozialwissenschaften.

BAETGE, Jörg (2009): „Verwendung von DCF-Kalkülen bei der Bilanzierung nach IFRS“. In: *Die Wirtschaftsprüfung (WPg)*, Nr. 1, 62. Jg., S. 13–23.

BAETGE, Jörg, Hans-Jürgen KIRSCH und Stefan THIELE (2004): *Bilanzanalyse*. 2. Aufl. Düsseldorf: IDW Verlag.

BAETGE, Jörg, Hans-Jürgen KIRSCH und Stefan THIELE (2017): *Bilanzen*. 14. Aufl. Düsseldorf: IDW Verlag.

BAETGE, Jörg, Hans-Jürgen KIRSCH und Stefan THIELE (2019): *Bilanzen*. 15. Aufl. Düsseldorf: IDW Verlag.

BAI, Mingyuan, Boyan ZHANG und Junbin GAO (2017): „Tensorial Recurrent Neural Networks for Longitudinal Data Analysis". In: arXiv:1708.00185.

BALACHANDRAN, Sudhakar und Partha MOHANRAM (2011): „Is the decline in the value relevance of accounting driven by increased conservatism?" In: *Review of Accounting Studies*, Nr. 2, 16. Jg., S. 272–301.

BALL, Ray (2009): „Market and Political/Regulatory Perspectives on the Recent Accounting Scandals". In: *Journal of Accounting Research*, Nr. 2, 47. Jg., S. 277–323.

BALL, Ray (2013): „Accounting Informs Investors and Earnings Management is Rife: Two Questionable Beliefs". In: *Accounting Horizons*, Nr. 4, 27. Jg., S. 847–853.

BALL, Ray, Joseph GERAKOS, Juhani T. LINNAINMAA und Valeri NIKOLAEV (2016): „Accruals, cash flows, and operating profitability in the cross section of stock returns". In: *Journal of Financial Economics*, Nr. 1, 121. Jg., S. 28–45.

BALL, Ray, Joseph GERAKOS, Juhani T. LINNAINMAA und Valeri NIKOLAEV (2020): „Earnings, retained earnings, and book-to-market in the cross section of expected returns". In: *Journal of Financial Economics*, Nr. 1, 135. Jg., S. 231–254.

BALL, Ray und Valeri V. NIKOLAEV (2022): „On earnings and cash flows as predictors of future cash flows". In: *Journal of Accounting and Economics*, Nr. 1, 73. Jg.

BALL, Ray und Lakshmanan SHIVAKUMAR (2005): „Earnings quality in UK private firms: comparative loss recognition timeliness". In: *Journal of Accounting and Economics*, Nr. 1, 39. Jg., S. 83–128.

BALLWIESER, Wolfgang (2019): „Reflections on Theory and Practice of Financial Reporting: Challenges, Scientific Findings, and Gaps (Überlegungen zu Theorie und Praxis der Finanzberichterstattung: Herausforderungen, Erkenntnisse und Lücken)".In: *Schmalenbachs Zeitschrift fur Betriebswirtschaftliche Forschung*, Nr. 2, 71. Jg., S. 169–211.

BALLWIESER, Wolfgang, Adolf Gerhard COENENBERG und Klaus von WYSOCKI, Hrsg. (2002): *Handwörterbuch der Rechnungslegung und Prüfung*. 3. Aufl. Enzyklopädie der Betriebswirtschaftslehre. Stuttgart: Schäffer Poeschel.

BALLWIESER, Wolfgang und Dirk HACHMEISTER (2021): *Unternehmensbewertung: Prozess, Methoden und Probleme*. 6. Aufl. Stuttgart: Schäffer-Poeschel.

BALLWIESER, Wolfgang, Karlheinz KÜTING und Thomas SCHILDBACH (2004): „Fair value – erstrebenswerter Wertansatz im Rahmen einer Reform der handelsrechtlichen Rechnungslegung?" In: *Betriebswirtschaftliche Forschung und Praxis*, Nr. 6, 56. Jg., S. 529–549.

BANERJEE, Anindya, Juan J. DOLADO, John W. GALBRAITH und David F. HENDRY (1993): *Co-integration, Error Correction, and the Econometric Analysis of Non-Stationary Data*. New York, Oxford: Oxford University Press.

BAO, D.-H., M. T. LEWIS, W. T. LIN und J. G. MANEGOLD (1983): „Applications of Timeseries Analysis in Accounting: A Review". In: *Journal of Forecasting*, Nr. 4, 2. Jg., S. 405–423.

BARBOZA, Flavio, Herbert KIMURA und Edward ALTMAN (2017): „Machine learning models and bankruptcy prediction". In: *Expert Systems with Applications*, 83. Jg., S. 405–417.

BARDENS, Andrea, Holger MEURER und Iva GEBOVA (2012): „Auf dem Weg zu einem neuen Wertminderungsmodell für finanzielle Vermögenswerte nach IFRS 9 – Ein Schritt vor und zwei zurück?" In: *Die Wirtschaftsprüfung (WPg)*, Nr. 15, S. 807–817.

BARTH, Mary E. (2000): „Valuation-based accounting research: Implications for financial reporting and opportunities for future research“. In: *Accounting and Finance*, Nr. 1, 40. Jg., S. 7–32.

BARTH, Mary E., William H. BEAVER, John R.M. HAND und Wayne R. LANDSMAN (2005): „Accruals, Accounting-Based Valuation Models, and the Prediction of Equity Values“. In: *Journal of Accounting, Auditing and Finance*, Nr. 4, 20. Jg., S. 311–345.

BARTH, Mary E., William H. BEAVER und Wayne R. LANDSMAN (2001): „The relevance of the value relevance literature for financial accounting standard setting: another view“. In: *Journal of Accounting and Economics*, Nr. 1-3, 31. Jg., S. 77–104.

BARTH, Mary E., Greg CLINCH und Doron ISRAELI (2016): „What do accruals tell us about future cash flows?“ In: *Review of Accounting Studies*, Nr. 3, 21. Jg., S. 768–807.

BARTH, Mary E., Donald P. CRAM und Karen K. NELSON (2001): „Accruals and the prediction of future cash flows“. In: *The Accounting Review*, Nr. 1, 76. Jg., S. 27–58.

BARTH, Mary E. und Wayne R. LANDSMAN (2010): „How did Financial Reporting Contribute to the Financial Crisis?“ In: *European Accounting Review*, Nr. 3, 19. Jg., S. 399–423.

BARTH, Mary E., Wayne R. LANDSMAN und Mark H. LANG (2008): „International Accounting Standards and Accounting Quality“. In: *Journal of Accounting Research*, Nr. 3, 46. Jg., S. 467–498.

BARTH, Mary E., Wayne R. LANDSMAN, Danqing YOUNG und Zili ZHUANG (2014): „Relevance of Differences between Net Income based on IFRS and Domestic Standards for European Firms“. In: *Journal of Business Finance and Accounting*, Nr. 3-4, 41. Jg., S. 297–327.

BARTOV, Eli, Stephen R. GOLDBERG und Myungsun KIM (2005): „Comparative Value Relevance Among German, U.S., and International Accounting Standards: A German Stock Market Perspective“. In: *Journal of Accounting, Auditing and Finance*, Nr. 2, 20. Jg., S. 95–119.

BAUER, Jörg (1981): *Grundlagen einer handels- und steuerrechtlichen Rechnungspolitik der Unternehmung*. Bd. 11. Besteuerung der Unternehmung. Wiesbaden: Gabler.

BEATTIE, Vivien, Bill MCINNES und Stella FEARNLEY (2004): „A methodology for analysing and evaluating narratives in annual reports: a comprehensive descriptive profile and metrics for disclosure quality attributes“. In: *Accounting Forum*, Nr. 3, 28. Jg., S. 205–236.

BEAVER, William H. und Stephen G. RYAN (2000): „Biases and Lags in Book Value and Their Effects on the Ability of the Book-to-Market Ratio to Predict Book Return on Equity“. In: *Journal of Accounting Research*, Nr. 1, 38. Jg., S. 127–148.

BECKER, Roberto (2018): *Die Entwicklung von Grundsätzen ordnungsmäßiger Prognosebildung auf Basis der GoB*.

BEHRENDT-GEISLER, Anneke und Barbara E. WEISSENBERGER (2012): „Branchentypische Aktivierung von Entwicklungskosten nach IAS 38: Eine empirische Analyse von Aktivierungsmodellen“. In: *Zeitschrift für internationale und kapitalmarktorientierte Rechnungslegung (KoR)* , Nr. 2, 12. Jg., S. 56–66.

BENEISH, Messod D. (1999): „The Detection of Earnings Manipulation“. In: *Financial Analysts Journal*, Nr. 5, 55. Jg., S. 24–36.

BENJAMIN, Daniel J. u. a. (2018): „Redefine statistical significance“. In: *Nature Human Behaviour*, Nr. 1, 2. Jg., S. 6–10.

BERGMANN, Iris und Wolfgang SCHULTZE (2018): „Accounting based valuation: a simultaneous equations model for forecasting earnings to proxy for 'other information'". In: *Review of Quantitative Finance and Accounting*, Nr. 4, 50. Jg., S. 1057–1091.

BERGSTRESSER, Daniel und Thomas PHILIPPON (2006): „CEO incentives and earnings management". In: *Journal of Financial Economics*, Nr. 3, 80. Jg., S. 511–529.

BIDDLE, Gary C., Mary L.Z. MA und Frank M. SONG (2020): „Accounting Conservatism and Bankruptcy Risk". In: *Journal of Accounting, Auditing and Finance*, S. 1–29.

BIKHCHANDANI, Sushil und Sunil SHARMA (2001): „Herd Behavior in Financial Markets". In: *IMF Staff Papers*, Nr. 3, 47. Jg., S. 279–310.

BILLINGS, Mark, Christopher O'BRIEN, Margaret WOODS und Dev VENCAPPA (2017): „Discretion in accounting for pensions under IAS 19: using the 'magic telescope'?" In: *Accounting and Business Research*, Nr. 2, 47. Jg., S. 123–143.

BOLLERSLEV, Tim, Daniela OSTERRIEDER, Natalia SIZOVA und George TAUCHEN (2013): „Risk and return: Long-run relations, fractional cointegration, and return predictability". In: *Journal of Financial Economics*, Nr. 2, 108. Jg., S. 409–424.

BOSSE, Michael (2015): „IFRS-9-konforme Modellierung von Loss Given Default and Exposure at Default – Verwendung aufsichtsrechtlicher Größen für das neue Wertminderungsmodell nach IFRS". In: *Die Wirtschaftsprüfung (WPg)*, Nr. 15, 68. Jg., S. 768–777.

BOSSE, Michael, Nikolas STEGE und Manuel HITA-HOCHGESAND (2017): „Stufenzuordnung nach IFRS 9: Nachweis zur Verwendung von Ratings als geeignetes Kriteriumzur Beurteilung der signifikanten Verschlechterung der Kreditqualität". In: *Die Wirtschaftsprüfung (WPg)*, Nr. 8, 70. Jg., S. 437–447.

BOTOSAN, Christine A. (1997): „Disclosure Level and the Cost of Equity Capital". In: *The Accounting Review*, Nr. 3, 72. Jg., S. 323–349.

BOX, George E.P. und Gwilym M. JENKINS (1970): *Time Series Analysis: Forecasting and Control*. 1. Aufl. San Francisco: Holden-Day.

BRADSHAW, Mark T., Michael S. DRAKE, James N. MYERS und Linda A. MYERS (2012): „A re-examination of analysts' superiority over time-series forecasts of annual earnings". In: *Review of Accounting Studies*, Nr. 4, 17. Jg., S. 944–968.

BRADSHAW, Mark T. und Richard G. SLOAN (2002): „GAAP versus The Street: An Empirical Assessment of Two Alternative Definitions of Earnings". In: *Journal of Accounting Research*, Nr. 1, 40. Jg., S. 41–66.

BRAUN, Robert (2018): „Praktische Erfahrungen zum Werthaltigkeitstest gemäß IAS 36". In: *Die Wirtschaftsprüfung (WPg)*, Nr. 12, 71. Jg., S. 749–754.

BREIMAN, Leo (2001): „Random forests". In: *Machine Learning*, Nr. 1, 45. Jg., S. 5–32.

BRETZKE, Wolf-Rüdiger (1975): *Das Prognoseproblem bei der Unternehmungsbewertung: Ansätze zu einer risikoorientierten Bewertung ganzer Unternehmungen auf der Grundlage modellgestützter Erfolgsprognosen*. Schriftenreihe des Seminars für Allgemeine Betriebswirtschaftslehre und für Wirtschaftsprüfung der Universität zu Köln. Düsseldorf: IdW-Verlag.

BROOKS, Chris (2019): *Introductory Econometrics for Finance*. 4th. Cambridge: Cambridge University Press.

BROWN, Lawrence D., Robert L. HAGERMAN, Paul A. GRIFFIN und Mark E. ZMIJEWSKI (1987): „Security analyst superiority relative to univariate time-series models in forecasting quarterly earnings". In: *Journal of Accounting and Economics*, Nr. 1, 9. Jg., S. 61–87.

BRUNE, Jens, Dirk DRIESCH, Martin SCHULZ-DANSO und Thomas SENGER, Hrsg. (2020): *Beck'sches IFRS-Handbuch*. 6. Aufl. München: C.H. Beck.

BUCHHOLZ, Rainer (2016): *Grundzüge des Jahresabschlusses nach HGB und IFRS*. 9. Aufl. Vahlens Lernbücher. München: Verlag Franz Vahlen.

BUNDESANSTALT FÜR FINANZDIENSTLEISTUNGSAUFSICHT (2022): *Verfahren der Bilanzkontrolle*. URL: https://www.bafin.de/ref/19646804 (besucht am 24.10.2023).

BURGSTAHLER, David und Elizabeth CHUK (2017): „What Have We Learned About Earnings Management? Integrating Discontinuity Evidence". In: *Contemporary Accounting Research*, Nr. 2, 34. Jg., S. 726–749.

BURGSTAHLER, David und Ilia DICHEV (1997): „Earnings management to avoid earnings decreases and losses". In: *Journal of Accounting and Economics*, Nr. 1, 24. Jg., S. 99–126.

BUSSE VON COLBE, Walther (1966): „Aufbau und Informationsgehalt von Kapitalflußrechnungen". In: *Zeitschrift für Betriebswirtschaft*, Nr. 1. Ergänzungsheft, 36. Jg., S. 82–114.

BUSSE VON COLBE, Walther (1993): „Die Entwicklung des Jahresabschlusses als Informationsinstrument". In: *Ökonomische Analyse des Bilanzrechts: Entwicklungslinien und Perspektiven*. Hrsg.von Franz W. WAGNER. Schmalenbachs Zeitschrift für betriebswirtschaftliche Forschung, Sonderheft 32, S. 11–29.

BUSSE VON COLBE, Walther, Dieter ORDELHEIDE, Günther GEBHARDT und Bernhard PELLENS (2010): *Konzernabschlüsse – Rechnungslegung nach betriebswirtschaftlichen Grundsätzen sowie nach Vorschriften des HGB und der IAS/IFRS*. 9. Aufl. Wiesbaden: Gabler.

CALL, Andrew C., Shuping CHEN und Yen H. TONG (2009): „Are analysts' earnings forecasts more accurate when accompanied by cash flow forecasts?" In: *Review of Accounting Studies*, 14. Jg., S. 358–391.

CALLEN, Jeffrey L., Clarence C.Y. KWAN, Patrick C.Y. YIP und Yufei YUAN (1996): „Neural network forecasting of quarterly accounting earnings". In: *International Journal of Forecasting*, Nr. 4, 12. Jg., S. 475–482.

CALLEN, Jeffrey L. und Mindy MOREL (2000): „A Lintnerian Linear Accounting Valuation Model". In: *Journal of Accounting, Auditing & Finance*, Nr. 3, 15. Jg., S. 301–314.

CALLEN, Jeffrey L. und Mindy MOREL (2001): „Linear Accounting Valuation When Abnormal Earnings Are AR(2)". In: *Review of Quantitative Finance and Accounting*, Nr. 3, 16. Jg., S. 191–203.

CALLEN, Jeffrey L. und Mindy MOREL (2005): „The valuation relevance of R&D expenditures: Time series evidence". In: *International Review of Financial Analysis*, Nr. 3, 14. Jg., S. 304–325.

CALLEN, Jeffrey L. und Dan SEGAL (2005): „Empirical Tests of the Feltham-Ohlson (1995) Model". In: *Review of Accounting Studies*, Nr. 4, 10. Jg., S. 409–429.

CAMPBELL, John Y und Robert J SHILLER (1987): „Cointegration and Tests of Present Value Models". In: *Journal of Political Economy*, Nr. 5, 95. Jg., S. 1062–1088.

CAMPBELL, John Y und Robert J SHILLER (1988): „Stock Prices, Earnings, and Expected Dividends". In: *The Journal of Finance*, Nr. 3, 43. Jg., S. 661–676.

CASSEL, Jochen (2012): *Unternehmensbewertung im IFRS-Abschluss – Fair Value-Bewertung von Unternehmen und Sachgesamtheiten*. Bilanz-, Prüfungs- und Steuerwesen. Berlin: Erich Schmidt Verlag.

CAZAVAN-JENY, Anne, Thomas JEANJEAN und Peter JOOS (2011): „Accounting choice and future performance: The case of R&D accounting in France". In: *Journal of Accounting and Public Policy*, Nr. 2, 30. Jg., S. 145–165.

CHENG, Changqing, Akkarapol SA-NGASOONGSONG, Omer BEYCA, Trung LE, Hui YANG, Zhenyu KONG und Satish T.S. BUKKAPATNAM (2015): „Time series forecasting for nonlinear and non-stationary processes: A review and comparative study". In: *IIE Transactions (Institute of Industrial Engineers)*, Nr. 10, 47. Jg., S. 1053–1071.

CHRISTENSEN, Jens H.E., Ernst HANSEN und David LANDO (2004): „Confidence sets for continuous-time rating transition probabilities". In: *Journal of Banking & Finance*, Nr. 11, 28. Jg., S. 2575–2602.

CLEMENT, Michael B. und Senyo Y. TSE (2005): „Financial Analyst Characteristics and Herding Behavior in Forecasting". In: *The Journal of Finance*, Nr. 1, 60. Jg., S. 307–341.

COAKLEY, James R. und Carol E. BROWN (2000): „Artificial Neural Networks in Accounting and Finance: Modeling Issues". In: *International Journal of Intelligent Systems in Accounting, Finance & Management*, Nr. 2, 9. Jg., S. 119–144.

COENENBERG, Adolf G., Axel HALLER und Wolfgang SCHULTZE (2018): *Jahresabschluss und Jahresabschlussanalyse – Betriebswirtschaftliche, handelsrechtliche, steuerrechtliche und internationale Grundlagen – HGB, IAS/IFRS, US-GAAP, DRS*. 25. Aufl. Stuttgart: Schäffer-Poeschel.

COENENBERG, Adolf G., Axel HALLER und Wolfgang SCHULTZE (2021): *Jahresabschluss und Jahresabschlussanalyse – Betriebswirtschaftliche, handelsrechtliche, steuerrechtliche und internationale Grundlagen – HGB, IAS/IFRS, US-GAAP, DRS*. 26. Aufl. Stuttgart: Schäffer-Poeschel.

COHEN, Daniel A., Aiyesha DEY und Thomas Z. LYS (2008): „Real and accrual-based earnings management in the pre- and post-sarbanes-oxley periods". In: *The Accounting Review*, Nr. 3, 83. Jg., S. 757–787.

COLLINS, Daniel W., Edward L. MAYDEW und Ira S. WEISS (1997): „Changes in the value-relevance of earnings and book values over the past forty years". In: *Journal of Accounting and Economics*, Nr. 1, 24. Jg., S. 39–67.

COLOGNI, Alessandro und Matteo MANERA (2008): „Oil prices, inflation and interest rates in a structural cointegrated VAR model for the G-7 countries". In: *Energy Economics*, Nr. 3, 30. Jg., S. 856–888.

CORTES, Corinna und Vladimir VAPNIK (1995): „Support-Vector Networks". In: *Machine Learning*, Nr. 3, 20. Jg., S. 273–297.

CRASSELT, Nils, Elmar LUKAS, Sascha H. MÖLLS und Christian TIMMRECK, Hrsg. (2018): *Handbuch Kapitalmarktorientierte Unternehmensbewertung*. Stuttgart: Schäffer-Poeschel.

CRONE, Sven F. (2010): *Neuronale Netze zur Prognose und Disposition im Handel*. Hrsg. von Karl-Werner HANSMANN, Manfred LAYER, Dietmar PRESSMAR und Kai-Ingo Voigt. Betriebswirtschaftliche Forschung zur Unternehmensführung. Wiesbaden: Gabler.

DAS, Somnath, Kyonghee KIM und Sukesh PATRO (2011): „An Analysis of Managerial Use and Market Consequences of Earnings Management and Expectation Management". In: *The Accounting Review*, Nr. 6, 86. Jg., S. 1935–1967.

DASKE, Holger und Günther GEBHARDT (2006): „International Financial Reporting Standards and Experts' Perceptions of Disclosure Quality". In: *Abacus*, Nr. 3-4, 42. Jg., S. 461–498.

DASKE, Holger, Luzi HAIL, Christian LEUZ und Rodrigo VERDI (2008): „Mandatory IFRS Reporting around the World: Early Evidence on the Economic Consequences". In: *Journal of Accounting Research*, Nr. 5, 46. Jg., S. 1085–1142.

DE FRANCO, Gus, S. P. KOTHARI und Rodrigo S. VERDI (2011): „The Benefits of Financial Statement Comparability". In: *Journal of Accounting Research*, Nr. 4, 49. Jg., S. 895–931.

DE GEORGE, Emmanuel T., Xi LI und Lakshmanan SHIVAKUMAR (2016): „A review of the IFRS adoption literature". In: *Review of Accounting Studies*, Nr. 3, 21. Jg., S. 898–1004.

DE GOOIJER, Jan G. und Rob J. HYNDMAN (2006): „25 years of time series forecasting". In: *International Journal of Forecasting*, Nr. 3, 22. Jg., S. 443–473.

DEANGELO, Linda Elizabeth (1986): „Accounting Numbers as Market Valuation Substitutes: A Study of Management Buyouts of Public Stockholders". In: *The Accounting Review*, Nr. 3, 61. Jg., S. 400–420.

DEANGELO, Linda Elizabeth (1988): „Discussion of Evidence of Earnings Management from the Provision for Bad Debts". In: *Journal of Accounting Research*, 26. Jg., S. 32–40.

DECHOW, Patricia, Weili GE und Catherine SCHRAND (2010): „Understanding earnings quality: A review of the proxies, their determinants and their consequences". In: *Journal of Accounting and Economics*, Nr. 2-3, 50. Jg., S. 344–401.

DECHOW, Patricia M. (1994): „Accounting earnings and cash flows as measures of firm performance – The role of accounting accruals". In: *Journal of Accounting and Economics*, Nr. 1, 18. Jg., S. 3–42.

DECHOW, Patricia M. und Ilia D. DICHEV (2002): „The quality of accruals and earnings: The role of accrual estimation errors". In: *The Accounting Review*, Nr. Supplement, 77. Jg., S. 35–59.

DECHOW, Patricia M., Amy P. HUTTON und Richard G. SLOAN (1999): „An empirical assessment of the residual income valuation model". In: *Journal of Accounting and Economics*, Nr. 1-3, 26. Jg., S. 1–34.

DECHOW, Patricia M., S. P. KOTHARI und ROSS L. WATTS (1998): „The relation between earnings and cash flows". In: *Journal of Accounting and Economics*, Nr. 2, 25. Jg., S. 133–168.

DECHOW, Patricia M. und Richard G. SLOAN (März 1991): „Executive incentives and the horizon problem: An empirical investigation". In: *Journal of Accounting and Economics*, Nr. 1, 14. Jg., S. 51–89.

DECHOW, Patricia M., Richard G. SLOAN und Amy P. SWEENEY (1995): „Detecting Earnings Management". In: *The Accounting Review*, Nr. 2, 70. Jg., S. 193–225.

DECHOW, Patricia M., Richard G. SLOAN und Amy P. SWEENEY (1996): „Causes and Consequences of Earnings Manipulation: An analysis of Firms Subject to Enforcement Actions by the SEC". In: *Contemporary Accounting Research*, Nr. 1, 13. Jg., S. 1–36.

DEFOND, Mark L. und Mingyi HUNG (2003): „An empirical analysis of analysts' cash flow forecasts". In: *Journal of Accounting and Economics*, Nr. 1, 35. Jg., S. 73–100.

DEMIRAKOS, Efthimios G., Norman C. STRONG und Martin WALKER (2010): „Does Valuation Model Choice Affect Target Price Accuracy?" In: *European Accounting Review*, Nr. 1, 19. Jg., S. 35–72.

DEMMER, Matthias, Paul PRONOBIS und Teri Lombardi YOHN (2019): „Mandatory IFRS adoption and analyst forecast accuracy: the role of financial statement-based forecasts and analyst characteristics". In: *Review of Accounting Studies*, Nr. 3, 24. Jg., S. 1022–1065.

DEUTSCHE PRÜFSTELLE FÜR RECHNUNGSLEGUNG (DPR) (2020): *Tätigkeitsbericht 2019*. Berlin.

DEUTSCHES RECHNUNGSLEGUNGS STANDARDS COMMITTEE (DRSC) (2012): *Deutscher Rechnungslegungs Standard Nr. 20 (DRS 20) Konzernlagebericht.*

DÍAZ-URIARTE, Ramón und Sara ALVAREZ DE ANDRÉS (2006): „Gene selection and classification of microarray data using random forest". In: *BMC Bioinformatics*, Nr. 3, 7. Jg., S. 1–13.

DICHEV, Ilia, John GRAHAM, Campbell R. HARVEY und Shiva RAJGOPAL (2016): „The Misrepresentation of Earnings". In: *Financial Analysts Journal*, Nr. 1, 72. Jg., S. 22–35.

DICHEV, Ilia D., John R. GRAHAM, Campbell R. HARVEY und Shiva RAJGOPAL (2013): „Earnings quality: Evidence from the field". In: *Journal of Accounting and Economics*, Nr. 2-3, 56. Jg., S. 1–33.

DICKEY, David A. und Wayne A. FULLER (1979): „Distribution of the Estimators for Autoregressive Time Series with a Unit Root". In: *Journal of the American Statistical Association*, Nr. 366a, 74. Jg., S. 427–431.

DING, Kexing, Baruch LEV, Xuan PENG, Ting SUN und Miklos A. VASARHELYI (2020): „Machine learning improves accounting estimates: evidence from insurance payments". In: *Review of Accounting Studies*, Nr. 3, 25. Jg., S. 1098–1134.

DINH, Tami, Helen KANG und Wolfgang SCHULTZE (2016): „Capitalizing Research & Development: Signaling or Earnings Management?" In: *European Accounting Review*, Nr. 2, 25. Jg., S. 373–401.

DORSCHEL, Joachim (2015): *Praxishandbuch Big Data*. Hrsg. von Joachim DORSCHEL. Wiesbaden: Springer Fachmedien.

DOUPNIK, Timothy S. und Martin RICHTER (2003): „Interpretation of uncertainty expressions: a cross-national study". In: *Accounting, Organizations and Society*, Nr. 1, 28. Jg., S. 15–35.

DOUPNIK, Timothy S. und Martin RICHTER (2004): „The Impact of Culture on the Interpretation of "In Context" Verbal Probability Expressions". In: *Journal of International Accounting Research*, Nr. 1, 3. Jg., S. 1–20.

DROBECK, Jörg (1998): *Prognosepublizität: die Berichterstattung über die voraussichtliche Entwicklung der Kapitalgesellschaft in den Lageberichten deutscher Aktiengesellschaften gem. § 289 Abs. 2 Nr. 2 HGB*. Lang.

DRUKARCZYK, Jochen und Andreas SCHÜLER (2015): *Unternehmensbewertung*. 7. Auflage. München: Verlag Franz Vahlen, S. 558.

DUFF & PHELPS LLC (2019): *2018 European Goodwill Impairment Study*.

DUFFIE, Darrell, Leandro SAITA und Ke WANG (2007): „Multi-period corporate default prediction with stochastic covariates". In: *Journal of Financial Economics*, Nr. 3, 83. Jg., S. 635–665.

EL DIRI, Malek (2018): *Introduction to Earnings Management*. Cham: Springer International Publishing.

ELBAKRY, Ashraf E., Jacinta C. NWACHUKWU, Hussein A. ABDOU und Tamer ELSHANDIDY (2017): „Comparative evidence on the value relevance of IFRS-based accounting information in Germany and the UK". In: *Journal of International Accounting, Auditing and Taxation*, 28. Jg., S. 10–30.

ELLIOTT, Graham, Thomas J. ROTHENBERG und James H. STOCK (1996): „Efficient Tests for an Autoregressive Unit Root". In: *Econometrica*, Nr. 4, 64. Jg., S. 813–836.

ENACHE, Luminita und Anup SRIVASTAVA (2018): „Should Intangible Investments Be Reported Separately or Commingled with Operating Expenses? New Evidence". In: *Management Science*, Nr. 7, 64. Jg., S. 3446–3468.

ENGLE, Robert F. und Clive W. J. GRANGER (1987): „Co-Integration and Error Correction: Representation, Estimation, and Testing". In: *Econometrica*, Nr. 2, 55. Jg., S. 251–276.

ERNSTBERGER, Jürgen, Simon KROTTER und Christian STADLER (2008): „Analysts' Forecast Accuracy in Germany: The Effect of Different Accounting Principles and Changes of Accounting Principles". In: *Business Research*, Nr. 1, 1. Jg., S. 26–53.

ERNSTBERGER, Jürgen und Jörg R WERNER (2015): „Die empirische Revolution in der akademischen Forschung: Folgen für das Verhältnis zwischen Wissenschaft und Praxis in der Rechnungslegung und Wirtschaftsprüfung". In: *Die Wirtschaftsprüfung (WPg)*, Nr. 8, 68. Jg., S. 383–393.

ESPLIN, Adam, Max HEWITT, Marlene PLUMLEE und Teri Lombardi YOHN (2014): „Disaggregating operating and financial activities: Implications for forecasts of profitability". In: *Review of Accounting Studies*, 19. Jg., S. 328–362.

EUROPÄISCHE UNION (EU) (2002): *Verordnung (EG) Nr. 1606/2002 des Europäischen Parlaments und des Rates vom 19. Juli 2002 betreffend die Anwendung internationaler Rechnungslegungsstandards*. URL: https://eur-lex.europa.eu/eli/reg/2002/1606/oj (besucht am 24.10.2023).

EUROPEAN SECURITIES AND MARKETS AUTHORITY (ESMA) (2020): *Accounting implications of the COVID-19 outbreak on the calculation of expected credit losses in accordance with IFRS 9 (ESMA32-63-951, 25.03.2020)*.

EVANS, Mark E., Kenneth NJOROGE und Kevin Ow YONG (2017): „An Examination of the Statistical Significance and Economic Relevance of Profitability and Earnings Forecasts from Models and Analysts". In: *Contemporary Accounting Research*, Nr. 3, 34. Jg., S. 1453–1488.

EWERT, Ralf und Alfred WAGENHOFER (2005): „Economic Effects of Tightening Accounting Standards to Restrict Earnings Management". In: *The Accounting Review*, Nr. 4, 80. Jg., S. 1101–1124.

EWERT, Ralf und Alfred WAGENHOFER (2014): *Interne Unternehmensrechnung*. 8. Aufl. Berlin, Heidelberg: Springer.

FABOZZI, Frank J, Sergio M FOCARDI, Svetlozar T RACHEV und Bala G ARSHANAPALLI (2014): *The Basics of Financial Econometrics: Tools, Concepts, and Asset Management Applications*. Bd. 15. 11. Hoboken, New Jersey: John Wiley & Sons, Inc.

FADLALLA, Adam und Chien-Hua LIN (2001): „An Analysis of the Applications of Neural Networks in Finance". In: *Interfaces (INFORMS Journal on Applied Analytics)*, Nr. 4, 31. Jg., S. 112–122.

FAIRFIELD, Patricia M., Richard J. SWEENEY und Teri Lombardi YOHN (1996): „Accounting classification and the predictive content of earnings". In: *The Accounting Review*, Nr. 3, 71. Jg., S. 337–355.

FAIRFIELD, Patricia M. und Teri Lombardi YOHN (2001): „Using Asset Turnover and Profit Margin to Forecast Changes in Profitability". In: *Review of Accounting Studies*, Nr. 4, 6. Jg., S. 371–385.

FAMA, Eugene F. (1970): „Efficient Capital Markets: A Review of Theory and Empirical Work". In: *The Journal of Finance*, Nr. 2, 25. Jg., S. 383–417.

FAMA, Eugene F. und Kenneth R. FRENCH (2004): „The Capital Asset Pricing Model: Theory and evidence". In: *Journal of Economic Perspectives*, Nr. 3, 18. Jg., S. 25–46.

FAMA, Eugene F. und James D. MACBETH (1973): „Risk, Return, and Equilibrium: Empirical Tests". In: *The Journal of Political Economy*, Nr. 3, 81. Jg., S. 607–636.

FELTHAM, Gerald A. und James A. OHLSON (1995): „Valuation and Clean Surplus Accounting for Operating and Financial Activities". In: *Contemporary Accounting Research*, Nr. 2, 11. Jg., S. 689–731.

FIGLEWSKI, Stephen, Halina FRYDMAN und Weijian LIANG (2012): „Modeling the effect of macroeconomic factors on corporate default and credit rating transitions". In: *International Review of Economics & Finance*, Nr. 1, 21. Jg., S. 87–105.

FILUSCH, Tobias, Sascha H. MÖLLS und Christopher RATZ (2018): „Konjunkturabhängige PD-Bestimmung nach IFRS 9 – zum Informationsgehalt öffentlich verfügbarer Ratings". In: *Handbuch Kapitalmarktorientierte Unternehmensbewertung*. Hrsg. Von Nils Crasselt, Elmar Lukas, Sascha H. Mölls und Christian Timmreck. Stuttgart: Schäffer-Poeschel, S. 429–450.

FINANCIAL ACCOUNTING STANDARDS BOARD (FASB) (2010): *Statement of Financial Accounting Standards No. 5 – Accounting for Contingencies*.

FINK, Christian, Peter KAJÜTER und Norbert WINKELJOHANN (2013): *Lageberichterstattung – HGB, DRS und IFRS Practice Statement Management Commentary*. Stuttgart: Schäffer-Poeschel.

FISCHER, Gero (2016): „Fortbestehensprognose und Sanierung". In: *Neue Zeitschrift für Insolvenz- und Sanierungsrecht (NZI)* , Nr. 17, 19. Jg., S. 665–674.

FISCHER, Thomas und Christopher KRAUSS (2018): „Deep learning with long shortterm memory networks for financial market predictions". In: *European Journal of Operational Research*, Nr. 2, 270. Jg., S. 654–669.

FOMBY, Thomas B. und George F. RHODES, Hrsg. (1990): *Advances in Econometrics: Co-Integration, Spurious Regressions, and Unit Roots*. Greenwich, CT: JAI Press.

FOSTER, George, Ron KASZNIK und Baljit K. SIDHU (2012): „International equity valuation: The relative importance of country and industry factors versus company-specific financial reporting information". In: *Accounting and Finance*, Nr. 3, 52. Jg., S. 767–814.

FRANCIS, Jennifer, Ryan LAFOND, Per M. OLSSON und Katherine SCHIPPER (2004): „Costs of Equity and Earnings Attributes". In: *The Accounting Review*, Nr. 4, 79. Jg., S. 967–1010.

FRANCIS, Jennifer und Katherine SCHIPPER (1999): „Have Financial Statements Lost Their Relevance?" In: *Journal of Accounting Research*, Nr. 2, 37. Jg., S. 319–352.

FREIDANK, Carl-Christian und Patrick VELTE (2013): *Rechnungslegung und Rechnungslegungspolitik*. 2. Aufl. Berlin, Boston: De Gruyter Oldenbourg.

FRIED, Dov und Dan GIVOLY (1982): „Financial analysts' forecasts of earnings". In: *Journal of Accounting and Economics*, Nr. 2, 4. Jg., S. 85–107.

FRYSTATZKI, Christian (2017): „Going-Concern-Bilanzierung bei Vorliegen von Insolvenzgründen – Zugleich auch eine Anmerkung zu BGH v. 26.1.2017 (IX ZR 285/14)". In: *Deutsches Steuerrecht (DStR)*, Nr. 27, 55. Jg., S. 1457–1504.

FUCHS, Markus (1997): *Jahresabschlußpolitik und International Accounting Standards*. Wiesbaden: Deutscher Universitäts-Verlag.

FÜLBIER, Rolf Uwe, Joerg Markus HITZ und Thorsten SELLHORN (2009): „Relevance of Academic Research and Researchers' Role in the IASB's Financial Reporting Standard Setting". In: *Abacus*, Nr. 4, 45. Jg., S. 455–492.

FUNK, Wilfried und Jonas ROSSMANITH, Hrsg. (2008): *Internationale Rechnungslegung und Internationales Controlling*. Wiesbaden: Gabler.

FUNK, Wilfried und Jonas ROSSMANITH, Hrsg. (2017): *Internationale Rechnungslegung und Internationales Controlling, Herausforderungen – Handlungsfelder – Erfolgspotenziale*. 3. Aufl. Wiesbaden: Springer Gabler.

GAAB, Werner, Jürgen WOLTERS und Ullrich HEILEMANN, Hrsg. (2004): *Arbeiten mit ökonometrischen Modellen*. Studies in Contemporary Economics. Berlin, Heidelberg: Springer, Physica-Verlag.

GALLINGER, George W. und P. Basil HEALEY (1987): *Liquidity Analysis and Management*. Addison-Wesley.

GALLINGER, Rainer (1993): *Ex-ante-Beurteilung der Prognosequalität: ein Beitrag zur Prognostik*. Centaurus.

GEHRKE, Matthias (2019): *Angewandte empirische Methoden in Finance & Accounting*. Berlin, Boston: De Gruyter Oldenbourg.

GELL, Sebastian (2012): *Determinants of Earnings Forecast Error, Earnings Forecast Revision and Earnings Forecast Accuracy*. Hrsg. von Carsten Homburg. Springer, S. 1–125.

GENUER, Robin und Jean-Michel POGGI (2020): *Random Forests with R*. Use R! Cham: Springer.

GERAKOS, Joseph und Robert B. GRAMACY (2013): *Regression-based earnings forecasts*. Working Paper Nr. 12-26. University of Chicago, Booth School of Business.

GERS, Felix A., Jürgen SCHMIDHUBER und Fred CUMMINS (2000): „Learning to Forget: Continual Prediction with LSTM". In: *Neural Computation*, Nr. 10, 12. Jg., S. 2451–2471.

GEWEHR, Michael und Torsten MOSER (2018): „Zur künftigen Anwendung der ISA in Deutschland". In: *Die Wirtschaftsprüfung (WPg)* , 4. Jg., S. 193–199.

GIVOLY, Dan und Carla HAYN (2000): „The changing time-series properties of earnings, cash flows and accruals: Has financial reporting become more conservative?" In: *Journal of Accounting and Economics*, Nr. 3, 29. Jg., S. 287–320.

GIVOLY, Dan, Carla HAYN und Reuven LEHAVY (2009): „The quality of analysts' cash flow forecasts". In: *The Accounting Review*, Nr. 6, 84. Jg., S. 1877–1911.

GODE, Dan und Partha MOHANRAM (2003): „Inferring the cost of capital using the Ohlson-Juettner model". In: *Review of Accounting Studies*, Nr. 4, 8. Jg., S. 399–431.

GOLDSTEIN, Benjamin A., Eric C. POLLEY und Farren B. S. BRIGGS (2011): „Random Forests for Genetic Association Studies". In: *Statistical Applications in Genetics and Molecular Biology*, Nr. 1, 10. Jg.

GOPALAKRISHNAN, V. (1994): „The effect of recognition vs. disclosure on investor valuation: The case of pension accounting". In: *Review of Quantitative Finance and Accounting*, Nr. 4, 4. Jg., S. 383–396.

GORDON, Elizabeth A., Elaine HENRY, Bjorn N. JORGENSEN und Cheryl L. LINTHICUM (2017): „Flexibility in cash-flow classification under IFRS: determinants and consequences". In: *Review of Accounting Studies*, Nr. 2, 22. Jg., S. 839–872.

GORDON, M. J. (1963): „Optimal Investment and Financing Policy". In: *The Journal of Finance*, Nr. 2, 18. Jg., S. 264–272.

GRAHAM, John (2022): *Presidential Address: Corporate Finance and Reality*. NBER Working Paper Series Nr. 29841. Cambridge, MA: National Bureau of Economic Research.

GRAHAM, John R., Campbell R. HARVEY und Shiva RAJGOPAL (2005): „The economic implications of corporate financial reporting". In: *Journal of Accounting and Economics*, Nr. 1-3, 40. Jg., S. 3–73.

GRANGER, Clive W. J. (1981): „Some properties of time series data and their use in econometric model specification". In: *Journal of Econometrics*, Nr. 1, 16. Jg., S. 121–130.

GRANGER, Clive W. J. und T. H. LEE (1989): „Investigation of Production, Sales and Inventory Relationships using Multicointegration and Non-symmetric Error Correction Models". In: *Journal of Applied Econometrics*, 4. Jg., S. 145–159.

GRANGER, Clive W. J. und T. H. LEE (1990): „Multicointegration". In: *Advances in Econometrics: Co-Integration, Spurious Regressions, and Unit Roots*. Hrsg. von Thomas B. Fomby und George F. Rhodes. Greenwich, CT: JAI Press, S. 71–84.

GRANGER, Clive W. J. und Paul NEWBOLD (1986): *Forecasting Economic Time Series*. 2. Aufl. San Diego, CA: Academic Press.

GRAVES, Alex, Abdel-rahman MOHAMED und Geoffrey HINTON (2013): „Speech recognition with deep recurrent neural networks". In: *2013 IEEE International Conference on Acoustics, Speech and Signal Processing*. IEEE, S. 6645–6649.

GREEN, Jeremiah, John R. M. HAND und X. Frank ZHANG (2016): „Errors and questionable judgments in analysts' DCF models". In: *Review of Accounting Studies*, Nr. 2, 21. Jg., S. 596–632.

GREENE, William H. (2018): *Econometric Analysis*. 8. Aufl. New York, NY: Pearson.

GREFF, Klaus, Rupesh K. SRIVASTAVA, Jan KOUTNIK, Bas R. STEUNEBRINK und Jurgen SCHMIDHUBER (2017): „LSTM: A Search Space Odyssey". In: *IEEE Transactions on Neural Networks and Learning Systems*, Nr. 10, 28. Jg., S. 2222–2232.

GRIFFIN, Paul A. (1977): „The Time-Series Behavior of Quarterly Earnings: Preliminary Evidence". In: *Journal of Accounting Research*, Nr. 1, 15. Jg., S. 71–83.

GROSS, Paul J. und Matthias AMEN (2002): „Die Erstellung der Fortbestehensprognose".In: *Die Wirtschaftsprüfung (WPg)*, Nr. 9, 55. Jg., S. 433–450.

GROSS, Paul J. und Matthias AMEN (2003): „Das Beweismaß der „überwiegenden Wahrscheinlichkeit" im Rahmen der Glaubhaftmachung einer Fortbestehensprognose". In: *Die Wirtschaftsprüfung (WPg)*, Nr. 3, 56. Jg., S. 67–89.

GROSS, Paul J. und Matthias AMEN (2006): „Fortbestehensprognose". In: *Handbuch Unternehmensrestrukturierung, Grundlagen – Konzepte – Maßnahmen*. Hrsg. von Ulrich HOMMEL, Thomas C. KNECHT und Holger WOHLENBERG. Wiesbaden: Gabler, S. 335–363.

GROSSFELD, Bernhard, Ulrich EGGER und Wolf Achim TÖNNES (2016): *Recht der Unternehmensbewertung*. 8. Aufl. Köln: RWS Verlag.

GROTTEL, Bernd und Andreas JOHANNLEWELING (2020): „§ 249 Rückstellungen". In: *Beck'scher Bilanz-Kommentar*. Hrsg. von Bernd GROTTEL, Stefan SCHMIDT, Wolfgang J. SCHUBERT, Ulrich STÖRK und Michael DEUBERT. 12. Aufl. München: C.H. Beck.

GROTTEL, Bernd, Stefan SCHMIDT, Wolfgang J. SCHUBERT, Ulrich STÖRK und Michael DEUBERT, Hrsg. (2020): *Beck'scher Bilanz-Kommentar*. 12. Aufl. München: C.H. Beck.

GUAY, Wayne R., S. P. KOTHARI und Ross L. WATTS (1996): „A Market-Based Evaluation of Discretionary Accrual Models". In: *Journal of Accounting Research*, 34. Jg., S. 83–105.

GUNNY, Katherine A. (2010): „The Relation Between Earnings Management Using Real Activities Manipulation and Future Performance: Evidence from Meeting Earnings Benchmarks". In: *Contemporary Accounting Research*, Nr. 3, 27. Jg., S. 855–888.

HAAS, Ingeborg (2011): *Rückstellungen – Steuerrecht, Handelsrecht und IAS/IFRS*. Wiesbaden: Gabler.

HAASMANN, Horst (2019): „Minenfeld IDW PS 270 n. F. – Handlungsempfehlungen für Abschlussprüfer bestandsgefährdeter Unternehmen". In: *WP-Praxis*, Nr. 1, S. 3–8.

HACKL, Peter (2012): *Einführung in die Ökonometrie*. 2. Aufl. München: Pearson.

HAND, John R. M. und Wayne R. LANDSMAN (2005): „The Pricing of Dividends in Equity Valuation". In: *Journal of Business Finance and Accounting*, Nr. 3-4, 32. Jg., S. 435–469.

HARRIS, Richard D.F. und Pengguo WANG (2019): „Model-based earnings forecasts vs. financial analysts' earnings forecasts". In: *The British Accounting Review*, Nr. 4, 51. Jg., S. 424–437.

HARRIS, Trevor S, Mark LANG und Hans Peter MÖLLER (1995): „Zur Relevanz der Jahresabschlussgrössen Erfolg und Eigenkapital für die Aktienbewertung in Deutschland und den USA". In: *Schmalenbachs Zeitschrift für betriebswirtschaftliche Forschung (ZfbF)*, Nr. 11, 47. Jg., S. 996–1028.

HASKEL, Jonathan und Stian WESTLAKE (2018): *Capitalism without Capital: The Rise of the Intangible Economy*. Princeton, New Jersey: Princeton University Press.

HASSLER, Uwe (2004): „Leitfaden zum Testen und Schätzen von Kointegration". In: *Arbeiten mit ökonometrischen Modellen*. Hrsg. von Werner Gaab, Jürgen Wolters und Ullrich Heilemann. Studies in Contemporary Economics. Berlin, Heidelberg: Springer, Physica-Verlag, S. 85–117.

HEALY, Paul M. (1985): „The effect of bonus schemes on accounting decisions". In: *Journal of Accounting and Economics*, Nr. 1-3, 7. Jg., S. 85–107.

HENSELMANN, Klaus, Dominik DITTER und Thomas HOLSTEIN (2014): „Too little, too late? – Ein empirisch gestützter Beitrag zur Bilanzierung der Kreditrisikovorsorge". In: *Zeitschrift für internationale und kapitalmarktorientierte Rechnungslegung (KoR)*, Nr. 7/8, 14. Jg., S. 355–362.

HEROLD, Christian (2006): *Vermeidung des Earnings Management der Umsatzerlöse: Eine ökonomische Analyse der internationalen Rechnungslegungsnormen*. Hrsg. Von Hans-Joachim Böcking und Michael Hommel. Wiesbaden: Deutscher Universitäts-Verlag.

HIGGINS, Huong N. (2011): „Forecasting stock price with the residual income model". In: *Review of Quantitative Finance and Accounting*, Nr. 4, 36. Jg., S. 583–604.

HILL, Tim, Marcus O'CONNOR und William REMUS (1996): „Neural Network Models for Time Series Forecasts". In: *Management Science*, Nr. 7, 42. Jg., S. 1082–1092.

HILLMER, S. C., D. F. LARCKER und D. A. SCHROEDER (1983): „Forecasting Accounting Data: A Multiple Time-series Analysis". In: *Journal of Forecasting*, Nr. 4, 2. Jg., S. 389–404.

HIRST, D. Eric und Patrick E. HOPKINS (1998): „Comprehensive Income Reporting and Analysts' Valuation Judgments". In: *Journal of Accounting Research*, 36. Jg., S. 47–75.

HOCHREITER, Sepp und Jürgen SCHMIDHUBER (1997): „Long Short-Term Memory". In: *Neural Computation*, Nr. 8, 9. Jg., S. 1735–1780.

HOFFMANN, Karsten (1994): *Sachverhaltsgestaltende Jahresabschlußpolitik im Einzelabschluß bei gegebener Unternehmenskonstitution*. Frankfurt am Main: Peter Lang.

HOLTHAUSEN, Robert W. und Ross L. WATTS (2001): „The relevance of the valuerelevance literature for financial accounting standard setting". In: *Journal of Accounting and Economics*, Nr. 1-3, 31. Jg., S. 3–75.

HOMMEL, Michael, Florian KIY und Theresa ZICK (2016): „Das Wertminderungsmodell des IFRS 9: Auslegungs- und Gestaltungsspielräume". In: *Der Konzern*, 12. Jg., S. 569–576.

HOMMEL, Ulrich, Thomas C. KNECHT und Holger WOHLENBERG, Hrsg. (2006): *Handbuch Unternehmensrestrukturierung, Grundlagen – Konzepte – Maßnahmen*. Wiesbaden: Gabler.

HORNIK, K. (1993): „Some new results on neural network approximation". In: *Neural Networks*, Nr. 8, 6. Jg., S. 1069–1072.

HOTHORN, Torsten, Kurt HORNIK und Achim ZEILEIS (2006): „Unbiased Recursive Partitioning: A Conditional Inference Framework". In: *Journal of Computational and Graphical Statistics*, Nr. 3, 15. Jg., S. 651–674.

HOU, Kewei, Mathijs A. van DIJK und Yinglei ZHANG (2012): „The implied cost of capital: A new approach". In: *Journal of Accounting and Economics*, Nr. 3, 53. Jg., S. 504–526.

HUANG, Wei, Kin Keung LAI, Yoshiteru NAKAMORI, Shouyang WANG und Lean YU (2007): „Neural Networks in Finance and Economics Forecasting". In: *International Journal of Information Technology & Decision Making*, Nr. 01, 06. Jg., S. 113–140.

HUANG, Xuan, Siew Hong TEOH und Yinglei ZHANG (2014): „Tone Management". In: *The Accounting Review*, Nr. 3, 89. Jg., S. 1083–1113.

HUNG, Mingyi und K. R. SUBRAMANYAM (2007): „Financial statement effects of adopting international accounting standards: the case of Germany". In: *Review of Accounting Studies*, Nr. 4, 12. Jg., S. 623–657.

INTERNATIONAL ACCOUNTING STANDARDS BOARD (IASB) (2020): IFRS 9 and covid-19 *– Accounting for expected credit losses applying IFRS 9 Financial Instruments in the light of current uncertainty resulting from the covid-19 pandemic (27.03.2020)*.

INTERNATIONAL ACCOUNTING STANDARDS BOARD (IASB) (2021): *IFRS Practice Statement Management Commentary – Exposure Draft 2021/6*. URL: https://www.ifrs.org/content/dam/ifrs/project/management-commentary/ed-2021-6-management-commentary.pdf (besucht am 24.10.2023).

INTERNATIONAL FEDERATION OF ACCOUNTANTS (IFAC) (2018): *Handbook of International Quality Control, Auditing, Review, Other Assurance, and Related Services Pronouncements – Volume I*. New York, NY: International Federation of Accountants (IFAC).

JAFRY, Yusuf und Til SCHUERMANN (2004): „Measurement, estimation and comparison of credit migration matrices". In: *Journal of Banking & Finance*, Nr. 11, 28. Jg., S. 2603–2639.

JARROW, Robert A., David LANDO und Stuart M. TURNBULL (1997): „A Markov Model for the Term Structure of Credit Risk Spreads". In: *The Review of Financial Studies*, Nr. 2, 10. Jg., S. 481–523.

JIANG, Minqi, Jiapeng LIU, Lu ZHANG und Chunyu LIU (2020): „An improved Stacking framework for stock index prediction by leveraging tree-based ensemble models and deep learning algorithms". In: *Physica A: Statistical Mechanics and its Applications*, 541. Jg.

JOHANSEN, Søren (1995a): „A Statistical Analysis of Cointegration for I(2) Variables". In: *Econometric Theory*, Nr. 1, 11. Jg., S. 25–59.

JOHANSEN, Søren (1995b): *Likelihood-Based Inference in Cointegrated Vector Autoregressive Models*. Oxford: Oxford University Press.

JOHANSEN, Søren und Katarina JUSELIUS (1990): „Maximum Likelihood Estimation and Inference on Cointegration – With Applications To the Demand for Money". In: *Oxford Bulletin of Economics and Statistics*, Nr. 2, 52. Jg., S. 169–210.

JONES, Jennifer J. (1991): „Earnings Management During Import Relief Investigations". In: *Journal of Accounting Research*, Nr. 2, 29. Jg., S. 193–228.

JOSEPH, Nathan Lael (2003): „Predicting returns in U.S. financial sector indices". In: *International Journal of Forecasting*, Nr. 3, 19. Jg., S. 351–367.

KAHLE, H, A Dahlke und S SCHULZ (2008): „Zunehmende Bedeutung der IFRS für die Unternehmensbesteuerung?" In: *Steuer und Wirtschaft (StuW)*, Nr. 3, 85. Jg., S. 266–279.

KALLAPUR, Sanjay und Sabrina Y. S. KWAN (2004): „The Value Relevance and Reliability of Brand Assets Recognized by U.K. Firms“. In: *The Accounting Review*, Nr. 1, 79. Jg., S. 151–172.

KANAGARETNAM, Kiridaran, Robert MATHIEU und Mohamed SHEHATA (2009): „Usefulness of comprehensive income reporting in Canada“. In: *Journal of Accounting and Public Policy*, Nr. 4, 28. Jg., S. 349–365.

KHAKZAD, Farhad, Sahil SUNDRI und David SERES (2016): „Risikomodellierung und IFRS 9 (Expected Credit Losses) – Ein Überblick über die wesentlichen Anforderungen und die daraus resultierenden Auswirkungen auf das Aufsichtsrecht sowie Ansätze zur Modellierung der IFRS 9-Risikovorsorge“. In: *Zeitschrift für internationale Rechnungslegung (IRZ)*, Nr. 1, S. 27–32.

KIM, Kwon Jung, Cheol LEE und Samuel L. TIRAS (2013): „The effects of adjusting the residual income model for industry and firm-specific factors when predicting future abnormal returns“. In: *Asia-Pacific Journal of Financial Studies*, Nr. 3, 42. Jg., S. 373–402.

KIM, Myungsun und William KROSS (2005): „The Ability of Earnings to Predict Future Operating Cash Flows Has Been Increasing – Not Decreasing“. In: *Journal of Accounting Research*, Nr. 5, 43. Jg., S. 753–780.

KINGMA, Diederik P und Jimmy BA (2014): „Adam: A method for stochastic optimization“. In: *Conference paper at the 3rd International Conference for Learning Representations, San Diego*, 2015. arXiv:1412.6980.

KIRCHGÄSSNER, Gebhard, Jürgen WOLTERS und Uwe HASSLER (2013): *Introduction to Modern Time Series Analysis*. 2. Aufl. Berlin: Springer, S. 319.

KIRSCH, Hanno (2004): *Finanz- und erfolgswirtschaftliche Jahresabschlussanalyse nach IFRS*. München: Verlag Franz Vahlen.

KITAMURA, Yuichi (1995): „Estimation of cointegrated systems with I(2) processes“. In: *Econometric Theory*, 11. Jg., S. 1–24.

KOCH, Joachim (2005): *Rechnungswesenbasierte Verfahren der Aktienbewertung – Theoretische und empirische Untersuchung des Residualgewinnmodells*. Wiesbaden: Deutscher Universitäts-Verlag.

KOTHARI, S. P. (2001): „Capital markets research in accounting“. In: *Journal of Accounting and Economics*, Nr. 1-3, 31. Jg., S. 105–231.

KOTHARI, S. P., Natalie MIZIK und Sugata ROYCHOWDHURY (2016): „Managing for the Moment: The Role of Earnings Management via Real Activities versus Accruals in SEO Valuation“. In: *The Accounting Review*, Nr. 2, 91. Jg., S. 559–586.

KPMG (2021): *IFRS compared to US GAAP – Handbook*. URL: https://frv.kpmg.us/content/dam/frv/en/pdfs/2021/ifrs-us-gaap-2021.pdf (besucht am 24.10.2023).

KRAG, Joachim und Rainer KASPERZAK (2000): *Grundzüge der Unternehmensbewertung*. München: Verlag Franz Vahlen.

KRAMER, Michael (2010): *Ermessensspielräume bei der Fair-Value-Ermittlung immaterieller Vermögenswerte*. Wiesbaden: Gabler.

KRESS, Andreas, Brigitte EIERLE und Ioannis TSALAVOUTAS (2019): „Development costs capitalization and debt financing“. In: *Journal of Business Finance & Accounting*, Nr. 5-6, 46. Jg., S. 636–685.

KROG, Markus (1998): *Rechnungslegungspolitik im internationalen Vergleich*. Hrsg. Von Carl-Christian Freidank. Schriften zu Wirtschaftsprüfung, Steuerlehre und Controlling. Landsberg/Lech: Verlag Moderne Industrie.

KRUSCHWITZ, Lutz und Sven HUSMANN (2012): *Finanzierung und Investition*. 7. Aufl. Internationale Standardlehrbücher der Wirtschafts- und Sozialwissenschaften. München: Oldenbourg.

KUFFNER, Todd A. und Stephen G. WALKER (2019): „Why are p-Values Controversial?" In: *The American Statistician*, Nr. 1, 73. Jg., S. 1–3.

KÜHNBERGER, Manfred (2014): „Fair Value Accounting, Bilanzpolitik und die Qualität von IFRS-Abschlüssen. Ein Überblick über ausgewählte Aspekte der Fair Value-Bewertung". In: *Schmalenbachs Zeitschrift für betriebswirtschaftliche Forschung*, Nr. 5-6, 66. Jg., S. 428–450.

KUHNER, Christoph (2006): „Prognosen In der Betriebswirtschaftslehre". In: *Die Aktiengesellschaft*, S. 713–720.

KUHNER, Christoph und Helmut MALTRY (2017): *Unternehmensbewertung*. 2. Aufl. Köln: Springer.

KUO, Chen-Yin (2017): „Is the accuracy of stock value forecasting relevant to industry factors or firm-specific factors? An empirical study of the Ohlson model". In: *Review of Quantitative Finance and Accounting*, Nr. 1, 49. Jg., S. 195–225.

KÜTING, Karlheinz (2009): „Grundlagen der fair value-Bewertung, Zugleich: Aufstieg und Fall einer als überlegen propagierten Bewertungskonzeption". In: *Steuern und Bilanzen (StuB)*, Nr. 22, 22. Jg., S. 829–835.

KÜTING, Karlheinz (2013): „Der Geschäfts- oder Firmenwert in der deutschen Konsolidierungspraxis 2012 – Ein Beitrag zur empirischen Rechnungslegungsforschung". In: *Deutsches Steuerrecht (DStR)*, Nr. 34, 51. Jg., S. 1794–1802.

KÜTING, Karlheinz und Marc HAYN (2006): „Anwendungsgrenzen des Gesamtbewertungskonzepts in der IFRS-Rechnungslegung". In: *Betriebs-Berater (BB)*, Nr. 22, 61. Jg., S. 1211–1217.

KÜTING, Karlheinz und Thomas KAISER (2010): „Fair Value-Accounting – Zu complex für den Kapitalmarkt?" In: *Corporate Finance*, Nr. 6, 1. Jg., S. 375–386.

KÜTING, Peter und Claus-Peter WEBER (2015): *Die Bilanzanalyse – Beurteilung von Abschlüssen nach HGB und IFRS*. 11. Aufl. Schäffer-Poeschel.

LACHNIT, Laurenz und Stefan MÜLLER (2017): *Bilanzanalyse: Grundlagen – Einzel- und Konzernabschlüsse – HGB- und IFRS-Abschlüsse – Unternehmensbeispiele*. 2. ufl. Wiesbaden: Springer Fachmedien Wiesbaden.

LANDSMAN, Wayne R., Edward L. MAYDEW und Jacob R. THORNOCK (2012): „The information content of annual earnings announcements and mandatory adoption of IFRS". In: *Journal of Accounting and Economics*, Nr. 1-2, 53. Jg., S. 34–54.

LANG, Mark und Lorien STICE-LAWRENCE (2015): „Textual analysis and international financial reporting: Large sample evidence". In: *Journal of Accounting and Economics*, Nr. 2-3, 60. Jg., S. 110–135.

LEE, Charles M.C., James MYERS und Bhaskaran SWAMINATHAN (1999): „What is the intrinsic value of the dow?" In: *Journal of Finance*, Nr. 5, 54. Jg., S. 1693–1741.

LEE, Shih-Cheng, Chien-Ting LIN und Min-Teh YU (2013): „A fractional cointegration approach to testing the Ohlson accounting based valuation model". In: *Review of Quantitative Finance and Accounting*, Nr. 3, 41. Jg., S. 535–547.

LEIBFRIED, Peter (2016): „Goodwill, die Gretchenfrage des Accounting". In: *Zeitschrift für internationale Rechnungslegung (IRZ)*, Nr. 9, S. 353–355.

LEV, Baruch (2018): „The deteriorating usefulness of financial report information and how to reverse it". In: *Accounting and Business Research*, Nr. 5, 48. Jg., S. 465–493.

LEV, Baruch und Feng GU (2016): *The End of Accounting and the Path Forward for Investors and Managers*. Hoboken, New Jersey: John Wiley & Sons, Inc.

LEV, Baruch, Siyi LI und Theodore SOUGIANNIS (2010): „The usefulness of accounting estimates for predicting cash flows and earnings". In: *Review of Accounting Studies*, Nr. 4, 15. Jg., S. 779–807.

LEV, Baruch und Theodore SOUGIANNIS (1996): „The capitalization, amortization, and value-relevance of R&D". In: *Journal of Accounting and Economics*, Nr. 1, 21. Jg., S. 107–138.

LEV, Baruch und Paul ZAROWIN (1999): „The Boundaries of Financial Reporting and How to Extend Them". In: *Journal of Accounting Research*, Nr. 2, 37. Jg., S. 353–385.

LEV, Baruch ITAMAR und Anup SRIVASTAVA (2019): „Explaining the Recent Failure of Value Investing". In: *SSRN Electronic Journal*.

LI, Kevin K. und Partha MOHANRAM (2014): „Evaluating cross-sectional forecasting models for implied cost of capital". In: *Review of Accounting Studies*, Nr. 3, 19. Jg., S. 1152–1185.

LIAW, Andy und Matthew WIENER (2002): „Classification and Regression by random-Forest". In: *R News*, Nr. 3, 2. Jg., S. 18–22.

LINK, Linda, Christoph OLDEWURTEL und Katharina KÜMPEL (2014): „Die Bilanzierung von Entwicklungskosten nach IAS 38 – Vermittlung entscheidungsnützlicher Informationen i.S.d. IFRS-Framework?" In: *Zeitschrift für internationale und kapitalmarktorientierte Rechnungslegung (KoR)*, Nr. 5, 14. Jg., S. 233–240.

LIU, Chunhui, Xin (Robert) LUO und Fu Lee WANG (2017): „An empirical investigation on the impact of XBRL adoption on information asymmetry: Evidence from Europe". In: *Decision Support Systems*, 93. Jg., S. 42–50.

LIU, Jing, Doron NISSIM und Jacob THOMAS (2007): „Is cash flow king in valuations?" In: *Financial Analysts Journal*, Nr. 2, 63. Jg., S. 56–68.

LIU, Jing und James A. OHLSON (2000): „The Feltham-Ohlson (1995) Model: Empirical Implications". In: *Journal of Accounting, Auditing & Finance*, Nr. 3, 15. Jg., S. 321–331.

LIVDAN, Dmitry und Alexander NEZLOBIN (2017): „Accounting rules, equity valuation, and growth options". In: *Review of Accounting Studies*, Nr. 3, 22. Jg., S. 1122–1155.

LO, Andrew W. und A. Craig MACKINLAY (1988): „Stock Market Prices Do Not Follow Random Walks: Evidence from a Simple Specification Test". In: *Review of Financial Studies*, Nr. 1, 1. Jg., S. 41–66.

LO, Kin (2008): „Earnings management and earnings quality". In: *Journal of Accounting and Economics*, Nr. 2-3, 45. Jg., S. 350–357.

LO, Kin und Thomas LYS (2000): „The Ohlson Model: Contribution to Valuation Theory, Limitations, and Empirical Applications". In: *Journal of Accounting, Auditing & Finance*, Nr. 3, 15. Jg., S. 337–367.

LONDON STOCK EXCHANGE GROUP (2023): *Refinitiv: Financial Technology, Data, and Expertise*. URL: https://www.refinitiv.com/en (besucht am 24.10.2023).

LOREK, Kenneth S. (2014): „Trends in statistically based quarterly cash-flow prediction models". In: *Accounting Forum*, Nr. 2, 38. Jg., S. 145–151.

LOREK, Kenneth S. und G. LEE WILLINGER (2011): „Multi-step-ahead quarterly cashflow prediction models". In: *Accounting Horizons*, Nr. 1, 25. Jg., S. 71–86.

LOREK, Kenneth S. und G. Lee WILLINGER (2008): „Time-series properties and predictive ability of quarterly cash flows". In: *Advances in Accounting*, Nr. 1, 24. Jg., S. 65–71.

LOUGHRAN, Tim und Bill MCDONALD (2016): „Textual Analysis in Accounting and Finance: A Survey". In: *Journal of Accounting Research*, Nr. 4, 54. Jg., S. 1187–1230.

LÖW, Edgar und Kevin VOGT (2018a): „Modellierung von Kreditrisikoparametern nach IFRS 9 auf Basis der aufsichtsrechtlichen Schätzungen – Teil 1: Expected Loss nach IFRS 9, Wertminderungen nach CRR und Probability of Default-Modellierung". In: *Zeitschrift für internationale Rechnungslegung (IRZ)*, Nr. 9, S. 385–390.

LÖW, Edgar und Kevin VOGT (2018b): „Modellierung von Kreditrisikoparametern nach IFRS 9 auf Basis der aufsichtsrechtlichen Schätzungen – Teil 2: Modellierung von Loss Given Default und Exposure at Default". In: *Zeitschrift für internationale Rechnungslegung* (IRZ), Nr. 10, S. 437–442.

LÜCKE, Wolfgang (1955): „Investitionsrechnungen auf der Grundlage von Ausgaben oder Kosten". In: *Zeitschrift für handelswissenschaftliche Forschung*, Nr. 3, 7. Jg., S. 310–324.

LÜDENBACH, Norbert,Wolf-Dieter HOFFMANN und Jens FREIBERG (2018): *Haufe IFRSKommentar – Das Standardwerk*. 16. Aufl. Freiburg: Haufe Lexware.

LUNDHOLM, Russell J. (1999): „Reporting on the past: A new approach to improving accounting today". In: *Accounting Horizons*, Nr. 4, 13. Jg., S. 315–322.

LÜTKEPOHL, Helmut (2004): *Applied Time Series Econometrics*. Hrsg. von Helmut Lütkepohl und Markus Krätzig. Themes in Modern Econometrics. Cambridge: Cambridge University Press.

MANDL, Gerwald und Maximilian JUNG (2002): „Prognose- und Schätzprüfung". In: *Handwörterbuch der Rechnungslegung und Prüfung*. Hrsg. von Wolfgang Ballwieser, Adolf Gerhard COENENBERG und Klaus von WYSOCKI. 3. Aufl. Enzyklopädie der Betriebswirtschaftslehre. Stuttgart: Schäffer Poeschel, Sp. 1698–1706.

MARKOWITZ, Harry (1952): „Portfolio Selection". In: *The Journal of Finance*, Nr. 1, 7. Jg., S. 77–91.

MATTESSICH, Richard (1995): „Conditional-normative accounting methodology: Incorporating value judgments and means-end relations of an applied science". In: *Accounting, Organizations and Society*, Nr. 4, 20. Jg., S. 259–284.

MAYEW, William J., Mani SETHURAMAN und Mohan VENKATACHALAM (2015): „MD&A disclosure and the firm's ability to continue as a going concern". In: *The Accounting Review*, Nr. 4, 90. Jg., S. 1621–1651.

MCCRUM, Dan (2015): *The House of Wirecard*. Financial Times, 27.04.2015. URL: https://www.ft.com/content/534e7c4d-3101-3f6a-abc8-dc70beab35b7 (besucht am 24.10.2023).

MCCRUM, Dan (2020): *Wirecard: the timeline*. Financial Times, 25.06.2020. URL: https://www.ft.com/content/284fb1ad-ddc0-45df-a075-0709b36868db (besucht am 24.10.2023).

MCLEISH, Don L. (2005): *Monte Carlo Simulation and Finance*. Hoboken, New Jersey, USA: John Wiley & Sons, Inc.

MCNELIS, Paul D. (2005): *Neural Networks in Finance: Gaining Predictive Edge in the Market*. Burlington, MA: Elsevier Academic Press.

MCSHANE, Blakeley B., David GAL, Andrew GELMAN, Christian ROBERT und Jennifer L. TACKETT (2019): „Abandon Statistical Significance". In: *The American Statistician*, 73. Jg., S. 235–245.

MEI, Jie, Dawei HE, Ronald HARLEY, Thomas HABETLER und Guannan QU (2014): „A random forest method for real-time price forecasting in New York electricity market". In: *2014 IEEE PES General Meeting | Conference & Exposition*. IEEE, S. 1–5.

MERKL-DAVIES, Doris M. und Niamh BRENNAN (2007): „Discretionary Disclosure Strategies in Corporate Narratives: Incremental Information or Impression Management?" In: *Journal of Accounting Literature*, 27. Jg., S. 116–196.

MEYER, Herbert und Robert BRAUN (2010): „Fair Value als Treiber der Komplexität von IFRS". In: *Betriebs-Berater (BB)*, Nr. 30, 65. Jg., S. 1779–1783.

MILLER, Merton H. und Franco MODIGLIANI (1961): „Dividend Policy, Growth, and the Valuation of Shares". In: *The Journal of Business*, Nr. 4, 34. Jg., S. 411–433.

MODIGLIANI, Franco und Merton H. MILLER (1958): „The Cost of Capital, Corporation Finance and the Theory of Investment". In: *The American Economic Review*, Nr. 3, 48. Jg., S. 261–297.

MÖLLS, Sascha H. und Tobias FILUSCH (2017): „(Lifetime) Expected Credit Losses als Mechanismus der Verlustantizipation nach IFRS 9 – Operationalisierung der Schätzparameter in kritischer Betrachtung". In: *Zeitschrift für internationale und kapitalmarktorientierte Rechnungslegung (KoR)*, Nr. 6, S. 249–255.

MONAHAN, Steven J. (2018): „Financial Statement Analysis and Earnings Forecasting". In: *Foundations and Trends® in Accounting*, Nr. 2, 12. Jg., S. 105–215.

MOREL, Mindy (2003): „Endogenous Parameter Time Series Estimation of the Ohlson Model: Linear and Nonlinear Analyses". In: *Journal of Business Finance and Accounting*, Nr. 9-10, 30. Jg., S. 1341–1362.

MOXTER, Adolf (2000): „Rechnungslegungsmythen". In: *Betriebs-Berater* (BB), Nr. 42, 55. Jg., S. 2143–2148.

MÜLLER, Stefan (2016): „Nichts als die Wahrheit? – Bewertung in der Bilanz am Beispiel der Pensionsrückstellungen". In: *Zeitschrift für Bilanzierung, Rechnungswesen und Controlling* (BC), Nr. 10, 40. Jg., S. 466–468.

MYERS, James N. (1999): „Implementing residual income valuation with linear information dynamics". In: *The Accounting Review*, Nr. 1, 74. Jg., S. 1–28.

NAPIER, Christopher J. (2009): „The logic of pension accounting". In: *Accounting and Business Research*, Nr. 3, 39. Jg., S. 231–249.

NELSON, Charles R. und Andrew F. SIEGEL (1987): „Parsimonious Modeling of Yield Curves". In: *The Journal of Business*, Nr. 4, 60. Jg., S. 473–489.

NELSON, Mark W., John A. ELLIOTT und Robin L. TARPLEY (2002): „Evidence from Auditors about Managers' and Auditors' Earnings Management Decisions". In: *The Accounting Review*, Nr. Supplement 1, 77. Jg., S. 175–202.

NEUSSER, Klaus (2011): *Zeitreihenanalyse in den Wirtschaftswissenschaften*. 3. Aufl. Wiesbaden: Vieweg+Teubner Verlag (Springer Fachmedien).

NISSIM, Doron und Stephen H. PENMAN (2001): „Ratio Analysis and Equity Valuation: From Research to Practice". In: *Review of Accounting Studies*, 6. Jg., S. 109–154.

OBERMAIER, Robert (2009): „Fair Value-Bilanzierung nach IFRS auf der Basis von Barwertkalkülen". In: *Zeitschrift für internationale und kapitalmarktorientierte Rechnungslegung* (KoR), 2009. Jg., S. 545–554.

OHLSON, James A. (1995): „Earnings, Book Values, and Dividends in Equity Valuation". In: *Contemporary Accounting Research*, Nr. 2, 11. Jg., S. 661–687.

OHLSON, James A. (2001): „Earnings, Book Values, and Dividends in Equity Valuation: An Empirical Perspective". In: *Contemporary Accounting Research*, Nr. 1, 18. Jg., S. 107–120.

OHLSON, James A. und Beate E. JUETTNER-NAUROTH (2005): „Expected EPS and EPS Growth as Determinants of Value". In: *Review of Accounting Studies*, Nr. 2-3, 10. Jg., S. 349–365.

ONALI, Enrico, Gianluca GINESTI und Chrysovalantis VASILAKIS (2017): „How should we estimate value-relevance models? Insights from European data". In: *British Accounting Review*, Nr. 5, 49. Jg., S. 460–473.

ORGANIZATION FOR ECONOMIC CO-OPERATION AND DEVELOPMENT (OECD) (2022a): *Interest Rates: Long-Term Government Bond Yields: 10-Year: Main (Including Benchmark) for Germany*. Federal Reserve Bank of St. Louis, Federal Reserve Economic Data. URL: https://fred.stlouisfed.org/series/IRLTLT01DEM156N (besucht am 24.10.2023).

ORGANIZATION FOR ECONOMIC CO-OPERATION AND DEVELOPMENT (OECD) (2022b): *Long-Term Government Bond Yields: 10-year: Main (Including Benchmark) for the United States*. Federal Reserve Bank of St. Louis, Federal Reserve Economic Data. URL: https://fred.stlouisfed.org/series/IRLTLT01USM156N (besucht am 24.10.2023).

PAE, Jinhan, Shiheng WANG und Choong-Yuel YOO (2007): „Do Analysts Who Issue Cash Flow Forecasts Predict More Accurate Earnings?" In: *SSRN Electronic Journal*.

PALEA, Vera und Simone Domenico SCAGNELLI (2017): „Earnings Reported under IFRS Improve the Prediction of Future Cash Flows? Evidence from European Banks". In: *Australian Accounting Review*, Nr. 2, 27. Jg., S. 129–145.

PAVLOV, Yu. L. (2000): *Random Forests*. De Gruyter, VSP.

PELLENS, Bernhard, Rolf Uwe FÜLBIER, Joachim GASSEN und Thorsten SELLHORN (2014): *Internationale Rechnungslegung – IFRS 1 bis 16, IAS 1 bis 41, IFRIC-Interpretationen, Standardentwürfe*. 9. Aufl. Schäffer Poeschel.

PELLENS, Bernhard, Rolf Uwe FÜLBIER, Joachim GASSEN und Thorsten SELLHORN (2017): *Internationale Rechnungslegung – IFRS 1 bis 16, IAS 1 bis 41, IFRIC-Interpretationen, Standardentwürfe*. 10. Aufl. Schäffer Poeschel.

PELLENS, Bernhard, Rolf Uwe FÜLBIER, Joachim GASSEN und Thorsten SELLHORN (2021): *Internationale Rechnungslegung – IFRS 1 bis 16, IAS 1 bis 41, IFRIC-Interpretationen, Standardentwürfe*. 11. Aufl. Schäffer Poeschel.

PENMAN, Stephen H. (2013): *Financial Statement Analysis and Security Valuation*. 5. Aufl. New York, NY: McGraw-Hill.

PENMAN, Stephen H. und Xiao-Jun ZHANG (2002): „Accounting Conservatism, the Quality of Earnings, and Stock Returns". In: *The Accounting Review*, Nr. 2, 77. Jg., S. 237–264.

PFAFF, Bernhard (2008): *Analysis of Integrated and Cointegrated Time Series with R*. Hrsg. von Robert Gentleman, Kurt Hornik und Giovanni Parmigiani. 2nd. Use R! New York, NY: Springer, S. 188.

PHILIPPS, Holger (2011): „Konkretisierung der Anhangangaben zu außerbilanziellen Geschäften". In: *Der Betrieb*, Nr. 3, 64. Jg., S. 125–130.

QI, Daqing D., Y. Woody WU und Bing XIANG (2000): „Stationarity and Cointegration Tests of the Ohlson Model". In: *Journal of Accounting, Auditing & Finance*, Nr. 2, 15. Jg., S. 141–160.

R CORE TEAM (2022): *R: A Language and Environment for Statistical Computing*. R Foundation for Statistical Computing. Vienna, Austria. URL: https://www.r-project.org/ (besucht am 24.10.2023).

REZAEE, Zabihollah, Alireza DORESTANI und Sara ALIABADI (2018): „Application of Time Series Analyses in Big Data: Practical, Research, and Education Implications". In: *Journal of Emerging Technologies in Accounting*, Nr. 1, 15. Jg., S. 183–197.

REZAEE, Zabihollah und Richard RILEY (2009): *Financial Statement Fraud: Prevention and Detection*. 2. Aufl. Hoboken, New Jersey, USA: John Wiley & Sons, Inc.

RICHARDSON, Scott, İrem TUNA und Peter WYSOCKI (2010): „Accounting anomalies and fundamental analysis: A review of recent research advances". In: *Journal of Accounting and Economics*, Nr. 2-3, 50. Jg., S. 410–454.

RICHARDSON, Scott A., Richard G. SLOAN, Mark T. SOLIMAN und İrem TUNA (2005): „Accrual reliability, earnings persistence and stock prices". In: *Journal of Accounting and Economics*, Nr. 3, 39. Jg., S. 437–485.

ROSSMANITH, Jonas und Diana GERLACH (2008): „Bilanzierung und Bewertung von Entwicklungskosten nach IAS 38". In: *Internationale Rechnungslegung und Internationales Controlling*. Hrsg. von Wilfried Funk und Jonas Rossmanith. Wiesbaden: Gabler, S. 151–186.

ROYCHOWDHURY, Sugata (2006): „Earnings management through real activities manipulation". In: *Journal of Accounting and Economics*, Nr. 3, 42. Jg., S. 335–370.

ROZENBERG, Grzegorz, Thomas BÄCK und Joost N. KOK, Hrsg. (2012): *Handbook of Natural Computing*. Bd. 4. Berlin, Heidelberg: Springer.

RUBINSTEIN, Reuven Y. und Dirk P. KROESE (2016): *Simulation and the Monte Carlo Method*. Wiley Series in Probability and Statistics. Hoboken, New Jersey, USA: John Wiley & Sons, Inc.

RUDIN, Cynthia (2019): „Stop explaining black box machine learning models for high stakes decisions and use interpretable models instead". In: *Nature Machine Intelligence*, Nr. 5, 1. Jg., S. 206–215.

RUHNKE, Klaus und Dirk SIMONS (2018): *Rechnungslegung nach IFRS und HGB*. 4. Aufl. Stuttgart: Schäffer-Poeschel.

RUMELHART, David E., Geoffrey E. HINTON und Ronald J. WILLIAMS (1986): „Learning representations by back-propagating errors". In: *Nature*, 323. Jg., S. 533–536.

RUPP, Reinhard und Emanuel HABERSTUMPF (2018): „Verbreitung und Ausgestaltung der wertorientierten Berichterstattung – Eine vergleichende Analyse der Unternehmen im DAX30". In: *Der Betrieb*, Nr. 36, 71. Jg., S. 2129–2134.

SAID, Said E. und David A. DICKEY (1984): „Testing for unit roots in autoregressivemoving average models of unknown order". In: *Biometrika*, Nr. 3, 71. Jg., S. 599–607.

SARBANES-OXLEY Act (2002): *Sarbanes-Oxley Act (Public Law No. 107-204, 116 Stat.* 745). Washington D.C.

SCHERFF, Dyrk (2019): „Überschätzte Renditen". In: *Frankfurter Allgemeine Sonntagszeitung, 02.06.2019*, S. 25.

SCHIEL, Andreas (2012): *Risikobeurteilung von Bilanzmanipulationen – Eine empirische Analyse*. Hrsg. von Annette KÖHLER, Kai-Uwe MARTEN, Reiner QUICK, Klaus RUHNKE und Matthias WOLZ. Auditing and Accounting Studies. Wiesbaden: Springer Gabler.

SCHILDBACH, Thomas (1986): *Jahresabschluß und Markt*. Heidelberger betriebswirtschaftliche Studien. Berlin, Heidelberg: Springer-Verlag.

SCHILDBACH, Thomas (2000): „Ein fast problemloses DCF-Verfahren zur Unternehmensbewertung". In: *Schmalenbachs Zeitschrift für betriebswirtschaftliche Forschung*, Nr. 8, 52. Jg., S. 707–723.

SCHIPPER, Katherine (1994): „Academic Accounting Research and the Standard Setting Process". In: *Accounting Horizons*, Nr. 4, 8. Jg., S. 61–73.

SCHIPPER, Katherine (2003): „Principles-Based Accounting Standards". In: *Accounting Horizons*, Nr. 1, 17. Jg., S. 61–72.

SCHMALENBACH-GESELLSCHAFT FÜR BETRIEBSWIRTSCHAFT E. V. (2003): „Arbeitskreis Externe und Interne Überwachung der Unternehmung – Probleme der Prognoseprüfung". In: *Der Betrieb*, Nr. 3, 56. Jg., S. 105–111.

SCHMALENBACH-GESELLSCHAFT FÜR BETRIEBSWIRTSCHAFT E. V. (2008): „Arbeitskreis Immaterielle Werte im Rechnungswesen – Leitlinien zur Bilanzierung selbstgeschaffener immaterieller Vermögensgegenstände des Anlagevermögens nach dem Regierungsentwurf des BilMoG". In: *Der Betrieb*, Nr. 34, 61. Jg., S. 1813–1821.

SCHNEIDER, Dieter (1997a): *Betriebswirtschaftslehre Band 2: Rechnungswesen*. 2. Aufl. München: R. Oldenbourg.

SCHNEIDER, Dieter (1997b): *Betriebswirtschaftslehre Band 3: Theorie der Unternehmung*. München: R. Oldenbourg.

SCHNEIDER, Gary P, Jun DAI, Diane J JANVRIN, Kemi AJAYI und Robyn L RASCHKE (2015): „Infer, predict, and assure: Accounting opportunities in data analytics". In: *Accounting Horizons*, Nr. 3, 29. Jg., S. 719–742.

SCHRIMPF-DÖRGES, Claudia (2020): „§ 12 Rückstellungen". In: *Beck'sches IFRS-Handbuch*. Hrsg. von Jens Brune, Dirk Driesch, Martin Schulz-Danso und Thomas Senger. 6. Aufl. München: C.H. Beck.

SCHUBERT, Wolfgang J. (2020): „§ 249 Rückstellungen". In: *Beck'scher Bilanz-Kommentar*. Hrsg. von Bernd Grottel, Stefan Schmidt, Wolfgang J. Schubert, Ulrich Störk und Michael Deubert. 12. Aufl. München: C.H. Beck.

SCHULTZE, Wolfgang (2003): *Methoden der Unternehmensbewertung: Gemeinsamkeiten, Unterschiede, Perspektiven*. 2. Aufl. Düsseldorf: IDW Verlag.

SCHULZE-OSTERLOH, Joachim, Joachim HENNRICHS und Jens WÜSTEMANN, Hrsg. (2019): *Handbuch des Jahresabschlusses (HdJ) – Bilanzrecht nach HGB, EStG und IFRS*. Juli 2019. Köln: Verlag Dr. Otto Schmidt.

SELLHORN, Thorsten (2020): „Machine Learning und empirische Rechnungslegungsforschung: Einige Erkenntnisse und offene Fragen". In: *Schmalenbachs Zeitschrift für betriebswirtschaftliche Forschung (ZfbF)*, Nr. 1, 72. Jg., S. 49–69.

SHARPE, William F. (1964): „Capital Asset Prices: A Theory of Market Equilibrium under Conditions of Risk". In: *The Journal of Finance*, Nr. 3, 19. Jg., S. 425–442.

SIAMI-NAMINI, Sima, Neda TAVAKOLI und Akbar Siami NAMIN (2018): „A Comparison of ARIMA and LSTM in Forecasting Time Series". In: *2018 17th IEEE International Conference on Machine Learning and Applications (ICMLA)*. IEEE, S. 1394–1401.

SIDDIQUI, Shoaib AHMED, Dominique MERCIER, Mohsin MUNIR, Andreas DENGEL und Sheraz AHMED (2019): „TSViz: Demystification of Deep Learning Models for Time-Series Analysis". In: *IEEE Access*, 7. Jg., S. 67027–67040.

SLOAN, Richard G. (1996): „Do Stock Prices Fully Reflect Information in Accruals and Cash Flows about FutureEarnings?" In: *The Accounting Review*, Nr. 3, 71. Jg., S. 289–315.

SPREMANN, Klaus und Dietmar ERNST (2011): *Unternehmensbewertung*. 2. Aufl. München: Oldenbourg.

STATISTA UND FORUM NACHHALTIGE GELDANLAGE (2021): *Anlagevolumen nachhaltiger Investmentfonds und Mandate in Deutschland in den Jahren von 2005 bis*

*2020*. URL: https://de.statista.com/statistik/daten/studie/38113/umfrage/anlagevolumen-nachhaltiger-investments-in-deutschland/ (besucht am 24.10.2023).

STÖRK, Ulrich und Thomas BÜSSOW (2020): „§ 252 Allgemeine Bewertungsgrundsätze". In: *Beck'scher Bilanz-Kommentar*. Hrsg. von Bernd GROTTEL, Stefan SCHMIDT, Wolfgang J. SCHUBERT, Ulrich STÖRK und Michael DEUBERT. 12. Aufl. München: C.H. Beck.

STROMANN, Hilke (2003): Wertrelevanz deutscher und US-amerikanischer Rechnungslegungsinformationen – *Theoretische und empirische Analyse des Feltham-Ohlson-Modells*. Hrsg. von Wolfgang BECKER und Jürgen WEBER. Unternehmensführung & Controlling. Wiesbaden: Gabler.

SVENSSON, Lars E.O. (1994): *Estimating and Interpreting Forward Interest Rates: Sweden 1992–1994*. NBER Working Paper Series Nr. 4871. Cambridge, MA: National Bureau of Economic Research.

SZCZESNY, Andrea (2007): „Der Zusammenhang Zwischen Bilanzpolitik und Rechnungslegungsstandards – Messmethoden und Empirische Evidenz". In: *Betriebswirtschaftliche Forschung und Praxis*, Nr. 2, 59. Jg., S. 101–122.

TANSKI, Joachim S. (2021): Jahresabschluss – *Bilanzen nach Handels- und Steuerrecht*. 6. Aufl. Haufe Lexware.

THOMSON REUTERS (2012): Worldscope Database – *Data Definitions Guide (Issue 12)*.

TORRES, José F., Dalil HADJOUT, Abderrazak SEBAA, Francisco MARTÍNEZ-ÁLVAREZ und Alicia TRONCOSO (2021): „Deep Learning for Time Series Forecasting: A Survey". In: *Big Data*, Nr. 1, 9. Jg., S. 3–21.

TRAUTWEIN, Andreas (2008): *Wertrelevanz von Patentinformationen im Kontext der Rechnungslegung*. Hrsg. von Wolfgang BECKER und Jürgen WEBER. Unternehmensführung & Controlling. Gabler.

TREISCH, Corinna (2017): „IFRS und Einheitsbilanz – Zur Vereinbarkeit von Informationsvermittlung, Ausschüttungsbemessung und Besteuerung". In: *Internationale Rechnungslegung und Internationales Controlling, Herausforderungen – Handlungsfelder – Erfolgspotenziale*. Hrsg. von Wilfried FUNK und Jonas ROSSMANITH. 3. Aufl. Wiesbaden: Springer Gabler, S. 125–144.

TRUEMAN, Brett (1994): „Analyst Forecasts and Herding Behavior". In: *Review of Financial Studies*, Nr. 1, 7. Jg., S. 97–124.

TRUEMAN, Brett und Sheridan TITMAN (1988): „An Explanation for Accounting Income Smoothing". In: *Journal of Accounting Research*, 26. Jg., S. 127.

TSWEI, Keshin (2013): „Is transaction price more value relevant compared to accounting information? An investigation of a time-series approach". In: *Pacific Basin Finance Journal*, Nr. 1, 21. Jg., S. 1062–1078.

TU, Chengyi, Ying FAN und Jianing FAN (2019): „Universal Cointegration and Its Applications". In: *iScience*, 19. Jg., S. 986–995.

U.S. SECURITIES AND EXCHANGE COMMISSION (SEC) (2020): *Management's Discussion and Analysis of Financial Position and Results of Operations (MD&A)*. URL: https://www.sec.gov/corpfin/cf-manual/topic-9 (besucht am 24.10.2023).

VANEK, Tomáš (2016): „Economic Adjustment of Default Probabilities". In: *European Journal of Business Science and Technology*, Nr. 2, 2. Jg., S. 122–130.

VANEK, Tomáš und David HAMPEL (2017): „The probability of default under ifrs 9: Multiperiod estimation and macroeconomic forecast". In: *Acta Universitatis Agriculturae et Silviculturae Mendelianae Brunensis*, Nr. 2, 65. Jg., S. 759–776.

VERBEEK, Marno (2017): *A Guide to Modern Econometrics*. 5. Aufl. Hoboken, New Jersey: John Wiley & Sons, Inc.

VIJH, Mehar, Deeksha CHANDOLA, Vinay Anand TIKKIWAL und Arun KUMAR (2020): „Stock Closing Price Prediction using Machine Learning Techniques". In: *Procedia Computer Science*, 167. Jg., S. 599–606.

WAGATHA, Matthias (2005): *Kointegrationskonzepte für die Kreditrisikomodellierung – Systematische Kreditrisiken und makroökonomische Theorienbildung*. Wiesbaden: Deutscher Universitäts-Verlag.

WAGENHOFER, Alfred und Ralf EWERT (2015): *Externe Unternehmensrechnung*. 3. Aufl. Berlin, Heidelberg: Springer.

WAGNER, Franz W., Hrsg. (1993): *Ökonomische Analyse des Bilanzrechts: Entwicklungslinien und Perspektiven*. Schmalenbachs Zeitschrift für betriebswirtschaftliche Forschung, Sonderheft 32.

WALLMEIER, Martin (2009): „Kapitalmarktwirkungen der Berichterstattung zur Unternehmensleistung". In: *Schmalenbachs Zeitschrift für betriebswirtschaftliche Forschung (ZfbF)*, Nr. 2, 61. Jg., S. 212–224.

WASSERSTEIN, Ronald L. und Nicole A. LAZAR (2016): „The ASA's Statement on p-Values: Context, Process, and Purpose". In: *The American Statistician*, Nr. 2, 70. Jg., S. 129–133.

WASSERSTEIN, Ronald L., Allen L. SCHIRM und Nicole A. LAZAR (2019): „Moving to a World Beyond "p<0.05"". In: *The American Statistician*, Nr. sup1, 73. Jg., S. 1–19.

WATTS, Ross L. und Richard W. LEFTWICH (1977): „The Time Series of Annual Accounting Earnings". In: *Journal of Accounting Research*, Nr. 2, 15. Jg., S. 253–271.

WEI, William W.S. (2006): *Time Series Analysis – Univariate and Multivariate Methods*. 2nd. Boston: Pearson.

WICKHAM, Hadley (2016): *ggplot2: Elegant Graphics for Data Analysis*. Springer-Verlag New York.

WILD, Jürgen (1974): *Grundlagen der Unternehmungsplanung*. Reinbek bei Hamburg: Rowohlt.

WINKER, Peter (2017): *Empirische Wirtschaftsforschung und Ökonometrie*. 4. Aufl. Berlin: Springer.

WIRTSCHAFTSPRÜFERKAMMER (WPK) (2020): *Mitglieder fragen – WPK antwortet: Anwendung der International Standards on Auditing (ISA) in Deutschland*. URL: https://www.wpk.de/mitglieder/mitglieder-fragen-wpk-antwortet/alle/2020/single-view/anwendung-der-international-standards-on-auditingisa-in-deutschland/ (besucht am 24.10.2023).

WÖHE, Günter und Heinz KUSSMAUL (2012): *Grundzüge der Buchführung und Bilanztechnik*. 8. Aufl. Vahlens Lernbücher. München: Verlag Franz Vahlen.

WOHLGEMUTH, Frank (2007): *IFRS: Bilanzpolitik und Bilanzanalyse – Gestaltung und Vergleichbarkeit von Jahresabschlüssen*. Hrsg. von Karlheinz Küting, Claus-Peter WEBER und Heinz KUSSMAUL. Bilanz-, Prüfungs- und Steuerwesen, Band 04. Erich Schmidt Verlag.

WOLTERS, Jürgen (2004): „Dynamische Regressionsmodelle". In: *Arbeiten mit ökonometrischen Modellen*. Hrsg. von Werner Gaab, Jürgen Wolters und Ullrich Heilemann. Studies in Contemporary Economics. Berlin, Heidelberg: Springer, Physica-Verlag, S. 47–85.

WONG, Bo K., Vincent S. LAI und Jolie LAM (2000): „A bibliography of neural network business applications research: 1994–1998". In: *Computers & Operations Research*, Nr. 11-12, 27. Jg., S. 1045–1076.

WOOLDRIDGE, Jeffrey M. (2010): *Econometric Analysis of Cross Section and Panel Data*. 2. Aufl. MIT press.

WOOLDRIDGE, Jeffrey M. (2013): *Introductory econometrics: A modern approach*. 5. Aufl. Cengage Learning.

WU, Chunchi, Chihwa KAO und Cheng F. LEE (1996): „Time-Series Properties of Financial Series and Implications for Modeling". In: *Journal of Accounting, Auditing & Finance*, Nr. 2, 11. Jg., S. 277–303.

WYSOCKI, Klaus VON und Joachim SCHULZE-OSTERLOH, Hrsg. (2000): *Handbuch des Jahresabschlusses in Einzeldarstellungen (HdJ)*. Aug. 2000. Köln: Verlag Dr. Otto Schmidt.

YAN, Hongju und Hongbing OUYANG (2018): „Financial Time Series Prediction Based on Deep Learning". In: *Wireless Personal Communications*, Nr. 2, 102. Jg., S. 683–700.

YOHN, Teri Lombardi (2020): „Research on the use of financial statement information for forecasting profitability". In: *Accounting and Finance*, Nr. 3, 60. Jg., S. 3163–3181.

ZHANG, G. Peter (2012): „Neural Networks for Time-Series Forecasting". In: *Handbook of Natural Computing*. Hrsg. von Grzegorz ROZENBERG, Thomas BÄCK und Joost N. Kok. Bd. 4. Berlin, Heidelberg: Springer. Kap. 14, S. 461–477.

ZHANG, Jieying (2008): „The contracting benefits of accounting conservatism to lenders and borrowers". In: *Journal of Accounting and Economics*, Nr. 1, 45. Jg., S. 27–54.

ZIRKLER, Bernd (2008): *Kapitalflussrechnungen – Erstellung im Rahmen nationaler und internationaler Rechnungslegungsnormen und Anwendungsmöglichkeiten im finanzund wertorientierten Controlling*. Habilitationsschrift Friedrich-Alexander-Universität Erlangen-Nürnberg. Nürnberg.

ZWET, Erik W. und Eric A. CATOR (2021): „The significance filter, the winner's curse and the need to shrink". In: *Statistica Neerlandica*, Nr. 4, 75. Jg., S. 437–452.

ZWIRNER, Christian (2018): „Pensionsrückstellungen: Erstmalige Anwendung der und Übergang auf die neuen Heubeck-Richttafeln". In: *Zeitschrift für Bilanzierung, Rechnungswesen und Controlling (BC)*, Nr. 12, 42. Jg., S. 557–604.